迈向生态文明新时代

贵阳行进录（2007—2012年）

Stride Towards the Era of Ecological Progress

The Record of Exploration in Guiyang(2007—2012)

本书编辑组

U0226576

中国人民大学出版社

·北京·

贵阳的实践说明了什么
——关于生态文明建设若干问题的思考
What does the Practice in Guiyang Prove
—Thinking on Promoting Ecological Progress

　　建设生态文明，是关系人民福祉、关乎民族未来的长远大计。党的十七大报告明确提出建设生态文明，并将其作为实现全面建设小康社会奋斗目标的新要求之一，这是我们党首次把"生态文明"这一理念写进党的行动纲领。党的十八大进而把生态文明建设同经济建设、政治建设、文化建设、社会建设一道纳入中国特色社会主义事业"五位一体"总体布局，使生态文明建设的战略地位更加明确。贵阳建设生态文明城市，起始于 2007 年。在党的科学发展观指引下，市委、市政府和全市上下把生态文明建设放在突出地位，融入经济建设、政治建设、文化建设、社会建设各方面和全过程，做了有效的工作，取得了显著成效，并创造了可贵的经验，对贵州省乃至全国的生态文明建设，起到了示范、推动作用。贵阳市的市民，在参与生态文明建设中得到了实惠，尝到了甜头，迸发出了文明生产、文明生活，构建文明和谐社会的巨大积极性。生态文明在贵阳结出了丰硕的物质、精神、社会、生态成果。这说明了什么呢？我想，主要说明了以下六点：

　　一、建设生态文明能够促进生产力解放和发展。贵阳是一个经济欠发达的城市。开始，相当一部分同志对建设生态文明城市不大埋解，认为工业还未搞上去就建设生态文明城市，弄不好会影响经济发展速度，那就"更落后了"。而五年多的实践证明，推进生态文明建设，是一场深刻的思想理念和生产、生活方式的变革。以崭新的，符合经济、社会、环境、民生协调发展规律的生态文明理念和人们的道德行为，为经济发展、社会进步注入了诸多科学、理性因素和新的生机活力，冲破了传统工业文明在发展问题上的种种偏见、误区和障碍，解放和发展生产力也就成为必然的结果。贵阳市通过建设生态文明城市，转变发展方式，调整优化产业结构，取得了突破性进展，既发挥了优势，又拉长了"短板"，实现了速度、质量、效益同步快速发展。2008 年、2009 年、2010 年、2011 年、2012 年的 GDP 分别增长了 13.1％、13.3％、14.3％、17.1％、17％，特别是文化旅游业超常规发展，总收入连续五年增幅都在 40％以上，2012 年达到 57％。一、二、三产业比重也由 2007 年的 6.5％、46.7％、46.8％，调整优化为 2012 年的 4.3％、44.9％、50.8％；财政收入，由 2007 年的 188.66 亿元，增至 2012 年的 488 亿元。2012 年全年城市居民人均可支配收入 22 525 元，增长 16％；农民人均纯收入 8 871 元，增长 18％。可谓"模式一变换新天"。建设生态文明是我国治国理念的新发展，生态文明本身就是当代生产力发展的最高形态。贵阳的实践就是明证！

二、**建设生态文明是破解传统工业文明导致环境危机、发展不可持续困境的关键**。贵阳是一个资源型城市，由于产业的高耗、低效、高排放，曾一度被列入"全球十大污染城市"、"全国三大酸雨城市"。围绕着建设生态文明城市，贵阳市采取了一系列符合科学发展理念的对策，包括推进产业结构转型升级，把发展服务业放到了首位，实施了一系列加快文化旅游业、会展业、物流业、金融业、商贸业、房地产业和现代服务业发展的政策措施；大力推行产业生态化、生态产业化，发展循环经济、低碳经济；关停了一批高耗、低效、高排放的工业项目，积极开发新能源、新技术、新材料。全市 2010 年单位 GDP 和工业增加值能耗比 2005 年累计下降了 20.01％和 36.13％，二氧化硫排放量较 2005 年减少 45.46％，超额完成国家和省下达的"十一五"节能减排目标。贵阳被列为"全国生态文明建设试点城市"、"全国首批低碳试点城市"、"全国首批节能减排财政政策综合示范城市"、"中国十大低碳城市"。贵阳城区空气良好天数占一年总天数的比重，稳定在 95％以上，获得"全国文明城市"、"国家卫生城市"、"国家森林城市"、"中国避暑之都"、"国家园林城市"之美誉。

三、**推进生态文明建设，最重要的是解决发展理念问题**。长期以来，不惜以牺牲生态环境为代价追求 GDP 快速增长的传统工业文明理念，是导致环境危机、发展不可持续的主要根源。实践证明，实现绿色发展、低碳发展、可持续发展，首先必须转变陈旧的发展理念，代之以以人为本、全面协调可持续的科学发展理念，人与自然和谐、发展与环境双赢的生态文明理念。"观念一变天地宽"，贵阳和全国其他一些绿色发展搞得好的地方，都是率先破解了发展观这道难题，树立并坚持了可持续发展的思想理念，因而形成了发展与环境良性循环的局面。相反，一些还在拼资源、拼环境、拼民生、单纯追求 GDP 快速增长、环境日趋恶化的地方，无一不是仍然固守传统工业文明发展理念所致。这个问题不解决，绿色发展、低碳发展只能是一句空话。

四、加大环保投入、偿还生态欠债、修复自然生态功能，是实现绿色发展、可持续发展的重要保障。这一点，贵阳也是做得好的。近年来，贵阳用于环保方面的资金年均增长20%。2012年环保投资指数达到2.2%，高于国家环保模范城市标准0.5个百分点。贵阳还打响"森林保卫战"。经过长期努力，贵阳森林覆盖率达43.2%，成为全球喀斯特地区绿色植被最佳城市之一。建立生态补偿机制，加大治污力度，强化法制手段，设立环保审判庭、环境保护法庭等，都对治理环境、修复自然生态发挥了良好作用。我曾在《偿还生态欠债》一书中讲过，以"高消耗、高排放、低效益"为特征的传统粗放的经济增长方式，是造成生态赤字、环境欠债的根本原因。也就是说，这类经济增长方式，已经是在耗用地球自然资本的本金，而非仅仅耗用利息，一旦自然资本耗竭，全部变成赤字，经济和文明就会崩溃。要从根本上降低生态赤字而不是扩大赤字，必须切实转变经济发展方式，积极偿还生态欠债，增加环保投入，把环境保护投入加大到足以加快根本扭转生态环境恶化趋势、达到良性循环的幅度。

五、补"生态道德文化课"，提高全社会生态道德文化水平，是实现绿色发展、建设生态文明的基石。一个国家、一个地区或单位的生态环境状况，像一面镜子，恰好反映了其公民生态道德文化水准的高下。不解决生态道德文化低下的问题，就根本谈不上绿色发展、谈不上发展与环境双赢。贵阳市大力弘扬"知行合一、协力争先"城市精神，狠抓了生态道德文化建设，在全民倡导生态伦理、生态良心、生态正义和生态义务，努力把生态意识上升为全民意识，把生态文化上升为主流文化，收到了良好效果，形成了全民参与生态文明建设的可喜局面。全市生态文明志愿者达46万多人，占总人口的10.6%，10万名公职人员承诺每年志愿服务不少于48小时。群众真正行动起来了，生态文明就会遍地开花。

六、必须实行体现绿色发展、科学发展理念的政绩考评标准和制度。政绩考评标准、制度，是发展的"硬杠杠"、指挥棒。必须把资源消耗、环境损害、生态效益纳入经济社会发展评价体系，建立体现生态文明要求的目标体系、考核办法、奖惩机制。贵阳市按照科学发展观的要求，制定了人与自然和谐、发展与环境双赢的政绩考评标准、办法，根据不同功能区的定位，对优化功能区、重点开发区、限制开发区和禁止开发区，分别提出了切合实际、各有不同的考核标准和要求，从而激发了各级党政坚持生态文明理念、实行绿色发展的积极性，保障了经济、社会、环境、民生全面协调发展。可以说，全国各地所有生态文明搞得好、发展与环境双赢的地区和单位，都是较好地抓了这一条。相反，一些还在搞掠夺式开发、环境持续恶化的地方，又无一不是依然沿用"以GDP论英雄"的政绩考评标准、办法。针对这类片面追求经济过快增长而导致生态退化、环境恶化、民生受到危害的不合格、不文明的所谓发展，不仅要改革和完善政绩考评标准、办法，还应当实行"一票否决"。

"实践是检验真理的唯一标准"，也是检验生态文明建设是真做还是假做、做得好还是不好的唯一尺度。同时，实践还是"一部博大精深的教科书"，"是我们最好的老师"。实践能够给我们以真知和智慧，告诉我们什么是最有价值的东西，应当怎么做，不应当怎么做，从而使我们开阔视野、深化认识，在处理人与自然、人与社会、人与人之间关系的问题上，能够坚持正确的、纠正错误的，始终立于不败之地并获得成功。贵阳的生态文明实践，充分证明了这一点。其实全国各地和世界各国的实践，无一不是如此。实践是底蕴丰厚、生生不息、永远常青、极其可贵的宝藏。让我们在学习书本知识的同时，少一些空谈，多一些实践，认真阅读并真正领悟实践这本浩然大书，从中不断获得丰富的知识和奥妙无穷的智慧。

生态文明源于工业文明，又高于工业文明，既是一项重要建设任务，更是一个崭新时代的远景。目前贵阳市所做的、全国各地所做的，还只是一个良好的开端。由传统工业文明转变为现代生态文明，努力建设美丽中国，实现中华民族永续发展，将是 21 世纪最为艰巨、最为壮丽的伟大事业。让我们携手奋进，为这一利在千秋、功德无量、空前宏伟、造福于全人类的事业，奉献全部智慧和力量。

2012 年 12 月

导　言

一、综论

二、生态城镇篇

三、生态经济篇

四、生态环境篇

五、生态社会篇

六、生态文化篇

七、生态文明制度篇

附　录

Contents

Chapter Ⅲ Green Economy

Chapter Ⅳ   Environment-friendly Ecosystem

Chapter Ⅴ   Harmonious Society

Chapter Ⅵ Ecological Culture

Chapter Ⅶ   The System to Ensure Ecological Progress

Appendix

导　言
Introduction

迈向生态文明新时代[*]

Stride Towards the Era of Ecological Progress

我围绕贵阳"学习贯彻十八大精神，迈向生态文明新时代"这个问题，讲四点意见。

一、贵阳为什么要迈向生态文明新时代

党的十八大站在全局和战略的高度，审视当今世界的大局大势，谋划中华民族的长远未来，对大力推进生态文明建设作出全面系统的部署，号召我们"一定要更加自觉地珍爱自然，更加积极地保护生态，努力走向社会主义生态文明新时代"。十八大向全党全国人民发出的这个动员令，在党的历史上是第一次，具有极为重大的现实意义和深远的历史意义。

第一，这是对人类文明发展潮流的主动引领。18世纪兴起的工业文明带来了生产力的迅速发展，但"先污染后治理"的发展路径也付出了沉重的环境和资源代价，导致深重的生态危机，在有的地方甚至造成不可逆转的生态灾难。面对传统工业文明带来的严重后果，老牌工业化国家在努力反思和改进，新兴工业化国家也在主动镜鉴和避免，都谋求超越工业文明局限的办法和措施，致力于绿色发展、循环发展、低碳发展。这是人类文明发展理念和进程的重大转型，也是当今世界最显著的时代特征。在11月举行的美国总统选举中，奥巴马能够成功连任，很重要的一个原因，就是他担任总统四年中力推"绿色新政"，"在应对气候变化上有良好记录"。有识之士指出，工业革命时代中国在睡觉，信息革命时代

* 这是贵州省委常委、贵阳市委书记李军同志2012年12月31日在市委九届二次全体（扩大）会议上的讲话。

中国刚觉醒，绿色革命时代中国很主动。我们党作为执政党，敏锐把握时代发展趋势，积极弘扬中华民族传统生态文化，首倡建设生态文明，这不仅是中国自身发展的需要，而且是对维护世界生态安全、应对全球气候变化的积极贡献；不仅着眼于抢占未来发展的制高点，而且积极引领时代潮流，必将对人类文明发展产生重大影响。英国国际环境与发展研究所主任卡米拉·图尔明非常赞赏地说，中国的领导人这么强调生态文明的理念，将对国际环保界产生重大的积极影响，因为其他国家都可以从中得到借鉴和启示。

　　第二，这是对我国改革开放以来发展实践的深刻总结。30 多年来，中国经济高速增长，成为世界第二大经济体，人均国内生产总值达到中等偏上收入国家水平，发展成就举世瞩目。但是，发达国家 200 多年工业化进程中分阶段出现的人与自然不协调等问题，也在我国集中凸显。为应对资源约束收紧、环境污染严重、生态系统退化的严峻形势，我们党积极探索新的发展路径。十六大以后提出了科学发展观，努力建设资源节约型、环境友好型社会；十七大明确提出建设生态文明，并将其作为全面建设小康社会的新要求。从此，生态文明成为协调人与自然关系的全新理念，构成定位中国持续健康发展的重要维度。这 10 年，我国在经济快速增长的同时，转变发展方式取得进展，生态恶化趋势有所减缓。十八大在总结成功实践的基础上，进一步强调大力推进生态文明建设，这是我们党对自然规律和人与自然关系再认识的崭新成果，不仅十分有利于增强全民生态危机意识，推动全社会牢固树立生态文明理念，而且必将有力解决既要生产发展又要生态良好的现实难题，实现中华民族永续发展。

　　第三，这是对中国特色社会主义建设规律认识的重大升华。改革开放以来，从物质文明、精神文明"两个文明"一起抓，到经济建设、政治建设、文化建设"三位一体"，再到经济建设、政治建设、文化建设、社会建设"四位一体"，表明我们党随着实践的不断发展，对中国特色社会主义建设规律的认识不断深化。十八大报告反映时代进步要求，顺应全党全国人民共同愿望，进而提出中国特色社会主义经济建设、政治建设、文化建设、社会建设、生态文明建设"五位一体"总布局；而且特别强调要把生态文明建设融入其他四项建设的各方面和全过程，作为其他四项建设可持续的根本基础。提出"五位一体"，实现生态文明的战略升位，不仅使中国特色社会主义总体布局更加全面科学，而且使中国特色社会主义内涵极大拓展。

　　第四，这是对人民群众生态诉求日益增长的积极回应。随着生活水平的不断提升，人民群众对环境质量、生存健康的关注度越来越高，呈现出从"求温饱"到"盼环保"、从"谋生计"到"要生态"的新趋势。当前的中国社会正步入一个特殊的环保敏感期，在一些地方，涉及环境问题的信访量居高不下，由环境问题引发的群体性事件不断增多。十八大报告把建设生态文明作为执政新理念，就是坚持以人为本、执政为民，在充分提供物质产品、文化产品的同时，更多地提供生态产品，让人民群众喝上干净的水、呼吸清新的空气、吃上放心的食物、生活在优美宜居的环境中。习近平总书记强调："人民对美好生活的向往，就是我们的奋斗目标。"回应好人民群众迫切的生态诉求，将使我们党拥有更加深厚的群众基础，从而实现长期执政、永远执政。

我们贵阳市积极响应十八大发出的新的动员令，迅速汇入全党全国人民向生态文明新时代进军的大队伍，这是坚定正确政治立场的表现，也是坚持和丰富既定的"走科学发展路、建生态文明市"发展思路的内在需求。结合实际落实十八大精神，我们贵阳市提出要迈向生态文明新时代。所谓"迈向"，就是朝着奋斗目标大踏步前进。贵阳为什么这样提呢？一方面，贵阳有基础。2007年，我们作出了建设生态文明城市的决定，并坚持不懈地推进，实现了经济快速发展、环境持续向好、民生稳步改善的多赢，在观念创新、实践创新、制度创新方面积累了宝贵经验，得到全市人民衷心拥护和各方高度认可。前不久，胡锦涛主席到贵阳视察时说，贵阳这些年变化挺大，生态文明建设给他留下了深刻印象。最近，国家发展改革委批复的《贵阳建设全国生态文明示范城市规划（2012—2020 年）》（简称《规划》）明确指出："贵阳市把建设生态文明城市作为贯彻落实科学发展观的切入点和总抓手，统筹推进经济、政治、文化、社会、生态文明建设，初步形成了生态文明城市建设体系，为建设全国生态文明示范城市奠定了坚实基础。"可以说，在建设生态文明的征程中，贵阳已经站在新的起点上，完全可以步子更大一些、速度更快一些、质量更高一些。另一方面，中央和省有新要求。胡锦涛主席在视察中殷切希望贵阳市牢固树立生态文明理念，进一步加大生态文明建设力度，努力为广大市民创造优美宜居的城市环境，这就要求贵阳必须继续"作表率、走前列"。《国务院关于进一步促进贵州经济社会又好又快发展的若干意见》（国发［2012］2 号）提出把贵阳建设成为全国生态文明城市，这就意味着贵阳的生态文明建设要像创建全国文明城市、国家卫生城市一样，达到国家标准。国家发展改革委进一步明确，要把贵阳建设成为全国生态文明示范城市，既然是全国的"示范"，就要做出榜样，发挥引领作用。省委、省政府提出贵州要建设生态文明先行区，贵阳作为省会城市，必须成为先行区中的先行者。面对高标准的新要求、面对肩负的重大责任，我们在建设生态文明的新征程中，走在全国大队伍后面不行、走在中间也不行，必须大踏步地"迈"，走在大队伍的前列！志当存高远，敢为天下先。全市上下一定要认清形势，认清使命，以更加解放的思想、更加开阔的视野、更加进取的精神、更加扎实的作风，奋力迈向生态文明新时代！

二、贵阳迈向生态文明新时代的美好前景

今天，我们对全市人民讲，贵阳要迈向生态文明新时代。那么，这个新时代的贵阳是什么样子呢？根据省委十一届二次全会关于"大力推进生态文明建设，努力创造良好的生产生活环境"的重要精神，根据全国生态文明示范城市规划确定的 2020 年建设目标，八年之后的贵阳应该是那样一幅景象：

那是一个绿色经济崛起的新时代。经济落后不是生态文明。这些年，贵阳经济有了很大发展，但总体上还处在"经济洼地"。我们要始终坚持加速发展，通过扩大投资、刺激消费等措施，在较长时期保持较高经济增长速度，千方百计做大经济总量。到 2020 年，贵阳的 GDP 将在 2015 年基础上再翻一番，确保 5 000 亿元、力争 6 000 亿元。但是，这个 GDP 绝不是黑色的、黄色的、白色的、灰色的或褐色的，而是绿色 GDP。为此，我们要按照《规划》的要求，千方百计调结构、促转型、上层次、增效益，大力发展生态工业、信息技术产业、高新技术产业和战略性新兴产业、生态旅游业、现代服务业、生态农业、节能环保产业等，着力构建生态产业体系。到那时，贵阳经济总量在省会城市中的排位有所前移，绿色经济发展处于全国领先水平，在国际上有较大影响力。

那是一个幸福指数更高的新时代。为人民谋幸福，是建设生态文明的出发点和落脚点。这些年，市委、市政府尽心竭力解决民生问题，老百姓的幸福指数稳步提升，但由于各方面原因，提升得还不够快。我们将继续大力实施就业与增收工程，解决好"就业难"、收入增长慢问题；大力实施普教优教工程，解决好"上好学难"、"上好学贵"问题；大力实施健康工程，解决好"看病难"、"看病贵"问题；大力实施养老敬老工程，解决好"养老难"问题；大力实施安居工程，解决好不同收入阶层的住房问题；大力实施平安工程，解决好"两抢一盗"等影响群众安全感的突出问题。到那时，我们贵阳人的收入虽然比不上北京人、上海人、广州人，但依然生活得很惬意、很幸福！

那是一个城乡环境宜人的新时代。良好的生态环境是建设生态文明的应有之义。这些年，市委、市政府坚持以最严厉的措施保护生态环境，扭转了生态环境恶化的趋势，人居环境得到较大改善。但是，污染治理、生态修复是一项长期任务，必须持之以恒而不能有任何懈怠。我们将牢固树立尊重自然、顺应自然、保护自然的理念，优化国土空间开发格局，促进生产空间集约高效、生活空间宜居适度、生态空间山清水秀，进一步彰显"显山"、"露水"、"见林"、"透气"的城市特色。我们将按照推进新型城镇化的要求，大力疏老城、建新城，把二环四路

城市带打造成为生态文明城市示范带。我们将加大自然生态系统和环境保护力度，栽更多的树，种更多的草，建设更多的湿地公园、山体公园，有效保护生物多样性，实施重大生态修复工程，对河流、湖泊进行更深入的治理，对大气污染进行更严格的控制，大幅提高生态产品供给能力。到那时，贵阳无论城市还是农村，都有一半以上的面积被森林所覆盖，贵阳人民能享受更多的蓝天、碧水、绿地，拥有更加优美的生态家园。

那是一个生态文化普及的新时代。生态文化是建设生态文明的精神力量源泉。这些年贵阳市民的生态意识有了很大觉醒，但低碳、环保的生活方式尚未全面形成。我们将更加广泛地开展生态文化教育，增强全民节约意识、环保意识、生态意识，更好地履行人类对自然和生命的道德义务与责任。我们将深入推进学校、社区、家庭、村寨、企业、机关的生态文明创建活动，把生态观念贯穿到生产、生活的方方面面，把生态文化体现在城市建设中，最大限度地节能、节地、节水、节材，推广绿色建筑。到那时，绿色消费、低碳生活成为社会风尚，生态行为成为每个贵阳人的自觉习惯。

那是一个生态文明制度完善的新时代。体制机制是建设生态文明的制度性保障。这些年，贵阳市在生态文明体制机制建设方面进行了一些有益探索，但制度的系统性、协同性还存在差距。我们将根据新的情况建立健全法规、规章，形成较为完备的法规体系，为生态文明城市建设提供法制保障。我们将着力完善生态文明建设的行政体制、司法体制、督查体制，充分发挥生态文明建设委员会、环保法庭和环保审判庭、生态检察分局、生态公安分局等机构的职能作用，大力鼓励节约资源、保护环境的行为，严厉惩处破坏资源、损害环境的行为。我们将着力建立国土空间开发保护制度，建立资源有偿使用、环境损害赔偿、生态补偿等机制，形成有利于生态文明建设的利益导向。到那时，贵阳生态文明制度成龙配套、执行有力，生态文明城市建设进入良性运行轨道。

同志们，我们刚才描绘的贵阳市迈向生态文明新时代的蓝图和阶段性目标，涵盖了经济、政治、文化、社会方方面面，体现了科学发展、以人为本的指导思想，贯彻了以习近平同志为总书记的党中央为人民美好生活而奋斗的根本要求，回应了老百姓对全面小康生活的热切期盼。大家说，这样的新时代值不值得我们向往？值不值得我们为之奋斗？我想，答案是肯定的！

三、运用科学的方法推动贵阳迈向生态文明新时代

毛主席说过："我们不但要提出任务，而且要解决完成任务的方法问题。我

们的任务是过河，但是没有桥或没有船就不能过。不解决桥或船的问题，过河就是一句空话。不解决方法问题，任务也只是瞎说一顿。"那么，要把迈向生态文明新时代的美好蓝图变成现实，我们应该着重把握和运用哪些方法呢？结合这几年贵阳建设生态文明城市的实践和体会，我感觉有六个方面特别重要。

第一，坚持系统谋划。客观世界是一个普遍联系、互相制约的系统。城市的要素集聚程度高、联系紧密、关联多样，更是一个极为复杂的系统。我们要善于系统思维，从系统和要素、要素和要素、系统和环境的相互联系、相互作用中综合考察分析城市，全面、整体、辩证、动态地谋划和推进各项工作。

就全局而言，必须系统谋划生态文明建设与经济、政治、文化、社会建设，真正把生态文明建设融入其他建设的各方面和全过程。有一段时间，个别同志把建设生态文明与发展经济特别是发展工业对立起来，认为要建设生态文明就没法发展工业，要发展工业就没法建设生态文明。针对这种片面认识，我们一再强调，工业化是现代化不可逾越的阶段，也是建设生态文明必经的阶段。但是，我们所推进的工业化，不是传统意义上的工业化，而是以生态文明理念引领的新型工业化。传统的工业化受技术条件、发展理念限制，的确很难兼顾环保，而新型工业化科技含量高、资源消耗低、环境污染少，能将二者很好地协调起来，实现"鱼"和"熊掌"兼得。因此，我们要坚定不移地实施工业强省战略，走新型工业化道路。要坚决淘汰那些浪费资源、污染环境的小水泥、小火电、小冶炼等落后产能，大力提升有比较优势的资源型产业的科技含量，积极培育技术先进、环境友好的大项目、好项目。而今，绿色低碳产品市场需求庞大，企业投资积极性很高，国家的扶持力度也很大，而且贵阳要建设全国生态文明示范城市，国家部委给贵阳市还开有一些"小灶"，我们完全可以抓住机遇，推动工业向着绿色、低碳方向发展。总之，就像换血一样，落后产能项目一个一个退出去，绿色低碳项目一个一个添进来，最终实现贵阳工业的升级换代。

就具体而言，既要考虑这方面工作与全局工作、与其他工作的关系，也要考虑这方面工作自身各个组成要件之间的关系，切实避免就某个环节抓某个环节、就某个方面抓某个方面。对此，我们有很多成功的案例，也有一些失误的教训。在建设十里河滩国家城市湿地公园的过程中，我们把治理水体污染、保护生物多样性与整治乱搭乱建、提升基础设施结合起来；把建设公园与建设新农村、开发小城镇、增加农民收入结合起来，与改造花溪大道、搬迁马路汽贸市场、打造二环四路功能板块结合起来，实施一揽子工程，取得了多赢的效果。胡锦涛主席视察时，感叹十里河滩"令人心旷神怡"，要求我们提升功能、加强宣传、打造品牌。而反观机场路建设，谋划得就不那么系统了。当时建机场路，就路想路，没有充分考虑道路建设与城市片区开发的关系，没有预留足够的与龙洞堡片区路网的接口。现在开发龙洞堡片区，只好采取下穿施工、围栏建匝道等措施，不仅施工麻烦、成本增加，而且影响了机场路的通行，影响了沿线环境卫生，影响了城市形象。类似情况还有不少。经验值得总结，教训定当记取。同志们要举一反三，学习系统论，养成系统思维的习惯，提高系统谋划工作的本领，避免就事论事、见子打子。

第二，坚持分类指导。事物总是千差万别的，不同地区、不同部门、不同单位都有各自的具体情况。在推动工作中，只有坚持从实际出发，区别情况、分类指导，不搞"一刀切"，才能收到预期的效果。

2008 年，我们根据分类指导的方法，制定了《贵阳市生态功能区划》，确定了优化开发区、重点开发区、限制开发区和禁止开发区。这次《贵阳建设全国生态文明示范城市规划（2012—2020 年）》贯彻十八大关于优化国土空间开发格局、加快实施主体功能区战略的精神，进一步明确了贵阳市高效集约发展区、生态农业发展区、生态修复和环境治理区、优良生态系统保护区。对于高效集约发展区来说，要坚持大规模投入、高强度开发，切实承担推进新型工业化、城镇化的重任。高新区和经开区、十大工业园区、服务业聚集区、二环四路城市带等，要千方百计聚集生产要素，实现集群发展、高效发展，打造全市经济社会发展的增长极。特别是云岩、南明两城区发展聚集度相对较高，空间相对受限，必须走内涵式发展道路，着力提高创新发展能力，通过产业升级换代，使同样的空间创造更多的财富。对于生态农业发展区来说，要坚持保护优先，把开发强度控制在区域生态系统可承受的范围内，强化基本农田保护，控制面源污染，构建现代农业、高效农业、循环农业体系，建设特色生态村寨，实现合理有序发展。花溪、白云、乌当以及一市三县的大面积农村都要坚持这一发展方略。对于生态修复和环境治理区来说，要通过实施退耕还林、封山育林、防护林建设、石漠化治理等生态修复工程，真正实现地变绿、水变清、景变美。比如，要坚持不懈抓上三年五年，把贵阳机场周围、高速路和城市主干道两侧的开山采石迹地修复好。比如，要按照综合整治中期工程计划，加强南明河全流域治理。特别要指出的是，生态湿地具有清洁水质、繁衍绿地、净化空气的多重功能，是多功能生态产品，相当于生态系统的"中央商务区"。要坚决保护好十里河滩、观山湖、小车河等湿地公园，在此基础上因地制宜再建设小关湖等一批湿地公园，扩大湿地面积，为子孙后代留下天蓝、地绿、水净的美好家园。对于优良生态系统保护区来说，就是要采取最严厉的措施，坚决禁止任何破坏性开发活动，控制人为因素对自然生态系统的干扰，努力实现污染物零排放。人迹所至，污染随行。对这些地方来说，就是要减少人的活动，有的要越少越好。红枫湖、百花湖、阿哈水库、花溪水库、松柏山水库等饮用水源地以及黔灵山、长坡岭、云关山、鹿冲关、景阳、盘龙山等森林公园要实行强制性保护，红线一寸也不能退让，功能定位一点也不能改变。大家看看黔灵湖，过去曾经是饮用水源，后来调整为景观用水，现在被污染成了什么样子！如果"两湖一库"（红枫湖、百花湖、阿哈水库）不坚持饮用水源定位，我看就会是现在的黔灵湖！总之，各功能区都要严格按照功能定位，确定相应的发展方略和产业结构。

十八大报告提出，"要把资源消耗、环境损害、生态效益纳入经济社会发展评价体系，建立体现生态文明要求的目标体系、考核办法、奖惩机制"。这是优化国土空间开发格局的保障措施。我们已经制定建设生态文明城市指标体系及监测办法，要根据十八大的新精神进行调整、充实，制定全国生态文明示范城市指标体系及监测办法，使其更加充分地体现人口资源环境相均衡、经济社会生态效益相统一，并进行定期监测、定期分析，作为衡量工作的重要依据。我们已经制定《贵阳市建设生态文明城市目标绩效考核办法（试行）》，但无论是差异化的尺度，还是落实的力度都还不够大，要借十八大的东风，进一步完善、细化考核办法，使其与主体功能定位更加衔接，增强考核刚性，更加充分地发挥"指挥棒"作用。要明显提高资源消耗、环境损害、生态效益在考核指标中的权重系数，出现重大生态问题要实行一票否决。

第三，坚持狠抓重点。所谓狠抓重点，就是紧紧抓住主要矛盾，"捉住了这个主要矛盾，一切问题就迎刃而解了"。古人讲"纲举目张"，谚语讲"牵牛要牵牛鼻子"，说的就是这个道理。如果"眉毛胡子一把抓"，分不清轻重缓急，很有可能像螃蟹吃豆腐———吃得不多、抓得挺乱。弹钢琴时，如果十个手指同时平均用力，怎么可能奏出优美的旋律？

不同时期、不同领域有不同的工作重点，都应该紧紧地抓住。对党委、政府来说，贯穿始终、关系全局的工作重点，毫无疑问是民生。民生连着内需，只有抓好了民生，扩大消费才有可靠的基础，经济增长才有持久的动力；民生连着民心，只有抓好了民生，干部在群众中才有威信，推动工作才能得到群众的支持；民生连着政治，只有抓好了民生，社会才能稳定，党的执政地位才能巩固。民生是重中之重，就是抓其他重点工作，比如交通，比如治水，也只有赋予了民生的意义，才会抓得那么狠。正因为如此，近年来，我们在指导思想上始终坚持民生至上，把老百姓的"难事"作为党委、政府的"要事"，把老百姓的"关注点"作为党委、政府的"着力点"，把老百姓的"所急所盼"作为党委、政府的"所干所办"。我们在谋划部署上坚决贯穿民生主线，从2007年年底召开的八届四次全会到2011年年底召开的第九次党代会，都把民生工作作为重中之重，进行系统的安排部署，努力满足老百姓对幸福生活的新期待。我们在工作推进上大力实施民生工程，通过实施"六有"民生行动计划和"十大民生工程"，千方百计、尽心竭力解决直接关系老百姓切身利益的上学、就业、看病、养老、住房、治安、交通、吃水等突出问题，老百姓的幸福感和满意度稳步提升，2012 年市民幸福指数达到 90.86，比 2010 年提高了 3.48 个点。

但是，必须清醒地看到，由于贵阳基础较弱、民生欠账较多，老百姓反映强烈的一些突出问题还没有得到根本性解决；同时，随着经济的迅速发展和对外交流的日益增多，一些新的民生需求不断涌现。面对这些情况，党委、政府要在民生工作上再尽心、再加力，不断回应百姓呼声，及时解决新的诉求，使建设全国生态文明示范城市的过程成为全体市民共同参与、共享成果的过程。一是在时间上要立足于早。有些事情是耽误不得的，比如教育，孩子受教育的黄金时间就是那么几年，如果错过了就会耽误一生；比如对困难群众的救助，如果不及时，就可能造成无法挽回的严重后果；比如修路，早一天建成老百姓就能早一天受益，而且越往后建设成本越高。对这些问题，要赶早不赶晚、赶急不赶慢，绝不能拖拖拉拉，最好一分钟都不要耽搁。就像古人所讲的，"解民于倒悬"。二是在投入上要立足于多。贵阳经济不发达，财力不宽裕，需要花钱的地方很多，各方面都要精打细算、厉行节约，尤其是行政经费支出要"吝啬"，大力压缩，但民生支出一定要"舍得"，大幅增加。2012 年，全市民生支出占财政支出的比重达到60％，但不能就此止步。同时，民生投入也要突出重点，向教育、医疗等重点领域倾斜，向困难群体倾斜，向农村地区倾斜，让老百姓真正感受到民生财政阳光的温暖。三是在态度上要立足于优。有时候，老百姓到政府办事之后心怀怨气，很大程度上就是办事人员态度有问题。服务态度好，即使事情没办成，老百姓也能理解；服务态度不好，即使事情办成了，老百姓也不高兴。最近有一项调查，贵阳有 24.49％的调查对象表示在党政机关办事不方便，其中有两个区居然有12.75％和12.04％的调查对象表示办事"非常困难"。对此，我们要高度重视，采取强硬措施，坚决整治群众眼前的、身边的腐败，比如吃拿卡要、敲诈勒索之类的行为，进一步强化窗口单位的服务意识，让老百姓办事感到舒心。我建议各级纪检监察部门好好抓一下这件事，查处几个老百姓反映强烈的典型。己所不欲，勿施于人。全市党政干部都要换位思考一下。你们自己或者你们的家人总有找某个部门、某个单位办事的时候吧？总有生病上医院的时候吧？总有孩子要上学吧？当你们在批评有的部门"职业道德"不好、有的医生"医德"不好、有的老师"师德"不好的时候，有没有想过自己的"官德"如何呢？这样设身处地想一想，面对群众还会高高在上吗？还会很不耐烦吗？还会推三阻四吗？河南南阳内乡县衙有一副对联，下半联是这样说的，"吃百姓之饭，穿百姓之衣，莫道百姓可欺，自己也是百姓"，希望大家牢牢记住这句话。

第四，坚持试点先行。试点先行，是毛主席创造的一个工作方法。"突破一点，取得经验，然后利用这种经验去指导其他单位"，这就是试点。贵阳市从 2010 年初开始的城市基层管理体制改革，撤销街道办事处、建立新型社区，就是运用试点先行方法的成功实践。建设全国生态文明示范城市，是一个全新课题，没有先例可循，尤其需要坚持试点先行。

抓试点，要注意把握两个方面。一是有试点机会就要积极争取。贵阳这几年有些工作之所以有特色、有亮点，既有我们自己决策正确、推进得力的原因，也与我们积极争取试点、主动当全国的"试验田"有很大关系。比如加强和创新社会管理综合试点、全国生态文明建设试点城市、全国低碳试点城市、全国节能减排财政政策综合示范城市等等。十八大要求在生态文明建设的市场机制方面进行新探索，比如"深化资源性产品价格和税费改革，建立反映市场供求和资源稀缺程度、体现生态价值和代际补偿的资源有偿使用制度和生态补偿制度"，"开展节能量、碳排放权、排污权、水权交易试点"，等等。国家有关部委势必会在全国选择一些城市来试点。我们要全力争取当试点，以此为契机推进全国生态文明示范城市建设，推进生态文明建设与市场化运作方式深度融合。二是试点取得成功就要尽快总结推开。开展试点的根本目的，是为了在面上推开，推动全局工作。因此，一方面，试点的选择要有代表性，试点的运行要有可持续性，做到可复制、可推广；另一方面，试点成功以后就要尽快推开，不能把试点当"摆设"，看起来挺美，但别人学不了或者推广不开。这次《贵阳建设全国生态文明示范城市规划（2012—2020 年）》提出"推进贵阳国家循环经济试点"。循环经济在贵阳试点已经试了十年，涌现出一批亮点企业，积累了不少成功经验，要赶紧全面推开。要强化企业循环意识，牢固树立"节约集约使用能源资源是美德"的观念；要加强刚性约束，通过行政的、法律的手段敦促企业推进循环经济；要加大政策扶持力度，运用经济手段特别是资源价格调节手段，给循环经济企业以实惠。当务之急，要确保《规划》中提到的循环经济项目，如清镇煤电铝、煤电化循环经济示范基地、首钢贵钢特殊钢新特材料循环经济工业基地、联和能源清镇水煤浆项目、息烽合成氨及新能源开发项目、开阳磷化工循环经济项目等取得重大突破，进一步促进全市循环经济向面上推开，形成"万紫千红"的良好局面。

第五，坚持充分竞争。竞争就是竞赛、就是争胜。列宁说得好，"竞争在稍微广阔的范围内培植进取心、毅力和大胆首创精神"。有竞争才有生机活力；没有竞争就必然退化，陷入一潭死水。竞争使人进步，这是客观规律，是颠扑不破的真理。

从贵阳市来说，这些年我们在坚持充分竞争方面进行了一系列探索，取得了明显成效。从培育竞争意识来说，我们着力弘扬"知行合一、协力争先"的城市精神，激发全市上下你追我赶、竞相发展。从构建竞争机制来说，我们采取常规工作分工负责、重大项目包干负责的方法，开展工作竞赛。比如，2007 年 9 月，为了改善贵阳交通状况、拉开城市开发格局、优化产业发展环境，我们提出，用 5 年左右时间建成中心城区"三环十六射"骨干路网。当时有人说，过去修一条几公里的路就要 5 年，现在 5 年要修这么多条路，里程达 286 公里、总投资达 430 亿元，可能吗？这不过是美丽的幻想。但是，我们通过实行项目负责制，每一条路都成立一个由市领导担任指挥长的指挥部，大家开展竞争、相互激励、比学赶超，2009 年全长 121 公里的环城高速公路通车，2011 年全长 49 公里的二环路通车。期间，北京西路、北京东路、甲秀南路、水东路、机场路、黔灵山路等陆续通车。桐荫路、东站路、盐沙路、富源南路也将于下个月通车。据统计，从 2007 年到 2012 年，全市建成道路里程达 554.5 公里，总投资 713 亿元，是前 30 年道路建设投资总和的 2.06 倍，人均道路面积由 2007 年前的 5.44 平方米增加到 7.9 平方米。天还是这片天，地还是这块地，人还是这些人，但是通过开展积极竞争，我们把不可能变成了可能，把"美丽的幻想"变成了现实。从运用竞争结果来说，我们坚持民主、公开、竞争、择优的原则，通过公推竞岗、公开选拔、两推一述、公开遴选等竞争性方式选拔的县级干部达到 64%，一大批想干事、能干事、干成事的干部得到了提拔重用，庸、懒、散现象大幅减少，选人用人公信度明显提高。

在迈向生态文明新时代的进程中，步子要迈得更好更快，必须更加充分地引入竞争，形成更加成熟的竞争机制，让每个人的聪明才智竞相迸发，让每个社会组织的创新活力充分释放。当前，特别要发挥产业政策和资源配置的导向作用，通过更加充分的公平竞争促进生态文明建设，促进绿色发展、循环发展、低碳发展。不论是民营企业还是国有企业，谁的投资方向更符合生态文明建设的产业要求，我们就引进谁；不论是本地企业还是外地企业，谁的项目环境污染少、资源能源消耗低、经济效益好，我们就支持谁；不论是大企业还是中小微企业，谁的产品科技含量高、成长前景好、发展潜力大，我们就扶持谁。市里对于各区（市、县）也是如此，谁抓生态产业、抓节能减排、抓环境保护的力度更大、效果更好，我们对谁的支持力度就加大，绝不搞普惠制。通过竞争造成压力、激发活力、增强动力，形成更多建设全国生态文明示范城市的正能量。

第六，坚持善借外力。英国大英图书馆藏书很多，要从旧馆搬到新馆，书的搬运费就要 350 万英镑。但图书馆根本没那么多钱，怎么办？有一个人给馆长出了个主意，在报纸上登一个广告，每个市民可以免费从图书馆借 20 本书，条件是到新馆还书。结果，只花了几千英镑的广告费，图书就搬进了新馆。这个故事说明，善借外力的作用有多大、效果有多好。

其实，古往今来，从个人到单位，从地区到国家，凡成就大事者，无不善借外力。秦孝公发"求贤令"借天下英才、诸葛亮智慧过人草船借箭，至今为人所津津乐道。当代中国，之所以能够在短短 30 多年时间里成为世界第二大经济体，从某种意义上说，就是"借"出来的，敞开国门借境外的资金、借境外的技术、借境外的经验、借境外的人才。如果关起门来搞建设，能够有今天这个局面吗？

贵阳近几年的发展当然是全市人民自力更生、艰苦奋斗的结果，但如果不借助外力，怎么可能发展得这么好、这么快？固定资产投资能够从 5 年前的 500 亿元搞到 2012 年的 2 480 亿元，就是大胆借力的结果；投资 56 亿元的会展中心、7 亿元的筑城广场、5 亿元的小车河城市湿地公园、3.7 亿元的孔学堂，没有花财政的钱，都是借助民间资本力量的结果；在国内外产生了重大影响、成为贵州贵阳重要名片的生态文明贵阳会议，如果不是借助全国政协、北京大学以及国家有关部委的力量，不是借助大会秘书长章新胜①的运作能力，能办到这样的层次和规模吗？

你有智慧，我能借用你的智慧，那就是大智慧；你有本事，我能借用你的本事，那就是真本事。在建设全国生态文明示范城市、迈向生态文明新时代的进程中，仅靠我们自己的力量显然是不行的，必须在"借"字上大做文章，把文章做足。借力主要是借财力、借智力。要围绕固定资产投资 2013 年达到 3 000 亿元、"十二五"期间累计超过 1 万亿元的目标，通过招商引资、社会融资、激活民资、直接融资、间接融资等多种渠道、多种方式，更大规模地借财力；要围绕建设"人才高地"的目标，通过更诚恳的态度、更优质的服务、更优惠的条件，更加有效地借智力。总之，只要对贵阳生态文明城市建设有利，就要敢借力、善借力、巧借力，这样才能"借"出贵阳发展的新局面。

四、以过硬的作风保障贵阳迈向生态文明新时代

大家在有些影视剧上可以看到，打仗的士兵前胸后背往往印有"兵"、"勇"的字样。我希望，在迈向生态文明新时代的征程中，贵阳市的党员干部都要印上三个字，不是印在身上，而是印在心上，就是"敢"、"实"、"清"。

为什么是"敢"呢？有勇、有胆谓之敢。战争时期要拿山头、攻阵地，毫无疑问需要勇将猛卒冲锋陷阵。和平时期虽然没有枪林弹雨，但也有很多复杂的困难、尖锐的矛盾、棘手的问题需要解决，同样需要"敢"。贵阳的干部大多数是敢抓敢管、敢作敢为、敢闯敢试的，近几年 100 多位"六敢"干部得到了提拔重

---

① 世界自然保护联盟主席，曾任教育部副部长、联合国教科文组织执行局主席。

用，但的确也有少数人不那么"敢"，一事当前，瞻前顾后、畏首畏尾，能摆就摆、能拖就拖；工作不求出彩但求不出事，不求有功但求无过；不讲原则、不辨是非，热衷于"和稀泥"、当"老好人"；只想当官、不想担责，有点成绩就大吹大擂，出了问题就上推下卸。形象地说，这样的干部就是"缺钙"，有"软骨病"。放到战争年代，这种人不但不可能被委以重任，而且如果临阵脱逃，还有可能被就地正法。全市各级党员干部抓工作、办事情务必坚持"敢"字当先，进一步做到敢抓敢管、敢作敢为、敢闯敢试，形成一支建设全国生态文明示范城市的"敢试队"。

为什么是"实"呢？"实"是一个好词。丈母娘选女婿，第一位的就是看这个人实在不实在；老百姓评价干部，首先看的也是这个人干没干实事。最近一段时间，一句"空谈误国、实干兴邦"再次引起强烈反响，成为传播频率最高的"中国好声音"，这说明老百姓对"实"有多么渴望，对"虚"有多么反感。希望全市各级党员干部都要崇尚"实"、践行"实"，使"实"蔚然成风。要讲实话，有一说一，有二说二，特别是对老百姓要讲实话，开展了什么工作、取得了哪些成效、存在哪些不足、今后如何改进等等，都要老老实实讲清楚，千万不要骗人；对上级要讲实话，不要虚报浮夸。要重实干，把全部心思和精力用在琢磨干事上，琢磨怎么又好又快发展，琢磨怎么改善老百姓的生活，不要把虚的口号喊得很实、把实的工作干得很虚。要求实效，把老百姓是否受益、是否满意作为想问题、办事情的根本参照系，不要搞花里胡哨的"面子工程"、劳民伤财的"政绩工程"。

为什么是"清"呢？"清"指纯净透明，与"浊"相对。古往今来，中国人都喜欢清，屈原"宁廉洁正直以自清兮"，周敦颐赞美莲花"香远益清"，于谦"要留清白在人间"，顾炎武"当以激浊扬清为第一要义"，现在党中央要求"干部清正、政府清廉、政治清明"。可以说，"清官"是为政者的高尚追求，也是老百姓对官员的最高褒奖。我希望，贵阳市的干部都当"清官"。头脑要清醒，始终站稳政治立场，明辨大是大非，不要糊里糊涂；做人要清白，公道正派、耿直坦荡，不要拉拉扯扯；为政要清廉，严于律己、洁身自好，不要贪赃枉法。只要大家都当"清官"，何愁政治不清明？何愁老百姓不拥护？

从现在起到 2020 年建成全国生态文明示范城市，还有八年时间。只要我们发扬八年抗战精神，发扬"知行合一、协力争先"的贵阳精神，坚持不懈、百折不挠，就一定能够把美好蓝图变为现实，大步迈进生态文明新时代！

一、综论
Chapter Ⅰ　Pandect

一个新的发展思路：建设生态文明城市 *

A New Thinking on Development：Building an Eco-city

　　我到贵阳工作已经半年多，对贵阳的长远发展有哪些思考，许多干部群众都很关心，有的写信、打电话提出建议，有的当面给我出谋划策。在深入调研、集思广益的基础上，经市委常委会、市长办公会认真研究，决定把建设生态文明城市作为贵阳市贯彻落实党的十七大精神的总抓手和切入点，作为当前和今后一个时期市委的施政纲领。这是一个新的发展思路。

　　什么是生态文明？我理解，生态文明以尊重和维护自然为前提，以人与人、人与自然、人与社会和谐共生为宗旨，以引导人们走上持续、和谐的发展道路为着眼点，是人类对传统文明形态特别是工业文明深刻反思的结果，是对既有的物质文明、精神文明、政治文明发展路径的拓展和匡正。生态文明理念下的物质文明，致力于消除人类活动对自然界稳定与和谐构成的威胁，逐步形成与生态相协调的生产方式和消费方式；生态文明理念下的精神文明，提倡尊重自然规律，建立人自身全面发展的文化氛围，抑制人们对物欲的过分追求；生态文明理念下的政治文明，尊重利益和需求的多元化，协调平衡各种社会关系，实行避免生态破坏的制度安排。建设生态文明，不同于传统意义的仅仅是控制污染和恢复生态，而是具有更深刻、更丰富的内涵，涉及观念转变、产业转换、体制转轨、社会转型等多方面。

一、为什么提出建设生态文明城市

　　第一，这完全符合中央的指示精神。党的十七大在我们党的历史上第一次将

---

　　* 这是李军同志 2007 年 12 月 28 日在贵阳市委八届四次全会上的讲话。

"生态文明"作为全面建设小康社会的新要求写进政治报告，明确提出要基本形成节约能源资源和保护生态环境的产业结构、增长方式、消费模式，生态文明观念在全社会牢固树立。中央提出建设生态文明，是对人类社会发展规律的深刻把握，是对科学发展观内涵的丰富，是执政理念的升华。我们提出建设生态文明城市，是落实科学发展观的实际举措，是贯彻中央精神的具体行动。在贵阳，紧密结合实际贯彻落实科学发展观、贯彻落实党的十七大精神，最重要的就是致力于建设生态文明城市。

第二，这完全符合当今世界城市的发展潮流。人类已经历了原始文明、农业文明和工业文明三种文明形态。进入工业文明以来，人类在创造巨大财富的同时，遇到了前所未有的社会危机和生态危机。对此，许多思想家进行过反思。卢梭就曾对使工业文明过分膨胀的工具理性侵蚀人的道德理性、破坏人与自然和谐的可能性和危险性发出警告。马克思恩格斯更是对资本主义工业文明所导致的人与人、人与自然关系的异化作出过深刻思考。随着城市化的迅速推进，环境、资源问题日益突出，人类开始对自己的生存空间、生活方式和价值观念进行反思。1820 年，英国人欧文提出了建设"花园城"的理念。1903 年，爱德华·霍华德在英国设计了两座"田园城市"。20 世纪 70 年代，联合国教科文组织在实施"人与生物圈"计划中，首次提出了生态城市的理念。很多专家学者对生态城市进行了研究，很多国家积极进行生态城市的实践。上世纪 90 年代以来，先后在美国的加利福尼亚、澳大利亚的阿德雷德、西非的塞内加尔、巴西的库里蒂巴、中国的深圳召开了五届国际生态城市会议，在全球范围内进一步推动了建设生态城市的实践。美国的克里夫兰、德国的埃尔兰根、印度的班加罗尔、澳大利亚的怀阿拉、丹麦的哥本哈根、日本的大阪等城市，都是按照生态城市的理念来规划和建设的，取得了巨大成功。有一个生动的例子，1994 年中国与新加坡合作建设了苏州工业园；前不久，中国与新加坡又签署了合作建设天津生态城的协议，强调运用生态经济、生态人居、生态文化的新理念，将天津建成人与人、人与自然、人与经济相和谐的宜居城。从苏州工业园到天津生态城，昭示着城市的生态化成为时代潮流。近年来，我国一些城市相继提出建设生态城市，取得了显著成绩，但是，许多地方的生态建设主要侧重于环境保护、产业发展等物质文明方面。我们提出建设生态文明城市，包括了物质文明、精神文明、政治文明，内涵有很大的丰富，层次有明显的提升，顺应了城市发展的未来方向。

第三，这完全符合比较优势的发展战略。经济社会发展相对落后的国家或地区能否实现快速健康发展，关键取决于能否制定出符合实际的发展战略。大家都知道，二战后，日本以及韩国、新加坡、中国台湾、中国香港"亚洲四小龙"经济发展取得很大成功，采用的是比较优势战略，即根据资源的比较优势来确立产业结构，根据资源比较优势的变化调整产业结构的战略。我国改革开放以来，珠江三角洲、长江三角洲等地区的快速发展，也是实施比较优势战略取得的。

多年来，我们一直谋求贵阳在西部省会城市中排位前移，在全国省会城市中排位前移。比如，《1996—2010年贵阳市城市总体规划》就提出，到2010年力争城市经济社会和科技综合实力达到全国省会城市中等水平。十多年过去了，结果却是有的方面差距越拉越大。不用说跟东部、中部的省会城市比，就拿西部城市来说，2000年，贵阳的GDP与成都、西安、昆明、南宁、乌鲁木齐的差距分别是882亿元、371亿元、361亿元、103亿元、0.3亿元，2006年分别扩大到2 147亿元、847亿元、600亿元、259亿元、51亿元。特别是与呼和浩特比较，差距更明显。呼和浩特的面积比贵阳小，人口比贵阳少。2000年，贵阳的GDP为275亿元，呼和浩特为179亿元，贵阳领先96亿元；到了2006年，呼和浩特的GDP突破900亿元，反超贵阳近300亿元。我到贵阳工作后，经常对着地图琢磨周边的城市。往北看，成都、重庆被国家批准为全国统筹城乡综合配套改革试验区；往东看，长沙、株洲、湘潭城市群被批准为全国资源节约型和环境友好型社会建设综合配套改革试验区；往南看，南宁的东盟博览会搞得热火朝天；往西看，昆明的昆交会影响力与日俱增。作为贵阳市的"当家人"，我要说，我们贵阳虽然也张罗了一些有影响的活动，也取得了一定的成效，但比较而言，我们不得不承认，贵阳还是有一点冷清，有一点沉寂。我们曾经以贵阳是西南地区陆地交通的几何中心而自豪，但现实的情况是，贵阳几乎成了边缘之地；贵阳处于贵州高原，但在西南地区经济版图上却成了一块"盆地"，一块"塌陷"之地。出现这样的情况，原因非常复杂，有历史的原因，有地理的原因，等等。且不说呼和浩特有毗邻首都的优势，是我国北方的外贸重镇，就说周边的重庆、昆明、成都、南宁，也都有比贵阳更值得国家和外界关注的因素。重庆是直辖市，是西南地区最能获得中央政府支持和境内外相关产业转移的首选区域，在历史上曾经是国民党的陪都、中共中央西南局的所在地；成都在历史上就一直是西南重镇，曾做过国都；昆明是我国面向东南亚、南亚国家的桥头堡；南宁是我国联系东盟的重要枢纽。而贵阳乃至整个贵州的情况如何呢？我们先看看历史，明永乐十一年，即公元1413年，贵州设立布政使司，成为全国第十三个行省。设置贵州省，首先是出于军事、政治需要，是为了控制西南特别是云南，"开一线以通云南"。"三线建设"时期，国家对贵州、贵阳比较重视，迁来了一些大企业，主要也是从国防角度考虑，而不是从经济角度考虑的。改革开放后，贵阳在国家总体战略中的地位以及对外来要素的吸引力很难与周边大城市相比，在竞争中处于劣势。在这样的情况下，我反复思考贵阳应该采取什么样的发展战略。我认为，在相对落后的情况下，尤其需要冷静、需要沉着、需要借鉴成功的经验。如果我们非要拿自己的短处去比别人的长处，那是不明智的。我们必须扬长避短，走比较优势战略的路子。这就好比打仗，正面强攻不下，调整战术，迂回一下，从侧面进攻也许能打赢。我们不是说不要 GDP，而是要体现生态文明的 GDP，要包括幸福指数等在内的全面的 GDP。

天生万物，有其短必有其长。什么是贵阳的比较优势呢？首先就是生态优势。一是空气清新。贵阳有两条环城林带，森林覆盖率 39％ 以上，是全球喀斯特地区植被保持得较好的中心城市，沙尘暴天数为零，加上降水较丰富，夜雨多，起到了对天空的"清洗"作用，一年中市区空气质量达到优和良好的天数占 95％ 左右，这在全国名列前茅。二是气候凉爽。有些城市环境不错，但夏天气候不行，热浪滚滚，被称为"火炉"。而贵阳夏季平均气温在 24℃ 左右，年均相对湿度在 78％ 左右，不湿不燥，凉风习习，让人感到非常舒适，可与意大利著名旅游城市佛罗伦萨媲美，在东亚、东南亚，像贵阳这样气候凉爽的城市很少啊。当前，全球气候变暖已成为世界各国高度关注的一个问题，气温升高带来严重后果，极端灾害性天气频繁，要么大旱，要么暴雨，要么极其热，要么极其冷。在这样的情况下，贵阳的气候优势尤显宝贵。"气候"是可以卖钱的，我在省委宣传部工作的时候，到北京、上海、广州、香港去推介贵州旅游，就是"卖气候"，效果很好。三是纬度合适。有些城市夏天气候也很好，可以避暑，但是纬度偏高。而贵阳处于北纬 26 度，这与埃及的开罗、印度的新德里、美国的夏威夷大体相当。专家认为，人类居住的最佳纬度为 20～30 度。四是海拔适中。一些城市气候凉爽，但是海拔偏高，紫外线辐射强。而贵阳海拔在 1 000 米左右，紫外线辐射为全国乃至全球最少的地区之一，非常适合人居。生理卫生试验研究表明，人体在这个海拔高度对大气气压感觉最佳。佛家寺庙、道家道观通常都建在这样的高度，因为适合修行。五是省会城市。有一些中等城市很宜居，但不是省会中心城市，不能跟贵阳相比。综合这些因素，可以说，生态环境的优势是贵阳最大的比较优势、最大的本钱、最大的希望，这是用多少 GDP 都换不来的。最近，我在《人民日报》发表歌词《爽爽的贵阳》，其中有几句是这样的："绿绿的贵阳、爽爽的贵阳，感受着你的气息，我醉倒在惬意的天堂。"此外，贵阳还有丰富的磷、铝等矿产资源，这也是很多省会城市没有的。相对一些发达城市而言，贵阳开发强度较弱，生态环境保护较好，加之土地、劳动力成本较低，既有比较优势又有后发优势，这十分有利于建设生态文明城市。最近国家公布了新的职工休假制度，有利于人们外出休闲、度假、避暑。贵阳这样的地方，正好符合休闲、度假、避暑的需要，在"火炉"里居住的人，在东亚、东南亚国家一些闷热难熬的城市里居住的人，到贵阳来度假避暑，多爽啊！这几年，旅游业一直是贵阳市发展最快的产业之一。今年前 11 个月，贵阳旅游收入和接待人数增幅分别超过 41% 和 30%，双双创历史新高，这就让我们看到了发挥比较优势、后发优势，建设生态文明城市的广阔前景。我们把这些得天独厚的优势充分利用好，再加上大力改善交通等基础设施条件，把贵阳打造成适宜居住、适宜创业、适宜旅游的城市，世界上高智商、高知识、高投资、高收入的人，就会到贵阳来居住、来投资、来旅游。近年来，很多外地人到贵阳买房子，就说明了这一点。印度的班加罗尔，环境、地形、海拔、纬度、气候等方面都与贵阳相似，是印度软件之都、全球五大信息科技中心、世界十大"硅谷"之一。班加罗尔的成功，很重要的原因是环境好，比如空气质量好，符合精密制造业研究发展的要求，气候条件好，大批科研人员愿意前往定居。这很值得我们借鉴。

第四，这完全符合人民群众的共同愿望。一个城市好不好，不能只看城市的GDP，还要看城市居民生活得是否幸福。一个人要幸福，当然要有一定的收入水平，但幸福感与金钱之间并不完全成正比关系，比如，钱不多，身体健康，家人和和睦睦，照样幸福；钱多了，老吵架，闹离婚，未必幸福。国际上幸福指数高的国家，并不一定是经济发达的国家。去年，英国"新经济基金"组织对全球178 个国家和地区按"幸福指数"作了一次排名，冠军是太平洋岛国瓦努阿图，英国和美国则分别排在第 108 位和第 150 位。不久前在哥德堡举行的全球首届幸福大会，首要议题就是"为什么 GDP 增长并不一定带来幸福感"。像北京、上海、广州这样的大城市，贵阳在经济总量上无论如何比不过它们，但要比老百姓生活的幸福指数，贵阳未必比它们差。我们一些贵阳老乡打点小麻将，喝点小酒，午夜在街上吃点烧烤，生活很安逸啊。以至于龙永图[①]先生在一次演讲中大声疾呼：父老乡亲们要少打麻将，不要睡懒觉。我们建设生态文明城市，在努力提高居民收入水平的同时，要用更多的精力创造良好的居住环境、人文环境、生产环境、生态环境，老百姓尽管收入赶不上其他许多城市，但也能生活得很幸福。

讲了这么多，贵阳要建设的生态文明城市究竟应该是什么样子呢？我们概括为六句话：一是生态环境良好，就是要始终保持青山绿水，空气清新，气候宜人；二是生态产业发达，就是要稳定形成三、二、一的产业结构，使旅游文化等现代服务业、高新技术产业、循环经济型产业成为主导产业；三是文化特色鲜明，就是要有突出的城市个性，有良好的社会风气，有凝聚力强的城市精神；四是生态观念浓厚，就是公众生态伦理意识普及，生态化的消费观念和生活方式形成；五是市民和谐幸福，就是居住舒适安全，出行方便快捷，公共服务质量良好；六是政府廉洁高效，就是党政责任体系完善，执行力明显加强，市民的政治

---

① 贵阳人，时任博鳌亚洲论坛理事、秘书长。

参与程度明显提高。这是定性的描述，我们还会将生态文明城市的指标量化，包括基础设施指标、生态产业指标、环境质量指标、民生改善指标、文化发展指标、政府责任指标等，用这些指标来具体衡量生态文明城市建设的成效。建设生态文明城市，是一个理念，是一个目标，是一个结果，也是一个长期的艰苦奋斗过程。我们要立足当前，着眼长远，五年打基础，十年见成效。在本届市委任期之内，主要是做好打基础的工作。

二、按照生态文明的理念搞好城市总体规划修编

规划是一个城市发展的龙头。建设生态文明城市，必须在城市规划的指导下有序进行。贵阳市正在实施的《1996—2010 年贵阳市城市总体规划》即将到期。经国务院批准，我们已启动新一轮总规修编。制定城市总体规划，最关键的是确立什么样的发展理念和城市定位。理念决定规划的水平，定位决定城市的命运。没有超前的理念和科学的定位，规划就没有特色，就没有生命力。1996 年版的城市总体规划将贵阳定位为"贵州省的省会，西南地区重要的中心城市之一"，随着形势的发展，认识要深化。比如，1913 年以来贵阳一直是贵州的省会，在规划里还这样定位没有多大意义；把贵阳定位为"西南地区重要的中心城市之一"，也没有什么特色，因为西南地区比我们重要的中心城市有好几个。这次城市总规修编，一定要按照建设生态文明城市的要求，把生态文明的理念贯穿到城乡总体规划、分区规划、控制性详规中，落实到城市空间布局、基础设施、产业发展、环境保护、人口发展等各个专项规划里，渗透到城市道路、城市建筑、城市景观、住宅小区等城市设计的各个方面，通过绿地、森林、公园、湿地、湖泊等连接各片区，真正彰显"城中有山、山中有城，城在林中、林在城中"的特色。现在，我们以贵阳是"林城"、"山城"为骄傲，但有的人不珍惜，很多地方山有多高，房屋就建多高，哪里有森林，哪里就建房子，以至于市委、市政府决心打一场"森林保卫战"。

建设生态文明城市，必须科学划分城市功能分区。最近，国家启动了全国主体功能区规划编制工作，将根据不同区域的资源环境承载能力、现有开发密度和发展潜力，统筹谋划未来人口分布、经济布局、国土利用和城镇化格局，将国土空间划分为优化开发、重点开发、限制开发和禁止开发四类。我们也要按照国家精神，在深入调研的基础上，划定贵阳的优化开发区、重点开发区、限制开发区和禁止开发区，确定各片区的功能定位、发展方向，明确空间"红线"，优化国土开发格局。比如，"两湖一库"周边区域，应作为禁止开发区，依法依规实施

强制性保护，控制人为因素对自然生态的破坏。我在阿哈水库讲过，谁要是动摇了阿哈水库饮用水源的定位，造成不可逆转的污染，谁就是历史的罪人，就是贵阳人民的敌人。比如，花溪和清镇的部分地方是重要的饮用水源所在地，不适宜大规模、高强度工业化和城镇化开发，要作为限制开发区；小河、白云、乌当、修文、开阳、息烽等，有一定经济基础，资源、环境承载能力较强，发展潜力较大，要作为重点开发区，在保护好生态环境的前提下，主要是按照生态园区模式，发展生态工业和生态农业；云岩、南明经济比较发达，人口密集，开发强度较高，已经超负荷承载，要作为优化开发区，稀化、绿化、美化，把提高发展质量和效益放在首位，大力发展现代服务业，成为贵阳服务业发展的核心圈、辐射圈。今后，产业布局、重大项目安排，包括招商引资，都必须服从生态文明城市的功能分区，加强统筹协调，不能杂乱无序，遍地开花。在批工业用地的时候，就要明确具体搞什么产业，促使工业项目向园区集中。比如，制造业项目要相对集中在小河—孟关先进装备制造业带，高新技术项目要相对集中在麦架—沙文高新技术生态产业经济带，制药业项目要相对集中在扎佐、乌当医药工业园，提高产业集中度和关联度。各区（市、县）都要严格按照生态文明城市的理念规划建设。与此相适应，要改革对各区（市、县）的政绩考核办法，根据各地实际情况实行分类评价、分类考核。

规划一旦制定，就必须坚定不移地实施。当前，规划执行不力的问题在贵阳市比较突出。一个是随意调规。原来的规划很好，但后来由于指导思想发生偏差，或者受利益驱动，把本来该搞绿地的地方改成搞房地产开发，在本来该修路的地方盖起了商铺。比如，南明河边的箭道街，修了那么多高档酒楼、会所，而且都是经过批准的。有的同志对南明河旖旎风光被破坏感到痛心疾首，建议把这些酒楼会所拆掉，恢复绿地，把南明河亮出来，我说那得多少钱啊！比如，河滨公园山顶上修的那座"白楼"，从根子上讲就是违章建筑，人们无不为"白楼"大煞风景而扼腕叹息。比如，金阳新区规划理念非常好，很超前，但我8月份去调研的时候发现已经有调规的苗头，原定的绿轴被占了，观山湖公园变小了，道路两边的绿化带变窄了，行政中心前开阔的视野被挡住了。一位老同志对我讲，他主管时只批准调了一点点，建筑没这么多，也没这么高，想不到后来就搞到了这个程度，太遗憾了。我跟他说，你只要开个门缝，门就会被挤开，越挤越开，越开越大。这就是随意调规造成的恶果。为了避免金阳新区建设出现老城区那样的遗憾，我们明确要求观山湖公园绝不能再被蚕食，一寸土地都不能再占。很多城市没山造山、没水造水，像北京，景山是造的，中南海、北海是造的，现在奥林匹克水上公园也是造的。我们贵阳有这样一个几平方公里的天然公园，真是宝贝啊，为什么有人就是看不顺眼，想把它搞成又一个南明河呢？今后，一定要避免为了局部利益、眼前利益而随意调规。另一个是有规不依。有些房地产开发项目随意"长高长胖"，突破红线、突破绿线，规划形同虚设。如果说调规是政府利益迁就了开发商利益，那么有规不依则完全是开发商追求最大私利和政府维护公共利益之间的较量。对这样的情况，我们要坚决制止，一点也不能含糊。有一个房地产开发项目占用了金阳新区的绿轴通道和公共空间，市民进公园的道被挡住，市委、市政府花了十几个亿修建观山湖公园，难道就是给它做后花园的吗？12 月 20 日，开发商已按照不容讨价还价的要求拆除违章建筑，还道于民。这里要特别强调规划的法律效力，任何单位和个人都必须服从，不存在特殊情况，绝不能以"特事特办"的名义任意更改、随意调整，让一些违规项目合法化。今年9 月，我收到一份材料，说是鉴于某项目的特殊情况，要帮助完善手续。我批了一句：请告市国土、规划、绿化等部门，严格按原则办事，不管有什么特殊情况！我想，如果迁就、屈服于这些所谓的"特殊情况"，让个别人攫取私利的图谋得逞，就是对贵阳人民公共利益的最大损害，这是绝对不能容许的。

为了提高规划的权威性和严肃性，我们借鉴北京成立首都规划委员会的做法，成立了贵阳市城乡规划建设委员会，由省委常委、贵阳市委书记任主任，现在就是我任主任，贵阳市市长、贵州省建设厅厅长担任常务副主任。以前的市规委主任是袁周①同志，我对袁周同志讲，这个规委会主任现在由我来当，不是说你当得不好，而是因为贵阳作为省会，必须省市共建，让省直部门参与进来，支持我们制定和实施规划，同时也服从规划。市规委里有省委办公厅、省政府办公厅、省发改委、省建设厅、省交通厅等省有关部门的负责同志，我作为省委常委，协调起来容易些。有的人可能以为，这下李军书记的权力大了，财源滚滚来啊。我给大家讲，市规委将立好规矩，建章立制，组建四个专家委员会，实行票决制，所有重要规划包括城市设计，未通过专家评审的，市规委不会批准，我这个主任也无权批准。搞城市规划，最怕碰上"不懂、主观、有权"的领导。不懂不可怕，不懂又不听别人意见才可怕；不懂、不听意见，但说了可以不算也无大害；如果集不懂、主观、有权"三位一体"，危害就大了。我自认为还不是这样的人，也希望各位领导同志不要成为这种"三位一体"的人。

三、强力推进基础设施建设

交通基础设施是建设生态文明城市的基础。建设生态文明城市，要求实现内

---

① 时任贵阳市委副书记、市长。

部各生态系统之间的有机联系和协调统一，实现内外部生态系统之间充分的物质能量交换，即通过形成顺畅的内循环、外循环，畅通贵阳市各片区之间及其与周边区域的联系。近年来，贵阳市交通基础设施建设取得了很大进展，但交通仍是制约经济社会发展的重要瓶颈。中心城区交通拥堵成为老百姓反映非常强烈的一个问题。一份调查结果显示，贵阳市近80%的人认为老城区最主要的问题是交通拥堵。为什么会出现交通拥堵？原因很多，但根本原因在于道路建设总量不够、路网结构不合理。在总量上，从密度看，国家规定城市道路密度规范值为3～4公里/平方公里，山区城市道路密度应大于平原城市，一般应达到规范值的上限，但贵阳道路密度为2.86公里/平方公里，还没有达到规范值的下限；从人均道路面积看，一般来讲，城市人均道路面积达不到10平方米以上就很难畅通，而贵阳只有5.67平方米。在结构上，没有形成通畅的内外循环系统，很多过境车辆要穿过中心城区，加之有像北京路、延安路这样的断头路，要素流动更加不畅。交通拥堵不堪、居民出行不便，还谈什么适宜居住呢？贵阳有一定的工业基础，但经济生态系统与交通循环系统未能有效对接，导致货物进出不畅，企业联动效应不强。在调研过程中，很多企业都向我反映这个问题。在这样的情况下，还谈什么适宜创业呢？贵阳是森林之城，但是由于交通设施不到位，自然生态系统和城市生态系统是割裂的，"有路的地方没有林，有林的地方没有路"；贵阳旅游资源丰富，但是通达条件较差，包括息烽、青岩在内的很多旅游景点都存在交通不便的问题。在这样的情况下，还谈什么适宜旅游呢？因此，如果不采取过硬措施，迅速改善贵阳的交通基础设施条件，要想建成宜居、宜业、宜游的生态文明城市，只能是一句空话。

基于这样的状况，我到贵阳工作不久，就提出强力推进交通基础设施建设。第一件事就是抓环城高速公路建设。环城高速公路太重要了，我说了"四个大"：就是实现交通循环的大动脉、产业发展的大走廊、促进城市化的大杠杆、展示城市形象的大平台。还说过，环城高速是个纲，纲举目张。全国很多省会城市，包括我们的邻居昆明、长沙、南宁、成都，都陆续建成了环城高速公路，我们必须抓紧工作。从今年7月份开始，经过指挥部以及各有关部门同志们的艰苦奋战，5个月办完了南环线所有的审批手续，南环线即将正式开工。在建的西南段推进速度也大大加快。整个环城高速公路建设要贯穿生态文明理念，要建成经济路，造价要低，质量要高，带动相关产业发展；建成生态路，设计时最大限度地保护生态，施工中最小限度地破坏生态，完工后最大力度地恢复生态，让驾驶员和旅客驾乘在环城高速公路上安全、舒适、赏心悦目；建成人文路，体现以人为本，对被征地农民进行集中安置，安置点选在青岩古镇附近，将青岩古镇建成一个彰显生态特点、文化特色的旅游重镇。为了系统解决中心城区的交通拥堵问题，今年启动了"畅通工程"，很重要的一项措施就是通过 3～5 年的努力，建成"三条环路十六条射线"的骨干路网结构。届时，贵阳的交通将会有很大改善，城市面貌也将会发生很大变化。所有这些，都是打基础、利长远、惠及人民群众的事，看准了就要义无反顾、强力推进。如果有人硬要说抓环城公路、抓"畅通工程"这样的事是在搞"形象工程"、"政绩工程"的话，那么我就要说，在贵阳，这样的"形象工程"、"政绩工程"不是搞多了而是搞少了，不是搞快了而是搞慢了。对这样的"形象工程"、"政绩工程"，我支持同志们多搞、快搞。

在重点抓好交通基础设施建设的同时，还要着力抓好农村基础设施、城市公用设施、信息基础设施等建设。特别是农村饮水安全问题，关系到农民群众的身体健康。这个问题解决不好，就根本谈不上提高老百姓的幸福指数。2005 年我们基本解决了农村饮水困难问题，但仍然有 60 万农村人口存在饮水安全问题。去年和今年，我们分别解决了 5 万和 15 万农村人口的饮水安全问题，还剩下近 40 万人口没有解决。要强化领导，落实措施，通过两年的努力，解决全部农村人口饮水安全问题，确保比全省的目标提前 2 年。农村的路也很重要，关系到农村的发展和农民的生活质量，这次会议提出到 2012 年完成通村公路硬化，务必要实现。

四、加快发展第三产业，形成三次产业协调发展新格局

建设生态文明的一个重要标志，就是第三产业在经济总量中要占到较高比重，稳定形成三、二、一的产业结构，同时三次产业都要向生态化方向发展。贵阳建设生态文明城市，必须转变发展方式，推动结构优化升级，重点加快发展第三产业，形成三次产业协调发展的新格局。《中共贵阳市委关于建设生态文明城市的决定》把发展旅游、文化、现代物流、金融、会展等现代服务业放在突出位置。这是因为：

第一，这是中央的政策导向。近年来，中央释放出一些重大信号，我们要高度重视、深刻领会。党的十七大强调"三个转变"，即促进经济增长由主要依靠投资、出口拉动向依靠消费、投资、出口协调拉动转变，由主要依靠第二产业带动向依靠第一、第二、第三产业协同带动转变，由主要依靠增加物质资源消耗向主要依靠科技进步、劳动者素质提高、管理创新转变。近几年，中央经济工作会议的基调也在逐步变化。2004 年要求"实现经济社会全面协调可持续发展"，2005 年提出"又快又好"，2006 年提出"又好又快"，今年提出"稳中求进、好字优先"。与此同时，国家宏观政策作出了重大调整。一方面，大力支持服务业发展。今年 3 月，国务院出台的《关于加快发展服务业的若干意见》明确提出：

有条件的大中城市要形成以服务经济为主的产业结构，服务业增加值的增长速度超过国内生产总值和第二产业的增长速度。国家发改委会同有关部门正在制定《关于加快发展服务业若干政策措施的实施意见》，从加强规划和政策引导、放宽服务业市场准入、深化服务领域改革、提高服务领域对外开放水平、加大服务业领域资金投入力度、优化服务业发展的政策环境等方面提出了具体意见。最近，国务院西部开发办、国家旅游局在贵州召开了"大力发展旅游产业、深入推进西部大开发"工作座谈会，明确表示要大力支持西部地区发展旅游产业。所有这些都给我们发展服务业带来了极为难得的机遇。另一方面，严格限制高污染、高耗能产业的发展。最近，国务院批转了《节能减排统计监测及考核实施方案和办法的通知》，将节能减排的考核结果作为对各省（区、市）政府领导班子和领导干部综合考核评价的重要依据，实行问责制和一票否决制，这标志着节能减排进入硬碰硬的攻坚阶段，再走高污染、高耗能的发展路子，是没有出路的。对此不能有任何侥幸心理，我们必须老老实实按照国家宏观政策，转变经济发展方式，优化经济结构，尤其是要加大力度发展第三产业。

第二，这是国内外城市发展的普遍规律。服务业的兴旺发达是现代经济的重要特征，是现代产业体系的重要内容和产业结构优化升级的方向，是吸纳城乡新增就业的重要渠道。由于技术的进步，目前工业吸纳劳动力越来越有限，出现了技术排挤劳动力的状况，而服务业具有门类广、领域宽、劳动密集度高、就业弹性大的特点，在吸纳就业方面具有明显的优势。据统计，单位服务业产值所创造的就业岗位是工业的5倍。世界上多数国家服务业吸纳就业人数已超过第一和第二产业的总和。服务业不仅自身资源消耗低、污染排放少，而且通过提供有效服务，可以提高其他产业在节约、环保等方面的效率。一般来讲，在工业化初期阶段，制造业是产业的主体，在工业化中后期，服务业逐步成为产业主体。国际上，服务业占GDP的比重，发展中国家大体在60%左右，发达国家普遍达到70%以上，大城市服务业的比重更高，如纽约、东京、首尔服务业占GDP的比重已分别高达84.1%、82.8%和79.7%。从国内经济发达的城市看，北京服务业占GDP的比重为70%，达到了发达国家的平均水平，广州服务业占GDP的比重也达到了57.6%。贵阳要早日迈入发达城市的行列，必须在繁荣和发展第三产业，特别是在现代服务业上做足文章。

第三，这是贵阳产业发展的差距所在。如果说前些年贵阳工业化水平较低，发展服务业的基础较弱，那么现在，贵阳已处于工业化中期阶段，大力发展服务业时机已经成熟。贵阳作为省会城市，发展现代服务业是扩大城乡就业、完善城市功能、增强辐射带动作用的重要手段。经过多年努力，贵阳市第三产业在GDP中的比重一直在上升，2006年达到45.3%，成绩很大，但差距不小，这一比重在西部 10 个省会城市中排末位，比南宁低 5 个百分点，比成都低 3.6 个百分点。这些年，呼和浩特之所以发展那么快，一个很重要的原因就是在第二产业迅速增长的情况下，第三产业增长更快。2000 年到 2006 年，该市三次产业结构由 11.2∶37.6∶51.2 变化为 5.7∶38.9∶55.4。拿省内来讲，贵阳市在各方面优势都非常明显的情况下，预计今年第三产业将增长 16.7%，比全省 17.9% 的增速低 1.2 个百分点。作为省会城市，贵阳市第三产业增幅达不到全省平均水平，这是说不过去的。今年，由于第二产业受到限电等因素的影响，增速有所放慢，可能形成三、二、一的产业结构，但这不是产业结构优化的真实反映。要稳定形成三、二、一的产业结构，还需要作出艰苦的努力。

国务院下发《关于加快发展服务业的若干意见》后，全国各地都高度重视，出现了各取实招、竞相发展的局面。我们必须认清形势，在发展服务业上下大工夫、硬工夫、真工夫。首先，思想意识上要有紧迫感，把发展服务业放在经济社会发展全局的重要位置，作为建设生态文明城市的重要突破口。第二，工作措施上要强劲有力，不折不扣地贯彻落实好国家和省支持服务业发展的政策措施，实实在在地加大对服务业发展的投入力度，大力培育服务行业的领军企业和知名品牌。第三，领导力量要切实加强。现在，贵阳市服务业管理分散、体制不顺，要尽快研究理顺领导体制，落实责任，健全机制，强力推进服务业发展。我想，只要我们统一认识，加大力度，完全可以把服务业搞上去。

有的同志担心，大力发展第三产业，提高第三产业比重，是不是要限制或削弱第二产业发展呢？当然不是，应该继续实施"工业强市"战略，第二产业与第三产业应该"水涨船高"。毫无疑问，第二产业仍然是目前贵阳市经济发展、财政收入的主要支撑。贵州省、贵阳市工业化的任务还远远没有完成。建设生态文明城市，不可能逾越工业化阶段。因此，工业经济不是要不要发展的问题，关键是如何发展。摆在我们面前的有两条路径：一条是走传统的老路，透支自然资源和生态环境，拼资源、拼消耗；一条是转变指导思想，调整发展思路，走新型工业化的路子，也就是生态文明的工业化路子。前一条路受到自然资源和生态环境越来越强硬的制约，已经难以为继，肯定是走不通的，必须转变经济发展方式，走第二条道路。我想，要在两个方面着力。一方面，要做大增量。就是要大力发展高新技术产业。高新技术开发区在很多城市都是重要的经济增长点，而贵阳市的高新技术开发区发展了十几年，无论空间规模还是产值规模，都不尽如人意。贵阳市高新技术产业增加值仅占工业增加值的 16% 左右、GDP 的 6% 左右，这个比重实在太低了；现在，贵广快速铁路新客站将放在高新开发区金阳园区规划范围内，这对金阳发展很有好处。但对高新开发区的发展而言，必须另外拓展空间。市里已决定规划建设麦架—沙文高新技术生态产业经济带，这个想法初步得到了国家科技部的支持。有人或许会问：在贵阳这样的地方，要人才缺人才，要技术差技术，能搞高新技术产业吗？贵州微硬盘项目①不就失败了吗？微硬盘失败，教训极为深刻，值得认真总结，但我们不能失望，不能对发展高新技术产业失去信心，不能认为在贵州、贵阳搞不了高新技术产业。当前，面对因科学技术高速发展而在学科边缘、交叉地带形成的新技术、新产业，如生命技术、纳米技术、新材料、新一轮升级的信息技术等，东部和西部、发达地区和欠发达地区都是一张白纸，起点一样。而贵阳具有生态环境良好、居住条件适宜等优势，对要求环境质量较高的高技术产业和注重生活质量的各类高素质人才具有较强吸引力，只要政策得当、措施得力，完全可以把高新技术产业发展成贵阳市新的经济增长点。另一方面，要提升存量。关键要用循环经济模式来提升、改造资源型产业。贵阳市发展循环经济，我认为目前的情况基本上可以概括为三句话：规划起步早，工作进展慢；口头说得多，实际行动少；政府学者热，企业民众冷。2000年我们就提出要发展循环经济，这相当超前，完全符合国家的产业导向，但是实施的力度远远不够。现在外省推进循环经济的力度很大。11月下旬，国家发改委、国家环保总局在重庆召开"全国循环经济试点工作会"，向全国推广重庆经验。重庆经验就是使循环经济理念深入到各个角落，成为全社会的行动。贵阳发展循环经济也必须真抓实干，重点是建好生态工业园区，使产业空间集中、要素资源节约、产业链条延长，促进节能减排。《中共贵阳市委关于建设生态文明城市的决定》明确重点发展开阳、息烽磷及磷化工，清镇煤及煤化工，白云铝及铝加工循环经济生态工业园区，要真正按照循环经济的理念，抓好项目布局和产业链接，集中建设污水处理、中水回用、固体废物处理、热电联供等项目，形成集约利用的公用工程，推动产业集聚发展、企业集中布局、污染集中处理和废弃物循环利用，达到少排放乃至零排放的目标。在建设生态工业园区、促进企业共生集聚的同时，要加大力度淘汰落后产能，实现资源的高效利用。据测算，一吨磷矿石原矿只能卖 320 元，加工成黄磷或饲料级磷酸氢钙可以卖 1 450 元，加工成磷复肥可以卖 1 850 元，加工成农药级磷酸盐可以卖 2 800 元，加工成医药级磷酸盐可以卖 3 000～4 000 元，加工成电子级磷化工产品可以卖 1 万元以上。到底怎么搞划算，一看就明白了。这里，我要特别提醒各区（市、县）主要负责同志，目前有些高污染项目正在向我们这样的欠发达地区转移，不管这些项目能提供多少 GDP 和税收，只要不符合循环经济理念、不符合环保要求，一律不得引进。贵阳市目前还有不少小水泥厂、小铁合金厂、小造纸厂，创造不了多少产值，缴纳不了多少税收，解决不了多少就业，却搞得到处烟尘滚滚，黑水横流，

---

① 2002年，微硬盘项目被引入贵州，贵州当地银行、企业先后投入资金近 20 亿元。但该项目自 2004 年 9 月后一蹶不振，最终停产。

污染环境，破坏生态，得不偿失，这次关停的决心一定要大。凡是污染严重的落后工艺、技术、装备、生产能力和产品一律淘汰，凡是超标或超总量控制指标排污的工业企业一律停产治理。

在加快发展三产、二产的同时，在任何时候都不能忽视农业，但必须大力发展循环农业。所谓循环农业，就是在农业生产过程和农产品生产周期中减少资源、物质的投入量，减少废弃物的产生、排放量。循环农业有农业资源循环型企业模式、城市生态农业园区模式、特色生态农业经营模式、资源能源综合利用模式等。贵阳市一些地方在发展生态农业方面积累了一些经验，要认真总结，大力推广。

五、以最严厉的措施保护好生态环境

建设生态文明城市，必然要把保护生态环境放在突出位置，实现人与自然的和谐、友好。当前，生态环境问题是全人类普遍关注的热点问题。从全球来看，由于生态环境加速恶化，人类的生活质量、身体健康状况和生产活动都受到严重影响。从全国来看，由于经济高速发展，发达国家上百年工业化进程中分阶段出现的环境问题在我国集中出现。从贵阳市来看，尽管近年来生态建设和环境保护的力度不断加大，生态环境恶化的势头得到有效遏制，但是，保护环境的任务仍然十分艰巨。比如，"两湖一库"是贵阳人民宝贵的"三口水缸"，但近年来水质逐年下降，我在治理和保护"两湖一库"动员大会上说，对那么多污染物流入"两湖一库"感到惊心，对"两湖一库"污染程度感到痛心，对"两湖一库"的前景感到忧心。比如，南明河是贵阳的"母亲河"，虽然经过多年治理，水质有了很大改观，但是看看水口寺以下的河段，还是一条"黑水河"，臭不可闻。我们的发展究竟是为什么？如果环境被污染了，喝不到干净的水，呼吸不到新鲜的空气，生活环境龌龊，即使我们钞票满兜、房子住得再大又有什么用呢？我们要充分认识形势的严峻性，切实增强紧迫感，进一步把钱大还是命大、是治理划算还是预防划算、是自己的责任还是他人的责任这三个问题彻底弄明白、想清楚，以对自己、对他人、对后代高度负责的态度，下最大的决心、花最大的力气、采取最过硬的措施，把生态环境保护好。

生态学上有一个著名案例叫"公地悲剧"：一群牧民共同在一块公共草场放牧，一个牧民虽然明知羊的数量已经够多了，再增加的话草场就会退化，但他还是想多养一只羊增加个人收益，因为草场退化的代价由大家承担。当每个牧民都这样干时，"公地悲剧"就上演了——草场持续退化，直至无法养羊，最终导致所有牧民破产。要避免这种悲剧，必须有一个主体站出来代表社会公益，这就是政府。因此，为保护好生态环境，党委、政府必须主动承担责任。在措施上，要适应新的形势，解放思想，与时俱进，从主要运用行政办法转变为综合运用法律、经济、技术和必要的行政办法解决环境问题。一是要创新法律手段，就是拿起法律武器，把保护和治理环境纳入法制化轨道。一方面，要制定和完善防治大气污染、保护水源和森林等方面的法规，切实做到有法可依；另一方面，要强化执法，做到有法必依，真正在贵阳形成"破坏环境就是犯罪"的社会共识。贵阳市在全国首创了环境保护审判庭和法庭，11月20日成立以来工作开展得很好。12月10日环保法庭受理了全省第一宗环保公益民事诉讼案件，12月14日受理了第一宗环保刑事案件，均引起了强烈反响。目前，环保法庭已受理了4件民事案件，尚有几件环保公益诉讼案件和涉及破坏环境的刑事案件准备移送环保法庭审理，对破坏环境犯罪行为形成了巨大震慑。二是要创新经济手段，严格按照"谁污染、谁治理"的原则，大幅度提高污染和破坏环境的成本，切实解决违法成本低、守法成本高的问题。要充分发挥好"两湖一库"环境保护基金会的作用。这些天，干部群众积极向基金会捐款，场面感人。我说过，哪怕只捐一元钱，也体现了环保意识，就要大力提倡。三是要创新行政手段，整合相关资源，强化行政职能。"两湖一库"原来由三套机构分别管理，即红枫湖管理处、百花湖管理处、阿哈水库管理处，现在将三个管理处合并为"两湖一库"管理局。原来分散在十几个部门的管理职能通过授权或委托，集中给"两湖一库"管理局，使其切实履行起"两湖一库"环境保护的管理、监督、执法等行政职能，并实行政企分开，不再搞包括旅游创收在内的各类经营活动。

有的同志或许会问，强调治理和保护生态环境，是不是就意味着不发展经济了呢？当然不是。实际上，保护和开发并不必然矛盾。一方面，只有把环境保护好了，才能吸引人流、物流、资金流等各种要素，加快贵阳发展，如果破坏了环境，优势丧失了，根本就谈不上发展。另一方面，现在环保技术已经非常成熟，只要充分运用这些技术，完全可以在环境容量允许或者不污染和破坏环境的前提下加快发展经济，只是有些企业不愿意花这点应当付出的成本而已。因此，我们不能为了一时的发展而破坏环境，也不能因保护环境而忽视发展；要切实把保护和发展有机结合起来，既要金山银山，又要绿水青山，必要时为了绿水青山，宁舍金山银山。

六、坚持以人为本，尽心竭力解决民生问题

生态文明不仅仅是指生态环境、生态产业，也包含了社会生态。建设生态文

明城市，核心是以人为本。不仅仅要实现人与自然的和谐，也要实现人与人的和谐，而且人与人的和谐是人与自然和谐的前提。因此，我们把解决民生问题摆在建设生态文明城市的突出位置。第一，建设生态文明的目的，就是为了满足人的需求，归根结底是为了造福于民，提高城乡居民的幸福感。第二，建设生态文明的过程，就是一个依靠全体人民自觉与自动的过程，光靠党委、政府肯定是不行的，必须充分调动人民群众的积极性。如何调动？毛主席告诫我们："一切空话都是无用的，必须给人民以看得见的物质福利。"只有使建设生态文明城市的过程成为老百姓生活改善的过程，群众才会真心拥护市委、市政府的决策，才会自觉、自动地投身到生态文明城市的建设中来。也就是说，政府为群众办事，群众给政府鼓劲。第三，建设生态文明的成果应该由全体人民共享，如果广大老百姓没有得到什么好处，生活质量上不去，那就谈不上建成了生态文明城市。老百姓吃不好、穿不好、住不好，是最大的不文明。领导干部推动工作要有威信，威信从哪里来？靠上级封不出来，靠权力压不出来，靠自己或媒体宣传吹不出来，靠耍小聪明骗不出来，只有靠真心实意地、坚持不懈地为民办事、改善民生，帮助群众解决好吃饭、穿衣、住房、就业、医疗、上学、养老、交通、治安等问题，才能逐步树立起来。

贵阳结合实际贯彻落实党的十七大精神，提出实施"六有"民生行动计划，一定要一件一件地办好，切实提高城乡居民生活满意度和幸福感。

在对象上，要格外关注弱势群体。共同富裕是社会主义的价值取向和奋斗目标，但是，在市场经济条件下，总有一部分弱势群体难以通过自身的努力获得保障，政府必须承担起社会保障的公共服务职能。而且，在社会转型、体制转轨时期，一些人的困难是由于企业关停并转等客观原因造成的，政府为他们提供基本保障，是应该支付的改革成本。从历史经验看，执政的要领就在于把最困难的人安排好，这样才能稳定人心、稳定社会。穷人多了，社会不得安宁，富人也不得安宁。古代有见识的思想家、政治家都非常重视解决困难群众的生计问题。明代张居正说过，为政之道在于安民，安民之要在于察其疾苦。清人郑板桥诗云："衙斋卧听萧萧竹，疑是民间疾苦声。些小吾曹州县吏，一枝一叶总关情。"封建时代一些官吏尚且能体会民间疾苦，能够时常"心中为念农桑苦，耳里如闻饥冻声"，我们作为共产党的干部，作为人民的公仆，应该做得更周到、更用心。我们不但要学懂、弄通穷人经济学，还要学懂、弄通穷人政治学、穷人社会学，在解决民生问题的过程中，要格外注意整个社会面还有没有被遗忘的角落。领导干部对人民群众的疾苦要感同身受，多想些群众冷暖，少想些个人私利，多搞些"雪中送炭"，少搞些"锦上添花"。在贵阳，要弘扬"扶贫济困"的传统美德。

在态度上，要千方百计、尽心竭力。要把老百姓的利益放在至高无上的位置，把老百姓的"难事"当成党委、政府的"要事"，把老百姓的"关注点"作为党委、政府的"着力点"，把老百姓的所急所盼作为党委、政府的"所干所办"。要把老百姓的事当成自己家的事来办，像关心自己孩子上学那样关心老百姓"学有所教"问题，像关心自己涨工资那样关心老百姓"劳有所得"问题，像关心自己家人就医那样关心老百姓"病有所医"问题，像关心自己家老人养老那样关心老百姓"老有所养"问题，像关心自己改善住房条件那样关心老百姓"住有所居"问题，像关心自己会不会被偷被抢那样关心老百姓"居有所安"问题。群众的有些困难和问题，解决起来是要花点钱，有的地方借口没有钱，说解决不了。但真的没钱吗？修办公楼的时候，怎么没听说没钱？一趟一趟地出国，怎么没听说没钱？公车升级换代，怎么也没听说没钱？偏偏到了给老百姓修路，给老百姓盖廉租房，给老百姓解决"看病难、看病贵"的时候就没钱，就办不成了？说到底，还是在执政为民的根本理念上有问题，在全心全意为人民服务的立场、态度上有问题。实际上，给老百姓办事，很多时候是花小钱解决大问题，比如市政府今年花 800 万元补助农民工子女入学，很可能就会改变很多孩子的命运。前段时间，我到一些农民工子女学校去调研，了解到有的学生因为交不起 10 块钱而上不起学，我想，10 块钱对于在座各位来说算不上什么，但对有的老百姓来说，这 10 块钱能解决大问题。因此，在财政支出上，要真正履行公共财政职能，不必要的开支要坚决压缩，但对解决民生方面的问题，完全可以慷慨一点、大方一点。给老百姓办事，有些时候甚至不需要花钱，只需要我们费心耗力，多说几句话，多跑几步路。比如，有的区（县）为民办事搞"全程代理制"就很好，解决了老百姓的不少问题。当然，贵阳由于财力物力有限，民生的保障水平与发达地区相比肯定有一些差距，要如实向人民群众讲清楚，以取得他们的理解。只要做到了千方百计、尽心竭力，就算有些问题由于条件限制目前暂时解决不了，或者说解决得不那么理想，老百姓看到我们真的尽了心、竭了力，也会给予理解。

在效果上，要特别注重老百姓的感受。民生问题解决得怎么样，要多听老百姓的评价。老百姓是不那么关心 GDP 的，他们关心的是孩子能不能上个好学校，毕业后能不能找个不错的工作，自己看病的医药费是不是太贵，养老金能不能及时领到手，工资能不能随着物价上涨而"水涨船高"，等等。因此，实施"六有"民生行动计划的评价指标，主要是老百姓的满意度。比如，评价卫生部门的工作，不仅要看你盖了多少医院，增设了多少病床，增加了多少医生，更要看老百姓感觉看病贵不贵、难不难。比如，评价公安部门的工作，不仅要看你破了多少案，破案率上升了多少，更要看老百姓的安全感提升了没有，看女同志出门担不担心项链、耳环、手袋被抢，等等。当然，指标体系怎么建立，满意度测评怎么开展，还要下工夫研究。

七、大力弘扬生态文化

建设生态文明，离不开生态文化作支撑。我理解，生态文化是一种价值观念，就是人与自然要和谐，而不是人凌驾于自然之上；是一种伦理道德，就是既要对自己负责，又要对他人负责，既要对当代负责，又要对未来负责；是一种思维方式，就是要用相互联系、相互作用的方式而不是机械的、单向的方式思考问题；是一种行为准则，就是要大力倡导生态化的消费理念和生活方式。对一个城市来说，只要生态文化浓郁、深厚，即使经济总量不那么大，现代化摩天大楼不那么多，也能成为魅力独特、令人向往的城市。建设生态文明城市，要把生态文化作为主流文化，把生态意识上升为全民意识、主流意识，倡导生态伦理和生态行为，提倡生态良心、生态正义和生态义务，把生态文化具体地渗透到城市建筑、市民行为、社会风气、城市精神等方方面面。

第一，要突出城市建设的文化个性。城市是一个生态系统，而文化就是其生命。如果城市没有文化，高楼大厦再多，也只是一堆钢筋水泥。我国著名建筑学家梁思成先生说过一句话，"我们的城市有很多房子，但没有一栋建筑"，说的就是城市建筑没有文化内涵。房子是什么？乱搭乱建起来就可以叫房子。建筑是什么？建筑是需要设计的，是艺术作品。贵阳不是简称"筑"吗，可以给"筑"赋予新的含义，就是要使贵阳成为"建筑之城"。在城市建筑、景观设计中，要着力保护好历史文化，让城市的空间布局延续历史、尊重个性、突出特色，使城市通过视觉系统体现文化个性，注意克服抄袭、模仿、复制等现象，避免"千城一面"。

第二，要大力倡导生态生活方式。生态生活方式就是从追求豪华、奢侈、浪费的生活转向崇尚简朴、节俭的文明生活，大力推广绿色产品，追求绿色享受。比如，房屋建筑要体现节能意识，可以学习侗寨、苗寨天然通风的做法，合理确定朝向、户型，增强通风能力，夏天就可以不用空调。比如，出行方式的选择要更加体现节能和环保要求，实行公交优先，提倡步行。市委大楼门口经常贴通告，告知哪个房间没有关灯、哪个水龙头没关好，这种做法就值得推广。

第三，要营造良好的社会风气。社会风气是衡量社会文明程度的重要标志，是社会价值取向的集中体现。当前，社会上存在一些歪风邪气，有的企业生产假冒伪劣产品，背信毁约、不讲诚信；办事要请客送礼；等等。这些风气不改变，文明就无从谈起。要大力倡导社会主义荣辱观，弘扬正气，自觉维护社会公德，自觉维护规矩和法制，形成井然有序的社会风尚。

第四，要培育独特的城市精神。一座城市具有什么样的精神，决定了这座城市最终能够走多远。这些年来，贵阳市开展了提炼、熔铸城市精神的活动，取得了积极成效。这次，我们提出要把"知行合一、协力争先"作为贵阳的城市精神来培育和实践。为什么要提"知行合一"呢？因为明代哲学家王阳明在修文县龙场镇悟道三年，提出了著名的"知行合一"思想，这是贵阳的宝贵文化财富。在今天，我们倡导"知行合一"，就是要剔除其唯心主义的内容，发扬其积极的方面，做到理论和实践相统一、道德观念与道德实践相统一，做到表里如一、言行一致；就是要解决一些地方、一些领域、一些同志存在的"醒得早，起得晚"、"说得多，做得少"的问题。为什么要提"协力争先"呢？因为周恩来总理上世纪60年代在贵阳花溪寄语：贵州山川秀丽，气候宜人，人民勤劳，只要贵州各族人民在中国共产党的领导下，加强团结，努力工作，那么贵州的社会主义建设必将后来居上，大有希望；胡锦涛同志1988年明确要求贵阳在全省"作表率、走前列"。"协力"就是贯彻周总理"加强团结"的要求，要齐心协力，围绕一个目标，共同用最大力气，而不要内耗，力量相互抵消；"争先"就是贯彻周总理"后来居上"和胡锦涛总书记"作表率、走前列"的要求，要争先恐后，争着"作表率、走前列"，唯恐落在后面。我们要通过培育和实践"知行合一、协力争先"的城市精神，激发干部群众"热爱家乡、建设家乡"的热情，增强对贵阳的归属感、认同感、自豪感。

八、创新生态文明城市建设的制度保障

建设生态文明城市是一个系统创新，必然要求体制机制随之创新。我想强调四个机制。

第一，要建立生态补偿机制。建设生态文明城市，要调动各方面保护生态的积极性。如何调动？靠教育、靠启发、靠道德的感召是必要的，但更重要的是靠利益调整。也就是说，保护好生态环境是一种道德行为，更重要的是一种利益调整行为。一个地方因保护生态而使经济发展受到限制，老百姓生活得不到改善，甚至比较困难，如果受益地方不对其进行一定补偿，这种行为想持续下去，显然是不可能的。因此，必须通过财政转移支付等方式，让生态保护的受益主体向实施主体和受损主体支付一定经济补偿，并形成长效机制，以调动各方保护生态的积极性和主动性。我国很多地方都在探索实施生态补偿机制，比如山东省财政最近就拿出2.86亿元对济南小清河流域保护环境进行生态补偿。

从贵阳市来看，花溪、清镇是贵阳重要的生态屏障，是保护"两湖一库"的主战场，也是南明河上游水土保持的主战场。这些年，为了保护生态环境，两地放弃了不少项目，失去了一些发展机会，今后，这两个地方还得加大生态保护力

度，还有很多项目不能上；水库周边的农民群众因不能大量使用化肥搞种植、不能搞"网箱养鱼"等原因，减少了收入。我在花溪、清镇调研时明确讲过，你们在保护环境方面作出的贡献，全市人民是不会忘记的，全市人民是要感谢你们的。我们在享受花溪、清镇保护生态环境的成果时，理应给予补偿。如果长期不补偿，还能保证花溪、清镇长期积极地进行生态保护和建设吗？我们同处一块土地，共顶一片蓝天，污水是没有边界地流动的，混浊的空气是自由地进出的。环境被污染，受损害的不只是花溪、清镇，也包括云岩、南明乃至更大范围；不只是花溪、清镇的人喝不上干净水，中心城区的人也喝不上干净水。帮助别人就是帮助自己，改善别人的命运就是改善自己的命运。这个道理，发展状况相对好一些的云岩、南明两个区和其他区（县）应该能够想明白。云岩、南明等地包括市里拿出一定资金来对花溪、清镇进行生态补偿，不是在作贡献，而是支付自己应该支付的环保成本。同样的道理，安顺市平坝县建设污水处理厂需要支持，我们也要义不容辞给予帮助，在保护环境上，平坝的事也是贵阳的事。我们帮助平坝把污水处理厂建好以后，污水不直接流入红枫湖，我们喝的是干净的水、卫生的水，有什么不好啊？

第二，要完善多元化投入机制。建设生态文明城市需要很多钱，钱从哪里来，仅靠财政投入、靠银行贷款不行，必须抓紧进一步实现投融资渠道多元化、投融资主体多元化。怎样实现多渠道融资、引资？一要眼睛盯着上面，向中央和省里争取资金。国家实行从紧的货币政策和稳健的财政政策，宏观经济环境存在不利方面，但也存在有利方面。我国财政收入大幅增加，预计今年将突破5.1万亿元，比去年增收1.3万亿元，比年初预算高出7 000亿元。根据党的十七大和中央经济工作会议精神，中央财政将着力优化投资结构，增加生态建设、环保产业等方面的投入，并把西部作为投入的重点地区。我们建设生态文明城市，完全符合国家今后的产业投资重点，国家会大力支持的。省里明确提出要把建设生态文明作为实现历史性跨越的基本途径，也必将大幅增加生态建设方面的投入。我们要积极向国家和省里申报项目，争取资金支持。怎么争取？关键是"腿要勤，嘴要勤，手要勤"，就是要抓紧进行项目储备，加快可研分析，多与国家有关部门沟通，争取有更多项目进入国家和省的"盘子"，50万的项目不嫌小，1个亿的项目不嫌大。作为省会城市，贵阳的干部一定要调整好心态，千万不要有"老大"思想，省会城市就是为省里搞好服务，争取支持。环城高速公路西南段以前之所以推进速度比较慢，一个原因就是省里、市里分得太清楚了，现在省市合作得很好，工作进展就很顺利。二要眼睛盯着下面，积极吸引社会资金。我国经济高速发展，社会财富增多，带来资本的流动性过剩，大量资金在寻找新的投资机会。很多公司，包括很多金融机构是上市企业，面临分红的压力，要对股民有所交代，也在寻找出路。资本的本性就是追逐利润，一些大老板慷慨地说要在贵阳投100亿元，不要以为他是搞恩赐，是搞扶贫，他是在找出路，是来赚钱的。大家想想看，100亿元放在账上，如果不寻求好的项目、不产生利润，他怎么向股东交代？因此，只要我们疏通投融资渠道，清除各种障碍，一定会得到社会资本的青睐。此外，世界银行等一些国际组织对我国西部省区实施的生态环境治理和建设十分关注，愿意以长期优惠贷款、捐赠等形式提供支持，我们也要积极争取。最近，国家鼓励中小企业发展的创业板市场即将启动，为了配合创业板市场，国家发改委与财政部共同启动了创业风险投资试点工作，为我们争取融资增添了新的机会，我们也要抓住机遇。三要眼睛盯着外面，进一步加大招商引资力度。吸引外来投资关键在于营造良好的投资环境。比硬件，贵阳比不过东部地区，甚至比不过周边大城市，只有比软件、比服务、比用心。我们要积极发挥政务服务中心作用，真正实现集中审批"一站式"服务。现在，很多投资者反映，贵阳市投资环境不太理想。前不久市里开人代会时，一位企业老总当面跟我说，他们真的很"恼火"，有些部门"吃拿卡要"，很难打交道。我说你给我写个材料，把事情说具体点，我来给你解决。他说不行，你处理了他，以后我日子更难过。我说你写匿名信也行，到现在他连匿名信也没敢写。对这样的问题，我们要开展综合整治行动，严厉惩办，以儆效尤。

有了投融资渠道后，还需要有市场化、商业化的投融资主体去运作、去操作，这是贵阳市很薄弱的一个环节。我们要抓住当前资本市场发展迅速的有利时机，培育一批有活力的投融资主体。对条件成熟的企业，推动尽快进入上市辅导；对有潜力的企业，要加快引入战略投资者，为改制上市做准备；对国有的城市基础设施运营企业、重点装备工业优势企业，要加快重组步伐，把企业的重组和上市结合起来，改制成为新的投融资主体；对现有上市公司，要帮助其通过增发新股或发行债券来融资；对已丧失再融资能力的上市公司，要采取措施进行重组，使之恢复融资功能。建设环城高速公路南环线，一开始我就明确提出必须创新融资模式，组建市场化、商业化的投融资主体，由股份公司来融资、来贷款、来投入，并用经营、开发收益来偿还。这个公司必须与财政脱钩，以避免将风险转移给财政。市里有一些投融资平台，比如五家投资公司，都没有发挥应有的作用，没有一家真正成为"借、用、还"良性循环的市场化投融资主体。我们不是没有优质资产，但这些资产"趴"在那里、"死"在那里，要下大力气对这些公司进行改造，将其培育成真正市场化的投融资主体，通过资本运营，盘活存量资产，实现资本扩张。

第三，要形成鼓励创业的机制。建设生态文明城市，需要激发创新创业热情。怎样激发？许多专家在对美国硅谷高新技术产业的兴起进行研究后，得出这样的结论：一个国家、一个地区创新产业发展得快慢，不是取决于政府给了多少钱，派了多少人，研发出多少技术，而是取决于是否有有利于创新活动开展和人的潜能充分发挥的制度安排、社会环境和文化氛围。我们周边的成都、重庆等城市为鼓励人才创业，在建立健全相关制度、大力改善创业投资环境方面做出了积极努力，成都制定了《成都高新区扶持创新创业企业有关政策和管理办法》，重庆推出大学生自主创业贷款等措施，同处西部的西安每年举办全市创业项目洽谈会。我们要借鉴它们的做法，努力营造有利于创业的制度和文化氛围。

第四，要创新人才激励机制。建设生态文明城市，需要大批优秀人才，可以说贵阳对人才的渴求比其他任何需求都强烈。我认为，在用人问题上，特别要做到大气、大度、大方。所谓大气，就是要有识才的远见，潜心搜才，发现人才；要有聚才的气魄，海纳百川，求贤若渴；要有用才的胆略，唯才是举，大胆使用。刘邦为什么能做汉朝开国皇帝，就是他用人大气，没有搞"叶公好龙"，没有搞"武大郎开店"，没有搞团团伙伙、亲亲疏疏。他说："夫运筹帷幄之中，决胜千里之外，吾不如子房；镇国家，抚百姓，给馈饷，不绝粮道，吾不如萧何；连百万之军，战必胜，攻必取，吾不如韩信。此三人，皆人杰也，吾能用之，此吾所以取天下也。"用现在的话说，就是"总参谋长"比我强，"总后勤部长"比我强，"前线总指挥"也比我强，但我能任用这三个出类拔萃的人才，所以我能够得天下。《水浒传》中有个"白衣秀士"王伦，他心术并不坏，但心胸狭窄，小肚鸡肠，生怕晁盖、吴用、林冲夺了他的宝座，于是排挤他们，最后自己丢了性命。我们要学刘邦，不要学王伦。在座各位都是领导干部，在用人问题上一定要大公无私，不要怕别人超过自己。组织上把你们安排在这个位置上，是因为你们有这个能力、有这个实力，别人超过你们容易吗？高明的领导者不会与下属争功，而是要帮助下属取得成功。我特别希望大家在人才问题上要大气、不要"小家子气"，要不遗余力地举贤用才，人才越多越好，发现特别优秀的，还可以让贤，如果真有让贤的，组织上会负责把你安排得更好。所谓大度，就是胸怀宽阔，能容人。俗语说："度量有多大，事业才能做多大。"要能容有缺点也有特长的人才，"金无足赤，人无完人"，用人必须看其主流，用其所长，避其所短；要能容敢于持相反意见甚至反对过自己的人才，有独到见解的人常常跟大多数人的看法不一样，我们要抛弃成见；要能容犯过错误但勇于改过的人，"人非圣贤，孰能无过"，我们不能将有错误的人一棍子打死。如果缺乏包容之心，求全责备，我们就会与很多人才失之交臂。所谓大方，就是要舍得激励人才，充分发挥人才的积极性、创造性和潜力。一个人在付出劳动之后，想得到相应待遇，这合情合理，也是社会和组织对其创造价值的认可。刘邦和项羽争天下，一胜一败。胜在哪里？胜在用人大方。败在哪里？败在用人吝啬。韩信投奔刘邦，还未建寸功，但刘邦仍然听从萧何的建议，斋戒沐浴，设坛场，拜韩信为大将；陈平投奔刘邦，刘邦问他在项羽那里当什么官，陈平说当都尉，于是刘邦力排众议，当天就拜陈平为都尉，让他跟随左右，掌管护军。而项羽是个什么样的人呢？韩信做过评论，认为他是"匹夫之勇"、"妇人之仁"。项羽平时为人很温和、慈祥，谁要是生病了，他难过得流泪，还把自己好吃好喝的分给他，但当将士立功该封爵的时候，他却把那个封印捏得棱角都圆了，就是舍不得给人家，非常小气。这样，很多人才都投奔到了刘邦那里。像贵阳这样的西部城市，各方面的条件都比较差，如果不把国家有关优秀人才可以破格使用的政策用足用好，在职称上、待遇上大方一点，现有的人才凭什么要留在这里？外面的人才凭什么到这里来？对人才的激励不但要大方、舍得，而且要及时，在人才最需要舞台的时候，给他发挥的舞台；在他最困难的时候，为他解决后顾之忧；在他作出贡献的时候，予以及时的肯定和鼓励，这样才能达到激励的效果。

我是 6 月 5 号到贵阳任市委书记的，6 月 7 号市里与省里报纸同时发表了署名"余心声"的文章，叫《论想干事能干事干成事》。这篇文章定在 6 月 7 号发表，不是偶然的，就是发出一个信号，要形成让想干事的人有机会、能干事的人有平台、干成事的人有地位的良好氛围。我们一定要扶正祛邪，旗帜鲜明地保护、支持和鼓励干事的同志；坚决反对嫉贤妒能，对那些"不琢磨事、净琢磨人"的人，要进行严肃的批评，对屡教不改的，要果断采取措施，严肃加以处理，绝对不容许"干的不如看的，看的不如捣蛋的"。

九、建立严密严格的责任体系

"一个和尚挑水吃，两个和尚抬水吃，三个和尚没水吃"，这句妇孺皆知的俗语说明一个什么道理呢？就是干事情必须明确责任，有明确的责任人，否则就会出现互相推诿的情况。常常有这样的现象，一项很重要的工作，明确了要做，却谁也没有去做，最后落空了，甚至出现问题，想追究责任的时候，却不知道该追究谁，"板子"不知道往哪里打，这就是因为责任人没有落实。因此，建设生态文明城市的目标和任务确定以后，必须建立严密、严格的责任制，明确责任主体，把责任落实到人，让每个人都负起责任，确保文件变为行动、蓝图变为现实。

靠什么来落实责任呢？第一，要靠内省，就是要增强干部的责任心。干部与普通老百姓的区别在哪里？很重要的一条，就是干部承担了更多的责任；领导干部与普通干部相比，就是领导干部承担的责任要比普通干部大得多，而且权力越大，责任就越大。在其位就要谋其政，任其职就要履其责。我相信在座各位都是有强烈责任心和使命感的，能够自觉承担起在建设生态文明城市进程中应尽的责任。第二，要靠外力，就是要加强约束。一方面，要有上对下的约束，就是通过领导部门把责任层层分解。当责任分解到具体的人身上时，责任就会变成一个很清晰的压力和动力，使人想方设法去履责。与此相反，分担责任的人越多，责任感就越会下降；责任的主体越是不明确，责任就越没有人去履行。为此，我们在工作方式上进行了调整，采取了分工负责和项目负责相结合的工作机制，常规工作仍然实行分工负责制，需要重点突破的工作则实行项目负责制，责任到人，说白了就像工程建设中的项目经理制。分工负责制有很多优点，但最大的缺点是超出分工范围后不好协调，影响效率。项目负责制就不一样了，它是将某项重大工作任务落实到某位领导头上，你可以受市委、市政府的委托，充分行使市委、市政府的权力，全权协调和处理与此任务相关的一切事项，虽然有的部门不归你分管，但在这项工作上你有节制它的权力、调动它的权力，这有利于整合各方面资源，提高工作效率。采取这样一种"项目负责"的办法，实行的效果是好的。市委这样做，是为了贵阳的发展，为了贵阳老百姓的利益，绝大多数同志是能够理解和支持这样一种工作方式的。在建设生态文明城市的工作中，市委将坚持这种项目负责制的做法，进行责任分解，将每一项任务包干到市委常委和副市长。另一方面，要有下对上的约束，即老百姓的监督。只有让人民群众监督政府，政府才不会懈怠。我们要把所有工作置于群众全过程的参与和监督之下，增强对责任的约束力。要做到这一点，首先，要把我们应当履行什么责任向群众说清楚。比如，中心城区"畅通工程"方案、"住有所居"行动计划，我们都通过媒体向社会公布，让群众参与，接受群众监督。在生态文明城市建设中，我们还要进一步提高决策的透明度，对一些群众关心的热点问题，决策过程要进一步向市民公开，比如可以让电视直播一些重大会议，让老百姓看看决策是如何作出的，这也是很好的监督，让干部中的"南郭先生"混不下去。其次，更为重要的是，我们履职履得怎么样，请群众来打分，实行异体评价，这样才能客观、公正、准确。比如，评价一个班子履职的情况好不好，如果班子里的人自己评自己，难免"王婆卖瓜、自卖自夸"；下级单位要"买你的账"，可能会说违心的话。那么谁说了算？群众说了算，群众自有公论，公道自在人心。比如，有的干部搞"吃拿卡要"，群众一投诉，他的考核就过不了关。

总而言之，建立责任体系的目的，就是使各级各职，包括我这位市委书记，其他各位市领导班子成员，以及各部门负责人和各区（市、县）负责人都明确自己的责任，并自觉接受老百姓的监督，形成人人负责任、事事皆落实的良好局面，扎扎实实地贯彻科学发展观，建设生态文明城市。

从特大凝冻灾害看建设生态文明城市的
必要性和紧迫性[*]

Necessity and Urgency of the Eco-city Building in Perspective of the Severe Freezing Disaster

由北京大学生态文明研究中心与贵阳市联合主办的贵阳建设生态文明城市领导干部专题研讨班马上就要结束了。三天来，七位国内著名的专家和有关部门的领导，给大家作了精彩的授课。原中央政治局委员、国务院副总理姜春云同志本来是要亲自授课的，因为临时有事，就委托王景福同志给我们宣读了他自己精心准备的讲稿。各位专家围绕贵阳生态文明城市建设这个主题，授课各有侧重，内容丰富、精彩。昨天晚上，我们还观看了美国环境灾难片《后天》，感觉到影片中的场景就发生在现实之中。

印度的班加罗尔地理与环境跟贵阳市很相似，我原来准备在春节前后到班加罗尔去考察，看看它是怎样成为一个世界有名的生态文明城市的，回来以后跟大家讲讲感受，题目就是《从班加罗尔的成功实践看贵阳建设生态文明城市》。但是没有想到的是，由于发生了一场特大凝冻灾害，我没有去成班加罗尔。凝冻灾害过后，我就在想一个问题，就是凝冻灾害和我们建设生态文明城市之间有没有关系？我翻阅了一些资料，跟有些同志作了交流，感觉到二者之间不仅有关系，而且有很大的关系。下面，我谈点意见。

一、这次特大凝冻灾害的发生说明了什么

今年初，我国部分省、市、区发生了特大低温雨雪以及冰冻灾害，很多地方是五十年不遇，有不少地方是百年不遇。这场灾害的特点一是范围广，影响了包

＊ 这是李军同志 2008 年 3 月 2 日在贵阳建设生态文明城市领导干部专题研讨班上的讲话。

括贵州在内的全国 21 个省、市、自治区，涉及全国 2/3 的省份；二是强度大，很多省市的平均气温达到或低于有气象记录以来的最低值；三是时间长，一般来讲，我国华南、西南地区年平均降雪不超过 5 天，但这次低温雨雪冰冻天气持续了 20 多天；四是损失重，持续低温雨雪冰冻天气对交通运输、能源供应、电力传输、通信设施、工农业生产、群众生活造成严重影响，全国受灾人口达 1 亿多人，直接经济损失达 1 516 亿元，贵阳市受灾人口 200 多万，占人口总数的 70%以上，直接经济损失 110 亿元，相当于去年 GDP 的 15%左右。

大家公认这是一次极端天气，那么是什么原因造成这次极端天气呢？据气象专家解释，直接原因有两个：一是大气环流异常。一方面，强大的冷空气从北方源源不断地入侵我国南方地区；另一方面，来自印度洋一带的暖湿气流不断北上，南北两股气流在我国南部、西南部交汇，形成了大面积冻雨。二是拉尼娜现象。就是赤道太平洋东部和中部海面温度持续异常偏冷。拉尼娜现象总是出现在厄尔尼诺现象之后。厄尔尼诺是变热，而拉尼娜是变冷。这次拉尼娜现象是 1951 年以来发展最为迅速的一次，也是前 6 个月累计强度最大的一次。为什么大气环流异常？为什么拉尼娜现象频繁出现？据专家分析，从根本上来说都与全球气候变暖有直接的联系。具体来说，从全球大气平均状况来看，整体上是在升温，但不是平均升温。由于全球大气能量基本守恒，而大气在不断流动，有的时候一些地方温度特别高，那么另一些地方就会出现相反的情况——温度非常低，导致雨雪冰冻等极端天气。

在全球变暖的大背景下，现在整个地球都处于极端天气的频发期。在我国遭受这次历史罕见的凝冻低温天气的同时，北半球的很多国家同样也受到极端暴风雪和冰冻灾害的袭击。在中东，1 月 8 日，伊朗遭到十多年来最大降雪侵袭，北部和中部积雪有 55 厘米厚，至少造成 21 人死亡；1 月 11 日，伊拉克也降了百年以来的第一场雪；1 月中旬，阿富汗遭遇罕见的全国范围持续降雪并引发雪灾，一些地区积雪深达 2 米，60 多人死于山区雪崩和交通事故；1 月 29 日至 31 日，罕见的暴风雪天气袭击了素以气候温暖著称的地中海东部的中东国家，像叙利亚和黎巴嫩交界处积雪厚度超过 1 米。在欧洲，1 月 17 日至 18 日，强风暴"西里尔"席卷了欧洲北部地区，英国、法国、比利时、德国、荷兰、波兰、捷克和匈牙利等多个国家遭受严重影响，至少有 47 人死亡，同时导致大面积断电和交通中断，灾害的强度和影响范围以及造成的人员伤亡都是近年来所罕见的。在北美，2 月 22 日，暴风雪袭击了美国东北部地区，1 000 多架次航班被延误，纽约市区积雪厚度达 15 厘米，而市郊的一些地区达到 30 厘米。

实际上，这次北半球遭受的暴风雪灾害，不过是由气候变暖而引起的极端灾害天气的一种。全球气候变暖还会带来强降水、干旱等极端气候事件。联合国赞助的比利时灾难流行病学研究中心（CRED）1月18日公布的调查报告指出，因全球暖化带来的洪水、旱灾、暴风雨和热浪等极端气候变化的天灾，去年曾影响全球近2亿人口。英国伦敦智库机构国际战略研究所去年9月12日发表报告称，气候变暖会导致重大自然灾害增加，进而引发粮食减产、疾病流行、水资源匮乏、人口被迫迁移及国家间争斗等问题，危及人类安全，如果不加以控制，"其灾难性后果不亚于发生一场核战争"。

那么，气候为什么会变暖？专家研究表明，最主要的因素有两个：第一，由于人类活动、工业生产排放的二氧化碳等一些具有吸收红外线辐射功能的"温室气体"在大气中大量存在，阻挡了地面上散发的热量，使它们不能散发到太空中去。它就像一个"暖房"、一个"罩子"、一个"大棚"，造成地表温度的上升，科学家把这种现象称为"温室效应"。第二，森林资源锐减。森林有什么作用？植物通过光合作用吸收二氧化碳，放出氧气，把大气中的二氧化碳吸收和固定在植被和土壤中，这是森林的"碳汇"功能。森林少了，大气中的二氧化碳就多了。由于大量砍伐，全球森林面积迅速减少。目前全球森林总面积只有40亿公顷，仅是50年前的一半，而且每年仍以730万公顷的速度在减少。特别是南美洲的亚马逊流域、东南亚、非洲大陆三大世界热带雨林集中地区，森林在以每分钟40公顷的速度急剧消失。一方面是增加，人类排放的二氧化碳大幅增加，另一方面是减少，吸收二氧化碳的森林大幅减少，这一增一减，就造成了地球变暖。

那么，二氧化碳是谁排放的呢？是我们地球上的人。森林是谁砍伐的呢？还是我们地球上的人。所以，这种极端灾害天气的出现，从根本上说，是由人类过度活动，破坏大自然生态平衡所造成的恶果。恩格斯讲过一句名言，我们不要过分陶醉于我们对自然界的胜利。对于每一次这样的胜利，自然界都报复了我们。这次肆虐北半球大部分国家和地区的极端性灾害气候，就是大自然对人类肆无忌惮破坏生态行为的无情报复。所以，我们要善待大自然、与大自然和谐相处，保护好我们的生态环境，保护好我们的家园。

去年12月29日，我们作出了建设生态文明城市的决定，仅仅过去了15天，就发生了特大凝冻灾害，老天爷用这种方式给我们上了一堂活生生的生态文明课。如果当时有同志认为生态文明还仅仅是一个概念，建设生态文明城市属于标新立异的话，那么这次凝冻灾害就如电影《后天》一样，令人感到非常震撼：第一，影片中描绘的美国，在一天之内突然急剧降温进入冰期，从而发展为一场大灾难，这与我们这个冬天的经历是何其相似，只是程度不同而已。1月11日，贵阳市阳光灿烂，到1月12号，气温骤降了近20度，然后就是凝冻期，这是很罕见的。第二，影片中讲的冰灾成因，和这次凝冻灾害的原因如出一辙，都是拉尼娜现象引起的。特大凝冻灾害的事实逼迫我们承认，贵阳不走建设生态文明城市的路子真是不行，而且不抓紧推进也不行。

但是，遏制全球气候变暖，预防极端灾害天气的发生，是全人类共同的任务，是一个长期的任务。贵阳一个地方的力量是不是太微不足道了？我们在这里保护，别人却在那里排放，我们的保护有什么用呢？如果地球上每一个国家、每一个地区、每一个单位、每一个部门、每一个家庭、每一个人都这么想，都没有"环境觉醒"、"气候觉醒"的意识，那"公地悲剧"就真的要在全球上演了。遏制全球变暖具有很强的公共性，如果每个国家、每个地区、每个人都像牧羊人那样，不负起自己应当承担的责任，那人类必然走向自我毁灭的道路。因此，在遭受特大凝冻灾害袭击后，痛定思痛之时，我们一定要真正落实科学发展观，进一步强化生态文明意识，牢固树立生态文明观念，使生态文明真正入脑入心，成为一种信念、一种立场、一种自觉的行为方式，把生态文明作为想问题、办事情的重要参照系，为遏制全球气候变暖、减少极端灾害天气出现作出我们的一份贡献。这既是为了我们自己，同时也是为了整个人类。

这次凝冻灾害天气已经过去，"抓重建、保民生"的各项工作正在全面展开，但是一个多月的抗灾救灾，经常还会像电影一样在我的脑海中一幕一幕重现，有些场景真是让我刻骨铭心、终生难忘。这一段时间，我进行了反思，认为其中有很多值得总结的经验教训。

比如，对凝冻灾害的严重性预见不够。对这次特大凝冻灾害，从领导干部到普通百姓，各方面都感到始料未及。开始的时候大家没有警觉，有的人还把雪景当成美景来欣赏。一个摄影爱好者到黔灵山公园，高兴得要命，他说自己在贵阳长这么大，从来没看到过这么多冰挂，作为一个摄影人，简直太有意义了，好一派北国风光啊。灾害预见不够，首先是气象灾害预报系统不完善。最近，气象部门也在反思，我们国家由于现在技术水平的原因，对 5 天、7 天以后的气候变化很难做到精确预测，更难预测今年会发生一场五十年不遇甚至百年不遇的凝冻灾害，未能及时向有关部门、向公众提示爆发特大灾情的可能性及危害性。其次，现在老百姓对气象预报信任度不高，预报说第二天要下雨，结果出太阳；预报说第二天出太阳，结果下雨了。老百姓说，天气预报老说"狼来了"、"狼来了"，结果一直没来，大家放松了警惕，这次"狼"真的来了，猝不及防。在这方面，发达国家气象预报水平至少比我们先进 10 年以上。比如，2005 年 12 月 12 日，一场暴风雪袭击了美国东北部。早在 12 月 3 日，提前差不多 10 天时间，美国气象部门就发出"灾难性天气"的警告。在纽约市，各大报纸和广播电视提醒市民："今晚可能要下 15 厘米厚的大雪，一定要注意保暖，特别是帮助老人和学生等体质较弱者做好防寒准备。"当年 11 月，德国也普降大雪，虽然受灾范围很广，但损失却不大。究其原因，应先归功于德国完善的雪灾预报系统——德国在上世纪 90 年代初就成立了由气象、电力、交通等部门组成的雪灾防治中心，对强降雪灾害以及其他紧急情况进行预测和监测。我们这次对灾害的严重性确实预见不够，包括对气象灾害发生后可能产生的大面积停电、停水，以及高速公路、机场、车站结冰等各方面的影响究竟怎么样，都缺乏必要的、正确的预警，造成非常被动的局面。我想，灾难虽然是件坏事，但借这次机会可提高气象预报的水平和技术能力，也是件好事。

比如，基础设施薄弱。这次大家都有深刻体会。我们的电网、供水管道、电信、交通和农业基础设施损坏最严重，抗灾能力是很差的。供电方面，贵阳电网累计受到冰灾破坏的电力线路达 622 条，累计倒杆（塔）7 384 基；停电乡（镇、街道办事处）一度达 80 个，占总数的近 70%。造成电力设施损毁如此严重的一个重要原因，就是当初在建设的时候，标准不高，没有考虑到应对特大冰凝给电线、电塔造成的压力。我们的邻居重庆市，在这次冰雪灾害中没有发生电网瓦解、大面积停电事故。为什么？2005 年除夕，重庆市 220 千伏黔秀线发生覆冰灾害，导致秀山县孤网运行 1 个月，全县仅靠 3.5 万千伏线路和小水电支撑基本照明。这次灾害给重庆电力以警示：电网建设不能再遵循三十年一遇灾害的设计标准，而应提高标准。灾后，重庆市电力公司立即对黔秀线进行改造，原设计标准是覆冰 10 毫米，改造后改为 40 毫米。此次冰雪灾害中，黔秀线虽然覆冰严重，却没倒塔断线。据重庆市电力公司负责人介绍，不管从哪个角度算，提高标准的收益都大于投入。线路一旦出现故障，维修改造费用高昂，一般是先原样恢复，一年之内还要拆掉并进行新的改造。排除物价上涨和人力成本增加等因素，恢复线路和改造线路的成本至少是原来的 2 倍以上。另外，在一些灾区，本世纪初农网改造时期新建的 110 千伏线路的电杆大量倒伏，而之前所建的电杆依然挺立。我在现场看到，这些倒伏的电杆内使用的是 8 号铁丝，而原来的电杆则使用的是正规钢丝。交通方面，这次凝冻灾害一度造成贵阳交通严重受阻，使我们可以更清楚地看到贵阳交通基础设施存在的问题：一是路网不合理，不能循环。很多地方往往只有一条公路通行，比如开阳县，贵开路路面一冻，与外界的联系就很难了。灾害期间，有 23 个乡（镇）交通中断，成为"孤岛"，基本上就是这种情况。二是公路等级低。由于受地理环境的影响，公路修建标准比较低，在平时还能应付使用，但是灾害一来，路就出了问题，这场灾害导致 482 公里农村公路路面受损。三是有些地方没有公路。在一些比较偏远的村寨就只有一条羊肠山路，通不了汽车，全靠人们步行，凝冻灾害一来，外面的人进不去，里面的人出不来，救灾物资运送十分困难。供水方面，供水管道几乎没有考虑到零度以下的天气，都是裸露在外的。在城区，除了停电影响居民用水外，因水表、水管损坏，就影响了 12 万户居民的正常用水。在农村，受停电、凝冻因素影响，停水乡（镇）超过 70%。总之，这场凝冻灾害加深了我们对交通、农村基础设施、城市公用设施、信息基础设施等基础设施落后的认识。解决基础设施薄弱的问题，在平时可能不会这么急迫，但是在危难关头、危急时刻，它的作用就非常重要，而这恰恰是我们的一大"软肋"。有人讲，幸亏这次来的是冰雪，不是炮火；要运送的是回家过年的旅客，不是蹈赴国难的军队，否则，后果不堪设想。

比如，产业结构不合理。贵阳市这次凝冻灾害造成的经济损失，主要是工业经济方面的损失。为什么损失这么大？因为产业结构不合理，重工业、资源型产业、高耗能产业的比重很大，对资源、能源、运力的依赖程度高。为了保民生，我们不得不对高耗能的生产性工业企业实行了拉闸限电措施。而很多支撑经济的企业都是高投入、高耗能企业，对电的依赖性很强，比如，中铝贵州分公司一家平时就要消耗贵阳 1/3 的电量。由于这次灾害导致停电，公司 842 台电解槽全面停产，电解铝每天净减产值 2 500 万元，修复费用需 2.2 亿元。因此，贵阳工业经济损失惨重。据统计，贵阳市规模以上 496 户工业企业中，陆续停产 420 户，仅 1 月份就减少工业产值 39.74 亿元，减少税收 4.4 亿元，对 2008 年经济增长的影响非常大。与工业形成鲜明对比的是，我们的一些服务业不但没有受到影响，反而生意更好，比如温泉业、餐饮业。服务业即使受到一定影响，但恢复起来较快，损失也小。比如现代物流业，只要天气一变好，交通一通，马上可以恢复。这次灾害之所以损失惨重，深层次问题是我们的产业结构不合理，高耗能、高投入的产业比重太高，高新技术产业和循环经济型产业所占比例太低。我想，这更加坚定了我们要按照建设生态文明城市的要求，大力调整产业结构的决心。

二、如何把灾后恢复重建与生态文明城市建设紧密结合起来

这次凝冻灾害只是我们在建设生态文明城市进程中一段小小的"插曲"而已，实际上，对建设生态文明城市还是一个很大的推动。因为通过这场灾难，我们对建设生态文明的认识会更加一致，决心会更加坚定，把我们不愿遭遇的灾难转变成建设生态文明城市的重大机遇。我们要"借机成事"，把灾后重建与建设生态文明城市紧密结合起来，把建设生态文明城市的要求贯穿到恢复重建的方方面面，绝不能搞"两张皮"。

第一，要把制定恢复重建的规划与制定生态文明城市规划结合起来。国务院已经批准同意《低温雨雪冰冻灾后恢复重建规划指导方案》。我们要根据《指导方案》的精神，结合生态文明城市的规划编制，抓紧编制灾后恢复重建规划，并

始终贯穿生态文明城市建设的规划理念。比如，要特别重视在灾害中受损绿地、湿地、公园、森林、湖泊等的恢复重建工作，特别重视恢复重建受损的城市绿轴带，确保贵阳"城中有山、山中有城，城在林中、林在城中"的特色不因为这场灾害而被弱化。比如，要按照生态功能区划来部署恢复重建工作，针对优化开发区、重点开发区、限制开发区和禁止开发区，采取不同的方略，按照不同的标准来进行恢复重建。

第二，要把提高基础设施抗灾能力与完善生态文明城市功能结合起来。总的来讲，基础设施的恢复重建工作要着眼于提高抗灾能力，这与完善贵阳城市的功能是完全一致的。一方面，要提高设计标准，既要考虑今后经济社会发展的需要，又要考虑抗拒灾害的因素，有条件的要快速建设，没有条件的，施工可以逐步进行，但是设计标准不能降低。二十年一遇的要争取提高到三十年、五十年一遇，五十年一遇的要争取提高到一百年一遇。另一方面，要提高施工质量，从进料到施工，再到最后的验收都要严格要求。对那些行贿受贿的，截留、挪用、贪污工程款，偷工减料、搞"豆腐渣"工程的，要罪加一等，从重、从快处理。灾后重建的这些钱来之不易，是财政的钱和社会各界的爱心捐款捐物，是救命的、救急的，是触不得的"高压线"。市"抓重建、保民生"领导小组专门成立了预防和查处腐败、打击违法工作组，要坚决斩断这些黑手。

根据这次凝冻灾害中基础设施受损的情况，结合生态文明城市基础设施建设的重点，在这次恢复重建中，要着力加强交通基础设施建设。要大力实施"畅通工程"，加快形成"三环十六射"的路网结构，形成顺畅的内外循环。此外，这次凝冻灾害也凸显了公路管理体制不顺的问题，比如贵阳市只知道市管公路能不能通行，而不知道省管公路能不能通行，这样，就有可能导致车辆滞留在路上，进不去、退不出。这次凝冻灾害之初，一些车辆被困在高速公路上好几天，就与交通管理体制不顺有关系。要尽快建立交通部门和交警部门的综合协调机制，确保统一高效、配合有力。

在重点抓好交通基础设施的同时，还要着力抓好农村基础设施、城市公用设施、信息基础设施等的恢复建设。要积极配合供电部门，切实加强电网建设，提高供电设施的抗风险等级，搞好电力基础设施的修复和改造升级工作。在城市公用设施修复和重建中，要特别注意管网入地的问题。很多专家说，在这次凝冻灾害中，供气没有受到太大影响，一些新建的居民小区供水没有受到太大影响，就是因为供气管道、新铺设的供水管网都是入地的，而输电设施裸露在外面，就遭受了毁灭性的打击。因此，修复设施时，水、电、气管网要尽量入地，新建设施时，水、电、气管网一律要入地。

第三，要把恢复生产与做大做强生态产业结合起来。一般情况下，产业结构的调整是一个比较长的过程。但是，现在我们要借着恢复重建的机会，采取强力措施，尽可能缩短产业调整的时间周期。要把恢复工业、农业、服务业生产作为调整产业结构、推动三次产业朝着生态文明方向发展的一项重要工作。

从大的方向来讲，就是要加快服务业发展，稳定形成三、二、一的产业结构。政府最关心两件事：一个是扩大就业，就业是民生之本；一个是增加税收，税收是国计之源。这两件事都离不开第三产业。从就业来说，服务业是吸纳就业能力最强的产业。从一般情况看，单位服务业产值创造的就业岗位是工业的5倍。世界上多数国家服务业吸纳的就业人口已超过第一和第二产业的总和。2006年贵阳市服务业占全部生产总值的比例为45.3%，就业人口则占到了50%以上。因此，为了解决就业问题，必须大力发展第三产业。从税收来说，目前贵阳市税收最大的两个税种是增值税和营业税，增值税的75%要上缴为国税，比如一个年产值100万元的小水泥厂，增值税率为17%，每年要上缴17万元的增值税，而在这17万元中，留给地方的只占25%，只有4万多元。而营业税除去铁路、银行总行、保险总公司集中缴纳的外，都留归地税。去年，贵阳市国税收入在110亿元左右，其中增值税近60亿元，占50%以上；在增值税中，来自工业的占70%。地税收入64.8亿元，其中营业税28.3亿元，占43.67%，基本来自第三产业；加上第三产业提供的其他地税收入，第三产业提供的税收占地税总收入的67.03%，而第二产业提供的地税收入仅为21.36亿元，占总数的32.96%。第二、第三产业对地税收入的贡献率之比为33：67。由此可见，第三产业才是提供地税的主力军。曾培炎副总理在去年9月召开的全国服务业工作会议上表示，今后国家还将更多地从节约环保、改善民生、扩大就业等方面评价地方的发展，并把服务业创造的税收更多地留给地方。足见大力发展以营业税为主体的第三产业，是壮大地方税财源的关键。因此，我们一定要把道理想透彻，千万不能犹豫，真正在发展第三产业上下大决心，花大力气。

从产业内部来讲，三次产业都要按照建设生态文明的要求发展，在各自内部形成良好的产业结构。第二产业要大力发展高新技术产业和循环经济型产业。对那些耗费资源、污染环境，而又提供不了多少税收的"三高"企业，要逐步淘汰。比如，随着电力供应的恢复，要合理安排用电顺序，借这个机会，让那些小造纸厂、小铁合金厂、小水泥厂停产、歇火。这次搞重建，水泥、建材需求很大，有的地方可能又被眼前的利益蒙蔽，让小水泥厂"复燃"，这是不行的，在淘汰落后产能问题上一定不能手软。第三产业也不是全面开花，搞低水平重复，而是要突出重点，大力发展旅游、文化、现代物流、金融、会展等现代服务业。第一产业中，要大力发展生态农业，对那些抵抗灾害能力差、经济效益低的农作物要积极进行调整。

第四，要把恢复森林、防治次生灾害与加强生态环境建设结合起来。保护森林资源，是缓解全球气候变暖的重要途径，也是生态文明城市建设的重要内容。这次凝冻灾害中，我们的森林资源遭到了重大损失，受灾 226.63 万亩，一环林带、二环林带林木损毁严重。如果不把林业损失补回来，"林城"将名不副实，建设生态文明城市也只能是一句空话。我们要想办法减轻林业损失。一方面，要采取最严厉的措施保护好现有的森林资源，加大力度坚决打击破坏森林的行为，这一点绝对不能手软；另一方面，要开展大规模的植树造林活动，尽最大努力、用最快速度恢复生态。同时，还要做好森林防火工作。另外，随着气温的回升，各种致病细菌和病源微生物开始大量繁殖，有潜在发生传染性疾病的风险，要加强疫情分析，加大防控力度。

第五，要把安排好困难群众生活与实施"六有"民生行动计划结合起来。这次灾害中，我们通过救急的措施，解决了一些困难群众的生活问题。但是，要考虑建立长效机制，与"六有"民生行动计划结合起来，真正保障人民群众特别是困难群众"学有所教"、"劳有所得"、"病有所医"、"老有所养"、"住有所居"、"居有所安"。比如，这次因灾损毁的大量民房，不少就是破旧的棚屋，有些已成危房，摇摇欲坠。这次修复倒塌损坏的群众住房，就要按照实施"住有所居"行动计划的要求，与实施农村危房改造结合起来，与生态文明村（寨）建设结合起来，既要确保按时建成，也要保证质量。还有，一些弱势群体应对灾害的能力非常弱，像很多打零工的"背篼"，平时他们晚上往往露天而宿，这次凝冻灾害，我们的 24 小时救助巡逻仅仅是应急措施，是"临时抱佛脚"，如果稍有闪失，就可能有人冻伤，甚至冻死。因此，我们要抓紧研究建立长效机制，与实施"劳有所得"、"老有所养"行动计划结合起来，加快推进建立覆盖城乡居民的社会保障体系，保障人民群众的基本生活，对特殊时期的一些救助措施，要使之制度化、规范化，健全社会救助体系。

第六，要把弘扬"08 贵阳抗凝精神"与培育生态文化结合起来。城市文化是一个城市重要的软实力。1997 年，在亚洲金融危机中，韩国金融遭受重大影响，该国国民主动为国分忧，很多人捐出自己的金银首饰，为帮助政府应对金融危机出一份力。这种精神成为韩国的骄傲。在这次"抗凝冻、保民生"战斗中，我们贵阳锤炼出了"情系人民、忠于职守，万众一心、共赴艰难，自强不息、敢于胜利"的"08 贵阳抗凝精神"，具体展现并深化、丰富了"知行合一、协力争先"的贵阳精神。广大党员干部靠前指挥，深入一线，勇往直前，奋不顾身地投入到抗灾救灾中，涌现出了抗凝英雄李彬[①]等一大批先进模范人物；各行各业、

---

① 生前任贵阳市开阳县永温乡党委委员、乡纪委书记。在 2008 年特大凝冻灾害期间，26 天持续奋战在抗凝救灾工作第一线，因操劳过度以身殉职，年仅 34 岁。

方方面面空前团结、同舟共济，有钱出钱、有力出力，工作不分分内分外，只要有利于抗灾救灾，就毫不迟疑地去做；广大市民互信、互助、互爱，无灾帮有灾、轻灾帮重灾，组织"绿丝带"市民互助活动和"抗凝冻、保民生，欢迎你到我家来过年"爱心活动，等等。这些，都是在关键时刻迸发出来的精神力量，是贵阳非常宝贵的软实力，要推广到各个方面、各个环节，推广到全体市民当中，成为贵阳精神的有机组成部分，丰富和发展有贵阳特色的生态文化，激发干部群众热爱家乡、建设家乡的热情。"抗凝精神"不能只是在灾害时候昙花一现，要使之成为常态。

第七，要把完善自然灾害和突发事件应急机制与创新生态文明城市建设机制结合起来。这次凝冻灾害给了我们很大的教训，提醒我们要时时刻刻想到，各种各样的灾难说不定什么时候就来了。《后天》这部电影中，气象专家预测，这种冰冻灾害可能是一百年甚至是一千年以后才能发生的事，是我们子孙的事，但很不幸的是，才过几天就发生了。客观现实是无情的。建设生态文明城市要抓紧完善应对自然灾害和突发事件应急机制。我想，主动地应对和被动地应付，结果是非常不一样的，造成的损失也是非常不一样的。我希望，我们经历过这次凝冻灾害后，通过反思、总结，完善机制，不足的地方赶紧完善。也许我们在任期间不会经历这样的灾难了，但是经验教训可以留给我们的子孙，留给我们的后人。

第八，要把完善贵阳特点的抗灾救灾指挥体系与建设生态文明城市责任体系结合起来。在生态文明城市建设中，我们提出要建立严密、严格的责任体系，党政强力推动，建立绩效考核体系，落实问责制度。在抗凝救灾中，充分体现了上述要求。各级党委切实加强领导、总揽全局、协调各方、解决重大问题，成为抗灾救灾的坚强领导核心。各级政府坚决组织实施，体现出很强的执行力。各级人大、政协也都按照各自的职能发挥了很好的作用。社会各界也发挥了积极作用。同时，严格实行责任追究制，有 29 名党员、干部因消极怠工、敷衍塞责、擅离职守、抗命不从等原因，受到责任追究。事实证明，这些做法有力地保障了"抗凝冻、保民生"的重大胜利。要把这些经验和做法进行总结，进行提升，贯彻下去。一方面，在今后应对自然灾害和突发事件中，要按照建设生态文明城市建立责任体系的要求，完善贵阳特点的抗灾救灾指挥体系，党政形成合力，整合各方面的资源，开展抗灾救灾；另一方面，在建设生态文明城市的过程中，也要把这次抗灾救灾中好的作风发扬下去，各级党委、政府要果断决策，科学部署，真正成为生态文明城市建设坚强的领导核心；各级领导干部要雷厉风行、靠前指挥，帮助基层和部门协调解决困难和问题；要发挥基层党组织的战斗堡垒作用和广大党员的模范带头作用，使各项工作高效运转、有效落实；要发挥社会各界各个方面的作用，真正形成生态文明城市建设的合力。

我们这个研讨班是在凝冻天气结束后阳光灿烂的时候举办的。看了《后天》这部影片，我久久不能忘记的是，影片里冰灾过去以后，晴空万里。贵阳这几天也是晴空万里，我觉得这是一个很好的兆头，这是我们贵阳建设生态文明城市的好兆头，也是我们贵阳人民创造美好生活的好兆头。我曾讲过，如果我们贵阳有50~100个真正把建设生态文明城市弄清楚、搞明白了的领导干部，有50~100个真正俯下身子，去探索、去实践生态文明建设的领导干部，我们的事业就大有希望。从这次研讨班上大家表现出来的良好风貌和精神状态当中，我看到了希望；从给我们授课的北京大学生态文明研究中心各位教授及其他各位专家，特别是从姜春云同志对贵阳建设生态文明城市的亲切鼓励、大力支持当中，我看到了希望。此时此刻，我真的感到非常高兴，我愿意与各位领导同志分享这份喜悦、这份激动，我完全相信，贵阳市的生态文明城市建设一定会得到很好的推进，一定会取得实实在在的效果。

在应对国际金融危机冲击中把生态
文明城市建设推上新台阶[*]

Bring the Eco-city Construction into a New Stage in Dealing with the Impact of International Financial Crisis

在国内外经济形势发生重大变化的情况下，市委、市政府确定了明后两年的经济工作方针，就是"应挑战、保增长、重民生、推改革、促开放、善领导"。我围绕这 6 句话、18 个字，讲一些意见。

一、关于应挑战

当前，我们正遭遇着上世纪 30 年代世界经济大萧条以来最严重的金融危机，之所以讲"最严重"，是与 1998 年亚洲金融危机相比较而言的，主要体现在四个方面：第一，从发源地看，1998 年亚洲金融危机源于泰国，其经济总量仅占世界的 0.42％，是个小国；而这次国际金融危机则源于美国，其经济总量占世界的 31％，是全球最大的经济体。第二，从波及范围看，亚洲金融危机是局部危机，主要是东亚、东南亚国家和地区遭到打击；而这次金融危机是全球危机，包括发达经济体、新兴市场经济体和其他发展中国家都受到影响。美国今年第三季度 GDP 下降 0.3％，是 2001 年以来的最大降幅；欧元区 GDP 连续下滑，自1995 年以来首次出现负增长；日本经济也是连续两个季度出现负增长；印度、巴西、东盟等新兴市场经济体增长明显减速，今年增幅预计将下降 1.5 个百分点左右。第三，从影响程度看，亚洲金融危机主要冲击金融领域，表现在对美元的汇率大幅下跌，引发严重的通货膨胀，资产泡沫破灭。而这次国际金融危机已经严重影响到实体经济甚至政治领域，全球主要能源、原材料和运输价格大幅下滑，汽车等制造业陷入困境；比利时政府为了挽救富通集团而干预司法，结果被

---

* 这是李军同志 2008 年 12 月 29 日在贵阳市委八届六次全会上的讲话。

迫集体辞职。第四，从持续时间看，亚洲金融危机持续了 2 年左右的时间。而这次金融危机什么时候到头，现在还很难判断。国际货币基金组织、世界银行等权威机构对明后两年全球经济表示悲观。我国国家发改委有关部门研究认为，世界经济形势有可能要经历一个较长的低迷期和调整期，最糟糕的时候还没有到来，真正的拐点可能到 2009 年底或 2010 年后才能看到。还有不少经济学家对这次金融危机持续时间作出 3 年、4 年的预测。不管是哪一种说法，有一点是肯定的，就是这次国际金融危机肯定比亚洲金融危机持续的时间要长。正因为这次国际金融危机"最严重"，一段时间以来，"金融海啸"、"金融地震"、"金融风暴"等名词充斥媒体。也正因为如此，近段时期，国际组织和各国领导人频频碰头，伸出"有形之手"，商讨应对之策；各国政府纷纷采取行动，抗击不断升级的金融危机，美国当选总统奥巴马承诺上任后将推出大规模经济刺激计划，欧盟各国推出的金融救市计划金额近 2 万亿欧元，日本宣布总额约 23 万亿日元的刺激经济计划。现在看来，由于各国政府对金融危机的积极应对，由于在经济全球化背景下各国联手应对危机的协调性增强，由于发展中国家整体经济实力的提升，上世纪 30 年代世界经济大萧条的惨烈局面不太可能重演。

与亚洲金融危机相比，这次国际金融危机对我国造成的不利影响要严重得多。除了这次危机本身的严重程度外，还有两个原因。第一，我国对外贸易依存度高。亚洲金融危机发生的时候，中国尚未加入世贸组织，金融领域、资本市场管制比较严，起到了"防火墙"的作用。当时，我国外贸依存度不高，出口占 GDP 的比重只有 18％，而且，那次危机使东南亚国家出口受阻，还为我国提供了填补国际市场空间的机会。目前，中国已经成为世贸组织的重要成员，与世界经济的联系十分紧密，资本市场开放度较大，外贸依存度提升较快，出口占 GDP 的比重已接近 40％，受国际市场波动的影响很大。国际经济"感冒"，我国经济也会"打喷嚏"。第二，我国正处在新一轮经济周期的调整期。从 2002 年开始，中国经济已连续 6 年保持高增长。为防止经济增长由偏快转向过热、防止物价由结构性上涨演变为通货膨胀，去年和今年上半年，中央采取了一系列从紧的宏观调控措施，取得了明显成效。内外因素叠加，导致我国经济由热转冷，出现了始料未及的严重局面。近两个月来，我国外部需求大幅萎缩，部分企业经营困难，工业增速大幅回落，11 月份同比增长仅为 5.4％，利润缩减，全社会发电量、用电量均出现负增长，铁路货物周转量下降，而且，金融危机的影响正加快从沿海向内地，从中小企业向大企业，从劳动密集型、出口导向型行业向其他行业，从经济层面向社会层面扩散。中央判断，明年可能是进入新世纪以来我国经济发展最为困难的一年。

国际国内经济环境给贵阳经济带来的困难更大、挑战更多。今年对贵阳市来说，真可谓"祸不单行"。年初，贵阳市遭遇了百年不遇的特大凝冻灾害，直接经济损失达 110 亿元，一季度 GDP 出现负增长，其中工业增加值下降 10.5％。经过奋力拼搏，经济逐月向好，逐步走上正轨。哪知，"屋漏偏逢连夜雨，船迟又遇打头风"，从 10 月份开始，由于国际金融危机的严重冲击，多项经济指标急转直下。工业增速明显减缓，10 月、11 月只增长了 2.9％、1.4％，比 9 月分别下降了 10.6 个、12.1 个百分点。518 户规模以上工业企业，目前停产、半停产204 户。同时，企业效益大幅下滑，1—10 月工业企业利润总额下降 17.4％，工业综合经济效益指数下降 5.21 个百分点。可以说，今年两次遭受重创，肯定是"空前"的。这仅仅是当前的状况，综合分析各方面因素，下一步我们面临的形势还会更加严峻。第一，在贵阳市的产业结构中，主要依赖外需的传统资源型产业比重较大，特别是铝、磷等产业的地位突出，加之高端产品的比重小，更容易受这次金融危机的冲击。第二，贵阳经济社会发展的基础较差，抗风险能力较弱，应对经济社会矛盾的回旋余地较小，受金融危机的影响相对更大。第三，作为内陆城市，外部严峻形势对贵阳市的影响有一个滞后期，加之金融危机仍在蔓延，对实体经济的严重影响将会逐步显现。中央判断明年是我国经济最困难的一年，我觉得，贵阳明后两年都将是最困难的时期。

那么，挑战这么严峻，是不是就没有机遇、看不到希望了呢？不是的。任何事物都要辩证地看。把"危机"两个字分开来看，就是"危"和"机"，这次金融危机同样是有危有机，危中有机。对于我们来说，就是要千方百计把"危"去掉，把"机"显现出来。"机"在哪里呢？第一，中央实施积极的财政政策和适度宽松的货币政策，为贵阳扩大投资带来了机遇。贵阳自我发展能力相对较弱，特别是在基础设施建设、民生改善、社会事业等方面欠账不少，有一批多年想办而没有能力办的大事，有一批"卡脖子"的关键工程，有一批过去报批不顺利的项目。如果我们抓住这次国家扩大内需、增加投资的机遇，就有可能推进一些关系全局和长远的重大基础设施建设，及时解决一些关系民生的重大问题，为下一个经济增长周期打牢基础。第二，国内市场需求变化，为推动产业转型升级带来了机遇。近年来，贵阳一直力推产业转型，取得了一定的成绩，但远远没有达到理想的程度。过去，那些高投入、高耗能、高污染、低效益的产业和企业，没有危机时都不愿意转型升级，简单用行政的手段关闭也很难，现在，危机来了，大浪淘沙，这些产业和企业就会被市场自动"关闭"或者被迫转型升级。第三，各种经济要素的重新组合，为实现历史性跨越提供了机遇。胡锦涛总书记殷切希望贵州实现历史性跨越，究竟怎么跨越？赛车场上有个说法叫"弯道超车"，说的是，在直道上超车很难，因为大家都在开足马力跑，而在弯道上大家都减速，正是超车的大好时机。经济困难时期有些类似"弯道"，各种经济要素重新组合，产业重新布局，如果我们把握得好，就有可能形成新的竞争优势，加快实现历史性跨越。

因此，完全可以说，应对这次金融危机冲击也是贵阳加快建设生态文明城市的难得机遇。在市委八届四次全会上，市委确定把建设生态文明城市作为施政纲领和整体战略。全会结束仅仅15天，贵阳市就遭遇了历史罕见的特大凝冻灾害。灾害结束后，我们在花溪举办专题研讨班，花了3天时间进行总结和反思，结论是，贵阳不走生态文明的路子真是不行，而且不抓紧推进都不行，我们"抗凝冻、抓重建、保民生"与建设生态文明城市的理念、路径、目标是完全一致的。因而，对建设生态文明城市的认识更加一致、决心更加坚定。这次金融危机发生后，国内外经济形势发生了很多变化，我又在思考，也跟一些领导同志和专家讨论，我们建设生态文明城市的路子对不对？需不需要作出调整？大家的看法是，这条路子完全正确，不需要调整基本思路。一方面，这次金融危机暴露了传统发展模式的"危"，也凸显出生态文明发展模式的"机"。面对危机的冲击，发展模式不同，结果也不同。在应对金融危机中，如果产业结构不合理、自主创新能力不强、增长方式粗放，情况就很糟糕；反之，则是"风景这边独好"。另一方面，贵阳建设生态文明城市的路径和措施，与中央最近出台的一系列宏观调控政策是完全吻合的。中央增加投资，强调优化投资结构，重点投向基础设施、民生工程和生态环保等领域，这些正好是我们建设生态文明市的重点领域。只要抢抓机遇、乘势而上，完全能够在应对金融危机中加快建设生态文明城市进程。

总而言之，挑战十分严峻，形势不容乐观，但我们没有任何理由悲观，关键是要对当前的形势有清醒的认识，做好最坏的打算，力争最好的结果。特别是要把困难估计得更充分一些，做好经济低迷持续时间较长的考虑，防止因估计不足而导致被动；要把对策研究得更具体、更全面、更可行一些，把工作做得更扎实、更细致一些，防止因准备不足而导致失误；要强化借机成事的意识，敏锐捕捉和紧紧抓住一切可以利用的难得契机，努力调动一切积极因素和有利条件，化挑战为机遇，推动生态文明城市建设迈上一个新台阶。

二、关于保增长

应挑战，就必须把保增长作为当前和今后一个时期经济工作的首要任务。这些年，贵阳市GDP平稳较快增长，没有出现大的起伏，但预计今年增速比去年下降2.8个百分点，降速之快、降幅之大，为多年来罕见。从目前情况看，贵阳市GDP每增长1个百分点，就能带动财政增收1.4个百分点，提供大约2500个就业岗位。如果经济急速下滑，财政就会大幅减收，政府的调控能力、公共服务能力和改善民生的能力就会明显削弱；失业人口就会急剧增多，老百姓生活就得不到保障，社会和谐稳定就要受到极大影响。因此，保增长的任务十分紧迫。

总结历史经验教训，保增长必须与经济发展周期规律合拍。经济发展有其自身规律性，总会有高潮、有低潮。从我国的情况来看，改革开放以来，大致每隔几年就会出现一个波动周期。比如 1978 年是波峰，1981 年回到谷底；1984 年又到达波峰，1990 年又回到谷底；1992 年又达到波峰，1999 年又回到谷底；2007 年又达到波峰，现在正处于新一轮经济下行周期。与经济波动周期相对应的国家宏观调控政策是，波峰时，宏观政策就从紧，银根、地根收缩；波谷时，宏观政策就宽松，银根、地根相对放开。因此，对地方来说，每一个经济波动周期，都孕育着巨大的发展机遇，关键看能不能踩到经济波动周期的"点子"上。踩准了，就能实现又好又快发展；踩不准，与经济波动周期的节奏不合拍，费了半天劲，效果还不一定好。现在，中央为应对严峻的经济形势，及时将财政政策从稳健转为积极，将货币政策由从紧转向适度宽松，11 月 5 日出台了扩大内需促进经济增长的 10 条措施，12 月 14 日出台了金融促进经济发展的 30 条意见，宏观政策比 1998 年那一轮更宽松，力度更大，含金量很高，充分体现了中央刺激经济增长的决心。据悉，中央将对金融机构增加贷款提供保障性支持，这是对可能产生金融风险的一种政策容忍，我们可以利用金融机构"后顾之忧"减弱的心理，争取更大的信贷资金支持。还有消息称，一份由财政部牵头起草的关于允许地方发债的方案已提交国务院，这个酝酿了多年的政策有可能出台。一旦国家政策许可，我们要立即申报。在当前形势下，为了踩上这一轮"点子"，各地都在拉开架势、竞相出招。机遇稍纵即逝。我们不能再犯"热得慢、冷得快"、"启动慢、刹车快"的错误，错失难得机遇。如果现在不抢抓机遇、乘势而上，等到经济过热、国家宏观政策又开始紧缩的时候，我们想这样干就很难了。大家务必同心同德，千方百计踩准这轮宏观调控的"点子"。为了实现保增长的目标，要重点抓好以下四个方面的工作：

第一，要把以交通为重点的基础设施建设作为保增长的第一抓手。国家扩大内需、增加投资，铁路、公路建设是重点之一，我们顺势而为，把铁路、公路等交通基础设施建设放在突出位置，这具有利当前、管长远的重要意义。所谓利当前，就是直接拉动经济增长。因为铁路、公路等基础设施建设需要大量钢材、水泥、机械设备，能带动相关配套产业发展，需要大量劳动力，能解决就业问题，堪称拉动内需的"火车头"。所谓管长远，就是解决长期制约贵阳发展的"瓶颈"问题。我感到，说贵州、贵阳这个落后、那个落后，最根本的还是交通的落后。贵阳要大力推进城市化，扩大城市规模，首先是要拉开城市路网骨架。就像一个人，如果骨骼太小，就长不成大个子。而且，贵阳地处大西南枢纽位置，如果交通内外循环不畅，就会极大地制约全省甚至西南地区的交通通行能力。只有大力改善铁路、公路交通基础设施状况，完善路网结构，才能为长远发展打下基础。

一是要超常规做好贵阳快速铁路网和城市轻轨建设的前期工作，力争早日开工。1998年国家扩大内需，高速公路唱了"主角"，在全国各地特别是东中部地区结下了丰硕成果。而现在这一轮扩大内需，看来是快速铁路"唱主角"。市委、市政府抢抓国家和省里规划建设快速铁路的机遇，研究提出了建设贵阳快速铁路网的初步设想，准备建设贵阳环城快速铁路、贵阳至开阳快速铁路以及永温至久长、清镇至织金两条货运联络线。12月15日，我们向国家铁道部汇报了建设贵阳快速铁路网的构想，得到高度评价。铁道部明确表示将贵阳环城快速铁路、贵阳至开阳快速铁路纳入国家铁路干线的一部分，在项目规划、评审、立项等方面给予贵阳市特殊支持，要求抓紧启动、制定该项目的相关规划，尽早完成立项工作。12月25日，我们又到成都铁路局作了汇报，在明确了项目实施的时间进度、实施方案的同时，提出了同步实施永温至久长、清镇至织金两条货运联络线的设想，成都铁路局很支持，表示将与贵阳市一道将项目上报铁道部审批，并尽最大可能争取铁道部一定的资金支持。关于城市轻轨规划建设问题，轻轨是城市公共交通的长远发展方向，贵阳市从2005年启动这项工作以来，已完成了规划、可行性研究报告、环境影响报告书以及工程控制性详细规划，目前已上报国家发改委、住房和城乡建设部，进入评审阶段。现在上这个项目的时机很好，一定要盯紧，争取早日实施。一个城市要想发展，交通基础设施必须先行，对贵阳建设快速铁路网和城市轻轨的重大意义，需要放眼10年、20年甚至30年、50年后交通发展趋势来思考。可以说，这些项目都是过去我们想了多年却没有做成的事情，或者说是过去我们连想都不敢想的事情。各级各有关部门要向南环线建设者学习，超常规开展工作，特事特办、急事急办，攻坚克难，确保项目顺利推进。

二是要加快推进"三环十六射"的骨干路网。通过三五年的努力，"三环十六射"全部建成后，贵阳市将新增道路188公里，共新增投资达150亿元左右，需钢材约19万吨，水泥约170万吨，沥青约35万吨，可提供就业岗位27万个左右。目前，"三条环路"中，环城高速公路明年国庆节前全线贯通，一环路主要是适时进行改造问题，下一步重点是打通二环路。二环路对缓解中心城区交通压力、拓展中心城区的发展空间、带动周边土地的开发利用、改善城市形象具有极为重大的意义。当前除了要加快在建路段建设外，关键是要抓紧开工二环路东段，务必早日全线贯通。"十六条射线"中，已建成7条；在建的5条即花溪二道、北京西路、油小线、贵金线、金朱路，都已经明确竣工时间，要确保按期完成；其余4条即北京东路、东站路、沙冲路延伸段、盐沙线，要在明后两年陆续开工建设。总之，"三环十六射"必须按照中心城区"畅通工程"实施方案的要求，于 2012 年全面建成。

城市基础设施建设的内容还有很多，我这里重点说一下污水处理厂建设和综合管网入地问题。截至去年底，贵阳市城镇生活污水处理率仅为 25.72%，在全国 36 个大中城市中列第 32 位，与建设生态文明城市的目标实在不相称，国家和省里也多次提出了督办要求。我们提出到 2010 年县级以上城镇生活污水处理率要达到 100%，任务非常繁重。我这里强调三点：一是资金要落实。贵阳市在建的污水处理厂总投资约 10 亿元，目前已落实近 4 亿元，还有缺口 6 亿元，要通过争取国家和省的支持、搭建投融资平台、引进社会资金等多种渠道解决。二是管网要同步建设，不能出现污水处理厂建成后却没有污水收集系统的情况。三是要确保正常运营，不仅仅要看每天收集了多少污水，还要看每天排出多少处理过的污水，相关部门要加大监督检查力度。污水处理能力 100% 是没有意义的，我们需要的是污水处理率 100%。同时，乡镇污水处理厂，特别是"两湖一库"周边农村的污水处理设施，也要超前谋划，做好前期工作，及早实施。

第二，要把加快服务业发展作为保增长的重要支撑。与一般工农业相比，服务业发展受各种因素的制约较小，是地方经济稳定的增长点。像互联网行业特别是网络游戏业等新兴服务业，不但未受金融危机的影响，反而保持强劲的发展势头，据统计，今年网络冲浪用户数量以 50% 的速度增长。云岩区服务业的比重占 60% 以上，受金融危机影响不大，今年 GDP 增长 14%；而白云区工业比重高，就遭受重创，GDP 增长 -9%。当前，大力发展服务业，不仅对保增长十分重要，而且对促进就业具有突出作用，最近解决返乡农民工就业问题，主要就是靠服务业。服务业涉及的领域很多，我这里重点强调一下旅游、会展、物流和房地产业的问题。旅游业方面，贵阳市旅游业今年克服重重困难，总收入增长 50%，为全省旅游业总收入增长 26% 作出了重大贡献。但形势不容乐观，继续保持 50% 的增速难度很大，希望有关部门奋力拼搏，特别是旅游文化部门要联起手来，组建好、运营好旅游文化产业投资集团。贵阳有一块"全国优秀旅游城市"的招牌，但我感觉有的人不珍惜，甚至糟蹋这个招牌，一位游客在网上发表感慨说："爽爽的贵阳，宰客的天堂。"我希望几百万贵阳人一齐努力，从各个方面、各个层面改进服务质量，改善窗口形象，让这位网友改变对贵阳的印象，让他明年把帖子改一个字，变成"爽爽的贵阳，游客的天堂。"会展业方面，贵阳会展中心就要正式开工建设，可喜可贺。在这个项目上，我们的立足点是算大账，时间就是金钱，必须在 2010 年建成，使其在带动会展经济中发挥重大作用。物流业方面，随着快速铁路系统、高速公路体系建设的推进，贵阳发展物流业的优势进一步凸显，对已经明确的重点项目，像二戈寨物流园区、金阳大型物流中心和扎佐物流园区建设要加快推进。房地产业方面，有关部门要继续抓好国家一系列扶持房地产业政策的落实，牛年马上就要来到，希望明年迎来房地产"牛市"。

第三，要把工业结构的优化升级作为保增长的关键环节。贵阳作出建设生态文明城市的决策以后，有同志提出疑问，建设生态文明城市是不是不抓工业了？对于这种片面的认识，我已经多次纠正。工业化是建设生态文明城市、实现现代化不可逾越的阶段，我们在任何时候都必须坚持"工业强市"不动摇。特别是当前，金融危机对工业影响较大，工业发展面临很多困难，更要重视抓好工业经济发展，努力发挥工业在保增长中的关键性作用。这里，我强调几个重点。一是大力扶持高新技术产业的发展。今年以来，尽管遇到重重困难，但1—11月贵阳高技术工业增加值仍增长14%，比规模以上工业增加值高1倍以上，发展潜力巨大。大力扶持高新技术产业的发展，必须全力支持贵阳高新技术产业开发区建设。本来，国务院已经明确暂缓高新开发区扩区，但是国土资源部仍然体谅我们的难处，对贵阳高新开发区工作十分支持，同意用土地置换的方式解决高新开发区新区的用地问题。昨天下午，高新开发区新区和金苏大道正式开工建设，标志着高新开发区新区的建设取得了实质性的进展。高新开发区的各位同志，你们代表着贵阳未来高新技术产业发展的希望，希望你们真正发挥"五加二"、"白加黑"精神，在园区规划、基础设施建设、招商引资、搭建投融资平台等方面尽快取得突破。二是不遗余力地推进磷化工、铝加工、煤化工项目。应该讲，如何把资源优势转化为产业优势、经济优势，道理很明白、路子很清晰，关键是要有实实在在的大项目来支撑，否则就是在那里空喊。最近，中铝公司已初步同意与贵阳市联合发展铝精深加工项目，建成后产值将达41亿元，这是贵阳市发展铝加工业的一个重大突破，要锲而不舍、全力推进。三是努力为现有支柱型、骨干型企业和中小企业做好服务和协调工作，在多方融资、开拓市场、沟通信息等方面加大力度，帮助企业解决一些困难和问题，渡过难关。政府要热情牵线搭桥。前不久，市委、市政府召开政银企座谈会，就是想解决这个问题。12月27日下午，我们又与省工行、省建行签订了贷款总规模为600亿元的合作协议，使我们进一步增强了化"危"为"机"的信心。希望各家银行认真贯彻《国务院办公厅关于当前金融促进经济发展的若干意见》，在防范金融风险的前提下，加大对企业的金融支持力度，要"雪中送炭"；企业自己也要苦练内功，在管理方式、营销方式、技术升级等方面开拓创新，把抗风险的整体素质提升到新的水平。

第四，要把稳定农业作为保增长的重要基础。稳定农业才能确保人民生活基本稳定；建设新农村将会带来巨大的投资需求；增加农民收入可以极大地拓展农村消费市场。要大力推进城乡一体化，切实加大对"三农"的投入，做好深化农村改革、加强农业农村基础设施建设、调整优化农业产业结构等各方面的工作，确保农业增产、农民增收。我这里强调一下村寨建设的问题。国家今年 2 亿元农村危房改造试点资金全部给了贵州，明年还要再给 40 亿元，我们要抓住这个契机推进生态文明新农村建设。现在，贵阳农村很多地方盖房子盖得五花八门，建一栋房子，就多一块"视觉垃圾"。遵义很多地方的农房黔北民居韵味很足，独具风格，我们要向遵义学习。在村寨规划上一定要坚持"高起点、高标准"，突出村镇特色、彰显贵阳文化，多建设一些生态环境良好、民族风情浓郁、文化特色鲜明，能够传承下去的精品村寨。这项工作，明年务必要有实实在在的突破。

需要特别强调的是，我们"保增长"，是建立在质量高、结构好、能耗低、污染少基础上的增长，是符合生态文明理念的增长，绝不是一哄而上、搞"大跃进"。我们讲要扩大投资，绝不是盲目投资、重复建设，而是切实加强经济社会发展的薄弱环节，着眼于打基础、管长远，夯实建设生态文明城市的基础。我们讲发展产业，也绝不是盲目铺摊子，上一些"傻大黑粗"的项目，而是通过结构调整，促进发展转型。一句话，要把"保增长"和"调结构"有机结合起来，千万不能为了防止经济下滑而让原来要淘汰的企业和落后的工艺死而复生，回到粗放经营的老路上去。因此，我在这里重申，凡是不符合生态文明发展方向的项目，凡是不符合环保要求的项目，凡是不符合节能降耗要求的项目，不管能增加多少 GDP、带来多少财政税收，都一律不能上。无论怎么上项目，怎么保增长，环评"硬杠杠"一点不能软，节能降耗硬指标一点不能变。盲目投资、乱上项目，从当前看也许有些效益，但从长远看贻害无穷，我们绝不能急功近利。当不成"功臣"不要紧，但起码不能当"罪人"，给后人留下麻烦。

三、关于重民生

在任何情况下，我们都强调重民生，而在当前的特殊形势下，强调重民生，更具有特殊的经济意义，就是扩内需。在外部需求大幅萎缩的情况下，保增长关键靠扩内需。扩内需包括投资需求和消费需求。而投资需求是中间需求，如果不能有效转化为最终消费需求，那么投资需求将成为无效投资即"泡沫"，这是不能保证经济持续快速协调健康发展的。因此，扩内需的根本途径，是扩大居民的最终消费需求。扩大居民消费需求，就是让老百姓受益、得到实惠，就是改善民生；而民生得到改善，老百姓收入更丰厚、生活更殷实、保障更完善，自然就会扩大消费支出，拉动经济增长。当 1929 年世界经济危机来临的时候，在经济学界占主流的新古典学派认为，工人失业是因为工资太高，因此应当削减工人工资。但是，当时的瑞典学派提出，解决低收入者的民生问题才是当务之急，就是帮老百姓建廉租房，帮他们解决医疗卫生、就业保障等问题。历史证明，瑞典学派的意见是对的，民生问题解决了，后顾之忧就大为缓解了；后顾之忧大为缓解了，整个社会就能够扩大消费。

同样的道理，中央把改善民生作为扩内需、保增长的出发点和落脚点，今年新增的1 000亿元投资中，涉及民生工程的占到近70%，明后两年增加投资，民生仍将是重点，这些投资不仅直接拉动经济增长，而且最终也会体现在增加收入、扩大就业上，大部分都将转为消费需求。说实话，在民生的很多领域，特别是在医疗、教育、住房、社会保障和社会事业领域，我们确实存在不少历史欠账。在积极争取中央支持的同时，自身也要千方百计挤出资金，加大对民生的投入力度。公共财政首先姓"公"，重点保民生是题中应有之义。在严峻的经济形势下，各级各部门都要牢固树立过紧日子的思想，严格控制一般性支出，开展增收节支，今后市里举办节庆活动，一律不能动用财政资金。但是，对民生的投入不但不能减少，而且必须增加。今年市本级财政用于民生方面的资金达25.24亿元，比去年增长22.24%，高于财政收入增幅，要继续保持较大增速，特别是要重点支持实施"六有"民生行动计划，倾力解决老百姓关心的教育、医疗、住房、养老等难点和热点问题，真正打牢扩大消费需求的基础。

第一，要千方百计增加居民收入，使老百姓"有钱可花"。收入决定消费。在一般情况下，老百姓不可能长期处于超支状态，因此，只有增加居民收入，消费才会旺起来。当前形势下，很重要的一条是继续实施好"劳有所得"行动计划。首先要认真解决"劳"的问题，就是保证就业。就业是民生之本，任何国家都非常重视就业问题。我们要把促进就业作为解决民生的首要问题来抓。促进就业，说白了，就是给一个"饭碗"，"碗"里不一定是"鸡鸭鱼肉"、"山珍海味"，但至少"稀饭"、"萝卜"、"白菜"必须得有。中国的文字很有意思，"饭"字缺了"食"就剩下了"反"，民以食为天，如果老百姓没有饭吃，就会起来"造反"的。我们建设和谐社会，"和"字拆开来就是"口"和"禾"，意味着人人都有饭吃才能"和"。针对当前就业形势比较严峻的情况，我们要多渠道增加就业岗位，通过开发政府性公益岗位、落实好大学生到基层和村镇就业以及转业军人安置的政策、利用加大基础设施建设尽量多转移农村富余劳动力、落实国家鼓励自主创业等政策措施，在确保新增就业岗位4.5万个、城镇登记失业率控制在4.5%以内的基础上，尽可能多地创造就业岗位。要实施有效的就业调控政策，对重点行业、企业岗位流失情况实施动态监测，及时与企业协商沟通，提前采取应对措施。企业要积极履行社会责任，即使经营上暂时面临困难，也应该采取缩短工作时间、轮流上岗、协商降薪等办法，尽量不裁员或少裁员。贵州轮胎股份有限公司就采取了不裁员的办法，稳定职工队伍，值得表扬。实际上，企业履行社会责任，稳定企业队伍，更能够赢得员工长期的归属感，对提升企业形象及今后的发展非常重要。要认识到，人才是企业不可复制的核心竞争力之一，只有留住人才，才能留住企业复兴的希望。在解决"劳"的同时，还要解决"得"的问题，就是要保障劳动者应得的报酬，有关部门要加大劳动执法监督的力度，确保不克扣、不拖欠工人工资，特别是不能拖欠农民工工资。"两节"来了，农民工弟兄好不容易忙碌了一年，挣了点血汗钱，克扣他们的工资，良心何在？天理难容！千条理，万条理，克扣、拖欠农民工工资就没理，这个时候，政府必须为农民工撑腰！

第二，要完善社会保障体系，让老百姓"有钱敢花"。提高大家消费的信心，让老百姓有信心消费。现在，一些老百姓是"手里有钱，心中无底"，老是想着存折上的钱是留着养老的，留着买房的，留着看病的，于是强行压制自己的消费欲望，把钱放在银行里不敢动。完善的社会保障制度，是撬动居民消费的巨大杠杆。我们必须进一步完善社会保障制度，解决老百姓消费的后顾之忧，释放消费需求。在社会保障问题上，关键是要全覆盖。在制度层面，要进一步全面建立社会保障和福利救助政策体系，不断填补政策"空白点"；在执行层面，要将过去遗漏的人群纳入保障，真正做到应保尽保。在完善现有保障制度的同时，当前重点要做好两个方面的工作。一是农村养老保险。在农村，随着新型农村合作医疗和农村最低生活保障制度基本建立，农村养老保险工作显得严重滞后。贵阳市在全省率先开展了新型农村社会养老保险试点工作，截至目前参保人数达 1.5 万人，享受待遇 5 100 人。要认真总结，并借鉴外地成功经验，逐步推开，把这项惠及农民的德政工程抓好。二是失业保险。针对当前的特殊情况，要进一步健全失业保险制度。一方面，要确保按时足额发放失业保险金，保障失业人员的基本生活和合法权益；另一方面，要加大扩面征缴工作力度，切实发挥防范失业风险的作用。

第三，要解决好老百姓反映强烈的困难和问题，让老百姓"有钱愿花"。当前，老百姓反映这样难、那样难，说明在很多领域需求旺盛，供给明显不足。比如，老百姓反映上学难，只要子女能够接受良好的教育，他们是舍得花钱的，但由于教学资源有限特别是优质教学资源有限等原因，贵阳每年仍有 1.4 万名左右的初中毕业生没有升入高中阶段，比例超过 30%；老百姓反映看病难，可是医疗资源很有限，我看到贵医附院、省医看病的人往往要排很长的队伍等候，就是愿意花钱也不一定能在舒适的环境里得到高水平的医生的服务；老百姓反映住房难，贵阳人均住房建筑面积不足 12 平方米的低收入家庭仍有 1.4 万户没有纳入廉租住房保障范围。所有这些，都需要我们千方百计去解决。还有一种情况是，不少老百姓有消费意愿，也有钱消费，但却没有地方消费。比如，老百姓在文化、体育健身等方面的需求就相当强烈，但经常找不到地方欣赏高水平的演出，找不到地方健身。我们要抓紧完善相关配套设施，改善相关条件，积极培育和壮大这些消费热点。

在当前情况下，保障和改善民生，不仅具有重大的经济意义，而且具有重大的政治意义。从根本上来讲，"全心全意为人民服务"不是一句口号，而是世界观问题、根本立场问题、对待老百姓的感情问题。群众反映的问题往往是涉及他们切身利益的问题，我们都要千方百计、尽心竭力予以解决。当前的危机对富人和穷人的影响程度是不一样的。对富人来说，顶多是财富缩水，生活水平不会受到太大影响；可是对于穷人来说，就有可能失去岗位、吃不上饭、生活窘迫。越是在困难的时候，越是不能忘记困难群众。各级领导干部要有政治敏锐性，要畅通老百姓反映问题的渠道，倾听老百姓的呼声，把群众的呼声作为第一信号，对群众的困难感同身受，把他们的冷暖时刻放在心上，千万不能麻木不仁。要牢记"饱而知人之饥，温而知人之寒"的道理，要多花点时间了解群众需要些什么、我们能为群众做些什么，然后尽最大努力去解决困难群众的实际问题，改善他们的生产生活条件，这比一般情况下的作用更大、效果更好。"两节"即将到来，各级领导干部要带着深厚的感情，抽出时间到基层去，到困难企业、困难群众中去，看看贫困群众的生活安排好了没有，失业人员的生活有没有着落，把党和政府的温暖送到广大人民群众的心坎上。

四、关于推改革

如何应挑战、保增长、重民生？一个关键性的措施就是要努力使重点领域和关键环节的改革取得突破。从保增长看，我们要开展大规模的基础设施建设，就必须解决资金来源问题，但现状令人担忧。比如，市委、市政府提出了明后两年固定资产投资力争增长 30%的目标，也就是说，明后两年贵阳市固定资产投资累计要达到近 1 800 亿元。一般情况下，政府财政性投资带动社会投资的比例是1∶4，按此计算，全社会投资要达到 1 800 亿元，财政性投资则需 450 亿元；如果按去年贵阳市财政性投资中中央和地方分别占 20%和 80%的比例来算，中央和省的投入大约 90 亿元，其余的 360 亿元需要地方财政出，而今年贵阳市地方财政收入仅为 90 亿元，很难解决资金缺口。再比如，当前的一些重大交通基础设施建设项目，像花溪二道、北京西路、贵金线等，建设资金仍然是贷款解决，但银行的钱也不是好贷的，是要按比例投入资本金的。就拿北京西路一期项目来说，总投资 9.49 亿元，政府需要拿出 3.79 亿元的资本金，才能向银行贷款 5.7 亿元。因此，如果我们不着力推进投融资体制改革，实现投资主体的多元化、筹资渠道的多样化，怎么能扩大投资规模，满足贵阳市日益扩大的城市建设资金需求？从重民生看，同样需要在体制改革上下更大的工夫，像医疗体制改革、教育体制改革、社保体制改革、收入分配体制改革等。现在民生方面存在困难，有时候不是没有资源、不是没有财力，而是各种资源和要素配置不合理，尤其是农民的收入增速慢于城市居民，农村医疗、教育条件落后于城市。城乡差距越拉越大，根本原因就是体制机制障碍。一旦这个问题解决了，很多民生问题就好解决了。比如，农村实行家庭承包责任制之前，农民连温饱都解决不了，改革打破了"大锅饭"，生产者的投入、产出捆在一起了，干和不干不一样了，农民生活明显改善。同样的天、同样的地、同样的人，效果却是天壤之别，这就是改革的威力。

我到贵阳工作后，感到贵阳投融资体制方面存在突出问题。现有的六家政府性投资公司，有的是政府的代建公司，有的是政府的担保、资产管理公司，有的是政府的国有企业改革改制部门，基本没有可经营的优良资产，自身"造血"功能不足，缺乏经营性现金流，没有形成真正独立的市场主体。贵阳市投融资的体制是借钱的只管借钱，花钱的只管花钱，融资、投资与还贷相互分立，责、权、利不统一，没有形成"借、用、还"一体的良性循环机制。这就好比"庙"是政府出钱修的，"和尚"是政府拿钱养的，没有后顾之忧，不积极念经，有的甚至不念经，结果"香火"老旺不起来。不仅如此，甚至还有个别公司想方设法地算计政府，巧取豪夺资金。这样，导致财政背上巨额的债务负担，风险很大。不改革行吗？我们在谋划南环线建设的时候，一开始就提出创新投融资模式，组建市场化、商业化的投融资主体，由股份公司来融资、来贷款、来投入，并用经营收入及周边土地开发来偿还。在去年底召开的市委八届四次全会上，我们又提出要完善多元化的投融资机制，下大力气对现有的投资公司进行改造，将其培育成真正市场化的投融资主体。考虑到改造、重组现有公司的复杂性，一年多来我是要求得多，但着力推动得少。如果说旧的体制还能勉强维持下去的话，我宁愿再拖一拖。即使想动，也是宁愿搭建"新城"，而不愿动"旧城"，比如，组建贵阳城市发展投资股份有限公司就是这样的思路。但是，这次金融危机发生后，我们已经拖不下去了。我们要保增长、重民生，在更大范围内展开基础设施建设，必须及时改革投融资体制，否则就无法落实中央关于扩大内需增加投资的各项政策措施。因此，推进改革特别是投融资体制改革，绝不是心血来潮、一相情愿，的确是形势所迫，不得已而为之，可以说是被这次金融危机"倒逼"的。实际上，危机往往是改革的契机。比如，"文化大革命"十年动乱，我国国民经济几乎到了崩溃边缘，十一届三中全会提出了改革开放，30年来，我国GDP由世界第10位上升到第4位，仅次于美国、日本和德国！为了应对当前的国际金融危机，中央明确要求，坚持社会主义市场经济的改革方向，抓住时机推出有利于保增长、促内需、调结构的改革措施，消除体制机制障碍，激发发展活力。我们推进重点领域改革，也是结合贵阳实际，不折不扣地贯彻落实中央的要求。讲了这么多，归结到一点，就是推进投融资体制等重点领域的改革，势在必行！

个别同志可能担心，贵阳是"欠发达、欠开发"城市，这次投融资体制改革的力度是不是太大？实际上，我们提出搭建投融资平台的思路，并不是开创性的，在其他省（市）早就办了。比如南京，近年来相继成立了国资集团、城建集团、交通集团等投融资平台，为南京城市建设融资达600亿元。比如重庆，2002年开始，就整合各类分散的政府资源，通过资本注入、资产划转和政策支持，相继成立了城投、高发、高投等八大政府性建设投资公司，通过政府授权经营、市场化运作的方式，支撑了重庆重大基本项目建设，到去年底，八大集团资产总额2 300多亿元，融资近1 700亿元。我们把这些先进城市的成功经验借鉴过来，结合实际加以运用，完全能够避免走弯路。别的地方能做的，贵阳同样能做！而且越是落后的地方，越是需要大规模的建设资金，就越要改革，增创体制机制优势，否则就只能永远落后！

如何推改革？我认为：一要积极。看准了的改革措施，就义无反顾地加以推进。总的来说，绝大多数干部对待改革的态度是积极的，比如在行政审批制度改革上，有关部门提出明年市级行政审批项目在现有基础上减少79%，如果这个目标实现，那贵阳市的行政审批项目将是全国省会城市中最少的。但是，我也充分认识到，改革说起来容易、做起来难；要求别人改革容易、改革自身难。改革必然涉及权力和利益的调整，而任何一项改革举措，又不可能给所有人同时同等带来利益，世界上没有这样的万全之策。要改革就必然会打破既得利益格局。谁的利益都不能碰，谁的"奶酪"都不能动，改革就没法进行。不能谁都说不改革不行，而一旦落实到具体改革领域和事项，往往就这也不能动，那也不可行；也不能要求别人改革说得头头是道，而一旦落到自己身上就说不行。我们允许改革有失误，但不允许不改革。市委的态度是，改革中的失误，可以包容；阻碍改革推进，要承担责任。二要稳妥。我们强调积极推进改革，不是胡干、蛮干，而是尊重客观规律和讲求科学方法，在稳定和谐中推进改革，通过改革促进稳定和谐。在作出改革决策时，有人建议，今年是改革开放30周年，贵阳市可以趁此机会全面推开包括事业单位体制在内的各项改革，力度要更大一些。但市委非常慎重，认为必须把握轻重缓急，着力解决制约发展最紧迫、最现实的问题，通过重点突破带动整体推进。现在保增长是首要任务，而保增长关键靠扩大投资，扩大投资的当务之急就是破除投融资体制的制约，因此，这次能在投融资体制改革方面取得实实在在的突破，就是很了不起的事。在实施中，要精心制定方案，确保稳妥进行、稳步展开、稳定人心，尽量兼顾各方面的利益，特别是要解决好很多同志担心的企业重组以后干部待遇问题、人员去留问题。我负责任地告诉大家，市委、市政府在实施中，肯定会统筹考虑并保障你们的合理利益。基本原则是，"老人老办法、新人新办法"，"庙"是要改造的，"老庙"的"和尚"，该是处级还是处级，该是科级还是科级，身份、待遇一概不变，但新来的"和尚"一律要按市场规律管理，与"庙"的发展捆在一起。

五、关于促开放

应挑战、保增长、重民生，离不开改革，也离不开开放。因为开放也是改革，不开放，改革也很难向纵深推进。30 年来，我国改革开放大体经历了两个阶段。第一阶段是"改革推动开放"。中国的改革先于开放，开放是在改革进行了一段时间，出现了一些问题和困难之后，作为改革的配合手段开始起步的，就是把一部分条件适宜的地区与世界市场联系起来，引入竞争力量，加速市场的形成和壮大。第二阶段是"开放促进改革"。随着对外开放的扩大，特别是 2001 年中国加入世贸组织后，承诺开放市场、接受 WTO 的规则，在"走进"世界市场的同时，也"引进"了一系列机制上、制度上的国际规范。这就要求我们提升改革水平，在许多方面主动与世界接轨，向世界标准看齐，从而有力地促进我国的体制改革和创新。可见，改革和开放是紧密联系、相互促进的。在实践中我们也深刻体会到，很多改革措施的推进，如果关起门来谈，谈来谈去、议来议去，都是这个难、那个难的，很难统一思想认识。但是走出去一看，原来很多事情别人早就干了，只要借鉴他们的经验和做法，不难找到解决的办法。正所谓"困难困难，困在家里总是难；出路出路，走将出去才有路"。不改革没有出路，不开放同样没有出路。

促开放，首先观念要开放。思想是行动的先导，开放的举措需要开放的头脑、开放的思维。我们好抱着固有的东西不放，所谓"天不变，道亦不变"，祖宗说过的不能改，祖宗没说的不能做，一切以祖宗的是非为是非。这种毛病，禁锢了人们的思想，窒息了民主和科学，助长了愚昧与落后，是中国社会前进的巨大障碍。马克思是一个对新事物有着浓厚兴趣的人。恩格斯在《卡尔·马克思的葬仪》中这样评价他，"任何一门理论科学中的每一个新发现，即使它的实际应用甚至还无法预见，都使马克思感到衷心喜悦"。邓小平同志也是如此。1990

年，上海证券交易所开业，中国股市大幕拉开。社会主义能不能搞这个东西？人们对此议论纷纷，有人甚至抵制、指责。小平同志说："证券、股市，这些东西究竟好不好，有没有危险，是不是资本主义独有的东西，社会主义能不能用？允许看，但要坚决地试。看对了，搞一两年对了，放开；错了，纠正，关了就是了。"小平同志还说，什么事情总要有人试第一个，才能开拓新路。试第一个就要准备失败，失败也不要紧。贵阳是一个移民城市，经历了明、清、抗战、"三线建设"等几次人口大迁移才形成了现在的规模，经济、文化等各方面的包容性很强。很多外地人都感觉到，贵阳是个很开放的城市，是乐于接受而不是排斥新生事物的。一个地方，新思想、新举措不断涌现，说明这个地方框框套套少，创新活力强，发展潜力大。反过来，如果讲观点、讲办法都是老一套，那就说明这个地方思想僵化、死气沉沉，没有什么希望。这一两年来，贵阳各级各有关部门提出了一些创新性的思路，采取了一些创新性的举措。如何对待这些新生事物？我的看法是，要善待、要包容。我们先观察观察再说，先试一试再说，不要急急忙忙定性，这才是实事求是的态度，才是负责任的态度，才是科学的态度。贵阳市民旁听人大常委会会议不就是新事物吗？当时也有人心存疑虑，担心这会不会影响权力机关的威严。现在大家不仅接受了，而且还以此为骄傲。所以，别的地方有的贵阳可以有，别的地方没有的贵阳也可以先尝试。世界上的事情，没有哪一件是一开始就知道百分之百正确的，要允许尝试、允许探索，甚至允许失误。对了，就坚持，就推广；错了，停下来，改过来就是。在贵阳，要形成善待新生事物、包容新生事物、接受新生事物的良好氛围，以阳光的心态、健康的心态看待新生事物，让实践来检验，让历史来检验。

促开放，必须搞好对外开放。就是要消除一切壁垒和障碍，让所有要素在贵阳和其他城市之间自由流动，向贵阳汇集。贵阳是欠发达城市，一方面，经济社会发展的任务很重；另一方面，自我发展能力又很弱，资金、技术、管理、人才等发展要素严重匮乏。要破解这个难题，唯一的办法是扩大开放、更多地借助外力，特别是大力招商引资。以今年为例，贵阳市固定资产投资完成600亿元，其中招商引资就有300亿元，也就是说，一半的投资来自市外，如果让贵阳市自己筹，去哪里筹这么多钱？过去，贵阳最大的开放劣势是不沿江、不沿海、不沿边，开放的空间距离远、成本高，现在，这一情况发生了很大变化。最近一两年，贵阳已经或即将有 大批铁路项目要开工建设，再加上高速公路的增加、国际航线的开通，贵阳将真正成为大西南南下的交通枢纽。那时，贵阳出入境和到沿海发达城市的时空距离将大大缩短，开放成本将大大降低，前来投资的客商将会越来越多，特别是贵阳独特的气候条件和良好的自然生态，对外来投资者很有吸引力。同时，"麦架—沙文—扎佐高新技术经济带"和"小河—孟关产业带"

正在加紧规划建设，招商引资具有很好的平台。从现在开始，就要舍得拿出一些大项目、好项目去招商引资。引进一个企业也需要时间，到路修好，招商引资的平台建设好了，项目也谈成了，就能够迅速实施，早日见到效益。做好招商引资工作，关键靠营造良好的环境。良好的环境是对要素最有吸引力的优惠政策，也是成本最低的优惠政策。环境好，外面的要素会进来；环境不好，现有的要素也会流走。贵阳市基础设施等硬件条件还不够好，要加快改善。但是更为重要的是在改善投资软环境上下硬工夫，从细微处改善，形成"人人都是软环境、事事都是软环境"的良好氛围，为投资者提供一站式服务、全程服务、"保姆式"服务。要拿出严打"两抢一盗"的决心和狠劲，整治推诿扯皮、办事拖拉、"吃拿卡要"等行为。市软环境整治办公室一定要下决心，抓几个典型，对少数害群之马，要坚决清除出去。

促开放，还必须搞好对内开放。过去我们谈开放，对外开放谈得多一些，对内开放谈得少一些，主要是针对当时的突出问题。实际上，对内开放更加重要。一方面，按照辩证法的观点，内因是事物发展的决定性因素，外因是条件。贵阳的发展，主要靠我们自身努力和奋斗，想完全靠外力是不现实的。另一方面，对内开放是对外开放的基础，对内开放搞不好，本地的要素盘不活，外来的要素也会"水土不服"，像感染瘟疫一样慢慢死掉。有个网友在人民网上给我留言说，在贵阳，有劲使不上、人才无处发挥作用并被迫混日子，是制约当地发展的突出问题，应从体制机制层面及时解决这一问题，形成"干"和"混"完全不一样的局面。这既是人民期待的，也是上级要求的。我们讲对内开放，很重要的方面就是要眼光向内，把每个人的潜能充分挖掘出来、释放出来。到贵阳市工作一年半以来，我越来越感到，贵阳市的干部是充满智慧的，是有苦干实干精神的，有很多难能可贵的品质。就拿今年来说，我们经历了那么多事情，先是百年不遇的特大凝冻灾害、甲肝疫情，然后又是汶川大地震、金融危机的影响，但是，大家经受住了考验，环城高速公路建设、中心城区"畅通工程"、严打"两抢一盗"、治理保护"两湖一库"、谋划高新开发区发展、实施"六有"民生行动计划等，以及其他各项工作，都取得了很好的成绩，非常不容易啊。这充分说明贵阳的干部是想干事、能干事、能干成事的，对于这样一支队伍，我们要创造一切条件，让每个人的干事激情竞相迸发，让每个人的聪明才智充分发挥。还是那句话，要给机会、要交任务、要压担子，是猴子就给你一棵大树，是老虎就给你一座森林，是狮子就给你一片草原，在用人上做到大气、大方、大度。在实际工作中，市委是非常重视贵阳本地干部的，区（县）委书记、区（县）长公推竞岗，全部都是用本地干部；公开选拔市直部门的负责同志，26个职位中，16个是本地产生的。市委组织部作了个统计，今年，贵阳市共提拔县级干部113人，其中本地的有

100 个，接近 90%，就体现了眼睛向内的导向，今后还要继续坚持这样做。要处理好"儿子"和"姑爷"的关系，首先是要超常规激活本地人才，把"儿子"的潜力充分发挥出来，对一些专业性很强而又很难找到合适人选的岗位也要引进"姑爷"，充分发挥两个积极性，提高两个创造力。

六、关于善领导

在中国，要做好任何一项工作，都离不开党的领导。今年初我们之所以能够取得"抗凝冻、抓重建、保民生"的重大胜利，最根本的就是各级党组织充分发挥了领导核心作用。现在，我们面临形势的严峻性比抗凝冻时还要大得多，在一定程度上说，是再一次进入了非常时期、战时状态，更需要加强和改进党的领导。这里，我提三点要求。

第一，要统一思想、协调行动。每当面对艰巨的使命、繁重的任务时，党中央都十分强调统一全党的思想认识。越是困难时期，越要强调统一思想、协调行动。所谓统一思想，就是要上下一条心，全市一盘棋。俗话说，上下同心、其利断金。要迅速把思想统一到中央的要求上来，统一到省委的部署上来，统一到市委的决策上来，既要看到形势的严峻性，增强危机感，又要看到危机里蕴涵的机遇，坚定做好工作的信心。所谓协调行动，就是要保证政令畅通，绝不允许自行其是。各级各部门都是贵阳这部"大机器"上的零部件，如果不能协调一致，就无法保证"大机器"的高效运转，就会陷入内耗甚至"死机"。要坚决维护党的政治纪律，市委、市政府的决策一旦作出，就必须坚决执行，绝不能有令不行、有禁不止或者上有政策、下有对策。俗话说"相互补台、好戏连台，相互拆台、一起垮台"。希望各级领导班子、领导干部要牢记这个道理。

第二，要转变作风、狠抓落实。贵阳市干部作风建设是很有成绩的。现在，省直部门对贵阳市干部队伍作风是肯定的，普通老百姓对贵阳市干部的主流也是肯定的，非常可喜。我也从许多渠道了解到，很多领导干部、党员同志，不分白天黑夜，加班加点工作，令人感动。在回顾盘点这一年工作的时候，我经常为同志们的表现所激励、所鼓舞，这也是市委谋划贵阳未来发展、作出重大决策部署的信心所在。对贵阳市的这支干部队伍，我们非常信任、非常满意。当前，在应对金融危机的特殊情况下，我希望同志们把优良作风发扬光大，特别是领导同志一定要身先士卒，到第一线靠前指挥，直接推动工作。不能只当"二传手"、不当"扣球手"，要少一些"裁判员"、多一些"运动员"。

第三，要严格管理、奖罚分明。中央要求，必须把从严治党的要求体现到干部管理上，切实改变干部管理失之于宽、失之于软的问题。我们要认真贯彻中央指示，通过建章立制，努力使有职者必须忠于职守、有权者必须秉公用权、有责者必须严格问责。市里即将制定下发《贵阳市县级党政领导班子和领导干部落实科学发展观建设生态文明城市绩效考核办法》，年底随机抽取部分区（市、县）作为被考核单位，进行实绩考核、民主测评和公众评价，对公众评价满意度达不到 2/3 的，要进行组织处理。要认真落实《贵阳市党政领导干部问责办法（试行）》，切实把干部的"优"与"劣"同"奖"与"惩"有机结合起来。总之，什么人要重用，什么人不能重用，要通过严格的干部管理体现出来。

贵阳正处在发展的关键时期，人生能有几回搏，此时不搏更待何时！现在就是各级党委、政府和广大领导干部大显身手的时候，是真正发挥战斗堡垒和表率作用的时候。我们要积极行动起来，弘扬"知行合一、协力争先"的贵阳精神，万众一心、埋头苦干，为应对当前的危机，为抢抓机遇，为加快建设生态文明城市，作出无怨无悔的贡献。

以"三创一办"为载体纵深推进生态
文明城市建设[*]

Take "Three Buildings and One Cosponsoring" Campaign
as a Platform to Push forward the Eco-city Building

我就纵深推进生态文明城市建设谈三个问题。

一、关于大局大势

清醒认识和准确把握当前的大局大势，是正确谋划和科学安排工作的重要前提。古人讲"不谋全局者，不足以谋一域；不谋万世者，不足以谋一时"，讲"审时度势"，讲的就是这个道理。那么，当前的大局大势是什么呢？我认为有"三大事件"、"三大信号"、"三大转变"值得高度关注。

先说说"三大事件"。

第一大事件，联合国气候变化大会召开。关注新闻的同志可能都知道 12 月 7 日至 19 日在丹麦首都哥本哈根召开了《联合国气候变化框架公约》第 15 次缔约方会议，但不一定都知道这次会议规模之大——有 1.5 万名代表参加讨论，规格之高——有超过 130 位国家和国际组织的领导人参加会议，影响之大——全球几十亿人密切关注。联合国秘书长潘基文认为，类似的会议在联合国历史上是没有过的。

为什么这次会议如此备受瞩目呢？因为这次会议讨论的是事关地球和人类命运的应对气候变化问题。近年来，海啸、飓风、凝冻、干旱、高温、暴雨、洪涝等灾害性极端天气在全球肆虐，而且发生频率越来越高。大家应该对去年初贵阳的特大凝冻灾害还记忆犹新吧。前不久，欧洲和北美又遭遇了罕见暴风雪的袭击。那么，是什么导致灾害性极端天气频发的呢？研究表明，这与地球变暖有直

---

* 这是李军同志 2009 年 12 月 29 日在贵阳市委八届八次全会上的讲话。"三创一办"是指创建"国家卫生城市"、"国家环境保护模范城市"、"全国文明城市"，协办 2011 年第九届全国少数民族传统体育运动会。

接关系，而变暖的原因，主要是以二氧化碳为主的温室气体排放，使地球保留的热能增加。工业革命 200 年以来，全球二氧化碳排放量剧增，目前已达 281 亿吨，地球平均气温上升了 2℃。据测算，全世界二氧化碳排放量 2015 年将达 343 亿吨，2030 年将达 423 亿吨。按照这种趋势，全球平均气温在未来 50 年内将升高 2～3℃。专家指出，地球平均气温再升高 1℃，非洲乞力马扎罗峰的冰雪将完全消失；升高 2℃，全球海平面将升高 7 米，许多海岛国家将被淹没，约有 1/3 以上的物种面临灭绝；升高 5～6℃，就可能导致包括人类在内的生物大灭绝。前段时间热映的影片《2012》，就向人们描述了气候变暖后的灾难场面。为了拯救人类赖以生存的地球家园，从上个世纪 90 年代开始，各国联手控制温室气体排放，应对气候变化。然而，由于发达国家对排放的历史责任认识不到位，以及与发展中国家在减排量、减排技术转让、减排资金支持等方面存在巨大分歧，人类应对气候变化走过的历程异常曲折和缓慢。这次哥本哈根大会，自始至终充满了观点的交锋、利益的博弈，在中国政府卓有成效的努力推动下，最终达成了《哥本哈根协议》。这个协议维护了《联合国气候变化框架公约》及其《京都议定书》确定的"共同但有区别的责任"原则，就发达国家实行强制减排和发展中国家实行自主减缓行动作出安排，并就全球长期目标、资金和技术支持、透明度等焦点问题形成广泛共识。总体而言，应对气候变化谈判是在艰难中向前推进的。完全可以肯定，今后人类对减排温室气体、遏制地球变暖的重视程度会越来越高，世界各国应对气候变化的沟通、协商、合作会越来越多。可以说，这次哥本哈根会议以及今后的应对气候变化谈判，将对全球未来产生深远影响。

第二大事件，国家推进新一轮西部大开发。从 2000 年中央实施西部大开发战略以来，西部地区的基础设施建设、生态建设、结构调整、改革开放和科技教育等社会事业取得了长足进步。以贵州省为例，以交通为重点的基础设施建设、以"西电东送"为重点的能源建设、以退耕还林为重点的生态建设、以"两基"攻坚为重点的教育和科技事业发展都有重大突破。尽管目前西部地区和东中部地区的发展差距仍在扩大，但是，如果没有西部大开发，差距会更大。到今年，西部大开发已经 10 周年，国家正在部署西部大开发新的 10 年战略，明确提出努力把西部地区建设成为现代产业发展的重要集聚区域、统筹城乡改革发展的示范区域、生态文明建设的先行区域。国家正在制定《关于深入实施西部大开发战略的若干意见》，并把西部大开发作为正在编制的"十二五"规划的重点板块。我认为，这一轮西部大开发在理念方面，特别强调生态文明建设，更加切合西部生态环境脆弱的实际状况；在政策、资金、项目支持方面，由于东中部地区基础设施基本完善，对西部的支持力度将会更大，十分有利于西部地区实现快速发展。能否抓住新一轮西部大开发的机遇，关系到包括贵州在内的西部地区的前途和命运。今年 10 月 17 日至 19 日，中央领导同志在贵州考察时，殷切期望我们抢抓新机遇，实现新跨越。在上一轮西部大开发中，贵阳市抓住了一些机遇，办成了一些多年想办而没有条件办的大事，经济总量、基础设施、城乡面貌、人民生活等方面都上了一个大台阶。在新一轮西部大开发中，贵阳建设生态文明的理念已经"先行"，占有一定的"先机"。只要我们发挥优势，牢牢抓住新的重大机遇，进一步争取国家的更大支持，贵阳发展完全能够再上新的更大台阶。

第三大事件，贵州省争创生态文明示范区。在目前我国的体制框架下，将区域发展战略上升为国家战略，十分有利于争取政策、项目、资金等方面的支持。近年来，国家先后批准了武汉城市圈和长株潭城市群全国资源节约型和环境友好型社会建设综合配套改革试验区、重庆和成都统筹城乡综合配套改革试验区等，今年又批准了建设海峡西岸经济区、关中天水经济区、江苏沿海地区、辽宁沿海经济带等 10 个区域发展规划，给这些区域注入了发展的强大活力。贵州这样的地方，自身发展能力比较弱，更需要取得中央的更大支持，建设国家层面的"试验区"、"示范区"。早在 1988 年，时任贵州省委书记胡锦涛同志就倡导成立毕节试验区，成为国务院批准建立的全国第一个以可持续发展为主题的农村综合改革试验区。20 年来，毕节试验区围绕"开发扶贫、生态建设、人口控制"三大主题，创新发展模式，走出了一条符合岩溶贫困山区特点的科学发展之路。今年 6 月，省委、省政府向中央报告，请求国家支持贵州推广毕节试验区经验，建设生态文明示范区。这是对贵州发展战略的进一步提升，是把中央精神和贵州实际紧密结合的创造性举措。国家发改委已复函明确表示积极支持，并将到贵州省进行调研。在这样的情况下，各兄弟市（州、地）都力图在建设生态文明中有所作为。贵阳是省会城市，理所当然要为全省生态文明建设作出更大贡献。而且，贵阳的工作如何、效果怎样，也关系到能否在全省真正"作表率、走前列"。

这"三大事件"，既有涉及全球的，也有涉及全国的，还有涉及全省的，极大地强化了"三大信号"：

第一大信号，低碳经济。这次哥本哈根会议不仅推动了应对气候变化谈判，而且广泛传播了低碳经济理念。低碳经济最早是英国提出来的，本质是提高能源效率、推广清洁能源，核心是能源技术创新、政策创新和人类生存发展观念的根本性转变。2003 年英国能源白皮书《我们能源的未来：创建低碳经济》认为，发展高效的低碳技术并进行全球推广是应对气候变化的关键。今年 8 月，英国前首相布莱尔之所以前来参加生态文明贵阳会议，一个很重要的原因就是推广低碳经济理念。在全球气候变暖的大背景下，随着低碳经济理念的传播，像碳交易、碳期货、碳税、碳关税、碳汇、碳足迹、碳捕捉、碳储存等与碳有关的新事物、新名词也不断涌现。比如碳交易，就是把二氧化碳排放权作为商品进行交易，目前全球已经有四个交易所专门从事碳交易，预计到 2012 年全球碳交易市场交易额将达到 1 500 亿美元。比如碳税，就是针对二氧化碳排放所征收的税，目前丹麦、芬兰、荷兰、挪威和瑞典都实施了碳税政策，法国也将从 2010 年起开征碳税。伴随着气候变化危机的日益加剧，应对气候变化谈判成为最激烈的多边谈判之一，气候外交已经成为各国外交工作的一项重要内容，低碳经济已经演变为一个重大国际政治问题。对低碳经济，国家回避不了，地区回避不了，企业回避不了，普通老百姓也回避不了。我们国家对"低碳"这个概念接受得很快，顺势而为，主动应对，还明确提出大力发展低碳经济、低碳技术，在国际社会树立了开放的、负责任的大国形象。国内不少地方纷纷开展低碳经济试点。贵阳市已经向国家发改委申报低碳经济试点，将根据自身特点，积极发展低碳经济。低碳经济成为当前最热门的话题之一。很多年轻人加入"低碳一族"，见面打招呼就问："今天，你低碳了吗？"可见，在不经意间，低碳经济已经走进我们的生活。面对如此强烈的信号，如果还视而不见、无动于衷，那就真的是太迟钝了、太老土了。说句开玩笑的话，今后的年轻人，如果不知道低碳，恐怕连恋爱都谈不成。

第二大信号，绿色发展。上个世纪 80 年代以来，一个以环境保护、污染治理为主要内容的绿色发展理念在国际上蓬勃兴起。绿色代表健康和生命，代表生机和活力，代表希望和未来。绿色多一点，就意味着代表污染的黑色、黄色、白色少一点。现在，绿色发展理念已经广泛渗透到产品、产业、就业、投资等诸多方面。比如绿色产品，泛指生产过程及其本身节能、节水、低污染、可再生、可回收的产品。不论是农副产品，还是家用电器，只要拥有"绿色"标签，就会好卖得多。比如绿色就业，就是通过发展绿色环保产业，推动节能减排工程、生态恢复工程以及环境基础设施建设等，创造大量就业岗位。据联合国环境规划署统计，近十年来全球从事环保工作的人数大幅度增长。2009 生态文明贵阳会议之前，联合国教科文组织、联合国环境规划署、世界银行、联合国劳工组织在贵阳举办的未来论坛，就把绿色就业作为主题。比如绿色 GDP，就是扣除资源成本和环境成本后的 GDP，简言之就是没有污染的 GDP。去年以来，为了应对国际金融危机，世界各国纷纷打出了"绿色"旗号。美国奥巴马政府推出"绿色新政"，日本制定了"绿色经济和社会变革"方案，欧盟提出以发展新能源为核心的"绿色刺激计划"。我国也在积极推进绿色发展，一些省市谋求实现"绿色转身"，大力发展绿色产业、绿色产品、绿色就业，积极建设绿色校园、绿色社区、绿色建筑。有媒体形容绿色发展已经渗透到了中国人生活的方方面面，中国正在"变绿"。《爽爽的贵阳》歌词中，有一句"绿绿的贵阳"，一方面是赞美现在贵阳的绿色比较多，另一方面也是希望贵阳将来绿色更多，千万不能由"绿绿的贵阳"变成"黄黄的贵阳"、"黑黑的贵阳"、"白白的贵阳"。

第三大信号，生态文明。2007年，党的十七大明确把"建设生态文明"作为我国全面建设小康社会新的更高要求，强调要在全社会牢固树立生态文明观念。之后，我们党的重要文件和中央领导重要讲话都把生态文明建设与经济建设、政治建设、文化建设、社会建设并列。这标志着我们党对社会主义现代化建设规律的认识进一步深化，是对人类文明发展的历史性贡献。贵阳市结合实际，把建设生态文明城市作为贯彻科学发展观和十七大精神的切入点，作为推动各项工作的总抓手。以往，贵阳提这样那样的发展思路，总有人提出不同意见。但提建设生态文明城市，大家都表示赞同。通过两年多的努力，贵阳建设生态文明城市的实践取得了初步成效，在国内产生了一定影响，一些兄弟城市也来贵阳参观、考察。现在，放眼全国，建设生态文明已汇成大潮。今年以来，国家新批准的区域发展规划，如《鄱阳湖生态经济区规划》、《黄河三角洲高效生态经济区发展规划》等，都与生态文明密切相关。山东、四川、海南、广西、云南等省区提出建设生态文明省和示范区。深圳、厦门、珠海、杭州、苏州、南宁、海口等城市纷纷力推生态文明建设。"生态"这个词来源于古希腊，不是中国人的发明，但"生态文明"是地地道道的"中国创造"。现在，这个中国特色的概念得到了国际社会的认同。在2009生态文明贵阳会议上，国内外嘉宾对贵阳建设生态文明城市的理念、做法和成效给予高度评价，会议形成的《贵阳共识》指出："生态文明是人类社会发展的潮流和趋势，不是选择之一，而是必由之路。"

如果把目前的地球比喻成一个"病人"，低碳经济、绿色发展和生态文明这"三大信号"都是给地球治病开的"药方"。所不同的是，低碳经济是减排二氧化碳的直接措施，直达"病灶"；绿色发展包括环境保护、污染治理等等，"药方"相对大一些；而生态文明则包含了自然生态、经济生态、政治生态、文化生态、社会生态诸多方面，是系统疗法。不管"治病"的方式和疗效如何，"三大信号"都进一步揭示了当前发展的动态和未来发展的趋势，这就是"三大转变"。

第一，发展方式的转变，即由高消耗、高污染转向低消耗、低污染。传统发展模式主要依靠增加生产要素的投入实现经济增长，实质上就是高消耗、高污染，因而是低效益的。形象地说，这种增长就是燃烧，烧掉的是能源、资源，产生的是GDP，留下的是污染。传统发展模式不仅引发了严重的能源危机，世界能源理事会预测，地球上蕴藏的可开发利用石油将在三四十年内耗尽，还带来严重的污染问题，全球大气中的二氧化碳，有80%是发达国家排放的。显而易见，这样的发展模式，资源支撑不住，环境容纳不下，社会承受不起。但是，人类又不可能为了少消耗、少污染而回到原始社会去。既要保持高质量、现代化的生活，又要减少消耗、减少污染，必须在二者之间找到平衡点。因此，世界各国纷纷转变发展方式，掀起了以低碳、绿色为特征的结构调整浪潮，力图抢占未来发展的制高点。对我国而言，转变经济发展方式刻不容缓。去年，我国经济总量达到31.4万亿元。据预测，一两年内，中国经济总量将超过日本，位居世界第二，仅次于美国。但是，由于我国能源结构中煤炭占到70%左右，加上发展方式粗放，国际上要求中国加强节能减排的压力越来越大。去年国际金融危机对我国经济的冲击，表面上是对经济增长速度的冲击，实质上是对经济发展方式的冲击。正因为如此，今年中央经济工作会议明确提出，要把加快经济发展方式转变作为深入贯彻科学发展观的重要目标和战略举措，推进产业结构调整，发展战略性新兴产业，培育新的经济增长点。对贵州、贵阳来说，转变经济发展方式尤为紧迫。高消耗、高污染是贵州、贵阳发展方式粗放的一个突出表现，2008年贵州单位生产总值能耗是全国平均水平的2.61倍，工业固体废弃物排放总量占到全国的7.1%，而生产总值只占全国的1%，贵阳对此也"功不可没"啊！如果不抓紧调整产业结构，发展低碳经济、循环经济、绿色经济，推进节能、减排、降耗，尽快实现经济发展方式转变，贵州、贵阳只会更加被动、更加落后。

第二，生活方式的转变，即由奢华转向简约。工业文明带来物质财富的急剧增长，也带来了物欲膨胀和过度消费。汽车越来越多，房子越来越高，都市越来越繁华，生活越来越奢华……然而，这样的生活方式是要大量消耗能源、资源，是要大量排放的。比如，美国每年人均能源消费为11.5吨标准煤，是我国的11倍，以美国为首的西方发达国家人均碳排放远高于发展中国家。这样的生活方式，必将严重破坏地球家园，等于加速毁灭自己。为了人类社会的永续发展，越来越多的人开始追求自然、绿色、健康的简约生活方式，比如选择少开车、多走路，少坐电梯、多爬楼梯，夏天少着正装、多穿便装，等等。联合国气候变化大会之所以选择在哥本哈根召开，一个重要原因就是那里的简约生活方式十分普遍，家家住的是节能房，户户用的是节能灯，人人出行首选自行车。有人也许要问，提倡简约是不是要倒回原始状态？显然不是。简约是更高层次、更高形态的生活方式。简约不是不要汽车，只是不要"油老虎"；简约不是不要电器，只是不要耗电太多；简约不是不要包装物，只是不要包装过度；简约不是不要住楼房，只是不要过分依赖空调。当然，贵州贫困人口还比较多，贫困程度还比较深，我们必须从实际出发，既要大力发展经济、让广大群众过上现代化生活，特别是让困难群众尽快摆脱贫困状态，又要清醒认识生活方式从奢华向简约转变这个大趋势。

第三，思维方式的转变，即由斗争哲学转向和合哲学。在过去相当长的历史时期内，斗争哲学主导了人类社会的思维方式，往往只强调对立，不考虑统一；只强调一分为二，不讲求合二为一。人要改造自然、战胜自然，人和人之间、国家与国家之间的争端主要通过武力来解决，正所谓"与天斗，其乐无穷；与地斗，其乐无穷；与人斗，其乐无穷"。但斗来斗去结果是什么呢？大多是两败俱伤。看看国际，两次世界大战给人类造成了那么深重的灾难；再看看国内，长达10年的"文化大革命"，坚持"以阶级斗争为纲"，什么"斗资批修"、"狠斗私字一闪念"，斗得人际关系空前紧张，斗得国民经济陷入崩溃边缘。在座很多同志经历过，一定不堪回首吧。实际上，客观世界是矛盾的统一体，既有对立，又有统一；既存在斗争性，又存在同一性；既一分为二，又合二为一。近些年来，斗争哲学的惨痛经历使人类变得聪明，和合哲学逐步主导思维方式，成为处理社会关系的主调。看看国际，通过谈判协商，诞生了欧盟，使欧洲走向一体化，前不久还产生了首位欧盟"总统"范龙佩；通过密切磋商，联合应对，今年以来，世界经济在较短时期内摆脱了国际金融危机带来的被动局面，并逐渐复苏，从而避免了上个世纪30年代那样的经济大萧条。再看看国内，我们党提出以"一国两制"的方式解决祖国统一问题，就是运用和合哲学的成功范例，通过多轮谈判，香港、澳门实现了顺利回归。特别是党的十七大以来，以胡锦涛同志为总书记的党中央继承和弘扬中华民族传统文化中"和合"的宝贵遗产，提出了建设和谐社会的战略思想，在内政外交包括处理海峡两岸关系等方面采取了一系列促进和谐的重大举措，赢得了党心、民心，赢得了国际社会的普遍好评。

由此看来，和合哲学是唯物辩证法的应有之义，共生共赢、互利合作、求同存异理应成为我们思考问题、处理问题的基本思维方式。比如，在招商引资中，只有让投资者有钱赚，他们才肯来投资，特别像贵州、贵阳这样"不沿海、不沿江、不沿边"的地方，对投资者的吸引力还比较差，我们更要善于算大账、算长远账，让投资者赚钱，甚至赚大钱，实现"我让你发财、你帮我发展"。比如，在一个领导班子里，成员之间有时有不同意见，这是难免的，也是完全正常的，不值得大惊小怪。就是天天在一张床上睡觉、在一口锅里吃饭的两口子，日常生活中也难免会吵架、会闹别扭。实际上，大家都是共产党的干部，都是为人民服务，没有根本性的利害冲突，只是思考问题的角度不同、处理问题的方式不同而已。关键是要遵循和合哲学，坚持大事讲原则、小事讲风格，做到谦让、包容、谅解，换位思考，必要时妥协。这不仅是思想方法，也是政治品格。只要彼此之间是诚恳的而不是虚伪的，是善意的而不是恶意的，是出于公心的而不是出于私利的，有什么意见不可以商量呢？有什么分歧不可以化解呢？有什么隔阂不可以消除呢？毛主席说得好，"我们都是来自五湖四海，为了一个共同的革命目标，走到一起来了"，"一切革命队伍的人要互相关心，互相爱护，互相帮助"。

我之所以用了这么长时间讲"三大事件"、"三大信号"、"三大转变"，就是要与同志们共同分析当前世界、中国、贵州的物质世界乃至精神世界正在发生什么，将要发生什么。孙中山先生讲过："历史潮流，浩浩荡荡，顺之者昌，逆之者亡。"希望大家切实把本地、本部门的工作，把本人的工作放在这样的大局大势下来思考、来谋划，找准发展方向，增强前瞻性，赢得主动权。

二、关于任务

无论是"三大事件"、"三大信号"，还是"三大转变"，都充分表明，贵阳建设生态文明城市的决策，顺应了世界的潮流，踩准了国家政策导向的"点子"，契合了全省发展战略的方向。2007 年底召开市委八届四次全会，我们确定了建设生态文明城市的总纲；2008 年底召开市委八届六次全会，我们针对当时国际金融危机的严峻形势，部署了如何在应对挑战中加快生态文明城市建设。这次全会要明确的主要任务，就是把创建"国家卫生城市"、"国家环境保护模范城市"、"全国文明城市"和举办 2011 年第九届全国少数民族传统体育运动会作为载体，坚定不移地纵深推进生态文明城市建设。

"三创一办"是有机联系、有机统一的。创建"国家卫生城市"和"国家环境保护模范城市"，是创建"全国文明城市"的重要条件。创建"全国文明城市"，涵盖了经济、政治、文化、社会、生态等各个方面，是对一个城市综合发展水平的检验，与建设生态文明城市是一致的。今年 9 月，中央领导在贵阳市的一份材料上作出重要批示，充分肯定了贵阳市把创建全国文明城市与建设生态文明城市统一起来的做法。而办好民运会，是展示贵州、贵阳形象的重要平台，是对创建"国家卫生城市"、"国家环境保护模范城市"和"全国文明城市"成效的重大检验。当年我们党确立打倒蒋介石、解放全中国的目标，主要是通过打胜辽沈、淮海、平津三大战役实现的。我们在纵深推进生态文明城市建设的过程中，也必须一个战役一个战役地打。如果我们打赢了"三创一办"这四场战役，就意味着朝生态文明城市的目标前进了一大步。

"三创一办"既涉及硬实力，也涉及软实力，内容很多，标准很高，要求很严，难度很大。我们具备了一定基础，但还存在较大差距。对下一步必须着力的方向、必须缩小的差距、必须解决的问题，我们要有足够的、清醒的认识。这里，我提出"八个推进"，供大家思考。

第一，从战略向细节推进。战略是非常重要的，没有战略就没有全局，就没有方向。但是，战略确定之后，细节就是决定性的因素。细节虽细，但细中见用心；细节虽小，但小中见功力。因为细、因为小，细节往往被轻视、被忽视、被漠视。大量事实表明，哪怕只有 0.1% 的失误，也会导致 100% 的失败。所以说，细节既是"天使"，又是"魔鬼"。

对一个城市来讲，任何一个细节都折射出城市工作者的品位和水平，反映出城市负责人的理念和能力。贵阳乍一看还不错，高楼林立，人流如织，车马喧嚣，灯火辉煌，真不像一个西部城市，连见多识广的英国前首相布莱尔乘车参观时也频频点头。但是一深究，我们就得承认，贵阳这个城市在很多方面不那么注重细节。规划是城市建设和管理的"宪法"，我这里就集中讲讲规划的问题。应该说，我们的城市总体规划理念和内容很好，得到了住房和城乡建设部的肯定，有些片区规划比如金阳新区的规划编制得不错，得到了省内外的好评，但贵阳总体上还缺乏高水平的详细规划和城市设计。看看建筑风格，每个城市本来都应该体现自身的地域特色、历史特色、文化特色，但贵阳的建筑有民族的、有现代的，有中式的、有西式的，还有不古不今的、不中不西的，是典型的"有建筑没风格"，没有鲜明的个性。贵阳又叫"筑城"，也可理解为"建筑之城"，但很可惜，缺乏建筑艺术，甚至有不少建筑垃圾。在这方面，我们真的不如老祖宗。像西江苗寨、肇兴侗寨、安顺屯堡，都是经过数百年积淀而成的建筑艺术，多有特色啊，吸引了那么多游客参观，卖了大价钱。看看街景设计，本来建筑物应该与街道形成流畅、和谐的关系，但贵阳的大街上，建筑物有的"肩膀"朝街，有的"屁股"向外，有的"斜站歪立"，大家走在延安路上，看着两边建筑的时候，能感受到街景的美吗？看看建筑色彩，一个区域本来应该形成一个主色调，但贵阳的建筑一会儿白、一会儿黄、一会儿绿，颜色反差太大，看上去实在别扭。看看建筑外饰面，本应廉价耐用又美观大方，但是贵阳的建筑用瓷砖、马赛克太多，效果不好不说，过几年日晒雨淋，掉下来几块没办法补，即使补上去，也像在旧衣服上加新补丁，难看得很。我在这里从风格、街景、色彩、外饰面四个方面点了贵阳规划方面不注意细节的问题，不是要追究责任，而是要总结教训，不是要算旧账，而是要向前看。规划是百年大计，必须经得起历史的检验，不能因为忽视细节而留下败笔、留下遗憾。对目前贵阳市规划中存在的细节问题，怎么办？第一，能够改进的，想办法改进。贵阳的广告牌大小不一，高低不同；路灯造型各异，位置失当；地砖破损严重，颜色太杂，还不防滑；护栏有铁丝网的、钢筋的、塑料的、水泥的，有白色的、绿色的、黑色的，真是五花八门。下一步，在市容市貌的整治中，必须精心规划、精心设计、精心实施，使广告牌、路灯、地砖、护栏真正给城市"添彩"而不是"挂彩"。第二，不能改进的，想办法弥补。比如天际轮廓线，本来应该错落有致、线条优美，但高达 220 米的凯宾斯基大酒店，孤零零地耸立在那里，很不般配。本来老城区是要"稀化"的，但为了弥补这个区域天际轮廓线的严重缺陷，市规委只得同意在旁边修建另一个高楼，我开玩笑说，这是给凯宾斯基找个"老婆"，"老婆"不能比"老公"高，所以限高180 米。贵阳山多、林多，天际轮廓线还必须与之相协调，但我们的建筑不注意处理与山体的关系，压迫了山，破坏了视觉的美感。金阳市民广场背后有山，前面有湖，令人心旷神怡。但前不久，山背后冒出一栋高层建筑，破坏了市民广场的整体氛围。第三，有些"怪物"改也没法改、补也没法补、拆也没法拆，就只能留在那里，让我们的后人"欣赏"吧！

当然，不仅城市规划，贵阳其他很多工作包括办文、办会、办事也存在许多不注意细节的问题。同志们也许见怪不怪了。我多次经历这样的场面：主持人宣读来宾名单时，念到张厅长，大家热烈鼓掌，但人没到；念到刘厅长时，大家又热烈鼓掌，但人还是没到；念到王厅长的时候，王厅长真的到了，大家以为他没到，就没鼓掌；而赵厅长、李厅长来了，主持人没介绍，弄得场面实在尴尬。活动开始之前，为什么不用那么一丁点时间、花那么一丁点精力把到场的领导名单核对一下呢？这样的例子还有很多。可以说，贵阳市与发达城市和省内部分兄弟城市的差距，不是差在战略上，而是差在细节上。如果说建设生态文明城市是绘制一幅壮美画卷的话，现在还只是粗线条的"写意画"，接下来还要填充内容、描绘细节、着好色彩，最终才能成为"工笔画"。海不择细流，故能成其大；山不拒细壤，方能就其高。希望各级干部既不要做夸夸其谈、光说不练的"战略家"，也不要做粗枝大叶、粗心大意的"活动家"，而要做精雕细琢、精耕细作的实干家。

第二，从单一向系统推进。事物的发展具有不平衡性，某项工作在某个时段实现单项推进，是有一定道理的。但事物又是互相联系、互相制约的系统，如果就是"单打一"，不能实现系统推进，单项推进注定会受阻，甚至成为影响整个系统正常运转的障碍。就像打仗一样，单兵突进、孤军深入，没有坚强的后援，就可能弹尽粮绝，以致全军覆没。特别是城市本身是一个十分复杂的系统，具有多功能、多层次、高度综合的性质，更需要注重以综合的、系统的观念进行建设、管理。大家对贵阳修路的问题比较关心，我这里集中讲讲这个问题。

一是要把贵阳的路网系统放在全国的路网大系统中谋划。现在，国内快速铁路、城际铁路发展非常迅速，已有北京——天津、石家庄——太原、合肥——武汉、宁波——台州——温州等多条客运专线运营，中国正在进入"高铁时代"。今年 12 月 26 日，武广快速铁路正式运营，时速达到 350 公里，武汉到广州由原来的 11 个小时缩短到现在的 3 个小时。试运行的时候，最高时速达 394 公里。贵阳市域快速铁路网接入国家快速铁路网，就是市域网进入了国家网，贵阳的铁路交通一下子就达到了全国先进水平。三四年后，任何一个区（市、县）都可以通过市域快铁网，2 小时到成都、重庆、长沙、南宁、昆明，3 小时到武汉，4 小时到广州、西安，5 小时到郑州，6 小时到上海，7 小时到北京。同时，"和谐号"动车组从金阳出发，能够快速准点直达任何一个区（市、县）。2005 年春节，胡锦涛总书记视察贵州时，殷切寄语贵州的同志要有志气、有信心，努力实现经济社会发展的历史性跨越。市域快速铁路网建成了，就是贵阳交通的历史性跨越。近段时间以来，武汉、长沙、南宁等城市也都提出建设环城快速铁路。铁路建得越早，成本就越低。贵阳市域快铁网现在总投资336亿元，建1公里只需8 000多万元，铁道部拿90％的资本金，我们只拿10％的资本金和征地拆迁费，而且还纳入项目股份。几年后总投资恐怕要翻几倍，铁道部还会投这么多钱吗？可以说，建设市域快速铁路网是我们着眼全国、着眼长远，系统谋划贵阳交通基础设施建设的重大举措。一年前，我们说，贵阳要在应对国际金融危机中化危为机，建设市域快速铁路网就是抢抓到的重大机遇。

二是要把路网系统放在整个城市系统中谋划。不能就路谈路，还必须考虑沿线的城市建设和改造，以及产业布局和发展等问题。环城高速公路的建设以前之所以进展缓慢，一个重要原因就是我们有些同志认为那只是省里建的绕城路，没有把它放在贵阳的城市系统中去考虑。后来，我们把绕城路看成是环城路，认识到这条路不仅是贵阳交通循环的大动脉，而且是贵阳产业发展的大走廊、促进贵阳城镇化的大杠杆、展示贵阳城市形象的大平台，对贵阳城市发展具有十分重大的意义。这样，建环城高速公路就不简单是修路，而是一项系统工程，因而大家的积极性得到充分调动，两年多时间干成了过去多年没有干成的事情。

三是要把修路放在城市道路系统中谋划。特别是要分清轻重缓急。市委、市政府之所以强力推进"两路二环"建设，就是因为要尽快完成"三条环路十六条射线"的骨干路网工程，提高道路面积和路网密度，缓解中心城区日益严重的交通拥堵。

四是要把施工组织作为一个系统来谋划。修路本身也是一个有机系统，有前期手续、资金筹措、征地拆迁、施工组织、竣工验收等环节，必须系统谋划，环环相扣，紧密衔接。但我们有时候违背修路的客观规律，"粮草未动、兵马先行"，资金的问题八字还没有一撇，很多手续还没有办完，就宣布开工，结果欲速不达，开工有准，竣工没准。这次修建"两路二环"，就吸取了教训，做到程序严密、准备充分，从11月29日第一次领导小组会召开以来，各项工作推进得很快，春节前后陆续开工，一年半可以建成，也就是2011年8月全国民运会之前就可以通车。

总之，有些工作，孤立地看不那么重要、不那么紧迫，系统地看就很重要、很紧迫；有些事情，孤立地看可能是对的，但系统地看可能是错的；有些东西，孤立地看是废料、是包袱，但系统地看可能是原料、是财富。反之亦然。因此，做城市工作，都要进行系统的思考，从系统的目标出发，采取系统的方法，系统地加以推进，达到系统的效果。尤其是，谋划贵阳的全局工作，一定要跳出贵阳看贵阳，把贵阳放在全国的大系统当中去考虑；谋划贵阳的各项工作，一定要跳出单项工作的视野局限，把单项工作放在大系统中去考虑。

　　第三，从抓点向面上推进。推动工作，要抓点，比如抓典型、抓示范点，这是我们党的优良传统和工作方法。但抓点是手段，面上推开才是目的。不能"为点而点"，光有"点"没有"面"，那"点"就真成"点缀"了。近年来，贵阳市很多工作从"点"来讲都是有的，抓得也不错，可以说"亮点纷呈"。但有的工作仅限于"点"，从面上看就很不够。比如发展循环经济。贵阳2002年就被国家环保总局确定为全国首个循环经济试点城市，2005年又被国家发改委等六部委确定为第一批全国循环经济试点城市。但是这么些年过去了，还是"试点"，基本上只在个别生产环节、个别企业、个别产业、个别园区有一些循环经济的理念、技术、设施和产品，离建成循环经济城市还有很大差距。下一步，必须从生产环节推进到企业层面，抓紧实现从原料进厂到产品出厂整个周期资源能源利用的最大化，把资源"吃干榨尽"；必须从企业推广到园区、产业层面，通过建设循环经济工业园区，将众多能够共享资源、互换产品的上中下游产业集聚在一起，解决单个企业的废物利用"循环但不经济"的矛盾；必须从企业、产业、园区推广到整个城市层面，建立再生资源回收利用系统、中水回用系统、绿色消费系统等，实现资源利用最大化、能源消耗最小化，最终实现企业小循环、园区中循环和社会大循环的统一。比如新农村建设。花溪区摆贡寨通过实施农村危房改造，村寨基础设施、产业发展、村容村貌等有了根本性的改变。类似这样的点，各区（市、县）都有。下一步，要统一规划、分步实施，向面上推开，实现整区推进、整县推进、整市推进。有一个农民给我写信说，还是住在公路边好，公路边的房子都改得很漂亮，危房不是公路边才有，不知道党的阳光什么时候能照耀到我们这些比较偏远的地方。在这方面，我们要向遵义"四在农家"学习。遵义就是一个点一个点地搞，坚持若干年，把"点"积累成"片"、积累成"面"。总之，在贵阳，很多方面、很多领域，类似循环经济、新农村建设这样的"亮点"、"闪光点"不少，要把这些点进行放大或者集聚，使其逐步连成一个"片"、形成整个"面"，由"小气候"变成"大气候"，由"星星之火"变成"燎原之火"。古诗云，"等闲识得东风面，万紫千红总是春"，我改一个字，叫"万紫千红才是春"！

　　第四，从见物向见人推进。改革开放后，为了摆脱物资极其匮乏、人民生活困难的局面，特别强调"见物"，突出发展经济，这是完全必要的，效果也是很好的。但逐渐地，一些地方单纯追求物质财富的增加，甚至是片面追求GDP的增长，而忽视老百姓的幸福感和满意度，忽视人的全面发展。这就是马克思讲的"异化"，颠倒了手段和目的的关系，变成了物主宰人、人被物所奴役。现在不是有"房奴"、"车奴"的说法吗？为什么科学发展观特别强调以人为本，从根本上来说就是要"见人"。

所谓见人，就是要更加注重民生。一是认识要再深化。在当前形势下，更加注重民生不仅有直接的经济意义，而且有重大的政治意义。民生不改善，消费需求就上不去，扩大内需政策就落实不了，经济持续增长就会受到严重影响；民生不改善，老百姓的就业、吃饭、住房、社会保障问题得不到有效解决，社会稳定就缺乏牢固基础，社会和谐就是一句空话。因此，我们在指导思想上必须始终坚持"民生至上"。二是重点要再突出。一方面，要高度关注最困难的群体。经历一年多的金融危机，部分企业效益下滑，或者生产经营比较困难，甚至破产倒闭，导致部分职工进入困难群体。还有一些其他弱势群体，生活上的困难也比较多。我得到信息，从12月中旬开始，前往市救助站求助的人员比以往陡增了5倍，而且这个数字还在逐日递增，大部分都是求职无门、没钱回家的农民工。俗话说，"饥寒起盗心"，如果我们不把困难群体特别是社会最底层那部分人的生活安排好，就很难从根本上解决社会治安问题。"朱门酒肉臭，路有冻死骨"描绘的是封建社会的现象，如果今天有人冻死、饿死，就会严重影响社会主义社会的形象，是绝不容许的。而且，以我们现在的物质积累，完全可以给困难群体"托底"，如果我们解决不好，就说明我们的执政立场和执政能力有问题，就会极大地影响党和政府的威信。另一方面，要集中解决最急迫的问题。就业是民生之本，关系到老百姓的"饭碗"问题，必须放在改善民生的首要位置来抓，在帮助保住现有"饭碗"的同时，要尽可能创造更多的"饭碗"。住房问题关系千家万户。要通过保障性住房建设、发展租赁型住房以及商品房等多种途径，满足各类群体不同层次的住房需求。特别是对居无定所的农民工、流浪乞讨人员，要给他们提供一个"遮风挡雨"的住所，绝不能让他们露宿街头。最近，市民政、城管部门建立了"农民工救助服务中心"，通过夜间巡逻搜救等方式，让露宿街头的农民工免费住宿，得到了各方的肯定。这项工作要形成制度。近段时间以来，房价上涨过快，我们对此非常关注，将认真落实国家出台的税收、差别利率以及土地等调控政策，努力稳定房地产价格。同时，坚决打击捂盘惜售、占地不用、哄抬房价等违法犯罪行为，维护房地产市场秩序。养老问题关系每个人的切身利益。养老保障一要"扩大面"，让更多的群众享受到养老保险服务，特别是要让更多农民加入农村社会养老保险，解除他们的养老之忧；二要"提标准"，根据经济社会的发展，逐步提高全社会的养老保障水平，让老百姓共享改革发展的成果。三是投入要再加大。财政取之于民，就要用之于民。现在，贵阳市有个不好的现象，就是有的单位、有的干部讲排场、比阔气，大操大办、大手大脚。这与我们"欠发达"的市情不相称。老百姓对此很有意见。有的甚至挖苦说，现在有的人"一顿饭一头牛，屁股压着一栋楼"，还说"富人一道菜、穷人半年粮"。我到贵阳市工作以来，一直提倡厉行节约，反对铺张浪费，多次强调在办公、办文、办会以及其他各项经费使用上精打细算、严格把关，特别是对于各种名目繁多的"节庆"活动，一再要求限制使用财政资金。为此，有人说我是"抠门书记"。但是，对民生方面的支出我一点都不"抠门"，坚决支持市政府的"民生财政"，我曾多次跟财政局的同志讲，财政资金对民生的支出完全可以大方一点。今年市本级财政用于民生方面的资金是 28.1 亿元，同比增长 16.1%，比重达52.5%。明后两年，财政对民生方面的投入增幅要继续确保高于财政收入增幅。

所谓见人，就是要切实维护民权。民权包括群众的政治民主权利和社会经济权益等。维护政治民主权利，就是要保障群众的知情权、参与权、监督权。近年来，市委、市政府在作出重大决策之前，都通过各种形式广泛听取群众意见；开展工作的效果如何，不是由领导机关评判，而是由群众评判。比如，这次全会召开之前，市委就发表公开征求市民意见书，市民踊跃建言，提出了很多真知灼见，我们都进行了认真研究，吸收到决策之中。下一步，我们要总结经验，全面推行党务公开、政务公开，切实提高各项工作的透明度，让群众广泛了解党委、政府的所思所想、所干所办，并接受群众监督。维护社会经济权益，就是当群众的劳动权、财产权等受到损害的时候，政府和司法部门要履行维护社会公平、公正的责任。比如，要解决好拖欠农民工工资的问题，保证"劳有所得"；要解决好企业开矿污染水源、毁坏农田的问题，保障老百姓的合法权益。

所谓见人，就是要悉心体察民情。民情就是群众的情绪。当前，广大群众的情绪总的讲是顺的，但对一些工作还有意见，对党风和社会风气还有看法，对一些遇到的困难得不到及时解决还有怨言。少数市民在表达情绪的时候，往往不那么规范、雅致，不那么有条理、有分寸，有时甚至表现得比较尖锐、火辣，可能会使人感到不那么舒服。但我们是人民的公仆，要有承受能力。不要说大多数市民的批评是有道理的，我们要及时改正，即使少数市民因为不了解情况，批评得不那么对，甚至骂人，我们也要有胸怀、气量。市委、市政府设立"百姓—书记市长交流台"的目的之一，就是要疏解百姓情绪。的确也有市民在"交流台"上骂我们，有些还骂得很难听。我们就让这些市民骂，骂完了他们的气也就顺了。让群众骂几声，我们垮不了台；如果哪个领导挨几句骂就垮了，那他也真该"下台"了。春秋时期，郑国的老百姓到乡校聚会，议论朝政得失，免不了骂几句，郑国大夫然明很不舒服，建议主持国政的子产把乡校毁掉。子产认为，老百姓聚在乡校，只不过议论一下施政的好坏，没有什么大不了的。他说，"其所善者，吾则行之；其所恶者，吾则改之。是吾师也，若之何毁之？我闻忠善以损怨，不闻作威以防怨"。意思是，老百姓赞成的，我们就推行；老百姓反对的，我们就改正。为什么要毁掉它呢？我听说，只有尽力做好事，才能减少民怨，从未听说依仗权势能制止民怨的。这就是著名的"子产不毁乡校"典故。1 300多年后，唐代思想家、文学家韩愈对子产这份政治遗产仍然津津乐道，专门写下《子产不毁乡校颂》，说："川不可防，言不可弭。下塞上聋，邦其倾矣！"意思是，河流是不能壅塞的，言论是不可压制的。如果老百姓的意见不能上下畅通，执政者就是聋子，最终政权是要垮台的。的确，压制言论就相当于制造"堰塞湖"啊。所以，各级领导干部要深入到群众中去，与群众坦诚相见，不回避问题，把我们面临的困难讲清楚，把我们工作中的不足、失误讲清楚，把我们将要采取的措施讲清楚。这样，群众才会感到，贵阳市的领导干部真是值得信任，真是值得依靠，心情就会舒畅起来。邓小平同志讲过，群众高兴了，事情就好办，也容易办好。

第五，从领导向基层推进。领导，就是统领、指导。组织一项活动、推进一项工作、成就一番事业，必须有强有力的领导，但光有领导行动，没有基层行动，是实现不了目标的。这就像打仗，光有司令在前面冲，士兵不跟上，司令就是"光杆司令"，肯定要吃败仗。建设生态文明城市同样如此。领导要首先理解，带头行动，同时广大基层也要理解，也要行动。两年来，我们举办了一系列有关生态文明的讲座、论坛、研讨班、研讨会，花了很大的工夫帮助领导干部强化意识、提高能力，成效很明显，绝大多数领导干部对建设生态文明城市大体都能说个一二三，也能够比较自觉地去实践。在起步阶段，这样做是必要的，而且今后各级领导干部在强化意识、提高能力上仍然不能松懈。但是，客观地讲，城市社区、村寨、企业、学校等广大基层还没有充分行动起来，对生态文明了解不够、理解不够、参与不够、行动不够。如果不改变这种状况，建设生态文明城市就只能是空中楼阁。因此，我们提出，要以环境优良、邻里互助、家庭和美为主要内容，创建生态文明社区（村）；以校园整洁、校风良好、文明向上为主要内容，创建生态文明学校；以医德高尚、医技过硬、医患和谐为主要内容，创建生态文明医院；以诚信守法、文明生产、节能高效为主要内容，创建生态文明企业；以公开透明、执行有力、便民利民为主要内容，创建生态文明机关；以经济发达、生态良好、社会和谐为主要内容，创建生态文明区（市、县）、乡（镇、街道）。所有这些，就是要把各个层次、各个方面组织起来、发动起来，根据自身特点，采取有效方式，扎实开展生态文明创建活动。希望每个创建单位也要坚持从领导向基层推进，把每一个人都发动起来，让每一个人都参与进来。如果从市到县，从县到乡，从乡到村，从村到组，所有的社会细胞都行动起来了，建设生态文明城市就真正"落了地"、"扎了根"，不但会"开花"、"结果"，而且会"结硕果"！

第六，从被动向主动推进。对新生事物，干部群众一般会有一个从不认识到有所认识，再到充分认识的过程；有一个从不接受到部分接受，再到自觉自愿接受的过程。建设生态文明城市，是一项没有先例可循的崭新事业，刚开始的时候，确实需要通过发指示、下指标、压任务等方式对干部群众进行约束性引导、推动，这是必要的，而且能够在短时间内取得明显成效。但是，如果不把它变成干部群众自觉自愿的行为，即使能取得一时、一事、一地的成功，也不能取得持续、广泛、全面的成功。那么，如何把建设生态文明城市变成广大市民的自觉行动，实现从"要我做"到"我要做"转变呢？一方面，要采取生动活泼的方式，加强宣传教育，帮助广大市民充分认识到，建设生态文明城市能够让贵阳的天更蓝、水更清、空气更好，关系到每个人的生活质量；充分认识到自己是城市的主人，是建设生态文明城市的参与者而不是旁观者；充分认识到生态文明道德是应该遵守的重要道德规范，以参与生态文明为荣，以破坏生态文明为耻。最近，贵阳广泛开展了"绿丝带"志愿服务活动，效果很好。我们倡议，全市10万名国家公职人员不拘形式、不拘内容、不拘地点，尽己所能、不计报酬、帮助他人、服务社会，每人每年志愿服务时间不少于48小时。这10万人就是"风向标"，就是要带动全体市民自觉、自愿、自动地参与到生态文明城市建设中来。另一方面，要运用价格调节等方式，进行利益诱导，让广大市民在建设生态文明过程中得到看得见、摸得着的实惠，在践行生态文明生活方式中享受到既方便又节省的好处。这样，久而久之，就能形成习惯，建设生态文明城市就会从外在压力变成内在动力，成为市民生活中不可缺少的内容。

第七，从临时向常态推进。现在贵阳市有的地方存在一个比较突出的问题，就是一些本来应该只是临时出现的现象成为了常态，一些本来应该是常态的工作搞成了临时突击。比如，脏乱差在某个地段、某个时段偶尔出现一下难免，怎么能成为一个城市的常态呢？"整脏治乱"应该是常态，怎么就变成了临时突击呢？有个社区的同志给我写信说："李书记，我住的那个地方，平时脏兮兮、乱糟糟的，头天下午听说您要来检查，我们办事处的书记连夜紧急动员，一边通知占道经营的小摊小贩赶紧避一避，一边组织我们打扫卫生。一宿工夫，第二天上午您来的时候，干干净净。您走后不久，又是脏兮兮、乱糟糟的。我心情很矛盾，一方面希望您来，因为可以干净一阵子；另一方面又不希望您来，因为我们要通宵突击，睡不成觉。"看了这封信，我的心里也很矛盾。不去检查吧，对脏兮兮、乱糟糟大家都有意见；下去检查吧，搞临时突击的同志又有意见。真是左右为难啊！当然，实事求是地讲，有时候临时突击是必要的，能够在很短的时间内集中力量，迅速改变局面。但是，如果仅仅是临时突击，以前的问题必然死灰复燃，甚至变本加厉，群众就更不满意。因此，我们必须纠正这个毛病，探索行之有效的办法，使各项工作成为常态。比如，严打"两抢一盗"必须成为常态。这两年来，我们持续开展严打"两抢一盗"专项行动，应该说成效是明显的，老百姓满意度有所提升，如果没有这些工作，难以想象贵阳的治安会乱到什么程度。但是，必须清醒地看到，进入冬季以来，有的区县特别是两城区"两抢一盗"发案较多，市民反映较多。现在社会矛盾比较多，"两抢一盗"形成的原因很复杂，解决起来需要一个长期的过程，不可能"一打永逸"。公安政法部门的同志无论有多苦、有多累，都必须坚持"严打"不动摇，始终保持高压态势，反复打，打反复，打得犯罪分子闻风丧胆，打得老百姓拍手称快。比如，严管交通秩序必须成为常态。十多天前，我和市委、市人大、市政府、市政协的领导同志以及市直机关的 500 多名同志一起上街去当志愿者，维护交通秩序，亲眼目睹了有些街道车辆乱行、行人乱穿，一幅乱象，哪里像省会城市？简直跟乡镇集贸市场差不多。现在，大家对贵阳老城区严重堵车意见很大。造成堵车的原因很多，与道路面积和路网密度不够有关，与交通组织管理不够科学有关，也与少数司机、少数行人不遵守交通规则有关，他们一边埋怨街上太堵，一边自己又在"添堵"。因此，我要求交警部门开展执法风暴，新闻媒体设立曝光台，狠抓司机、行人不遵守交通法规的典型。希望这两项活动常态化，不要搞一段时间就草草收兵。也希望广大市民起码做到不"添堵"，争取做到帮"缓堵"。比如，"整脏治乱"必须成为常态。首先要肯定，贵阳市这几年"整脏治乱"取得了很大成绩，主干道卫生水平有所提高，但是有些背街小巷特别是城乡接合部、集贸市场、饮食摊点、车站码头，垃圾、污水、痰涕、烟头随处可见。有些厕所污垢遍地，臭气熏天，有的游客说，贵阳的厕所很好找，闻着臭味就能找到。有些地方乱搭乱建十分严重，市民很有意见。说实话，讲卫生，贵阳不如遵义，遵义是"国家卫生城市"；讲秩序，贵阳不如凯里，凯里交通秩序有口皆碑。贵阳的脏乱差是从哪里来的，是从天上掉下来的吗？是从外地运来的吗？不是。是我们贵阳人自己造成的，而人的陋习不是一朝一夕就能改变的。因此，我们要坚持不懈，把"整脏治乱"进行到底。

第八，从人治向法治推进。人类社会文明进步，很重要的标志就是从人治到法治。在法制不健全的阶段，往往依靠人治，否则就"不治"，就会陷入混乱。但是，人治具有随意性、多变性的特点，尤其是权大于法、情高于法，弊端实在太多。而法治具有稳定性，不因人的改变而改变；法治具有全局性，任何人都在法律法规的制约之下；法治具有强制性，违法违规就要受到处罚。现代社会是法治社会，建设生态文明城市要求有良好的政治生态，要求所有的人都在法律法规范围内活动，要求所有的事都要依法依规处理。我到贵阳工作以来，特别注意强调法治，强调规矩。一方面带头遵守法规，从不搞以权代法；另一方面，与人大、政府、政协的同志一起不遗余力地推进建章立制、依法治市。比如推动设立了环保法庭，高举法律的旗帜保护"两湖一库"和环城林带；推动制定了《贵阳市促进生态文明建设条例》和《贵阳市禁止生产销售使用含磷洗涤用品规定》，将建设生态文明城市一些好的经验和做法上升为法规制度，还推动省人大常委会修订了《贵州省红枫湖百花湖水资源环境保护条例》。在维护法规尊严、维护公共利益过程中，我甚至还可能得罪了一些人。在肯定依法治市取得成绩的同时，必须看到，有法不依、执法不严、违法不究的问题依然严重存在，我们离法治社会还有很大差距。少数政府官员不依法行政，群众来办事，他不说行也不说不行，就说研究研究，其实是不给好处不办事、给了好处乱办事；少数商人为了牟取暴利，千方百计行贿政府官员，变着花样违法违规；少数市民为了一己私利，采取违法方式表达诉求。这些行为与建设生态文明城市的指向是背道而驰的。有的人说，贵阳落后的一个重要表现就是法治落后。因此，我们要更加强调依法治市，增强从领导干部到普通群众的法治意识，切实提高全社会的法治化水平。法规要健全，没有法规的要抓紧立法，现有的法规如果不适应实践发展需要就要及时修订；执法要严厉，法规制度一旦确定，就必须成为碰不得的"高压线"，不管什么人、出于什么原因，只要违法违规了，就必须受到惩处。通过这些努力，推进生态文明城市建设的法治化、制度化。

三、关于执行力

抢抓新机遇，完成"三创一办"，纵深推进生态文明城市建设，最重要、最关键的就是靠各级干部的执行力。什么是执行力？执行力就是态度好，接受任务后立即行动，全力以赴，不讲任何借口；执行力就是能力强，有破解难题、完成任务的实招；执行力就是效果优，任务完成得漂亮。在企业，老板给员工加薪，在军队，将军给下属晋升，在机关，领导提拔重用干部，关键看什么呢？就看执行力。除非这个老板不想赚钱，除非这个将军不想打胜仗，除非这个领导不想干事，才会好比有个段子说的那样，"重用了指鹿为马的，提拔了溜须拍马的，冷落了当牛做马的"。美国著名的巴顿将军要提拔人时，常常把所有的候选人排在一起，提一个想要他们解决的问题。有一次，他要求候选人到仓库后面挖一条8英尺长、3英尺宽、6英寸深的战壕。任务布置之后，有人开始争论，有人开始抱怨，但其中一个说："让我们把战壕挖好离开这里吧，那个老家伙想用战壕干什么都没关系。"后来这个人得到了提拔。巴顿在回忆录中写道："我必须挑选不找任何借口完成任务的人。"我想，在座的各位领导干部都是想干事的，各位军官都是想打胜仗的，各位企业家都是想赚钱的，相信大家都会像巴顿将军那样做吧。

　　总体上说，贵阳干部队伍的执行力是强的。各级各部门执行市委、市政府的决策部署是坚定的而不是软弱的，是认真的而不是敷衍的，是扎实的而不是表面的。两年来，面对百年一遇的特大凝冻灾害，面对上个世纪30年代以来最严重的国际金融危机，广大干部以饱满的精神状态，扎实开展工作，克服了许多困难，取得了卓著成绩，有的甚至创造了省内、国内的奇迹。我的脑海里时常像放电影一样闪现着一幕一幕的画面，从建成环城高速公路到开工建设市域快速铁路网，从建成甲秀南路、北京西路、黔灵山路、机场路、水东路到启动建设"两路二环"，从治理"两湖一库"到保卫环城森林，从开展贵阳"避暑季"活动到举办生态文明贵阳会议，从开工建设一系列重大工业、服务业和农业、水利项目到启动建设九大工业园区，从成立十一大投融资平台公司到组建七大专业招商组，从严打"两抢一盗"、治理交通拥堵到全面推进"六有"民生行动计划，从推进干部人事制度改革到开展深入学习实践科学发展观活动，等等，都让我难以忘怀。胡锦涛总书记说过，在贵州每干成一件事，都很不容易，都要比别人多付出数倍的辛劳。我深切地感觉到，为了干成这些事，大家付出了很多艰辛，掉了很多汗珠子，背地里可能还掉了一些泪珠子。贵阳的干部队伍是能打大仗、能打硬仗的，是可信、可亲、可敬的，让我非常感动。包括省直部门和广大市民，也感到这两年贵阳的干部作风有明显转变，工作效率有明显提高。

　　那么，为什么这次全会还要特别强调执行力？第一，这是形势所迫。执行力就是竞争力。当前，在抢抓机遇、加快发展的时代潮流中，区域之间、城市之间的竞争十分激烈，省内各兄弟城市也各有高招，都力图抢先争位，寻求新的突破。形势十分逼人。我们耽搁不得，耽搁了，机遇就会擦肩而过；我们失误不起，失误了，就会陷入被动地位。这就要求我们进一步提高执行力，切实做到先人一步、高人一筹，把机遇牢牢抓在手上，在激烈的竞争中抢占先机、赢得主动。第二，这是"病灶"所在。必须清醒地看到，与绝大多数党员干部执行力较强形成鲜明对照的是，确有极少数干部在执行力上还存在一些突出问题。有的目无组织，对上级安排的工作置若罔闻；有的阳奉阴违，表面上说好，实际上不办；有的看人下菜，不在乎事情该不该办，主要看是谁让办；有的当"二传手"，满足于传上传下、转来转去甚至推来推去；有的执行不到位，干活粗糙，质量太差；有的机械执行，看似很坚决，其实是最大的懒汉；有的不计成本，完成任务的代价太高；等等。这些问题虽然发生在极少数同志身上，或者发生在极少数同志的极少数时段，但如果不加以警示，就会影响个人的进步，如果不加以解决，就会影响贵阳的发展。第三，这是民心所望。老百姓在充分肯定贵阳干部作风转变的同时，对狠抓执行力建设还有新的期待。一段时期以来，不少市民通过"百姓—书记市长交流台"等渠道给我们提出建议，比如一位市民就这样说："贵阳建设生态文明的思路很好，要把这些思路变成现实，关键看各级干部，现在有些干部的执行力差，希望各级干部说了算、定了干、干必成、成必优，只为成功想办法，不为落后找借口。"民有所呼，我有所应。对老百姓的这些意见，我们必须高度重视，并以实际行动回应，以取信于民。讲到这里，我想起曾担任贵州省委副书记的申云浦说过一件事。1949 年贵州解放前夕，他到南京去向邓小平同志报告进军贵州的有关情况，讲了一些干部由于怕走山路、贵州经济不好等原因，不愿到贵州工作。小平同志讲，县以下干部组织上服从，思想上不通是可以原谅的；县以上干部不仅组织上要服从，思想上也得服从，不服从就得强制。原因很简单，你吃共产党的饭太多了。今天重温小平同志的教导，感到很有现实针对性。各级干部一定要以过硬的执行力履行好职责。

提高执行力，最重要的是树立鲜明的用人导向，要用执行力强的人。在中国现有的体制下，领导职位是稀缺资源，用什么样的人，不用什么样的人，十分敏感，直接影响干部把心思、精力用在什么地方。两年来，市委通过公开选拔、公推竞岗、组织推荐等多种方式，提拔重用了一批干部，比如从环城高速公路指挥部提拔重用了 7 名县级干部，从重点工程、重要工作、应对重大突发事件中提拔了近 50 名县级干部。这些同志为什么会受重用、被提拔？原因很简单，就是德才兼备，就是执行力强，敢抓敢管、敢作敢为、敢闯敢试，得到群众的认可，得到组织的肯定。对此，绝大多数干部是服气的，但有极个别的同志晋升心切，看到别人被提拔、受重用而自己没有，就在那里埋怨、发牢骚。"牢骚太盛防肠断"，我希望这极个别同志好好想一想，没有被提拔，原因到底在哪里？在组织交办任务的时候，你的态度怎么样？在组织希望你解决难题的时候，你的招数在哪里？在组织验收工作的时候，你的任务完成得如何？

怎样保证执行力强的人得到重用，并形成鲜明的用人导向呢？关键是有好的制度作为保障。这次全会文件进一步明确和完善了相关制度，就是要用这套制度把执行力强的干部选拔出来，把执行力差的干部淘汰下去，实现优胜劣汰。之所以强调明确责任，是因为执行要落实，责任先落实。只有把目标任务量化分解到主管领导、责任单位和责任人，把谁去执行、执行什么、什么时候完成任务界定清楚，才能为考核、奖惩提供依据。以前，当某项工作完成得好的时候，往往人人争功，不知道应该奖励谁；当某项工作出现失误的时候，往往人人推诿，不知道应该处分谁。主要原因就是责任不明确、不落实。这两年，市里对需要重点突破的工作，实行了项目负责制，责任落实到人。比如建设环城高速公路，都知道马长青同志是指挥长，好坏就找他。这次建设"两路二环"，市里成立了四个指挥部，分别由三位市领导任指挥长，好坏也能找到主儿。这是一条宝贵经验，不仅在市政道路建设中要推广，而且在其他各项工作中都要推广；不仅在市这个层面要推广，而且在各级各部门都要推广。之所以强调监督检查，是因为执行要有力，监督先有力。有些人是有惰性的，一项工作缺乏有力的监督，执行人难免松懈，等最后上级部门发现完不成任务或者任务完成得不好的时候，已经补救不及了。一方面，要强化体系内监督，也就是"官要督官"。纪检监察部门、人大、政协都要发挥作用。特别是这次政府机构改革合并组建的市督办督查局，一定要围绕党委、政府的中心工作、重点工作，整合力量，盯住不执行的人，盯住不执行的事，切实加强督办督查。另一方面，要强化体系外监督，也就是"民要督官"。老百姓的心里有杆秤，你的工作干得好不好、成效怎么样，他们的评判最客观，公道自在人心啊。对与群众切身利益密切相关的工作，要向社会公开承诺，并定期发布工作进展和完成情况。没有完成目标的，负责人要向公众说明情况；属于主观原因的，要向人民群众作出检讨。之所以强调严格奖惩，是因为执行要到位，奖惩先到位。古人讲，"国家大事，唯赏与罚。赏当其劳，无功者自退；罚当其罪，为恶者咸惧"。奖惩一要坚决，二要及时。对那些执行得好的，要抓紧褒奖、重用、提拔，并大力宣传报道，让他们感到光荣、受到尊重；对那些迟迟不能完成任务，或者完成任务差的，要果断予以调整。一句话，在贵阳，绝不能执行、不执行一个样，执行得好、执行得差一个样。

我听到一些反映，说现在贵阳的干部普遍感到工作压力比较大，这次全会又特别强调执行力的问题，以后大家的压力可能会更大。实际上，压力是个好东西。对身体来讲，压力就是活力，压力使人年轻，压力使人健康，对女同志还可以加一句，压力使人美丽。有专家指出，适度的压力能够帮助人们抵御关节炎和心脏病，能够帮助修复脑细胞。现在欧洲还兴起了一种"压力"抗衰老疗法。对事业来讲，压力就是动力，压力使人奋进，压力使人成功。有这样一个说法，在非洲的大草原上，每天早晨羚羊睁开眼睛想的第一件事是，我必须跑得比最快的狮子还要快，否则就会被吃掉；狮子睁开眼睛想的第一件事是，我必须跑得比最慢的羚羊快，不然就会饿死。于是，羚羊和狮子都拼命奔跑，羚羊成了奔跑的"健将"，狮子成了草原的"猎手"。动物尚且如此，何况我们人类，何况我们共产党人？因此，为了抢抓新机遇，实现"三创一办"，纵深推进生态文明城市建设的宏伟事业，同时，为了身体健康，为了永远年轻，为了在这个充满竞争的社会成为强者，让我们高高兴兴地张开双臂，拥抱压力吧！

坚持走科学发展路，加快建生态文明市[*]

Adhere to the Road of Scientific Outlook on Development, and Accelerate the Building of an Eco-city

一、过去五年的主要工作

八届贵阳市委把建设生态文明城市作为贯彻落实科学发展观的切入点和总抓手，团结带领广大共产党员和干部群众，在历届市委工作的基础上，解放思想、埋头实干，取得了显著成绩，开创了贵阳从"洼地"上崛起的新局面。

一是加速发展、加快转型，城市综合竞争力大幅提升。面对贵阳经济总量小、在省会城市中排名下滑的问题，我们抢抓机遇，千方百计把发展速度拉起来。初步预计，2011 年与 2006 年相比，地区生产总值和全社会固定资产投资分别增长 1.18 倍、2.87 倍，达到 1 388 亿元、1 600 亿元，在全国省会城市中排名均上升 1 位。财政总收入和地方财政收入分别增长 1.54 倍、1.92 倍，达到 400 亿元、180 亿元。针对工业结构不合理、产业层次较低的问题，我们明确提出振兴工业经济，按照"大调整、大开放、大实干"的思路，实施了一大批技术含量高、产业链长、带动能力强的重大项目。开工首钢贵钢新特材料、中铝铝板带、开磷息烽磷煤精细化工、贵州奇瑞客车、黔轮胎异地技改等项目，建成贵阳卷烟厂异地技改、皓天 LED 蓝宝石衬底材料、振华锂离子电池正极材料、中航工业航空发动机等项目，高新技术产业增加值在规模以上工业增加值中的比重达34.2%。坚决推进磷、铝等资源就地转化，原有项目转化率超过 60%，新上项目转化率达 100%。规划建设十大工业园区，贵阳高新开发区通过调整区位新增面积 60 平方公里，贵阳经济技术开发区通过托管新增面积 17 平方公里，奠定了长远发展的坚实基础。我们奋力发展服务业，贵阳被列为首批国家服务业综合改

＊ 这是李军同志 2011 年 12 月 27 日在中国共产党贵阳市第九次代表大会上的报告。

革试点城市，现代服务业占服务业增加值的比重超过 30％。旅游业快速发展，总收入年均增长 48.5％；会展业异军突起，今年举办各类会展 300 余场；金融业取得新突破，成功组建贵阳农村商业银行，引进花旗、中信、浦发等一批国内外金融机构。我们积极发展生态农业，蔬菜、水果、畜禽等主要农产品中有机、绿色及无公害产品认证 606 个。通过五年的艰苦努力，贵阳市步入科学发展的良性轨道，成为全国生态文明建设试点城市、全国首批低碳试点城市，被评为中国十大低碳城市，是唯一入选《中国循环经济典型模式案例》的省会城市；与气候组织合作开展的"千村计划"在联合国德班气候变化大会上被评为最佳案例之一，是唯一入选的中国项目。《全球城市竞争力报告（2009—2010)》显示，在全球 500 个城市中，贵阳的综合竞争力提升了 42 位，提升速度列第 4 位。

二是坚持规划引领，全市城乡协调发展。成立了省市共同参与的贵阳市城乡规划建设委员会，大大提高了省会城市规划的科学性，切实维护了规划的权威性和严肃性。以生态文明理念为指导，编制了《贵阳市城市总体规划（2011—2020 年)》，完成了中心城区控规、重点地区和主要节点的城市设计以及 77 个专业规划、一市三县总规和城区控规、100 个乡镇规划、427 个村庄规划，建立了较为完善的规划体系。大力实施"城镇化带动"战略，建成区面积从 132 平方公里扩大到 230 平方公里。着力完善老城区等区域的功能性设施，建成十里河滩国家城市湿地公园、筑城广场；推进彭家湾、渔安安井等棚户区、城中村改造，实施了中心城区综合管网入地工程，改造中心城区道路 14 条、农贸市场 177 个，城乡面貌发生巨大变化；成功将中心城区长途客车站搬迁到金阳客车站和客运东站，将花溪大道沿线汽贸市场搬迁到孟关国际汽贸城，将五里冲农副产品批发市场搬迁到石板农产品物流园，"稀化"老城区取得重大进展。金阳新区建成区面积拓展到 40 平方公里，聚集人口 25 万，建成贵阳奥体中心主体育场、贵阳国际会议展览中心和观山湖公园等功能性设施，即将建成贵阳城乡规划展览馆，新区成为贵阳城市建设的一大亮点。同时，高度重视县城和乡镇道路、供水、供电以及教育、医疗等配套设施建设，形成了一批特色城镇和村寨。在生产力布局、基础设施建设、公共服务等方面全力支持县域经济发展，2008 年 10 个区（市、县）全部进入全省经济强县行列。

三是强力推进以交通为重点的基础设施建设，城市功能日趋完善。规划建设"三条环路十六条射线"，建成了贵阳环城高速公路、二环路以及机场路、甲秀南路、北京西路、水东路、黔灵山路等骨干道路，共投入资金 330 多亿元，相当于以往 20 年市政道路投资的总和。中心城区人均道路面积从 5.44 平方米提高到 7.3 平方米，达到国家规范标准。规划建设总投资 336 亿元的"一环一射两联线"（一环，即环城快速铁路；一射，即贵阳至开阳快速铁路；两联线，即修文久长至开阳永温铁路、清镇至织金铁路）市域快速铁路网和总投资 386 亿元的城市轻轨 1 号线、2 号线。建成西南地区最大铁路物流集散地贵阳铁路枢纽改貌货运中心，积极推进贵阳新火车北站以及贵阳至重庆、广州、成都、长沙、昆明等快速铁路建设，全力配合龙洞堡国际机场改（扩）建工程，贵阳在西南地区的交通枢纽地位进一步凸显。加大农村基础设施建设力度，1 156 个行政村实现通村公路路面硬化，建成村寨串户路 5 400 公里、农村沼气池 22 万口，完成基本农田改造 15 万亩；新建鱼简河等 8 座水库，治理病险水库 38 座；完成农村饮水安全工程 1 030 处，解决 65 万人饮水安全问题，农民生产生活条件稳步改善。

四是积极创新体制机制，改革开放取得新进展。围绕破解经济发展难题，努力推进重点领域、关键环节的改革创新。成立 12 家市级投融资平台公司，筹集建设资金 504 亿元，市场化融资取得重大成果；进一步完善市以下财政管理体制，切实调动了市、县两级的发展积极性；完成国企改制重组 209 户，实现了国有资本向优势企业聚集；进一步放宽民营企业准入范围，非公有制经济占全市经济的比重从 39.5％提高到 44％；启动农村土地承包经营权流转试点工作，农业规模化经营迈出实质性步伐；深入推进产学研结合，建成国家和省级重点实验室 37 个、工程技术研究中心 47 个、院士专家工作站和博士后科研工作站 4 个，被列为国家创新型试点城市、国家知识产权工作示范城市。围绕构建和谐社会，积极创新社会管理。被列为全国社会管理创新综合试点城市，在全国率先成立党委群众工作委员会，组建群众工作中心和群众工作站，形成了较为健全的群众工作网络；开展城市基层管理体制改革试点，变四级管理为三级管理，实现社会管理和服务群众重心下沉，全面推行为民服务全程代理制；调动统一战线力量，成立各级和谐促进会参与化解社会矛盾，获得全国统战工作实践创新成果奖；开展贵阳市居住证办理试点工作，使外来人口享受平等的基本公共服务，被列为全国流动人口计划生育基本公共服务均等化试点市。围绕大力招商引才，切实优化发展环境。建成市、县两级政务服务大厅，提供"一站式"服务，群众满意率达99％；深化行政审批制度改革，将市级 625 项行政审批事项核减到 93 项，成为行政审批事项最少的省会城市之一；持续开展"整治发展软环境，建设服务型机关"专项活动，查处了一批服务态度差、推诿扯皮、办事拖拉的典型案件；成立六个重点产业招商工作组和港澳招商工作组，开展专职专业招商。五年来，引进内资实际到位 2 027 亿元，年均增长 25.69％；引进世界 500 强企业 15 家；外贸进出口总额从 11.18 亿美元增长到 33 亿美元，增长 1.95 倍。采取超常规措施培养、引进和使用人才，共引进各类高层次人才 1 118 名，其中博士 105 名，硕士和副高职称以上人才引进与流出比从 8.6：1 提高到 27：1。

五是采取严格措施保护青山绿水，生态优势更加突出。针对一段时间红枫湖、百花湖、阿哈水库饮用水源水质下降的严峻形势，采取组建两湖一库管理局、成立全国首家环保法庭和环保审判庭、设立两湖一库环境保护基金会等措施进行专项治理，"两湖一库"水质目前稳定在二类、三类。在全社会大力倡导节约用水、科学用水，获得"国家节水型城市"称号。针对环城林带遭到破坏的状况，开展"落实科学发展观、打响森林保卫战"专项行动，支持司法机关依法查处"福海生态园"案件，得到社会各界普遍拥护；大力开展退耕还林、植树造林，新增绿地 180 万平方米，完成 155 平方公里石漠化治理、采石迹地恢复，森林覆盖率提高到 41.8%，获得"国家园林城市"称号。针对城乡污水和垃圾处理设施滞后的问题，新建 12 座污水处理厂，污水日处理能力从 16 万吨提高到 65.6 万吨，污水处理率达 95.2%；开展城市生活垃圾分类收集试点工作，垃圾无害化处理率达 93%。针对部分企业影响中心城区空气质量的情况，搬迁贵州水泥厂甘荫塘厂区等一批重点污染企业，关停贵阳电厂、贵阳钢厂的落后设备，取缔 28 家污染严重的小企业，空气质量优良天数保持在 95% 左右。针对局部地区农业面源污染严重的状况，开展了农村环境综合整治目标责任制试点工作，统筹农村治理污染、利用废弃物和发展清洁能源，创建了一批生态示范区、生态乡（镇）、生态村。针对有的地方为保护生态环境作出贡献，建立生态补偿机制，调动了各方保护环境的积极性。同时，制定了全国首部生态文明建设的地方性法规《贵阳市促进生态文明建设条例》。

　　六是尽心竭力改善民生，市民幸福指数逐步提高。大力实施"六有"民生行动计划和"十大民生工程"，五年来全市财政用于民生的投入达 509 亿元，占财政支出的 55% 以上。为解决"上好学难"问题，在云岩、南明两城区小学和初中开展学区化改革，推进教育资源均衡配置；"两基"攻坚顺利通过国家验收，落实进城务工人员随迁子女入学"两免一补"，受益学生达 15 万人，获得地方教育制度创新奖；建成贵阳职业技术学院和贵阳护理职业学院新校区，开工贵阳职教园区，推动贵州花溪大学城建设。为解决"就业难"问题，建成高校毕业生见习基地 189 个，新增就业岗位 26 万个，实现城乡统筹就业 40 万人，创建充分就业社区 252 个，保持"零就业家庭"动态为零，被列为国家创业型试点城市。为解决"看病难"问题，着力提高医疗保险覆盖率，新型农村合作医疗参合率从 72.6% 提高到 97%，城镇职工基本医疗保险参保率从 73.92% 提高到 91.6%；全面实施城镇居民基本医疗保险制度，参保率达 83.8%；实现惠民医疗政策、医疗救助制度全覆盖。为解决"养老难"问题，在全省率先、全国较早推行新型农村社会养老保险试点和城镇老年居民社会养老保险，参保 77 万人，落实被征地农民参加养老保险的政策，并将符合条件的 60 岁以上老人全部纳入社会养老保险范围。为解决"住房难"问题，将 3.4 万户家庭纳入公共租赁住房保障范围，在全国率先探索了"政企并力、建储并举、公廉并轨、租补并行"的保障性安居工程建设管理新模式；全面完成农村危房改造，受益农民25万人。为解决"治安难"问题，始终保持严打"两抢一盗"的高压态势，连续四次获得"全国社会治安综合治理优秀市"称号，群众安全感从2007年的70.75％上升到2011年的84.33％。五年来，城市居民人均可支配收入和农民人均纯收入分别净增8 196元、4 088元，达到19 418元、7 530元。2011年贵阳市民幸福指数为89.2，比上年提高1.82个点。

七是促进文化大发展大繁荣，城乡文明程度上了新台阶。提出并弘扬"知行合一、协力争先"的贵阳精神，激发了全市人民热爱家乡、建设家乡的巨大热情。大力倡导忠诚、诚信、孝顺等传统美德，涌现出李泽英等一批全国、全省道德模范；规划建设孔学堂等传统文化教育基地，集中整治网吧及校园周边环境，获得"全国未成年人思想道德建设工作先进城市"称号；全市46万名志愿者积极参与"绿丝带"志愿服务活动，市民文明素质明显提高。积极推进文化体制改革，组建了贵阳日报传媒集团、贵阳演艺集团有限公司、贵阳广播电视台、贵州京剧院有限责任公司，成立了全国第一家"民办公助"的贵阳交响乐团；成功承办了三届中国舞蹈荷花奖民族民间舞大赛，连续获得金奖；京剧《布依女人》获国家舞台艺术精品剧目提名奖。着力推进公共文化服务体系建设，建成贵阳青少年活动中心、妇女儿童活动中心以及176个农民文化家园、4 129座农村广播站，农村广播电视户通率超过90％，城乡群众文化生活更加丰富。

八是以改革创新精神加强党的建设，干部执行力显著增强。扎实开展深入学习实践科学发展观和"创先争优"活动，认真落实"三个建设年"、"四帮四促"和"万名干部下基层，扎扎实实帮群众"等部署，共选派1.8万名干部为企业、项目和基层群众办实事。稳步推进干部人事制度改革，先后开展"公推竞岗"、"公开选拔"、"公开遴选"、基层党组织"公推直选"等工作，注重在重点工程、重要工作、重大突发事件中考察识别干部，重用、提拔了一大批敢抓敢管、敢作敢为、敢闯敢试的干部，市级党政领导班子和领导干部群众满意度以及全市组织工作满意度连续三年在全省排名第一。今年全国组织工作满意度民意调查结果显示，贵阳市选人用人公信度和组织工作满意度分别为85.35分和87.82分，大大高于全国、全省平均水平。对干部严格要求、严格教育、严格管理，倡导全市党员干部做到思想艰苦、工作刻苦、生活清苦，在全国率先开展了干部辛苦指数测评，用两年时间对科级以上干部进行了执行力专项培训。以"三强一创"为载体推进基层组织建设，村级组织活动场所面积都在100平方米以上；将村（居）组织工作经费和干部生活补贴纳入财政预算，并建立定期增长机制。积极推进党务公开，通过设立"百姓—书记市长交流台"、建立党委新闻发言人制度，较好地落实了党员群众的知情权、参与权、选择权、监督权。着力构建教育、制度、监督并重的惩治和预防腐败体系，弘扬廉政文化，查处了一批腐败案件。全面加强民主法制建设，大力支持人大、政府、政协依法履行职能和人民法院、人民检察院公正司法；加强对工会、共青团、妇联等人民团体的领导；国防后备力量建设、民族宗教、侨务、对台、老干部和关心下一代等工作取得新成绩。

五年中，我们还群策群力办成了三件大事。一是奋力战胜了历史罕见的特大自然灾害。面对 2008 年和 2011 年年初的特大凝冻灾害、2010 年春和 2011 年夏的特大旱灾，干部群众积极应对，团结拼搏，不但最大限度地减少了损失，而且进一步密切了党群、干群关系。二是连续三年成功举办了生态文明贵阳会议。打造了立足贵阳、面向世界的高端论坛，向国际社会传播了生态文明理念，展示了贵阳、贵州以及全国建设生态文明的成果，推动了生态文明实践，在国内外产生了较大影响。三是卓有成效地开展了"三创一办"。成功、圆满、精彩地协办了第九届全国少数民族传统体育运动会，被省委、省政府授予唯一的"特别贡献奖"，获得贵阳人民奋力争取多年的"全国文明城市"和"国家卫生城市"称号，充分展示了贵阳的良好形象，极大地提升了贵阳人的自信心和自豪感。

过去五年，贵阳的事业突飞猛进，贵阳的面貌焕然一新，贵阳的成就有目共睹。这一切，是在相对落后的条件下发生的，是在困难重重的环境下完成的，是在内部有担忧、外部有疑虑的情况下实现的。在这个过程中，中央领导同志多次视察指导，给予亲切关怀，让我们倍感温暖；省委、省政府对贵阳高度重视、加强领导，特别是去年召开了支持贵阳市加快发展动员大会，给贵阳市"松绑、让利、开绿灯、出政策"，营造了省市合力推进贵阳加快发展的空前良好氛围，极大地鼓舞了我们的干劲。在这个过程中，共产党员亮出身份，冲在一线，顽强奋战在工作最艰苦、群众最需要的地方，充分发挥了先锋模范作用，无愧于共产党员的光荣称号；广大干部职工忠于职守、无怨无悔，表现出强大的执行力，不愧为筑城人民的优秀儿女；全体市民深深热爱贵阳，自觉为建设美好家园"添砖加瓦"，彰显了新时期贵阳人的良好形象。

二、必须牢牢记取的宝贵经验

五年的成绩来之不易，有很多经验可以总结，其中最宝贵的就是：必须确立把中央精神与本地实际紧密结合的发展思路，并坚持不懈地为之奋斗。

思路决定出路。越是贵阳这样经济社会发展相对落后的地方，越需要有好的发展思路来指引。好的发展思路来自哪里？来自中央精神与本地实际的紧密结合。我们认真领会中央精神，深刻认识到，以胡锦涛同志为总书记的党中央提出的科学发展观，标志着我们党执政理念的升华，是中国特色社会主义理论体系的重要组成部分，是全党全国工作的行动指南。我们准确把握贵阳市情，深刻认识到，贵阳地理区位差、土地资源少、开发历史短，经济发展受到严重制约，但生态相对较好、能矿资源丰富、后发潜力巨大，完全可以在区域竞争中形成比较优势。为此，我们把建设生态文明城市作为中央精神与本地实际的最佳结合点，确立了生态环境良好、生态产业发达、文化特色鲜明、生态观念浓厚、市民和谐幸福、政府廉洁高效的奋斗目标。这个发展思路，既体现了"发展"这个第一要义、"以人为本"这个核心、"全面协调可持续"这个基本要求、"统筹兼顾"这个根本方法，完全符合科学发展观，又有利于贵阳扬长避短，以特色取胜，因而得到了全市上下的广泛赞同和外界的普遍认可，在统一思想、协调行动中，在挖掘潜力、推进发展中发挥了旗帜作用。实践证明，结合就是落实。只有在结合上下硬工夫，创造性地开展工作，科学理论才能焕发出蓬勃生命力，地方发展才能走上健康轨道。

2007年市委作出建设生态文明城市的决定后，我们按照"五年打基础、十年见成效"的要求，专心致志、一以贯之地推动实施。2008年八届六次全会、2009年八届八次全会、2010年八届十次全会，都把建设生态文明城市作为主线，贯彻到总体部署、措施制定和工作安排中，年年都有新作为。这期间，面对百年不遇的特大自然灾害的严重影响，我们没有动摇，而是围绕建设生态文明城市目标开展抗灾救灾和恢复重建，积极调整产业结构并取得了实质性进步。面对历史罕见的国际金融危机的巨大冲击，我们没有动摇，而是"借机成事"、谋求"弯道超车"，收获了发展加快、民生改善的可喜成果。面对极少数同志把发展工业与建设生态文明对立起来的糊涂认识，我们没有动摇，而是通过思想引导消除误解，通过埋头实干凝聚共识，实现了工业振兴和环境保护的双赢。实践证明，坚持才有收获。对于认准的正确发展思路，只有持之以恒、奋斗到底，不被困难所吓倒，不为非议所动摇，才能积小胜为大胜、从胜利走向新的胜利。

形势不断发展，实践没有止境。我们党的理论必将与时俱进，贵阳市情也会有新的内涵。不论客观情况发生什么变化，"结合"的根本方法不能变，"坚持"的顽强意志不能变。这条宝贵经验，是全市人民智慧和汗水的结晶，是贵阳的共产党人以高度责任心和使命感开拓创新的重大成果，来之不易，值得我们百倍珍惜、牢牢记取！

三、今后五年的奋斗目标

过去五年，我们取得了显著成绩，积累了宝贵经验，但要清醒地看到，目前贵阳生态文明城市建设还处于较低水平，突出表现为：一是发展不足，欠发达地位没有改变，一些主要经济指标在全国省会城市中排名仍然靠后；二是结构不优，三次产业的增长都还比较粗放，转变发展方式任务艰巨；三是人才匮乏，教育科技文化事业相对落后，自主创新能力不强；四是城乡规划建设管理领域存在不小差距，基础设施仍较薄弱，城市功能不够完善；五是部分企业治污效果不理想，局部地方环境形势依然严峻，节能减排压力大；六是劳动就业、社会保障、收入分配、市场物价、司法和社会治安等方面的问题不少，社会转型期矛盾增多，维护省会城市和谐稳定的难度增大；七是少数基层党组织软弱涣散，少数党员干部精神懈怠、能力不足、脱离群众、消极腐败，落实党要管党、从严治党的任务更为紧迫。这些问题表明，贵阳建设生态文明城市的大幕刚刚拉开，"万里长征"只是迈出了第一步！我们没有丝毫理由骄傲自满，没有任何借口停滞不前，必须更加坚定地把握"加速发展、加快转型、推动跨越"主基调，更加突出地实施工业强市和城镇化带动主战略，坚持走科学发展路、加快建生态文明市，为实现"十年见成效"而努力奋斗。

贵阳是省会，很大程度上体现着贵州的实力，代表着贵州的形象。省委、省政府全力支持贵阳市加快发展，殷切希望贵阳市在全省"作表率、走前列、做贡献"，当好全省经济社会发展的"火车头"、黔中经济区崛起的"发动机"。这是对我们的更高期望、更大信任，也是我们义不容辞的职责。当前，各兄弟市（州）纷纷谋求增比进位、实现跨越，贵州高原处处涌动你追我赶、竞相发展的热潮。贵阳面临着不进则退、慢进也退的严峻挑战。我们必须增强使命意识、忧患意识，以"人一我十、人十我百"的气魄，坚持走科学发展路、加快建生态文明市，才能不辜负省委、省政府的重托，才能在激烈的竞争中赢得主动，保持省会城市的荣誉。

综观国内外大局大势，建设生态文明的导向愈益明显，探索实践不断深化。国际社会应对气候变化合作的进程虽然异常艰难，但前进步伐不会停止，必将推动经济发展模式深刻变革，倒逼节能、环保、高新技术的发展和运用；在后金融危机时代，各国为了寻找实体经济新的增长点、实现经济复苏，竞相发展科技含量更高的绿色产业、低碳产业。党的十七大以来，生态文明建设已经成为中国特色社会主义事业总体布局的重要组成部分；十七届五中全会明确提出，"十二五"时期要加快建设资源节约型、环境友好型社会，提高生态文明水平。全国许多城市纷纷把建设生态文明从理念变为行动，加快转型升级。发展潮流势不可当，大好机遇不容错过。我们必须乘势而上、顺势而为，坚持走科学发展路、加快建生态文明市，巩固先行优势，勇立时代潮头。

总起来说，坚持走科学发展路、加快建生态文明市，是谋求贵阳自身更好更快发展的迫切需要，是认真贯彻省委、省政府更高要求的具体行动，是积极顺应时代发展潮流的必然选择。贵阳今后五年总的奋斗目标是"一先二超一提升"。"一先"，即提前五年在全省率先实现全面小康。"二超"，即经济总量增长1.4倍以上，超1个省会城市，排到西部第6位，进入第二梯队；经济年均增长17%以上，超约7个省会城市，进入全国前列。"一提升"，即市民幸福指数提升3～5个点，达到93左右。

"一先二超一提升"的奋斗目标，是相互关联、内在统一的整体。"一先"，必须在经济发展、社会和谐、生活质量、民主法制、文化教育、资源环境各方面达到规定指标，是对发展水平的综合检验。"二超"，必须奋力增加总量、提升速度，是实现"一先"的重要途径。"一提升"，是全市老百姓的共同愿望，是"一先"、"二超"的根本目的。这个奋斗目标，体现了"好"和"快"的统一，体现了"见物"和"见人"的统一，体现了"硬实力"和"软实力"的统一，是今后五年贵阳坚持走科学发展路、加快建生态文明市的总载体。实现了这个目标，就标志着我们在建设生态文明城市的征程上又迈出了新的重大步伐。

我们已经取得了以"三创一办"为载体、纵深推进生态文明城市建设的重大胜利，现在，让我们喊着"一二一"的口令，跑步奔向"一二一"的奋斗目标吧！

四、实现更好更快发展，构建绿色的经济生态

绿色的经济生态，基本内涵就是"发展必须绿色、绿色推动发展"。坚持走科学发展路、加快建生态文明市，必须选择更科学的方式、更先进的技术，既要最大限度提升发展速度、增加经济总量，又要最大限度地降低消耗、减少污染，实现绿色崛起。

一要做大做强绿色工业、现代服务业、生态农业三大产业。工业是转变经济发展方式，实现节能、减排、降耗的主战场。要继续按照"大调整、大开放、大实干"的思路，坚定不移推进新型工业化，巩固工业经济扭降为升、提速增效的喜人局面。传统产业要高端化，加快煤电铝、煤电磷、煤电钢、煤电化一体化步伐，发挥组合优势，形成多产业配套、耦合共生，使产品结构从初级向精深转变；以主机和总装为龙头，发展核心技术，形成先进制造业产业集群。特色产业要集团化，运用市场和行政的力量，改变目前小、散、弱的状况，加快制药和特色食品行业整合，打造大型企业集团，培育更多的全国乃至全球知名品牌。高新技术产业和战略性新兴产业要规模化，坚持有所为、有所不为的原则，集中力量

在新材料、新能源、节能环保、生物制药、信息技术等领域取得重大突破，迅速形成生产能力，扩大生产规模，抢占市场先机。通过五年努力，将装备制造业、磷煤化工业、高新技术产业培育成产值超 1 000 亿元的产业，将铝及铝加工、特色食品等产业培育成产值超 500 亿元的产业。旅游、会展、物流、金融等现代服务业是公认的绿色产业。要加速完善旅游基础设施，大力扶持旅游骨干企业，精心办好"贵阳避暑季"、"贵阳温泉季"和 2013 年中国国内旅游交易会，提升"爽爽的贵阳"品牌影响力，保持旅游业快速发展的良好势头；要坚持专业化、社会化、市场化方向，集中力量打造生态文明贵阳会议、酒博会等高端会展品牌，用 5～10 年时间建成"中国夏季会展名城"；要顺应贵阳现代交通体系日趋发达的态势，加快商贸物流枢纽建设，培育大型现代物流企业，努力建成西南地区重要物流中心，使物流业成为新的经济增长点；要加快贵阳金融中心建设，支持贵阳银行、贵阳农村商业银行等本地金融机构发展壮大，着力引进更多银行、保险、证券等金融机构，更好地为本地实体经济服务，特别是为中小微企业提供金融支持。生态农业是农业现代化进程中实现农业生态效益和经济效益双丰收的必然途径。要结合省会城市的特点，紧紧围绕市民"菜篮子"调整种养殖业结构，实现"服务城市"与"富裕农民"的统一。抓紧规划建设一批绿色农产品生产园区和加工基地，积极发展农民专业合作组织，扶持农业产业化龙头企业发展壮大，抓好农产品质量标准、农产品认证以及农产品标准监督管理体系建设，推动农业生产经营专业化、标准化、规模化、集约化。

二要把绿色发展落实到园区、企业、个人三大主体。园区是承载绿色产业的主体。十大工业园区要严格按照产业定位，充分考虑入园企业的关联性，延长产业生态链，形成产业集群，坚决避免低质同构、不良竞争；集中建设垃圾分类回收、污水处理、中水回用、固体废物处理等设施，实现园区公共设施使用效率最大化、园区污染最小化。特别是要大力支持贵阳高新区和贵阳经开区在体制机制上先行先试，充分激发"创新、创业、创优"活力，加快完善市政公用设施，健全配套服务体系，成为全市人才和知识最密集、高新产业最集中、人居和创业环境最好的绿色发展高地，争当全省新型工业化的排头兵，确保在全国同类开发区中排位前移。通过五年左右的努力，实现十大园区工业产值占全市工业总产值比重超过 80%。企业是实现绿色生产的主体。要把绿色理念贯穿到企业生产、经营、管理的各个环节，鼓励企业制定绿色标准、生产绿色产品；引导企业通过设备改造、技术创新、工艺流程优化等措施，广泛开展清洁生产，提高资源能源利用效率，减少废弃物和污染排放。要在园区和企业大力推广循环经济模式，最大限度实现资源"吃干榨尽"、"变废为宝"；大力普及水煤浆等清洁能源，逐步淘汰燃煤锅炉，确保全市重点污染企业清洁能源使用率超过 90%。个人是推动绿色消费的主体。要倡导市民提高消费品质，尽量选购有绿色标签、绿色认证的产品。倡导市民养成重复使用、再生利用习惯，少用一次性制品，推广废旧电池回收、垃圾分类投放、家庭循环用水等做法。倡导市民通过少开私家车、多乘公共交通，少开空调，不买过度包装产品等行动，践行低碳生活方式。

三要充分发挥政府、市场、科技三大作用。政府要当绿色经济的"发动器"。进一步制定支持绿色经济发展的政策措施，在用地、资金、税费等方面予以倾斜，实行绿色项目走"绿色通道"。在招商引资中，要改进方式、加大力度，多引进符合产业发展方向的大项目、好项目；同时，把好绿色关口，对达不到环保要求的项目，不管能提供多少产值、多少税收，一律不能引进。市场要当绿色经济的"助推器"。运用好价格杠杆，通过差别电价、阶梯水价等措施，加快建立有利于节约资源能源的利益导向机制，调动企业绿色生产、居民绿色消费的积极性。着力培育绿色市场主体，支持更多民营企业进入绿色产业领域，五年内使非公有制经济比重提高到55％左右。科技要当绿色经济的"加速器"。抓紧完善促进高新技术产业发展的综合性政策支撑体系，积极推进企业研发机构、高等院校、科研机构的融合，最大限度盘活科技存量，形成集聚效应；加快建设"人才特区"，大气用才、大度容才、大方励才，以比外地更加诚恳的态度、更加周到的服务、更加广阔的平台，超常规激活现有人才，超常规引进一批优秀科技型企业家、学科或技术带头人、海外留学归国人员，鼓励创新创业团队带资金、带项目、带技术到贵阳创业，确保五年内全市科技进步贡献率超过55％。

五、提升全域规划建设管理水平，构建宜居的城镇生态

城镇因人而建，人是城镇的主角。坚持走科学发展路、加快建生态文明市，必须着眼于人的需求，努力使城乡规划建设更加合理、公共设施更加齐备、生活环境更加整洁，真正实现"城镇让生活更美好"。

一是坚持人本理念，高起点编制城镇规划。城镇是否宜居，首先取决于规划设计是否体现以人为中心的价值取向。在编制分区规划、控规、修规、单体设计等各个层面、各个环节，都要按照构建城镇生态系统的原理，把贵阳山多、水多、林多的生态优势进一步凸显出来，建设人与城镇、人与自然、城镇与自然相得益彰的生态家园。要"显山"，处理好道路与山体、建筑与山体的关系，高水平建设山体公园，让山因城而贵，城因山而美。要"露水"，想方设法把湖泊、河流敞亮出来，把更多的水体引入城镇，成为城镇景观的"点睛之笔"，增添城镇灵气。要"见林"，"见缝插绿"，建设绿化精品，让林和城相互掩映。要"透

气",科学设计建筑物和片区布局,严格保护好城镇禁建区和通风走廊,控制建筑容积率,增加自然通风,保持城镇通透。通过山、水、林、城的有机组合,使各组团、片区镶嵌在绿地、森林、湿地、河流之间,真正实现"城中有山、山中有城,城在林中、林在城中,湖水相伴、绿带环抱"。要充分发挥贵阳市城乡规划建设委员会的作用,完善运行机制,提高规划水平,加强规划监督,严查违法建筑,切实维护城镇规划的严肃性。

二是优化人居环境,高水平推进城镇建设。城镇布局合理和功能高效与否,直接关系居民的生活质量。要从贵阳市特殊的地理条件出发,坚持组团发展,拓展城市空间,形成老城区、新城区和特色小城镇协调发展的格局。老城区要在千方百计降低人口密度的前提下,加速推进大规模成片改造,三年内基本完成95个城市和国有工矿棚户区、中心城区44个城中村改造,提升城市品位和宜居度。金阳新区要积极适应辖区面积扩大的新形势,进一步完善交通基础设施以及教育、卫生、文化等配套服务,加快引进和培育高端服务业,打造生态型、园林式的现代化新城。要集中力量规划建设二环路和机场路、甲秀南路、花溪大道、贵黄路(艺校至清镇段)城市带,高品质建设一批生态环境良好、生活设施方便的低碳社区、绿色社区。按照量力而行的原则,大力推进百花生态新城、花溪生态新城、天河潭新城、龙洞堡新城、北部工业新城的规划建设。在此基础上,着眼长远,积极推进贵安新区、双龙新区、北部新区等建设,促进黔中城市群基础设施、产业布局、区域市场、生态环境和城乡建设一体化。依托贵阳至遵义、贵阳至安顺、贵阳至毕节、贵阳至都匀等高速或高等级公路,规划建设一批工矿型、商贸型、旅游观光型特色小城镇,提升环境质量和综合承载力,辐射周边村庄,促进农村人口合理有序向城镇转移。同时,积极推进撤县(市)改区工作,使其尽快与中心城区融合,实现集群化发展。

交通发达、出行便捷是城镇宜居的基本要求。要着眼于提升贵阳在西南地区的交通枢纽地位,全力配合建成贵阳新火车北站,贵阳至重庆、广州、成都、长沙、昆明等快速铁路以及龙洞堡国际机场改(扩)建工程。着眼于建立中心城区与一市三县之间更加便捷的通道,统一规划、分步实施市域快速公路网,并与城市路网有机衔接。继续大力实施中心城区"畅通工程",在加快建设盐沙路、桐荫路、富源南路、东站路,圆满建成"三条环路十六条射线"的基础上,进一步打通次干道,疏通骨干路网之间的"毛细血管",改善中心城区"微循环",推广设立公交专用道和港湾式车站等成功做法,加快发展便捷公交系统,完善城市步行系统、无障碍设施。完成城市轻轨1号线、2号线和市域快速铁路网建设,适时启动轻轨3号线和4号线建设。要因地制宜、一事一策、多措并举,最大限度缓解交通拥堵,方便市民出行。

　　三是推行人性措施，高标准加强城市管理。贵阳市虽然被授予"全国文明城市"、"国家卫生城市"称号，但坦率地说，我们的工作并非尽善尽美，一些时段、一些地方的脏乱差现象仍然存在。得到称号不容易，保住称号也不容易。要认真总结并坚持"三创一办"中的成功做法，完善机构、加强力量，巩固长效机制，在努力保持主次干道、农贸市场整洁有序的基础上，着力解决背街小巷、城乡接合部、车站码头、公共厕所、建筑工地等存在的脏乱问题，确保良好的市容市貌成为常态。要妥善处理城市管理者与被管理者的关系，既要严格执法，又要文明执法，切忌激化矛盾、酿成事端。特别是对城市摊贩，要坚持疏堵结合，既管城市的"面子"，又管摊贩的"肚子"。良好的市容市貌，需要全体市民共同维护。"三创一办"作为提法已成历史，但其精神永驻筑城。衷心希望广大市民朋友为了自己、为了他人，继续唱响"我参与、我受益、我快乐"的主旋律，积极践行讲文明、讲卫生这个最起码的行为准则，像呵护自己的小家一样呵护贵阳这个"大家"。

　　需要强调的是，城乡生态是密切相关、互为条件的复合生态系统。建设环境优美、村容整洁、人居和谐的生态文明新农村，是构建宜居城镇的重要内容。我们必须比以往任何时候都更加重视农村的规划建设，统筹好城乡规划、生态保护、基础设施建设等工作。针对农村规划滞后、农房建设杂乱无章的突出问题，抓紧使规划和设计控制向村寨延伸，尽快实现城乡规划全覆盖，确保城乡建设有序，形成鲜明特色。特别是对民俗文化浓郁、重点发展乡村旅游的村寨，要精心规划建设，使之惠及今人、传于后世。要实施农村"通畅工程"，着力抓好"出口路"、"经济路"、乡村路建设，提高县乡公路的技术等级，改善路网末梢的通行条件、提升通行能力，方便农民出行和农产品销售。要开展高速公路、铁路、旅游公路沿线村庄整治，实施乡村清洁工程，加快建设农村生活污水和生活垃圾处理系统，完善通信、电网等设施。通过长期不懈而富有成效的努力，把农村建设得让农民感到很幸福、城里人感到很羡慕！

六、始终秉持为人民谋幸福的理念，构建和谐的社会生态

　　和谐，就是共生共赢、各得其所的状态。坚持走科学发展路、加快建生态文明市，必须最大限度实现人与人、经济与社会协调平衡，确保老百姓安居乐业、社会运行有序，达到安定和谐的新境界。

　　一要以缩小贫富差距为目标，积极开展城乡反贫困。近年来，在居民收入普遍提高的同时，贫富差距有扩大的趋势。在城镇，由于一些企业生产经营困难、

物价过快上涨以及就业技能弱等原因，有部分群众生活陷入贫困；在农村，由于生产生活条件差、自然灾害以及生病、残疾等原因，还有不少农民生活窘迫，加之国家扶贫标准提高，粗略估计全市还有 40 万农民需要脱贫。穷人多了，社会难以和谐、难以安定。我们必须高度重视城乡反贫困问题，在做大"蛋糕"的同时，更加注重分好"蛋糕"，切实提高中低收入群体的收入水平，让贫富差距回到合理区间，逐步走向共同富裕。要通过实施更为积极的就业政策，开发更多的就业岗位，让凡是有基本能力、有就业愿望的城乡劳动者，只要"不挑不拣"，都能有一份工作。打响新一轮扶贫攻坚战，确保五年内全市农村贫困群众越过贫困线；多渠道增加农民收入，使城乡居民收入差距缩小到 2：1 以内。发挥社会保障的"兜底"作用，坚持"扩面"与"提标"并举，努力实现城乡医疗保险、养老保险全覆盖，逐步提高社会保险、企业退休养老金、城乡低保、优抚等标准，让每一个贵阳人都生活在更加安全的社会保障网之中。健全城乡社会救助体系，确保临时出现生活困难的群众都能及时得到救助，不受冻、不挨饿、有住处、有病能医治，切实感受到党和政府的关怀。请各级领导牢牢记住，"朱门酒肉臭，路有冻死骨"绝对不是社会主义！

二要以强化公共服务为途径，全面加快社会建设。相对于经济建设而言，贵阳市社会建设"欠账"多，是一块"短板"。如果不尽快补上，不但制约民生改善，而且会拖经济发展的后腿，造成结构失衡，影响社会稳定。加快社会建设，增加公众福祉，是党委、政府的应尽职责。各级领导必须转变社会建设是软任务而不是硬指标的观念，舍得投入更多的精力、财力，抓紧还"欠账"、补"短板"。教育、卫生等事业具有明显的公益性质，要通过增加优质资源、促进均衡发展，高标准地实现"学有所教"、"病有所医"。住房、养老等具有公益性和经营性相结合的特点，要发挥政府的"托底"作用，实现保基本、广覆盖；发挥市场高效配置资源的作用，满足多层次、多样化的需求，更好地实现"住有所居"、"老有所养"。安全是党委、政府必须提供的基本公共服务产品。老百姓安全感不高，对社会治安不满意，就是党委、政府最大的失职。"严打两抢一盗、保卫百姓平安"专项行动措施不能松、只能更紧，力度不能减、只能更大。要穷尽所有办法，让老百姓出门放心、在家安心，确保五年内群众安全感超过 90%。这是各级党委、政府必须作出的庄严承诺！同时，大力发展人口与计划生育、体育、社会福利、慈善、残疾人等事业，保护妇女、未成年人合法权益，严格食品药品安全监管，强化安全生产管理，完善应急救援机制，健全重大工程项目、重大政策社会稳定风险评估机制。总之，要通过实施"十大民生工程"，提升公共服务水平，高质量改善民生，让全体市民充分享受到改革发展成果。

三要以夯实基层基础为重点，切实加强社会管理。当前，一些矛盾纠纷之所以不能有效化解，很重要的原因是基层基础工作薄弱。基础不牢，地动山摇；基层不稳，全局难稳。基层基础工作是和谐社会建设的基石。要坚持管理重心下沉，凡是与群众生产生活密切相关的部门，都要将更多资源向基层倾斜，真正做到物往基层用、钱往基层花、劲往基层使，不断提高基层社会管理能力。要继续推进城市基层管理体制改革，既态度坚决又步子稳妥，力争2012年在全市撤销街道办事处，普遍成立社区服务中心，实现扁平化管理；调整乡（镇）工作职责，逐步把工作重心转移到做好公共服务和社会管理上来。积极探索社会协同、公众参与社会管理的有效途径，大力发展社区服务性、公益性、互助性社会组织，壮大社区工作者队伍，形成社会各方面和广大群众齐抓共管的格局。基层工作最光荣，基层工作有前途，希望有才干、有文化、有抱负的年轻人到基层建功立业，为加强社会管理挑大梁。

七、弘扬"知行合一、协力争先"的贵阳精神，构建自强的文化生态

我们在长期落后的地方生活，容易甘于落后、麻木于落后；我们发展的基础较差、困难较大，容易信心不足，产生畏难情绪和"等、靠、要"思想；我们在开放度不高的环境中谋求发展，容易小富即安、小进则满。个人成功靠自强，城市崛起靠自强。在坚持走科学发展路、加快建生态文明市的进程中，我们一定要响亮地喊出：贵阳当自强！全体贵阳人都要有这么一股后来居上的精气神。

"知行合一、协力争先"的贵阳精神，熔铸了阳明文化精髓，寄托了老一辈革命家殷切期望，蕴涵了中央领导同志谆谆教诲，是激励自强、引领自强、实现自强的力量源泉。贵阳精神昭示我们：要立足于干。世界上的事都是干出来的，不是空喊喊出来的，也不是吹牛吹出来的。要有干事的激情、成事的抱负，以干事为荣，以不干事为耻。"公道自在人心"。只要干了事，哪怕有缺点，组织也会认可，群众也会拥护，历史也会铭记。要齐心协力干。一个地方、一个单位如果内耗、如果折腾，不但误事，还会误人。"二人同心，其利断金。"只要我们求大同、存小异，顾大局、弃小隙，拧成一股绳，就没有迈不过的坎、闯不过的关。要争先恐后干。"不干则已，干则一流。"要掀起"比、学、赶、超"的新热潮，敢同强的争、敢跟快的赛，创造新的"贵阳速度"，用实际行动证明：其他地方能够办成的事情，我们贵阳不仅能办成，而且能办得更好！

弘扬"知行合一、协力争先"的贵阳精神，需要推进文化大发展大繁荣，充分发挥文化润物无声的独特作用，进一步激发全市人民热爱贵阳、建设贵阳的巨

大能量。一要多出人才多出精品。鼓励文艺工作者到火热的现实生活中去，到生动的群众实践中去，提炼素材、获取灵感，潜心创作体现贵阳精神、鼓舞干部群众的优秀作品。制定有利于文艺人才成长、文艺精品生产的政策措施，推动形成名家辈出、名作纷呈的繁荣局面。二要多开展群众乐于参与的文化活动。坚持办好一年一度的筑城广场敲钟迎新仪式、观山湖公园春节灯会，打造彰显贵阳活力的城市名片；加快建设、精心管理孔学堂等传统道德教育基地，充分发挥其弘扬中华民族优秀文化、敦风化俗的作用；总结提升"绿丝带"志愿服务活动品牌，更好地引领互助友爱的风尚；健全覆盖城乡的公共文化服务网络，不断满足人民群众日益增长的文化生活需求。三要多培育竞争力强的文化实体。经济相对落后，并不意味着文化必然落后，国内外有许多经济落后而文化发达的先例。宣传文化系统在为贵阳人民自强不息营造良好氛围的同时，自身要瞄准一流目标做大做强。贵阳日报传媒集团要强化主业、拓展副业，打造西南地区有影响的大型现代传媒集团；贵阳广播电视台要集聚人才、开拓创新，努力增强实力、扩大影响力；贵阳演艺集团要整合资源、创新机制，建成知名的文化产业集团；贵阳交响乐团要完善管理、提高质量，跻身全国一流交响乐团；贵州京剧院要完善改革措施，做好京剧艺术的传承和发展，进一步提升在全国京剧领域的地位。同时，引导社会资本投资文化产业，参与国有经营性文化单位转企改制、重大文化产业项目实施，加快建成多彩贵州城、贵州文化广场、贵阳数字文化内容产业园。

八、以更严的态度治理保护环境，构建友好的自然生态

"人是自然之子。"善待自然就是善待我们自己。坚持走科学发展路、加快建生态文明市，必须更加尊重自然、感恩自然、呵护自然，实现人与自然友好相处。

一要把水治理好。水是生命之源、生产之要、生态之基。治水，须臾不可懈怠。红枫湖、百花湖、阿哈水库、花溪水库、松柏山水库是贵阳人民宝贵的"水缸"，饮用水源的功能任何时候都不能改变，保护措施任何时候都不能放松。南明河是贵阳的"母亲河"，要按照实施全流域综合治理的思路，抓紧建设完备的城市污水收集管网系统，因地制宜建设一批中小型污水处理设施，实现污水就近处理、达标排放，特别是要用三年左右时间解决黔灵湖、小关湖水库和水口寺以下河段的污染问题，确保"母亲河"长治久清。湿地是"地球之肾"，要加强对十里河滩国家城市湿地公园、观山湖公园等湿地的管理和保护，在有条件的地方再建设一批湿地，提高自然生态的净化能力。同时，要迅速掀起水利建设新高

潮，加强农村中小水利设施建设，切实满足农民饮水和灌溉用水需要。加大农业面源污染和畜禽养殖污染治理力度，保护农村水生态环境。

二要把林保护好。森林是"城市之肺"。要持续开展"森林保卫战"，坚决保护好凝聚几代贵阳人心血的两条环城林带，严禁任何形式的毁坏、侵占林地和违规开山采石、破坏植被行为。要巩固退耕还林成果，坚持不懈地组织大规模植树造林活动，一代接着一代地绿化山川，扩大森林资源总量，实现森林覆盖率每年提升 1 个百分点。特别是要在环城高速公路和二环路沿线大搞植树造林，做到四季常青。每个贵阳人只有捍卫首个"国家森林城市"荣誉的义务，而不能有任何损毁的行为。

三要把气净化好。空气清新，是高品质生活的基本标志。在城区，要狠抓汽车尾气治理，加快搬迁污染企业，暂时不能搬迁的要加强技术改造，提高废气综合利用水平，实现达标排放，保持中心城区空气质量优良天数在 95％以上；按照国家要求，抓紧组织开展细颗粒物、臭氧和一氧化碳监测，并向社会及时公布。在农村，要引导农民改变焚烧秸秆等落后生产方式，大力发展沼气等清洁能源。

四要把土利用好。土地是人类生存之本、财富之母。贵阳土地资源稀缺，在加快推进新型工业化、城镇化进程中必须千方百计保住耕地、用好土地。要高标准做好土地利用总体规划，严格土地用途管制。转变土地利用方式，注重盘活存量土地，切实提高节约集约用地水平，提高单位土地上的投资强度。要积极做好土壤污染防治工作，尤其是工矿区附近的重金属污染，加快建立土壤污染防治监督管理体系。

贵阳的自然生态虽然有优势，但十分脆弱，一旦遭到破坏很难修复。我们即使当不了贵阳发展的"功臣"，也千万不要当破坏环境的"罪人"。为此，保护生态环境的各项措施必须"严"字当头。严格遵守重点开发区、优化开发区、限制开发区和禁止开发区的功能定位、发展方向，绝不允许以任何形式侵占"绿线"、"红线"、"蓝线"。严格生态补偿，完善补偿方式、补偿标准及补偿资金筹集渠道，实现制度化、规范化。严格环保考核，落实环境保护一票否决制。严格环保执法，充分发挥环保法庭和环保审判庭的作用，坚决惩处各种破坏环境的违法犯罪行为。破坏环境就是犯罪，是最大的犯罪！

九、加强和改进党的建设，构建协调的政治生态

政治生态是党风、政风、社会风气的集中体现。政治生态协调，就政通人

和、风清气正；政治生态不协调，则人心涣散、风气败坏。坚持走科学发展路、加快建生态文明市，必须切实加强和改进党的建设，从解决关键问题入手，努力使全市政治生态更加协调。

一是积极发展党内民主。当前，个别党组织缺乏民主氛围，少数领导干部缺乏民主作风，严重影响了党员发挥主动性、积极性和创造性。党内民主是党永葆生机活力的源泉，是政治生态协调的首要前提。各级党组织要坚持民主集中制，鼓励各种意见充分讨论，让广大党员干部知无不言、言无不尽；要保护讲真话、敢直言的党员干部，做到言者无罪、闻者足戒。领导干部特别是"一把手"要听得进意见，从善如流，闻过则喜，不能自以为是、"唯我独尊"；要容得下那些不那么妥当甚至反对自己的意见，不能排斥异己，更不能伺机报复。在党内营造这样一种环境、形成这样一个局面，有百利而无一害。我们党是执政党，必须坚持以党内民主带动人民民主，依法实行民主选举、民主决策、民主管理、民主监督，保障人民享有广泛的民主权利。支持人大及其常委会依法履行职能，保障人大代表依法行使职权，密切人大代表与人民的联系；支持人民政协依法履行政治协商、民主监督、参政议政职能，发挥协调关系、汇聚力量、建言献策、服务大局的重要作用；支持工会、共青团、妇联等人民团体依照法律和各自章程开展工作，参与社会管理和公共服务，维护人民群众合法权益。

二是坚决反腐倡廉。对我们取得的巨大经济成就，老百姓都很称赞；对发生在少数党员干部身上的腐败问题，老百姓很有意见。国内外实践反复证明，腐败是执政党的"致命伤"。如果不有效惩治腐败，党就会失去民心。我们要认真总结经验，查找不足，将反腐倡廉工作提高到新水平。一要狠抓思想教育，让干部"不愿腐败"。若廉洁上出了问题，即使能力再强、功劳再大，都等于零。现在组织上选用干部，对廉洁的考核越来越细、越来越严。必须通过多种方式教育全市党员干部，无论是为党的声誉着想，还是为自己的政治生命着想，都应该洁身自好、守住底线，不义之财不取、不法之物不拿、不净之地不去，做一个让老百姓称赞的清官，做一个让亲人引以为荣的好官。二要狠抓制度执行，让干部"不能腐败"。大量事实表明，腐败之所以发生，固然有制度不健全的原因，但更重要的是现有制度执行不到位，必须提高制度执行力，维护制度严肃性。"阳光是最好的防腐剂"，要将制度执行的全过程置于公众的监督之下，杜绝暗箱操作，让腐败分子无机可乘。三要狠抓严厉惩处，让干部"不敢腐败"。始终保持严惩的高压态势，是减少腐败发生的有效办法。必须坚持有腐必反，不管涉及什么人，不管职务有多"高"，不管关系有多"硬"，不管功劳有多"大"，只要触犯党纪国法，都要一查到底，坚决惩处，决不姑息。

三是建强党的组织。把各级党组织建设成为坚强的领导核心，切实提高"总揽全局、协调各方"的能力，是政治生态协调的根本保障。思想政治要建强。思想政治水平的高低决定执政能力的强弱。每个党员干部都要加强理论学习，掌握马克思主义的立场、观点和方法，增强鉴别真理与谬误的能力；坚持理论联系实际，切实把科学的理论转化为正确的工作思路，增强谋划发展、推动发展的能力；坚定理想信念，始终保持政治上的高度清醒，增强应对考验、抵御风险的能力。干部队伍要建强。"为政之要，唯在得人"。要按照德才兼备、以德为先的标准和"五湖四海、任人唯贤"的原则，大力提拔重用那些对党忠诚、对群众感情深的干部，坚决不用那些党性不纯、群众口碑差的干部；大力提拔重用那些有思路、有激情、有贡献的干部，坚决不用那些没有思路、没有业绩也没有"毛病"的干部；大力提拔重用那些敢抓敢管、敢作敢为、敢闯敢试的干部，坚决不用那些不讲原则、不负责任、不敢碰硬的干部；大力提拔重用那些长期在艰苦地区、基层一线默默奉献的干部，坚决不用那些见风使舵、拉拉扯扯、投机钻营的干部。"用贤退不肖"，何愁党的事业不兴旺？何愁人民群众不拥护？工作作风要建强。作风是党的形象。要务求实在，为人要实在、做官要实在、干活要实在，不要说假话、办假事、造假数据、搞假政绩。要甘于吃苦，做到思想艰苦、工作刻苦、生活清苦。每个共产党员都要懂得这样一个基本道理：入党不是为了做官，而是为了干事；不是为了索取，而是为了奉献；不是为了享受，而是为了吃苦。要心系群众，判断形势，把群众情绪当成第一信号；确定任务，把群众愿望当成第一根据；推动工作，把群众力量当成第一依靠；评价效果，把群众满意当成第一标准。我们每个共产党人都要把群众利益看得重些、重些、再重些，把个人得失看得轻些、轻些、再轻些，为着群众，赴汤蹈火、在所不辞，鞠躬尽瘁、死而后已！

回顾过去的五年，一些过去想干而没有干成的大事，我们干成了；一些被认为高不可攀的目标，我们实现了；一些异常艰巨的任务，我们完成了；一些空前复杂的矛盾，我们解决了。所有参与创造这些奇迹的贵阳人，都有理由为此倍感自豪。展望未来的五年，我们一定要更加紧密地团结在以胡锦涛同志为总书记的党中央周围，在省委的正确领导下，锐意进取、拼命苦干，在坚持走科学发展路、加快建生态文明市的宏伟事业中再立新功、再创辉煌，以优异成绩迎接省第十一次党代会和党的十八大胜利召开！

扎实做好低碳城市试点工作[*]

Do a Good Job for the Pilot Project of Low Carbon Cities

非常感谢国家发展改革委对贵阳市的关心和支持，把贵阳市列为全国首批低碳试点城市。下面，我就贵阳市对低碳发展的认识和试点工作计划作一个简要介绍。

一、贵阳市走低碳发展道路，既有当前发展环境的客观要求，也有自身实现可持续发展的主观动因

第一，低碳发展已经成为发展方式转变的重要方向。在气候变化问题备受关注的全球大背景下，低碳发展越来越受到国际社会的重视，国家新一轮西部大开发也对西部城市发展提出了更高的要求。从资源支撑、环境许可、国家生态屏障的作用以及国际上越来越强烈的减碳要求和越来越剧烈的相关各方利益博弈等诸多方面来看，贵阳市既不可能重走发达国家的发展路径，也不可能复制东部地区的发展模式，实现有质量的、可持续的低碳发展是贵阳市顺应发展环境变化的客观要求。

第二，低碳发展是贵阳市实现又好又快发展的主动选择。改革开放以来，贵阳市和全国一样，经济社会发展取得了巨大的成就，但过多依赖于资源消耗的粗放型增长方式日益成为阻碍贵阳市加快发展的重大问题。在资源和环境约束进一步加大的宏观经济背景下，沿袭传统的发展方式谋求发展，已经不可能有所作为。同时，作为"欠发达、欠开发"的西部城市，贵阳市有着加快发展、进一步

---

* 这是袁周同志 2010 年 8 月 18 日在国家发展改革委低碳省区和低碳城市试点启动会上的发言。

改善人民群众物质文化生活条件的迫切需求，发展始终是我们的第一要务。因此，低碳发展是贵阳市实现又好又快发展的主动选择。

第三，贵阳市在多年的循环经济实践中积累了宝贵经验。贵阳市从 2000 年开始探索发展循环经济，2002 年被确定为全国建设循环经济生态城市首家试点城市，2004 年被联合国环境规划署正式确认为全球循环经济试点城市。我们成立了工作领导小组和专门的工作机构，培养和建立了一批从事循环经济管理、研究的人才队伍，完善了引导循环经济发展的政策法规体系和激励机制，全社会对可持续发展和循环经济有较高的认同，在社会发展的各个领域取得了一批丰硕的成果。循环经济作为低碳发展的重要途径，在贵阳市进行低碳试点具有良好的政策保障和社会基础。

第四，贵阳市已经先行开展了关于低碳发展的有益探索。自国家层面提出低碳发展以来，贵阳市积极行动，开展了省市级实施气候变化战略能力建设项目和中英城市低碳经济示范项目两个 SPF（英国政府战略方案基金）项目，较早地进行了低碳发展的研究，完成了一些低碳发展课题的调研，编制了低碳发展的行动计划，低碳发展的思路更加清晰，目标更加明确，措施更加具体。贵阳市连续两年举办了国际性的生态文明贵阳会议，都是以低碳发展作为会议的核心议题，取得了一批重要的理论成果。

二、贵阳市建设生态文明城市的实践，已经初步显现低碳特征

第一，实施环境整治工程。完成了以清洁能源、企业达标为主要内容的大气环境质量整治工程，将污染大户迁出市区，进行了企业限期改造，全部实现烟尘达标排放；实施以"水变清、岸变绿、景变美"为目标的南明河治理工程，建设一批城市污水处理厂和主要污染源在线检测系统；开展环城林带建设和城市绿化为主的"绿色工程"，建设了一条宽 5～13 公里、长 304 公里的第二环城林带。

第二，在企业层面开展探索尝试。鼓励企业积极开展资源综合利用和清洁生产试点，积极尝试延长产业链和产业的横向耦合。实施了黄磷尾气净化制甲酸、磷渣生产水泥、磷石膏制建材、合成氨尾气制液化甲烷等一批循环经济试点示范项目，开发了一大批先进适用技术，形成了新的产业，循环经济产业链条初步形成，资源和能源的使用效率与产出率大幅提高。

第三，完善政策保障体系。对全市循环经济发展工作实行目标责任管理并严格考核，出台了全国首部地方性循环经济法规，从 2007 年起设立了每年 1 000 万元的循环经济发展专项资金，以经济手段激励循环经济发展。2007 年年底，作

出建设生态文明城市的决定，将循环经济理念延伸向经济、社会发展的各个方面。2010 年 3 月，出台了《贵阳市促进生态文明建设条例》，该条例是全国首部生态文明建设地方性法规。

第四，实施五项标志性工程。一是农村清洁能源工程。在 2006 年至 2008 年三年时间内，全市建设 22 万口农村户用沼气池，惠及农村百万人口，改善了农村能源结构。二是单位磷矿石产出倍增工程。通过发展循环经济，提高综合利用率，延伸产业链，发展深加工，每产出一吨磷矿的最终销售收入增加了一倍。三是工业园区生态化转型工程。抓好国家环境保护总局批准的"贵阳市开阳磷煤化工（国家）生态工业示范基地"建设，积极推进清镇循环经济煤化工基地和息烽循环经济精细磷化工基地、修文生态医药园区等工业园区建设，完善园区基础设施，构建产业生态网络，逐步推动传统资源型产业园区向生态化园区转化。四是建筑节能工程。严格执行国家新建建筑节能 50% 的设计标准，大力推广利用以工业固体废弃物为原料生产的环保型墙体材料和其他建筑节能材料，推广运用智能型空调变频节能技术和公共照明节能，2008 年至 2009 年，全市共推广中央财政补贴节能灯 336 万只，达到了户均 4 只节能灯。五是交通清洁能源工程。完成了 700 多辆（占总数 1/3）公交车油改气（柴油、汽油改液化天然气），改善了城市大气环境。

以上这些实践活动都在一定程度上达到了减碳效果，同时又发挥出节约能源资源和促进经济增长、改善民生的协同效应。

三、贵阳市在低碳城市试点进程中，将努力做好以下四个方面的工作

第一，找准做好低碳发展工作的关键和重点。进一步摸清家底，将全市碳排放源分为 5 大部门和 12 个类别，分类核算与能源相关的二氧化碳的排放现状，对重点耗能和排放大户进行识别。通过认真分析经济社会发展现状和未来发展需求，我们认识到贵阳市低碳发展既有自身的特点，也面临着一些特殊的困难和问题。一是贵阳市经济总量偏小，在经济发展上与全国其他先进城市相比还有较大差距。二是能源结构单一，贵阳市是以煤为主的单一能源消费结构，2009 年贵阳综合能源消费量约为 1 600 万吨标准煤，其中燃煤消耗占总能源消耗的 65% 以上，以煤为主的能源结构在短期内很难改变。三是贵阳市正处于工业化中期阶段与城市化加速发展阶段，未来面临着巨大的能源需求和排放增长的压力。四是贵阳市工业结构资源性产业比重较大，产业链较短，单位 GDP 能耗强度较高，调

整存在一定困难。因此，贵阳市将把低碳发展的重点放在工业领域，将关键放在低碳技术的开发应用和能源结构调整、产业结构的升级上，并根据以上实际情况，制定出低碳试点工作方案。

第二，实施好低碳发展十大行动计划。我们已经发布了《贵阳市低碳发展行动计划（纲要）（2010—2020）》（简称《纲要》），《纲要》提出了贵阳市低碳发展的十大行动计划：一是加大服务业基础设施投资力度，推进第三产业加速发展。二是推进高排放强度的电力、有色、化工原料等行业产品结构优化升级。三是在高耗能、高排放重点企业实施节能减排统计核算信息阳光计划，制定中长期能源发展规划。四是促进能源结构调整，加大清洁能源和可再生能源在一次能源消费中的比重。五是构建以铁路、公路、航空运输为龙头，以水运为重要补充的低碳城市交通系统。六是大力推进建筑节能，发展低碳绿色建筑，积极创建低碳社区。七是严格执行"绿线"制度和绿地系统规划，加强环城林带森林资源管理，增强森林生态系统的固碳能力。八是加强城乡废弃物回收处理以及生活污水再生利用设施建设和垃圾资源化利用，控制非二氧化碳温室气体排放。九是提高公众低碳意识，倡导低碳生活方式与消费模式。十是政府率先垂范，充分发挥示范作用。十大行动计划仅仅是贵阳市低碳发展的开始，贵阳市将在详细调查、充分研究的基础上，继续深化《纲要》内容，开展好低碳发展专项规划的编制工作，以规划指导低碳试点建设。

第三，建立完善的促进低碳发展的支持保障体系。低碳发展与循环经济都是实现可持续发展的重要途径。贵阳市将对原有循环经济发展体系进行充实和完善，强化政府机构在低碳发展中的引导作用，研究出台低碳发展的激励政策，促进低碳技术发展，将现有传统产业逐步改造为低碳产业。探索开展在现有环境交易所为平台下的碳排放权交易，以市场机制推动温室气体排放目标的落实。

第四，积极倡导低碳文化，促进公众参与。通过大力宣传、教育和引导，不断增强全民低碳意识，营造全民关注、共同参与、从我做起的良好社会氛围，把低碳消费转变成全体公民的自觉行为。

低碳发展是一个新概念，作为贵阳市来说，在没有可借鉴经验的情况下，建设低碳试点城市需要自身积极探索和认真总结，更需要得到国家发展改革委在低碳试点建设资金、政策以及能力方面的支持帮助。我们相信，只要坚持以科学发展观为指导，在探索中不断调整、创新，试点城市建设就会取得成功。

坚持六大发展 构建六大体系[*]
Uphold "Six Great Developments" and Construct "Six Great Systems"

一、坚持转型发展，构建绿色经济生态体系

围绕建设全国重要能源基地、资源深加工基地、特色轻工业基地、以航天航空为重点的装备制造基地、循环经济示范基地、新材料产业基地、生态低碳城市等目标，坚持产业绿色化、绿色产业化发展理念，把发展绿色经济作为转变经济发展方式的主要途径、作为实现可持续发展的战略取向、作为建设生态文明城市的重要引擎，采取最严格的手段保护生态、用科学的方式推进生产、用绿色的理念倡导消费，正确处理"转"与"赶"、"好"与"快"以及提速增量与降耗减排三大关系，通过科技创新驱动、产业集群联动、市场需求带动、政策扶持推动，集聚综合要素，促进生态资源转变为生态资本、生态优势转化为经济优势，加快构建以生态从严保护、资源深度开发、生产清洁低碳、产业升级高效为主要特征，以绿色农业为基础、绿色工业为支撑、绿色服务业为主导的绿色经济体系，推进绿色经 济生态建设，提升城市发展的可持续竞争力。通过五年努力，全市生产总值、财政总收入分别突破3 000亿元、1 000亿元；服务业增加值占地区生产总值57％以上；科技进步对经济增长的贡献率超过55％；高新技术产业增加值占规模以上工业增加值的比重超过38％；单位GDP能耗降低16％，主要污染物排放总量减少8％～14％。

二、坚持统筹发展，构建宜居城镇生态体系

按照"融入国际化、实现现代化、体现人文化、突出生态化"和"世界眼

---

[*] 这是贵阳市委副书记、市长李再勇同志2012年2月9日代表市人民政府向贵阳市十三届人大一次会议所作工作报告的摘录。

光、国内一流、贵阳特色"的要求，从打造新的战略支点和培育新的增长极出发，超前谋划黔中经济区核心区发展、高起点规划、高标准建设"三区五城五带"（贵安新区、双龙新区、北部新区；百花生态新城、花溪生态新城、天河潭新城、龙洞堡新城、北部工业新城；二环四路城市带、贵阳至遵义城市带、贵阳至安顺城市带、贵阳至毕节城市带、贵阳至凯里及都匀城市带），进一步优化城市空间布局、完善配套服务功能、推进产业集群发展、提高区域间快速通达能力，增强省会城市在全省的辐射带动功能。通过以城带乡、产城互动、城乡一体、统筹发展，着力在空间形态、交通构架、服务网络、产业布局、政策创新等方面打破城乡二元结构，加快构建空间优化、要素聚集、产业发展、环境优美、交通便利、生活舒适、文明安全、人文和谐的宜居城镇体系，推进宜居城镇生态建设，使城镇让生活更加美好。通过五年努力，中心城区建设用地规模达到 380 平方公里，新增城镇人口 150 万人，城镇化率达到 75％以上，城镇经济占经济总量的比重达 90％；城市建成区绿化率达到 45％以上；城市棚户区、城中村改造率达到 80％以上，中心村村庄整治覆盖率达到 60％以上；市民公交出行分担率超过 45％，行政村通班车率达到 90％。

三、坚持包容发展，构建自强文化生态体系

有容乃大，自强则立。站在新的历史起点，"贵阳当自强"正奏响最强音。这种自强来自奋勇攀高的进取心，来自敢打敢拼的自信心，来自对这座城市的认同感和自豪感。围绕建设"全国文化交流重要平台"、"全省文化产业核心区"的目标，坚持兼容并蓄、博采众长的开放包容理念，大力实施文化强基、文化惠民、文化保护、文化产业、文化诚信和文化人才"六大文化工程"建设，加快构建以多样性文化和谐共生、原生态民族文化繁荣发展为特色，以培养文化自觉、文化自信、文化自强为核心，以覆盖城乡、结构合理、功能健全、实用高效为基础的公共文化服务体系，不断丰富"知"与"行"的内涵，推进自强文化生态建设，提升城市软实力。通过五年努力，市民文明程度大幅提升，文化氛围更加浓厚，文化业态更加丰富，文化产业增加值占生产总值的 5％以上；文化信息资源共享工程覆盖 100％行政村、数字农家书屋覆盖 100％行政村、数字电影放映设备覆盖 100％乡镇，广播电视入户率达到 95％以上。

四、坚持持续发展，构建友好自然生态体系

注重用生态化理念发展产业、用产业化理念建设生态，正确处理环境保护与

经济发展的关系，更加敬畏自然，更加尊重自然，更加善待自然，深入实施治水、护林、净气、保土工程，大力节能、节水、节地、节材，对资源实行有序开发、有偿利用，注重生物多样性的保护与建立，加快构建以水生态、林业生态、气候生态、土壤生态和生物多样性系统为支撑，以天更蓝、地更绿、水更清、空气更清新、环境更优美、人与自然和谐相处为目标的可持续自然生态体系，推进友好自然生态建设，让我们生存的家园更加美丽。通过五年努力，全市水源地一级保护区水质控制在Ⅱ类以上，二级保护区水质控制在Ⅲ类以上，集中式饮用水源地水质达标率100％；森林覆盖率达到45％，中心城区空气质量稳定提升；城市污水处理率达到98％，生活垃圾无害化处理率达到100％；农村污水处理率达到30％以上，生活垃圾定点存放清运率达到100％。

五、坚持共享发展，构建和谐社会生态体系

坚持发展为了人民、发展成果由人民共享，更加注重人的全面发展和经济社会的协调发展，大力实施民生工程，推进文化生活大众化、社会保障普惠化、公共服务均等化、社会管理创新化、社会关怀人文化，着力构建学有所教、劳有所得、病有所医、老有所养、住有所居、业有其岗、保障完善、管理有序的和谐社会体系，加快和谐社会生态建设，让人民群众在这座城市生活得更有尊严、更有品质、更加阳光、更加幸福。通过五年的努力，全市财政民生支出比重提高到64％；城乡居民收入分别达到39 000元、18 000元，农村贫困群众全面脱贫；城镇人均住房建筑面积30平方米以上；城镇登记失业率控制在4.5％以内；建立覆盖城乡的社会保障体系和公共服务体系，城镇居民最低生活保障率达到98％以上，每千人医生数超过3人，大学入学率超过20％；群众安全感超过90％，市民幸福指数提升到93左右。

六、坚持改革发展，构建协调政治生态体系

始终坚持党的领导，高举"发展、团结、奋斗"的旗帜，秉持为人民谋幸福的理念和一切为了人民的价值取向，大胆改革和摒弃不适宜"两加一推"主基调、不符合"坚持走科学发展路，加快建生态文明市"总路径、不适应"一先二超一提升"总目标要求的思想观念、工作作风、工作方法和体制机制，进一步推进行政管理体制改革、政府职能转变和公务员队伍建设，加快提升政府系统的发

展创造力、干事凝聚力、决策公信力、工作执行力和队伍战斗力，进一步解放思想、开拓创新、廉洁从政，积极营造保护创新者、支持改革者、鼓励发展者、宽容失误者，和衷共济、共同担当的干事创业环境，构建团结协作、务实高效、公正透明、诚实守信、清正廉洁、勤政为民的行政服务体系，促进协调政治生态建设，为在全省率先实现全面小康提供重要政治保障。"一报告两评议"群众测评满意率逐年提高；破坏投资环境案件和公务员队伍违纪违法案件逐年下降；群众对政府工作的满意度大幅提升！

二、生态城镇篇

Chapter Ⅱ　Liveable Cities and Towns

以生态文明理念指导城市总规编制[*]

Formatting the Overall Urban Planning with the Idea of Ecological Progress

  贵阳市城乡规划建设委员会成立后的一个重要任务，就是开展城市总体规划编制。现在贵阳市实施的 96 版总规，期限是 1996 年到 2010 年，即将到期。新一轮总规的期限是 2010 年到 2020 年。我讲讲初步想法。

  制定城市的总规，首先要解决城市性质、城市定位问题。96 版的城市总规将贵阳市定位为"贵州省的省会，西南地区重要的中心城市之一"，这个定位在一定的历史时期发挥了重要作用。但是十多年过去了，各方面的情况都发生了变化，我们要与时俱进。贵阳究竟怎么定位？是照搬原来的思路，还是结合实际做一些新的思考？值得认真研究。在与国内外有关专家交流之后，我们初步将贵阳市定位为生态文明城市，包括六个方面的内涵：一是生态环境优美；二是生态产业发达；三是文化特色鲜明；四是生态观念浓厚；五是市民和谐幸福；六是政府廉洁高效。

  为什么提出将贵阳定位为生态文明城市？有这么几个考虑：第一，这是贵阳的比较优势所在。从经济学角度来讲，比较优势就是一个国家或地区生产的一种物品、提供的一种服务比另一个国家或地区成本更低、效率更高。贵阳的比较优势是什么？我认为最明显的就是气候，贵阳是中国避暑之都，加上空气质量好，具有生物多样性、文化多样性，建设生态文明城市具有得天独厚的优势。第二，这是创新发展路径的理性选择。一个地方究竟怎么发展，有多种选择。贵阳是欠发达地区，经济总量小，特别是工业化程度比较低，这是短处；但贵阳的生态环境没有因工业化过度发展而被破坏，这是长处，是用多少 GDP 都换不来的。因此，我们要结合实际，扬长避短，走出一条符合贵阳市情的生态文明发展路子。第三，这是当今城市发展的潮流。生态城市的概念是 20 世纪 70 年代联合国教科

---

  * 这是李军同志 2007 年 11 月 28 日在贵阳市城乡规划建设委员会成立大会上讲话的一部分。

文组织发起的"人与生物圈计划"中提出的，它是建立在人类对人与自然关系更深刻认识基础上的新的文化观，是按照生态学原则建立起来的社会、经济、自然协调发展的新型社会关系，是有效利用环境资源、实现可持续发展的新的生产和生活方式。生态城市一经提出，便受到全球广泛关注。目前，印度的班加罗尔、巴西的库里蒂巴、澳大利亚的怀阿拉、美国的克里夫兰都是按照生态城市的理念规划建设的。特别是印度的班加罗尔，凭借海拔适中、气候宜人、优良的空气质量以及干净整洁的环境，吸引了大批科技人才前来定居，成了世界上最有名的软件生产基地。贵阳的自然条件与班加罗尔差不多，要学习其先进经验。

确定生态文明城市定位之后，就要把这个理念贯穿到城市规划的各个环节、各个方面之中。城市空间布局方面，要通过绿地、湿地、公园、森林、湖泊等把几个片区有机相连，真正形成"城中有山、山中有城，城在林中、林在城中"的城市特色。贵阳是山城，山是宝贵的资源，但现在"山"这个文章没有做够、做好。有的地方山有多高，老百姓的房子就建得多高，特别是有的开发商为了一己私利将山炸得遍体鳞伤，很可惜。对这样的情况，首先要在规划上控制。在城市，每一个街区、每一栋建筑的规划设计，都要贯穿生态文明理念，注重人与自然相协调，创造理想的人居环境。在农村，要结合社会主义新农村建设，建设生态文明乡镇、生态文明村寨。产业方面，要扬长避短，大力发展生态产业，重点发展旅游、文化、现代物流、高新技术等产业，特别是要把"避暑之都"和民族民间文化优势发挥出来，培育和强化城市文化特色，推进休闲度假旅游产业的发展。生态环境保护方面，要按照生态文明理念，严格城市功能区分，科学划定城市禁建区、限建区、适建区，在环境容量允许的范围内进行开发建设。基础设施建设方面，也要贯穿生态文明理念。环城高速公路以及其他骨干道路要建成景观路、生态路、环保路。生态社会建设方面，要让老百姓感到住在贵阳很幸福。生态文化方面，要在全社会形成生态文明意识，对自然环境抱着尊重、友善态度，形成生态化生活方式。在体制机制方面，要建立健全生态文明建设的法律法规。市人大正在研究制定在全市范围内禁止销售、使用含磷物品的相关法规。我们还将建立生态补偿机制，对为生态建设作出贡献的地区实行补偿。通过这些措施，把生态文明建设纳入法制化轨道。

建设生态文明城市，要求是非常高的，指标是非常严的。我们制定了衡量建设生态文明城市的指标体系，这个指标体系一共有 33 项，包括绿色出行、绿色建筑、市政设施建设等方方面面，每一项达到什么程度都有明确规定。贵阳现在的一些指标差距还很大，比如，公交出行分担率只有 20% 多，而生态文明城市要求达到 50%。比如，产业结构还不太合理，重化工占比较高，磷、铝等资源型产业主要靠卖矿石及初级产品，如果不加大产业结构调整步伐，重的越来越重，轻的越来越轻，那生态文明城市建设也将是一句空话。

总之，建设生态文明城市是一个理念，是一个目标，更是一个长期奋斗的过程，有了这个目标就像有了灯塔一样，我们就知道新一轮总规编制往哪儿努力了。

关于贵阳城市规划工作的几点思考[*]

Some Thoughts on the Urban Planning of Guiyang

一、规划先行的问题

城市是人类按其意志打造的时空综合体，建设城市、发展城市，规划先行极为重要。从横向看，城市是各种要素的空间组合，有规划才能确保组合有序。城市有生活居住、产业承载、商贸流通等多种功能。哪里建生活区、哪里建工业区、哪里建商业区等，得有一个系统、合理的安排，这样才能使各种产业协调配套，生产生活良性互动，城市功能得到最大化发挥。同时，城市又是一个极其复杂的系统，道路交通、给排水、供电、供气等各个系统之间既相对独立，又相互联系，关系非常复杂，可以说"牵一发而动全身"。只有通过审慎周密的规划，科学合理地排列组合，才能保证系统正常运行。这就像家里装修房子，房间功能怎么分配、电线怎么走、水管怎么埋、厨房厕所怎么布置、家具怎么摆等等，事先都得有个设计，否则装修就难以进行，或者效果大打折扣。从纵向看，城市又是不同时期建设工程的历史积淀，有规划才能确保发展有序。一个城市的形成，至少需要十几年、几十年，而著名的城市往往都经历几百年、上千年的积累。过去随意建设，现在纠正要付出很大代价；现在随意建设，若干年后纠正要付出更大代价，有的甚至是"不可能完成的任务"。远的不说，就说近几年，我们也有这样的经验和教训。北京西路和北京东路就是过去规划路网考虑不够周全，没有预留空地，结果从密度很高的房子中间硬生生拆出一条路来，市政道路建出了轻轨、地铁的造价。现在，我们精心规划建设"三环十六射"城市骨干路网，搭起了城市骨架，既可以避免走过去先有房、后有路的弯路，又为城市建设提供了框

＊ 这是李军同志 2012 年 6 月 3 日在贵阳市城乡规划工作座谈会上的讲话。

架，可以说既能经受空间的考量，也能经受时间的考量。

现实生活中，大家有时候会觉得一些不该盖住宅的地方盖了住宅、不该建厂房的地方建起了厂房，这当然有些是违反规划的，但也有一些的确是因为没有规划，让开发商钻了空子、先入为主、牵着规划的鼻子走。如果有规划，大家都得按规划来，就能在很大程度上减少这种现象的发生。我们要认真总结经验、吸取教训，确保任何城市建设项目都做到规划先行。各级各部门要增强规划意识，坚持"没有规划不动土"、"没有规划不动工"，不允许建设项目先动工再补规划手续，不允许边建设、边规划。当然，从规划部门来说，要在确保质量的前提下提高规划编制审批效率，为高效建设提供有力支撑。

还要强调的是，规划先行要有长远眼光。我们讲下棋，衡量一个棋手棋力强弱的基本标准，就是能向前看几步，职业棋手能看十步八步，普通人中的高手能看三步五步，而一般下棋的人只能看一两步。搞规划也是这样，衡量规划水平高低，很重要的标准就是能否对未来十年、十几年、几十年的发展作出相对准确的判断。规划部门的同志想问题、做规划要有畅想未来、预测未来的思维习惯，树立"20年不落后"、"50年不落后"甚至更高的标准，千万不能仅仅盯着三年、五年。尤其是贵阳正处于城镇化加速推进期，三条环路已经建成，形势的发展肯定会大大超过原来的势头。大家一定要有充分的思想准备，在规划中显示出洞察未来的长远眼光。

其实，对于后进城市来说，眼光长远不是一件太难的事情，因为有很多先进城市走过的道路可以参照。城市发展有其客观规律，很多城市经历了几十年、几百年建设，哪些方面比较成功，哪些方面存在失误，大家看得很清楚，都是有公论的，有规律可循。贵阳不是领头羊，可以学习领头羊，多走直路，少走弯路甚至不走弯路。比如说，假设贵阳落后长沙20年，看看现在的长沙，就可以知道20年内贵阳的规划应该重视什么、避免什么；假设贵阳落后北京、上海50年，把北京、上海的规划研究透，就可以知道50年内贵阳的规划应该重视什么、避免什么。贵阳选择"三环十六射"这种环射结合的路网结构和发展布局，就是借鉴我国天津、法国巴黎等很多大城市的成功模式。实践证明，这一格局有利于各种资源的高效合理利用，推进城市快速发展。

二、理念先进的问题

规划先行不代表规划先进。规划先行只是解决先有一个规划的问题，但这个规划做得怎么样，最根本的前提条件是理念是否先进。理念是灵魂和精髓，先进的理念可以引领城市发展，是指路明灯；落后的理念会破坏和阻碍城市发展，是自带枷锁。如果规划理念本身就是落后的，怎么能指望这样的规划正确引领城市的未来发展呢？

什么是先进的理念？答案只能是历史的、具体的。上世纪 50 年代，新中国刚刚成立，物资匮乏、家底薄弱，非常需要大生产、大发展，所以当时城市规划理念主流是"生活服务于生产"。周总理也明确提出，第一是实用，第二是经济，第三是在可能的条件下照顾美观。这在当时是正确的，对增强综合国力、提高人民生活水平发挥了重大作用。

但是，形势不断发展，实践没有止境。当今时代，城市规划的先进理念又是什么呢？我认为就是生态文明。生态文明是对人类既有文明形态特别是工业文明弊端的反思，而城镇化与工业化是相伴相随的，可以说，生态文明建设的主战场，一个是工业战线，另一个就是城市建设领域。城市是有生命的，城市的发展本身也是一个生态系统。但与自然生态系统不同的是，城市生态系统是一个人工生态系统，是城市居民与其环境相互作用而形成的统一整体，是在人类对自然环境的适应、加工、改造中建设起来的。而且，由于人口最密集、产业最集中、开发强度最大，城市生态系统更复杂、更敏感、更脆弱。城市要想可持续发展，要想始终保持生命力，就得按生态学原理进行城市规划，把握好城市化的力度、节奏、方式，做到功能板块布局合理、疏密有度，建立人工生态系统与自然生态系统之间物质、能量循环机制，特别是"纳吐平衡"，也就是需求物资高效提供、"排泄物质"妥善处置。

现在，有的地方在城市建设过程中，自然的生态系统遭到严重破坏，水——土——生物之间的循环链条被彻底摧毁，那种水草飘逸、游鱼翔底、白鹭低飞的自然环境不复存在，取而代之的是人工河湖、人造假山等。近年来贵阳市认真吸取了这些教训，按照生态文明理念，编制了《贵阳市城市总体规划（2011—2020年）》，划分禁建区、限建区和重点建设区；采取最严厉的措施治理"两湖一库"，水质由五类、劣五类上升为二类、三类，全市饮用水源水质达标率达 100%；加强以南明河为重点的流域治理，地表水水质达标率达 95.83%；保护两条环城林带，建成十里河滩、观山湖等一批城市湿地公园，森林覆盖率提高到 41.8%，空气质量优良率达 95% 以上；建成新庄等一批污水处理厂，污水处理率达95.2%；开展垃圾分类收集处理，生活垃圾无害化处理率达 93.71%。所有这些，都使贵阳的生态环境明显改善，得到了社会各界和广大市民的高度评价。我们要始终坚定不移地将生态文明理念贯穿到总体规划、分区规划、控制性详规、修建性详规等各个层级的规划中，落实到城市空间布局、基础设施、产业发展、环境保护、人口发展等方方面面，实现现代化与生态化的完美融合，建设人与城镇、人与自然、城镇与自然相得益彰的生态家园。比如，在总规中，要充分考虑土地资源、水资源及环境容量等因素，科学确定用地规模和人口规模；在布局中，要充分发挥山脉、河湖、湿地等生态廊带、生态区域的调节功能，增强城市的"呼吸能力"、"吐纳能力"；在具体建设中，要高标准配套垃圾处理、污水处理、中水回用等环保设施，最大限度减少排放；等等。过去，我们在城市规划中对路网比较重视，对管网不够重视；在管网中，对供水、供电、供气等"嘴巴"功能比较重视，但对垃圾处理、污水处理、废气治理等"屁股"功能不够重视，以至于"屁股掉渣"、"屁股漏水"、"屁股冒烟"的现象频频发生，高雁、比例坝的垃圾围城就是"屁股掉渣"，南明河沿岸污水跑冒滴漏就是"屁股漏水"，工业废气、汽车尾气排放超标就是"屁股冒烟"。所有这些，今后要高度重视，着力加以解决，把城市的"排泄"问题解决好。

三、城市特色的问题

先进的理念具有普遍性，代表众多城市共同的发展方向，而特色具有唯一性，是先进理念与地方实际结合的产物，是落实先进理念的有效载体。本来，城市如人，应该有个性、有特色，或大气、或小巧，或粗犷、或秀美，或厚重、或轻灵。但是，现在城市规划建设中模仿、复制现象十分普遍，城市记忆在消失，城市面貌在趋同，面临严重的特色危机。梁思成先生讲："中国城市越来越像，无论哪里的城市，也无论是大城市还是小城市，城市布局、房子、道路、街景、路灯以及草坪、广场、树木全都大同小异。这无疑显示出一个民族缺乏激情和创造性。"贵阳的城市规划工作必须牢记梁思成先生的批评，着力避免这一毛病，以激情和创造性打造特色鲜明的城市。事实上，最能创造城市特色的是顺应大自然，巧于利用上天赋予的资源禀赋。城市规划师就是要像根雕艺术家那样去揣摩，因材构思。

从空间布局来说，要突出山水林城形态。一个地方，山有山脉、水有水脉、地有地脉，规划建设城市必须顺应这些自然肌理，因地制宜、顺势而为，做足特色文章，绝不能硬性破坏，造成人与自然的不和谐。过去讲某个建筑工程规划得不好，挖断了"龙脉"、堵断了"龙门"，虽然有迷信色彩，但从审美的角度讲不无道理，因为它破坏了自然景观的和谐、和美。对不同地貌的城市来说，要遵循不同的布局原则。平原城市规划多"画直线"，规模宏大、布局严整，显得非常大气；滨海城市往往围绕海岸线做文章，实现陆地景观与海洋景观的互动融合。贵阳喀斯特地貌发育非常典型，山多、水多、林多、平地少，一定要按照"一城三带多组团，山水林城相融合"的原则，依据山脉的走势、河流的脉络、森林的发育等，做好组团发展规划。组团之间的组合要千方百计"显山"，让山因城而贵、城因山而美；千方百计"露水"，把湖泊、河流敞亮出来，增添城镇灵气；千方百计"见林"，让林和城相互掩映；千方百计"透气"，严格控制建筑密度，保护好通风走廊，保持城镇通透。通过山、水、林、城的有机组合，使各组团、片区镶嵌在绿地、森林、湿地、河流之间，真正实现"城中有山、山中有城，城在林中、林在城中，湖水相伴、绿带环抱"。

从建筑特色来说，要突出自然理念。有位哲人说过，"当传统和歌曲已经缄默的时候，建筑还在说话"。一个城市最直观的"名片"就是它的建筑风格。欧洲很多国家的建筑物大多有较陡的坡屋面、鲜艳的色彩、小巧的窗户、厚实的墙壁，既能抵御严寒的风雪，又给人以童话般的憧憬。我国西安、南京等城市的建筑充分挖掘厚重的历史文化资源，做到了古代文明与现代文明交相辉映。前不久，中国美术学院教授王澍获得世界建筑界最高奖普利兹克奖，我认为他获奖的原因就是崇尚自然之道。贵阳如何找到自己的建筑特色？就是要在顺应自然上下工夫。比如，吸取传统建筑智慧，通过南北向、大窗户等措施，充分利用自然风、自然光，减少能源消耗，特别是夏天不用空调。像黔东南西江苗寨，依山傍水而建，既通风透气、非常实用，又独具民族风情，让人赏心悦目，值得认真学习。比如，广泛采用节能环保材料和技术，特别是多用本地天然石材，既可以突出地域特色，又可以节约资源成本。像花溪区的很多特色村寨，全是用石板盖屋顶铺路，就地取材，造价不高，还很漂亮。比如，发扬"见缝插绿"精神，千方百计增加屋顶绿化、墙体绿化、街景绿化，发挥绿色植物保温、隔热、净化空气、增加氧分的作用。总之，要从房子的外形设计、材料选用、功能配备等方面，让人很明显地感受到贵阳崇尚自然的建筑特色，感受到生态文明无处不在。

从文化内涵来说，要彰显贵阳精神。有精神内涵的城市才具有持久的魅力。建筑不仅是城市最直接的外貌，而且是城市精神、文化特质的外在显现。如何在城市规划建设中展现和弘扬"知行合一、协力争先"的贵阳精神？途径和渠道很多，地标性建筑、城市广场、特色街区、大型场馆、主题雕塑等都可以成为承载城市精神的有形载体。比如筑城广场，把竹文化作为广场的"魂"，建设"筑韵"大型主题雕塑，接续贵阳悠久的竹文化历史，展示贵阳良好的生态优势，弘扬贵阳人民不屈不挠、协力争先的精神，彰显贵阳城市蓬勃发展、蒸蒸日上的风貌。市民可以在此迎新年、庆节日，可以在此开展群众文化活动，还可以在这里体味贵阳的历史、文化足迹。要说建广场，90%以上的城市都在建，但无论名称还是样式大多雷同，而筑城广场地域特色浓郁，可以说独一无二、不可复制，参观者无不给予好评。比如正在加紧建设的孔学堂，将通过传承和弘扬儒家文化、满足市民道德教育等多方面的精神需求，成为熔铸城市精神的重要场所。目前已经确定，生态文明论坛 2012 年贵阳会议期间，中外嘉宾将实地参观；中央电视台科教频道《百家讲坛》栏目一些讲座将在那里录制，面向全世界播出。假以时日，孔学堂必将成为浸润中国传统文化精髓和贵阳文化特色的精神殿堂。所有这些，都非常有利于培育和弘扬贵阳精神，增强市民对这座城市的归属感、认同感。

四、城市设计的问题

如何把先进的理念、鲜明的特色有形化，最终体现到一个个街区、一栋栋房子、一项项设施上？关键是要有好的城市设计。

从一般意义来讲，城市设计是规划中的一个环节，总体规划、控制性详细规划、修建性详细规划各个层级都存在城市设计。但是，我这里强调的，主要是对某一地段、某一片区城市形象的整体设计，是一种控制性设计导则。要把总规、控规、修规的各种理念、概念、参数、指标落实到具体建设中，就离不开城市设计。相对于重点在二维平面上进行研究和布置的城市规划来讲，城市设计是从三维角度（即空间）甚至四维角度（即包括时间）对城市形态进行引导和塑造，是建设效果的直观显示，发挥着类似"沙盘"的作用，也就是说，最后建设出来的城市是个什么样子，看城市设计就一目了然。而相对于以单体为处理对象的建筑设计来讲，城市设计处理的空间与时间尺度更大，包括小区、街区、片区等等，更具有整体性、系统性。比如北京城，以故宫、天安门为主，周边建筑都必须与之配合，要反复研究其与故宫、天安门的关系，高度、体量、形状、色调等等都要细而又细、慎而又慎。这就是城市设计。西方也有很多优秀的城市设计案例。中世纪和文艺复兴时期欧洲一些城市，广场、花园、道路、喷泉、雕塑等各种景观完美结合，堪称经典。美国华盛顿市是一座著名的花园式历史文化名城，两百多年来一直非常严格地控制着城市的高度，即任何新建筑均不得高于国会大厦。总之，如果说城市规划是"写意画"，城市设计就是"工笔画"。城市规划要实现"精准落地"，必须经过城市设计；没有城市设计，城市规划的效果就会大打折扣。

过去，贵阳城市建设中存在的问题、留下的遗憾，有一些不是因为总规、控规、修规做得不好，而是因为缺乏城市设计。很多建筑设计方案，孤立地看有道理，但与周边建筑结合起来看就没有道理了。5 月 18 日上午，市规委召开第十四次全体会议，审议了一个叫"华屹·御景苑"的房地产开发项目，单从房子的形状、色调来看，是不错的，甚至超过了市规委通过的其他项目，但是，放在周边环境中一研究，问题就大了。花溪大道沿线是贵阳市重点打造的"二环四路"精品城市带，该项目紧邻花溪大道，可是与花溪大道之间还剩下一块 60 米宽的狭长地带，全是零乱的民房和商铺。我问这块地将来怎么办？他们回答说是做绿化。谁来做绿化啊？开发商不做，政府有那么多钱来做吗？这就是过去老城区比比皆是的"吃了肉、留下骨头"啊！因此市规委一致决定，必须整体开发，不能剩下"边角废料"！还有，有的街区单体建筑一栋栋看都不错，但组合在一起就杂乱无章，高低变化突兀，朝向东西南北，风格不伦不类，颜色五花八门，根本不像规划过的样子。为什么？就是因为没有经过细致的城市设计这个环节。规划编制单位、审查部门、管理部门都要高度重视城市设计，确保规划细化、深化、具体化，最终变成城市景观，真正实现从战略向细节推进。城市整体设计导则要编制，每个组团的中观设计要编制，但更要突出重要路段、重要区域、重要节点的细部设计，增加设计深度，提高精细化水平，增强建筑设计的整体性。特别是"二环四路"城市带和其他敏感地区，每个板块、每个街区都要精心设计，确保成为精品，绝不能留下遗憾、败笔。比如，要广泛运用先进技术手段。建立三维城市数据库和城市设计平台，把每个单体都放到平台上进行全方位比较和审查，确保规划设计的实际效果。审查任何单体项目都必须充分考虑周边的真实环境，保证衔接紧密、整体协调、风格一致。比如，要改进规划管理方式。把城市设计作为土地出让的重要条件，明确项目退距、限高、风格、色彩、交通、公共空间等具体要求，避免设计的盲目性、随意性。

还要强调的是，不仅是某一地段、某一片区的城市设计要精心做，城市建设的每一个细节，其设计工作也都要往深里做、往细里做。事实上，城市的任何一个组成元素，比如绿化带、护栏、路灯、防盗窗、变电箱、门头广告、公交车站等等，都可以成为城市景观。像欧美的一些城市，占道摊棚从撑的棚子到摆的桌椅，设计都极具特色，格调高雅，不仅没有添乱，反而成为游客拍照留影的背景。有关部门要在细节上多用心思，用艺术的眼光、审美的眼光，精雕细琢，像绣花一样编审城市设计，努力使贵阳成为一个虽然规模不大但很精致的城市。现在，城市规划行业的从业资格、专业职称都只有城市规划师而没有城市设计师，我看应该适应城市规划不断精细化的发展要求，进行行业内细分，尽快培育一批城市设计师，着力强化城市设计力量，大幅度提高城市设计水平。

五、规划全覆盖的问题

理念先进、特色鲜明的规划必须尽快实现全覆盖，最大限度发挥作用。根据

《贵阳市城市总体规划（2011—2020年）》，未来中心城区面积将达到1 230平方公里，要全部纳入规划控制，不能留一寸空白。但更为紧迫的是，随着城镇化的迅速发展，规划工作必须加快由城市向农村延伸。据统计，目前全市77个乡镇及1 166个村庄规划中，镇区控规编制工作完成进度为50%，小城镇规划及村庄规划仅完成48%，还有460余个行政村没有编制规划。由此带来的问题是，农村房子随意乱建，高度、外形、朝向、颜色想怎么弄就怎么弄，结果横七竖八，像一堆建筑垃圾，与乡村的青山绿水极不协调，严重破坏景观。反过来，一个乡镇、一个村寨规划得好，不仅景观优美、功能完善，居住起来赏心悦目，而且会对农村经济发展起到巨大的推动作用。花溪区的摆贡寨、小西冲等就是典型例子，按照规划建设特色民居，完善配套功能，发展乡村旅游，实现了生产发展、村容整洁、农民增收，让周边农户羡慕不已。可见，尽快实现规划全覆盖，不仅能很好地解决农村的"面子"问题，也能直接、间接地解决农民的"肚子"、房子、车子、票子等问题。

从全市目前的进展情况来看，去年已经完成所有重点中心镇的规划编制、195个行政村的规划编制和370个行政村地形图测量工作，今年要下定决心，年内完成所有乡、行政村的规划编制，实现村镇有序发展。在这个基础上，规划控制还要由行政村向自然村寨延伸，尽快全部覆盖。特别是那些民俗文化浓郁、重点发展乡村旅游的村寨，一定要有高水平的规划。有的地方虽然现在居住的人不多，但将来可能发展成为集镇，也要提前通过规划控制起来，有条件的时候再实施建设。现在多花点钱，是为了将来少花冤枉钱。这样做，只有好处，没有坏处。

实现城乡规划全覆盖，势必需要大量的城乡规划专业人才。贵阳职业技术学院成立了城乡建设分院，今年9月第一批学生就将入学。这是破解贵阳市城乡规划人才紧缺的重要举措，要加大培养力度，力争用5年左右时间，使全市每个乡镇都有1～2名专业规划管理员。

六、尊重民意的问题

市民是一个城市的主人，这个城市要建成什么样子，市民最有发言权。而且，让市民参与规划，有利于增强全社会的规划意识，使其自觉遵守规划，监督规划实施。因此，必须把听取民意、集中民智、顺应民愿作为城市规划的基本工作方法，不断提高规划制定的民主化、科学化水平。

这几年，我们在规划决策中引入公众参与，充分尊重和吸纳市民意见，收到了很好的效果。比如喷水池改造项目，我们把决策的权力交给公众，哪个方案赞成的人最多就采纳哪个方案，结果绝大多数人认同现在实施的方案，少数有不同意见的人也不好再说什么。这个做法解决了多年的难题。比如筑城广场建设，我们在各种媒体上公布规划设计方案，从广场名称、功能设置到标志物确定、植物搭配等都充分征求市民意见，效果非常好。广场主题雕塑最终确定为"筑韵"，其间老百姓提出过很多"点子"，让我很受启发。我们要将这些好做法坚持下去。一要大力普及规划知识。有的人认为，城市规划太专业，一般人看不懂，这是不对的。且不说民间就有懂规划的，他们立场超脱，更能客观讲意见，就算老百姓真不懂，为了顺应群众意愿、维护群众利益，我们也有责任、有义务帮助他们弄懂。一方面，要充分吸纳民意，做老百姓看得懂的规划，另一方面，要大力普及规划知识，通过主题宣传、规划展示、举办讲座、通报违法典型等方式，让市民掌握规划常识，增强参与规划的热情和效果，形成市民与规划部门的良性互动。二要切实增加规划工作透明度。现在，公众参与主要是在规划制定环节，要逐渐向规划实施、规划评估等全过程延伸。规划制定的时候，要广泛征求公众意见，汇集公众智慧，体现公众意愿；规划实施的过程中，要认真接受公众监督，确保规划执行不走样；规划实施以后，要接受公众评价，群众不满意的，要根据群众反映进行调整和优化。三要健全公众参与的长效机制。《城乡规划法》从法律上确立了城市规划公众参与制度，我们要积极贯彻，抓紧制定操作性强的规范程序，对公众参与规划的对象、内容、形式、权利、义务作出具体规定，比如哪些规划要在主要媒体公示、哪些规划要召开听证会、哪些规划要进行民意调查等等，都要形成制度，使公众参与城市规划有章可循。

现在，市有关部门正在加紧建设城乡规划展览馆。这是城市规划工作的一件大事。我说过，规划展览馆是城市规划的"研究馆"、城市形象的"展示馆"、城市历史的"博物馆"、规划知识的"教育馆"。对于公众参与来说，规划展览馆是一个展示规划内容、普及规划知识、吸纳规划建议的重要平台。有关部门要围绕老百姓关心的问题，精心设计、精心策划，增强活动的参与性、互动性，使规划展览馆建成之后成为每个贵阳人都想去的地方。比如，谁要是想到哪个片区买房子，就可以到规划展览馆去看看，周边有什么路网、什么公园、什么大型公建设施，等等。

七、依靠专家的问题

城市规划是一门综合性很强的学科，涉及人口、产业、土地、建筑、交通、园林、供水、供电、供气、排污、防洪、垃圾处理等很多专业知识。在尊重民意的同时，必须充分发挥专家的作用，提高规划的专业水准。2007 年以来，贵阳组建了市规委专家委员会，对重大规划进行技术把关。凡是要提交市规委讨论的规划项目，都要首先经过专家委员会评审。四年多来，专家委员会召开了 100 余次评审咨询会，对 150 多个重要规划进行了技术审查，在增强规划的科学性方面发挥了卓有成效的作用。要进一步完善专家委员会制度，更加充分地发挥专家的作用。

一方面，要借力国内外顶级专家。规划是创造性很强的脑力劳动，专家团队的实力很大程度上决定了规划设计的水平。很多时候，"大家"才有大思路、大手笔。大师就是大师，设计出来的作品就是不一样。一些要求很高、难度很大的重大规划项目，的确要有海纳百川的胸怀，向国内外公开招标，吸引具有世界眼光、国际水准的规划大师来设计，绝不能搞"肥水不流外人田"。比如奥体中心，从一开始就向全国 6 家建筑设计单位发出"英雄帖"，最后中国航空规划建设发展有限公司设计的"水牛角"方案在优选中胜出。比如会展中心，由中天城投集团委托多家国际著名规划设计公司、绿色生态咨询公司进行设计，其中就包括法国欧博建筑与城市规划设计公司，保证了一流品质、一流标准。可见，引进顶级的规划设计专家团队对提升城市品位多么重要！

另一方面，要充分发挥本土专家的作用。强调向外"借脑"、"借智"的同时，要立足于本地，充分发挥本土专家的作用。一般来讲，本地专家生于斯、长于斯、居于斯，对贵阳的自然、历史、人文了解更加透彻，对贵阳城市发展更有感情，工作起来更有使命感、责任感和成就感。长期以来，省、市的规划专家对贵阳城市规划倾注了大量心血，设计了很多精品。要把本土专家作为做好城市规划工作的宝贵财富，为他们发挥聪明才智提供广阔平台、创造良好环境。同时，也希望各位本土专家加强学习、拓宽眼界，不断提高业务水平。有时候，不是说"外来的和尚好念经"，在很多方面，国际国内范围内的专家水平的确是要高一些，本土专家要虚心学习他们的理念、方法，然后再发挥自己熟悉贵阳实际的优势，做到融会贯通，为把贵阳规划建设好作出更大贡献。

要特别指出的是，专家能否发挥作用，根本前提在于是否有良好的职业操守。一方面，专家委员会各位专家要以对自己负责、对百姓负责、对历史负责的态度，独立发表见解，不要"揣着明白装糊涂"，受一些不法商人的利益诱导而违背良心地表态和投票。另一方面，市规委要对专家委员会组成人员进行严格遴选，坚决把那些道德素养差、见利忘义的所谓"专家"清除出去，把有真才实学、职业操守好、敢于坚持真理的专家吸纳进来。我还发现，每次评审规划，来来回回老是那几个人，唯一的变化是这次我做的规划我回避、下次你做的规划你回避，做规划的、评规划的都是这帮人。这样时间长了是要出问题的。规委办的眼光要放远一点，范围要放宽一点，采取多种方式建立容量更大的专家库，每次随机抽取不同的专家参与评审。

八、领导发挥作用的问题

尊重民意、依靠专家，绝不意味着领导干部在制定规划中可以无所作为。相反，领导干部要站在比普通百姓、专家更加全面的角度去审视规划、研究规划、制定规划，发挥"灵魂"作用。

老百姓对规划有很多真知灼见，这是总体而言的，但具体的群众看具体的规划，往往过于考虑个体需求，局限性比较大；专家固然专业水平很高，但也往往容易单纯地从技术角度看待问题，而有的规划项目涉及面很广，不光是个技术问题，还需要从更多的角度去权衡。相对于普通百姓和专家来说，这座城市从哪里来、要到哪里去，领导干部掌握得更全面；如何调动和整合规划建设资源，先干什么、后干什么，领导干部更有掌控。规划实施的决策权在党委、政府。一座城市往往会留下党政领导个人的印记。在西方，看到某一建筑，人们往往会说，这是哪个设计师、建筑师干的；而在中国，人们则往往会说，这是哪个领导任上干的。因此有人说，城市真正的设计师是党政领导，领导班子特别是一把手的理念和眼界决定着城市的品位和风格，这是很有道理的。

那么，领导干部如何在规划工作中发挥作用呢？我认为要解决好四个问题。一是责任问题。领导干部是一个地方、一个部门的负责人，一定要高度重视规划、精心做好规划，绝不能对规划不管不问、放任自流，也不能随意拍胸脯、瞎指挥。二是立场问题。领导干部是公权的执掌者、公利的维护者，一定要站在最大多数人的立场上，敢于坚持真理，与违法私利作斗争。三是知识问题。领导干部绝大多数不是规划专业的科班生，也没有在规划部门工作过，一定要加强规划知识的学习。特别是各区（市、县）的书记、区（市、县）长，市里各个部门的主要负责同志，要下很大的工夫"恶补"城市规划知识，为规划制定及实施添彩而不是添乱。四是态度问题。实践证明，做规划最怕长官意志、自以为是。领导干部特别是"一把手"一定要慎之又慎，虚心听取意见特别是不同意见，尽可能地多到现场、多做调查研究，掌握第一手资料，避免情况失真、决策失误。

九、循序渐进的问题

前面讲了，规划要先行、理念要先进、规划要全覆盖，但是，实施得量力而行、一步一步来，不能贪大求洋、急功近利。如果动作太大、步子太快，一方面财力承受不了，寅吃卯粮，难以实现可持续的建设发展；另一方面与经济社会发展需要不相匹配，造成资源的闲置浪费。在这方面，我们是吃过冒进苦头的。"大跃进"时期，我们国家提出"城市建设、城市规划也要来个大跃进"，结果造成城市建设失控、布局混乱，财政支出结构严重扭曲，最终难以为继、不了了之。几十年来，这样的教训也并不少见。西方有句谚语，"罗马不是一天建成的"。推进城镇化，一定要尊重客观规律，从实际出发，坚持"一次规划、分步实施"，分清轻重缓急，处理好"全局"与"重点"、"需要"与"可能"、"近期"与"长远"的关系。如果这个问题把握不好，就会带来城镇化的空心化，带来房地产泡沫，带来大量烂工地、烂尾楼。

如何做到循序渐进？一要与财力相适应。建设以政府投入为主的市政基础设施，要充分考虑财政支出能力，考虑财政性资金的放大倍数，考虑市场化融资的风险控制，做到既积极又稳妥。金阳新区建设举全市之力，历经12年才建成现在这个样子。当前和今后一个时期，必须集中精力建设"二环四路"城市带。二要与需求相适应。正确理解适度超前，做到既超前，又不能太超前，找到当前利益与长远利益的最佳结合点。比如建设时序，既要坚持多修路、快修路，从根本上增加道路资源，缓解交通拥堵，又要重点解决急需问题，特别是抓紧把"三环十六射"城市骨干路网剩下四条路建完，在此基础上科学谋划新的路网。现在，有人提出要建贵阳到遵义的城市干道，这放到50年、100年后看可能是正确的，但眼前不现实。比如建设标准，高新区在建设沙文科技产业园基础设施的时候，开始金苏大道设计是60米，后来我说太宽了，今后若干年用不了这么宽，可以先规划预留道路用地，现在建40米宽就足够了。事实证明，这样完全满足需求，也节约了不少投资。要举一反三，在城市建设中正确理解和做到适度超前，既满足发展需要，又确保资金高效使用。

十、加强管理的问题

规划要真正发挥作用，不仅要"有规可依"，还要"有规必依、执规必严、违规必究、究必从重"。如果管理不到位，再好的规划也只能是一张图纸，变不成现实。

第一，要规范决策管理。规划项目经过专家委员会评审通过以后，还得由决策者最终拍板。过去，拍板的是主要领导或者分管领导，随意性比较大，而且打招呼的人很多，来自方方面面的压力太大，领导者往往被迫作出妥协，要么给违规项目放行，要么随意调规。这么一放行、一调规，就会给个别人带来巨大的利益，因而往往隐藏着腐败。为了解决这个问题，2007年11月，省委、省政府批准成立了高规格的贵阳市城乡规划建设委员会，省直有关部门参与，先后召开了14次全体会议，对100余个重要规划和建筑设计进行审议，其中争议较大的14个规划暂缓表决，"溪山宾馆"改造项目等4个规划设计至今没有通过。市规委变个人决策为集体决策，避免了少数人说了算的现象，在增强规划的严肃性、科学性方面发挥了卓有成效的作用。而且，市规委实行票决制，大家一人只有一票，不光是我，规划相关部门的同志都感觉轻松多了。

接下来，要进一步完善市规委运转机制，更好地引导和服务贵阳市城乡规划工作。一方面，要负责任地投票。提交市规委审议的，都是重大规划项目，一定要慎之又慎，对一个地方的发展负责，对一方百姓负责，对项目业主负责。一时拿不准或者分歧较大的，可以放一放，这种"放"不是不负责任，恰恰是为了更好地负责任。有些项目，多审查几遍，现在麻烦点、烦琐点没关系，能避免今后更大的麻烦、更多的烦琐。另一方面，要提高决策效率。现在，市规委全体会议召开间隔时间长了一些，项目审查速度不够快，请规委办研究，想办法加快速度，为项目建设提供优质高效的服务。

第二，要强化批后执行。相对于审批环节来讲，规划在执行过程中的监督管理要弱得多。有时候，城市建设的效果不好，并不是规划搞得不好，而是建设过程中没有严格执行规划，或者走了样，或者打了折扣。很典型的就是水东路，刚开通的时候，一边有人行道，一边没有；一截有行道树，一截没有；边坡参差不齐，极不美观。我相信规划设计图不是这个样子，但建设过程中"偷工减料"，走了样。有的房地产开发项目把地下室、绿化带、公共空间改成房子卖出去，老百姓买了房子办不了产权证，有关部门说是房地产开发商违规。房地产开发商违规不假，但监管部门为什么不管不问呢？这是严重失察啊。房地产开发商和监管部门犯的错，怎么能让老百姓来埋单呢？后来，相关部门亡羊补牢，从实际出发，给这些老百姓办了产权证。今后，要切实杜绝这样的事情发生。规划部门不能一批了之，要切实加强规划执法监察。市委、市政府专门批准成立了规划监察支队，要充分发挥作用，项目施工过程中要经常跑去现场看一看，发现没有按规划施工的要及时纠正；规划执法解决不了的问题，要赶紧上报。建设、城管、林业绿化、人防、消防、教育、民政等相关部门都要从各自职能出发，加强联合执法，一旦发现规划走样，没有配备或挤占、挪用相关设施的，要及时叫停。房管部门要严格审查建成项目，各种公用配套设施不符合规划设计的，一律不准发放销售许可证。前不久，市有关部门公布了南明河沿线42家超标排污单位名单，要求进行整改，这是非常好的一件事，可这是市委、市政府提出要求以后采取的行动。我相信，这些单位排污行为早就存在，为什么现在才行动呢？这就是日常执法不到位。我衷心希望规划执法不要这样，而要多在强化日常执法上下工夫，真正做到防患于未然。

第三，要严控违法建筑。大量违章建筑的风起云涌，极大地推高了城镇化的成本，影响了城镇化进度，助长了不良的社会风气。对此，老百姓意见是很大的。2010 年 5 月，有个网民曾发了一个"爽爽的南明"帖子表示不满。这位网民说，"《爽爽的贵阳》①是首贵阳百姓人人爱唱的好歌，好听而爽口并极富意境和令人憧憬，在下特别特别地喜欢唱诵。我是个生长在南明区森林公园附近的贵阳百姓，迫于无奈，歌词我改了，歌名也改叫《爽爽的南明》，演唱者为'南明区种房子的村民'。歌词是这样的：我开着装满砖头的货车/寻觅能够建房的地方/今天没有城管/眼里释放惊喜的光芒/一层了/城管还没来/两层了/政府也没有表态/森林公园传来幸福的笑声/油小线旁走过群群的背篼/绿绿的南明/爽爽的南明/感受着你的温暖/我醉倒在和谐的天堂；我背着装满拆迁款的行囊/寻觅再次种房的地方/今天与钱相拥/心儿奏出轻松的乐章/三层了/期盼着封顶/四层了/钱又到手了/千方楼上数点百万的钞票/城中村里无数发财的农民/和谐的南明/秃秃的森林/徜徉在你的怀里/我喜欢种房的时光"。说实话，我看了这首改编的所谓歌词，心里真是五味杂陈。这位有才的网友恶搞了《爽爽的贵阳》，但你又不得不承认，他说的是实情。因此，对违章建筑，必须保持高压态势，理直气壮地予以严厉打击，毫不手软。但是，方法得改进，要重点由"拆违"向"控违"转变。我们见过因为建好的房子被拆而拼命的，没见过因为不让建房子而拼命的。只要从一开始就严格控制，坚决不让违章建筑建起来，很多矛盾纠纷就可以消弭在萌芽状态。相关部门日常巡查工作要到位，发现正在建的违章建筑，不能发个整改通知了事。今天发了通知，明天要去看是不是还在继续建，后天还要去看拆了没有，绝不允许眼睁睁地看着违章建筑长大。城管部门要优化力量调配，推动工作重心下移，增加一线控违队伍，扩大控制面。要加强农村宅基地、房屋等确权工作，严格区分什么是合法建筑、什么是违法建筑，既要满足农民群众的合理住房需求，又要坚决避免无序建设。另外，许多违章建筑背后都涉及国家公职人员腐败，对村干部、基层国家公职人员参与违法建房的行为，要一查到底，不能姑息。

---

① 《爽爽的贵阳》歌词为：我背着装满渴望的行囊/寻觅抛开暑尘的地方/今天与你相遇/眼里释放惊喜的光芒/远去了/浑浊的天空/远去了/难熬的热浪/环城森林涌来缕缕清新/黔灵山风吹过阵阵荫凉/绿绿的贵阳/爽爽的贵阳/感受着你的气息/我醉倒在惬意的天堂；我背着装满向往的行囊/寻觅抖落风霜的地方/今天与你相拥/心儿奏出轻松的乐章/远去了/纷繁的琐事/远去了/莫名的惆怅/甲秀楼上数点欢跳的星星/花溪河里捧起快乐的月亮/和和的贵阳/爽爽的贵阳/徜徉在你的怀里/我回到了童年的时光。

城市规划十题[*]

Ten Issues on the Overall Urban Planning

2008 年 5 月 9 日至 5 月 29 日，我参加了中组部第 105 期领导干部经济管理研究班（第一期城市规划、建设、管理专题班）的学习考察。第一阶段分别在深圳、广州、中山市听讲座和现场教学；第二阶段在香港学习考察；第三阶段分别在上海、苏州、昆山市听讲座和现场教学。这次学习考察时间虽然短，但收获很大，既系统地学习了规划理论专业知识，又在实证分析、实地考察中开阔了眼界、增长了见识、拓宽了思路。当前，贵阳市和全国许多城市一样，正处于工业化、城市化加速发展阶段，我们在城市规划中面临的许多新情况、新问题，在率先发展的深圳、上海、香港等城市都曾经历过，借鉴其成功经验，汲取其失败教训，可以使我们在城市发展中少走弯路，减少"试错"成本。在学习考察期间，我结合贵阳城市规划工作实际，重点对十个方面的问题进行了思考和研究：

一、以城市发展战略为核心，在更广阔的时空域中为城市发展准确定位

城市规划实质就是城市发展战略在地域和空间的落实。城市发展战略是对城市经济、社会、环境发展所作的全局性、长远性和纲领性的谋划，重点和核心是明确城市的发展定位，具体体现为城市的发展方向、形象定势，而形象定势是由时空域中的城市定位决定的。此次学习考察的重点城市都高度重视城市发展战略的确定。如上海根据党的十四大报告提出的"以上海浦东开发开放为龙头，进一步开放长江沿岸城市，尽快把上海建成国际经济、金融、贸易中心之一，带动长

---

* 这是袁周同志 2008 年 5 月赴深圳、香港、上海等城市学习考察后撰写的报告。

江三角洲和整个长江流域地区经济的新飞跃"总体发展战略,将城市发展战略确定为"建设国际经济、金融、贸易、航运中心之一,初步建成社会主义现代化国际大都市"。深圳按照"效益深圳、和谐深圳"的发展战略构想,将城市发展定位由"改革开放的先发城市"进一步明确为"可持续发展的全球先锋城市",并将城市性质确定为"创新型综合经济特区,华南地区重要的中心城市,与香港共同发展的国际性城市"。香港则提出"国际金融中心、大珠三角地区的商业中心、国际/区域交通枢纽、汇聚优秀人才"的发展策略。这些城市发展战略和城市定位是科学规划的前提,体现了前瞻性和超前性,具有极为重要的借鉴意义。

中共贵阳市委八届四次全会确立了建设生态文明城市的发展战略,围绕这一目标,我认为可将贵阳市的发展定位为三个方面:

第一,西南地区重要的区域性中心城市。贵阳市作为省会城市,是西南地区为数不多的特大型城市。将贵阳市定位为西南地区重要的中心城市是区域经济发展和城市化发展的迫切需要决定的。从现代经济发展规律来看,经济发展在空间分布上是分区域和有梯度的。贵阳市不仅是贵州省的省会中心城市,同时也是云、桂、川、湘、渝经济区域的特大型城市之一,在区域经济活动中对邻近五省、区、市具有强力辐射作用,又受到五省、区、市城市发展的影响和制约。从区域经济发展的角度看,当前,东部发达地区已进入城市群发展阶段,像广州与周围的佛山、中山等城市已连成一片,并与深圳、香港等城市形成珠三角城市群。长三角的上海、苏州、杭州、昆山等城市相隔仅有几十或上百公里,区域内各城市按比较优势发展,形成各自特色鲜明的专业化分工,城市间功能不同,互为补充,使长三角经济规模化集群发展。从贵州邻近省、区、市看,广西有南宁、柳州、桂林等大城市支撑发展,四川有成都、泸州、内江等大城市支撑发展,这些城市形成各省较为完整的城市体系,支撑着一个区域经济社会的发展。反观贵州省则是一个缺少大城市体系支撑的省份。全省除贵阳是城市人口超100万人的特大型城市,遵义是城市人口超过50万人的大城市外,其余城市不论人口、规模、经济总量都难以起到辐射、带动作用。可以说贵阳在全省乃至西南地区经济社会发展中地位特殊、作用特殊。如果不充分发挥贵阳作为西南地区区域性中心城市的地位,不仅贵州经济难以跨越发展,西南地区整体区域经济发展也将受到影响和制约。因此,将贵阳定位于西南地区区域性中心城市,是新形势下区域经济发展和城市化发展的迫切要求,具有现实的可操作性和深远的历史意义。我们要按照中央和省委、省政府实施大中城市带动战略的部署,突出贵阳市区域性中心城市的龙头作用,"作表率、走前列",努力辐射、带动全省的发展,主动在西南地区各大城市中找准发展定位,突出比较优势加快发展。

第二,东盟、泛珠三角经济区、成渝经济圈的重要结点城市。随着经济全球化的推进，现代经济已突破行政区划的限制，呈现出区域经济一体化的特征。我国高度重视促进区域经济的发展，从国际合作上看，我国与东盟各国加强了联系和交往，中国—东盟经济体正在逐步形成。从国内区域发展看，长三角、泛珠三角、京津冀三大经济区已成为领跑中国经济的主要力量；国家在"十一五"规划中提出要努力促进成渝经济圈发展。各经济区域有自己的专业分工，随着区域经济的纵深发展，各经济区、经济圈之间的合作将日益密切。在这样的大背景下，贵阳作为处于交通枢纽地位的城市将面临巨大的发展机遇。历史上贵阳一直是西南地区的陆上交通枢纽。近年来，随着贵阳至广州两条快速通道的加快建设、兰州经成都至贵阳的快速铁路抓紧立项，黔渝快速铁路、黔滇快速铁路和滇黔高速公路将贵阳与重庆、昆明连为一体，形成了贵阳向北连接成渝经济圈通西北的快速公路、铁路网，向西经昆明、向南至广西联通东盟的高速公路网，向东通广西、广东至香港横贯泛珠三角经济区的六条快速通道。三个经济区（圈）虽互不联通，但联通三大经济区（圈）的通道呈"十"字形交汇于贵阳，使贵阳作为交通枢纽的地位更加凸显。贵阳将紧紧抓住国家产业和交通布局调整的重大机遇，以大交通带大物流，以大物流促大产业，通过加快二戈寨物流园、扎佐物流园等物流园区的发展，使贵阳市迅速崛起为西南地区重要的物流中心和特色产业中心。同时，加快推进龙洞堡航空港建设，抓紧规划开阳港建设，尽快在贵阳形成水陆空立体物流运输网络。

第三，中国避暑胜地及夏季旅游目的地。贵阳冬无严寒，夏无酷暑，气候宜人。气温温差较小，年平均气温在 14～15℃，夏季平均气温在 24℃左右，年平均相对湿度 76％～83％，年均风速 2.2 米/秒，最大风速 20 米/秒。同时贵阳是全国生态环境保持较好的中心城市之一、首个国家森林城市，具有独特的喀斯特地形地貌，旅游资源十分丰富，现有风景名胜区 9 个，其中国家重点风景名胜区 1 个、省级风景名胜区 8 个；黔灵山公园、花溪公园、天河潭、息烽集中营、开阳南江大峡谷、修文阳明洞、青岩古镇等景区（点）已在全国或者省内具有一定的知名度，"城在林中，林在城中，四季常春，人居舒适"的面貌已经呈现。加上多彩贵州"公园省"的知名度日益提高，贵阳作为全省旅游集散中心和目的地，对周边地区旅游的辐射、带动效应明显，完全有条件依托城市气候及旅游资源、市场优势，倾力打造"避暑之都、温泉之城"的城市旅游品牌，使贵阳成为中国避暑胜地和夏季旅游目的地。

二、以科学发展观为指导，强力推动新一轮城市规划修编工作

以人为本，全面、协调、可持续的发展观，决定着城市的发展目标、发展道

路和发展的价值取向。这方面深圳给我们留下了深刻印象，带给我们很好的启示。深圳作为经济特区，城市规模迅速扩张，城市化进程迅猛，为有效解决城市拥堵问题，分流人流、车流，深圳提出了多组团带状发展的城市发展模式，从实际效果上看，即使是上下班高峰期，深圳街头的交通拥堵现象也不明显。而上海在建设浦东新区的过程中，曾片面追求气派，一些城市主干道宽度达120米，虽然在一定程度上解决了城市拥堵的问题，但客观上也造成道路两边人群的物理隔离，这也是浦东新区多年来人气不旺、商业难成气候的主要原因之一，应该说是城市规划的局限。当前贵阳正处于发展的"黄金机遇期"和"矛盾凸显期"，城市发展不可避免地遭遇诸多挑战，我们必须以科学发展观为指导，加强对全局性、战略性重大问题的研究，特别要深入研究城市的协调发展问题，抓住主要矛盾和突出问题，找准切入点，采取强有力的措施，着重针对城市规划、产业发展、环境分析、区域经济、社会发展、人民生活等方面，深入调查研究制约本地区长期发展的关键问题和重大问题，整体、健康、有序地推进城市发展的各项工作。要坚持和把握好三个原则：

第一，遵循以人为本，群众利益为重的原则。城市规划必须坚持以人为本，把实现好、维护好人民群众的长远利益、根本利益作为城市规划工作的出发点和落脚点，切实解决好"规划为谁"和"怎么规划"的根本问题。要着力解决民生问题，加强教育、科技、文化、卫生、体育和社会福利等公共设施的规划布局，促进社会和谐发展。要加快"城中村"改造、危旧房改造，改善市民居住条件和环境。要明确建设时序，建设项目一旦批准，应督促建设单位先行开工学校等公共服务设施工程，首先开工建设沿路的建筑物，尽快形成城市街道景观。

第二，把握分区开发，错位发展的原则。要按照"三轮驱动"的城市化发展思路，努力推进老城区稀化、美化，提升形象，同时大力发展现代服务业，优化城市产业布局，带动全市产业结构调整；金阳新区要按照"行政办公、居住、文化和高新技术为主"的规划加快开发建设，与小河、花溪、乌当等区域错位发展。三桥马王庙片区作为联结金阳新区和老城区的重要区域，要进一步强化交通枢纽优势，改造重组区域内竞争力不强的企业或引导其通过"退二进三"实施搬迁，使该片区成为全市第三产业发展中心。龙洞堡片区要以建设"临空经济区"为目标，形成继金阳新区后的第三个中心组团。修文、开阳、清镇要大力发展第一产业和特色经济，成为贵阳特色经济的主要基地。

第三，突出地域特色，开拓城市公共开放空间的原则。要结合"拆除违法建筑"活动，加强高层建筑群、沿街建筑、城市广场、公共绿地、南明河沿岸以及城市主要出入口等公共开放空间的规划设计和实施，加快制定城市景观导则，明确城市主要景观轴线和城市主要节点的城市设计，使贵阳的城市公共开放空间凸显鲜明的地域特色。

三、以构筑现代化城市路网为龙头，拓展和优化城市空间布局

城市路网是城市各项经济、社会活动所产生的人流、物流的载体，是人民群众生产生活的基础条件，也是城市发展的重要基础设施，在城市的发展过程中处于先导和龙头地位。联系贵阳实际，在城市规划中，首先要规划好城市路网，对道路设施的规划，除了城市规划所确定的交通流量测算之外，还应考虑三个因素：

第一，要从构筑贵阳城市经济圈的高度，确立综合立体交通城市的框架。为对接上海发展，宁波投资修建了杭州湾大桥，为促进沪宁杭经济互动发展打下了基础。当前，贵阳面临省委、省政府实施发展通道经济的重大机遇，贵阳至广州两条快速通道正抓紧建设，贵阳与泛珠三角城市之间的联系将更加便捷。同时，黔渝高速公路已建成通车，镇胜高速公路即将通车，黔渝、黔滇高速铁路正抓紧进行前期工作，贵阳环城高速公路年内就要通车，我们将面临一个千载难逢的机遇，构筑四通八达的交通路网，使贵阳东进西出、南拓北连，为贵阳实现城市新一轮发展战略奠定了基础。我们还要抓住省委、省政府加快贵阳城市经济圈建设的机遇，与安顺、黔南、毕节等地州市加强合作，加快贵阳到清镇、清镇到织金、修文到金沙、息烽到金沙、开阳到瓮安高等级公路及小龙经济带城市通道建设，形成连接贵阳城市经济圈的快速基干城市通道，构建一个空间形态比较有序、功能互补、基础设施共享、环境优美、生态良好的城市体系。

第二，要立足优化城市空间布局和提高城市运行效率，强力推进城市路网建设。通过此次学习考察，可以看出各城市都在不遗余力地加快路网建设，这一方面有利于拓展城市空间，另一方面有利于缓解城市交通拥堵。香港在上世纪突出抓了青马大桥、青屿干线、大屿山公路、大榄隧道等工程，将整个香港岛连成一个由城市路网有机连接的整体；上海提出将实施"越江工程"，即到2020年，跨黄浦江修建23座大桥，使黄浦江上桥梁密度达到每隔两公里就有一座大桥，解决浦东和浦西交通不便、城市发展"两张皮"的问题。贵阳老城区目前交通拥堵日益严重，根本原因在于城市发展空间狭窄、道路建设总量不够、路网结构不合理。从城市空间上看，贵阳虽是一个有几百年历史的老城，但城市建成区仅129平方公里。从道路总量上看，国家规定城市道路密度规范值为3～4公里/平方公里，但贵阳道路密度为2.86公里/平方公里，还没有达到规范值的下限；从人均道路面积看，一般来讲，城市人均道路面积达不到10平方米以上就很难畅通，

而贵阳只有 5.67 平方米。在结构上，没有形成通畅的内外循环系统，很多过境车辆要穿过中心城区，加之有像北京路、延安路这样的断头路，要素流动更加不畅。因此，我们首先要着力拓展城区面积。当前一方面要加快金阳新区建设，尽快形成"双中心"城市格局。另一方面要加快环城高速公路建设。建设环城高速公路将把三环以内的贵遵、贵新、贵黄高速公路分别向北、东、西移出城市规划区，形成 400 多平方公里的城市建设用地区域和 400 万人聚集的空间，进一步拉开城市框架，扩大城市规模，为城市发展拓展空间。其次要按照"畅通工程"规划，尽快实施"三环线十六射线"城市道路骨干路网系统规划，建设北京西路、花溪二道、油小线、贵金线、清金线、麦修线等城市快速通道，通过路网将老城区、金阳新区与白云区、乌当区、花溪区联通，并进一步形成与清镇、修文、开阳、息烽联通的快速通道体系，构架支撑贵阳发展的完整的路网结构。

第三，要着眼于提升城市形象，探索建立城市生态交通模式。城市规划设计大师凯文·林奇在《城市意象》中提出，城市的通道、边缘、地域、布点、地标是构成城市表层形象的五大因素，通道本身的形象是基本因素，并直接影响其他四因素的构成。目前，香港、上海、深圳等城市都十分重视城市道路可视范围内的景观整治。在贵阳城市规划中，城市道路的类型、绿化方案和机动车、非机动车道之间的协同度等都必须精心设计。当前，我们要做好机场路、花溪大道等城市主要出入通道和中华路、遵义路等重要城市干道沿线的街景整治、立面设计，对广告、绿化和交通进行整治，通过加强管理美化城市形象。

四、以最大限度地集约、节约用地为要求，为贵阳未来发展留足发展空间

城市规划的节约是最大的节约，城市规划的浪费是最大的浪费。香港是一个人多地少的城市，但在城市规划中充分体现了集约、节约用地意识。据香港规划署前署长潘国城介绍，香港现在中心区有 72 平方公里，人口为 123 万人，人口密度为 1.7 万人/平方公里，整个香港岛现有土地约 1 100 平方公里，其中约 23% 可用作城市建设用地，目前香港岛已聚集人口 700 万人。针对人多地少的现状，香港确定了高密度发展的城市规划思路，将中心城区很多山地、坡地都开发作为居住用地，而且住宅楼以高层为主，最高的住宅楼达 60 多层。高密度发展促进了香港的集约开发和节约用地，目前香港还有近 180 平方公里土地可用于城市建设，这为香港今后的建设储备了土地和发展空间。香港是中国城市的缩影，其集约、节约用地的经验和做法值得贵阳借鉴。贵州是一个无平原支撑城市发展

的喀斯特地区，城市土地资源十分宝贵，可谓寸土寸金。贵阳目前中心城区土地面积仅 40 多平方公里，人口密度达 3 万人/平方公里，这样的人口密度在世界城市中都是少有的，我们在规划中的集约、节约用地意识仍待进一步加强。像金阳新区以前的许多城市道路就设计了 500 米的绿化轴，对建筑物设置了 12 米的限高线，我们在后来的工作实践中及时对规划进行了修改，减少了绿化用地，增加了高层建筑用地。今后我们在城市建设中必须千方百计集约、节约用地，鼓励建设高层建筑，增加建筑密度，为市民提供户外活动空间，为子孙后代留出发展空间。

五、以鲜明的城市个性和特色为旗帜，在建设和保护中焕发城市灵气和魅力

个性和特色是城市规划的生命。这次考察使我们感受到香港、上海、深圳等城市强烈的现代化大都市气息，但令人遗憾的是这些城市现代化特征过于雷同，处处高楼林立，城市淹没在钢筋水泥森林之中，能体现城市特色和个性的建筑不多，千城一面现象较为严重，这也使我们感到做好城市规划工作的紧迫性和艰巨性。贵阳作为欠发达城市，在城市规划方面有后发优势，不能亦步亦趋，东施效颦，而应利用丰富的生态资源和民族文化优势，构筑独具特色的贵阳城市形象。

第一，突出贵阳"山水林城"的城市生态景观特色。经过多年的建设，贵阳已初步形成"城中有山，山中有城，城在林中，林在城中"的生态景观体系，但由于城市面积过于狭窄，城市建筑挤占了我们的生态空间，使贵阳人有"身在林城不见林、身在山城不见山"的缺憾。以后我们要按照老城区稀化的原则，对老城区只拆不建、多拆少建，加大山体公园建设进度，努力抓好城市立体绿化、南明河长治久清等工作，使城市显山露水透绿，彰显生态文明城市的独特魅力。

第二，发掘和保护特色民俗、历史文化资源。一个城市各个历史时期的建筑，构成了这个城市的历史文脉。贵阳十分重视历史文化遗址的保护，市区内的甲秀楼、文昌阁、忠烈宫、阳明祠等文物古迹都得到了比较专业的保护。今后要在继续保护好这些历史遗存的同时，收集、研究、整理和恢复当地的民间文化艺术，通过举办中国避暑季系列活动，向海内外展示贵阳多姿多彩的民俗文化，形成充满独特魅力的城市特质。同时，做好城市文化的创新式修整复兴。如苏州在对十全街进行改造时，将当地房屋按照质量分为三类：质量较好的 20 世纪 70 年代以后建的房屋在外貌整改后予以保留；现存较好的有历史文化价值的房屋经修缮后加以利用；确无文化价值的破旧危房及近几十年来乱搭乱建的违法建筑予以

拆除。十全街的成功实践，为我们在全球化、信息化风格迅速普及、新型建筑材料快速更新的大潮下，保持城市区域特色、传统文化特色和自身魅力提供了经验。贵阳市在推进民俗博物馆、步行街等项目的建设时，要借鉴苏州市的做法，高度重视民俗特色建筑和历史文化遗址的保护，通过建设一个项目，保护一批历史文化建筑，改造一片城区，体现出贵阳的城市民俗文化特色。

第三，全方位地设计贵阳城市的信息标志及识别系统。每个城市都有它的信息标志、个性特征。为了使现代城市有一种个性之美，就必须使城市具有既符合国际规范又有自己风格的各种信息标识和识别系统。如城市的行道树种、花草、路灯、路牌、邮箱和各级政府、公司的牌名等。贵阳近年通过评选并宣传市树、市花等，强化了城市信息识别系统。今后在城市建筑中，可结合贵阳石材丰富的实际，用石材代替瓷砖、玻璃幕墙等，形成贵阳城市建筑的特有风格。同时，结合生态文明城市的发展，对城市信息标志及识别系统进行构筑，使城市大到城市色彩、建筑风格，小到每一根电杆、每一个垃圾箱，都能体现城市的独特个性，散发出城市特有的文化味。

六、以发展轨道交通为突破口，从根本上解决城市交通"瓶颈"制约

随着城市化步伐的加快，许多城市都面临拥堵问题，但同时又限于土地空间不足，仅靠发展道路交通已难以解决城市拥堵难题。为此，发达城市正大力发展轨道交通。从这次考察的城市看，香港 2005 年轨道交通长度达 204 公里，2007年每日出行人数为 152.2 万人，35％的香港人选择轨道交通作为出行工具。香港政府提出使 70％的住户和 80％的上班人士可在 1 公里内搭乘港铁的目标，并相应规划 2016 年使全港轨道交通长度达 280 公里、客运量市场比例增至 43％。深圳市提出加快构筑以轨道交通为骨干、多种交通方式协调发展的综合交通体系，今年正在动工建设 5 条轨道交通线路，确保 2011 年形成 177 公里轨道交通，2020 年形成 614 公里轨道交通。上海市 2007 年轨道交通长度已达 234 公里，日均运送客流为 280 万人次，今年将继续推进 5 条轨道交通建设。按照规划，到2012 年上海将累计建成 500 公里轨道交通基本网络，使轨道交通客运量占公共交通出行的比重达 40％以上。苏州城市人口虽然只有 68 万，在今年也动工建设了轨道交通。贵阳受特殊地形的影响，城市道路的增加和拓宽比其他城市更为困难。城市规模在扩大，交通的发展速度与城市的发展速度不相匹配，城市交通总是被动地去适应城市的发展。特别是近年来，随着贵阳经济的迅猛发展，私家车

的数量也成倍增长，这使得原本就十分拥挤的交通状况更加严重。而通过轨道交通进行主动引导，使城市交通适度超前发展，引导核心区的人口向新区聚集、向周边地区疏散，可加速边缘地区的城市化进程和核心区的现代化进程。从考察城市的经验来看，轻轨不仅解决了城市交通拥堵，而且还带动了相关产业发展，激活了沿线地区的经济。据专家预测，未来10年内，全球轨道交通3/4的投资将集中在中国，轨道交通将成为中国经济增长的新亮点和国民经济增长的支柱产业。解决贵阳交通拥堵的根本出路在于轨道交通。我们已经完成了白云经金阳、老城区至龙洞堡，乌当经老城区至花溪的"X"形网线规划，下一步要设立专门机构，抓紧推进沿线土地控制规划编制、线网规划环评报告编制、工程可行性研究和总体设计安排等准备工作，抓紧按程序报审，尽快启动实验段工程，同时要注重人才的培养和产业的协调发展。

七、以建设和谐宜居城市为工作目标，
增强城市亲和力和凝聚力

正如人不可能仅仅是"经济人"一样，一个城市也不能仅是经济发达、产业发展、城市设施完备等硬件设施的组合，还应满足生态、治安、福利、公共服务、人际氛围、人文社会等软环境的和谐宜居需要，其落脚点是满足人在城市生活的良好感受和促进城市自身的可持续协调发展。

第一，建设适宜人居的生态环境。"仁者乐山，智者乐水"，人类有着近山、亲水、回归森林的本能需求，山、水、林是生态环境中不可或缺的重要元素，同时也是最富有吸引力的景观要素之一。香港是一个依山傍海、城市可利用工地不多的城市，但近年来高度重视自然生态环境的改善。2006年，香港在新界天水围建成并开放了占地约61公顷的湿地公园，湿地公园一方面作为补偿天水围新市镇发展所损失的生态环境而建造的生态缓冲区，另一方面又结合了湿地的天然美景和展览区的精湛展品，将这一生态缓冲区提升为一个世界级的生态旅游景点。另外，香港充分发挥依山的特点，由政府出资在城市周边的山坡修建了麦理浩径、卫奕新径、大屿山径、小榄山径等登山路径，总长逾230公里，各登山路径相互联通，方便市民从城市各处登山。登山路径的修建，既为市民提供了健身场所，也为人们提供了休闲观景的去处，每年都有许多来自台湾地区、日本、韩国、新加坡的游客专程到香港登山，使香港成为亚洲登山运动的一个重要目的地。贵阳作为世界喀斯特地区森林资源保护最为完好的城市，有着丰富的自然山、水和森林景观资源，应借鉴香港的做法，在城市规划中将山、水、林作为重

要的景观元素，创造富于魅力、个性独特的景观。要充分利用和发挥这些自然资源优势，按照后工业时代的景观设计理念，遵从自然，遵从文化，将山水地形、森林景观与城市整体布局相结合，将自然生态系统及生物多样化引入城市规划，从而达到中国传统文化中所描述的人工艺术与自然景观"共生、共荣、共存、共乐、共雅"的境界。

第二，营造贵阳特色的城市文化氛围。文化是城市规划、建设的灵魂。从贵阳来看，当前要注重从三个方面加强建设。一是加强文化硬件设施建设。重点按规划有序推进金阳新区文化山项目建设，配合抓好省博物馆等文化设施建设。贵阳的硬件设施建设比较晚，但也具有后发优势，可以在更高的起点上，更加科学地构筑现代文化设施。如奥林匹克体育中心主体育场，我们正尝试通过市场运作方式引进民营资本进行建设和经营。二是举办有影响力的文化活动。城市规划服务于城市定位，最终目标是打造城市形象。上海为了打造国际现代化大都市城市形象，提高城市影响力，目前正举全力筹备 2010 年世博会。贵阳通过举办避暑季系列活动，城市知名度得到了提高。从规划角度讲，我们举办避暑季活动时要与"避暑之都、温泉之城"的城市品牌形象有意识、有机地、科学地结合起来；要让市民普遍受益，与推进城市景观建设和旅游业发展结合起来；要让民俗特色文化得到弘扬。

第三，营造有利于人全面发展的氛围。城市规划必须充分考虑人的生存和发展需求。香港由于人多地少，上世纪 50 年代曾出现居民"一房难求"的局面。香港政府为解决这一民生问题，推出了公营房屋计划，又于 1976 年推行"居者有其屋"计划，1987 年推出长远房屋策略。主要是由政府统一修建公屋，对年收入不足 2.2 万港元的家庭提供公房，对缴纳公房租金仍有困难的，政府可免收其租金。年收入高于 2.2 万港元又没有能力购置私人楼宇的家庭，政府将劝其退出公房购买居屋（居屋由政府统一修建并限定价格、面积和利润）。通过一系列举措，香港很好地解决了市民"住房难"问题。当前，我们要将学有所教、劳有所得、病有所医、老有所养、住有所居、居有所安"六有"民生计划体现在城市规划中，特别要加大"住有所居"行动计划的实施，加大经济适用房、廉租房的建设力度，帮助城市居民实现安居乐业的梦想。

八、以建设最适宜创业城市为发展追求，合理规划建设城市生态产业体系

发展是第一要务，经济发展是城市化的基础。没有发达的产业体系作支撑，

城市建设就成了无源之水、无本之木，加快城市化进程也就成了一句空话。合理进行城市功能分区并相应做好城市产业用地规划，是城市规划的基础性工作。这次考察中，各个城市都十分重视产业发展，都将产业的发展落实到了城市用地规划上。上海规划了六个产业发展园区，特别是新竹高科技园区，并根据发展需要将规划面积由 20 平方公里、40 平方公里调整到 200 平方公里。随着贵阳生态文明城市建设步伐的加快，城市经济结构亟待调整，必须将产业发展放在城市规划的首位，高度重视城市产业用地规划工作。

第一，合理规划并预留城市产业用地。深圳市根据产业发展计划，编制了工业、物流、金融、创意产业、文化产业等一系列产业空间规划，并相应明确了保障产业优化升级、实现效益型城市理念的城市增改用地规模。以产业繁荣城市经济，以产业促进就业。上海市目前是典型的"三、二、一"产业结构，但在城市规划中体现了二、三产业并重的发展思路。贵阳在加快生态文明城市建设进程中，必须将第三产业发展放在首位。现在贵阳服务业发展水平不高，服务业规划水平滞后，但"一张白纸好画最新最美的图画"，我们在城市规划中要留出金融区用地、文化产业用地、CBD 用地、物流园区用地，特别要抓好重点商圈、区县商业街区、特色商业街、中心城镇商业中心四个层次商业设施规划，加大重点商圈、商业街的建设力度，营造良好的商业氛围。要进一步细化规划，使服务业发展有"规"可循，促进贵阳服务业高起点健康发展。同时，由于贵阳有较好的资源禀赋和工业基础，在城市规划中必须将二、三产业放在同样重要的地位，产业空间布局中要重点加强贵阳市装备制造、电子信息、食品化工、生物医药等工业园区规划，特别要结合磷、煤、铝等资源优势，做好磷化工、煤化工、铝加工等循环经济产业园区规划，预留充足的工业发展用地，为工业健康发展奠定基础。

第二，努力促进产业与城市的和谐共进。从规划角度来说，工业区是由包括厂房、仓库、动力和市政设施、维修和辅助企业、综合利用加工企业、运输设施、厂区公共服务设施、科学实验中心和卫生防护带等不同性质、不同功能的建筑和设施组成的综合体，便于集约利用土地和集聚发展。苏州工业园区不仅布局了工业上下游企业及辅助设施，还合理布局了房地产、金融、餐饮等服务业项目，使工业区不仅是单纯的工业聚集发展区，而且是布局合理、功能完善、运转高效的城市功能区。广州科学城在规划和建设中既布局了高等院校、科研单位、房地产，也考虑了高新产业发展用地，产业与城市共同推进。我们在城市规划中要借鉴这些做法，在推进高新区拓展、小河至花溪孟关装备制造业基地建设中，科学制定园区规划，对服务业、居住区等进行集约布局，使产业园区成为贵阳市新型工业化和现代服务业的集聚发展区。

九、以最严厉的环境保护为手段，促进城市可持续发展

这次考察的城市的管理者都认为，当前最难最重的任务是环境污染的治理。如香港为解决污水直排污染海水问题，启动了"净化海港"计划，从 2001 年起投入 81 亿港元建设污水处理厂，现仅有 75％的污水经过处理。预计在 2009—2014 年还要投入 80 亿港元，才能使污水得到全部处理。贵阳的美，美在山、水、林，这是贵阳可持续发展的优势所在，是城市发展的最大资源。作为后发城市的贵阳，绝不能再走"先污染后治理"的老路，这样的发展代价是完全可以避免的。

第一，强化城市生态环境保护。加强生态环境保护，严格生态发展用地保护，既可提高当代人的环境福利，又为后代人预留了发展空间。深圳在城市规划中，将 48％的土地预留作为生态发展区用地，充分体现了科学发展观。我们要按照建设生态文明城市的要求，科学规划并明确城市优先开发区、重点开发区、限制开发区、禁止开发区，并进一步制定和完善生态补偿机制，综合平衡各区域的发展。要以贵阳森林覆盖率达到 50％为目标，严格执行城市绿线保护制度，对一、二环城林带进行严格保护，对违法占用林地行为进行严厉打击。对"两湖一库"等饮用水源保护区，要组织开展饮用水源安全战略研究和规划的编制，通过加强饮用水源保护、供水设施建设，解决城乡居民饮水安全。

第二，多管齐下加大治污减排力度。广州针对工业排放、水污染、空气污染三大难题，探索出"电脑、外脑、人脑"的破解思路，通过"市长、市民、市场"三条途径，采取了五项措施，实现了"三口气"（工业废气、机动车尾气、生活用气）咽得下去，"两股水"（流西河、东江等饮用水源及珠江的景观水）看得下去，"一种声音"（噪声）不听、"一类物品"（固体废弃物）不见的城市环境效果。贵阳市也应对环境污染进行综合治理，当前要结合城市规划修编，对三马片区、花溪、龙洞堡等重点发展区域的污染企业进行用地调规，鼓励其在原地块"退二进三"进行搬迁，努力改善城市环境。要加快推进城市污水处理厂、垃圾处理厂规划和建设，完善配套设施，开展城镇生活污染治理示范，充分发挥环保基础设施的环境效益。加大循环经济示范园区规划建设力度，要充分发挥规划的先导作用，对园区企业做到"不环保、不审批；不达标、不排放"，引导企业开展清洁生产，发展循环经济，对污染严重的工业企业进行限期治理。通过减少和控制污染物排放，为区域可持续发展腾出更多的环境容量和空间，确保建设一批

效益更好、污染更少的优势项目，全面推进节能减排工作。同时，提高市民环境保护意识，使贵阳天更蓝、地更绿、水更清，提高城市宜居水平。

十、以强化规划"刚性"为保障，着力提升城市规划的前瞻性、科学性和权威性

在城市建设中，政府最大的责任是规划。一个好的规划，不仅是城市建设的纲领，也是城市管理的依据，更是城市竞争的资源。这次考察的城市无不高度重视规划的制定和执行。我们必须把握时代脉搏，科学合理地搞好城市规划，聚集城市发展，扩展区域空间，合理调整战略布局，努力加快生态文明城市建设。

第一，发挥城市规划的先导作用，注重城市规划的前瞻性、科学性。如深圳根据产业转型的需要，分别做了工业、物流、金融等产业的布局规划，并进行了土地利用效益控制。贵阳要按照建设生态文明城市的要求，加快白云麦架—沙文高新技术产业园、扎佐医药工业园、小河—孟关先进制造业基地等的规划和建设，推动新型工业化发展。同时，要结合贵阳铝、磷、煤资源丰富，重化工业有一定基础的实际，根据环境容量做好产业用地规划，大力发展静脉产业和环保产业，禁止发展"三高"产业，用有限的土地、资源创造更多更清洁的经济效益。

第二，确立城市规划的"龙头"地位，增强城市规划的权威性。当前，出现"规划规划，墙上挂挂"的原因，一是有的规划本身水平不高，难以满足城市化高速发展的需要；二是受"长官"意识影响，一些"不懂、不听、有权"的领导动辄对规划随意改动。解决这些问题必须对症下药：一是在城市建设和管理中必须维护规划的权威性。规划一经通过，就要严格执行，任何人都不得随意改动。同时，由于我国的城市化进程迅猛，任何人都不可能预见到十年、二十年后的发展，甚至难以准确预料一两年后城市的发展，这客观上要求城市规划与时俱进，进行适当的调整。但是这种调整必须严格按法定程序进行。二是加强领导干部规划知识的培训和教育。这次中组部将经济管理研究班明确为城市规划、建设、管理专题班，是一次有益的尝试，大家作为城市管理者特别是市长作为城市规划工作的第一责任人，集中时间对长三角、珠三角主要城市进行了实地考察，并系统学习了城市规划、建设、管理的理论知识，收获颇丰。建议今后多组织这样的学习考察，不断增强领导干部规划意识，达到提高决策水平、自觉维护规划权威性的目的。

高标准编制规划，快速度落实规划，
严要求执行规划[*]

Draw up the Urban Planning with High Standard，Practice
the Planning Quickly and Implement the Planning Strictly

下面，我就贵阳市城乡规划工作讲三点意见：

一、高标准编制好城乡规划

要按照城乡规划全覆盖的要求，重点抓好六个方面的规划：一是认真对照省编制的《黔中经济区核心区空间发展战略规划》，做好"贵阳市发展战略研究"、"贵阳市城市空间发展战略研究"，高标准规划好"三区五城五带"。二是尽快开展"贵阳市城镇体系规划"和"贵阳市近期建设规划"编制工作。三是尽快完成"贵阳市城市综合交通规划"、"贵阳市生态文明水务一体化规划"等专项规划。四是开展区域控规修编工作。目前贵阳中心城区建设用地已基本实现控规全覆盖，但随着经济社会快速发展，有些已不适合发展的需要。近期已完成了二环四路城市带、白云区、龙洞堡新城等一批控规编制，下一步要继续深化一些重点片区控规，绝不能让规划滞后于城市发展。一市三县也要在总体规划指导下，尽快完成县城控规修编。五是抓好城市设计。尽快编制完成"贵阳市中心城区总体城市设计"、"二环四路城市带的详细城市设计"及"花溪片区城市设计"、"公园路1沿线地块城市设计"及新城建设重点地段的城市设计。六是加速推进镇（乡）规划和村庄规划编制工作。规划部门和各区（市、县）要认真对77个乡镇总体规划进行全面清理，根据城市总体规划尽快完成修编工作。各区（市、县）要抓紧开展村庄规划的编制工作，对全市1 166个行政村，要优先完成规模较大、历

---

 * 这是李再勇同志2012年6月3日在贵阳市城乡规划工作座谈会上的讲话。

史文化遗存丰厚、地形地貌复杂行政村的规划编制。村庄规划要根据城中村、城郊村、纯农村等不同情况分别对待，对于纯农村村庄，可以根据实际情况确定保护、改造、新建等不同方案，对处于石漠化严重、生态敏感地区的要抓紧研究集中居住的问题。

城乡规划的发展是一个无止境的过程，对城乡规划编制的认识也是一个无止境的过程。在编制上述规划时，我们要"带着问题前进"，边探索、边完善、边提升，不断提升贵阳城乡规划的高度和深度。一是从发展的视角看，城乡规划必须强调生态化和现代化的交融。按照生态现代化理念统筹编制好规划体系，落实到城市空间布局、基础设施、产业发展、环境保护、人口发展等方方面面，既突出真山真水，又引入时尚元素，展示现代气派，为全市人民打造生态宜居新家园。二是从开放的视角看，城乡规划必须突出国际化和特色化的共鸣。城市是凝固的历史，规划是未来的蓝图。因此，我们在城市规划设计中既要以国际视野、国际标准、国际水平作为标杆，更要突出"山水林城"形态、自然理念，彰显贵阳精神，通过规划引导，使贵阳浸润在浓郁的历史地域文化气息之中，实现"世界眼光、国内一流、贵阳特色"。三是从和谐的视角看，城市规划必须体现"物"和"人"的统一。城市是人们追求美好生活的载体，从城市规划设计到规划执法管理，从城市整体景观设计到建筑单体设计，从城市园林绿化到公共停车场、地下通道等公用设施及其他与人民生活相关的设施，都要以规划为指导，使人文关怀贯穿城市建设的每一个细节，使城市成为居民温馨的家园。

二、快速度落实好城乡规划

规划的关键是落实，如何快速落实城乡规划，应抓住三个重点：

一是立足落实提升规划的可操作性。要快速落实好规划首先必须充分考虑规划的科学性、可实施性。在规划时应根据不同地块的区位条件、交通状况、基础设施容量、极差地价、人口发展、土地需求等状况，进行投入产出分析，在满足规划要求前提下，验证容积率的经济性、合理性。二环四路城市带沿线分布有213个棚户区，这是需要政府大量投入的区域，在规划时应考虑在区域内配置完备的公共服务设施、基础设施，并优先实施，从而提高土地价值。二是加快建设城市重点骨干工程。按照"科学规划、适度超前、综合配套、形成网络"的建设要求，集中力量，高质量地建设一批重点骨干工程。特别是要按照"三区五城五带"规划，在新城建设中抓紧启动生态环保工程、综合交通工程、数字信息工程、教育文化设施工程、水电气工程等，以超前的基础设施及强大的配套功能建设引领城市发展。三是着力经营城市。下决心盘活城市现有资产，以存量资产带动增量资产、吸引外来资产，从而实现城市建设的滚动发展。要抓紧开展土地收储试点，对列入规划的土地由市土储中心提前介入、统一收购，在确保土地资源取得更好效益的同时，有效杜绝新增违法建筑。融资公司要按照市委、市政府要求，充分利用金融杠杆、资本市场，多方筹集资金推动规划重大项目落地。积极稳妥推进公用事业单位改制重组，帮助经营管理好、营利能力强的企业进一步做大做强并争取上市。积极盘活存量，对现有基础设施、服务设施能出售的尽可能出售，以换回资金用于新的建设。

三、严要求执行好城乡规划

一是要强化"第一责任"。规划能否严格执行，核心在领导，关键在"一把手"。各级党政一把手是规划的第一责任人，也是规划的第一落实人，必须切实负起"第一责任"，从对历史负责、对人民负责的高度，拿出更多的精力来抓规划的执行，带头遵守城乡规划，自觉维护规划的严肃性和权威性。特别是规划部门的主要负责人要敢于担当、敢于碰硬，为党委、政府把好关，确保规划执行不走样。二是要强化监督检查。要主动及时向人大及其常委会、政协汇报城乡规划工作，自觉接受人大、政协的监督。要广泛通过报纸、广播、网络等媒体向社会公布城乡规划的具体内容，接受群众监督和舆论监督。要加快建立和完善城乡规划动态信息监测系统，对城乡规划执行情况进行实时监督和动态监测，加强日常执法检查，严密监控项目建设中无规划建设、不按规划建设、随意调整规划等情况，着力避免规划执行不严、控制不严的问题。三是要强化责任追究。要进一步健全约束机制，严格落实规划审批责任制和执法违法追究制，对违反法定程序和技术规范审批城乡规划、违规批准建设和行政不作为、慢作为等行为要加大查处力度，着力防止滥用权力、徇私枉法，防止利益集团影响规划执行，确保规划严格实施。

打造生态文明城市示范带 *
Build a Model City Belt for Ecological Development

一、集中精力建设二环四路城市带

对贵阳二环路以及机场路、甲秀南路、花溪大道、贵黄路艺校至清镇段沿线的开发建设，我思考了很久。去年10月，中央领导同志在贵阳视察时，对贵阳市"三环十六射"城市骨干路网建设给予肯定，要求围绕骨干路网一块一块地开发，精雕细刻，形成高品位的城市景观带。今年1月，国务院颁布了国发〔2012〕2号文件，明确要求加快城镇化进程，实施中心城市带动战略，培育黔中城市群。如何把国家的支持政策用足用好，在提高贵阳城镇化水平上取得明显成效？必须找到有效载体，找到自己的突破口。我认为，这个载体和突破口就是二环四路城市带的建设。二环四路城市带，涉及云岩区、南明区、花溪区、乌当区、白云区、小河区、清镇市以及金阳新区，总用地面积105平方公里，城市建设用地92平方公里，其中新增开发改造建设用地52平方公里，预计聚集城镇人口80万。可以说，建设二环四路城市带，是继规划建设金阳新区之后，贵阳城市开发建设的又一重大举措。

第一，这是遵循城市发展规律、促进城市核心区域扩容的必然要求。城市扩容有不同的模式，有的是摊大饼式的向外延伸，有的以卫星城的形式向周边拓展。不管哪种方式，都是像水波纹一样，由中心一波一波地向各个方向推进。德国农业经济学家冯·杜能有一个著名的"圈层结构理论"，认为城市对区域的作用受"距离衰减律"法则制约，必然导致区域形成以建成区为核心的圈层状空间分布结构。这一理论最明显的体现和运用，就是环线化大都市的大量出现。许多

＊ 这是李军同志 2012 年 3 月 9 日在贵阳市二环四路城市带开发建设工作领导小组第一次会议、2012 年 3 月 22 日贵阳市二环四路城市带规划专家论证会上讲话的一部分。

城市的环线除了疏导交通外，更大的作用是助力大都市圈不断扩容、升级和嬗变，带动城市蓬勃发展，引领城市进入"环线时代"。北京的四环功能上相当于贵阳的二环，以四环为界，环内形成商业、办公、居住密集、城市生活高度集中的成熟繁华区，而环外的城市建设密度则明显降低。长沙的二环完善了城市路网，疏散了中心区交通，同时拉开了城市骨架，使"西文东市、六桥三环"的城市格局初具规模，推动了长株潭经济一体化战略的实施。重庆的内环、武汉的中环也是如此。贵阳虽然是山城，客观上只能组团式发展，但整体趋势必须遵循环线化大都市发展的规律，在把二环四路城市带基本建好的基础上，积极推进离老城区空间距离更远的城市片区建设，才是符合城市发展规律的科学决策，才是要素配置效率最大化的合理举措。

第二，这是"稀化"老城区、提升城市品质的必然要求。贵阳老城区主要集中在一环，一环以内只有9.8平方公里，3 700万平方米建筑居住了近70万人，人口密度之高世界罕见。为什么会这样？很重要的原因是，二环路通车以前，贵阳长期形成以老城区为中心、多个组团分散发展的模式。老城区商业资源高度集中，大量商场、银行、写字楼、酒店等密集配置；各组团之间缺乏紧密的交通联系和经济联系，独立发展、封闭发展，导致组团发育不足、档次不高、规模偏小，功能上对老城区的依赖过大。正因为如此，上一版贵阳城市总体规划就提出要发展外围组团，疏散老城区人口，现在十年时间过去了，老城区人口不但没有减少，反而更加密集。可以说，单一商业中心模式的局限性已经成为影响贵阳城市健康、快速发展的严重障碍。如何解决这一问题？只有在二环路周边多建大型商业综合设施，配套现代化、完备的生活服务设施，让老百姓愿意搬出去。事实上，大城市都是这样做的。在北京、上海，像沃尔玛、宜家这样的大型超市都布置在环线周边，交通便捷，停车方便，大家都乐意去。贵阳市也必须走这条路。

第三，这是优化产业布局、提升服务业档次的必然要求。城市因商而兴。过去，我们搞"退二进三"，把工业从中心城区搬出去，发展服务业。经过十多年的发展，服务业已经面临升级换代的任务。一些大型商业设施太陈旧、档次太低，像市西路，差不多成了脏乱差最集中的区域。怎么升级换代？只有往周边走，因为老城区已经没有空间。要通过二环四路城市带的开发，打造商业副中心，形成新兴商业服务业态，如城市综合体、交通服务区、购物娱乐中心、城郊仓储式超市、生活消费品市场等，提高商业规模和档次，分担老城区商业服务压力。从这个意义上讲，二环四路城市带是一条具有极高商业价值的城市功能带。

第四，这是改善城市形象、实现有序开发和可持续开发的必然要求。从改善城市形象来讲，二环路经过的地方有不少棚户区、城中村，过去不通路，不容易被看见；即使通路，由于路的档次比较低、通行量不大，改造的任务没那么紧迫。二环路贯通后，那些棚户区、城中村就显露了出来，特别是东二环二戈寨、西二环三桥以及贵黄路金关等片区破破烂烂、乱七八糟，对城市形象确实影响很大，必须尽快改变。如果现在我们还能解释说，二环路才打通，两边还来不及改造；那么，三年、五年之后还"江山依旧"，我们如何解释呢？从推进有序开发来讲，二环路开通后，那些想靠"种房"发财的人是紧紧盯着的，虽然打击力度很大，但违章建筑仍然风起云涌。仅仅靠打击并不能彻底解决问题，有时还可能造成极端事件。治本之策还是加快开发建设，从源头上遏制违章建筑的产生。可见，二环四路城市带不建不行，建慢了也不行。从实现可持续开发来讲，我们建二环路花了120亿元，这些钱怎么收回来，投入其他重大基础设施建设？很大程度要靠沿线土地开发。开发得越早，就能越早带来增值收益；开发晚了，就会造成土地资源的闲置和浪费。我们必须抓紧开发，尽快产生包括土地增值收益、税费收入在内的综合收益，形成滚动发展的良性态势。

要提醒大家，"罗马不是一天建成的"，城市开发建设有一个科学的时序，必须分清轻重缓急；有些项目超前规划是可以的，但眼下还不具备实施的条件；有些项目是跨其他市（州）的，应由省里主导，我们要积极配合，但首先要立足于把自己能掌控的事情做好。

二、把二环四路城市带打造成生态文明城市示范带

贵阳的二环路与国内一些城市的二环路长度差不多，但地形和生态景观更有特色，只要规划好了，完全有条件、有可能打造成全国独一无二、最具特色的精品城市带。总的来讲，就是用5年左右时间，把二环四路城市带打造成为高品质的生态文明城市示范带。围绕这个目标，我强调四个问题。

一要精心搞好规划设计。二环四路城市带的规划建设与金阳新区不同，不是在"白纸"上画画，想怎么勾勒就怎么勾勒；也与老城区不同，不是在成画上涂涂改改，有很多顾虑。做这样的规划，既有限制条件，又有发挥空间。要按照"融入国际化、实现现代化、体现人文化、突出生态化"和"世界眼光、国内一流、贵阳特色"的要求，往深里做、往细处做，尽快形成控规、修规、城市设计、单体设计。二环四路城市带总体规划，市委书记和市长亲自参加，涉及各相关区的规划，区委书记、区长也要亲自审查把关，把领导思路和专家意见结合起来，反复研究、反复比选。要具体。哪块地建什么、建多高、什么朝向、什么风格、什么时候建好，都要仔细研究；建筑、道路、地下管网等各个系统之间如何衔接，都要一一考虑。要协调。各个功能板块、住宅小区之间，总体风格应该相对统一、相互协

调，但又要保持相对的个性和差异性，不能搞成千人一面、扼杀特色。要高效。既要保证规划的高水平，又要加快规划编制速度，确保规划这个龙头尽快舞起来，为加快建设提供保障。当然，不能图快就乱来，每个环节都要严格依规办事。

二要充分彰显生态特色。过去，我们对外宣传贵阳是"森林城市"，但外地客人看不到林在哪里，因为有林的地方没有路、有路的地方没有林。现在，二环路穿越了环城林带、山体绿地、河流湖泊，沿线的自然生态资源非常丰富，可以充分体验贵阳"城中有山、山中有城，城在林中、林在城中，湖水相伴、绿带环抱"的独特魅力。因此，在规划建设二环四路城市带过程中，一定要充分彰显生态特色，着力建设人与城镇、人与自然、城镇与自然相得益彰的生态家园。要充分利用好现有生态资源，把"显山"、"露水"、"见林"、"透气"的文章做到极致，不能动不动就炸一座山，动不动就填一方水，动不动就毁一片林，也不能动不动就建一堵"墙"。要控制好绿线，黔灵山公园过去就是因为没有绿线控制，所以周边到处乱搭乱建，把山体挡住了许多。过去有的地方修路开山，炸了一半，剩下一半用混凝土一抹了之，很难看，今后不能这样搞。二环四路都要留足绿化带，机场路要留50米的绿化带，其他道路不得少于20米，能多留就多留，并精心实施边坡护理、边坡绿化，打造高品质生态路、景观路。要大力践行生态建设理念，在推广绿色建筑和绿色交通上下更大的工夫，在新城区、新楼盘大力推行先进的建筑节能减排技术，着力打造以绿色建筑为主体的绿色新城；推广设立公交专用道等成功做法，加快发展便捷公交系统，完善城市步行系统、自行车道、无障碍设施，打造以步行、自行车、公共交通等绿色交通为主体的低碳新城。比如，可以考虑规划建设"无机动车小区"，小区内的交通工具就是自行车，从家里出来骑自行车，出了小区再换乘其他交通工具，这样既环保、又健身。

三要高标准完善配套设施。二环四路城市带要提高"人气"、积累"商气"，很重要的就是要完善配套设施。要超前谋划、高标准谋划路网、公交换乘、水电气、学校、医院等设施建设。比如道路建设，"主动脉"已经畅通，接下来还要打通"支脉"和"毛细血管"，完善道路体系，打通"最后一公里"，畅通微循环。比如公交换乘系统，要实现交通内循环与外循环的无缝对接，形成大运量快速公交、常规公交、轻轨、长途客运和大型停车场一体化的交通换乘枢纽，努力做到"零换乘"。比如管网建设，特别是污水处理系统，从一开始就要着眼长远，瞄准未来50年、100年甚至更长远的城市发展需求，高标准地进行。比如学校建设，要严格落实新建小区配建学校的相关规定，而且学校建设要作为售房的前置条件，不允许楼盘已经卖出去，学校还没建好。比如医院建设，现在中心城区三甲医院大多有向新区发展的打算，要给医院留够发展空间，并对医疗服务水平和质量提出更高要求。比如社区建设，要把新型社区硬件配置作为审核片区规划设计的必要条件，确保新型社区服务中心与居民同时入驻。

四要同步考虑产业支撑。没有产业支撑的城市，只能是"空城"。要把产业支撑作为二环四路城市带开发建设非常重要的组成部分，与路网建设、配套设施建设、住宅开发建设整体谋划、同步推进，努力形成商业服务业副中心。在产业选择上，既要有旅游文化等高端服务业，又要有方便居民生活的大型商场等常规服务业。在推进方式上，既要有行政引导，又要有市场运作，尽快促使一些就业容纳量大、市场竞争力强的服务型企业向二环四路周边集聚，形成高端产业链。最近，有很多大开发商准备在贵阳投资建设城市综合体，要优先向他们推荐二环四路城市带。

三、重点打好棚户区、城中村改造攻坚战

推进二环四路城市带开发建设，必须集中力量突破重点、攻克难点。最大的重点、难点就是棚户区、城中村改造。从推进开发规律来讲，在二环四路城市带规划范围内，有 213 个棚户区、城中村需要改造，占地面积 18 平方公里，占二环四路城市带可建设用地的 35％。可以说，不把这占 35％的棚户区、城中村改造好，建成生态文明城市示范带就是一句空话。从改善老百姓生活环境质量来讲，这 213 个棚户区、城中村里，居住着大约 25 万居民，其中很多是中低收入群体。他们长期居住在基础设施不完善、建设零乱、道路狭窄、消防安全隐患大、卫生状况极差的环境中，眼巴巴地盼望着改善居住条件。而且，棚户区、城中村情况复杂，存在很多社会治安难点，如果不抓紧改造，就可能成为影响社会和谐稳定的隐患。从改善城市形象来讲，二环四路城市带是展示贵阳"森林城市"独特魅力的重要景观带、生态带，但是沿线大量的成片棚户区、城中村使贵阳的城市形象大打折扣，必须抓紧改造。

二环四路城市带的棚户区、城中村改造，必须紧紧围绕打造精品城市带的目标，高标准规划，高质量实施。

一要着力构建绿色交通体系。交通是城市的血脉，但传统交通模式造成的城市拥堵、尾气污染、噪声污染成为普遍的"城市病"。绿色交通通过交通工具、交通组织方式的变革，减轻交通拥挤，减少环境污染，既满足人们的交通需求，又以最小的社会成本实现最大的交通效率。改造二环四路城市带棚户区、城中村，要着眼长远、立足未来，在推进交通绿色化方面采取更加有力的措施。要畅通交通内循环和外循环，外循环可以考虑轻轨、街车等多种交通组织相结合的方式。现在规划建设的市域快速铁路实际上就是一条环城铁路，可以和正在建设的

城市轻轨连接起来，形成闭合运行的网络。小区里面的内循环要完善非机动车系统，科学合理划分机动车道和非机动车道，方便市民选择自行车等交通工具出行。同时，要超前考虑新能源汽车的配套设施。从长远看，石油等非可再生资源价格肯定要上升，新能源汽车替代传统汽车只是个时间问题。我们要顺应这一趋势，提前谋划加气站、充电站、停车场等配套设施。

二要着力推广绿色建筑。建筑耗能、交通耗能与工业耗能是三大"耗能大户"，而建筑耗能占全社会能耗的一半左右，节能潜力十分巨大。在二环四路城市带棚户区、城中村改造中，要采取行政的、经济的乃至法律的措施，大力推广绿色建筑。要抓住贵阳市被列为全国节能减排财政政策综合示范城市的机遇，广泛运用先进的建筑节能技术，着力打造以绿色建筑为主体的绿色城市。要注意吸取传统建筑智慧，充分利用自然风、自然光，减少电力等能源消耗。要因地制宜，多采用成本较低且天然、无污染的建筑材料，减少对水泥、钢材的依赖。楼宇装修要提倡简洁、清爽，营造健康、适用和高效的使用空间，避免过度装修带来的二次污染。

三要着力建设绿色、低碳社区。社区是居民的生活共同体，是构成城市生活的基本单元。在二环四路城市带棚户区、城中村改造中，要把绿色生活、低碳生活贯穿到社区规划、设计、建设、管理的各个环节。要特别保护好森林。二环四路沿线有山、有水、有林、有泉，这是一笔宝贵的自然财富，为我们打造独具特色的生态文明城市示范带提供了坚实的基础，在开发的过程中必须切实保护好，特别是要把建好、管好湿地及森林公园放在极其重要的位置。采取多管齐下的方法，见缝插绿，逐步提高绿化率。要因地制宜多建小型污水处理设施，实现污水就地处理，最大限度进行中水回用。要有完备的垃圾分类处理系统，真正实现垃圾从源头上开始分类收集、分类运送、分类处理。同时，在改造建设的整个过程中，都要大力倡导居民践行生态生活方式，养成良好的行为习惯。

四要着力完善人性化设施。一个城市是不是宜居，很重要的检验标准是生活起来方不方便。去过香港的人，都会感觉到整座城市很"体贴"，走在大街小巷，头上有屋檐，遮阳挡雨；脚下有麻砖，绝不打滑；到处有扶梯，免除劳累。在二环四路城市带棚户区、城中村改造中，配置市政基础设施以及学校、卫生、医院、社区管理等公共设施和服务一定要人性化、精细化，让市民生活、工作在这里感觉很方便，比中心城区更宜居。

要强调的是，不仅二环四路城市带的棚户区、城中村改造要处理好上述问题，在整个老城区"稀化"、改造过程中，都要牢记生态文明理念，按照构建城市生态系统的原理，处理好人与城市、人与自然、城市与自然的关系，建设生态家园，真正实现"城市让生活更美好"。

科学改造危房，建设生态村寨[*]

Build Eco-villages by Renovating Dilapidated
Buildings Scientifically

　　贵州的农村危房改造工作，是胡锦涛总书记、温家宝总理亲自关心、亲自安排的一件大事，是省委、省政府高度重视、抓得很紧的一件大事，只能办好，不能办差。最近，我到几个村子，看了几户去年改造的农村危房，看了一些准备纳入今年改造的农房，产生了一些想法，与大家交流。

　　第一，农村危房改造重点是改造危房，不是改造旧房。从农村危房改造的起因来讲，去年凝冻灾害期间，中央领导到贵州视察工作，针对灾害中倒塌的房屋，作出重要指示，当务之急是救人、救命，赶紧解决没房住的群众住房问题。后来，贵州省委、省政府提出，除了因凝冻倒塌的住房外，其他一些很危险的房屋也一并纳入改造或重修。对贵州省的农村危房改造工作，党中央、国务院非常重视，去年全国农村危房改造资金是 2 亿元，全部给了贵州。中央的政策指向就是改造农村危房，而不是旧房，重点是解决那些居住条件十分简陋、十分危险的农民住房问题。但是，我到一个村子看到，情况不是这样，今年纳入改造计划的 20 多户农房中，有的房子谈不上是危房，只是旧房，完全可以居住，把这样的房子当成危房来改造，既无必要，又浪费巨大。我询问了一些农户，问他们是自愿改的，还是政府要求改的，有的农户说是政府要求的。这样就很危险了。因为，对于农民来说，盖一套房子有的是积了几代人的心血，目前，安全居住不成任何问题。如果政府硬要他改造或是重建，政府拿不出这么多钱，让农民自己拿钱也是不必要的浪费。而且，现在有的人也会抓机遇，听到危房改造的消息以后，不是危房的也想纳入改造或重建，想让政府出钱给他盖新房。因此，有必要再强调这次改造的重点就是危房，不是旧房。

---

　　* 这是李军同志 2009 年 3 月 22 日在贵阳市农村危房改造工程动员大会上的讲话。

第二，农村危房改造重点是改造，不是全部推倒重建。我到村里调研的时候，听当地的同志介绍说，农房改造就是要推倒重建，就连建设部门提供的也是推倒重建的图纸，这是有很大问题的。对此，一定要实事求是，根据农房的不同情况进行分类指导，不能一概而论。对那些面临倒塌、居住确有危险的，当然要拆除重建；对那些主骨架和基础很好，只是有所破损的房屋，通过维修、加固等方法进行改造，就可以安全居住，或者按照统一的图纸进行改造，就像遵义"四在农家"一样，对墙体进行粉刷和整修，没有必要推倒重建，这样，政府给农户的补助资金也足够负担。对于部分条件比较好的农户，可以在有积极性、自愿改造的基础上，给予适当补助，引导他们自己开展房前屋后的装饰、美化，提升居住环境的舒适度。如果都推倒重建的话，政府资金负担不起。总之，要因地制宜，区别对待，从实际需要出发，把改造和新建结合起来，采取多种方式推进农村危房改造建设。

第三，政府对农村危房改造是补助，不是全包。农民建房，祖祖辈辈都是以自己为主，这次农村危房改造工作，从中央、省、市到县，各级政府都拿钱出来进行补助，这是关心困难群众的实际举措，充分体现了我们党"以人为本、执政为民"的民生理念。但是，危房改造资金政府绝不是全包，主要是补助性质。如果由政府全部出资为农民建房，那么，今年要改造 2 万多户，明年要改造 3 万多户，每户最低大概需要 30 000 元，总共需要 15 亿元资金，政府即使整合各种渠道的资金，打捆使用，包得起吗？就算是让农民贷款来做，有的农户是没有偿还能力的，最终还是由政府信用来"兜底"。因此，这次危房改造必须坚持"政府主导、规划引导、群众主体、突出特色"的原则，充分调动农民自身的积极性，使危房改造成为农民自觉自愿的行为。

第四，农村危房改造一定要系统设计，不能单一从事。大家要思考，为什么贵阳村寨建设的水平落后于遵义呢？也许有的人会说，是因为贵阳经济相对发达些，危房改造工作启动得早，而遵义比我们启动得晚。其实不然，遵义"四在农家"已经搞了好几年。我看主要原因在于，遵义以"四在农家"为抓手的村寨建设，是有计划、有步骤进行的，一点点地积累，以点带面，逐步地推开。而贵阳市对农民建房没有系统规划，出现以下三种情况：一是有钱的、条件好的农户自己盖房子，想怎么盖就怎么盖；二是农民原来没有钱，土地被征拨以后，拿着征地拆迁的钱盖房子，也是想怎么盖就怎么盖，这种情况较为普遍；三是这几年辛辛苦苦实施农村危房改造工作所盖的房子，也没按统一规划和图纸改造，想怎么盖就怎么盖。比如息烽县鹿窝乡，去年改造了一百多户，只有少数几户是按照图纸建的。如果贵阳市的农村危房改造都像这样，那政府的补助，建设部门搞的规划、设计的图纸，不都白费了吗？

　　怎样做到系统设计，不单一从事？就是要按照《城乡规划法》的要求，加强乡村统一规划建设，突出文化特色，而不是制造新的建筑垃圾。当务之急，对在建的农房要尽可能按照建设部门提供的图纸进行改造、建设。以后新建农房，要以村为单位，集中规划建设。要整合各方力量，把危房改造与扶贫开发、新农村建设、生态文明村建设、村庄整治工作结合起来，与通村公路和串户路建设、实施农村饮水安全工程、沼气建设、改厨、改卫等结合起来，使农民群众不仅能住上新房子，还能走水泥路，喝干净的水，用清洁的沼气、亮堂的厨房、水冲式的厕所，全方位改善生活质量。现在，贵阳市有的村寨既不整齐，也不清洁，牛粪、猪粪、狗粪、鸡粪到处都是。我们不是提出要大力发展乡村旅游吗！像这样的环境，游客还会来吗？即使来，也只会来一次，不会来第二次。另外，农村的道路建设特别是进村路、串户路不一定要搞水泥路，贵州到处都是石材，完全可以就地取材，铺石板路，这就很有特色，是最好的与自然相和谐。在这方面，村党支部、村委会要组织发动农民积极投工投劳，一年建一两公里，慢慢地积累。

　　全国许多地方的农村建筑错落有致、特色鲜明，像安徽宏村、江苏周庄、江西婺源，经过若干年的积累就成了建筑文化。贵州也有很好的例子，像西江苗寨，老祖宗修建的吊脚楼规模那么宏大，现在都变成了文物，可以申报世界遗产。因此，我们开展危房改造，无论如何要体现出文化内涵和民族特色，让后人在评点这段历史的时候，认为他们的前辈是有智慧的。我现在非常担心一个问题，就是我们花了这么多心思、这么多资金，会不会又建一批建筑垃圾？现在层层在签责任状，层层在表态，但很多工作就是"在表态当中落空"，"在签订责任状中走形式"。农村危房改造工作不能光表态，不是简单地在农户改造农房的申请上划个圈，给点钱就可以的，关键是要把工作扎扎实实地抓好。这是需要各级干部流大汗、吃大苦的。各级都要落实责任，严格奖惩，切实履行职责，特别是乡镇党委、政府要履行好具体责任，村级组织要充分发挥作用，调动广大农民的积极性，动员他们自觉服从统一规划，通过自己的辛勤劳动改善生活环境。总之，要以农村危房改造为契机，借机成事，努力使贵阳农村的村容村貌确实有一个大的改善，多建设一批民族风情浓郁、生态环境良好、文化特色鲜明、能够传承下去的精品村寨。

大力推广绿色建筑[*]

Promote Vigorously the Construction of Green Buildings

　　建筑是城市的主要载体，既为城乡居民提供生活、工作基本场所，也是能源消耗与温室气体排放的重点领域。绿色建筑，就是在建筑全部生命周期内最大限度地节能、节地、节水、节材，保护环境和减少污染，为人类提供健康、适用、高效的使用空间。贵阳建设生态文明城市，必须大力提倡、大力推广绿色建筑。第一，这是节能减排的迫切需要。现在，从中央到地方，都特别强调节能减排。以前节能减排仅盯着企业，实际上建筑是一个重点。据统计，城市中的土地、能源、水、材料等资源消耗及污水、垃圾等污染物排放，约50％是由建筑产生的，抓住了绿色建筑这个龙头，也就抓住了节能减排的关键。专家预测，如果中国每年新增绿色建筑项目300个，"十二五"期间将节能25.5亿千瓦时，减少二氧化碳229.8万吨。第二，这是改善居民居住条件的迫切需要。绿色建筑标准坚持以人为本，对建筑物日照环境、采光通风和热舒适性都有明确规定。近年来我国北方推动实施的采暖区既有居住建筑节能改造，不仅每个采暖季节能30％以上，而且改造后住宅室内温度普遍能够提高5摄氏度左右，取得了节能环保、改善民生等多重政策效应。贵阳夏天气候很好，完全可以根据建筑周围环境、建筑布局、建筑构造源等来组织和诱导自然通风。在建筑构造上，通过中庭、双层幕墙、风塔、门窗、屋顶等构件的优化设计来实现良好的自然通风效果，既环保又舒适。第三，这是适应国内外建筑潮流的迫切需要。在国外，绿色建筑方兴未艾。德国小城杜塞的德国联邦政府环境署总部大楼是绿色建筑的典范，大楼内部包含着多个风景宜人的室内庭院，冷热均由埋在地下的管道系统通过水流循环自动调节，从而免去了安装空调的麻烦，釉彩玻璃表面独特的通风口设计能让夏季

---

　　* 这是李军同志2010年6月9日在贵阳市城乡规划建设委员会第十次全体会议上讲话的一部分。

的热气自动逸出，偶尔还有凉风徐徐掠过。近年来，美国力推绿色建筑，颁布了绿色建筑行业标准，要求所有建筑面积超过 465 平方米的公共建筑都必须达标，私有建筑如果达到这一标准，则可以在水电及垃圾处理费用上享受优厚的折扣。新加坡早在 2005 年就推出了"绿色建筑标志计划"，旨在保证建筑环境的可持续性，使开发商、设计师和承建商提升在项目概念、设计以至建筑过程中的环保意识。如今，该计划已经成为强制性建筑法规。在上海世博会上，所有的国家馆都毫无例外地强调节能、环保、减排、低碳的理念。中国一些典型建筑也打的是这张牌，比如上海"零排放"示范小区。"城市，让生活更美好"体现在哪里？时代潮流是什么？最新的理念是什么？就是"绿色"。

因此，我们要开阔眼界，顺应形势，把推广绿色建筑作为建设生态文明城市的重要内容。一是适当采取强制办法。要完善相关规定，提高节能标准。今后，对建筑设计图纸审查、施工许可、竣工验收等环节都要严格把关，不达节能标准的不予开工建设、不予竣工验收，对超限额用电的公共建筑实行惩罚性电价。二是采取激励的办法。推行绿色建筑，短期内投资成本会高一点，那么采取什么办法加以鼓励、推广呢，无非就是经济手段。我在芝加哥考察时了解到，如果开发商房顶绿化面积建设多，就在容积率方面给予奖励，我们可以借鉴。要研究实施财政奖励，对低能耗建筑逐步给予财政资金奖励。三是政府带头。在美国一些城市，政府投资的项目要带头推广绿色建筑，包括学校、医院等公共设施，这也值得学习。

总之，要把推广绿色建筑贯彻到方方面面，在立项、规划、设计、审图、施工、监理、竣工验收等环节实行全过程监管，在节能、节地、节水、节材和环境保护等全领域展开，让绿色建筑在贵阳成为潮流、成为主流。

建设一流城乡规划展览馆 *

Build a First-class Exhibition Hall for Urban and Rural Planning

规划展览馆是了解一个城市规划建设的重要平台，是向外展示城市形象的重要窗口。到贵阳的客人，不管北京来的，还是其他城市来的，几乎都想看看贵阳城市规划展览。可是，贵阳现在没有规划展览馆，只有一个临时性的规划展览室，展示空间小，内容有限、手段单一，与省会城市的地位很不相称。我们到别的城市去，往往也要去参观规划展览馆。最近我去上海、苏州、杭州，就看了当地的规划展览馆。这些规划展览馆都注重运用现代电子信息技术，为全方位展示城市的过去、现在、未来，较好地发挥了作用。

现在我们决定建设的贵阳市规划展览馆，位于林城东路，旁边有市级行政中心、贵阳国际会展中心，是金阳新区的中心地带，人流集中，人气很旺；离城市轻轨 1 号线站点很近，交通便捷；绿带、广场等公共设施可以实现资源共享、综合利用，既节约资金，又提高使用效率。总的看，这个选址不错。

建好贵阳城乡规划展览馆意义重大。第一，它是城市规划的研究馆。集中了大量规划素材，可以为研究、制定城市规划提供重要资料。第二，它是城市形象的展示馆。贵阳市总体面貌是个什么样子，有什么重要的建筑，路网情况怎么样，等等，通过规划展览馆进行直观展示，一目了然。第三，它是城市历史的博物馆。可以浓缩城市的历史变迁，看到贵阳在明清的时候大体上是什么样子，有些什么老街、老建筑，到改革开放初期的时候是什么样子，等等。第四，它是城市规划的教育馆。一些重大的城市规划项目，可以到这里公示；在公示的过程中，市民通过提出意见和建议，既直接接受城市规划方面的教育，又间接参与到城市建设管理中来，从而自觉遵守规划、支持规划。市民在购置住房时，也可以

* 这是李军同志 2010 年 11 月 24 日在贵阳市城乡规划展览馆建设情况座谈会上的讲话。

到规划馆了解楼盘及其周边的规划情况，进行比较分析。

对规划展览馆的规划设计、建设施工、布置展览等工作，我提几条建议。

一是要有最时尚的建筑理念。就是要与世界潮流接轨。上个月我到上海世博园看了一下，强烈感受到一股绿色、低碳之风。瑞士馆底层展厅营造的都市空间和馆顶的自然空间，给人以在城市和乡村之间悠游的美好感受，外围巨大的帷幕每一部分都能独立产生和储存能量，供 LED 灯使用。伦敦案例馆以贝丁顿零碳社区为原型，通过节能设施减少对能源的需求，并采用可再生能源实现二氧化碳零排放。汉堡馆不需要空调和暖气，却能四季保持室内 25℃左右的恒温，建筑所消耗的外部能源只有普通房屋的 10%。其他一些馆也都采用了绿色建筑，充分利用太阳能、风能等可再生清洁能源，进行中水回收利用，展示了绿色、低碳的未来生活方式。我们要把这些先进理念运用到规划展览馆建设中来。贵阳市倡导、推广绿色建筑，如果规划展览馆都不是绿色的，而是高能耗的，就是自己否定自己了。因此，一定要把规划展览馆建设成为生态文明城市的一个典范，体现出最时尚的建筑理念。要让老百姓来参观的时候，能够明白绿色建筑是什么样子、生态文明建设体现在哪里。

二是要有最先进的展示手段。贵阳规划展览馆建得比较晚，有条件学习借鉴其他城市的先进经验。在展示手段上要充分运用当今世界最现代、最先进的声、光、电等科技手段，包括数码电影系统、幻影成像系统、大型宽幕影视观摩系统、四维动画立体影视系统、360 度三维虚拟影视演示系统、虚拟驾驶系统、人景合成系统、表面声波触摸系统、游客查询系统，以及多媒体系统的整合运用等，增强规划展览的表现力、吸引力、感染力和参与性、互动性，让参观者饶有兴致。我的想法是，贵阳规划展览馆不求最大，但求最精、最美、最先进。

三是要有最完美的展示内容。城市规划展览馆不能只注重形式而不注重内容，如果展示手段先进而展示内容陈旧、单调，那也没有实际意义。布展必须坚持高起点、高标准，从内容设计到文字说明等，都要有独特创意，使人耳目一新，切忌落入俗套。要通过设置相应专题展馆等方式，充分展示贵阳生态文明城市建设的最新成果。要优化各楼层布展设计，最大限度利用空间。要围绕老百姓关心的教育、就业、医疗等问题，精心设计各专项规划展示内容，使规划展览馆贴近群众，成为了解贵阳的重要窗口。总之，要多角度展示贵阳这座城市的过去、现在和将来，展示山水林城特色，展示生态文明城市成果。

环城高速是个纲，纲举目张
Ring Expressway Construction is the Key to the Development

大动脉大走廊大杠杆大平台[*]

6月5日，我到贵阳市任职之后，就贵阳环城高速路建设的有关情况进行了一些调研。6月16日、17日，分别向市分管负责同志和市交通局的同志了解有关情况；6月18日，到环城高速公路建设指挥部听取了情况介绍，实地看了董家堰1号隧道；6月22日，又和几位市领导、相关局的负责同志沿着环城高速的路线跑了一圈，看了8个标段。在调查研究的基础上，产生了一些想法。我把这些想法向有关省领导作了汇报，得到了大力支持；3次与省交通厅负责同志进行了沟通，在许多重大问题上取得了共识；与其他市领导交换了意见。我将这些想法作一个介绍，听取同志们的意见。我不是交通专家，而是城市的负责人，这些想法只是一些宏观思考，很多方面想得不是很深入、很具体，讲得不一定对，真诚地请大家批评指正。如果同志们认为这些想法完全不可行，或者说部分不可行，希望提出来。历史充分证明，真理越辩越明，决策越民主越保险；最大的失误是决策的失误，最大的浪费是决策失误带来的浪费。因此，在作决策的时候，我们要坚决避免"张口就定，举手就拍"。

国内外城市因地理、历史条件的不同，路网结构大体有四种类型：一是方格网式；二是环形放射；三是自由式；四是混合式。国内许多城市采用的是环形放射式。我国最早的一条城市外环线是天津1986年建成的，其后，北京、上海、广州等特大城市包括我们的邻居昆明、长沙、南宁、成都等城市也陆续建成了环城高速路，这些环城路的建成，对当地经济社会的发展起到了重要的促进作用。

_* 这是李军同志 2007 年 6 月 25 日在贵阳市委常委会上关于环城高速公路建设讲话的一部分。

谋划建设环城路是 20 多年来省里、市里和贵阳人民孜孜以求的一个梦想。我了解了一下，贵阳环城路建设大体经过了三个时期。第一个时期是上个世纪 80 年代，1989 年建成了从龙洞堡的大坡东到中曹司大桥西端的老西南环线，为二级汽车专用公路，全长 15 公里，现在大部分已街道化。第二个时期是上个世纪 90 年代，省里为解决贵遵路通车后车辆过境问题，1999 年建成了从尖坡到笋子林的东北绕城环线，为一级汽车专用公路，全长 19 公里；这个时期，成立了贵阳市西北环线筹建办公室，考虑建设西北环线高速公路，在金竹与老西南环线相接，经雪厂、狗场、水口寺、大山洞到毛庄铺，全长 36.9 公里，虽然搞了可研报告，但由于当时的财力有限，没能实施。第三个时期是进入本世纪以来，随着西部大开发战略的实施，国道公路主干线贵州省境内段迅速推进，贵阳过境高速公路建设愈显迫切。省交通厅从 2001 年 9 月开始着手做这条过境高速公路的可研报告，并于 2003 年 9 月完成，计划 2007 年建成通车，但 2005 年开工至今，仅完成建设投资 3.26 亿元，占总投资额的 10% 左右。我们了解下来，建设资金并不缺，这几天银行的同志告诉我，他们对资金使用进展太慢感到十分着急。指挥部的同志还包括有的市领导告诉我，施工进展慢主要还是因为拆迁、征地等工作不到位，而这些工作不到位又是因为我们自己对这条路的定位不清、认识不到位。从省交通厅的角度讲，对这条路的定位是绕城高速，或者叫过境高速，是完全正确的，因为它的确是一条贵遵、贵黄、贵新国道的连接线，省交通厅、省高开司为此做了大量工作，付出了许多艰辛。但是从贵阳市的角度来说，就不简单是过境、绕城的问题，省里修这条路对贵阳市是一个重大机遇，我们必须紧紧抓住，与贵阳的规划、建设和发展紧密结合起来思考、谋划。有的同志说，这条路是省里投资修的，但我们要把它当做自己的事来干。这个认识很好，但还必须深化，依我看来，修这条路本身就是我们自己的事，贵阳是主人翁。正是基于这个原因，我们把这条路称为贵阳环城高速公路。这条路对贵阳的发展具有至关重要的战略意义。

第一，它是实现贵阳交通循环的大动脉。交通交通，一交就通，才叫交通。交通很重要的是要实现循环、形成网络，四通八达。这条环线对贵阳来说，一方面，有利于形成内循环。目前贵阳老城区堵车现象十分严重，以我自己的亲身经历来讲，4 年前刚到贵阳的时候，从省政府到省委只需要 10～15 分钟，现在堵车高峰期需要 40～50 分钟。最近市政协就今年的提案征求意见，结果显示，交通问题已成为老百姓关注的首要问题，迫切希望得到有效解决。堵车的原因很多，有管理不善的原因；有路线不合理的原因；有道路建设跟不上车辆增长速度的原因，现在贵阳每天有 160 辆新车入户，机动车接近 30 万辆；还有一个重要原因就是穿城过境的车辆多，每次我在大街上看到那么多大客车、大货车，我就感慨不已。尽快建成建好这条环线，一是能够使过境车辆快速通过交通节点，较好地解决过境车辆通过市区道路对城市生活产生干扰的问题；二是通过规划建设的 9 条"射线"把内、外环线联系起来，使市区交通尽快向外疏导，缓解老城区交通的拥挤状况。当然，要解决老城区交通拥挤的问题，还要在规划建设城市中心环线无障碍通道、加强管理等多方面下工夫。另一方面，有利于形成外循环。这条路建成后，使穿越贵州的一横一纵国道主干线（即上海至瑞丽、重庆至湛江）和省里即将修建的厦蓉高速公路贵州段实现连接，并与铁路、民航运输形成立体交通网络，对于把贵阳融入全国高速主干公路的大循环之中，真正成为西南的交通大枢纽和重要门户，进一步凸显区位优势，将产生积极的促进作用。

第二，它是贵阳产业发展的大走廊。大量事实表明，建成一条路，就能兴起一个产业带；每一次交通格局的变化，都必将带来一次产业格局的大调整。最近我对贵阳的工业经济进行了一些调研，发现产业发展，一是空间太小，比如，设在乌当的高新开发区实际可供用地 5.3 平方公里，后来又在金阳搞了 4.02 平方公里，形成"一区两园"的格局，是全国面积最小的开发区。开发区太小，不成规模，难以形成产业集群，特别是不能按城市化原则来统筹建设。有了环城线之后，就可以考虑围绕环线开辟新的更大的产业发展空间，今后招商引资就有了很好的平台，也可以大大提升开发区的层次。二是布局分散，缺乏高速、便捷的生产要素连接通道，不能很好地发挥产业的聚集效益。贵阳高新开发区入驻的几家企业负责人都向我反映贵阳物流条件差，进出不便、不畅。下一步，有了这条环线，就能为贵阳市的产业布局提供一个非常重要的参考系，可以依托这条交通干线，在现有的基础上，进一步优化产业布局，形成一批特色产业集群，成为贵阳的"聚宝盆"。

第三，它是促进贵阳城市化的大杠杆。贵阳要加快城市化进程，发挥好中心城市对全省发展的龙头辐射带动作用。一方面，城市自身要做大。最基本的要求就是要扩大城市规模。衡量城市规模的主要指标一是人口规模，二是用地规模。如何扩大规模？有了这条环城线，环线内面积达到 507 平方公里，目前人口为 182 万，今后可容纳人口 360 万。在今后相当长一段时期内，贵阳城市规划、建设和发展在空间上就有了保障，就能为贵阳市的进一步发展打下坚实基础，特别是这条环线还可以成为贵阳城区的控制线，对制定完善符合科学发展观的城市总体规划将起到关键作用。另一方面，要推进城区的一体化。由于地形原因，贵阳的城市布局结构比较分散，呈相对独立的组团状。最近，"贵州籍在京博导团"到贵阳考察，他们就感觉到，贵阳的老城区与金阳、花溪、乌当等地交通不便、联系困难，整个城市在地域上缺乏整体感，不利于贵阳经济的发展，更不利于发挥贵阳的辐射带动作用。如何实现城区的一体化？最现实的途径就是把这条环城高速公路建设好，将 8 个片区通过快速通道联系在一起，实现各个片区之间、城乡之间的统筹发展，增强贵阳的凝聚力，加快城市化步伐。思考城市空间发展战略规划，不仅要将整个市域当做整体，按照市场资源优化配置规律，从整体角度综合平衡各要素，形成合理的生产、生活及环境地域分工协调体系，并且要打破封闭的行政界线，从更大的范围研究城市的区域关系，协调区域生产力的合理布局，促进城市与区域协调发展。当年贵阳市提出开发建设金阳新区、拓展发展空间的战略是完全正确的。我们加快环城高速公路建设，就是加快金阳新区建设的一个重大举措。通过这条环线，不但能把金阳与老城区联系得更加紧密，而且能使金阳与花溪、小河、新天等片区连在一起。这样，金阳的发展空间更大，就能更好地聚集人气、聚集产业，更好地发挥核心作用。

第四，它是展示贵阳城市形象的大平台。不少外地人讲，到贵阳后，感觉这个城市很美、很爽，但不够大气，与省会城市、中心城市的地位不太相称。老城区高楼林立，但上档次的路不多，最长的一条路仅有 4.5 公里左右。如果有了这条 100 多公里的环城路，在上面跑一圈，那才真正是一个大城市的感觉啊！贵阳现在对外打"森林之城"的名片，是很好的创意，但外地朋友说，现在"森林之城"的感觉不够强烈。有外地同志到贵阳后问我"森林之城"在哪里，我说在一环林带、二环林带，而且我还亲自找了一回环城林带，贵阳的同志告诉我环城林带大多是"有路的地方没有林，有林的地方没有路"。我们规划建设的这条环城路，有 30～40 公里与环城林带平行或者交叉，我们既可以利用现有的林带，也可以在两边搞绿化，造新的林带，让大家真正领略"森林之城"的魅力。从这个角度看，这条路不仅是一条经济路，也是一条景观路、生态路、环保路，是展示贵阳的一个窗口。

总之，对于贵阳市来讲，这条环城高速路的战略地位太重要了，可以说关系到贵阳建设和发展的"命根子"。以前毛主席说过，路线是个纲，纲举目张。如果说"交通引领经济"、"要想富、先修路"，那么我借用毛主席这句话，叫"环城高速是个纲，纲举目张"。把这条路抓好了，就能起到带动全局的作用，加快贵阳的城市化、工业化步伐。有了这样的定位、这样的认识，我们才能自觉地在环城高速路的建设、管理中发挥主导作用、主体作用，把它放在重中之重的位置，全力以赴加以推进。

历史的人只能做历史的事。在一定时期作出的决策，是不能离开当时的历史条件的，后人不能苛求，更不能简单指责前人，但可从中总结经验，把我们自己眼前的事做得更好一些，这就是坚持我们党所倡导的实事求是原则。刚才，我简要地跟同志们回顾了贵阳环城路建设的历史，上世纪 80 年代，最早的西南环线规划建设的线路是对的，但城市发展太快，现在已经变成城市街道。本世纪初，设计者们从当时的实际出发，将南环线南移到董家堰、贵州民族学院一带，没有固守1998年贵阳西北环线筹建办公室利用老西南环线的方案，这完全是实事求是的。7年过去了，城市形势又发生了很大的变化，我们也要根据新的情况，对环线方案作出适当调整，这才是实事求是。我们重新审视贵阳城市版图，发现现在的方案将花溪甩在了外面。我反复思考，并跟许多同志反复交流，认为很有必要把花溪环进来。初步设想是，原来已经国家发改委和交通部批准的方案不变，同时，再建一条南环线，从改貌附近的立交开始，向南经孟关，然后向西经大将山，从桐木岭经过花溪南部，转向西北接入金竹立交。我想，作出这样调整的理由是：

一是有利于进一步拓展贵阳的发展空间。很多人都认识到贵阳市的发展空间狭小，在中心城区40多平方公里的范围内，集中了116万的人口，是世界上用地最密集、人均用地最少、人口密度最大的城市之一。但现在的环城线从董家堰横跨花溪大道，从空间上把花溪从中心城区分割出去，这就人为缩小了贵阳的发展空间。环线向南拓展之后，将花溪片区包含在内，环线内的城区面积可增加62平方公里，增加人口12万，不但扩大了贵阳的发展空间，而且使城市的城区更加紧凑和完整。

二是有利于带动花溪片区加快发展。经验证明，环城高速公路的辐射带动作用非常大。比如苏州环城高速公路建成以后，原本相对落后的苏州西部地区，很快就成为苏州发展的战略要地。花溪距市中心仅17公里，是云贵高原上的明珠，有花溪公园、花溪河、青岩古镇、天河潭等著名景点，还有贵州大学、贵州民族学院等高等学府，是贵州省著名的风景旅游区和贵阳市重要的科技教育文化区，具有良好的生态环境优势、城市建设用地优势和人力资源优势，发展潜力很大。但是由于交通条件的影响和其他一些因素，长期以来发展不是很快，如果现在我们再不充分利用这条环线从根本上改善它的交通条件，花溪就会进一步被边缘化，拉大与其他片区的发展差距，不利于区域的协调发展。而且，这条环线建成后，从东、西、南部直接截流、分流车辆通行，可以大大减少目前所有车辆穿过花溪中心城区干道造成的拥堵，改善花溪城区的形象。把花溪环进来，也十分有利于将花溪作为贵阳旅游业发展的重点，真正建成在国内外具有重要影响的旅游目的地。

三是有利于形成新的产业带。根据国家铁道部编制的贵阳铁路枢纽总体规划，将在花溪改貌修建一个集装箱办理站，用于满足现有湘黔和黔桂，近期贵广、川黔，远期沪昆等5条铁路线的货物处理。届时，经过贵阳的所有南下北上的集装箱货物都要到改貌办理站统一处理作业。今后，这一片很有希望建设成为西南地区规模最大的货物集散中心，而在其南面就是市里规划用来发展先进制造业的小河—孟关工业园，我们通过新的环城高速公路，正好可以把小河、二戈寨、改貌、孟关一带连接起来，不仅解决了小河开发区发展空间受限问题，还可以打造一个南北向的带状产业带，产生明显的产业聚集效应，有利于形成新的产业发展基地。这就与省里谋划打通两条贵广快速通道，更好承接"珠三角"产业转移的战略思路相衔接了。

四是有利于形成龙洞堡机场到花溪迎宾馆的快捷通道。现在重要领导及重要客人从龙洞堡机场下飞机乘车前往花溪迎宾馆，必须经过市区，然后经花溪大道通往迎宾馆，客人看到的是拥挤的城区、零乱的街道。如果南环线只到贵州民族学院，仍然没有彻底解决穿过城区的问题。今后南环线移到桐木岭一带，客人下飞机后可以直接走环城高速，一边呼吸高原的清新空气，一边观赏沿路的林城秀色，尤其是夏季，还可以尽情享受爽快的凉意，直达花溪迎宾馆，非常方便快捷。

在原有的基础上再建一条南环线，既能拓展贵阳的发展空间，又能带动花溪片区加快发展，还能形成新的产业带，达到一举多得的效果。请大家注意一个有趣的现象，线路完善后，环城高速公路总体上就成了一个非常明显的"人头形"，增加的这个环线就是贵阳的"脖子"。脖子很重要，人有了脖子就有了精神，昂头挺胸时就要伸直脖子。这个昂头直脖的形状，表明贵阳的同志正在按照胡锦涛总书记"作表率、走前列"的要求，有志气、有信心，精神抖擞，向着美好的未来奋勇前进。

创新投融资体制和管理机制 *

这条环城高速公路如何建设？正在建设的这部分路段，投资结构、运行方式和项目法人维持不变。资金来源构成为国家安排 10.85 亿元，省交通厅配套 3.6 亿元，加起来共 14.45 亿元，作为资本金，向国家开发银行贷款 10 亿元，向工行贷款 3.75 亿元，投资共计 28.2 亿元。

我们拟新建的南环线，从一开始就必须有新的投融资机制，采用市场经济的办法来建设。初步的想法是分两步走。第一步，省里和市里共同出资，同时还可以吸引战略投资者，组建一个由贵阳市控股的股份公司，负责南环线的建设、经营和管理。关于这个公司如何注资、如何融资、如何经营、如何管理的

---

* 这是李军同志 2007 年 6 月 25 日在贵阳市委常委会上关于环城高速公路建设讲话的一部分。

问题，还要具体研究。第二步，采取符合市场经济规律的方式，由这个股份公司对包括南环线在内的整个贵阳环城高速公路进行整合，省、市形成共建共享的利益共同体。由于环城高速公路的不可分割性，已经建好的东北环、正在建设的西南环和马上要建的南环线，构成了一个完整的贵阳环城高速公路，少了哪一部分都不行，少了哪一部分都不能说贵阳市拥有一条真正意义上的环城高速公路。我想，省里和市里都是在共产党领导下，都是为人民服务的政府，这决定了大家的立场、利益从根本上都是一致的，因而协调利益关系是很好进行的。

那么，新组建起来的公司怎么定位、如何融资呢？我想，第一，它应该是市场主体。要有规范的现代企业制度，有完善的法人治理结构，建立和规范投资风险约束机制，不能成为管理企业的部门，不能成为政府的"贷款机器"，一定要进行资产经营、资本经营，有经营性的现金流，真正形成"借、用、还"一体的良性循环。要培育和引进职业经理人来负责公司的运转，实现规范的市场化运作，使公司真正成为独立的市场主体。第二，它应该是贵阳市一个重要的投融资平台。由于环城高速公路具有的垄断性资源优势，能够给公司带来良好的现金流和持续增长的盈利能力，我们可以将其做成一个运营能力强、资产质量高、投资效益好的投融资平台，利用目前我国资本市场发展迅速的有利时机，多渠道进行融资。这方面很多城市都搞得非常成功，比如北京、上海、重庆、成都，很值得我们学习借鉴。我们现在搞基础设施建设，融资渠道还比较单一，没有一家这方面的上市公司，去年贵州省的融资结构，贷款占98.5%，债券仅占1.5%，财政风险很大。我们要把眼光放宽一点，多向资本市场融资，扩大直接融资的比重。资本市场好比魔术棒，只要我们使用得当，就能点石成金。资本市场融资一般有两大途径：一是发行企业债券或融资券，二是发行股票。债券融资比股票融资门槛低，同时融资成本比银行贷款一般要低2个百分点以上。最近，国家发改委正在修订《企业债券管理条例》，中国证监会已就《公司债券发行试点办法（征求意见稿）》向社会征求意见，总的精神是重点面向基础设施建设，降低门槛、放松管制、扩大规模，这为我们运用债券融资带来了很好的机遇。股票融资具有筹资规模大、成本低、不需还本付息、可重复融资的特点，符合基础设施建设资金需求量大、回收期长的要求，目前我国股票市场健康稳定发展，我们可以多方积极采取良策，争取公司上市，在股票融资上实现突破。其他融资方式比如信托融资、产业基金融资等等，都要大胆运用。总之，我们要以建设环城高速路为契机，力争经过两三年的努力，逐步使城市基础设施建设由政府举债为主转变到以社会融资为主，形成"政府主导、社会参与、市场运作"的多元化投融资格局，为贵阳市基础设施建设源源不断地提供安全的资金支持。

在管理体制方面，目前，贵州省高速公路管理权属于省里，但在许多方面又受制于地方。6 月 11 日《贵州商报》登了一则消息，乌当区为了维护城市形象，要拆除贵开路的一块违规广告牌，但由于管理权属于高管局，在拆的过程中双方发生纠纷。还有一个例子，机场高速公路是贵州省的门户、窗口，但目前档次太低，有的中央领导同志到贵阳后讲，这条路实在与贵阳省会城市的形象不相称。但由于经营权、管理权属于港商，贵阳要投资搞绿化、改善道路状况，港商都不让干。目前，省交通厅初步同意把这条环城高速公路的建设权、管理权交给贵阳市，这是省交通厅解放思想、创新体制的一项重大举措，对贵阳市今后的城市管理和经济发展必将产生重大影响。将公路的建设权和管理权交给贵阳市后，对我们来说好处很多。比如，我们在工程建设一开始，就可以将公路两边特别是重要节点的土地尽可能一次性多征拨一些，控制在政府手里，掌握一级市场，通过土地增值，为政府筹集更多的建设资金。同时，景观建设、产业发展甚至新农村建设等都可进行系统筹划。

环城高速是重点工程，我们就要使这项重点工程真正成为重点。一是要带上"仙气"，使直接参与这项工程的人感到光荣，使为这项工程出过力的人感到自豪，使那些想从中"捞油水"的人感到可耻，特别是使那些为工程设置障碍的人有"犯罪感"，遭到贵阳人民的唾弃。二是要选派精兵强将，让一批"想干事、能干事、干成事"的人参与到这项工程建设中来。各相关区（县）、各有关部门都要迅速行动起来，充实领导力量，选派精兵强将，全力以赴做好各自的相关工作。特别是主要领导都要亲自上阵，不允许当"二传手"，都要当"扣球手"、"运动员"。要建立健全目标责任制，对整个工程建设，要倒排工期、责任到人。要在建设这条环城公路的过程中考察、考验干部，对工程组织得力、进展顺利、优质高效的要进行奖励和重用；对工作不力、拖延工期、影响整个建设大局的，要追究责任。我相信，只要大家齐心协力，我们一定能"建好环城高速路，献礼国庆六十年"，为贵阳的繁荣发展、为贵州实现历史性跨越作出应有的贡献。

运用科学的方法[*]

面对建设贵阳环城高速公路这样一个庞大工程，要在两年内保质保量如期完成任务，单凭满腔的热情、良好的愿望、响亮的口号不行，傻用劲、用傻劲也不

---

* 这是李军同志 2007 年 6 月 29 日在贵阳环城高速公路建设领导小组第一次会议上讲话的一部分。

行，还必须有科学的方法，做到苦干、实干加巧干。很多时候，就是因为用了一些科学的方法、一些对路的实招才把整盘棋下活了。我想，有这样几个方法，可供大家在实际工作中参考。

第一，超前运作。根据工程的总体要求和客观进程，早谋划，早运筹，提早行动。比如，沿线土地储备问题、绿化问题，都已经确定，就应该抓紧拿出具体的方案。又如，南环线只要线路定下来，用地预审、林木砍伐、拆迁摸底要及早进行，施工便道、临时用水用电就可以开始准备，不要等工程开工后才去做，这样就节约了时间、提高了效率。特别是对于南环线和老线的衔接问题，如何实现互通，也要提前考虑。对自己主导不了的事情，要早汇报、早请示，以免到时候被动。要把工程实施中要做的工作、可能遇到的困难，尽可能提前考虑周全，归归类、分分堆、排排队，里里外外、方方面面、反反复复进行思考，多搞几个方案，多想几种可能。这样看起来是麻烦，但实际上可以减少开工以后的麻烦。

第二，齐头并进。要办的事情虽有先行后续，但是为了抢时间，可以同时启动，同步推进，这一环节还没有做完，下一环节已经做好准备了，做到环环相扣，甚至有些时候可以把后面的工作提到前面来做。比如，在发改委立项，有关部门做可研报告的时候，组建公司、融资的工作就要同时开始，抓紧开展工作，确保资金及时到位，以免耽误征地拆迁等工作。南环线勘察、设计也要抓紧，确保今年12月能开工。一边是必须走的程序，该怎么走就怎么走；一边是必须要做的工作，该怎么干就怎么干，两边要齐头并进。

第三，交叉作业。完成一件事情涉及几个部门，要在同一时空共同作业，充分发挥合力。比如，南环线涉及许多审批项目，纷繁复杂，为了抢时间，千万不能搞文件旅行，要多搞现场办公、集中会审，面对面地直接协调解决相关问题，这样才能提高效率。

第四，倒排工期。以某个时间作为完成某项工作的最后时点，把工作进行分解，什么时候把什么工作做到什么程度，要排得清清楚楚的。这条环城高速公路的工期战线长、项目多不是工期的决定因素，关键是控制点工程比如重要的互通、桥梁等的工期。对此，一定要倒排工期，以天甚至以半天来计算，而不能以月、以周来计算。这里要特别明确，办理南环线的项目审批手续，比如列入重点工程、环评等要采取超常规的手段。相关材料的准备要日夜兼程，尽最大可能把我们自己能做的事在最短的时间内完成；相关材料报送上去以后，要明确专人盯紧看牢，千方百计使省内审批手续在3个月内完成，国家有关部门的审批手续在年底完成。

第五，分类突破。"一把钥匙开一把锁"，不同的对象要采取不同的对策、不同的方法，一个一个攻破。大家反映，目前在建路段的难点是拆迁和农民阻工，对此，就要分分类。比如，对于国有企业，可以找它的上级主管部门谈，给主管领导讲党性、讲原则、讲大局。对于民营企业，要高举维护法律尊严的旗帜，高举维护公众利益的旗帜，限定时限依法解决。对于农民阻工问题，各区、乡（镇）要逐一研究采取相应的措施。市公安局要马上下发严厉打击违法犯罪的公告，张贴到沿线乡、村、组、户，既要维护群众的利益，也要形成强大的震慑。总之，要进行清理排查，搞清楚哪些地方有钉子、是什么钉子，该用钳子拔的用钳子拔，该用锯子锯的用锯子锯。

对于这条环城路的建设工期，不能用传统思维方式、传统的工艺技术去确定"合理工期"。只要方法得当，措施有力，统筹好融资、设计、施工组织等环节，搞好衔接，是可以按期完成建设任务的。

奋力推进工程建设 *

经过3个多月的努力，环城高速公路的建设取得了突破性进展，但还只是万里长征迈出了第一步，接下来的任务还非常艰巨，要再接再厉，奋力拼搏，发扬成绩，坚持不懈地抓好环城高速公路建设各项工作。我提四点要求。

第一，继续高效推进。南环线今年12月份开工建设，这是一个十分关键的时间界限，当前，要围绕这个时限，倒排工期，做好各项工作。环城高速公路建设对贵阳市具有十分重要的战略意义，早一天建成，老百姓就会早一天受益。这次国庆期间我回湖南老家，专门考察了长沙环城高速公路，实地感受到环城高速公路对城市经济社会发展和城市建设的巨大带动作用，可以说怎么估计都不过分。大家在前面3个多月的工作，效率很高，也积累了不少经验。接下来，要继续按照"超前运作、齐头并进、交叉作业、倒排工期、分类突破"的办法，使高效率工作方法贯穿到环城高速公路建设的全过程。前段时间的重点是跑南环线的审批手续，现在最后一个用地手续已上报国家，争取尽快拿到国家的批文。与此同时，工程招投标、施工设计、征地拆迁等工作一刻也不能停留，必须齐头并进，交叉进行，一个一个地抓好落实，为正式开工做好充分准备。花溪特大桥和杨眉堡隧道等控制性工程，要尽可能早开工、早完成。在建西南段部分要进一步加强施工组织和调度，加快进度。

在高效推进工程建设的过程中，我提醒指挥部要注意考虑两个因素。一是成

---

* 这是李军同志2007年10月11日在贵阳环城高速公路建设领导小组第二次会议上讲话的一部分。

本控制。南环线投资大，接近 30 亿元，是贵阳市单项投资最大的项目，节约是件很大的事情。贵阳市的财力并不雄厚，必须厉行节约，控制成本。要做到这一点，关键是要优化设计。设计是工程建设的灵魂，对一项工程来说，设计合理带来的节约比其他任何方面的潜力都要大，而且来得快。搞工程的同志都知道，"设计一条线，投资几百万"，说明设计对控制成本多么重要，千万不能"只管设计，不管经济"，千万不能"少动脑筋，多用钢筋"。一定要把工程建设控制成本作为永恒的主题，切实做到优化设计、降低造价。二是施工组织。注意搞好统筹协调，一方面要充分利用时间，把时间用足，实行施工"三班倒"，停人不停机，做到一环扣一环；另一方面要合理运用空间，把空间占满，全面展开施工作业面，形成流畅的施工流程。工程建设每个阶段、每一项具体的工程都有其特点，要精心研究，从实际出发确定施工办法。在具体施工过程中，如果一辆车的停放位置不当，就会造成上百辆车的堵塞；一种材料的供不应求，就可能造成大面积的停工，这些问题处理不好，就会贻误工期。总之，施工组织是篇大文章，必须精心琢磨，方法得当，才能做到提高效率，缩短工期。

第二，牢记质量第一。要高效推进工作，这是不是就放松质量上的要求呢？不是的。相反，在坚持高效运转的同时，必须牢固树立"百年大计，质量第一"、"质量就是生命"的理念，在任何时候、任何环节都不能忽视质量问题。湖南省最近发生的沱江大桥垮塌事件，64 人死亡或失踪，惊动了党中央、国务院。这个大桥垮塌的一个重要原因就是施工质量有问题。当时我在北京，听到这个消息后，立即要求指挥部开展质量安全排查。从排查的情况看，总的情况是好的。前不久，在建的西南段有几位民工给我写信，反映施工单位偷工减料，在浇注混凝土时加毛石进去，我立即批示要求认真追查，后来指挥部成立了由纪检监察、检察院和专业部门组成的联合调查组进行调查处理，没有发现质量问题。可以说，对质量问题我们一直没有丝毫放松过。有的同志会问，既要求提高效率，又要讲质量第一，二者是不是矛盾啊？应该说，如果对工期的要求离开了客观可能性，离开了人的劳动效率水平，离开了科学的操作规范，肯定会影响质量。现实中的确有这样的情况，我们要坚决克服。但是，如果对工期的要求符合客观实际，符合劳动效率水平，符合科学操作规范，不但不会影响质量，而且还能促使人们在运用先进的科学技术和组织管理上下工夫，有利于保证质量。在很多项目建设中，任务越重、时间越紧，工程指挥者就越要精心再精心地去部署、去指挥，就能创造优质工程。人民大会堂是世界上最大的会堂建筑，从规划、设计、施工到建成，一共只用了 1 年零 15 天，共 380 天，而且全是中国人自己设计制造的，这个纪录一直保持到现在。这么多年过去了，在质量上都挑不出毛病。有的项目，拖延很长时间，但是质量未必就好。因此，只要精心组织，方法得当，完全可以做到高效率与高质量的统一。

如何确保工程质量？一要加强监督。设计、施工、监理每个环节都要切实肩负起应有的责任，严格按照国家、省有关施工技术规范的要求，加强内部监督；指挥部以及市相关监督部门，要全过程对工程质量进行跟踪监督；同时，要特别注重发挥群众监督的作用，切实做到内外监督相结合。二要严格奖惩。对施工质量好的企业要给予奖励，对不符合质量要求的企业要严格查处；对因偷工减料、粗制滥造、管理不善造成不合格工程的，要坚决返工，造成经济损失和耽误工期等严重后果的，要依法追究刑事责任。三要健全制度。坚持建章立制，以制度管人、管事，严把招投标、施工安全管理等各个关口，使每项工作、每个环节都落实责任，有人负责。还需要强调的是，质量问题的背后往往隐藏着腐败问题。"要致富，先修路"毫无疑问是正确的，但在有些人那里变了味。希望在工程建设的过程中，每个人都模范遵守相关的制度和规定，都按规矩办事，使这条路真正成为精品路和廉政路。

第三，搞好整体设计。省交通厅已同意将整个环城高速公路的建设权和管理权交给贵阳市。我们要超前谋划，把环城高速公路作为一个整体规划好、建设好、管理好。已经建好的东北段，正在建设的西南段，以及即将开工建设的南环线，全长 120 公里，构成完整的贵阳环城高速公路。不管以前"婆婆"是谁，从现在开始，就要作为一个整体来认真规划、建设，将建成路段、在建路段和拟建路段衔接好。老东北环线是 1999 年建成的，到现在已经 8 年时间了，要抓紧研究对这条路的改造和提升，以适应环城高速公路新功能的需要。对整个环城高速公路的美化绿化、交通标识以及辅助设施都要统一标准，整体设计，确保风格统一、格调一致，不能搞成五花八门。为了确保环城高速公路的畅通快捷，要研究形成统一的收费系统，在主线上少设或不设收费站。

在整体设计上，要认真考虑整个环城高速公路的市场化运营和统一管理。依托环高拟组建的股份有限公司，是一个完全市场化、商业化运作的投融资平台。现在，由市政府主导向银行贷款 28 亿元，新的公司一旦成立，就要完全实现政企分开，切断与财政的关系，南环线的债权、债务关系要全部转入股份公司，由其承担起环城高速公路的融资、运营功能，并通过公路的收费、周边土地开发收益、特许经营权出让等来偿还银行贷款。下一步，公司要通过上市、发行债券等多渠道进行融资，借助资本市场的力量，广泛吸纳社会资本，为下一步的二环路等城市道路基础设施建设筹集资金，解决建设资金不足的突出矛盾。同时，要通过市场化运作，最大限度地盘活城市道路等存量资产，实现保值增值。对于拟组建的股份公司，我们确定的基本原则是：其一，贵阳要控股，掌握主导权。初步考虑是，以市政府全资的通源公司代表政府出资控股，加上省高开司和省桥梁公司的入股，贵州方完全可以做到绝对控股。其二，按照互惠互利、合作双赢的原则，吸收有实力、有兴趣的战略合作伙伴进来，参与股份公司，把融资平台框架搭起来。指挥部要按照这两个原则，抓紧工作，尽快把公司搭建起来。

第四，超前系统谋划。省、市之所以下这么大的力气来抓这条环城高速公路的建设，不是哪个人的主观喜好，而是由这条路对贵阳市乃至全省的重要作用决定的。我讲过，环城高速是个纲，纲举目张，因此，我们不能就路谈路，必须系统谋划，将环城高速公路的建设与城市规划建设和产业发展综合起来考虑，围绕环城高速公路把文章做足，使之产生综合效益，达到综合的效果。一是系统谋划环城高速公路建设与城市骨干路网规划建设。环城高速公路是实现贵阳交通内外循环的主要通道，是正在实施的中心城区"畅通工程"的重要组成部分，为此，必须充分考虑其与城市各片区路网特别是"十六条射线"的有机衔接，充分考虑与其他国道主干线以及铁路、机场、公路场站的衔接，确保相互畅通。环城高速公路周边的道路建设，也必须同步规划实施，同步建成，如南环线在党武有一个互通，通往花溪迎宾馆，在南环线建设的同时，市有关部门和花溪区要抓紧对互通匝道到花溪迎宾馆这一段路进行改造，南环线通车之日，就应该是这条路改造完工之时。二是系统谋划环城高速公路建设与城市规划建设。环城高速公路的建设为贵阳的城市规划和建设提供了一个很重要的规划控制线。当前，又正值贵阳市城市总体规划修编。在规划修编的过程中，要以环城高速公路作为一个重要的参考系，在更大范围来统筹谋划贵阳的城市空间布局，促进各个片区的一体化。同时，按照各片区的功能分工，对沿线的城市设计统筹考虑，形成鲜明的特色。此外，对环城高速公路沿线的用地要抓紧规划，确保今后严格按规划进行开发建设。三是系统谋划环城高速公路建设与产业布局。环城高速公路的建设，为贵阳市产业的布局开辟了很大的发展空间。高新技术产业开发区发展了这么多年，乌当园区仅有5平方公里，金阳只有4平方公里，发展空间和规模都很小。有了环城高速公路之后，就可以考虑往白云区北面的麦架、沙文方向布局。小河、孟关产业带的建设和发展问题，如果说前几年还是纸上谈兵的话，现在有了这条环城高速公路，加上贵广高速公路、西南地区最大的铁路货运集装箱编组站都在那里，已经具有了发展优势，现在就要超前谋划，做好招商等相关工作。不要等路修好了再启动，那就耽误了时间。四是系统谋划环城高速公路建设与推进城乡一体化。要充分发挥环城高速公路对当地群众脱贫致富和经济社会发展的综合带动作用，切实加快农村产业结构调整，大力发展乡村旅游等第三产业，促进新农村建设；对拆迁集中安置点，要按照城市的理念来规划建设，使之变成真正的城镇。

干净利落地做好收尾工作[*]

贵阳环城高速公路建设已进入最后的攻坚阶段，早一天建成，贵阳老百姓就早一天得惠。要迅速掀起新的建设高潮，按照既定目标，如期全面建成通车。要倒排工期、交叉作业，把时间用足、空间填满，展开作业面，用空间换时间，确保工程进度。指挥部要深入施工现场，加强督促检查，逐一梳理各标段建设过程中存在的问题，发现问题及时协调解决，绝不能耽误进度。在时间紧任务重的情况下，更要牢固树立"百年大计，质量第一"的理念，绝不能因为赶工期而放松质量要求。要精心设计道路景观、绿化及相关配套设施，把环城高速公路建成高档次、高品位的精品工程，成为展现省会城市良好形象的重要平台。

在工程后期，量小用工多、意外活儿多、搭接配合多、遗留问题多，思想容易松、力量容易散，搞不好会犯"进入收尾阶段，速度越来越慢，宣布基本竣工，时间还得一半"的毛病，指挥部和各施工、监理单位一定要继续保持旺盛斗志，全神贯注，善始善终，强化措施，切实抓好收尾阶段的工作，特别是要逐段、逐点、逐项进行清理、检查、核实，发现问题及时解决，以免延误全路按期高标准通车。

向祖国生日献上的一份厚礼^{**}

两年前，我们提出"建好环城高速路，献礼国庆六十年"。再过三天，就是新中国成立 60 周年的大喜日子。我们兑现了承诺，向共和国母亲献上了一份隆重的厚礼。环城高速是个纲，纲举目张。让我们以环城高速公路通车为契机，进一步加快贵阳市城市路网的建设，抓紧完善城市规划，抓紧优化产业布局，加快推进城市化的进程，为贵阳建设生态文明城市作出不懈的努力！

---

　* 这是李军同志 2009 年 2 月 3 日、5 月 21 日调研贵阳环城高速公路建设时讲话的一部分。

　** 这是李军同志 2009 年 9 月 27 日在贵阳环城高速公路通车典礼上讲话的一部分。

抓紧规划建设市域快速铁路网[*]

Accelerating the Planning and Construction of the Urban Express Railway Network

为什么贵阳要提出建设市域快速铁路？这是因为，铁路作为国民经济大动脉和大众化交通工具，在现代综合交通运输体系中处于骨干地位，是现代化城市的重要标志之一。说一个城市、一个地区现代化水平高，体现在什么地方？很重要的就体现在繁忙的现代化轨道交通上。铁路作为交通工具，既是"年老"的，又是"年轻"的，目前仍"活力四射"。说"年老"，是因为铁路已经有 180 多年历史了，世界上第一条现代意义的铁路是 1825 年 9 月 27 日诞生的，全长 27 公里，最初时速为 4.5 公里。说"活力四射"，是因为世界铁路营运里程已达 121 万公里，而且速度越来越快，营运快速铁路最高时速一般可达 350 公里。日本、法国、德国等国家都建立了较为完善的高速铁路网，特别是市域铁路和城际铁路以其高速、高运输效率、低运行成本和特有的安全舒适性，备受青睐。1978 年小平同志访问日本，记者问他乘坐世界上第一条高速铁路日本新干线列车有什么感受，他就说了一个字："快"。现在，整个东京都市圈内有长达 2 973 公里的轨道线路，每天有超过 550 万人乘坐轨道交通到达市中心，轨道交通成为东京都市圈交通系统中最为核心的部分。巴黎的市域铁路已经有 166 年的历史，是联系巴黎市区和郊区新城中心的大动脉。瑞士和贵州的地形条件差不多，只有 4 万多平方公里、700 多万人，但铁路总里程有 5 000 多公里，铁路交通网纵横交错、四通八达。各大中城市之间，白天每小时起码有一趟快车，一些乡（镇）每小时也都会有慢车经过。所以许多瑞士人虽然自己有车，但每天上下班还是喜欢乘坐火车。

正因为铁路交通是衡量一个地区、一个城市现代化水平的重要标志，我们国

　＊　这是李军同志 2009 年 2 月 18 日在贵阳快速铁路建设工作领导小组会议上讲话的一部分。

家非常重视铁路建设。1975 年小平同志复出后搞整顿，就是从抓铁路系统开始的。为了缩小与发达国家在铁路建设上的差距，这些年来我国不断加快铁路建设步伐，高效地、强力地推进大规模铁路建设特别是快速铁路建设，取得了显著成绩。目前全国铁路营运里程为 7.8 万公里，居世界第三、亚洲第一。去年建成了京津城际铁路，这是我国铁路建设史上的一座里程碑。今年元月，我亲身体验了乘坐京津城际特快列车的感觉，从北京到天津 120 公里的距离，只用了 28 分钟，感觉就是"风驰电掣"，而在二十多年前，需要半天多时间，后来有了京津高速公路，也需要两个多小时。京津城际铁路将两地的时空距离大大拉近，改变了京津市民的生活方式，体现了"同城效应"。去年，举世瞩目的京沪高速铁路开工，这是世界上一次性建成线路最长、标准最高的高速铁路，总投资达 2 200 多亿元，也是新中国成立以来一次投资规模最大的建设项目。有媒体称，以高速铁路为代表的中国铁路正大步迈向现代化，走进"风时代"。

那么，贵州、贵阳的铁路建设状况如何呢？很遗憾，由于历史、地理等各种客观原因，贵州、贵阳的铁路交通发展相对滞后。现在，全国人均铁路长度将近 6 厘米，而贵州人均铁路长度只有 5 厘米。总体上看，贵州、贵阳铁路进出通道不畅、客货运能力不足的问题十分突出。我们长期讲，贵阳是西南的交通枢纽，那只是个概念，并不是现实。上世纪 60 年代建成的川黔、湘黔、贵昆、黔桂铁路虽然在贵阳形成了"十字"型的铁路交通，但均为单线铁路，技术标准低。后来，贵阳的交通地位逐步下降，甚至处于被边缘化的境地。最明显的就是，"十五"期间建设的渝怀铁路、南昆铁路，都"甩开"了贵阳。铁路交通的落后，致使长期以来铁路运力供需矛盾非常大。2007 年，贵阳市货运量 6 880 万吨，铁路货运量 1 533 万吨，仅占 19.2%；出行人口 2.3 亿人次，其中铁路运输 946 万人次，仅占 4.11%。在全国的铁路网里，南昌跟贵阳比并没有什么区位优势，可是春运期间南昌火车站的旅客发送量是贵阳火车站的 3 倍。本来大宗货物运输应该主要靠铁路，可是清镇的货物要靠汽车运到贵阳东站才能上火车，结果把公路压得坑洼不平、破烂不堪。省、市领导每年花很大力气协调煤电油运，最主要就是协调铁路货运，找成都铁路局要"火车皮"指标。下一步，贵阳市的几个煤化工、磷化工、铝加工基地建成后，运力缺口更大。因此，对于铁路这个发展的"瓶颈"制约，贵州、贵阳的同志体会很深。可以说，加快贵阳铁路建设，改善贵阳的交通条件，是贵阳人民多年的夙愿。

国家实施扩大内需的宏观政策为贵阳市加快铁路建设带来了难得的历史机遇。大家都知道，1998 年为应对亚洲金融危机，国家实施积极的财政政策，高速公路"唱主角"；而当前国家为了应对国际金融危机实施的这一轮扩大内需政策，快速铁路建设"唱主角"，我国快速铁路建设大大提速，迎来了新的高潮，近期已经开工和即将开工多条快速铁路。在这样的大背景下，我们通过认真调查研究，提出了建设"一环一射两联线"市域快速铁路网的构想，并在去年12月15日向铁道部汇报了这一构想，得到大力支持。今年1月22日，铁道部发展计划司负责同志专程到贵阳进行实地调研，与我们研究了有关规划方案、建设时序及投资比例等问题，达成了一致意见。会后，铁道部发展计划司与贵阳市政府签署了《关于贵阳铁路规划建设有关问题的会议纪要》。

归纳起来，贵阳要加快建成现代化的生态文明城市，就必须大力推进快速铁路建设。现在，我们遇到了国家实施扩大内需、拉动投资政策的大好机遇，遇到了国家铁路建设大提速的大好机遇，又遇到了铁道部以及成都铁路局的大力帮助，机不可失，时不再来。过了这个村，就没有这个店了。踩准这轮经济周期的"点子"、合上铁路建设的"拍子"，就能干成我们多年想做而没有能力做的事，迅速有效地改变贵阳市铁路交通滞后的状况。我们必须增强使命感、责任感，千方百计地把这一重大项目实施好。否则，就是我们这一代人的失职！

关于建设贵阳市域快速铁路的重大意义，我强调这么几条：第一，有利于提升贵阳在西南地区交通枢纽的地位。继贵广快速铁路开工建设之后，贵阳至重庆、成都、长沙、昆明快速铁路也将陆续开工建设，不用几年，贵阳在大西南的交通枢纽地位将真正凸显、真正形成。届时，通过贵阳枢纽的客货运量将迅猛增长，特别是南北向客车将急剧增加。现有的南北通道运输能力远远不能满足需求，修建贵阳环城快速铁路，就可以分流南北向直通客车，极大地提高南北向通行能力。第二，有利于缓解贵阳的交通拥堵问题。交通拥堵是全球性的"城市病"，也是让我们头痛的一个大问题。贵阳中心城区每平方公里约3万人，远高于全国平均水平，加上车辆急剧增加，人流车流交织，保持交通顺畅面临巨大压力。现在我们都知道，光靠修建市政道路解决不了这个问题。借鉴国内外城市"治堵"的经验和做法，建设多站点、大运量、高密度连发、准点运行、方便换乘、舒适快捷的轨道交通，是一个十分必要和可行的解决办法，是大势所趋。城市轨道交通包含了快速铁路、轻轨、地铁、有轨电车以及磁悬浮列车等。贵阳规划建设的城市轻轨，是呈放射状的，是"开路"。大家知道，路网结构要合理，很重要的是形成"闭路"。修建贵阳环城快速铁路，恰恰可以把各条轻轨的端头连接起来，形成闭合的网状结构，既能使轨道交通内循环与外循环之间实现近距离换乘甚至"零换乘"，又可以联络起外围组团，缩短各片区之间的时空距离，使城市轨道交通系统的作用最大化。第三，有利于拉动当前经济增长。贵阳是"欠发达、欠开发"的内陆城市，经济增长主要靠投资拉动。近年来，投资对贵阳市的经济增长贡献达40%以上。要拉动经济增长，第一位的任务就是扩大投资，而扩大投资，最根本的是要有大项目。大致匡算，建设贵阳快速铁路总投资336亿元，4 年建设期对经济增长的贡献率达 23％，平均每年可以拉动 GDP 增长 0.6 个百分点。而且，建设快速铁路需要钢材 70 万吨、水泥 400 万吨，可直接、间接带动 25 万人就业；工程期间，可获得劳务性工资 12 亿元、建安营业税 5.5 亿元。大家想想，贵阳市基础设施不要说投资 200 亿元的项目，就是上 100 亿元的也没有过。贵阳环城高速公路南环线投资才 30 亿元，西南段投资也才 31 亿元，加起来也不过才 61 亿元。所以，快速铁路建设这个大项目，在当前贵阳市"保增长"中将发挥重要作用。第四，有利于带动区域经济发展。贵阳市中心城区与各个组团之间、与一市三县之间缺乏便捷快速的轨道交通，这是贵阳市推进城市化、城乡一体化的一个突出障碍，客观上造成了中心城区辐射功能发挥不充分，造成清镇市和修文、息烽、开阳三县发展差距拉大的现实状况。国家规划建设的成贵快速铁路经过修文，渝黔快速铁路经过息烽，依托这两条干线，解决了修文县和息烽县半小时到达中心城区的问题。修建环城快速铁路解决了清镇市半小时到达中心城区的问题，修建贵阳到开阳快速铁路解决了开阳县半小时到达中心城区的问题，这样，贵阳就真正形成了市域半小时经济圈，一市三县就能"平起平坐"，共享铁路大发展的成果。而且，贵阳环城快速铁路、贵阳至开阳快速铁路、渝黔快速铁路贵阳至息烽段、成贵快速铁路贵阳至修文段，客观上构成了以贵阳中心城区为中心的"一环三射"快速铁路网，这将是今后贵州城际铁路主骨架的核心部分。对两联线来说，主要是带动开阳县和清镇市的资源开发。开阳是全国最大的磷化工基地之一，磷矿保有储量 2.8 亿吨，另外还有丰富的煤矿、铝土矿资源。预计到 2010 年开阳磷煤化工基地工业物流运输量可望达到 1.5 亿吨。修建永温至久长的铁路联络线，有利于从根本上解决开阳县的货运瓶颈问题。清镇市是国家确定的循环经济生态工业区和全省三大煤化工基地之一，大量煤炭需从织金运入。据预测，到 2020 年清镇需经铁路运输的煤炭量约为 6 400 万吨。修建清镇至织金铁路联络线，对于提高煤炭运输能力具有十分重大的意义。第五，有利于建设生态文明城市。与其他运输方式相比较，铁路具有占地省、能耗低、污染少等优势，是环境友好的"绿色通道"。据测算，完成单位运输周转量所占的土地，公路是铁路的 10 倍；消耗的能源，公路是铁路的 20 倍，航空是铁路的 30 倍；对环境的污染水平，以二氧化碳为例，铁路每人每公里指数是 28，公路、航空分别高达 111 和 148。因此，修建市域快速铁路，完全符合建设生态文明城市的要求。

今后 3～5 年，随着连接周边城市的几条快速铁路和贵阳快速铁路网的建成，贵阳至一市三县将形成半小时交通圈，至省内主要城市将形成 1 小时交通圈，至成都、重庆、昆明、长沙等地将形成 2 小时交通圈，至武汉、广州、西安等地将形成 4 小时交通圈，至上海也就 6 小时，至北京也就 7 小时左右。届时，贵阳的铁路交通条件将得到极大改善，跨进全国先进城市行列，城市现代化水平将大大提升。

有的同志可能会有顾虑，就贵阳目前的经济发展状况以及人流、物流量来看，这些铁路线建好以后可能会"吃不饱"，运营比较难。在这个问题上，必须有长远眼光、超前眼光。要牢记"交通引领发展"的理念，交通基础设施必须超前，着眼于10年、20年、30年、50年之后的发展。如果建成后就能"吃饱"，那么建成之日就是落后之时。以现在掌握的信息预测未来的情况，并据此做出基础设施规划，并不一定就能做到科学，有时还可能犯大错。举个例子，1986年贵阳市机动车为2.8万辆（含摩托车），到1996年为5.8万辆，根据这个趋势，1996年专家们制定贵阳城市总体规划时预测，到2010年，贵阳市机动车约为13万辆（含摩托车），2030年达到21万辆，但事实是，去年贵阳机动车就已达到38万辆，还不含摩托车。这就是没有想到"小车进入家庭"会来得这么快，没有想到贵阳这样的欠发达城市拥堵会这么严重啊！所以，简单地按现在的客流量进行推测是不科学的，要研究发达城市的发展规律，增强前瞻性。比如，要预测人们出行方式的变化。在我们国家现阶段，正处于"小车进入家庭"的高峰期，但走向"拐点"是必然的，把拥有小汽车作为地位和财富象征的时代不会太长。在发达国家的现代化都市，很多人比如在美国华尔街、日本东京银座上班的白领都不喜欢开小汽车出行，都愿意选择轨道交通。贵阳快速铁路网建成后，或许贵阳的老百姓就不那么喜欢开汽车出行，而是选择轨道交通了！

修建贵阳市域快速铁路，不能就铁路谈铁路，必须系统谋划，把建设市域快速铁路与城市总体规划、产业布局、路网布局等统筹起来考虑，把"文章"做足，使之产生综合效益，取得最好的效果。贵阳市域快速铁路将用3～5年时间建成，时间一晃就过去了，现在就要抓紧谋划。一是要与城市总体规划相互衔接。要以环城快速铁路作为城市总规编制的一条控制线，进一步细化编制工作。当前要立即控制用地，留足建设和开发用地，这样，既有利于顺利办理项目土地预审手续，也有利于今后按规划进行沿线的开发建设，回笼建设资金，聚集人气和商气。要坚决依法查处"抢搭、抢建、抢种"房子等行为。对此，沿线相关区（市、县）要高度重视，加强巡逻监控，把责任落实到村、到片、到人。二是要与产业规划相互衔接。地方的同志要认真学习铁路相关知识，善于运用铁路，真正使铁路建设融入地方经济社会发展的有机系统中去，特别是要抓紧研究铁路站台周边及沿线物流园、专业市场的培育。三是要与其他交通规划建设相互衔接。要进一步优化环城快速线路设计，科学布置站点，努力实现铁路、航空、轻轨、公交等各种交通方式的近距离换乘甚至"零换乘"，不能相互打架或者相互脱节。

科学谋划城市轻轨[*]

Make a Scientific Plan for Urban Light Rail System

在国家发改委与中咨公司的大力支持和帮助下，贵阳市的城市轨道交通建设取得了两个阶段性的重大成果：一是轨道交通建设规划顺利通过了中咨公司的相关评审程序；二是轨道交通的建设规划评审报告正式上报国家发改委，待国家发改委组织会签后上报国务院审批。这两个重大进展给前一阶段的工作画上了一个比较圆满的逗号，标志着贵阳城市轨道交通建设工作从项目研究阶段进入到审查审批阶段，即将正式实施。

建设轨道交通非常重要，主要体现在：

一是疏解城市交通拥堵的迫切需要。现在贵阳机动车数量激增，而交通设施建设严重滞后于城市化进程。贵阳市中心城区人口密度达到了每平方公里3万人，机动车数量2009年就要超过40万辆，每千人将拥有100辆，中心城区拥有机动车的58％，交通拥堵给市民出行带来巨大麻烦。建设大运量、高密度、准点运行、换乘方便的轨道交通，能够有效缓解中心城区交通的巨大压力，减少人流、车流的交织。现在大城市、特大城市都非常重视发展大运量的轨道交通。上海市2007年轨道交通长度已达234公里，日均迎送客流280万人次，按照规划，到2012年上海将累计建成500公里轨道交通，使其客运量占公共交通出行的比重达40％以上。贵阳是一个人口超过400万的特大城市，也要加快建设轨道交通，提升轨道交通的分担率。

二是增强贵阳城区空间联系的迫切需要。结合贵阳市山地城市的特点和组团式布局的要求，规划建设轨道交通有利于缩短城市时空距离，引导城市用地功能拓展，塑造新型城市空间结构，加快城镇化发展进程，缓解城市片区、组团之间

---

* 这是李军同志2009年6月7日在贵阳市城市轨道交通建设工作领导小组第一次全体会议上讲话的一部分。

的交通供需矛盾，引导老城区人口转移，建立与贵阳市城市发展进程相适应的综合客运交通系统。通过建设城市轨道交通，将使老城区与金阳、小河、新天等片区的交通拥堵问题得到缓解，强化中心城区与外围龙洞堡、新天寨、沙文、花溪、清镇组团的联系。

三是加快建设生态文明城市的迫切需要。生态文明城市，自然离不开发达的现代交通工具。因此，建设轨道交通理应成为生态文明城市建设的内容之一。从环境保护的角度来看，机动车数量多，尾气排放、噪声污染等导致环境质量降低，而轨道交通则占地省、污染小，有助于降低城市机动交通系统对环境造成的负面影响，是资源节约型、环境友好型的城市公交系统，既能满足居民最基本的快速出行需要，又不会对生态环境造成严重危害。所以，发展轨道交通对我们节约用地、节能减排大有裨益，完全符合建设生态文明城市的需要。

四是抢抓难得机遇的迫切需要。轨道交通毕竟投资很大，过去地方政府建设轨道交通的强烈冲动曾引起国家的担忧。2003年国务院发布文件叫停地方地铁，就是因为地铁成本一下到了一公里五六个亿。当前，为应对国际金融危机的影响，国家把铁路、轨道交通作为拉动投资的"火车头"，予以大力支持。我们能够用半年时间实现轨道交通项目进入国家发改委受审程序，就是乘了这个"东风"。如果下半年经济形势回暖、向好的话，国家就有可能收紧闸门，轨道交通这样的大项目就不容易得到批准。机遇稍纵即逝。这个项目要抓紧上、赶快上，而且越早开工越主动。

对贵阳的轨道交通建设，我讲三点意见。

第一，要进一步优化规划设计。现在轻轨1号线的工可研究已报国家审批，2号线、3号线、4号线等的前期手续也将陆续办理。要看到，当初做轨道交通规划的时候，今天的很多情况还没有出现。比如当时没有规划建设环城快速铁路，也没有环城高速公路南环线，尤其是花溪片区的快速发展远远超出想象。根据形势变化和发展需要，对原有规划设计进行适当调整和优化，显得十分必要，如果情况发生重大变化，还是抱着五年以前、七年以前的规划来实施，这就很成问题。在重大项目的规划设计过程中，要把专家和领导的意见结合起来。对专家的意见要重视、要倾听，但我们作为城市管理者，也要提出要求。我们虽然不是专家、行家，但对这个城市往哪个方向发展、战略重点在哪里，最需要解决的是哪些问题，是有发言权的。而搞规划设计的专家，对于贵阳城市的发展变化往往没有实际感受，对贵阳城市的了解比不上我们自己。

那么，如何优化？一是要与市域快速铁路网配套联网。道路的效益发挥是要实现道路的总联网，网状一旦形成了，市民感到去什么地方都方便了，习惯后也就会更多地利用轨道交通，达到 $1+1>2$ 的效果。因此，如何与市域快速铁路网配套、联网，要当成一个大事情来研究。二是要充分考虑连接花溪。轻轨 1 号线、2 号线一期都没有把花溪考虑进去，是因为当时没想到花溪发展的形势这么快、地位这么重要。现在南环线、大学城、孟关汽贸城、改貌物流中心都在花溪。轨道交通建设一定要把花溪连接起来。三是要优化站点。每一个站点既要充分考虑现有的人流量、物流量，又要考虑未来的发展潜力，更好地带动周边的人流和地块的发展。比如，蛮坡这个站点，目前这里住户不多，周围都是山地，将来发展空间不大，是不是设站可以再充分论证。总之，轨道交通是百年工程，建成后将是市民普遍使用的交通工具，一定要精心设计，使之成为缓解交通拥堵、改变市民出行方式的重要手段。

第二，要创新融资模式。城市轨道交通造价高，资金需求量特别大，建设周期长，从一开始就要探讨多元化的融资渠道。轨道交通是公益性的，但公益性的项目不一定非得由政府来投资。相反，有时候政府投资还很难达到公益性目的。引进社会资本，只要管理好、控制好，也能体现公益性的要求。因此，一定要解放思想，创新融资模式。引进社会资本建设运营城市轨道交通，在算好账的前提下，财政可以予以补贴，无论补贴给谁，最终都是补给乘坐轨道交通的老百姓。在这个问题上，要"不求所有，但求所用"。还需要明确一点，轨道交通的造价增长速度肯定会超过经济增长的速度。如果因为目前轨道交通造价高而推迟建设，将来建设的成本可能更高，建成的难度会更大。

第三，最大限度减少轨道交通施工对交通的影响。中心城区的施工方案和交通组织方案，一定要认真分析、反复测算，最大可能地兼顾工程建设和车辆、行人通行，减少对城市交通秩序和市民正常生活的影响，千万不要等到老百姓怨声载道时才采取措施。

群策群力保"畅通"，多措并举治"拥堵"
Solve the Traffic Jam by Public Participation and the Implementation of Comprehensive Measures

把实施中心城区"畅通工程"作为大事来抓*

　　由于种种原因，贵阳市中心城区交通拥堵情况日趋严重，广大市民工作和生活受到一定程度的影响，迫切希望市委、市政府采取有力措施予以解决。我们高度重视这一民生问题，多次进行专题研究，决定抓紧时间精心实施"畅通工程"，力争在3～5年内，有效缓解中心城区交通拥堵状况。以下几条措施是当务之急。

　　一要加大城市道路基础设施建设力度。城市路网不完善，道路节点过多，各片区联系单一而且不通畅，次干道、支路严重不足，断头路过多，是造成交通拥堵的重要原因。在解决城市交通拥堵问题上，如果"头疼医头，脚疼医脚"，是很难达到预期目标的。事实上，交通交通，一交就通。交通跟人身上的血脉一样，不是哪一节、哪一段的问题，而是系统的问题，一定要循环起来才能通畅。因此，要系统思考、系统解决，而不是靠哪一项工作单打一去解决。要抓紧实施"三条环路十六条射线"道路建设规划，尽快形成城市交通网络体系，在此基础上，通过加快次干道、支路、交叉路口、人行过街设施的建设，保证城市道路之间的有效衔接，形成方便快捷的城市交通循环系统。国内外很多城市的成功实践证明，通过路网的有效衔接形成交通循环，至少可以增加30%的交通流量。

　　二要坚持公交优先。从中外大城市的成功经验来看，公交优先是解决城市交通拥堵的一个有效手段。要进一步明确公共交通的公益性，对公共交通发展给予

---

　　* 这是李军同志2007年8月31日调研城市规划建设管理工作时讲话的一部分。

各项政策扶持。尽快实施公交管理体制改革，贵阳市现在是一家公交公司垄断，服务质量、效率等都存在问题，要引入竞争机制，适应新的形势，提高公交服务水平。要着眼于市民的需要，加快公交枢纽站和转乘场站的建设，形成市内公交之间、市内公交与对外交通之间的快速转换，方便市民换乘。过去在人多的地方设站，是车迁就人，但现在交通流量这么大，还在这样的地方设站肯定影响交通，以后千万不要在交通路口、卡点设置站点。如贵钢门口的公交站点，旁边花鸟市场进进出出的车辆特别多，这个站就是一个拥堵点，要坚决撤掉，越快越好。要完善公交运营线路，延长运营时间，提高公交准点率和车辆档次，改善公交服务质量。抓紧提出一环路开辟公交专用道方案，研究通过哪种技术手段、怎么实施才能够真正使它环起来，方便公交车、出租车、大客车、校车等通行。坚持低票价政策，对城市低收入群体、困难群体和特殊群体实行优惠票价或免票政策。通过多种措施，努力使公共交通达到"方便、快捷、舒适"的要求，提高市民出行选择公交的比例。

三要切实解决停车难问题。当前，广大市民对停车难问题反映强烈。要将城市停车设施建设纳入城市总体规划，配套建设地下停车设施和地面立体停车设施。贵阳市中心城区居住人口多，人口密度大，要多建停车场，增加停车位。同时，逐步取消部分路段占道停车，还路于民，还路于行，提高道路通行能力。要促进停车产业向管理规模化、运营专业化、投资社会化方向发展。现在有的地方把停车收费作为解决弱势群体就业的手段，而不是作为调节交通流量的一种手段，这是有问题的。要整合工会、城管、交警、街道等分别管辖的停车场和停车收费路段，积极引入有实力的、技术先进的、经验丰富的停车公司，几家可以，一家也行，交给它们管理，盘活停车设施，提高停车管理水平，为缓解拥堵发挥作用。在推进停车产业化问题上，一定要解放思想，打破部门利益的阻碍。要提高停车收费标准。重点位置、核心地段的停车收费不能按天计算，要推行按小时计算，运用价格杠杆调节车辆流量，比如，大十字停车场，停1小时是5块钱，停1天也是5块钱，这就不合理。

四要保持严管重罚高压态势。现在，对驾驶违章、行人违章都罚得太轻。要提高罚款标准，使其切实起到作用。现在路上有一些轻微交通事故，双方在现场吵架、扯皮，严重影响交通。交警部门和保险公司要尽快出台轻微事故处理办法，对双方都要罚款而且要重罚。要设立专款专户，实行收支两条线，用罚来的款改善交通设施。把账户公开，接受公众监督，这要跟老百姓讲清楚，让老百姓理解。严管交通秩序，维护了绝大多数人的利益，必然会得到绝大多数人的支持和拥护，这是我们实施严管的民意基础。

打好"快"、"严"、"巧"、"实"组合拳*

贵阳市中心城区实施"畅通工程"以来，取得了一定成绩，但要清醒地看到，交通拥堵是顽固的"城市病"，治理起来需要一个长期的过程。当前，由于各方面的原因，贵阳中心城区交通拥堵状况仍十分严重，老百姓对此意见很大，必须千方百计采取措施缓解。

一是"快"，就是交通基础设施建设要加快。优化轨道交通方案，力争早日开工建设。确保环城高速公路、花溪二道、北京西路等按期建成通车。加快北京西路与中坝路、金工路与贵遵路、贵金线与贵遵路、花溪二道与贵黄路互通的建设，抓紧规划建设北京西路与环城高速公路互通、金戈互通、都拉营互通，使互通与城市道路项目同时建成投入使用，畅通中心城区进出通道，确保骨干道路一建成就能发挥最大效益。加快人行过街系统建设，最大限度地实现人车分流。在道路建设中，要切实发挥投融资平台的作用，千方百计解决资金"瓶颈"制约。

二是"严"，就是交通管理要严格。各个层次、各个方面都要"严"字当头，严格执法、严格管理、严格督查，切实避免"失之于宽、失之于软"的现象。对车辆违规停放、违规行驶，行人违规过街的现象，必须依法依规严厉处罚；对将室内停车场挪作他用的违法行为，必须彻底清查；对占道经营、马路车站现象，必须坚持不懈地进行治理，防止出现反弹。

三是"巧"，就是调度、谋划、操作要精巧。制定出台涉及交通组织方面的措施要充分论证，慎重决策，切忌草率从事。从全局的角度考虑道路及相关设施改造计划，充分研究对交通状况的影响，合理确定建设时序，避免"互相打架"，对严重影响通行的宁可适当延迟实施。加强施工组织和管理，中心城区管网施工尽量在午夜进行，避开交通高峰时段，绝不能出现工地围起来了、道路占用了却没有施工的情况，相关管理部门要加大巡查和监管力度。超前考虑环城高速公路、花溪二道、北京西路通车后的交通组织方案，及早公之于众，广泛征求意见，充分发挥骨干道路的效益。

四是"实"，就是确定的各项措施要落到实处。为实施"畅通工程"，我们制定了一些措施，不能束之高阁，而要逐项抓落实。只要落实，就会见效。比如我们曾提出，交警、城管等执法部门要实行弹性工作制，划定责任区，不定时地加强街面、路面巡逻，及时解决影响交通的问题。特别是对交通高峰时段、拥堵高

---

* 这是李军同志 2009 年 7 月 2 日听取贵阳市中心城区"畅通工程"实施情况汇报时讲话的主要部分。

发路段，交警部门要切实提高应急处理能力，及时疏导、调控车流，快速处理交通事故。只要这项措施落实到位，相信拥堵现象是可以大大减轻的。

坚持一时一策、一事一策、一地一策[*]

贵阳市中心城区实施"畅通工程"以来，采取了一系列措施，拥堵时间在缩短，拥堵路段在减少，有效地遏制了交通拥堵恶化的势头，但机动车过快增长、交通管理水平落后、交通设施建设滞后、城市路网结构不尽合理、部分市民文明交通意识薄弱等问题，导致拥堵问题在某些路段、时段仍然非常严重，形势仍然十分严峻。缓堵是一项长期任务，是城市管理的永恒主题，不可能一劳永逸。涉及"畅通工程"的各个部门，从领导到具体工作人员，一定要经常到第一线去，实地调查研究，针对重点拥堵时段、重点拥堵路段，突出交通违法行为，"一时一策、一事一策、一地一策"，深入研究管用的办法，一个问题一个问题地解决。

一是充分挖掘道路通行潜力。科学设置信号灯、公交站点是可以提高道路通行能力的。比如，大营坡从金阳下来的路口，右行信号灯设置就有问题，乌当过来的车流量小，从金阳进城的车流量大，但右行车道红灯时间较长，造成进城向拥堵。比如，把市西路到妇幼保健院的港湾车站前移，避开医院门口人流集中的地方。比如，尽快在解放路等路段完善人行过街设施，实现人车分流。比如，油榨街公交车站设置也有问题，路宽的地方不设站，路窄的地方却设了站，造成了交通拥堵。市畅通办要具体组织，提出有效的方案，开个管用的方子，最大限度地盘活和利用道路资源，提高通行能力。

二是抓紧优化交通组织方案。交通方案组织得好，道路就会通畅。"两路二环"通车后交通如何组织，要认真研究。打通二环路的目的就是缓解中心城区的交通压力，这就需要采取措施把中心城区的车流引导到二环路上去，尽可能避开中心城区。中心城区开始轻轨施工后交通如何组织，也要精心研究。既要保证工程进度，也要保证不造成城区大的交通拥堵。交通组织方案确定后，要及早告知市民，便于市民选择恰当的出行线路。

三是实行错时上、放学制度。小学、初中推迟半个小时上学，孩子们可以多睡一会儿，可以在家里吃早餐，既有利于身体健康，又可以避开职工上班高峰，有利交通畅通。接放学孩子的车辆占道停车，是造成一些学校周边道路下午五六点钟交通拥堵的重要原因。在这一时段，交警部门要多安排些警力在校门口进行

---

* 这是李军同志 2011 年 2 月 25 日、11 月 5 日调研中心城区交通通行情况时讲话的一部分。

交通疏导，维护交通秩序。要清理学校附近的停车场，引导家长有序进场停车。教育行政主管部门和交通管理部门多协商、多沟通，多观察错时上、放学措施执行后交通状况的变化，多了解家长和学生的想法，不断完善措施，并深入做好家长和学生的劝导工作，使学生和家长理解、支持并逐渐适应学校作息时间的调整。

四是适当控制机动车辆增速。贵阳不是汽车生产基地，而是汽车消费型城市，适当控制机动车过快增长，不会影响工业经济，不会对税收造成大的影响。市交警部门实施一环路以内专段号牌摇号的措施效果很明显，要坚持。要优化一环路内尾号限行措施。对这项措施，有些人一开始不赞成，甚至在网上指责，但坚持一个星期后，他们体会到限行的好处，反对的声音基本上没有了。与周一到周五相比，周六、周日反而堵车，很多人认识到，周六、周日是因为不限号才堵的。要进一步研究双休日的缓堵措施。有人说贵阳是"一个落后的城市享受了首都的待遇"，这是没有道理的。贵阳跟北京的"限号"不一样，北京是全城限，贵阳只限中心城区 9 平方公里的地方。而且，现在中心城区限行的条件也成熟了，二环路开通后，小河、花溪到金阳、乌当都可以很方便地通过二环路绕过中心城区。要加大解释和宣传力度，对广大市民讲清楚一个道理：限购，大家延缓消费换取现在的舒畅；限号，用 1 天限制换来 6 天畅通。

五是对重点拥堵地区进行综合治理。对青山小区拥堵，居民反映了多次，南明区、市城管、市交警等部门一起会诊，拿出解决问题的良方，我建议搞综合整治。比如，可以再找一片地方，安置夜市摊点，不能像现在这样挡在路口，严重影响交通。解放路、市南路很多商户用 10 平方米门面开汽车美容店、汽配店，只能是占道经营。在这样的地方，工商部门不能发相关的经营执照。当前，要采取措施进行重点治理，用硬隔离把铺面和马路隔开，同时把他们引导到孟关汽贸城。

坚决不"添堵"，积极帮"缓堵" *

造成堵车的原因，一方面是由于道路面积和路网密度不够，因此我们正在抓紧快修路、多修路；另一方面，则是与少数司机、少数行人不遵守交通规则有关，他们一边埋怨贵阳市交通太拥堵，一边又在自己制造拥堵。解决交通拥堵问题是各级党委、政府的应尽职责，也是社会各界、广大市民的应尽义务。我呼吁

---

* 这是李军同志 2009 年 12 月 19 日参加交通协勤"绿丝带"志愿服务活动时讲话的一部分。

全体市民提高文明素质，自觉遵章守规，起码做到坚决不"添堵"，最好做到积极帮"缓堵"。这既是为了城市交通秩序良好，也是为了广大市民的生命安全。希望大家在为缓解交通拥堵积极建言献策的同时，也要审视一下自己的行为，看看自己为"缓堵"做了什么、还能做什么。全市上下，无论是机关工作者还是企业职员，无论是干部还是群众，都要主动参与到坚决不"添堵"、积极帮"缓堵"的志愿服务活动中来。

新闻媒体要加大宣传力度，形成以"添堵"为耻、以"缓堵"为荣的浓厚氛围。报纸、电视台、电台、网络等各种媒体要开设专题、专栏，引导广大市民文明行车、文明行路，做到人让车、车让人，共同维护良好的交通秩序。要设立曝光台，狠抓几个反面典型，对车辆违法行为和行人不文明行为、违法行为曝光，让全体市民、驾驶员引以为戒。通过反面典型的警示，促使全体市民形成良好的交通习惯。

坚持不懈抓创办，尽心竭力惠民生[*]

Persist in Carrying Out "Three Buildings and One Cosponsoring" Campaign，Dedicate to Undertakings of Benefiting People's Livelihood

一、"三创一办"开局良好

"三创一办"正式启动至今，已有 96 天。对这一段时间的"三创一办"工作怎么评价？综合各个方面的反映，同时根据实地调查和暗访等多种渠道了解的情况，我认为就是四个字：开局良好。组织领导坚强有力，城市基础设施建设加快推进，市容市貌初步改善。各区（市、县）增加清扫、保洁力量，开展卫生大扫除、垃圾大清运，城市主干道和一些楼群院落变得比以往干净、整洁；坚持疏堵结合、先疏后堵的原则，规范了早餐车、餐饮夜市摊点、百货摊点、蔬菜批发早市、修理摊点以及商品、水果、书报摊点的临时占道经营行为。在云岩区、南明区实施中小学错时上学放学、拆除喷水池环岛、建设重点路段港湾式公交车站等措施，切实加强交通管理，纠正行人横穿马路、翻越护栏和车辆乱行乱停等交通违法行为，中心城区堵车严重的状况有所好转。对于市容市貌的变化，从领导到市民都给予了积极评价。有网友发帖子说："'三创一办'搞得红红火火，给贵阳市民带来了全新的感觉：街道干净多了，小区垃圾少了，路边占道经营似乎也没有了，车辆不乱停乱放了，行人走路讲究规矩了，排队等红绿灯的人多了，我们的生活环境的确发生了改变。"前几天，《贵州都市报》与贵州统计社情民意调查中心通过手机短信、网络、邮寄、抽样调查等方式，随机开展"三创一办"民意调查，在 3 868 名被调查对象中，87.3％的人认为贵阳街头的卫生状况比以前好。

市民是城市的主人，是"三创一办"的主体。无论工人还是农民、平民还是

---

* 这是李军同志 2010 年 4 月 24 日在贵阳市"三创一办"工作会议上的讲话。

军人、干部还是群众、老人还是小孩、男人还是女人，都通过各种方式积极参与、支持"三创一办"。调查显示，"三创一办"的知晓率达97.2%，支持率达98.9%。广大市民通过各种渠道了解"三创一办"相关知识，争当文明市民，规范自身行为，自觉维护卫生环境与交通秩序，积极配合、主动参与打扫清洁卫生、维护小区治安等活动。广大经营户诚信经营、文明经商，自觉遵守"门前三包"责任制，维护店铺卫生。广大建设工地施工人员文明施工，降低噪声，保持工地整洁有序，减少渣土清运中的"跑冒滴漏"。83万中小学生积极开展"小手拉大手"等活动，和爸爸妈妈、爷爷奶奶、外公外婆一起，爱护卫生环境、遵守交通秩序。驻筑解放军和武警官兵积极开展擦拭护栏、清除野广告等环境整治活动。一个可喜的变化是，有的市民一开始持质疑、观望态度，还有的市民不太适应，对严管重罚有抵触情绪，但通过"三创一办"，感受到身边的变化，受到教育，也转变了态度，积极支持并踊跃参与进来。特别值得一提的是，一段时间以来，在贵阳的大街小巷、广场车站等公共场所，活跃着"绿丝带"志愿服务者的身影，成为展示贵阳精神风貌的一道亮丽风景线。广大党员和国家公职人员在其中发挥了模范带头作用，省直机关启动了万名党员志愿服务系列活动；10万名国家公职人员包括市领导利用节假日开展交通协勤、清捡垃圾、宣传"三创一办"、植树造林、森林防火、服务空巢老人等志愿服务。目前，注册志愿者达到46万人，占总人口的10.6%。在志愿者队伍中，还有一些年龄比较大的老同志。南明区有几位80多岁的老人，坚持在人民广场捡拾垃圾，规劝不文明行为。说实话，看到这些白发苍苍的老人胸前挂着徽章、手臂系着"绿丝带"，我的心灵深受震撼。"三创一办"再一次证明，贵阳的广大市民是十分可亲的、可爱的、可敬的！

二、深刻认识存在的困难和问题

也许有人会问，"三创一办"还存在问题和困难吗？回答是肯定的。问题和困难不仅有，有的还比较严重。在"三创一办"开展96天，离明年9月10日全国民运会召开还有504天的时间，我们充分肯定成绩，是为了增强信心，但必须保持清醒的头脑，对成绩不能估计过高。对各个方面给予"三创一办"的好评、肯定，我们更多地要当作激励、当作鞭策。市容市貌尽管发生了一些变化，但这是在过去基础比较差、起点比较低的情况下取得的，变化还不牢固、不稳定，一旦松劲歇气，就很可能发生反复、回潮。现在还远不是评功摆好的时候。俗话讲，成绩不讲跑不了，问题不讲不得了。当前"三创一办"推进过程中存在的问题和困难，主要有以下几个方面：

从干部来讲，绝大部分干部认识到位、作风过硬、工作扎实、方法得当，表现很好，但确实有少数干部认识不到位、作风不过硬、工作不扎实、方法不得当，表现不那么好，极个别的还可以说表现差劲。所谓"认识不到位"，一是畏难。有的干部认为，从硬件来讲，贵阳市基础条件太差，要达标很难；从软件来讲，贵阳的市民结构比较复杂，外来人口多，教育程度低、文明素质差，"三创一办"很难实现。有人尖刻地讲，文明素质是需要一代代培养和传承的，想让类人猿在100年的时间内进化成人类，除了上帝谁都不能办到吧！还有一个网民说，贵阳实现"三创一办"目标至少需要100年。二是抱怨。有的干部觉得"三创一办"要求高了一点，任务重了一点，压力大了一点，加班的时间多了，喝小酒、打麻将的时间少了。特别是有的干部对严格问责不理解，认为处罚严了。有个干部给我写信说："李书记，我认为对干部和公职人员严格问责有失公平。'王子犯法与庶民同罪。'我们当干部的也是人，组织上要以人为本，怎么能对老百姓处理宽，对我们当干部的处理严呢？要一视同仁。我们要享受和老百姓一样的待遇。"三是非议。有的干部认为搞"三创一办"是搞"政绩工程"，是给上级领导"打工"。创建"国家卫生城市"就是给卫生局领导"打工"，创建"国家环境保护模范城市"就是给环保局领导"打工"，创建"全国文明城市"就是给宣传部、文明办领导"打工"，协办全国民运会就是给民宗委、体育局领导"打工"。各区（市、县）开展"三创一办"就是给各区（市、县）领导"打工"。从市这个层面讲，就是给分管市领导"打工"，最终给市委书记和市长"打工"。这些人忘记了自己人民公仆的身份，忘记了干部为人民服务的根本职责，因而把"三创一办"当成额外的负担。

所谓"作风不过硬"，一是怕苦怕累。有的干部平时按部就班、养尊处优、潇洒轻松，现在因为"三创一办"，工作量确实大了，有时需要加点班，有时还得参与干点苦活、脏活，就觉得吃不消了，因而牢骚满腹。这就像一支部队，平常不早操、不练兵，一旦紧急拉练，就洋相百出，"掉链子"不说，还在那里愁眉苦脸、叫苦连天。二是缺乏责任心。我最近在暗访中发现，很多地方的脏乱差现象，都与管理人员、执法人员缺乏责任心有很大关系。有一个街道办事处楼下就有无证无照的"小餐饮"，还烧块煤、冒黑烟，但是他们视而不见，这就是典型的"灯下黑"。有一个汽车修理厂，厂区没有硬化，黄泥有半尺厚，还大量积水，物流公司的大货车从这里进进出出，严重污染道路，后来一查，这个厂居然什么手续都没有。有的地方占道经营严重，旁边就有城管执法车，就有城管队员，但他们"旁若无事"。像这样，再好的管理办法、再明确的岗位职责又有什么用呢？都成了"聋子的耳朵——摆设"。三是推诿扯皮。有的干部遇到困难和问题，总是"脚踩西瓜皮，能溜就溜"，不愿也不敢正视困难、解决问题，更恶劣的是，一旦出现问题还上推下卸，千方百计逃避责任。

所谓"工作不扎实"，一是形式主义。有的单位就是签签名、贴贴标语、发发资料、办办黑板报，仅此而已。我开玩笑说，如果发宣传资料就能解决问题，那去街上聘几个发野广告的人来发，可能比我们的干部发得更多、更快、更好。有的单位搞志愿服务活动打扫卫生，购置了很多扫把、铲子，摆出一副准备大干一场的架势，但录完电视立马收工走人，前后不到 20 分钟，连参加活动的同志自己都觉得不好意思。二是敷衍应付。有些干部说起来一二三头头是道，但细究起来，都是似是而非、没有错也没有用的话，一问具体情况就干瞪眼。我曾经与一个街道办事处主任对话。我问他辖区治安是怎么抓的，他说第一提高认识、统一思想，第二加强领导、狠抓落实。我说，你讲得很好，建议咱俩换个位置，你来当市委书记，我来当你这个街道办事处主任。我这个市委书记讲得都没他那么宏观。有些干部特别会做表面文章，本来老鼠药是用来毒老鼠的，应该放在犄角旮旯，但是有人偏要把它放在显眼处，这当然是给检查组看的。我真担心，哪一天老鼠没毒死一只，倒把哪个误以为老鼠药是零食的小朋友给毒死了。

所谓"方法不得当"，主要体现为简单化。有些同志想问题、干工作非此即彼、非黑即白。你要求严格执法，他就蛮干，简单粗暴；你要求文明执法、人性化执法，他就畏首畏尾，前怕狼后怕虎的，不敢有所作为。最终结果就是，要么人为引起矛盾纠纷，制造对立情绪，要么成为摆设，发挥不了作用。有的同志要求市民、经营户甚至学生死记硬背"三创一办"的口号，来回送"三创一办"的资料。还有的基层干部在执法过程中，动不动就把原本正常的执法行为与"三创一办""挂钩"。比如，有的交警在查违停车辆的时候，就说现在开展"三创一办"，你违章了。以至于有老百姓调侃，一堆人正在打麻将，输的那个人突然大喊："三创一办"抓赌来了！结果大家落荒而逃。

干部队伍中存在的以上问题，尽管是支流，但如果不提醒、不解决，任其蔓延，就会像病毒一样，一传十、十传百，使整个干部队伍染上"疾病"而失去战斗力，最终影响"三创一办"这件大事，影响我们的各项事业。尽管这些问题出现在个别干部身上，但是老百姓就是通过身边个别干部的所作所为来评价党委、政府的。对我们来说，存在问题的干部可能只是 1%，99% 都是好的，然而对老百姓来说，这个 1% 就等于 100%。我们不能苛求老百姓认识到这是个别的，整个干部队伍是好的，要看主流、看本质，不要以偏概全。因此，对这 1%，对这"支流"、"个别"，也必须高度重视。

从工作来讲，存在不平衡的问题，包括时间上和空间上的不平衡。比如，基础设施建设方面，道路建设、场馆建设相对较快，但雨污分流设施建设没有实质性进展，农贸市场的升级改造进展缓慢，医疗垃圾等危险废物处理设施建设滞后。比如，卫生环境整治方面，中心城区、主干道和一些重要的次干道整治力度比较大，卫生和秩序改善比较明显，但不少道路绿化带拖泥带尘、保洁较差，有些城乡接合部和城中村如彭家湾、玉厂路、和尚坡等，卫生死角多，有些背街小巷、车站码头垃圾、污水、粪便暴露，小浴室、小美容美发店、小歌舞厅、小旅店、小网吧等"五小"场所"防蝇、防鼠、防尘"设施不完善，差不多还有一半没达标。比如，交通秩序维护方面，管理的力度加大了，但是有些地方红绿灯设置、停车标识等交通设施不够科学、不够规范、不够明确。比如，宣传舆论工作方面，有一段时间曝光不文明行为做得比较充分，但弘扬正气、宣传先进典型做得不够。另外，在各部门之间以及各区（市、县）、各街道（乡、镇）、各社区（村）之间也存在不平衡，有的抓得很紧、措施有力，工作推进得相对较快；有的行动迟缓、措施乏力，工作进展相对较慢；特别是，最近一些地方的脏乱差现象有回潮。有一位网民说："红红火火的'三创一办'看来已经到了尾声，我们生活稍微改善的环境慢慢又回到了从前。大家去看看路边乱停的车，盛世花城门口胖姨妈的豆花面，前几天还规规矩矩不占道了，今天又卷土重来。再到金阳看看，前几天一中门口接送小孩的车被交警规范到了停车场，可才几天，又回到了从前。远大生态风景园的运土车，又开始黄烟滚滚。"

从市民来讲，绝大多数市民是积极支持、参与"三创一办"的，涌现出许多感人至深的先进典型，但是确实有少数市民素质让我们贵阳老乡感到汗颜！有位网友调侃说："'三创一办'要求开车不准违规违停、行人不准乱穿马路、不准随地吐痰，这对我们贵阳人是难了点。贵阳人就应该违规乱吐不遭罚，不然就不是贵阳人；贵阳就应该脏乱差，不然就不是贵阳。"有的市民当面对我讲，少数贵阳人在文明素质上还不及格，有的得打零分，有的甚至得打负分。比如，有的市民把"三创一办"口号背得滚瓜烂熟，关于做文明市民的道理能说很多，但他是"语言的巨人、行动的矮子"。有一天，我看到两个学生喝完饮料后随手就把易拉罐扔到草地上。我问他们，学校有没有讲做文明市民的知识和要求？他们说讲了。我又问，有没有讲要积极参与"三创一办"？他们说讲了。我很感慨，他们把"三创一办"的内容、自己应该怎么做、应该怎么向家里人宣传等，都背得很熟，可自己还是在那里乱丢垃圾。这就是没有把文明的道理内化为自觉的行为，说一套做一套！这就是不及格。比如，有的市民对陋习和脏乱现象习以为常，既不想改变，也不想被改变，对"三创一办"漠不关心，只能得零分。比如，有的市民在家里很讲卫生，但是一到公共场所就乱扔、乱吐；有的市民看到干部在小区打扫卫生、清运杂物、美化环境，还在那里说"风凉话"，不配合甚至抵触；

有的市民一边抱怨交通拥堵，一边又在自己"添堵"，乱停乱行被处罚之后还骂天骂地，这样的表现就只能打负分。所有这些，与绝大多数文明市民形成了鲜明对比。同样是贵阳人，差别咋就这么大呢？

在贵阳这样一个基础条件比较差的西部城市开展"三创一办"这样的工作，存在问题和困难是难免的，也是正常的。没有问题和困难反而是奇怪的、不可思议的。现在，"三创一办"已经到了攻坚克难的时候，进入了啃"硬骨头"的阶段。我在这里"家丑外扬"，把存在的问题和困难和盘托出，甚至讲得比较尖锐，就是要提醒各级干部，不要漠然视之、听之任之，更不能讳疾忌医、回避矛盾；就是要告诉广大市民，你们提出的各种意见和诉求，党委、政府是知道的，正在想办法努力解决，当然，解决这些困难和问题，仅靠党委、政府是不够的，必须依靠全体市民一起想办法，共同来解决。

三、牢牢把握"三创一办"惠民生这个精髓

党委、政府在想问题、作决策、办事情的时候，要始终坚持以人为本，把关注民生、改善民生作为工作的出发点和落脚点，尽心竭力地为老百姓办实事、办好事。关注民生、改善民生的方式方法多种多样，有高水平的标准，也有低水平的标准。比如，解决老百姓反映"如厕难"的问题，建旱厕、拉槽式厕所也能解决，但那是低标准，不雅也不舒服；如果建蹲坑式、抽水马桶式的厕所，那就是高标准，在这样的厕所里方便，就舒服多了。比如，解决老百姓有地方买农副产品的问题，找块空地就可以摆摊，但那是低标准，卫生很难保证；如果建宽敞、通风的室内市场，有上下水设施，有生熟分离设施，能有效避免禽流感等疾病传播，那就是高标准，在这样的地方买农副产品，既放心，又是一种享受。"三创一办"的相关指标体系和工作要求，是经过多年实践、在积累了很多城市发展经验基础上提炼出来的，具有很强的科学性、系统性，是指导我们关注民生、改善民生的国家标准。这个标准很高，难度很大，很不容易做到，实际上是我们给自己设置了难题。有人讲"三创一办"是"政绩工程"。大家想一想，如果说我们要搞"政绩工程"，完全可以另找省心省力的、简单容易的项目，何必自讨苦吃，找一个"国标"来做？只有对人民群众利益高度负责的党委和政府，只有真心实意提高老百姓生活质量的党委和政府，才会选择高标准来要求自己，努力实现高水平改善民生。可以说，"三创一办"最大的受益者就是老百姓，即全体市民。正因为如此，能不能拿到牌子并不那么重要，关键是通过创建活动，形成关注民生、改善民生的倒逼机制，迫使各级干部尽最大努力，大幅度提升老百姓的生活

质量、环境质量。广大干部只有真正理解了"三创一办"惠民生这个精髓，才会增强责任感，尽心竭力去做；广大市民只有真正理解了"三创一办"惠民生这个精髓，也才会自觉参与、积极拥护。

在创建"国家卫生城市"方面，一要着力抓好背街小巷、楼群院落和城乡接合部的整治。背街小巷、楼群院落、城乡接合部是市民居住较为集中的区域，不少市民对这些地方脏乱差表示强烈不满。"创卫"专家也指出，背街小巷、楼群院落、城乡接合部是暗访的重点区域。下一步，要在巩固已整治路段的卫生秩序状况，严防反弹和回潮的基础上，采取有力措施，尽快改善背街小巷、楼群院落、城乡接合部的卫生状况。还有，全市有不少化粪池年久失修，清理不及时，造成了堵塞、外溢，老百姓很有意见。各级各有关部门要抓紧研究办法，明确责任，尽快清疏改造。属省直单位的，贵阳市有关部门、所在区、街道要主动帮忙解决。二要着力抓好农贸市场的改造和管理。农贸市场是老百姓几乎每天都要去的地方，其卫生状况和档次水平直接关系到老百姓的日常生活质量。要按照"创卫"标准，科学布点，完善设施，尽快改造升级，让市民在卫生、舒适的环境里购买农副产品。要加强对农贸市场的管理，改造升级后的农贸市场，不能加大经营户的经营成本，两年内摊位租金不允许增加。最近市督办督查局到一个农贸市场进行暗访时发现，本来办这个市场是为了解决辖区低保户、残疾人等弱势群体的生活问题，但现在绝大多数摊主都不是经营户，成了"倒爷"、"二房东"，而真正的生活困难户没有摊位。这就违背了建市场的初衷。要通过挂牌经营等措施，坚决打击这些"倒爷"、"二房东"。需要提醒的是，农贸市场的改造、建设、管理要广泛征求所在区域市民和经营户的意见，对好的意见和建议要尽可能地吸纳，从而争取大多数市民和经营户的理解、支持。三要着力抓好"五小"行业整治。小浴室、小美容美发店、小歌舞厅、小旅店、小网吧是老百姓经常光顾的地方，抓好"五小"行业整治是老百姓的强烈愿望，也是"创卫"工作的难点。要着力抓好防鼠、防蝇、防尘"三防"工作，改善"五小"行业卫生状况。这是起码的要求。另外我发现，现在整治"五小"行业采取的办法，主要是末端整治法，也就是去查，不合格的整改，整改还不合格就关掉。这种办法，费力很多，但往往不能根治，很容易出现反弹。要拓宽思路，从办手续、开店到经营的全过程都要按行业标准进行管理和整治。比如，不管开什么店，要符合城市规划，像宝山路那样的主干道，两边就不应该允许开汽车修理店，工商部门在办营业证照的关口即源头就应该管住。四要着力抓好取缔占道经营和马路市场的工作。前段时间，市委、市政府既管城市的"面子"，也管摊贩的"肚子"，坚持"疏堵结合、先疏后堵"，按照"不影响市容环境、不影响消防安全、不影响道路交通、不影响市民生活"的原则，统一规划、统一布点、统一管理，初步规范了占道经营户的经营行为。现在我担心的是，一些小摊小贩为了一己私利，不到规定地方经营，又跑出来乱摆摊设点。因为我发现，贵阳市凡是有农贸市场的地方，门口就有延伸的马路市场，凡是人流量大的地方，不管是广场还是主干道，就有游商小贩。这些摊贩摆摊不是有饭吃、没饭吃的问题，而是赚钱多、赚钱少的问题。市委、市政府已经顾了你的"肚子"，如果你为了多赚钱，还损害公共利益，不顾城市的"面子"，那就绝不能迁就。城管部门一定要态度坚决，加强巡查，严防死守，责令他们到规范的农贸市场和指定区域进行经营。同时，还要把一定区域内的小摊小贩组织起来，开展自我教育、自我管理、互相监督，引导他们做遵章守纪的经营者。

在创建"国家环境保护模范城市"方面，一要切实抓好"两湖一库"、南明河等重点水域环境治理。水是生命之源，保护好水资源就是保护我们自己。要继续采取最为严厉的措施保护好"两湖一库"这三口"水缸"，综合运用法律、经济、科技和行政的措施，严格控制饮用水源保护区内各种开发活动和排污行为，巩固目前的保护成果，确保市民饮水安全。自 2001 年起，市委、市政府实施"南明河三年变清"工程，取得了显著成效，但南明河城区段污染状况仍较为严重，河水散发臭气，极大地影响了市民的生活环境质量，广大市民迫切期望抓紧解决。要按照"创模"标准，采取加大污染源治理、完善污水收集系统等综合性措施，力争通过两年的努力，使花溪河段断面达到二类水体，甲秀楼以上河段达到三类水体，新庄断面达到四类水体，出境花梨大桥断面达到三类水体。二要积极推进工业污染源治理。呼吸清新的空气而不是污浊的空气，是老百姓最基本的健康需求。过去，受各方面条件限制，贵阳市近郊布局了水泥厂、发电厂、钢厂等重度污染工业企业。随着城市规模的扩大和城市化进程的加快，这些企业已处在中心城区。多年来，这些企业为贵州、贵阳经济社会发展作出了重大贡献，但也带来了严重的环境污染。2009 年，贵州水泥厂、国电贵阳发电厂、首钢贵阳特殊钢厂、贵州华电清镇发电厂 4 户企业排放二氧化硫 5.3 万吨，为全市总排放量的 63.18％。4 户企业搬迁后，贵阳市二氧化硫排放量、烟尘排放量等指标将低于全国平均水平，达到"创模"的要求。要切实加快各项工作进度，确保贵州水泥厂 2010 年 6 月底前关停，国电贵阳发电厂 2010 年 12 月底前关停，贵州华电清镇发电厂最后 2 台机组 2011 年 6 月底前搬迁，首钢贵阳特殊钢厂 2012 年 12 月底前搬迁，让市民呼吸更加清新的空气。这是硬要求，市政府要有硬措施。三要尽快解决危险垃圾处理问题。前一段时间，我们开通了"创模投诉热线"，在受理的投诉中，有近 2/3 投诉涉及特种垃圾处理场的污染问题。市民对城市环境保护的满意率离国家考核指标差距较大，这是最主要的原因。贵阳市危险废物和医疗废物处理处置中心项目原定今年底建成，但前期工作进展极其缓慢，目前还没有开工建设。希望有关部门站在维护市民生命健康的高度，不要按部就班工作，而要采取超常规措施加快推进，力争尽早建成。在此期间，要采取强有力的措施，确保特种垃圾安全处理。四要开展"除扬尘、降噪声"环境整治。扬尘和噪声直接影响市民日常生活，直接影响城市形象和品位。要盯住交通运输、建筑施工、房屋拆除、露天堆场等环节，制定有针对性的措施，有效降低扬尘污染。北京、上海等地中心城区也有工地，周边街道怎么就那么干净呢？为什么贵阳做不到？要严厉打击各类噪声污染违法行为，特别要加大对夜间施工、交通、工业等噪声的整治力度，有效遏制噪声扰民。

在创建"全国文明城市"方面，要按照国家指标体系要求，统筹兼顾，全面推进政务环境、法治环境、市场环境、人文环境、生活环境、生态环境建设，扎实开展创建活动。这里，我着重强调四点：一要继续下大力气缓解交通"卡点"拥堵。很多时候，堵车并不是全城都堵，而是部分路段堵，从而造成了全城的拥堵，这就是"卡点"。解决"卡点"拥堵问题，能起到花小钱、办大事的效果。交通管理部门要深入研究解决"卡点"拥堵的办法措施。比如，要大力建设港湾式公交车站。贵阳市很多道路本来就只有两车道、三车道，高峰时段，公交车靠站就占了一个车道甚至两个车道，整条路就拥堵，间接导致相邻区域拥堵。如果增加港湾式公交车站，就可以解决这个问题。比如，要扩宽道路交叉口。在有些路段，两条三车道的道路并到一条三车道上，就等于六车道的车流量要通过三车道的道路，怎么会不堵车呢？如果不扩大并线路段的通行能力，建再多的路也没有用，还是堵。这与防汛的原理一样，就是洪水的通行量不是取决于河床最宽处，而是最窄处。比如，要抓紧搬迁老城区几个长途汽车客运站。那么多南来北往的大客车要进入中心城区，而且集中在几个点，能不堵车吗？贵阳客车站很快就要搬到金阳新区，相信对延安路、浣纱路、西出口等地的拥堵会有很大缓解。接下来要启动位于火车站的长途汽车客运站搬迁工作，最终把长途汽车站集中布局在贵阳环城高速公路边上。此外，要抓紧研究市区停车场的规划布点问题，依法清理整治停车场被挪用的行为，切实解决市民反映强烈的停车难问题；要在科学规划的基础上，加快新建一批人行过街天桥，进一步解决人车争道的问题。二要持续严打"两抢一盗"。安全感是老百姓最基本的需求。近两年来，市委、市政府开展了"严打"专项行动，取得了显著成绩，如果没开展"严打"，难以想象现在的治安秩序会是什么样子。但要清醒地看到，全市治安形势仍然严峻，群众反映十分强烈，特别是云岩区、南明区、小河区"两抢一盗"仍然猖獗，在去年省里组织的群众安全感调查中，这三个区处于全省比较靠后的位置，必须引起高度重视。要在全市范围内精心开展夏季"严打"行动，始终保持对"两抢一盗"犯罪分子的高压态势，尽心竭力保卫百姓平安。同时，要采取最为有力的措施加强校园安全工作，确保学生的生命安全。三要加大做好未成年人工作的力度。为孩子的成长营造良好的社会环境，千家万户都关注。因此，"全国文明城市"指标体系把做好未成年人工作作为前置条件，实行一票否决。如果在网吧发现未成年人，不管其所在区域其他工作做得如何，都不能再继续参加评比。各有关部门和区（市、县）务必把未成年人工作一项一项抓落实，回应广大家长的强烈愿望。四要大力推进反腐倡廉。打造"廉洁高效的政务环境"是创建"全国文明城市"的重要内容，老百姓对此要求强烈。我们要大力加强党风廉政建设，深入开展反腐败斗争，坚决依法惩治贪官污吏；深化干部人事制度改革，坚决整治选人用人上的不正之风，提高选人用人公信度；扎实开展"整治发展软环境，建设服务型机关"活动，坚决查处吃拿卡要、执法犯法的行为。欢迎广大市民举报，不管发生在哪个单位、哪个位子，一经查实，坚决处理，绝不姑息！

在协办全国民运会方面，一要确保场馆和道路建设如期完工。既要反对"豆腐渣工程"，也要反对"胡子工程"。过去我们搞工程建设，很多时候开工轰轰烈烈，竣工遥遥无期。在"三创一办"过程中，必须强化时间概念，奥体中心主体育场、北京东路、二环路等重点工程必须按期完成。实际上，强化时间概念和尊重科学规律并不矛盾。在建设贵阳环城高速公路过程中，我们两年多时间完成了过去六七年才能完成的工作量，难道说我们违反了科学规律、不重视质量吗？我们恰恰是充分运用了科学的办法，超前运作、齐头并进、交叉作业、倒排工期、分类突破，把时间用足、把空间占满，建成了精品路。可见，只要方法得当，是完全可以优质、高效地完成工程建设任务的。二要精心筹办开幕式、闭幕式、民族大联欢三大活动。一般来说，一项重大体育赛事活动，其开幕式、闭幕式都是重头戏，是大亮点、大看点。正常的赛事活动，按惯例组织好就行，活动成功与否，开幕式、闭幕式非常关键。北京奥运会之所以获得巨大成功，很大程度上就是因为开幕式、闭幕式"无与伦比"。全国民运会由于是少数民族的盛会，所以民族大联欢也很重要。目前，这三大活动方案都在修改、优化当中，一定要精益求精、周密部署、逐项落实，确保办一届高水平、有特色的盛会。三要把协办民运会与开展"贵阳避暑季"活动结合起来。全国民运会期间，各省（区、市）的领导和运动员，以及中外媒体记者，要云集贵阳比赛、采访，在这里生活、休闲，这是一个推介"爽爽的贵阳"、发展避暑休闲旅游的难得机会。要把协办第九届全国民运会与举办"贵阳避暑季"活动结合起来，超前谋划，统筹考虑，精心组织，办一个充满独特魅力的"避暑季"，取得多赢的效果。

四、大力唱响"我参与、我受益、我快乐"的主旋律

现在不少市民担心"三创一办"会不会是"一阵风",会不会"虎头蛇尾"？我们已经在不同场合明确表示，"三创一办"虽然是阶段性目标，但其内容是城市管理永恒的主题，是为人民服务永恒的主题，一个负责任的党委、政府是不会放弃的，一定会坚持不懈、持之以恒地抓下去。就算"三创一办"是"一阵风"，这阵风还要刮504天，而且风力还不小！总之，"三创一办"能不能见成效，既是对干部职工的检验——检验执行力如何、责任心如何，也是对市民群众的检验——检验文明素质如何、境界涵养如何。希望广大干部职工、市民群众大力唱响"我参与、我受益、我快乐"的主旋律，以实际行动打个漂亮仗。

对干部职工来说，一要振奋精神、坚定信心。干成一件事情，信心比什么都重要。有的同志有畏难情绪，担心"三创一办"很难成功。我现在就给大家介绍几个成功的例子。同属西部的银川2007年成为"国家卫生城市"，西宁2009年成为"国家卫生城市"，南宁2009年成为"全国文明城市"，就在前几天，我收到信息，昆明已经通过创建"国家卫生城市"检查组的暗访。在西部省会城市中，这4个城市跟贵阳基本处于一个阵营，经济社会发展水平都差不多。比如，2009年地区生产总值，贵阳是902.61亿元，西宁是501.07亿元，银川是578.15亿元；地方财政收入，贵阳是105.36亿元，西宁是28.15亿元，银川是44.02亿元。应该说，贵阳的综合实力还要强一些。据西宁、银川的同志说，他们在创建之初也面临一大堆问题和困难。比如，西宁直到2008年6月，公厕布局不合理、档次普遍偏低，农贸市场卫生状况差，小街小巷和湟水河、南川河两岸绿化带脏乱差。银川直到2006年7月，城市建成区绿化覆盖率、绿地率仅为29％和28％，而国家标准为≥36％和≥31％；市辖区农村改水、改厕普及率仅为55％和45％，而国家标准均为80％。此外，还有环卫设施不全，马路市场脏乱差，居民卫生意识、文明素质有待提高等问题。但是，这些城市的干部群众坚定信心、顽强拼搏，用两年左右时间实现了创建目标。贵阳有什么理由做不到呢？

贵阳今天的发展局面，不是一年两年形成的，而是历代贵阳干部群众辛勤劳动积累的结果。"三创一办"不是2009年底才提出来的，"创卫"工作1990年就启动了，"创模"工作2007年就启动了，"创文"工作1999年就启动了，第九届全国民运会也是2007年就确定在贵阳举行的。我们现在只不过是接过"接力棒"，把这些工作继续向前推进。历史的人要负历史的责任，作出历史的贡献。

我们这一届党委、政府，这一代贵阳人能拿到国家牌子，当然是一件高兴的事情；哪怕由于客观条件的限制，暂时没有拿到牌子，将来哪一天，贵阳市终于把这几个牌子都拿回来的时候，我们也会感到很高兴。因为我们参与了这个进程，牌子里也凝聚着我们的汗水和智慧。就像现在，知道正在大力开展"三创一办"后，一些 20 世纪 90 年代参加过"创卫"的老同志纷纷给我写信，讲述他们当年"创卫"的艰辛历程、壮阔场景，对"三创一办"提出意见、建议。我看了以后，对他们充满敬意。他们都是对贵阳市建设有功的人，没有他们当年辛勤劳动打下的基础，我们今天的"三创一办"从何谈起？

二要完善方法、科学推进。方式方法不对，好事也会办成坏事。前一段"三创一办"出现的个别遗憾，有的就是由于方法不当造成的。因此，我在不同的场合反复强调，在"三创一办"中要特别注意方式方法。比如，要处理好摊贩的"肚子"和城市的"面子"的关系，坚持"疏堵结合、先疏后堵"，在没有提供新的经营场所之前，绝不能不顾摊贩们的生计，简单地取缔。比如，要处理好严格执法与文明执法的关系，任何时候都必须坚决地、严格地执法，切实做到有法必依、执法必严、违法必究，坚决避免失之于宽、失之于软的现象，以严格执法保证良好秩序；同时，又要人性化执法、和谐执法，不能粗暴执法、野蛮执法。比如，要处理好曝光不文明行为和宣传先进典型的关系，对那些严重违规、性质恶劣、造成很坏后果的行为，要坚决曝光，一点不能含糊，同时又要注意曝光的方式方法；要更加注重报道先进人物和先进事迹，营造良好的舆论氛围。比如，要处理好"三创一办"与发展经济的关系，一手狠抓"三创一办"，一手狠抓经济发展，不是一般地抓，而是狠抓，两手都要抓，两手都要硬。这些正确的方法，要继续坚持和完善。我再强调几条。第一，科学精神与工作激情要结合。科学精神，就是理性观察、分析、判断事物，尊重客观规律，把握客观进程，追求实际效果；工作激情，是人的主观能动性的一种表现形式，体现的是一种高度的责任感、旺盛的战斗力和执著的事业心。任何一个人要成功，任何一项事业要成功，都离不开科学精神与工作激情的统一。"三创一办"有其客观的规律性，我们必须尊重和运用，绝不能寄希望于短时间靠一场战役就彻底改变贵阳的脏乱差现象。对此要保持冷静的头脑，有实事求是的态度，不能蛮干，不能急于求成。但是，也绝不能因为强调客观条件差，就无所作为、放弃主观努力。希望干部职工始终充满干事创业的激情，勇于面对困难、克服困难，拿出舍得脱几层皮、掉几斤肉的精神，高标准工作、高效率推进。第二，临时突击与保持常态要结合。干一件事情，在特定的阶段，对特定的环节，突击是必要的。"三创一办"前一阶段要宣传发动，必须有一定的声势，提高知晓率；要扭转多年陋习的惯性，也必须用狠劲。如果没有前段时间的突击，就没有现在的成效。但是，我们不能把突击当成目的，而要向常态转化，由"暴风骤雨"变成"潺潺流水"，不间断、不停歇，真正做到有检查没检查一个样、领导来和领导不来一个样、节假日和平时一个样、白天和晚上一个样。要建立长效机制，实际上就是要有人、有机构、有制度。对"三创一办"而言，队伍是有的，机构是有的，制度也是有的，关键要真正发挥作用，坚持不懈地抓下去，绝不能抓一段就松弛、就懈怠，甚至"刀枪入库，马放南山"。没拿到牌子的时候要抓，就算拿到牌子以后，为了保住这个牌子，为了持续提升老百姓生活质量，也必须一直抓下去。第三，统一部署与分类指导要结合。"三创一办"是个系统工程，涉及面广，必须统一部署，以形成协调行动。但是，基层的情况千差万别，要解决问题，必须从具体实际出发，抓具体、具体抓，一事一策、一地一策、一时一策。否则，大而化之，搞空对空，只能是官僚主义、形式主义，最终什么问题也解决不了。各级领导干部不能简单地满足于在办公室层层发指示、听汇报、看材料，而要更多地像罗文那样把信送到加西亚手里。这次市委成立"三创三实"工作队，就是要分类指导，层层实行"包保"责任制，市领导包社区、包街道，了解具体情况，解决具体问题。希望各级干部特别是领导干部多深入基层开展调查研究，一个社区一个社区地跑，一个街道一个街道地跑，一个问题一个问题地解决。力量不够的调配力量，干部有情绪的做好思想教育工作，能力不够的调配能人，缺资金的适当给予帮助，方法不对的指导其改进，等等。最近，我经常一个人到街道、社区基层暗访，有人说我"神出鬼没"。看得出来，有的人情绪不那么高，不那么欢迎我搞突然袭击，但是，广大市民对我非常欢迎、非常热情。今后，我还会到更多的地方去，当"不速之客"。我也希望各位领导特别是各级党政主要领导多当"不速之客"。

三要创新机制、治理"顽症"。现在，对城市管理中的一些"顽症"，这样那样的方法都试过了，但效果就是不明显，陷入"整治——回潮——再整治——再回潮"的怪圈，必须创新体制机制，创新办法措施。这就像治病，有的药方，开始的时候疗效很好，可是时间长了，产生抗药性了，即使增加药量，也没有疗效，为什么不换个方子试一试呢？我希望广大干部解放思想，从实际出发，开动脑筋，什么办法管用就用什么办法，不要墨守成规。比如城乡接合部、城中村包括南明河岸边、甲秀广场、人民广场等重点区域的脏乱差问题，之所以长期得不到很好解决，与体制机制不顺、权责不明确有很大关系。在城中村，同一个区域生活的人，居民归社区居委会管，农民归村委会管，出了问题大家相互推诿；在城乡接合部，交叉在一起的路，公路属于公路部门管理，道路属于市政部门管理，结果大家都不管，路面破损、尘土飞扬。要解决好这些问题，必须在理顺体制、明确职责上下工夫。比如公共厕所的管理，过去都是财政包干，管理不到位，脏兮兮、臭烘烘，为什么不通过市场化运作来改善呢？南明区采取了市场机制，将辖区公厕承包给专业的保洁公司管理，运转费用降低了，厕所干净了，老百姓比较满意。比如卫生保洁，过去养了很多人，工作不够积极不说，有的还拿钱雇人来扫大街，而实行市场化运作，不仅卫生状况会更好，还能减轻财政负担。最近城管部门正在研究这个办法，要加快推进。比如污水处理，政府每年补贴一大笔钱，污水处理厂还喊亏损，运转不正常，造成大量的政府投资闲置；还有，河道、截污沟、污水处理厂都由不同的部门管，"九龙治水"，怎么治得好啊？下一步，要探索一体化运营机制，污水处理的投入、收集、处理、回用、收益、再投入整个过程都由一个主体统一负责，避免多头管理。比如街区管理，过去街道、社区都在搞创收，哪有那么多精力去搞服务、搞卫生？现在就要改革，逐步取消街道、社区的经济职能，成立社区服务中心，当社区群众的"服务员"。北京市的崇文区、西城区的街道办事处不直接发展经济，主要职能以社会管理和服务为主，全力服务居民群众和辖区企事业单位，这值得我们学习借鉴。比如，解决基层执法人员责任心不强的问题，光靠教育不行，还要加强监管，我建议成立执法纠察队，对城管队员的执法情况、作风情况、仪容仪表等进行纠察。广大城管队员确实很辛苦、很不容易，不仅流汗，有时候甚至流血，应该大力表扬，但是，他们在"三创一办"中肩负着重大责任，方方面面的目光都关注他们，必须对他们提出更高要求。要解放思想，大胆借鉴外地先进经验，探索一些管用的办法，解决一批城市管理的老大难问题。

四要吃大苦、耐大劳。其实，苦和乐都是人的主观感受。有的人生活不宽裕，但知足，很快乐；有的人钱很多，但整天想这个想那个，痛苦得睡不着觉。一些干部之所以在"三创一办"中愁眉苦脸、叫苦连天，根子上还是没有把为什么当干部、怎样当干部这些基本的道理想明白，以为当干部很舒服、很轻松。"干部干部，先干一步。"各级干部都是人民的公仆，根本的职责就是全心全意为人民服务，选择干部这个职业，就意味着要带头干活，带头吃苦受累。比如，对街道、社区基层干部来说，基层在哪里？基层就在大街小巷、在社区楼院、在犄角旮旯，当基层干部就要走千家、串万户，上楼下楼、进街出巷，哪里有需要就在哪里出现，如果成天坐在办公室里喝茶聊天，那还能叫基层干部吗？比如，对交通警察来说，岗位在哪里？在马路上。选择当交警，就意味着必须在马路上值班，忍受灰尘、忍受噪声，如果做不到，就别选择当交警。吃苦耐劳是我们干部的必备素质，任劳任怨是我们干部的应有品格。俗话说，通则不痛、痛则不通。把这个道理想明白、想透彻，可能就不那么觉得苦、不那么觉得累了。要说苦，长期加班熬夜、超负荷运转的党员干部多的是，比公务员辛苦的行业、职业也多得是。希望大家提升精神境界，把为改善民生做了几件实事、好事作为莫大的乐趣，把赢得老百姓的赞许作为莫大的幸福。我们付出了辛苦，老百姓给予好评，就是快乐，就是人生价值的实现。

有干部职工反映，现在拿的工资跟过去一样多，可是工作任务比以前重了；有的单位实行"阳光工资"后，补贴不让发了，收入减少了，能不能给大家解决点实际困难？实际上，对这些情况，党委、政府是非常清楚的，也在积极想办法解决，比如提高了社区居委会干部的待遇，提高了环卫工人的待遇，在发年终目标奖的时候，降低市、县两级干部的标准，提高一般干部的标准。但也需要明确指出，如果一支队伍只是在金钱的刺激下工作，绝对是没有战斗力的，是干不成什么事情的。当年蒋介石靠大洋鼓动官兵的积极性，"大炮一响，黄金万两"，结果还是吃了败仗；我们共产党没有那么多大洋，靠理想信念夺取了政权。因此，希望大家树立坚定的理想信念，增强责任心，提高执行力，在贵阳市形成比吃苦、比干活、比贡献，不比待遇、不比享受、不比"潇洒"的良好风气。

市委反复强调，要在重要工作、重点工程、应对重大突发事件中选拔任用干部。"三重"在不同的时期，内涵是不一样的。大家都知道，市委从贵阳环城高速公路建设指挥部重用提拔了7名县级干部，从"三重"工作中提拔了近50名县级干部。当前，"三创一办"就是最重要的工作、最紧迫的任务。市委已经下发通知，借鉴"抗凝冻、保民生"的做法，派出考察组，在"三创一办"中培养、锻炼、考察、识别干部，表现突出、群众公认的，组织上一定重用提拔。当然，表现不好、失职渎职的，不但不能重用提拔，还要追究责任。包括最近正在进行的市直部门中层干部跨部门竞争上岗，也要坚持这条原则。既要看考试考得怎么样，更要看平时干得怎么样。要注重选拔吃苦耐劳、埋头实干的干部，特别是为"三创一办"作出突出贡献的干部。如果在"三创一办"中怕苦怕累，不能完成任务，甚至弄虚作假的，考得再好也不能用！另外，签订的"创卫"、"创模"责任书是要算数的，如果不能按时完成任务，又没有什么不可抗力因素，要坚决问责！这一点毫不含糊！不光市里要这样做，各区（市、县）、各部门都要这么做。市纪委、市委组织部要对各区（市、县）、各部门提拔任用干部的情况进行督促检查。现在，在我们干部队伍中，有少数人在领导干部面前是奴才，干起工作来是庸才，一切活动为了升官发财，要官劲大力足，干活乏力无术，必须防止这样的人投机钻营成功！

对市民群众来说，希望你们提高文明素质，积极参与"三创一办"，既从中受益，又体验人生快乐。我认为，根据品德的好坏，人可以分为几类：毫不利己、专门利人的，那是好人；利己也利人的，或者利己不损人的，那是常人；损人利己的，那是恶人；损人不利己的，那是蠢人加坏人。做人都应该努力做好人，所以毛主席号召全国人民向雷锋同志学习。当然，这是高标准，但我们起码要做常人，千万不要做恶人，不要做愚蠢的坏人。"三创一办"跟每个人都是密切相关的，没有人能置身其外。因此，希望每个人在日常生活中多换位思考。比如，随意乱扔几袋垃圾，自己觉得方便了，可是换个角度想一想，大家都遍地乱扔垃圾，都在垃圾场里生活，你受得了吗？比如，开车乱钻、乱停，自己倒是省了时间，可是造成了拥堵，耽误了多少人的多少时间？换个角度想，你正赶时间上班、回家，结果被别的车乱钻、乱停堵住了，你不着急上火吗？请大家牢记，人人为我、我为人人，与人方便、自己方便，与人不便、自己不便。勿以善小而不为，勿以恶小而为之。为了自己，为了他人，也为了贵阳的卫生与秩序，请大家积极行动起来，做一个文明的市民、合格的市民。要牢记自己是一个省会人，应该有省会人的素质、涵养和风度；要知行合一，把"三创一办"的精神融会到骨髓里，落实到行动中；要换位思考，把自己摆进去，不要用双重标准来衡量自己和别人。为人处世，要行善积德，行小善，成大善；积小德，成大德。这是中国人的光荣传统。大家想一想，当你结束一天的工作，回到家里的时候，回忆一下当天做了几件利己也利人的事，做了几件维护社会公德的事，难道不是很愉快的事情吗？当你白发苍苍的时候，回首往事，数一数自己做了多少行善积德的事，难道不是很欣慰的事情吗？在 2010 年 4 月 24 日星期六的那一天，我们参加了一个很有意义的"三创一办"工作会议，难道不是一个快乐的周末吗？

"三创一办"内涵是城市管理永恒的主题[*]
Connotation of "Three Buildings and One Cosponsoring" would be an Eternal Theme of Urban Management

2011年12月20日，对于贵阳干部群众来说，是一个值得铭记、值得庆贺的日子。这一天，中央文明委和全国爱卫会分别授予贵阳"全国文明城市"和"国家卫生城市"称号。消息传来，干部群众欢欣鼓舞。"创文"和"创卫"难度很大、要求很高，能够同时得到这两块牌子，在全国省会城市中并不多见；贵阳"创文"创了12年，"创卫"创了21年，当年的青壮年现在已是四五十岁的中年人，当年的很多同志现在都已经退休。我接过这两块牌子的时候，深感分量重、来之不易。正因为创建的难度大、我们的付出多，所以取得成功之后的喜悦就很大。在贵阳起点比较低、基础比较差的情况下得到这两块牌子，我们没有理由不自豪！

"创文"、"创卫"获得成功，包含了多方面的意义。意味着贵阳市容市貌明显改观，城市功能明显完善，城市管理水平上了一个大台阶；意味着贵阳的老百姓可以喝上更加干净的水，呼吸更加清新的空气，居住在更加清洁、文明、有序的环境里，安全感更强，出行更便捷，生活质量更高；意味着贵阳的知名度、美誉度大幅提高，贵阳这座城市和贵阳人赢得了外界的更多尊重；意味着贵阳的干部群众不仅真正想干事，而且的确能干事、能干成事，其他地方能办成的事情，贵阳也能办成，而且能办得更好！

在充满欣喜的同时，我们也要清醒地看到，虽然拿到了牌子，但贵阳的得分并不算高，城市的整体文明水平、卫生水平也不算很高，一些地方、一些部门存在"突击"问题，极易出现反弹和回潮，市民对此比较担心；一些背街小巷、城乡接合部、车站码头、公共厕所的脏乱现象还比较突出，乱穿马路、乱闯红灯、乱吐乱扔等不文明行为也时有发生，市民对此不满意。筑城广场的高档石板上时

---

* 这是李军同志2012年1月13日在贵阳市创建"全国文明城市"、"国家卫生城市"总结表彰大会上讲话的一部分。

有痰迹、烟头，这是在展示贵阳的良好形象，还是在展示贵阳人的劣迹？创建工作是个动态过程，得到称号不容易，保住称号也不容易；现在文明不代表今后文明，今天卫生不代表明天卫生。贵州省委、省政府在 12 月 26 日给贵阳市委、市政府的贺信中，一方面对贵阳市"创文"、"创卫"以及增比进位工作予以肯定，另一方面要求我们以此为契机，乘势而上、再接再厉，继续抓好相关工作，保持既得荣誉，不断开创经济社会发展的新局面。我们必须始终坚持劲头不松、力度不减、标准不降，把各项创建工作继续向前推进，让贵阳更加文明、更加卫生。

巩固和扩大"创文"、"创卫"成果，关键是要坚持创建工作中的成功做法，形成长效机制，使文明行为和良好的卫生秩序成为常态。我们通常所说的长效机制，主要包括机构、制度和人三个方面。一是机构要充分发挥作用。文明办、爱卫办等部门要提高统筹能力，充分履行职责，对文明工作、卫生工作进行有力督导。交管、城管等部门既要严格执法，对不文明行为进行严管重罚，又要人性化执法，切忌激化矛盾、酿成事端。特别是对城市摊贩，要坚持疏堵结合，既管城市的"面子"，又管他们的"肚子"。各基层单位要落实属地管理规定，管好自己的辖区、管好本单位的人，形成横到边、纵到底的工作体系。二是制度要充分发挥作用。要健全责任机制，继续落实"门前三包"等有效制度，做到任何时候、任何地点出现任何问题都能找到明确的责任人；健全检查机制，坚持开展分层次检查、交叉检查、定期和不定期检查，形成有效监督；健全奖惩机制，做得好的奖励，做得差的处罚，直至问责，使责任主体感到压力、激发动力。三是人要充分发挥作用。干部职工要继续发扬不怕吃苦、舍得流汗的精神，把创建工作中的那种艰辛、那种奉献变成日常工作状态，继续当好城市文明、卫生秩序的守护者。广大市民要继续唱响"我参与、我受益、我快乐"的主旋律，积极践行讲文明、讲卫生这个最起码的行为准则，像呵护自己的小家一样呵护贵阳这个"大家"，让外地人心服口服地说，"全国文明城市"的市民素质就是不一样，"国家卫生城市"的市民素质就是不一样！总之，不仅要保住两块牌子，而且要让城市文明程度、市容卫生秩序在现有基础上向前迈进，让贵阳老百姓得到更多、更持久、更高层次的实惠！

两年来，"三创一办"凝聚了我们太多的心血，也倾注了我们太多的感情。"三创一办"作为一个阶段性的提法，已经成为历史。我们会时常回忆起这段激情燃烧的岁月，回忆起这段共同战斗的岁月，回忆起这段创造奇迹的岁月。应该牢记，"三创一办"的内涵是城市管理永恒的主题，创建"国家环境保护模范城市"我们还要继续努力。也请各位市民朋友放心，不管时光如何变迁，党委、政府全心全意为人民谋幸福的理念不会变，创建工作惠民生的精髓不会变，贵阳迈向更加文明、迈向更加卫生的坚定步伐不会变！

携手绿色未来　成就强市梦想[*]

Realize the Dream of Making Guiyang Strong by Building a Green Future Hand in Hand

尊敬的各位领导、各位来宾，女士们、先生们、朋友们：

第八届泛珠三角省会（首府）城市市长论坛在各方的共同努力下，今天在贵阳隆重开幕了。在此，我谨代表中共贵阳市委、贵阳市人民政府和439万贵阳人民对本届论坛的举办表示热烈的祝贺！对各位远道而来的朋友表示热烈的欢迎！向为本届论坛成功举办而付出辛苦努力的各界人士表示衷心的感谢！

在人类文明的历史长河中，历经农业文明－工业文明－生态文明的重大转型。城市，作为人类文明的结晶，伴随着社会形态的转变，其既成为文明进步的象征，又成为影响地球环境变化的主要因素。从全球来看，城市占据世界2％的土地面积，却消耗75％的能源、60％的水资源和排放80％的温室气体。如何实现人与人、人与城市、人与自然、城市与自然和谐共生，是我们在新一轮社会转型期面临的重大课题。

2007年，党的十七大首次把建设生态文明写入党的报告，这是我们党和国家长期以来在探索人口资源环境问题、可持续发展问题等基础上形成的最新理论成果，标志着我国经济发展模式的新转变。全国越来越多的城市都把生态文明建设作为经济社会发展的自觉实践和共同追求。据统计，截至2011年底，全国共有134个城市提出建设生态城市，其中包括了所有的泛珠三角省会城市。因此，我们把本次泛珠论坛的主题确定为"坚持科学发展，建设生态文明"，符合各方意愿、顺应时代潮流，特别是对于推动科学发展，加快形成节约能源资源和保护生态环境的产业结构、增长方式、消费模式，扩大区域合作对接点，探讨体制机制创新等方面具有十分积极的意义。

---

[*] 这是李再勇同志2012年7月27日在第八届泛珠三角省会（省府）城市市长论坛上的演讲。

女士们，先生们！

我们所在的城市——贵阳，地处中国西南腹地珠江与长江分水岭、北纬 26 度附近，平均海拔 1 000 米，森林覆盖率 43.2％，年平均气温 15.3℃，夏季平均气温 24℃，享有"爽爽的贵阳·中国避暑之都"的美誉。

"生态"是贵阳这座城市的靓丽名片，如何发挥比较优势，在转型轨道上弯道超车、在经济洼地中快速崛起？2007 年，贵阳市结合自身实际，作出"走科学发展路，建生态文明市"的路径选择，紧扣"加速发展、加快转型、推动跨越"主基调和工业强省、城镇化带动主战略，致力通过坚持转型发展、构建绿色经济生态体系，坚持统筹发展、构建宜居城镇生态体系，坚持包容发展、构建自强文化生态体系，坚持持续发展、构建友好自然生态体系，坚持共享发展、构建和谐社会生态体系，坚持改革发展、构建协调政治生态体系，积极探索建设具有贵阳特色和标准的生态文明城市。五年的实践证明，这一战略符合中央的要求、贵阳的实际和群众的愿望，取得了明显的成效。一是经济实力不断增强。2011 年，全市生产总值、固定资产投资、财政总收入、公共财政预算收入分别是 2006 年的 3 倍左右，人均 GDP 从 15 731 元提高到 31 712 元，多项经济指标增速创历史新高，挤进全国省会城市前列。据《全球城市竞争力报告（2009—2010）》显示，在全球 500 个城市中，贵阳市综合竞争力提升了 42 位，提升速度排列第 4 位。二是生态环境持续优化。始终坚持以最严厉的措施保护青山绿水，组建"贵阳市两湖一库管理局"，成立全国首家环保法庭和审判庭，制定了全国首部生态文明建设的地方性法规，深入开展"市民饮水安全"、"森林保卫战"等环保专项行动，加快生态化向产业化转变，产业化向生态化转变，资源节约型和环境友好型社会建设取得重大进展。全市森林覆盖率从 2007 年的 39.2％提高到 2011 年的 41.8％；饮用水源地水质达标率为 100％，城区空气质量优良率稳定在 95％以上，"爽爽贵阳"美誉度大幅提升，先后被评为国家森林城市、国家园林城市、全国绿化模范城市、国家节水型城市、全国十大低碳城市和全国文明城市、国家卫生城市。三是幸福指数大幅提升。始终秉持"为人民谋幸福"的宗旨，把"一切为了人民"作为各项工作的最大价值取向，着力解决人民群众最关心的"上学"、"就业"、"看病"、"养老"、"住房"、"治安"、"收入"等问题，努力让人民群众在这座城市生活得更有尊严、更有品质、更加阳光、更加幸福。近年来，每年财政投入民生资金均占公共财政预算支出的 55％以上；2011 年贵阳市民幸福指数为 89.2，比上年提高 1.82 个点。

国发〔2012〕2 号文件明确提出将贵阳建设成全国生态文明城市的战略定位，这让我们倍增动力也倍感压力。我们清醒地认识到，贵阳作为西部经济欠发达地区的省会城市，生态环境良好但极为脆弱，新型工业化加速发展但资源型传统产业比重仍较大，城镇化处于快速增长期但中心城市聚集力和辐射力不强，实现绿色崛起，任重道远。面向未来，面对全球变局下的绿色转型和包容性增长，我们以"提前五年在全省率先建成全面小康社会"为阶段目标，决心沿着生态文明的既定轨道，正确处理"好"与"快"，千方百计"赶"与"转"，努力走出生产发展、生活富足、生态良好的文明发展之路。为此，我们将积极探索，不懈努力：一是大力实施低碳产业工程，发展绿色经济。按照"产业生态化，生态产业化"的要求，做特一产；推进线性经济发展方式向循环经济发展方式转变，推进传统工业向生态工业转变，做优二产；通过大力发展旅游、会展、金融、物流、商贸、新兴服务业，做大三产。使全市经济结构更优，服务业和科技进步对经济增长的贡献率更大。二是实施低碳建筑工程，推广绿色居住。按照节能、节水、节材、节地要求，大力推广低碳产品、低碳技术应用，推进建筑发展绿色转型。同时，围绕建筑材料、建筑结构、通风系统、保温系统、环境质量等方面的要求，探索国际人居环境范例新城设计标准。力争"十二五"末，实现新建绿色建筑达30％以上。三是实施低碳交通工程，打造绿色出行。加快城市轻轨和市域快速铁路建设，加大城市新能源客车投放力度，继续优化公交站点，完善道路交通智能化系统，确保"十二五"末市民公交出行分担率超过45％，城市新能源公交客车普及率达100％。四是实施低碳生活工程，倡导绿色消费。加强低碳理念、基本常识、政策措施的宣传普及，使广大市民充分认识到，建设低碳城市关系到城市生存环境，关系到每个人的生活质量，从而自觉参与低碳生活工程，在衣、食、住、行、购、用方面加快向低碳模式转变，在全社会形成低碳生活、绿色消费的浓厚氛围。五是实施低碳环境工程，美化绿色家园。深入实施治水、护林、净气、保土工程，通过绿地、湿地、公园、森林、湖泊等大自然赋予贵阳的特有优势资源，将各城市组团、功能片区有机连接，促进城市建设与自然的融合共存，进一步突出"显山、露水、见林、透气"的生态城市特色，创造既能充分享用现代城市生活又独具自然之美的理想家园。

女士们，先生们！

坚持科学发展、建设生态文明是我们的共同追求。泛珠各方应把建设生态文明城市作为务实合作的新领域，努力打造国内第一个也是最大的一个生态文明城市群，使泛珠合作跃上新平台、凸显新亮点。为此，我愿提出以下三点建议：

一是细化目标务实推进生态文明建设。生态文明既是理想的境界，又是现实的目标。我们要把城市当前需要与长远发展有机结合起来，科学制定城市发展阶段性目标，把大力发展绿色经济、生态经济、低碳经济和循环经济，大力加强生态建设和环境保护，大力保障和改善民生作为生态文明建设的切入点和突破口，通过 5~10 年的努力，成就经济实力更强、生态环境更好、幸福指数更高的强市梦想。

二是自觉担当统筹推进生态文明建设。生态文明建设是一场深刻的变革，是各城市发展面临的重要课题。泛珠各城市应自觉担当、主动担当、积极担当生态文明建设使命，把生态文明要求渗透到经济发展、社会建设、文化建设、政府建设等各个方面，致力把泛珠各城市建设成全国、全球可持续发展的典范。

三是深化合作高效推进生态文明建设。泛珠各城市应按照开放与互利共赢的原则，进一步完善交流合作机制，加强交流合作，分享生态文明建设经验。特别是，应充分利用经济发展的差异性和互补性，紧紧抓住新一轮产业结构调整和发展方式转型的机遇，以工业园区、开发区、特色产业基地为依托，进一步深化项目合作，建立有利于调动合作各方积极性的产业转移机制，推进跨区域合作，加快形成分工合理、特色鲜明、衔接配套的区域产业新格局；高度重视区域生态安全和环境建设协作，注重完善流域上下游环境监测信息沟通机制，联合开展环境执法检查，务实推进流域上下游生态补偿，为全国建立生态保护长效机制作出创新和示范。

女士们，先生们！

泛珠三角城市群地域相邻、人文相通，以江为媒、因江而兴，希望各方更加紧密地携起手来，充分发挥各自的优势和特色，不断拓展发展空间，拓宽合作领域，提高合作水平，共同创造泛珠区域更加美好的未来！

最后，预祝本次论坛取得圆满成功！祝各位领导和嘉宾在筑身体健康、心情舒爽！

谢谢大家！

三、生态经济篇

Chapter Ⅲ　Green Economy

奋力加快发展服务业 *
Spare No Effort to Accelerate the Development of Service Industries

一、加快发展服务业的特殊重要性

今年年初，我们就提出要召开一次全市性的服务业发展大会。10 个月来，我和市里其他相关领导同志，到一些企业调查，与区（市、县）、有关部门和企业负责人座谈，就如何加快服务业发展进行研讨。在此期间，市政府先后下发了《关于进一步加快服务业发展的意见》和《关于加快餐饮业发展的意见》。前几天，市委办公厅、市政府办公厅又下发了《关于进一步加快现代物流业发展的措施》。特别是最近，制定了《关于促进服务业加快发展的若干政策措施（试行）》。所有这些，都是为今天的大会作准备。投入这么大的力量，用这么长的时间来筹备一次会议，特别是特邀了 30 多家中央和省驻筑单位的负责同志、近 200 家服务行业协会和相关企业的负责人参会，这在贵阳市是不多见的。为什么市委、市政府对加快发展服务业这么重视呢？

第一，要增强城市综合竞争力、完善城市功能，就必须大力发展服务业。城市综合竞争力，主要包括创造社会财富的能力和优化配置资源的能力，这两方面的能力都和服务业紧密相关。就创造社会财富而言，GDP 是衡量一个国家或地区经济实力和市场规模的最重要指标，而服务业即第三产业是 GDP 的重要组成部分，服务业越发达，意味着创造财富的能力和经济实力就越强。就优化配置资源而言，城市具有的生活居住、商贸物流、产业承载、旅游休闲、文化传播、社会组织六大功能，大都属于服务业的范畴。服务业越发达，意味着优化配置资源的能力就越强，城市功能就越完善。可以说，服务业发展的程度直接体现了城市

---

* 这是李军同志 2008 年 10 月 30 日在贵阳市服务业发展大会上的讲话。

综合竞争力和城市功能的状况。国内外一些发达城市之所以繁华，其原因就在于服务业发达。像伦敦、巴黎、东京、纽约等城市，服务业占 GDP 比重均在 85％以上，北京服务业占 GDP 比重达 71％，上海、天津、广州等城市也在 50％以上。贵阳与发达城市的差距，很大程度上就体现为服务业发展的差距。2007 年，贵阳市服务业占 GDP 的比重仅为 47％，比全国省会城市和副省级城市平均水平低 4.3 个百分点，在西部省会城市中排在倒数第 3 位，仅高于西宁、银川，比乌鲁木齐、呼和浩特、兰州、南宁分别低 14 个、8.4 个、3.5 个和 3.49 个百分点。我们只有大力发展服务业，提高服务业的总量和比重，才能逐步缩小与兄弟城市在综合竞争力和城市功能方面的差距。

第二，要扩大就业、增加税收，就必须大力发展服务业。就业是民生之本，税收是国计之源，而就业的扩大和税收的增加都有赖于服务业的发展。从就业上看，研究表明，单位产值创造的就业岗位，服务业是工业的 5 倍；每增加投资 100 万元可提供的就业岗位，重工业是 400 个，轻工业是 700 个，服务业是 1 000 个。世界上多数国家服务业吸纳的就业人口已超过第一产业和第二产业的总和。去年贵阳市服务业新增就业 3.9 万人，占新增就业人数的 79.9％，这就说明服务业已成为吸纳新增就业人口的主渠道。尤其是随着工业化、城市化水平的提升，同样的工业项目，需要的工人比过去明显减少；而服务业的很多领域提供的是个性化服务，城乡尤其是城市的生产生活需要全方位的服务，增加就业的潜力非常大。所以，要创造更多的就业岗位，实现比较充分的就业，发展服务业是特别重要的途径。从税收上看，有的同志认为，只有工业才是提供税收的"大户"，实际上，我国实行分税制，最大的两个税种中，增值税主要来自工业，75％要上缴国家，营业税主要来自服务业，80％留给地方。可见，就税收的贡献来讲，工业主要在国税，服务业主要在地税。2007 年贵阳市地税收入 61.67 亿元，来自服务业的就有 41.11 亿元，占到了 66.67％。所以，要培植税源、壮大财政实力，必须在大力发展工业的同时大力发展服务业。

第三，要提高市民生活质量、增强老百姓幸福感，就必须大力发展服务业。幸福是人们的普遍追求。作为一种主观感受，不同的人对幸福有不同的理解。但是，一般来讲，幸福感总是与生活质量紧密相关的，比如说，住房是不是宽敞，购物是不是方便，休闲是不是舒适，娱乐是不是丰富，信息是不是畅通，出行是不是便捷，等等。而所有这些与生活质量密切相关、直接影响幸福感的内容，都离不开服务业。贵阳人幸福感是比较高的，但也有不少市民抱怨生活在贵阳不那么幸福。最近，一个网友发帖说："李军书记，'爽爽的贵阳'是个好词，你现在卖力推介，但我出门、看病不方便，最近还被小偷照顾了一次，感到很不爽。"我理解，这位网友说的"爽"就是幸福感。还有不少市民来信，抱怨住房困难、上学困难、出行困难，等等。这些都说明贵阳在提高市民生活质量上还有大量工作要做。在这样的情况下，我们坚持以人为本，大力发展服务业，切实改善民生，才能满足全体市民提高生活质量的强烈愿望，增强老百姓的幸福感，让他们生活在贵阳真的感觉很"爽"。

第四，要贯彻落实科学发展观、建设生态文明城市，就必须大力发展服务业。实践证明，大力发展服务业，符合以科学发展观为指导，建设生态文明城市，建设资源节约型和环境友好型社会的要求。首先，服务业资源消耗少，是节能产业。资料显示，服务业每创造万元增加值的用电量仅为工业的 15%。据有关部门测算，如果第二产业增加值占 GDP 的比重下降 1 个百分点，第三产业增加值的比重相应上升 1 个百分点，单位 GDP 综合能耗将下降 1 个百分点左右。由于服务业受能源、资源约束较小，往往是国民经济稳定的增长点。一个典型的例子是，受年初特大凝冻灾害影响，耗电大户贵州铝厂损失惨重，直接影响白云区工业经济，今年 1—9 月白云区工业增长为 −14%，而以服务业为主的云岩区和南明区则继续保持了较好的发展势头。其次，服务业环境污染小，是减排产业。服务业每创造万元增加值所造成的烟尘排放量、二氧化硫排放量仅为制造业的 4.8% 和 3.2%。有人说，服务业创造的 GDP 是"绿色 GDP"。贵阳建设生态文明城市的一个重要目标，就是到 2012 年 GDP 能耗比 2005 年降低 25% 以上，主要污染物排放总量减少 10% 以上。只有大力发展服务业，才能实现这个节能减排的目标，才能真正建成资源节约型和环境友好型社会，因而也才能真正把贵阳建成生态文明城市。

我在调研过程中所接触到的绝大部分领导同志对发展服务业的认识是到位的，理解是深刻的，但也有一些同志在思想认识上还有些模糊，特别是对发展服务业与发展工业的关系存在一些担心。第一个担心是，贵阳市工业化程度较低，加快发展服务业的条件还不成熟。这种担心主要是依据传统经济理论特别是计划经济理论，认为服务业受制于第一、第二产业，处于从属地位，农业、工业发展不上去，服务业也就发展不上去。实际上，历史经验表明，先工业、后服务业并不是一个地区、一个城市铁定的发展路径。荷兰就通过发展全球海上贸易而成为世界强国，世界上第一个城市银行就出现在荷兰，最早的股票和股票交易所也是在荷兰产生的；中国香港、新加坡的服务业高度发达，比重很大，也并不是完成工业化之后才发展服务业的。第二个担心是，加快发展服务业与加快发展工业会产生矛盾。实际上，发展服务业和发展工业不是彼此排斥的，而是互相促进、相得益彰的。一方面，现代工业的内涵已经发生了重要变化，我国强调走新型工业化道路，推动工业尤其是制造业向集约化、高端化发展，这就要依赖于科技、信息、金融、商务、物流等生产型服务业的支持和配套。比如东部沿海发达地区，之所以新型工业化进程快、产业集群化程度高，很重要的原因就是相应的生产型服务业发达。而贵阳市生产型服务业发展滞后，与工业的关联度低，是制约工业发展的一个重要原因。从这一意义上讲，不加快发展生产型服务业，贵阳市就很难实现新型工业化。另一方面，现代制造业本身包含了许多服务的成分，例如研发、设计、品牌营销、售后服务、金融服务等，甚至有些制造业企业的业务内容逐渐演变成了以提供与产品相关的服务为主。例如，美国的通用公司以前是一个典型的制造业企业，而现在制造的物质产品比重不到 30%，提供服务的比重超过了 70%。第三个担心是，会不会以牺牲工业发展速度来提高服务业占 GDP 的比重。我在不同的场合反复强调，贵阳工业化的任务很重，必须坚定不移地实施"工业强市"战略。去年 6 月，我到贵阳市工作后，第一个调研的内容就是工业经济，3 个月时间跑了 20 多家企业，了解相关情况；今年 8 月，我又再次到一些工业企业调研，协调解决问题；在上个星期召开的市委常委会议上，我又一次强调要狠抓项目带动，超前谋划一批大型工业项目，促进工业又好又快发展。因此，我们强调提高服务业占 GDP 的比重，绝不是以牺牲工业增长速度为代价，服务业和工业的发展应该是"水涨船高"，工业发展的"水"在涨，服务业发展的"船"更高。

总而言之，我们不是梦寐以求要提升贵阳的城市综合竞争力、完善城市功能吗？不是千方百计要扩大就业、增加税收吗？不是尽心竭力要提高市民生活质量、增强老百姓幸福感吗？不是一再强调要贯彻落实科学发展观、建设生态文明城市吗？那就扑下身子，认认真真、扎扎实实加快发展服务业吧！

二、加快发展服务业的奋斗目标

我们抓任何一项工作，都要确定奋斗目标，这样才有动力、才有方向、才有衡量的标准。坦率地说，贵阳的服务业发展到底要确定什么样的奋斗目标，我的思想认识也经历了一个过程。开始，我认为应该把指标定高一些，实现跨越式发展。后来，经过对贵阳市服务业发展现状的深入了解，经过有关部门认真测算，我感到，今后 5 年只要保持目前的增长速度，服务业的发展就很可观，而且还很不容易，因为越往后基数越大，增速加快、比重提升就越难。所以，我们从实际出发，对今后 5 年的服务业发展确定了四项目标。第一，总量翻番。就是到 2012 年，确保服务业增加值达到 650 亿元，比 2007 年翻一番，力争超过 700 亿元。从过去 10 年的情况看，1997 年贵阳市服务业增加值 73.82 亿元，到 2002 年达到 157.73 亿元，5 年翻了一番多；2007 年贵阳市服务业增加值达到 326.18 亿元，

5 年时间又比 2002 年翻了一番多。过去 10 年贵阳市服务业增加值年均增速为 15.85%，如果按这个平均增速来计算，到 2012 年就能达到 680 亿元，总量就比 2007 年翻了一番多，只要我们加大力度，有所加速，就完全可以超过 700 亿元。第二，比重过半。就是要力争 2010 年左右服务业增加值在 GDP 中的比重达到 50%，稳定形成三、二、一的产业结构。过去 10 年，贵阳市服务业增加值在 GDP 中的比重从 37.5% 提升到 47%，平均每年上升接近 1 个百分点。从今年开始，如果我们继续保持服务业比重每年上升 1 个百分点，到 2010 年就能实现比重过半的目标。即使考虑到各种不可预测的因素，我们保守一点，再往后推一年，到 2011 年服务业比重超过 50%，只需要每年提高 0.75 个百分点，可以说确定这个目标是留有余地的。这样，大体用 5 年左右时间，贵阳市服务业发展水平就能达到现在全国省会城市和副省级城市平均水平。第三，结构优化。就是要大力提高现代服务业在服务业总量里的比重。目前，贵阳市服务业内部结构层次较低，以批发零售、交通运输、仓储邮政、住宿餐饮为代表的传统服务业在服务业中占 53%，现代服务业只占 47%，特别是与现代产业紧密联系的信息传输、计算机服务和软件业、科学研究、技术服务、文化、体育业等技术、资本和知识密集型服务业仅占服务业的 16%。我们要把优化提升传统服务业与大力发展现代服务业结合起来，不断提升现代服务业比重，力争通过 3 年左右努力，使全市现代服务业占服务业的比重超过 50%，服务业结构趋向优化。第四，业态丰富。就是服务业内部各种行业齐备，对生产和生活的各种需求服务基本做到全方位、全覆盖。随着经济社会的发展，社会分工多样化、老百姓需求多样化，这就给生产型服务业和生活型服务业发展都提出了新的更高要求。我们要放手发展各种形态的服务业，做到哪里有服务需求，哪里就有相关服务。以上四项目标是就全市而言的，对各个区（市、县）来说，具体情况不大一样，有条件的地方要坚持速度能快则快、比重能高则高。比如云岩、南明两城区是全市服务业发展的核心区，目前发展势头良好，服务业已经分别占到 GDP 的 59%、67%，希望它们根据自身情况，确定新的服务业发展奋斗目标，千方百计把速度搞得更快一些，把比重提得更高一些。其他区（市、县）也要从实际出发，确定相应的目标。

实现上述服务业发展的奋斗目标，我们面临着诸多有利条件。第一，全球服务业转移加快。当前，服务经济已经成为推动全球经济增长新的动力源，在国际产业转移中占了一半以上的份额，服务业成为国际直接投资的主要对象。2007 年，外商对我国的直接投资中，增速排名前三的都是服务行业。特别是服务外包已经成为全球新一轮产业革命和转移中不可逆转的潮流。世界投资促进机构协会所提供的资料显示，全球最大的 2 000 家企业中，有超过 80% 的企业在海外建立起重要的外包业务，离岸外包以超过 20% 的速度增长，而亚太地区是全球服务外包业务增长最快的区域之一。一般来说，服务外包业务对区位条件、物流条件等方面的要求不是很高，像贵阳这样的地方只要积极主动开展工作，是能够在全球服务业转移的大潮中获得机会的。第二，宏观政策有利。党中央、国务院对发展服务业高度重视，多次召开会议研究，出台相关文件，给予有力的宏观引导和政策支持。党的十七大明确提出，要发展现代服务业，提高服务业比重和水平；去年，国务院下发了《关于加快发展服务业的若干意见》，明确提出"有条件的大中城市形成以服务经济为主的产业结构，服务业增加值增长速度超过国内生产总值和第二产业增长速度"；特别是针对当前全球金融危机的大气候，党的十七届三中全会明确提出要"采取灵活审慎的宏观经济政策，着力扩大国内需求特别是消费需求"，最近国家接连出台了一系列扩大内需、刺激消费的政策措施，比如昨天央行就再次宣布下调金融机构人民币存贷款基准利率，这对于促进服务业加快发展十分有利。省政府下发了《贯彻落实国务院关于加快发展服务业若干意见的实施意见》。国家和省出台的这一系列政策措施，含金量都很高，必将对贵阳市加快发展服务业起到积极的促进作用。第三，市场空间巨大。2007 年，贵阳市城镇居民人均消费支出占可支配收入的 79.6%，在一定程度上说明居民服务性消费的意愿强烈，这为服务业的发展提供了强大动力。特别是居民对居住、通信、教育、文化、卫生、保健等服务业的需求非常强烈，反映这个难、那个难，说明这些领域的供给远远不能满足需求，市场潜力很大。而且，服务业还有引领消费、创造需求的特点，比如互联网、创意设计、家政服务等行业的兴起，极大地拓展了新的消费需求。所有这些有利条件，说明我们实现"总量翻番、比重过半、结构优化、业态丰富"的五年奋斗目标是完全可能的。

三、加快发展服务业的重点

服务业内涵丰富、种类繁多、涉及面广，加快服务业发展必须善于抓重点。什么叫重点？重点就是制约全局、影响发展的具有决定意义的问题。抓重点是我们抓工作的一个基本方法。没有重点就没有政策，没有重点就没有章法，没有重点抓工作就不会有声有色。各级各部门都要根据实际情况，精心研究，确定自己的工作重点。市里有市里的重点，各区（市、县）有各区（市、县）的重点，各部门、各单位有各部门、各单位的重点。重点一旦确定以后，就要下决心、下力气，锲而不舍，狠抓到底。在舆论方面，要解疑释惑，统一广大干部群众和社会各界的思想认识；在力量方面，要调集精兵强将，集中兵力打歼灭战；在部署方面，要注意科学组织，选好突破口，有计划、有步骤地开展工作；在实施方面，要雷厉风行、敢于碰硬，不达目的誓不罢休。那么，什么是贵阳发展服务业的重点呢？我们认为，要抓住七个重点。

第一，用更大的力气发展旅游业。近年来，贵阳旅游业发展的势头日益强劲。2005—2007年，旅游总收入分别增长23.98%、40%、48.19%，去年旅游总收入占GDP的17.99%。今年，我们把"贵阳避暑节"改为"贵阳避暑季"，创新手段，做了大量工作，取得了显著成绩。尽管受到特大凝冻灾害和汶川大地震的影响，1—9月仍然实现旅游总收入147.45亿元，同比增长49.18%。现在看来，今年旅游总收入增长50%的目标是可以实现的。应该说，我们在发展旅游上尝到了甜头，但还处在初级阶段，或者说还处在第一次创业阶段，千万不能沾沾自喜，千万不能松懈。云南发展旅游业比我们早、比我们好，但现在云南省委、省政府还提出要进行第二次创业。我们要好好向云南学习，下更大的力气加快发展旅游业。

发展旅游业，关键是要发挥优势，突出特色。贵阳市发展旅游业的优势在哪里？我认为在休闲度假旅游。休闲度假旅游是未来旅游发展的趋势所在。与观光旅游相比，休闲度假旅游是一种高端旅游方式，旅游消费支出大得多，对旅游经济的带动作用也大得多。国家实行职工带薪休假制度，小长假增多，也有利于人们选择休闲度假旅游。休闲度假旅游最重要的因素是气候、空气、海拔、纬度、生态环境等，而在这几个方面贵阳市可以说是得天独厚。我们常说贵阳资源丰富，不仅包括矿产资源，还包括宜人的气候、清新的空气、适中的海拔、合适的纬度、良好的生态环境。矿产能卖钱，气候等自然地理优势也是能卖钱的。平心而论，观光旅游并不是贵阳的强项，讲自然风光，贵阳没有黄果树、荔波、赤水、马岭河峡谷那样的著名景区；讲少数民族风情，贵阳比不上黔东南。但是，贵阳是省会城市，既是重要的旅游目的地，也是旅游集散地，到其他景区观光，要休闲度假，还得回贵阳来。我在电视上看到，今年夏天，几位杭州的老人到贵阳休闲度假，觉得很舒适，便提前预订好了明年夏天到贵阳度假的酒店。我们要充分发挥优势，把发展休闲度假旅游作为主攻方向，努力把贵阳打造成为中国乃至东亚、东南亚著名的休闲度假胜地。

围绕发展休闲度假旅游，首先要下更大的力气宣传"爽爽的贵阳"。今年以来，我们充分利用贵阳的气候优势，着力打造"爽爽的贵阳"品牌，取得了初步成效，这个品牌得到外地游客和本地市民的普遍认同，影响日渐扩大。一些商家也利用"爽爽的贵阳"这个品牌大做文章。今年中秋节市面上出现了"爽爽"牌月饼，一些高速路口、公交车上还出现了"爽爽一口，林城老酒"的广告，雪花啤酒厂宣传"爽爽的贵阳，爽爽的雪花"。前不久我拜访一位老领导，他表扬贵阳市抓旅游抓得好，特别表扬抓住了"爽爽的贵阳"这句歌词作推介。他说，过去讲贵阳是"第二春城"，为什么要跟在昆明的屁股后面呢？后来叫"林城"，这种叫法的城市也太多，"爽爽的贵阳"具有唯一性，其他地方复制不了。他推测这首歌词的作者可能是一个外出工作多年又回到家乡的贵州人。我说，这个贵州人就是我啊。坦率地说，"爽爽的贵阳"这首歌词起初是为"贵阳避暑季"写的，抒发的是对贵阳夏天的感受，现在，我渐渐感觉到贵阳的冬天也很爽，因为可以泡温泉，非常惬意，所以"爽爽的贵阳"作为一种感觉，一年四季都适用。以前市旅游局的同志担心，光推介"避暑之都"，冬天的旅游怎么办？现在我们推介"爽爽的贵阳"品牌，就可以把"避暑之都"的感觉和"温泉之城"的感觉都包含进去，内涵更加丰富。因此，对这个品牌，我们要大力宣传。今年六七月份的时候，我们到一些火炉城市推介"爽爽的贵阳"，效果很好，这些城市到贵阳避暑休闲度假的人明显增多。我们才抓一年已小见成效，只要锲而不舍地抓上三年、五年、十年，一定会大见成效。宣传部门和旅游部门要联起手来，整合资源，形成合力。其他有关部门也要结合实际，利用各自优势，力争有所作为。市妇联就做得很好，主动制作发放印有"爽爽的贵阳"旅游地图的手帕，很自然、巧妙地做了宣传。

其次，要下更大的力气改善交通条件。现在外地游客反映，到贵阳旅游，一是不太方便，二是票价太高。我到武汉、长沙推介旅游的时候，很多旅行社就提出到贵阳没有直达列车，后来，开通了武汉到贵阳的直达列车，开通了长沙到贵阳的旅游专列，到贵阳的游客一下子增加了不少。但武汉到贵阳的列车档次太低，要坐20多个小时，既辛苦，又费时。要争取提升列车档次，缩短运行时间，以方便游客。同时，还要争取与更多的城市对开直达列车。今年6月份，贵阳龙洞堡机场被国家民航总局批准为国际机场，最近新开通了到兰州、天津等城市的航班，这非常好，但还有很多重要目标客源城市不能直航，要争取开通更多的航线。要瞄准东亚、东南亚地区的重点城市，争取开通更多的国际航线；瞄准国内夏天酷热的火炉城市，争取多开通国内直达航班；对于客源暂时还不太多的地方，可以先飞小飞机，把航线开起来，逐渐吸引游客前来旅游。希望火车站、机场的领导同志与省、市有关部门紧密配合，在直达专列和航班上多做些文章。

再次，要下更大的力气提供优质的旅游产品和服务。很多游客反映，贵阳乡村旅游景点，景色不错，但设施简陋，管理混乱，不同程度地存在"脏、乱、差"现象。比如，一些媒体的朋友告诉我，乌当区的"情人谷"风景很美，名字也很浪漫，但进去之后，感觉到脏兮兮、乱糟糟，很难找到"浪漫"的感觉。另外，乌当区的香纸沟、花溪区的黄金大道等景点也存在类似问题。各区（市、县）和旅游部门要狠狠抓一抓，提升景区档次和品位。还有许多游客认为贵阳服务质量有待提高。比如酒店，很多服务员不懂什么叫"眼观六路"，换个毛巾、倒个酒都要客人在那里喊，不喊是不会来的。又比如出租车，不打表、宰客、高峰拒载、顺路搭客、言语粗俗的现象比较严重。说实话，人们旅游特别是休闲度假旅游，就是花钱买舒适、花钱买享受，并不一定非要硬件好到哪里去，只要服务质量高，同样能让客人满意。希望市里各个行业主管部门切实加强监管和指导，希望酒店、出租车等服务行业切实提高服务质量，真正让外地游客"满意在贵州"、"满意在贵阳"。否则，游客遇到种种心情不爽的事情，回去做反宣传，那我们下那么大的工夫对外宣传"爽爽的贵阳"，不就前功尽弃了吗？

第二，尽快实现会展业发展的重大突破。会展业具有产业关联度高、集聚效应强的特点，能带动旅游、宾馆、餐饮、商业、房地产、交通等相关产业的蓬勃发展。统计表明，一个好的会展对经济的拉动效应能达到1：9，甚至更高。因此，会展业被公认为是最具有发展潜力的十大产业之一。发展会展业，已经成为很多城市的发展战略重点。我们的兄弟城市遵义，就提出要借助遵义会议的品牌，打造"会议之都"。那么，贵阳适合发展会展业吗？回答是肯定的。成都专业从事会展工作的迈普公司老总说，贵阳发展会展业有得天独厚的条件，成都远远不能和贵阳相比。今年夏天，好几个城市都在争中国—东盟国家大学校长论坛暨国际学生流动论坛的举办权，最终确定把贵阳作为永久会址。中国企业家论坛夏季高峰会选择在贵阳举行，也是看中了贵阳良好的气候和生态。

如何实现会展业发展的重大突破？我认为，从贵阳的具体情况出发，首先，要打造一个有影响的会展品牌。会展业发达的城市，都有影响力很大的品牌，比如法兰克福车展、书展，达沃斯世界经济论坛，巴黎、米兰时装周，大连时装节，青岛啤酒节，广州广交会，深圳高交会，南宁中国—东盟博览会，成都的西部博览会，等等。然而，目前贵阳还没有一个有影响力的会展品牌，偶尔有点活动，也是零零星星、小打小闹。如何选择贵阳的会展品牌呢？我们考虑，一个城市选择会展品牌，不能凭领导同志的个人喜好来决定，必须与发展产业、拉动当地经济发展结合起来，这样的会展才是可持续的、有生命力的，不会因领导的更换而更换，不会因领导注意力的转移而转移。为此，今年3月，我们和北京大学生态文明研究中心共同倡议，举办"贵阳·世界生态论坛"（暂名），搭建一个国际化、开放性的生态文明对话和交流平台。办这个论坛，符合贵阳建设生态文明城市的实际，也能促进生态产业的投资合作和开发建设。举办这个论坛也得到了国家有关领导人的支持，国家有关部门的有关领导给予了充分肯定，表示全力支持，一些知名人士也表示热情参与。现在市外侨办正在筹备这个论坛，不管遇到多大困难，我们都要克服。一个会展品牌没有10年、20年的努力是不可能成熟的，达沃斯世界经济论坛搞了二三十年，博鳌论坛也有七八年了。我们开始时不求规模大，但求层次高，一年一年地积累、提升、发展、成熟。

其次，要切实加快会展场馆、酒店建设。贵阳市会展场馆、酒店设施严重不足，接待能力很有限。在贵阳区域内，上点规模的展览场馆就是省展览馆了，但面积很小，而且设备陈旧、功能单一，很难承接重大展览业务；能够承接规格稍微高一点会议的地方，就只有花溪迎宾馆。因此，要切实加快会展场馆、酒店建设，全面提升贵阳市会展硬件设施水平。最近，市委常委会、市长办公会研究决定，要排除万难，用两年左右的时间建成功能齐全、水平一流的会展中心。市有关部门正在和几家公司商谈，要抓紧确定合作伙伴，优化设计方案，尽早启动建设。要充分保证会展中心投资者的利益，让投资者有钱可赚、有利可图，长期经营下去。目标就是要尽快把场馆建起来，把会展业发展起来。另外，我们要提供各种优惠条件，积极引进国内外的专业会展公司和人才，策划在贵阳举办大型会展。

第三，大力发展房地产业。请 41 个房地产企业的老总参加今天的会议，是我提议的。之所以请你们来，首先是因为你们为贵阳市经济社会发展作出了重大贡献。房地产业是贵阳市的重要产业，近年来房地产投资占固定资产投资的比例保持在 25% 以上，房地产业增加值占 GDP 的比重保持在 3.5% 左右，占第三产业增加值的 7.4%，提供的地税收入占全市地税收入的 20% 左右。此外，房地产业发展，促进了就业，带动了相关产业的发展，加快推进了贵阳的城市化进程，改善了居民的住房条件。其次是因为贵阳房地产仍需大力发展。从贵阳市本身来讲，随着人均收入的增加和生活水平的提高，市民开始追求居住的安逸、舒适和个性化，改善居住条件的愿望越来越强烈。而且，随着城市化的不断推进，大量农村人口要转移到城市，住房刚性需求还将十分强劲。从全省来讲，贵阳作为省会城市，省内其他市（州、地）不少人都想到贵阳买房置业。从全国来讲，由于贵阳非常宜居，最近一个时期，北京、广州等地也有不少人到贵阳购房。因此，贵阳房地产业发展的空间很大，可以说，贵阳的房地产业发展不是过头了，而是还远远不够；不是快了，而是慢了。再次是请各位老总继续放心、放胆在贵阳发展房地产业。最近，受国内外经济大气候的影响，贵阳的房地产市场遭遇了一些"寒流"，为了驱走大家身上的"寒意"，我这里给大家吹几股"暖风"。第一股暖风，市委、市政府将抓紧把国家公布的政策落实到位。最近，国家采取了一系列促进房地产业发展的政策措施，比如下调契税税率和个人住房公积金贷款利率、免征收印花税和土地增值税、购房首付款比例调整为 20%，等等。贵阳市一定会不折不扣地执行好这些政策。第二股暖风，市委、市政府将密切关注贵阳房地产市场的发展态势，适时出台相关政策措施。据专家的判断，贵阳的房地产市场相对其他城市来讲泡沫较少，发展总体上是健康的，下一步，如果出现严峻的情况，市委、市政府一定会适时出台相关政策措施，予以调控，保证房地产业平稳发展。第三股暖风，有关职能部门要对全市房地产项目报批进行一次清理，凡是合法、合规的必须限时办理、集中办理，不能拖。

当然，大力发展不等于可以不守规矩、不依规划。坦率地说，与全国许多地方一样，贵阳房地产市场也存在这样那样的问题，有些问题还更加突出。比如有的未经批准就违法开工建设，破坏山体、森林、植被等生态环境；有的无视规划，随意突破"红线"、"绿线"；有的搞野蛮拆迁、一房多售、面积缩水，损害消费者的利益。出现这些问题的原因很多，但很重要的一条是一些房开商缺乏社会责任心。一个成功的企业家，一定是社会责任感很强的企业家。"三鹿奶粉"事件发生后，全国人大代表、万向集团董事局主席鲁冠球给所属各单位负责人写了一封信："奶制品事件再次教育了我们，任何私利都不能凌驾于公众利益之上，企业经营要以德为本，损人利己即自取灭亡……从古至今，谁都不能脱离社会责任谈发展，社会责任是企业存在的前提，是企业价值的体现，是市场信誉的积累，更是我们创建世界名牌企业的基石。"而一些与鲁冠球同时代的风云人物有的破产、有的坐牢，很重要的原因就是缺乏社会责任感，但鲁冠球是"常青树"，我想这与他有强烈的社会责任感是分不开的。

大家都知道，最近，贵阳市中级人民法院以事实为依据，以法律为准绳，对"福海生态园"案件进行了终审判决，引起了强烈反响，新华社、《人民日报》、中央电视台等媒体都作了报道。从根本上来讲，依法判决"福海生态园"案件是一场法律与犯罪的较量，是一场正义与邪恶的较量，是一场公权与私利的较量，是一场党和政府与违法分子的较量。贵阳市的领导班子坚决支持司法机关依法判决。农民乱砍树要坐牢，林业职工乱砍树要坐牢，难道一个所谓的名人、富豪乱砍那么多树就可以不坐牢吗？法律面前人人平等，"王子犯法与庶民同罪"！"福海生态园"案件判决后，就在社会各界普遍拥护的时候，就在广大干部群众拍手称快的时候，就在凡是有起码的良知、起码的正义感、起码的是非感、起码的社会责任感的人一致叫好的时候，却从某个阴暗角落传来那么一点噪声，说什么贵阳市的投资环境不好。我要说的是，如果他们所说的投资环境就是可以践踏法律法规，就是可以损害国家和公众的利益，就是可以为所欲为的话，那么我们贵阳的投资环境的确不好；如果说投资环境是讲法治、讲规矩、讲诚信的话，那么我们贵阳正在大力提倡、大力维护、大力建设这样的投资环境。查处"福海生态园"违法项目，告诉大家什么是碰不得的"红线"，恰恰说明了贵阳市规范投资环境的坚定决心，也是对所有守法经营者根本利益的保护。大家想一想，如果不法商人在贵阳大行其道，在森林公园那么好的环境里盖起一千几百套别墅，你们这些老总依法依规建的房子还好卖吗？这不是对守法经营商人利益的最大侵害吗？贵阳的确"欠发达、欠开发"，因而贵阳人民对海内外各类投资者包括房开商都是真诚欢迎并且竭诚搞好服务、提供良好环境的。对守法经营的房开企业和其他企业，我们都在积极为他们搞好服务，创造良好的投资环境。但对不法商人和那些骗子，我们是要坚决拒之于门外的；对"福海生态园"这样破坏贵阳几代人用心血建立起来的环城森林的项目，我们是要坚决依法查处的。现在，很多房地产老板投资的积极性仍然很高，并没有认为查处"福海生态园"项目就影响了贵阳的投资环境，反而认为贵阳堵了歪道、开了正路，使他们有了章程，知道什么事可以干、什么事不可以干，他们在这里可以更加放心、更加放胆地发展，合法、合规地赚钱。

第四，加快发展现代物流业。物流业是国民经济发展的动脉和基础产业。贵阳发展物流业具备有利条件，贵阳地处大西南的中心，无论是和周边省区的运输距离，还是和华东、华南两大经济区的运输距离，在西南地区大城市中都是最短的，发展物流业具有优越的区位优势。贵广快速铁路、贵阳货运枢纽、厦蓉高速公路、贵阳环城高速公路等交通基础设施建成后，将会使贵阳的交通条件发生很大的改善，发展物流业面临很好的机遇。近年来，贵阳市物流业发展较快，形成了一定规模。2007年贵阳市物流相关行业生产总值达到36.62亿元，占第三产业增加值的11.23%，但总体上水平较低。最近，《贵阳市现代物流业发展规划》已经修订完成，各有关部门和物流企业要按照规划的要求，抓紧谋划，认真实施。

一是要加快重点项目的实施。《贵阳市现代物流业发展规划》明确了一批重点项目，要一个一个地研究，一个一个地实施，扎扎实实地推进。二戈寨物流园区北临商业服务核心区域，南接规划中的小河—孟关产业带，又可以依托火车南站，地理位置优越，是全省最大的物资集散地和跨省出海的重要码头。11月4日，市城乡规划建设委员会将审议二戈寨片区控制性详细规划，有关部门要抓紧解决园区内的土地条块分割问题，理顺体制机制，按规划加快建设。金阳大型物流中心是整个金阳片区的物流枢纽，对畅通金阳新区的物流意义重大。目前，贵广快速铁路新客站选址已经确定，要抓紧启动物流园区建设，最大限度地节约时间、提高效率。扎佐物流园区临近川黔铁路和贵遵、贵毕公路，周边产业比较集中，矿产资源比较丰富，有利于开展相关物资的运输，特别是毗邻规划建设中的高新技术产业经济带，对高新技术产业的发展非常重要。要抓紧协调解决各种困难，尽快上马，加紧建设，早日发挥作用。其他物流项目也要按照规划，分步实施，逐一落实。

二是要支持物流企业做强做大。目前，贵阳市从事运输服务业的企业有300多家，数量不少，但很多是"挂牌公司"、"皮包公司"，真正具有仓储、信息等配套功能的物流企业只有少数几家。为此，要鼓励物流企业特别是第三方物流企业，通过重组转型、整合并购、战略联盟等方式，推进"行业洗牌"，尽快做强做大。要积极引进跨国和国内大型物流企业参与本地物流企业间的整合。要创造条件，为物流企业和制造业搭建联合互动的平台。贵州轮胎股份有限公司从2003年将部分物流业务交给贵州穗黔物流公司运作以来，物流成本降低了15％，减轻了负担，降低了风险，同时增加了近五成的业务收入。我们就是要建立这样的互动平台，既为制造业企业节约成本，又促进物流企业发展。同时，要鼓励企业把现有业务中的物流服务分离出来，成立物流公司，向专业化方向发展，比如可以把企业中的零担业务独立出来，组建快运公司，为用户提供专门化服务。

三是要完善物流服务体系。物流是一个十分庞杂的系统，只有做到物流链各环节衔接紧密、高效运转，才能达到降低成本、提供增值服务的目的。党委、政府必须发挥引导、协调作用，促进建立完善的物流服务体系。比如，从运输方式衔接来讲，要整合资源，实现公路、铁路、航空等多种运输方式一体化，形成大交通格局，促进交通网络的合理配置。比如，要加强与省内外包括国际物流机构的交流合作，实现资源共享，搭建公共物流信息平台，实现信息共享。比如，要通过建立联席会议制度等方式，与物流链上联系紧密的城市、企业一起研究物流发展规划，在基础设施建设、物流市场建设以及物流标准化、物流人才培养等方面加强合作，为物流业发展创造好的环境。

第五，积极支持发展金融业。金融是现代经济的核心，发达的金融业是一个城市繁荣的重要体现。从一定意义上讲，贵阳市发展相对滞后，很重要的表现就是金融业发展落后。一是数量少。只有8家商业性金融机构、2家政策性银行以及1家股份制商业银行分支机构，保险、证券等其他非银行金融机构数量也很有限。二是规模小。2007年，贵阳金融机构本外币存款余额为1 677亿元，而长沙、昆明分别为3 267亿元和3 671亿元；金融机构现金收入为3 216亿元，长沙、昆明分别为6 734亿元和6 115亿元，均远远高于贵阳。三是产品同质化严重。区域内主要银行业机构经营范围基本一致，在产品盈利中传统存贷收入达95％以上，中间业务收入不到5％。在服务形式上大同小异，以柜面服务为主。

积极支持金融业发展，有几项工作是当务之急。一是推动贵阳市商业银行[①]加快上市步伐。贵阳市商业银行确定了上市目标，现在虽然做了一些工作，但差距还很大，任务十分艰巨。关于商业银行上市的条件，国家在资产规模、盈利状况、资本充足率等方面都有明确的规定，不是我们想上市就能上市的。去年7月，北京银行、南京银行、宁波银行已经上市，它们至少在4年前就已经作准备了。现在看来，贵阳市商业银行只有资本充足率的指标比较理想，国家要求是

---

① 经中国银监会批准，2011年1月更名为贵阳银行。

8%，市商业银行达到 9%。其他很多指标都有差距。比如，总资产不到 400 亿元，资产规模还是偏小；比如，不良贷款率为 6% 左右，国家要求在 3% 以下。而且，现在想上市的商业银行很多，重庆商业银行、杭州商业银行等都在紧锣密鼓地开展上市准备工作。我们要下更大的工夫，苦练内功，把各项准备工作做扎实，提升各项指标，早日实现上市目标，逐步将其打造成具有竞争力的区域性商业银行。二是加快组建农村商业银行。请省农村信用联社的主要领导大力支持，帮助贵阳组建统一法人的贵阳农村商业银行。三是积极吸引境内外金融机构进入贵阳市。经过我们的积极努力，中信银行年底就要到贵阳设立分支机构，重庆银行也有在贵阳设立分支机构的意向，这是个好兆头，要让它们尽快入驻。此外，要大力支持证券、保险、信托、基金管理公司等非银行金融经济的发展，开发多种金融产品和服务。

促进金融业的发展，特别需要政府、金融机构和企业三者加强联系。从政府来讲，要加大资源整合力度，为在筑的金融机构提供优质、便捷、高效的服务，尤其是要积极为企业和银行搭建沟通合作的平台，组织开展好各种形式的银企对接活动，向银行推荐好企业、好项目，促进金融与产业的协调发展。从金融机构来讲，要积极支持重点行业、重点企业和重点项目，特别是为中小企业发展提供更有力的信贷支持；要加大制度创新、服务创新和产品创新的力度，为企业和经济发展提供更优质的金融服务。从企业来讲，要不断提升自身素质，将诚信作为企业的立足之本，以市场为导向，选准、选好投资项目，以良好的企业效益、企业形象和企业信誉来赢得金融机构的长期支持。今年市里成立了金融办，就是要在政府、金融机构和企业之间架起一座沟通的桥梁，建立日常沟通联络机制，增强政府服务金融发展和企业融资的能力。

在大力发展金融业的过程中，要时刻注意防范金融风险。大家都知道，从美国开始的国际金融危机愈演愈烈，让世界经济不得安宁，让很多人联想到了 20 世纪二三十年代发生的经济大萧条。为了应付危机，各国首脑频频碰头，召开各种会议商讨应对的办法。即便如此，全球经济前景仍然不容乐观。可见，金融出问题，后果很严重。作为地方来讲，当前要特别注意防止非法集资等扰乱金融秩序的行为。最近湖南省吉首市因非法集资引发严重群体性事件，影响很大。这件事从发生、发展到最后爆发，长达 10 年时间。专家估计，这次事件也至少影响当地发展 10 年时间。我们要引以为戒。事实上，贵阳市并不是没有发生过类似的非法集资事件，只不过侥幸的是涉及人数没有那么多，集资数额没那么大，没有造成那么严重的后果。大家不要忘了，星星之火是可以燎原的，如果我们不见微知著、防患于未然，听任其发展，等到出了大事、收不了场的时候，我们悔之晚矣。市委、市政府将专题研究防范金融风险的问题，完善防范、处置金融风险的长效机制，严密监管金融市场，严厉打击非法集资、洗钱、地下钱庄等违法行为，维护正常的金融秩序。

第六，努力提升商贸服务业。传统商贸服务业是当前贵阳市服务业的重要支撑。2007年，贵阳市商贸服务业增加值达到72.52亿元，占全市生产总值的10.4%，占第三产业增加值的22.23%，对全市经济增长的贡献率为8.5%，是第三产业中总量最大的行业。下一步，要以树品牌、上规模、上档次为目标，通过改造提升，优化结构、合理布局、突出特色。一是要规划建设中央商务区。中央商务区的最大作用在于"聚集效应"，商业的各种活动集中在一个特定区域内，可爆发释放出更多的经济能量。目前，国内有不少城市已经建成或正在规划建设CBD，如北京朝阳区内3.99平方公里区域的北京商务中心区、广州天河的珠江新城、深圳的福田中心区等。我们要结合贵阳实际，规划建设集金融、商贸、文化、服务以及大量的商务办公和酒店、公寓等设施在内的中央商务区，使之成为引领潮流、带动发展的引擎。二是要加快规划建设商业特色街区。商业特色街区是现代城市功能分区的需要，反映着一个城市的商业发展水平和繁荣程度，甚至是城市的重要标志。比如，一提起北京、上海、武汉，我们都不由想起王府井大街、南京路、汉正街。贵阳市有些商业街区已经具有了相当的规模，也形成了一定的特色，比如喷水池、大十字，非常有名气，对这些街区，要根据其特色明确定位，加快建设步伐，进一步突出亮点，进行规范，提升品位。对即将或正在规划建设的新兴商业街区，比如金阳新区商业中心等，一定要根据定位，实行连片开发、市场运作的建设模式，而且建设和招商要同步进行，标准要高。总体上，商业特色街区的建设要突出特色、内涵、品位，不能太多、太滥、太泛。三是要规范改造提升专业市场。贵阳市专业市场很多，但在市场布局、发展空间等方面不尽合理，要加大改造力度，提升档次，做大规模。五里冲农副产品批发市场是全省最大的农副产品综合批发市场，现在已经非常拥挤，有关部门和有关区要抓紧谋划搬迁事宜。对那些规模不大、效益不高，而且比较分散的，要进行整合归并。今后，要注意优化市区专业市场建设布局，着重培育、建设一些体量大、辐射能力强的大型专业市场。

第七，着力培育新兴服务业。新兴服务业指的是那些原来基本空白或规模较小，现在需求量大、发展较快的服务性行业或部门，它是随着现代社会生产力的发展，为满足人们不断变化的需求而产生并发展起来的。新兴服务业的特征，一是高成长性。新兴服务业增速一般要高于整个经济平均增速的几倍，发展空间很大。二是高增值性。新兴服务业大多以技术创新和制度创新而诱导出新的需求，带动供给创新。对这些新兴行业，我们要保持高度的敏锐性，精心培育，使之成长为新的经济增长点。比如，动漫产业。也许有人认为动漫、游戏产业只是小儿科。我在这里举个例子。今年 6 月 20 号上映的《功夫熊猫》，首个周末便取得了 3 800 万元的票房成绩，第二周单周票房达到 5 800 万元，前三周国内院线总票房超过 1.35 亿元。大家想想，这 1 亿多元的产值我们要出口多少件衬衣、多少双鞋子啊？这个行当很不简单，大有可为。贵阳市发展动漫游戏产业已经有一定的基础。去年，贵阳市挂牌成立了全省首家以动漫为主导的"贵阳数字内容产业园"，目前园区已具雏形，呈现出加速发展的良好势头。连续举办了两届亚洲青年动漫大赛，效果是好的。我们要力争更多的项目落地，在发展动漫产业上取得更大的突破。比如，社区服务业。随着人们生活水平的提高，对家政服务、托幼养老、洗染理发、修理维护、便民早餐、医疗保健、体育健身等社区服务的需求非常旺盛，发展潜力很大。要积极拓展社区服务领域，探索社区服务运作模式，提高社区服务的信息化、智能化水平，加快建设方便、快捷、优质、人性化的社区生活服务圈。另外，包括会计（审计）事务所、拍卖行、地价评估所、税务代理所、各类招标代理机构以及工程领域的工程造价咨询、监理公司、质量检测中心、房产测评等在内的中介行业，在经济社会生活中发挥着越来越重要的作用，要把发展和规范结合起来，形成高水平、专业化的服务体系。

四、党委、政府如何强力推动服务业加快发展

在我国现有国情下，要干成事，只靠群众自发、市场自发、社会自发，局限性是很大的，必须有党委、政府强力推动。尤其在贵阳这样的欠发达地区，市场发育还不完善，各级党委、政府必须发挥强有力的引导和推动作用，加强组织协调，凝聚各方面力量，共同推进服务业发展。

第一，要以超前的思路抓紧制定和完善服务业发展规划。"十五"期间，贵阳市曾经做过一个服务业发展规划，但"十一五"期间没有。服务业内部目前只有旅游业发展专项规划、物流业发展专项规划，会展业、房地产业、金融保险业等都没有规划。市服务业领导小组要组织有关部门，借助专业机构的力量，抓紧制定和完善相关规划。搞规划，最需要的是思想超前，最忌讳没有长远眼光。因为规划滞后，一些基础设施刚建好没几年就推倒重来，这样的教训在贵阳市不少。要增强规划的前瞻性，起码要设想一下 10 年、20 年后的情景，尽最大可能使制定的规划符合未来发展方向，经得起时间的检验。现有的各方面专业规划之间相互衔接不够也是个比较突出的问题。比如做产业规划的，较少考虑基础设施建设规划；做服务业发展规划的，较少考虑工业和高新技术产业发展规划。有时各个规划之间不搭界，甚至相互打架。因此，做规划的时候一定要有系统观念，

绝不能把任何一个规划孤立起来看，要注意与总规、分区规划、行业规划、专项规划衔接好，形成一个科学统一、衔接协调的规划体系。

第二，要把解放思想落实到支持服务业加快发展的各项政策措施上。回顾我国改革开放 30 年的成功历程，可以总结的经验很多，其中关键的一条就是解放思想。我们要把解放思想真正落实到行动上。现在有少数人"叶公好龙"，处于伪解放思想状态，说起解放思想的道理，口若悬河，比谁都坚决，可一落到具体问题上，就这也不行、那也不行。小平同志 1992 年的南方谈话提出"三个有利于"，我认为，对贵阳市来说，只要是有利于推动服务业发展，只要是有利于提升贵阳市的综合竞争力、完善城市功能，只要是有利于改善民生、增强老百姓幸福感，就都可以做。凡是其他城市能干的，我们也能干；凡是国家没有明令禁止的，我们就可以干；凡是过去的规定已经明显不符合实际情况的，我们也应当打破条条框框大胆干，先试点、后推开。如果不这样，怎么叫解放思想呢？这次会议印发的《关于促进服务业加快发展的若干政策措施（试行）》"干货"很多，坦率地说，这些做法在别的地方已经不新鲜了，我们只是借鉴而已。但即便如此，实施起来可能还会遇到麻烦，希望各区（市、县）、各部门务必解放思想，消除阻力，落实到位。这个文件可在媒体上公开发布，请有关人士进行分析和点评，让全体市民、全体投资者都知道。

关于落实政策措施，我特别强调两点，一要放开。就是要改革制约服务业发展的体制机制，按照"非禁即允"的原则，减少和规范行政审批，放宽市场准入。最近，有群众投诉市交通局办理客运公司手续的审批问题，一个并不复杂的客运经营审批，要先找市旅游局签署意见，市交通局才予以研究。到了市旅游局，市旅游局说请市交通局根据运力予以研究，终点又回到起点，白费了二十来天。这样的行政审批不取消行吗？由此可见，行政审批事项的确过多，有的已经不符合实际情况，请市政府抓紧进行审批事项的清理，在贵阳市权限内的，该管的一定要管住，该放开的一定放开，比如环保、规划、建设、土地等审批就要管住，其他一些不该管、又管不好的坚决交给市场。要坚持一条原则，清理后的行政审批项目只能减、不能增。在减少行政审批问题上，我们要向邻居昆明市学习。今年，昆明市在不到半年时间内通过下放、合并、取消等方式，三次对行政审批项目进行精减，从 506 项精减到 141 项；从 2006 年以前的 1 000 多项到现在的 141 项，昆明市的行政审批项目已经精减了九成，成为全国审批项目最少的城市之一。二要让利。就是要落实财税优惠扶持政策。《关于促进服务业加快发展的若干政策措施（试行）》里规定的财政扶持、税费优惠、资金奖励等政策措施，核心就是政府要让利，部门要让利，放水养鱼，涵养财源、税源。在这些问题上，我特别希望一些部门的同志想开一点，算大账，算长远账，不要斤斤计较。

第三，领导干部要亲自动手抓服务业发展项目。如果一方面嚷嚷要大力发展服务业，另一方面又不抓项目，那就是说空话、说废话。各级领导干部一定要亲自动手抓项目，通过抓具体项目，把发展服务业变成一档子一档子的具体事情、一项一项的具体工作，干一件成一件，抓一项完成一项。要提高抓项目的本领，善于策划题材，把题材策划成项目，把项目策划成漏斗，漏斗就是要漏钱办成事。要舍得吃苦，不能当"大爷"，对一些前景好、带动力强的大项目，要甘于当"孙子"，去求人家、缠人家，千方百计把项目弄到贵阳来。项目落地后，要紧紧盯住不放，一抓到底，从可研、立项、审批、建设、运营等各个环节加强全程协调服务。像会展中心、奥体中心、二戈寨和金阳物流中心等一些重点项目，要选派重点骨干力量重点抓，及时协调解决困难和问题，加快推进。

我在这里要特别提醒大家的是，针对当前经济形势，中央的宏观调控政策正在发生变化。日前，温家宝总理在第七届亚欧首脑会议闭幕后的记者招待会上说，我们已经调整了宏观经济政策，开始实行灵活、稳健的宏观经济政策，把保持经济稳定增长放在了首要位置。中央有关部门也正在确定 2009 年的国债发行规模。最近，国务院批准将"十一五"期间的铁路基本建设投资由 1.25 万亿元增加到 2 万亿元。这些都是重大机遇。危机危机，危中有机。能不能抓住机遇，借机成事，是对我们工作能力、领导能力的考验。要抓紧准备一批项目，力争挤进国家"盘子"。特别是要争取国家大力支持，抓紧启动实施贵阳城市轨道交通、铁路客车外绕线、"两湖一库"污水处理工程等重大项目。这段时间，市发改委等部门要辛苦一点，加班加点，尽快提出方案，完善相关资料。

第四，要像严打"两抢一盗"一样整治服务业发展软环境。最近看到一篇报道，说云岩区一个街道办事处为辖区企业提供"保姆式"服务，我很受启发。我们当书记、市长、区长、局长的，就是要像保姆一样，为服务业的各行业提供精心、细致、周到的服务。首先从我开始，要当好"保姆"，各级各部门的负责同志也要当好"保姆"，为企业提供快捷服务、"一站式"服务、全程服务。特别是工商、税务、公安、城管、环保、规划、商务、房管、国土、电力、金融等职能部门，要主动提供服务。合理合规的事情，要坚决办、赶紧办，不能拖；不合理、不合规的事情，坚决不能办，并及时告知对方。我在调研过程中，有些企业反映贵阳的投资环境不好，人际关系成本很高，特别是一些具体办事人员服务意识极差，不给好处不办事，人情不到位不办事。这些人虽然是极少数，但极大地损害了党委、政府的形象，影响十分恶劣。前不久，市委、市政府制定了《关于开展"整治发展软环境，建设服务型机关"专项工作的实施方案》，市委常委会将研究成立"贵阳市软环境治理办公室"，就是要拿出开展"严打两抢一盗，保卫百姓平安"专项行动那样的力度，整治推诿扯皮、办事拖拉、吃拿卡要等行为。这个方案登报征求过意见，在座各位企业家如果遇到这样的事，欢迎你们投诉。今后要狠抓反面典型，昭告不作为、乱作为应该付出什么样的代价。总之，要通过提供良好的服务环境，让外来投资者即使在贵阳举目无亲，无任何关系，无任何背景，也能凭自己的本领、靠遵纪守法经营落地、生根、开花、结果，长成参天大树。

加快贵阳市服务业发展，关键在苦干、实干。让我们甩开膀子、大刀阔斧干，齐心协力、团结一致干，持之以恒、坚持不懈干吧！

把旅游文化产业发展成为重要支柱产业[*]
Build Tourism and Cultural Industries into
Our Pillar Industries

在制定发展战略、确定产业选择和取向的时候，我们要解放思想，更新观念，看准比较优势，扬长避短。像贵阳这样的省会城市，优势究竟在哪里？分析下来，突出的就是气候、空气等生态环境。这样的优势，是用1万亿、2万亿GDP也换不来的。这是上苍给贵阳最珍贵的礼物。怎样把这种资源优势转化为经济优势？很重要的就是做好旅游文化产业这篇大文章。因为旅游文化产业关联度高、带动性强，是富民产业，是绿色产业。通过发展旅游文化产业，贵阳即使在经济总量上暂时赶不上东部发达城市，但宜居、宜游指数高，完全可以让市民生活得很幸福。

发展旅游文化产业，在很大程度上靠与众不同的创意，靠出其不意的点子，靠策划能够吸引眼球的活动，来扩大自身知名度。现在各城市都使出浑身解数，策划、推介城市品牌，有的很有新意，有的则很俗气。贵阳面临的一个重大问题是，在推介、宣传旅游的时候，究竟打什么品牌？我建议不要打"森林之城"这个牌子，因为没有唯一性，现在已经有十多个城市获得了"国家森林城市"的匾牌。我也不主张贵阳打"四季休闲胜地"这个品牌，因为贵阳的冬天并不那么适宜休闲，推介也要实事求是嘛。中国气象学会最近将授予贵阳"中国避暑之都"的称号，这块牌子要珍惜。我跟袁周市长开玩笑说，你领牌子的时候，千万要叮嘱中国气象学会的领导一句，"中国避暑之都"的牌子只能发给贵阳一家。当然，"避暑之都"只是展示了贵阳气候方面的优势，还不足以把贵阳的全部特色彰显出来。那么，到底打什么品牌呢？我强烈感受到，贵阳的特色就是一个字："爽"。这个"爽"包含了气候凉爽、空气清爽、人民豪爽，包含了民族文化爽

　＊　这是李军同志2007年12月7日调研宣传文化旅游工作时讲话的一部分。

心、自然风光爽眼、美酒佳肴爽口，内涵非常丰富。因此，我建议明确打出"爽爽的贵阳"这个品牌。确定了品牌之后，宣传、文化、旅游部门要集中力量吆喝，不要旁顾左右，不能今天一个提法，明天一个提法；要坚持不懈，使之不断深化、强化、拓展和丰富，不因领导的变化而变化，不因领导注意力的改变而改变。近几年，省委宣传部、省旅游局铆足劲就是吆喝"多彩贵州"一个品牌，现在看来很有效果。贵阳市也应该这样做。

把旅游文化产业发展成为重要支柱产业，需要各部门形成合力。一是宣传部门和旅游部门要紧密结合。一方面，对外宣传要围绕旅游做文章。外宣部门的常规性工作要做好，但如果要与党委、政府的经济工作贴得更紧，创造性地开展工作，突破口就是旅游。外宣部门的同志一定要认识到，做好旅游外宣是本身的职责，要和旅游部门形成一个很好的联动机制。另一方面，旅游部门要借助外宣部门的平台搞宣传。因为宣传部门与媒体联系多，便于开展多种形式的旅游宣传。比如，2005年，省里第一次搞"多彩贵州"推介会，在北京是中央外宣办的一位处长帮助联系各家媒体。到了上海，是上海市委外宣办主任在那里组织媒体。这是旅游局办不到的。二是旅游部门和文化部门要紧密结合。一方面，旅游一定要和文化结合起来。山，在常人眼里，就是那座山，但在文人眼里，山就被描绘得千奇百怪；水，在常人眼里，就是那方水，但在文人眼里，水就被描绘得形态多变。贵州的旅游为什么和云南有差距，差在哪里？就是旅游的文化内涵发掘不够，山就是那座山，水就是那方水，层次上不去。比如，许多洞里的石头造型，不是叫猪八戒，就是叫孙悟空。而在云南，阿诗玛、五朵金花、纳西古乐、茶马古道等景点，都具有丰富的文化内涵，吸引了众多游客。另一方面，文化要和旅游结合起来，通过旅游提供广阔市场。文化产品能够获奖当然好，但必须跟市场结合。市场在哪里呢？很大程度上就在旅游，就靠游客。要紧紧围绕游客这个市场，实施精品战略和项目带动战略，一个项目一个项目地抓，一个精品一个精品地突破。

贵阳的节庆活动一定要整合，不要搞多、搞滥。要创新思路，集中精力，形成拳头，把"贵阳避暑季"办好。办活动，不能仅仅办给领导看，如果那样，肯定持续不下去。也不能关起门来搞活动，自娱自乐。要把活动真正办成旅游产品，进入到旅行社的套餐，卖给游客，办给游客看。

把贵阳建设成为国际旅游城市[*]

Build Guiyang into an International Tourist City

一、认清形势，深刻认识建设国际旅游城市的重大意义

当前，国际国内旅游业正处在大发展、大调整的重要时期。对贵阳来讲，顺应当今旅游业的发展趋势、发展规律、发展阶段特征，推进国际旅游城市的建设，具有十分重要的意义。

第一，建设国际旅游城市，是自觉担当文化旅游发展创新区、旅游强省建设重任的必然要求。国发〔2012〕2 号文件明确了贵州省建设"文化旅游发展创新区"的战略定位，这是促进全省旅游业跨越发展的历史机遇。贵州省第七届旅游产业发展大会以及最近印发的《贵州省生态文化旅游发展规划》提出了以贵阳为中心的"一核四轴五环多区"旅游发展空间布局，明确将贵阳打造成全省旅游服务母港和中心枢纽。2012 年 6 月 25 日，省委主要领导在支持贵阳市加快发展推进大会上要求我们把国际旅游城市的标准作为远景，作为抓手，把贵阳城市建设与发展全面推上一个新台阶。因此，建设国际旅游城市，是对贵阳科学发展的大势之谋和长远之谋，是省委、省政府对贵阳市的新期望，我们必须主动担当、敢于担当、自觉担当，全力推进国际旅游城市建设，为全省加快建设文化旅游发展创新区，打造世界知名、国内一流旅游目的地，更好地发挥"火车头"和"发动机"的作用。

第二，建设国际旅游城市，是加快建设全国生态文明城市的内在要求。贵阳市城市发展的目标定位是全国生态文明城市，我们的一切战略措施都要围绕这一发展目标来确定。通常讲，国际旅游城市，是指经济社会发达、旅游资源丰富、

---

　　* 这是李再勇同志 2012 年 7 月 18 日在贵阳市第六届旅游产业发展大会上的讲话。

资源品位高、具有超国界吸引力、城市综合环境优美、旅游设施完善配套、旅游产业发达并成为城市主要支柱产业、国际国内游客数量众多、在国际上具有较高知名度的国际性城市。主要有以下特征：一是城市基础设施现代化，拥有完善的基础设施体系；二是城市产业结构高级化，第三产业居主导地位，尤其表现在旅游业成为国民经济的支柱产业；三是旅游服务设施完善，能满足不同国家旅游者不同爱好、习俗和消费层次的需求；四是城市从业人员训练有素，服务质量一流；五是有文明的居民素质、良好的政府形象、较高的城市管理水平。建设国际旅游城市，本质是城市功能的完善、产业的提升、品牌的增值，可以极大地推动贵阳城市形态和功能根本转型，有效促进生产要素合理配置和最佳整合，搭建起聚集人流、物流、信息流、资金流、技术流等的平台，在更高层级上推进城镇化、构建区域经济高地，这必将为我们建设全国生态文明城市提供强大推动力。

第三，建设国际旅游城市，是提升"爽爽贵阳"知名度、旅游竞争力的现实要求。旅游品牌的知名度，决定着一个城市旅游业的吸引力、竞争力，也是一个城市对外开放的重要标志。近年来，"爽爽贵阳"城市品牌的知名度在国内有了极大提升。但是，由于国际旅游市场开拓不够，"爽爽贵阳"在国际上的知名度还不高。2011年全市接待海外游客数9.8万人次，仅占全部接待游客数的0.2％，而且人均逗留时间短、花费少，旅游国际化程度亟待提升。自20世纪90年代以来，杭州、苏州、桂林、西安、深圳等50多个城市先后提出建设国际旅游城市的目标，在国际上的知名度、竞争力得到显著提升。比如深圳，把建设国际旅游城市作为"十一五"及中长期的城市发展战略，从一个没有多少景观的城市变成了拥有世界级景观的城市，2011年海外游客达1 100万人次，堪称全国典范。贵阳要在未来城市竞争中奋力攀高，就必须树立更高的目标，把旅游业放到国际大平台上去谋划，借力国际旅游市场，加强对外合作，扩大营销空间，全面提升贵阳旅游产业发展竞争力。

二、突出重点，全力建设以风景旅游为主要特征的国际旅游城市

国际旅游城市，根据主体吸引物的不同，可分为自然风光型、花园型、娱乐型、商务型和文化型；根据城市主要功能的差异，可分为国际风景旅游城市、国际商务旅游城市、国际会议旅游城市和国际宗教旅游城市。省领导深刻指出："对贵阳而言，应该是建设国际风景旅游城市。"其核心特质是，凭借城市得天独厚的自然风光及融自然环境于一体的人文景观，创造出优美的风光名胜和城市旅

游环境，成为国际观光、度假、康复、疗养的胜地。所以，从这个意义上讲，贵阳是具备优势条件的。但是，就建设国际旅游城市对城市经济水平、城市交通状况、国际语言环境、国际人流指标、国际信息标识、国际外交机构、国际商业机构、出入境签证制度、免税购物政策以及具有世界吸引力的旅游产品等方面的基本要求看，我们还有很大的差距！当前，我们要紧紧抓住国际国内旅游产业转型升级和贵州省加快建设旅游大省、旅游强省的发展机遇，发挥比较优势，突出工作重点，全力建设以风景旅游为主要特征的国际旅游城市。

第一，围绕"爽"字下工夫，打造吸引全球眼光的旅游核心产品。一般来说，每个国际旅游城市都具有独一无二的旅游核心产品。大自然赋予贵阳的独特气候条件，就是极具差异性的世界级旅游资源。我们要充分发挥其优势，把"爽"的文章做深、做透，全面提升"爽爽贵阳·中国避暑之都"、"全球十大避暑名城"旅游品牌的国际知名度。总的来讲，就是要围绕吃、住、行、游、购、娱、教育、科技、养生等旅游要素，沿时间轴线，策划春季"清爽"、夏季"凉爽"、秋季"亮爽"、冬季"舒爽"的"爽产品"体系，拓展"爽爽贵阳"的内涵，展现"爽"的文化魅力，让"爽"变成品牌经济。具体讲，要着力打造"五个一"旅游工程：一是着力打造一个旅游龙头景区。以青岩古镇为核心，联动花溪公园、天河潭、花溪湿地公园，整合创建国家 5A 级旅游景区，建成世界级旅游度假区。二是着力打造一条生态文化旅游带。将整个南明河市区段作为景观轴线，通过科学规划、综合治理，改善水体质量和生态环境，高品位开发建设城市景观走廊、文化走廊、休闲走廊，致力打造"东方的塞纳河"，使之成为城市的一张靓丽名片。三是着力打造一个中央游憩区。坚持精细化、精品化要求，形成筑城广场、甲秀广场、苏宁广场、黔灵山公园、河滨公园、观山湖湿地公园等一批有文化品位的城市休憩区；加快建设文昌古街、汉湘市井古街、青云路等酒吧街，将旅游元素、文化元素与商业元素有机结合，形成同具商业活力和文化魅力的城市旅游文化街区，建成酒博会的持续产品。四是着力打造一批休闲度假旅游产品。加快将南江大峡谷、桃源河等景区创建为国家 5A 级景区，建设国家生态型多梯度高原运动训练基地、山地户外体育旅游休闲基地、汽车露营地以及红枫湖—百花湖环湖旅游区，开发清凉避暑、温泉养生、生态休闲、乡村体验、高尔夫度假等产品，打造满足游客多种需求、具有国际影响力的旅游休闲度假胜地。五是倾力打造一座"诗意栖居"的生态城市。以优化空间布局和改善人居环境为目标，在老城改造和新区建设中，更加注重城市林带的建设和绿地率的提升、更加注重水与自然生态的改善、更加注重建筑风格的特色和品位、更加注重文化元素的深度体现、更加注重基本公共服务设施的配套，把贵阳这座城市建成时尚休闲、诗意栖居的生态之城，建成对外吸引力强的优秀旅游产品，逐步实现旅游城市向城市旅游的转变。

第二，充分发挥省会城市要素聚集优势，建设符合国际化要求的旅游服务母港。要突出贵阳作为省会城市的要素聚集效应和窗口效应，围绕建设国际旅游城市，提升旅游集散服务功能，将贵阳打造成全省旅游服务母港。一是要优化城市集散服务功能。围绕贵阳的旅游产品和半小时航空经济圈的优秀旅游产品，科学规划、合理布局、有序建设一批旅游客运集散中心、旅游交易推广中心、旅游商品购物中心、旅游咨询服务中心，形成网状连接省内各旅游区，线状联通省外、境外客源市场的立体化集散服务地。二是要加快旅游交通体系建设。依托龙洞堡国际机场的改扩建，新开辟一批直达泰国、新加坡、日本、韩国等国外重要旅游城市的国际航线，力争在 5 年内再开辟 10～15 条国际航线，加密国内外航班，完善贵阳与国际、国内重点客源城市、重点旅游中转地的航空交通网络。加快贵阳与省内主要旅游城市和重点旅游区快速铁路和高速公路网络体系的建设，真正形成便捷高效的城市现代交通网，提升城市进出的方便度和抵达目的地的快捷度。三是要提升商业服务品位。品牌本身就是旅游的吸引力。要继续规划建设一批高档避暑度假酒店和独具特色、国内知名的餐饮街区、购物街区，做足旅游和消费的文章。力争 5 年内新增 20 家以上五星级酒店，新增 10 家以上大型品牌购物中心。四是要大力发展现代高端服务业。以科技、金融、贸易、会展等为重点，以拓展经济发展的外向度为目标，充分发挥高新区、开发区、金融中心、会展中心、交易中心等平台优势，把举办国际性展会、扩大国际贸易、增强国际金融科技服务能力作为丰富现代服务业业态、提高服务业发展水平的重点，为建设国际旅游城市提供要素保障和高端服务。

第三，以最大限度满足游客需求为核心，打造与世界接轨的旅游服务环境。要牢固树立"以客为本"的建设理念，围绕提升和满足境内境外游客的需求做好旅游环境建设工作。一是推进旅游标准化。2012 年 3 月，国家旅游局确定贵阳为第二批全国旅游标准化试点城市。我们要以此为契机，全面推进旅游行业制度化、规范化和国际化"三同步"。重点按照国际旅游城市标准，启动建设全市景区和道路交通中、英、日、韩文国际化旅游标识标牌，确保今年出效果，明年广覆盖；要完善机场、火车站等主要交通节点的旅游服务设施，设立旅游团队进出站专用通道；继续改善通往旅游景区和区（市、县）旅游目的地的道路交通条件，提升旅游交通环境。二是推进旅游服务人性化。要以创建国家智慧旅游城市为载体，改造提升旅游信息环境，打造"电子政务网、电子服务网、电子商务网"互联、互通、互动的智慧旅游信息网络体系。2012 年底，开通"爽爽贵阳网"旅游目的地营销系统，基本实现网上查询、预订、销售服务一体化。要积极倡导"游客即家人"的理念，建立健全星级饭店、A 级景区、等级旅行社等旅游企业诚信评价体系，让游客和市民参与旅游行业监督，创造全社会共同认知、认可的和谐旅游价值观和人文环境。三是推进旅游服务队伍专业化。整合现有资源打造一批网络完备、品牌响亮、财力雄厚、渠道多元的龙头旅行社，发展一批中小型旅行社和旅游终端服务商，培育一支专业水平高、综合素质强的旅游从业队伍，提升旅游服务的国际化水平。

第四，充分发挥旅游产业辐射带动力强的优势，推进旅游产业与三次产业融合发展。坚持产业融合发展理念，把旅游业发展与工业化、城镇化、农业现代化结合起来，推进传统产业转型升级。一是加快把旅游业做成重要支柱产业。旅游业是关联度高、带动性强、就业面大的动力产业，其产业链延伸到一、二、三次产业中的众多行业和部门，能够引领和促进城市经济社会的全面发展。目前，贵阳市旅游业增加值仅占 GDP 的 6%。因此，要着力推动旅游业大发展、大跨越，确保未来五年旅游业增加值突破 500 亿元，力争到 2020 年突破 1 000 亿元，旅游业增加值占 GDP 的比重超过 15%，为贵阳市经济加速发展发挥更大的带动作用。二是大力促进旅游产业与其他产业的融合发展。创新"围绕旅游抓农业、围绕旅游抓工业、围绕旅游抓服务业"的思路，延伸旅游产品链、服务链和经营链，大力开发农业旅游、工业旅游、三产旅游等新产品，促进全市产业结构的优化提升，力争到 2020 年，以旅游业为主的第三产业占国民经济的比重超过 65%。三是大力促进旅游业与文化深度结合。既要善于运用各地丰富的文化资源发展旅游业，又要打造一批具有贵阳文化特色的文化旅游精品、文化演艺产品和有影响力的旅游文化活动品牌，开发一批符合地方文化特点和满足市场需求的文化旅游工艺品、纪念品，通过文化与旅游的有机结合，使旅游业既有"看点"，又有"卖点"，实现产业融合发展。

第五，强化宣传、高端展示，全力开拓国际旅游市场。充分拓展对外交流渠道，搭建旅游宣传推介和高端展示平台，提升贵阳旅游的知名度和美誉度，全方位开拓国际旅游市场，促进贵阳旅游业走向世界、融入世界。一是创新对外宣传方式。策划举办多形式的境外大型宣传促销活动，如开展"海外媒体看'爽爽贵阳'"、"海外学子走进'爽爽贵阳'"等系列活动，主动邀请一批外国旅行社或外国媒体，到贵阳实地考察、切身感受，多样化地对贵阳旅游资源、旅游形象进行宣传推介；积极支持、鼓励旅游名企"走出去"，到重点国际客源市场开设旅游办事处和形象推广中心，并充分利用网络等新媒体优势，建立相应的旅游外文网站，提高旅游宣传推介的针对性、服务性，有效激发国外游客来筑旅游热情。二是深度推进境外旅游合作。加强与国家旅游局各驻外办事处、境外大型旅游批发商、国际专业组织（机构）、主流媒体的合作，利用各类国际旅游展览会、交易会开展旅游形象、旅游产品等全方位促销，走出国门高端展示。三是充分挖掘、发挥航空旅游资源的优势。实施旅游市场开拓激励机制，组织航空公司和旅行社外向发展，联合开展国际航线营销，进一步做大入境旅游市场，扩大国际旅游市场客源份额。力争到 2015 年入境旅游人数突破 100 万人次，到 2020 年突破 400万人次。

三、强化保障，统筹推进国际旅游城市建设

建设国际旅游城市是一个艰巨的历史使命和复杂的系统工程，必须着力在领导、人才、资金、机制等方面切实做好保障。

第一，着力在领导上强化保障。市旅游产业发展领导小组、市旅游产业发展委员会要发挥好牵总作用，抓紧就国际旅游城市建设中的规划编制、项目谋划、环境建设、人才培养、市场拓展等重大问题进行研究并部署；要加强与国家、省有关部门的对接沟通，争取更大支持。市直各相关部门要积极参与、主动服务。各区（市、县）党委政府要加强组织领导，抓好工作落实。特别是，各级领导干部要加强学习，争做国际旅游城市建设的行家。

第二，着力在人才上强化保障。要加强旅游人才培养的国际合作，每年选派一批旅游管理人员、企业经营人员到国外学习；要加强与大专院校合作，订单培养符合国际旅游城市建设要求的人才；要定期举办旅游行业职工职业技能竞赛，做到以赛促训；要加快完善配套政策，最大限度吸引旅游高端人才，尽快建设一支具有国际水平的旅游管理、服务人才队伍。

第三，着力在资金上强化保障。要积极策划包装一批大项目、好项目，并力争进入国家、省的盘子，争取上级资金支持。要加大财政资金投入，市级旅游发展专项资金每年增长 20％，各区（市、县）政府也要按照一定的比例安排好配套资金。要大力向市场融资，大规模开展招商引资，吸引有实力的境内外大企业、大集团参与旅游开发建设；做大做强市旅游发展平台公司，力争早日上市；加强银旅、银企合作，加大融资授信支持。

第四，着力在机制上强化保障。按照国际惯例改革旅游管理体制机制，将政府的主导力、企业的主体力、市场的配置力有机结合起来，实现高水平的国际化旅游管理。大力推进旅游运营国际化，在旅游开发与经营方面高度开放，实现旅游经营理念、模式的国际化。特别要充分利用好国家、省相关政策，在旅游业改革发展上先行先试，以机制创新推进旅游业大发展。

凭优势发展会展经济，用恒心打造会展名城

Develop Conference Economy Based on Our Advantages，Build Guiyang into a Famous Convention City with Persistent Efforts

贵阳发展会展经济恰逢其时[*]

会展业是现代服务业的重要组成部分，是绿色产业、低碳产业，对经济的拉动效应能达到1：9，被称为经济增长的最佳"加速器"、城市发展的最佳"助推器"，已成为衡量一个城市开放度、城市活力和发展潜力的重要标志之一。有这样的一个说法，会展业是"飞机上撒美元的产业"。贵阳发展会展业，有利于增加就业，带动旅游、餐饮、酒店、房地产、交通运输等相关产业发展；有利于促进贵阳与外界的经贸往来，扩大对外交流，推动区域合作；有利于改善城市环境，提高市民文明程度，提升城市知名度和美誉度。我们要深刻认识发展会展业的重大意义，尽快实现会展业的重大突破。

贵阳空气清新，海拔适中，纬度合适，特别是夏季气候凉爽，为发展会展业提供了不可替代的资源禀赋。近年来，贵阳交通基础设施建设超常规推进，物流条件得到极大改善，为发展会展业提供了关键的要素保障。功能齐备、档次一流的贵阳国际会展中心即将投入使用，为发展会展业提供了坚实载体。生态文明贵阳会议、"贵阳避暑季"等活动的知名度和影响力日益扩大，为发展会展业提供了较好的品牌支持。贵阳市装备制造业、磷煤化工业、铝及铝加工业、现代药业、烟草和特色食品业、物流业六大重点特色产业发展迅速，为发展会展业提供了良好的产业链配套。贵阳上下认识统一，愿望强烈，为加快发展会展经济提供了良好的氛围，大力发展会展经济恰逢其时。但是，贵阳市发展会展业也面临着起步较晚、综合经济实力较弱、基础设施不够完善、城市文明程度有待提高等问

---

* 这是李军同志 2010 年 7 月 4 日在贵阳市会展业发展工作专题会上的讲话。

题，我们要扬长避短、克服不足，奋力把发展会展经济的潜在优势变为现实优势。

一个会展品牌的形成，往往要经历孕育、起步、发展、壮大、成熟等多个阶段，是一个长期过程，不可能一蹴而就，需要付出坚持不懈的艰苦努力。要坚持"政府引导、企业主导"的原则，积极探索政府支持、企业运作、互利双赢的合作模式，持之以恒、多措并举，力争通过10年左右的努力，把贵阳的会展业打造成为带动作用大、竞争能力强、开放水平高、具有鲜明特色的产业，把贵阳打造成为"中国夏季会展名城"。当前，贵阳发展会展业要着力抓好三项工作。

一是政府要提供良好的外部环境。贵阳会展经济还处于起步阶段，政府要坚持支持、帮助而不包办代替的原则，大力发挥引导作用。要结合实际、科学制定会展业发展规划，围绕生态优势和旅游等现代服务业，围绕工业六大重点特色产业，找准市场定位和产业支撑点，确定发展重点，充分调动各方参与的积极性。要合理确定目标，分步实施，绝不能好高骛远、急功近利。要切实加强领导力量，成立专门的会展机构，统筹协调会展工作，履行规范管理、规划引导、政策支持等重要职能。

二是企业要切实发挥主体作用。要认真总结建设贵阳国际会展中心的成功经验，坚持市场化、专业化原则，整合现有办展力量，组建专业会展企业，壮大企业规模；通过招标、拍卖、合作、委托等多种形式，逐步将政府部门培育成熟的会展推向市场，交给企业来运作经营；引导、鼓励各类经济组织成立会展企业，争取国内外知名会展公司在贵阳设立分支、代理和合作机构，培育策划、代理、广告、宣传、工程等会展服务类企业，通过5年左右的时间，形成以大型企业为龙头、中小企业为辅助、相关服务企业为配套的会展市场体系。

三是城市要切实转型升级。会展经济是一个城市综合实力的反映，发展会展经济需要城市硬件、软件的升级配套。一个会展少则几千人，多则几万人参加，对一个城市来讲，如果条件、环境不具备，会展筹办工作准备不充分，就会砸了自己的牌子。要纵深推进生态文明城市建设，坚定不移地大力推进"三创一办"，进一步改善市容市貌，强化城市功能，提升市民文明素质，推动城市转型升级，把贵阳建设成为现代化的文明都市，为发展会展经济营造良好的条件。

力争每天有会、每周有展[*]

会展业的发达程度是衡量一个地方对外开放程度、经济活力和服务业发展水

---

[*] 这是李军同志2011年8月5日在贵阳会议产业与贵阳国际生态会议中心发展研讨会招待晚宴上致辞的一部分。

平的重要标志之一。目前，国内外许多城市纷纷选择扶持、推进会展产业，但不是任何一个城市都适合发展会展业。我认为，一个城市要发展会展业，必须具备三个方面的条件。一是良好的环境。包括经济环境、物流环境等，其中最重要的是良好的生态环境、气候环境。贵阳夏季平均气温24℃，别的地方热浪袭人的时候，这里凉风习习，非常适合开会、办展。二是一流的设施。会展业集聚的是高端人才，展示的是前沿技术和产品，没有一流的设施是不行的。新建成的贵阳国际会展中心，论面积可能比不上北京、上海的会展中心，但论配套、功能，丝毫不逊于任何现代化的会展中心。三是专业化的团队。也就是要有一批精通办会展的专业人士来运作。办会展光靠党委、政府推动不行，必须依靠专业人士，实行市场化运作，才能实现可持续。很多地方办会议和展览活动只有第一届，没有第二届、第三届，就是缺乏专业人才。目前，贵阳市已经引进了一批专业会展机构和高层次专业人才，完全具备办会展的专业人才基础。

用这三条来衡量，贵阳市完全有条件、有可能实现会展业的快速发展。事实证明也是如此。前不久举办的贵阳国际车展，5天时间吸引17万人前来参观，成交金额13.7亿元。上个月，我们又举办了为期3天的2011年中国·贵州国际绿茶博览会，农业部有关领导表示，这个会在全国茶叶博览会中首屈一指。最近举办的2011年生态文明贵阳会议，更是达到了相当高的水平。接下来，我们还将在这里举办中国（贵州）国际酒类博览会暨2011年中国贵阳投资贸易洽谈会，这是由商务部和贵州省人民政府共同主办，经国务院批准、国内唯一的酒类博览会。贵阳会展业起步晚，但一起步、一亮相就不同凡响。我们的目标是，通过10年左右的努力，把贵阳建设成为"中国夏季会展名城"。

目前贵阳龙洞堡国际机场扩建工程正在有序推进，2012年底竣工后年吞吐量将达到2 000万人次。同时，多条高速公路、高速铁路正加快建设。在未来的5年之内，贵阳作为西南地区交通枢纽的地位将凸显出来，一两个小时就可以到达周边的长沙、南宁、重庆、成都、昆明，这非常有利于办会展。当然，会展发达的地方也未必是交通最发达的地方。以前的温州，不通铁路，但它是全国小商品交易和展览最活跃的地方。我们希望形成这样的共识，一到夏天，想开会、想办展览就想起贵阳。2011年会展中心将举办50场会展活动，2012年计划做到150，2013年计划做到300场，争取数量成倍增长、人流源源不断，力争"每天有会、每周有展"。

把贵阳农商行办成一流商业银行[*]
Build Guiyang Rural Commercial Bank into a
First-class Commercial Bank

一、组建农商行是大势所趋

深化贵阳农村信用社改革，抓紧组建贵阳农村商业银行，必须提高认识，统一思想。从全国农村信用社改革进展情况来看，外省市农商行组建工作开展得如火如荼，截至 2010 年 9 月末，全国共组建 78 家农村商业银行，有 17 家农村商业银行进入英国《银行家》杂志评选的 2009 年全球银行业 1 000 强，占我国入榜商业银行的 20%。其中，张家港、江阴、吴江以及常熟的农村商业银行 IPO 申请已获得了银监会的批准，重庆农村商业银行已在香港交易所成功实现上市，成为中国首个公开上市的地方农村商业银行，为该地区农商行的未来发展创造了更大的空间。北京市农商行现在发展很迅速，在主城区都有不少营业网点。如果固守过去农信社的小摊子，这些农商行能有今天这个局面吗？将农信社改造成农村商业银行是大势所趋，也是农信社提高经营管理水平、提升职工队伍素质、增强竞争能力、促进自身发展的需要。我们必须坚定信心，顺应发展趋势，抢抓难得机遇，尽早组建农村商业银行，把贵阳市农村信用社发展成为"产权关系明晰，公司治理完善，内部控制严密，风险抵御能力较强"的现代金融企业。

当前，组建贵阳农商行有不少有利条件：一是各方思想比较统一。大家认识到，组建农村商业银行有利于提高农村信用社的整体实力，增强抵御抗风险能力；也有利于加强经营管理，提高经营服务的水平；更重要的是有利于拓宽融资渠道和规模，增强服务"三农"能力，特别是在支农信贷方面只会增多，不会减

---

  * 这是李军同志 2011 年 1 月 23 日在贵阳农商行筹建工作领导小组会议、2012 年 1 月 6 日贵阳农商行领导班子任职谈话会上讲话的主要部分。

少。二是市委、市政府高度重视。2003 年我到贵州工作后接手的第一项任务就是全省农村信用社改革，在省委、省政府的坚强领导下，这项改革走在全国前列，组建了新体制下全国第一家农村合作银行、第一家省级联社。现在我作为贵阳市委的负责人又推动这项工作，决心很大，市政府的措施也很有力。三是中国银监会大力支持。银监会主要领导到贵阳时专门听取了我们关于成立贵阳农商行的工作汇报，明确表示同意给"牌照"，这让我们吃了"定心丸"。

小平同志讲，金融是现代经济的核心。贵州落后，很重要的原因就是金融资源的落后。现在金融机构少，"引银入筑"花了那么大工夫才进来少数几家，本土能产生一家多好！就农村信用社的负责同志来说，在组建农商行的问题上，一定要从全局的而不是自身利益的角度想问题，积极、主动地按照既定计划推进筹建工作。

二、全力推进筹建工作

党委、政府既要充分发挥主导作用，调动各方资源，强力推进农商行筹建工作，又要遵循市场规律和金融规律，确保科学推进、稳妥推进。有人说，你这是典型的"行政推动"啊！我想说的是，在当前我国特别是贵阳这样的欠发达地方金融市场发育还不充分的情况下，金融机构的组建到了完全靠市场推动的程度吗？还没有。离开了政府的有力主导，金融资源难以整合，金融机构难以培育。当然，行政主导不能胡乱发动，而要按照客观经济规律行事。

在农村商业银行的筹建工作中，要学习和运用当初全省农村信用社改革的成功经验，采用科学的方法，做到苦干、实干加巧干。一要齐头并进，一边是必须走的程序，一边是必须做的工作，两边同时启动、同时推进；二要交叉作业，完成同一项工作涉及的几个部门要在同一时空共同作业；三要超前运作，主导不了的事情要提前汇报，提前请示，争取主动；四要倒排工期，把工作量化到人，什么人什么时候把什么工作做到什么程度，都要排得清清楚楚，确保按时完成筹建任务。

三、集中力量化解不良资产

组建农商行，不良贷款率、资本充足率、拨备覆盖率等指标达标是关键。当前，农商行的筹备工作，最重要的是"一升"、"一降"。所谓"一升"，就是要提高资本充足率。要通过增资扩股来重组产权、明晰产权。在股权结构方面，要解放思想，拓宽渠道，可以设置50％以上的法人股，对法人股可以最大限度地放宽条件限制，不光是面向贵阳本地的投资者，还应该面向省内、省外投资者，不管它来自哪里、姓公还是姓私，要允许符合条件的各类资本投资入股，实现股权结构多元化。现在投资者对银行金融机构的信心和兴趣是很大的，加上有政府出面，增资扩股应该不会很困难。关键是工作要做到位，要增多少资，是否采取溢价的方式，要认真算账。总之，要尽快使资本充足率达到成立农商行的条件。所谓"一降"，就是要降低不良贷款率。通过加大不良贷款清缴力度、资产置换等办法，把不良贷款率降低到允许范围内。采取市场化手段化解不良资产，是全国大部分农商行、城商行改革普遍采用的办法。有些同志在认识上对如何化解不良资产有误区，不能摆正运用市场手段化解不良贷款和政府给予必要支持帮助二者之间的关系，市场办法少，依赖政府多，影响了不良贷款率在短期内大幅有效下降。我认为，两种方法要结合，完全市场化或者完全依靠政府都不行，走不通。市场化手段在其他省市运用得都很充分，广州、武汉、天津、成都、重庆等地通过股东出资化解不良资产都有非常成功的经验，希望大家认真借鉴，尽快使不良贷款率在短期内大幅有效下降。

在短期内处置不良贷款，达到监管机构的准入要求，需要有关各方齐心协力、步调一致。第一，省联社要加大工作力度。组织专门力量自主清收不良贷款存量，严控不良贷款新增，对清收不力和导致不良贷款异常反弹的信用社要追究责任。同时，尽快开展清产核资，科学设计增资扩股方案，合理确定增资扩股规模，加大宣传推介工作力度，吸引省内外战略投资者参与，通过增资扩股化解不良资产。第二，政府及有关部门要全力支持。政府及有关部门积极帮助所在辖区的信用社做好不良贷款清收、核销等工作。公安、检察、法院要加强司法清收，尤其要加强对公职人员的清收。财税部门要协助不良贷款的核销，财政涉农账户包括农村医疗保险、农村养老保险、农民的土地征拨款、矿山植被恢复保证金可以转移到农商行。有条件的和有资金实力的市属企业要积极参与不良贷款的处置和权益性投资。

四、发挥优势，办成一流银行

从农村信用合作联社、农村合作银行到农村商业银行，并不是简单地换块牌子、换个叫法，而是涉及经营理念、运转机制、监管要求等多方面的深刻变革，是一个脱胎换骨的变化，是一个质的飞跃。要严格按照《公司法》、《商业银行法》等法律法规和农商行章程的要求，按照现代金融股份制企业的模式进行规范运作，实行自主经营、自担风险、自负盈亏、自我约束的经营机制，健全企业法人治理结构，转换经营机制，有效提升治理水平，积极探索持续稳健发展的新思路，使贵阳农商行成为真正的现代化股份制商业银行。特别要坚持"内控优先、审慎经营"的工作思路，完善严密的内控制度，有效防范和化解金融风险，实现快速、健康发展。

农商行的成立，对省联社而言，在如何进行行业管理上是一个新课题。一方面，农商行是按照现代企业制度来经营的独立法人，省联社对它的管理与对农信社、农合行的管理方式是不一样的，不要干预它的人事安排和业务经营，也不要把它当做"小金库"，而要给予它充分的经营自主权。另一方面，省联社对农商行有行业监管的要求，尤其是在贵阳农商行刚开始起步的时候，包括结算系统等业务系统都还要依托省联社，要按照一流的标准来完善机制、提升管理水平。贵阳农商行底子薄，不像大银行抗风险能力强，要按照程序决策，内控优先、审慎经营，监管、风险防控必须严格。

贵阳农商行不是农发行，不是农行，也不是工行、建行、交行，甚至与贵阳银行也有很大区别。要在贵阳地域金融市场细分中找准自己的目标定位，始终坚持服务"三农"、服务社区、服务中小微企业不动摇，发挥已有的地缘优势和良好的客户资源，扩大服务范围，增加服务品种，增强服务能力，切实做到特色突出、优势明显。要时刻牢记地方金融机构的职责和任务，围绕地方政府的发展方向和着力点来开展工作。政府性的项目总体是好的，安全系数高，这方面的工作要盯紧。国家开发银行贵州省分行与地方政府绑得很紧，所以在全国省分行中，其效益、利润指标都排在前列。贵阳农商行要在创新服务、优化服务中找到商机，在促进地方发展中实现自身壮大，为贵阳经济发展特别是农村经济发展提供全方位的金融服务。到2012年末，贵阳农商行存贷款、利润以及员工工资要大幅度提升，这样才能达到组建农商行的目的，也才能让地方政府满意。

用生态文明理念引领工业经济振兴[*]
Lead the Revitalization of Industrial Economy
with the Idea of Ecological Development

一、为什么要召开这次会议

贵阳市委、市政府为召开这次振兴工业经济大会，下了很大的工夫。一是准备时间长。2007 年 6 月 5 日我到贵阳工作后，就提出要坚定不移地实施"工业强市"战略，酝酿召开工业经济发展的会议；去年服务业大会开过不久，市委、市政府要求有关部门抓紧筹备工业经济大会。后来，会期一推再推，就是要做好充分准备。花半年多时间准备一次会议，这是贵阳市历史上少有的。现在提倡开短会，的确有的会议完全没有必要花半天、一天时间，但对于振兴工业经济这样一个关系全局和长远的重大问题，市委、市政府安排整整一天时间，是完全必要的。二是调查研究深。为了开好这次会议，市委、市政府领导同志开展了多次调研。我到贵阳工作后，选择的第一个调研题目就是工业经济，前后花了半个月时间，跑了 20 多家企业，听取意见和建议。之后，又多次到企业调研、了解情况。为了学习借鉴先进经验，今年 5 月 22—26 日，市里派出党政代表团到内蒙古自治区呼和浩特市、包头市、鄂尔多斯市学习考察，收获很大。三是会议文件全。会议印发了市委、市政府《关于振兴工业经济若干政策的意见》、《贵阳市六大产业振兴与发展实施计划》、《加快贵阳市工业经济发展实施重点产业招商工作方案》、《关于加快全市工业园区建设的意见》、《贵阳市党政代表团赴内蒙古自治区考察工业的情况报告》以及 10 个区（市、县）、高新开发区和市有关部门的书面交流材料。市委办公厅、市政府办公厅还编印了相关资料，提供《贵阳日报》刊登的《虚心学先进、实干谋振兴——贵阳市党政代表团赴内蒙古考察工业发展综

* 这是李军同志 2009 年 6 月 9 日在贵阳市振兴工业经济大会上的讲话。

述》一文，供与会同志参阅。可以说，这次会议内容之丰富，在历次会议中也是少见的。四是参会范围广。除了市几大班子的负责同志参会外，还邀请了省经贸委的领导到会指导；除了市委、市人大常委会、市政府、市政协领导和各区（市、县）、各有关部门的负责同志外，还邀请了 230 多位企业家参会；除了国有企业的企业家，还邀请了民营企业家参会。为什么对这次会议如此重视呢？

第一，这是由贵阳工业发展的现状决定的。首先必须肯定，近年来，贵阳市认真实施"工业强市"战略，工业经济发展取得了显著成绩，对经济增长发挥了重要的支撑作用。比如，总量方面，2008 年贵阳市规模以上工业增加值达到 278.6 亿元，为 2000 年的 2 倍多；规模以上工业企业拥有资产 1 068.3 亿元，为 2000 年的近 2 倍。比如，效益方面，2008 年实现利税总额 167.7 亿元，为 2000 年的 4 倍；工业综合经济效益指数为 196.5，比 2000 年提高了 2 倍；资产负债率下降了 7.8 个百分点。比如，结构方面，拥有了装备制造业、铝工业、磷化工、烟草和特色食品、现代药业等一批优势产业，拥有了像贵州轮胎、"老干妈"、同济堂等一批优势企业。在贵阳这样工作条件相对较差、工作任务相对较重、工作难度相对较大的情况下取得这样的成绩，确属难能可贵。

但是，我们必须清醒地看到，以上成绩，都是纵向比较，如果放在全国前几年工业大提速期的背景下，横向与西部省会城市、与省内兄弟市（州、地）比较，贵阳工业经济增速确实出现了减缓的势头。近段时间，不少同志分析 2002 年以来贵阳工业增长情况。以全部工业增加值说，2002、2003、2004 年分别增长 12%、14.1%、16.5%，逐年加快，但 2005、2006、2007、2008 年则分别增长 15%、14.9%、14.8%、8.4%，连续 4 年下滑；2002、2003、2004、2005 年分别高于全省水平 0.5、0.8、0.9、0.2 个百分点，但 2006、2007、2008 年却分别低于全省水平 0.1、0.4、1.3 个百分点，连续 3 年低于全省水平。由此导致两个后果：其一，贵阳工业连续被西部一些省会城市赶超，而且差距越拉越大。在西部省会城市中，原来就领先于贵阳的城市，把我们拉得越来越远，而一些原来工业经济发展不如贵阳的城市，陆续超过贵阳。2000 年，呼和浩特规模以上工业增加值为 31.6 亿元，贵阳为 92.3 亿元，2006 年，呼和浩特为 230 亿元，贵阳为 228.9 亿元，被呼和浩特赶超。2007 年，贵阳规模以上工业增加值被兰州赶超，2008 年被乌鲁木齐、南宁赶超。目前，除拉萨外，在西部省会城市中，贵阳的工业增加值仅高于西宁和银川。我们到内蒙古学习考察，实地感受到那里"井喷式"的跨越发展。内蒙古 GDP 增速连续 7 年全国第一，工业增速连续 6 年全国第一；从 2001 年以来，呼和浩特工业增加值年均增长 35% 以上，培育了一批大产业、大企业、大集团、大园区，产业结构不断优化，生态明显改善，发展后劲十足。贵阳与之相比，差距真是不小啊！其二，省内兄弟市（州、地）与我们的差距越来越小，大有赶超之势。2006—2008 年规模以上工业增加值年均增速，六盘水为 29.45％，遵义为 25.92％，而贵阳只有 10.85％，差距越来越小。由此导致贵阳规模以上工业增加值占全省的比重，从 2006 年的 29.2％下降到 2008 年的 24.5％。如果这样的发展态势继续下去，今年遵义就要超过我们，2011 年六盘水就要超过我们。事实上，今年 1—2 月，遵义的规模以上工业增加值已经超过贵阳 2 亿多元。

看一个地方工业发展有没有后劲、潜力，关键看有没有新的投资、新的大项目，有没有形成新的生产能力。我们去内蒙古考察的时候，不论是自治区还是呼、包、鄂三市，全社会固定资产投资规模大、增速快，而工业投资占到全社会固定资产投资的 50％以上。像鄂尔多斯，2008 年的工业项目完成投资 713 亿元，占全市固定资产投资的 66.6％。因此，鄂尔多斯的市委书记给我们介绍情况的时候，信心满怀、底气十足。反观贵阳市，2005 年以来，贵阳工业投资增速和在全社会固定资产投资中的比重都呈下降趋势，2005 年到 2008 年，投资增速分别为 33.3％、19.3％、21.1％、14.6％；比重分别为 30.66％、30.03％、29.91％、28.64％。今年 1—4 月，在国家扩大内需政策的推动下，贵阳市固定资产投资增长 39.4％，但工业方面的投资增长仅为 27.2％，低了 12.2 个百分点。最近，经过各级各有关部门的奋力拼搏，开工和即将开工几个大项目，昨天贵州广铝铝业有限公司清镇年产 80 万吨氧化铝项目开工；贵钢迁建新特材料循环经济工业基地项目正在做开工的准备。但这些项目竣工形成新的生产能力，还在 3 年以后。因此，我们今年、明年、后年保增长的压力很大。

在内蒙古学习考察的时候，我讲过，一个地方，如果说一年、两年经济高速增长，可以说是撞了"大运"；但如果连续 7 年持续、快速、稳定增长，其中必有规律可循。同样的道理，如果说一个地方的工业经济一个季度、一个年度发生下滑，还可以说有偶然性，比如受凝冻灾害影响，但是，连续 4 年下滑，而且是在区域经济体快速增长的情况下出现下滑，那就不单单是偶然性了。因此，我们召开这次会议，就是要深入查找原因。普遍存在的问题，要从方针政策上找原因；反复出现的问题，要从规律上找原因。有人说，贵阳工业经济没搞上去，是因为凝冻灾害，可是长沙、成都、武汉同样遭受了凝冻等灾害的影响，照样有 10％以上的增长速度。从全省来看，遵义、铜仁、毕节、黔东南也都比我们的发展速度快，难道贵阳受了凝冻影响，人家就没有受到凝冻影响吗？你说物价上涨、工业原料涨价、油涨价，难道其他城市就没有涨价？你说贵阳的基数大，长沙、成都的基数是我们的多少倍？在事实面前，任何理由都是苍白的，难以自圆其说。

第二，这是由当前的外部形势决定的。在工业增长速度减缓的情况下，去年第四季度以后又遭受国际金融危机的严重冲击，工业经济增速进一步减缓，部分企业停产、半停产，企业效益大幅下滑。对此，我们在市委八届六次全会上做过分析。半年过去了，宏观情况怎么样呢？我们看到，尽管世界各国频频召开多边会议、双边会议以及峰会商讨应对之策，采取多种措施抗击国际金融危机，但形势仍不容乐观。无论是政府首脑还是权威专家，共同的判断是，国际金融危机仍在蔓延和深化，对全球实体经济的冲击日益显现，经济金融形势依然复杂严峻，全球经济复苏可能要经历较长和曲折的过程。今年一季度，经济合作与发展组织成员国经济环比下滑2.1%，主要经济体的经济形势均有不同程度的恶化，美国经济同比下降5.7%，这是美国经济连续第三个季度下降，是34年来从未有过的情况；欧元区经济同比下降2.5%；日本经济比2008年第四季度下降14.2%，下滑幅度创战后纪录。危机从虚拟经济向实体经济蔓延最具标志性的事件是，6月1日美国汽车制造业"巨人"通用汽车公司申请破产保护。这家"百年老店"连续77年蝉联全球汽车销量冠军，在140多个国家销售汽车和提供服务，全球雇员达24万人之多，退休员工更是多达50万人之众。通用汽车破产保护是国际金融危机爆发以来最具冲击力的事件，其影响远甚于雷曼兄弟公司的倒闭。

作为欠发达地区，国际金融危机对贵阳市的影响有一个滞后期，现在看来，滞后效应正在"发酵"，日渐严重。从直接影响来看，由于外需萎缩，出口下降，4月份出口额比3月份下降了3 000万美元，一些出口初级产品的企业陷入停产、半停产困境；从间接影响来看，东部沿海地区以出口为主的产品由于外需受阻，反过来进军国内市场，挤压我们的市场空间。市场就那么大，如果外地"身强力壮"的企业一挤，很容易把"弱不禁风"的企业挤掉。可以说，在双重打击之下，贵阳市工业经济发展遇到前所未有的困难。今年一季度全市规模以上工业增长10.5%，这个数字看起来不错，在西部省会城市排位比较靠前，但这是在因凝冻灾害影响，去年一季度规模以上工业增加值增长−10.5%的情况下取得的，没有可比性。实际上，今年一季度规模以上工业增加值与2007年一季度是基本持平的。4月份，贵阳市规模以上工业增加值同比下降0.87%，5月份同比仅增长0.8%。目前，贵阳市铝及铝加工开工率75%，黄磷行业开工率不足15%，电解铝、黄磷、铁合金产量下降；煤化工行业中的重点企业水晶集团化工生产线停产；装备制造业减产企业占到企业数的46%左右。更加值得注意的是，在企业开工不足、大量生产能力闲置的情况下，企业产销率还在下降，库存增加32.9%。因此，面对20世纪30年代以来最严重的国际金融危机对工业的影响，我们非常有必要召开会议，冷静、深入地思考存在的问题，积极寻求应对之策。

概括起来讲，贵阳工业发展成绩很大，令人鼓舞，不容否定；差距不小，不容乐观，应该重视；问题较多，不容回避，急需解决。我们既不能因为成绩很大而沾沾自喜，也不能因为差距不小、问题较多而丧失信心。党中央、国务院反复强调，要增强忧患意识，把困难估计得更充分一些，防止因估计不足和准备不足而陷入被动。因此，刚才我在分析当前形势的时候，既报了喜、又报了忧，但更多的是报了忧。经济工作是全党工作的中心，党委要对经济工作最后负责任。我作为贵阳市委书记，是这个城市的第一责任人，我在贵阳已经工作了两年零四天，在这里报忧不是否定成绩，也不是在追究责任，要讲发展中存在问题，主要责任在我。凡事忧则兴、预则立。作为领导干部，研究问题、推动工作必须居安思危、未雨绸缪，哪怕是形势大好的时候，也要时刻保持清醒的头脑，提前做好应对不利局面的准备，这就是《周易》所说的"安而不忘危，存而不忘亡，治而不忘乱"；必须见微知著、防微杜渐，在问题刚露出苗头的时候，就及时制止，不让其发展，甚至愈演愈烈。这是领导干部的一种责任。如果"讳疾忌医"，病情就会越来越重，最终"病入膏肓"。因此，要正视落后而不甘落后、正视问题而不回避问题，进一步增强危机感和紧迫感，"知耻而后勇"、"知差而后进"，以科学发展观为指导，进一步理清思路，扎实工作，千方百计止滑回升，奋力扭转目前的被动局面，实现贵阳工业经济的振兴，真正在全省"作表率、走前列"。

二、关于大调整

要实现贵阳工业经济的振兴，必须坚持有所为有所不为，以市场为导向，以优化为目标，以企业为主体，以政府为推手，抓紧进行工业结构的大调整。一方面，贵阳工业发展所处的阶段性特征要求我们进行结构调整。大家都知道，工业化是迈向现代化不可逾越的阶段。从发展经济学的角度来分析，判断一个国家或地区的工业化程度，比较常用的指标有人均 GDP、工业化率、三次产业比重、就业结构、霍夫曼比值、制造业高加工水平、城市化率等。从贵阳市的情况来看，大多数指标都已进入工业化的中期阶段。比如人均 GDP，通常认为人均GDP 3 000 美元以上就进入工业化中期，2008 年贵阳市人均 GDP 为 3 020 美元。比如三次产业比重，通常认为二三产业比重不断上升且三产比重超过二产就进入工业化中期阶段，2008 年贵阳市三次产业比重为 5.8∶47∶47.2，三产比重连续两年超过二产。比如城市化率，通常认为城市化率为 50% 以上就进入工业化中期阶段，2008 年贵阳城市化率为 64%。一般来说，工业化中期阶段有一个显著特点，就是结构调整最频繁、结构变动最剧烈，作用于经济增长最有力，结构调整会在较长时期内和很大程度上决定着经济增长的速度和质量。因此，我们必须顺势而为，大力推进贵阳市工业结构调整。另一方面，应对当前国际金融危机的影响也要求我们进行结构调整。危机危机，危中有机。在金融危机的冲击下，传统的"三高一低"发展模式更加难以为继，客观上产生了推进结构调整的倒逼机制，这可以说是"危"；同时，国际金融危机必然带来经济结构、产业结构、企业结构的"大洗牌"，这可以说是"机"。不调整就是"危"，大调整就是"机"。我们主动调整结构，不但有利于减轻国际金融危机的影响，而且还有利于在应对危机中抢占先机、争得主动，形成新的竞争优势。事实上，为了应对这次国际金融危机，世界各国、全国各地都在进行结构调整。美国把结构调整作为应对危机的重中之重，对通用汽车公司进行破产保护，其实就是为其提供重组转型和产品结构调整的机会，以寻找新的竞争优势。国家出台了十个重点产业调整和振兴规划，核心就是结构调整。一些兄弟城市比如广州提出抓好"三促进一保持"，即促进提高自主创新能力、促进产业转型升级、促进建立现代产业体系，保持经济平稳较快发展。可以说，结构调整的潮流方兴未艾，我们要适应发展形势，踩准"点子"，加快结构调整步伐。具体来说，当前和今后四年，要重点抓好以下四个方面的工作：

第一，产业结构要大调整，由偏重调到轻重协调发展。2008 年，贵阳规模以上工业企业中，重工企业有 352 户，占 66.9%；轻工企业有 174 户，占 33.1%。轻重工业在工业增加值里的比重为 41.5：58.5，工业结构偏重。之所以偏重，主要是因为资源禀赋型工业比重大，铝及铝加工、磷煤化工等具有资源优势的产业都属于重工业；同时，国家布局在贵阳的三线企业主要是装备制造，也是重工。这是贵阳市目前主要的工业基础，这个基础要继续夯实，否则就丢掉了优势。实事求是地说，目前，贵阳重工业优势还没有得到充分发挥，与铝、磷资源在全国的地位并不相称。比如，贵阳优质磷矿储量 3.92 亿吨，占全国的 78%，发展磷及磷化工具有得天独厚的条件，可是贵阳的磷化工在全国同行业中并不占优势，还存在产业集中度偏低、产业链短、初级产品比重大、磷资源有效保护亟待加强等问题。再比如，贵阳是全国最大的铝及铝加工基地之一，铝土矿保有储量 3.65 亿吨，占全国的 1/5。但是，生产方式粗放，产业层次低，多年来一直以卖铝锭为主，铝加工发展严重滞后。因此，我们要继续夯实铝工业、磷煤化工和装备制造等重工业基础，推动其做大做强，实现集群化、规模化发展。按照计划，到 2012 年，磷煤化工总产值要从目前的 136 亿元增加到 331 亿元，铝工业总产值要从目前的 69 亿元增加到 170 亿元，装备制造业总产值要从目前的 205 亿元增加到 435 亿元。要落实各项保障措施，务必实现以上目标。市里抓住国家扩大内需、加快快速铁路建设的机遇，分别筹资 15 亿元、42 亿元，建设久长到永温、清镇到织金两条高等级铁路货运联络线，就是为了解决交通运输瓶颈，加快开阳、息烽的磷煤化工，清镇的煤化工、铝加工发展。如果说过去贵阳市的磷煤化工、铝加工等资源型产业发展不起来还可以推说是交通物流因素制约，那么这个制约因素3年左右时间将得到根本性解决，我们就再也没有理由发展不起来了。

但是，矿产资源总有枯竭的一天。一般来说，资源型产业有其周期性，大体会经历开发期、成长期、稳定期和萎缩期四个阶段。贵阳市目前总的处于稳定期阶段。国内外资源型城市产业转型的经验显示，稳定期是进行产业转型的最佳时机，如果再晚，替代产业发展不起来，就会造成产业断档。对于贵阳这样的资源型城市来说，要依托资源，但绝不能依赖资源，落入"资源优势陷阱"；必须抓住机遇，推进产业转型，大力发展服务型、消费型的轻工产业，实现产业由偏重到轻重工业协调发展的转变，力争到2012年实现轻重工业的比重基本调到各占50%左右。从长远来讲，要逐步调到以轻工业为主，实现产业轻型化。2006年以来，贵阳规模以上重工业增加值年均增长7.69%，而轻工业年均增长15.41%，按这个速度，轻工业比重将在2013年超过重工业。只要加大发展轻工业的力度，使轻工业年均增速在现有基础上再提高2个百分点，就可能在2012年超过重工业。当然，搞重工业的企业家也完全不必担心贵阳2012年以后不搞重工业了，二者应当是"水涨船高"的关系。那么，轻工业发展什么呢？贵州高原的农副产品和中药材品质优良，绿色、无污染，在外界的知名度和信誉度比较高，发展现代药业、特色食品业潜力巨大。何况，食品、药品是人最基本的需求，再困难总是要吃饭，有病总是要吃药。随着生活水平的提高，大家都希望活得更健康、更长寿，对食品、药品的需求量更大、品质要求更高，食品、药品产业的成长性非常好。在这次金融危机中，食品业、医药业受到的冲击不大，增长稳定，就说明了这个道理。应该说，这些年我们依托全省的农副产品和中药材优势，大力发展特色食品业和现代药业，取得了明显成效，"亮点"不少，但还是"星星之火"，没有形成"燎原之势"。比如，成立于1997年的"老干妈"公司，产品销路很好，"全世界有华人的地方就有老干妈"，做到这一点非常不容易，但目前年销售收入不到20亿元。而同年成立的内蒙古伊利集团，去年主营业务收入215亿元；成立于1999年的蒙牛集团，去年主营业务收入232亿元。再比如，贵阳培育出了益佰、同济堂等制药企业，但2008年全市制药企业完成工业总产值仅76.79亿元，而一个哈药股份营业收入就是96.95亿元。我们要通过引导、支持企业整合重组，建立健全现代企业制度，创新营销手段，改造提升生产技术和工艺等方式，进一步做大做强特色食品业和现代药业。另外，贵州烟草资源条件很好，尽管这几年贵州中烟工业公司纵向比发展很快，但横向比在全国烟草行业前10名中仅排在第9位，2008年总产值才84.9亿元。以前我们讲，烟不如云南；现在是不如湖南，不如安徽，也不如湖北。要支持贵州中烟工业公司抓紧提升高档烟的比重，同时围绕卷烟大力发展本地印刷、包装等业务，特别是公司新增产能部分的配套产品，要力争实现本地化。

总之，推动轻重工业协调发展并逐步实现产业轻型化，符合资源型城市转型的需要，符合省会城市产业要轻型化的方向，符合贵阳发展文化休闲旅游产业的要求，符合建设生态文明城市的定位。我们要围绕这个目标，一手继续夯实磷煤化工、铝及铝加工、装备制造等重工业基础，一手大力提高现代药业、烟草和特色食品业在工业经济中的比重。

第二，产品结构要大调整，由初级调到精深。在工业发展指标中，制造业高加工度水平很能体现一个国家或地区的工业产业层次。深加工产品产值与初级产品产值之间的比值越高，表明工业结构的技术含量越高，因此工业化程度也就越高。贵阳工业产品中初级产品占了 33% 以上，加工度不高，要切实改变这种状况。比如磷煤化工，要突出精细化。贵阳目前有 750 万吨磷矿石的年生产能力，其中能够在本地加工转化的只有 300 多万吨，不到一半。1 吨磷矿石原矿只能卖300 余元，加工成黄磷或饲料级磷酸氢钙可以卖 1 300 元，加工成磷复肥可以卖1 850 元，加工成农药级磷酸盐可以卖 2 800 元，加工成医药级磷酸盐可以卖3 000～4 000 元，加工成电子级磷化工产品可以卖 1 万元以上。因此，要下决心推进磷煤化工产业精细化，发展高附加值的产品。主要是围绕磷化肥、磷酸盐、有机磷化工三个方向进行。比如铝工业，要突出精深加工。据介绍，美国铝业公司有相当健全的产业链，包括铝土矿资源开发、氧化铝生产、电解铝生产和铝材加工，还涉及相关的化学产品、信息产业等其他领域，在营业收入中，氧化铝、电解铝产品只占 1/4 左右。包头国家生态工业（铝业）示范园区按照循环经济和生态工业理论，重点发展电解铝、铝深加工产品和环保建材等相关产品，已初步形成了"电解铝——铝合金——精铝——铝深加工产品"产业链条。从贵阳来讲，应该说早就认识到要发展铝精深加工，也喊了很多年，但一直没有实质性进展。去年 8 月我们开始推动中铝公司年产 20 万吨铝合金复合材料项目，目前预可研已经完成，前期工作正在抓紧进行。昨天，我跟贵州广铝公司负责人明确讲，不要停留在氧化铝生产阶段，而要尽早开工电解铝、铝精深加工项目，特别是要大力引进广东的铝加工企业，形成铝工业园区，我们在用地上给优惠。我相信，只要拓宽思路、强力推进，一定能够在发展铝加工上取得突破。

提高铝、磷等资源型产品精深加工水平，必须采取市场的、法律的和必要的行政手段，促使资源在本地向产业链长、资源利用率高、生态效益好的优强企业集中。这是各地普遍的做法。就贵阳市的资源情况来说，存在的一个突出问题就是矿产资源开采权限分散，有相当一部分矿产资源开采权限已被一些小矿老板承包。必须下最大的决心，将资源向优强企业集中，才能使产业链加快向下游、向高端延伸。一是出狠招、出实招整顿矿产资源滥采滥挖，严格矿产资源加工项目的审批核准，坚决杜绝破坏生态、浪费资源、非法开采行为，大会后就开始整顿；二是出政策、出手段提升资源的本地加工转化率。新上项目中磷矿资源就地转化率必须达到100％，现有企业磷矿资源到2012年就地转化率必须达到60％；铝矿资源现有原矿和初加工企业，两年之内必须转型，向深加工发展，2012年就地转化率必须达到100％。对此，不管遇到多大困难，都要采取最强硬的措施予以落实。我相信，有各级党委、政府的坚决推进，有企业界有识之士的积极配合，这个目标一定能实现。

振兴贵阳市装备制造业，关键要突出发展主机和总装。贵阳装备制造业基础比较好，但这些年来，外地装备制造业发展很快，把我们甩在了后面。2008年长沙三一重工集团营业收入137.5亿元，而我们的成智重工是跟三一重工同时起步的，销售收入只有8 000万元。之所以发展慢，一个重要原因是缺乏拉动性强的主机企业，产品大多是零部件，是给人家主机配套。贵阳年产值亿元以上的装备制造企业42家，真正拥有主机或终端产品的只有詹阳重工等少数几家。我们很自豪地说，中国的飞船、火箭以及许多飞机、名牌轿车身上都有贵阳产的零部件，这没错，可是主机不在贵阳，总装不在贵阳，最终产品不在贵阳。主机、总装是非常关键的，一般来说，主机在哪里、总装在哪里，配套企业就会往哪里集中，核心技术、最高利润也就在哪里。我们一定要大力发展主机和总装，一方面用高新技术和信息技术"装备"主机，推动主机升级，提高核心竞争力；另一方面大力推进配套产业本地化，引导主机企业把配套部分尽量分给本地配套企业做，提高装备制造业的社会化分工协作水平。

要正确处理改造提升传统产业和加快发展高新技术产业之间的关系。面对世界范围内高新技术产业的飞速发展，以及我国东部发达地区高新技术产业的迅速崛起，我们要把改造传统产业与发展高新技术产业紧密结合，加快推进产业升级。就贵阳市状况看，在比较长的时期内，传统产业仍将是工业经济的主体，我们不能舍弃这个基础去与发达地区比高新技术的竞争能力，这是不现实的，也是不可能的。正确的选择是依靠高新技术和先进适用技术改造现有传统产业，提高企业的技术和装备水平，促进产业的技术结构升级和产品结构优化，巩固和发展传统产业的比较优势。当然，以先进适用技术改造提升传统产业，并不排除加快发展高新技术。在有一定基础的领域，如新材料、电子产品等行业，要集中力量发展高新技术，加快培育具有市场竞争能力的优势产业。因此，我们前年及时作出了贵阳高新技术产业园区往白云区的麦架—沙文扩区的重大部署，提出了若干政策措施，努力把高新技术产业发展成为新的经济增长点。

第三，布局结构要大调整，由分散调到集中。发达地区经验表明，一个地区的竞争力和发展后劲，很大程度上体现在专业化特色明显、产业链体系完整、企业集聚效应突出的园区发展上。这就好比养羊，要把优势产业和企业都圈到圈里，集中管理、集中饲养，实现集约化和节约化生产。如果放养的话，漫山遍野，既难管理，也难以养好，还到处破坏生态。贵阳市工业园区数量少、规模小、层次低，有些地方有区无园，缺乏最基本的条件；有的园区仅仅是从空间上把一些互不相干的企业聚拢起来，缺乏关联、配套和协同效应。由此带来的问题是，工业企业随便布局，影响了要素的集中配置，提高了生产成本，加剧了环境损害。形成这样的现状，有历史因素和现实因素。说历史因素，比如三线建设在企业选址上要求靠山、隐蔽、分散；又如 20 世纪 80 年代，乡镇企业异军突起，各地要求大干快上，一些地方"村村点火、户户冒烟"。从现实因素来看，近年来工业园区建设喊得多、干得少，有些园区只是个概念，在地图上画了个圈，就说是园区。近年来，贵阳市搞了若干基地，但基地不是园区，基地挂个牌子就可以，而园区是一个要素集中、产业集中的平台，要求有配套设施、配套服务、配套产业。要着力调整空间布局、建设工业园区，提高工业集中度，发展产业集群。具体来说，一是要围绕城市规划来布局园区。就是结合《贵阳市城市总体规划（2009—2020 年）》的编制，把园区布局与各区（市、县）功能定位结合起来，与交通格局、物流园区布局结合起来。从功能定位来讲，各地的功能定位不尽相同，要结合功能定位和发展战略，建设高水准的特色工业园区。比如规划建设的息烽、开阳磷煤化工产业园，清镇煤化工、铝工业产业园，交通条件和资源、能源组合非常好，目前已经有一定基础，要按照循环经济理念，加快引进搞精细化工、精深加工的大企业、大项目，尽快形成产业聚集，做大园区规模。比如，我们在规划建设环城高速公路的时候，就提出要规划建设小河—孟关生态工业园。现在，环城高速公路即将通车，但是工业园建设进展不大，要采取超常规措施推进，市里可以参照开发金阳新区的政策给予支持。比如，南明区的龙洞堡片区，喊了多年要建"临空经济区"，但成效不大，建议依托"老干妈"公司这个龙头企业，在龙洞堡片区规划建设食品工业园区。贵阳目前有规模以上特色食品企业 47 家，但没有规模化的食品工业园区，建龙洞堡食品工业园区正好可以填补这个空白，最好是做到 10～15 平方公里，今后一些优强食品企业都可以往这里集中。比如，贵阳现有 5 个医药工业园区，规模小，布局分散，下一步要集中建设扎佐、乌当两个医药工业园区和益佰、同济堂两个生产基地。二是要大力完善园区配套设施。我们经常讲"三通一平"、"五通一平"、"七通一平"甚至"九通一平"，但有些所谓园区既不通也不平，基础设施严重欠缺，最基本的生产条件都不具备，就开始"毛地招商"。不要说县里的园区，就说市里的高新开发区，搞了这么多年，用的还是农网电。法国斯奈克玛新艺叶片铸造有限公司的老总每次见了我就提意见，说电也不稳定、气也不稳定。可以想见，这样的"园区"要引进优强企业有多难。因此，一定要切实加快园区基础设施建设步伐。市级重点支持麦架—沙文高新技术产业园区，高新开发区的同志要采取超常规的办法，做到手续报批、基础设施建设、招商引资同步推进，力争在最短的时间内，取得最大的实效。其他工业园区除骨干道路外，园区内基础设施建设由各区（市、县）自行负责，需要搭建融资平台的，市里给予支持，也要抓紧建设。三是要采取过硬措施使企业向园区集中。今后凡是新引进的工业项目，必须进入工业园区，同类产业必须进入同类园区。对选址有特殊要求的能源、资源企业，也要配套建设园区。对现有工业企业，要通过经济手段、行政手段，鼓励企业迁入工业园区，原旧址土地出让收益可用来支持企业异地改造、扩大再生产。

第四，所有制结构要大调整，由国有经济占大头调到民营经济占大头。浙江这些年来之所以发展又好又快，很重要的原因是民营经济占经济总量的80％以上，"浙江现象"说到底就是民营经济现象。贵阳市近几年非公有制工业增速低于工业总体增速，在工业增加值中的比重呈下降趋势。"十五"期间，非公有制规模以上工业增加值年均增长24.5％，但是进入"十一五"以来，增速明显放缓，年均增长仅13.97％，占全市规模以上工业增加值的比重从29％下降到27.6％。2008年，规模以上非公有制工业增加值更是同比负增长5％。别的地方，非公有制经济都在蓬勃发展，而贵阳的非公有制经济却在萎缩、下滑！至于一些国有企业，依然存在观念保守、机制不活、设备陈旧、包袱沉重等问题。因此，必须坚持有所为有所不为，坚定不移地调整所有制结构。一方面，要大力鼓励和引导非公有制工业发展，提升非公有制工业在工业经济中的比重。支持非公企业收购、兼并或参股国有、集体企业，引导非公企业向科技型、创新型发展，提升产品层次，增强核心竞争力。按照"非禁即准、非限即许"的原则，破除妨碍非公经济发展的准入壁垒，推动非公经济健康发展。在两三年内使非公工业增速超过工业总体增速，非公工业在工业经济中的比重逐年上升。另一方面，要坚持有进有退，积极推进市属国有资本有序流动。凡是竞争性行业的市属国有资本，都要该进时进，该退时退，通过市场运作促进产业发展。市里成立了工业投资公司，就是干这个事。要将市属企业一些优良国有资产交给工投公司，由工投公司通过股权投资、股权经营、引入社会资本参股等多种方式，对发展潜力大、产业带动性强的重点企业和项目进行扶持，待企业发展到一定规模和实力后，再通过上市或股权转让等方式，使国有资本有效放大或退出，退出的资本再寻找其他投资项目，实现国有资产对产业投资的良性循环，发挥工投公司的"杠杆效应"。市属国有资本转让的股份，谁来接都可以，民营企业、外地的国有企业都行，淡化市属概念，不求所有、但求所在。

综上，大调整的最终目的是什么？就是要上层次、上水平、上效益，实现产业生态化、生态产业化，产业发展与生态建设有机统一。调整结构，关键是抢占先机，占领制高点。从先机来讲，你调我也调，大家都在调，关键看谁的步子抢在前面，谁的起点更高一些，如果老跟在别人后面，亦步亦趋，见子打子，就没有出路。象棋大师与一般棋手的区别，就在于后者只能看到一两步，而前者能看到五六步、六七步。结构调整就是要有超前眼光，走一步，看三步、看五步。以往我们的结构调整总是比别人慢一拍甚至几拍。比如，我们想上光伏材料的时候，别的地方光伏材料都成气候了；我们嚷嚷搞新能源汽车的时候，别的地方新能源汽车已经下生产线了。这样恐怕很难抢占先机。从制高点来讲，只有站在同行业发展的最前沿，掌握同行业最先进、最尖端的技术，才能"一览众山小"，才不会把别人淘汰的项目还当个宝。那么，先机在哪里？制高点在哪里？就是产业生态化、生态产业化，建立符合生态文明城市要求的产业体系。当今世界，发展绿色经济已经成为结构调整的方向所在。中国科学院 300 多位专家经过 1 年研究认为，当今世界正处在科技创新突破和新科技革命的前夜，在今后的 10 年至 20 年，很有可能发生一场以绿色、智能和可持续为特征的新的科技革命和产业革命，我国必须及早准备。其实，产业革命已在进行中。奥巴马政府应对金融危机推出的近 8 000 亿美元经济复兴计划被称为"绿色经济复兴计划"，核心就是大力发展新能源、清洁能源，包括发展无污染机动车、风能和太阳能以及其他能源技术等。最近，国务院围绕发展新能源、推进节能减排，出台了一揽子政策措施。中国和美国的经济合作领域，就主要在绿色经济领域展开。今年 8 月将在贵阳举行的生态文明贵阳会议，主题就是"发展绿色经济——我们共同的责任"。英国前首相布莱尔之所以表示愿意参加会议，发表主旨演讲，并参加生态城市分论坛，就是冲着绿色经济、推销低碳经济来的。贵阳市从 2007 年底开始明确提出建设生态文明城市，推进产业生态化、生态产业化，其理念、目标、路径与发展绿色经济是一致的，符合世界产业发展趋向，符合国家产业政策导向，符合贵阳产业发展实际，我们的结构调整必须坚定不移地围绕这个目标来进行。包括前面讲到的磷煤化工、铝加工、装备制造以及特色食品、现代制药都要围绕绿色经济的方向来调整结构，在绿色经济发展的潮流中寻找商机。

也许有的同志会说，现在保增长的压力这么大，哪里还能搞结构调整啊？实际上，二者完全不矛盾。一方面，当前，国际金融危机和全球经济放缓为发展绿色经济提供了新的机遇。绿色经济不仅可以成为渡过目前经济困难的有效方式，而且是保障中长期经济持续增长最可行的手段。另一方面，保增长最终要靠调结构，调得越早越主动，越晚越被动。危机如潮汐，总会过去，大浪淘沙之后，只有符合未来发展方向的产业才能留下来。经济每经历一次波动，产业结构就会上一个台阶。而且，像贵阳这样的欠发达、欠开发地区进行结构调整，完全可以把后发优势与比较优势叠加起来，一步就调整到目前最先进、最前沿的产业结构上来。这不是不可能的。当然，这样的调整是战略大转移，是"凤凰涅槃"、"脱胎换骨"式的调整，是抓住"病灶"、斩草除根的"手术疗法"，不是迁就现状、修修补补的"保守疗法"，短期内难免有"阵痛"，但从长远看，长痛不如短痛。我们绝不能把保增长与调结构对立起来，绝不能因为应对金融危机而把结构调整给耽误了，绝不能忘记建设生态文明城市的长远目标、回到传统的"三高一低"老路上去。在提出建设生态文明城市的时候，我说过，有那样认识的人不是无知就是无能。现在，在深入学习实践科学发展观活动中，如果还这样认识，那恐怕就不是无知、无能，而是别有用心了！这里重申，凡是不符合生态文明发展方向的项目，凡是不符合环保要求的项目，凡是不符合节能减排要求的项目，不管能增加多少GDP、带来多少财政税收，都一律不能上，环境保护的"紧箍咒"万万不能松！

三、关于大开放

大调整需要大开放。从其他省（市、区）和我们自己的经验来看，之所以对内对外开放极其重要，是因为：第一，在经济全球化和我国市场日益成熟的大背景下，任何一个地区孤立地发展，都不会有大出息。"困难困难，困在家里总是难；出路出路，走出门去才有路"。只有在开放的条件下，才能会聚全国乃至全世界的资金、技术、人才、市场等各种要素，为我所用。第二，只有在开放的格局中，才能在更高的平台上参与竞争，激活创造的渴望和创新发展的智慧。第三，中国的机会很多，世界的机会更多，只有开放才可能分享这些机会。不搞开放，不充分开放就会坐失良机。可以说，拒绝开放就是拒绝发展。现在，大家都在开放，效果如何就看谁的开放力度大、深度深、领域广。贵阳作为欠发达地区，开放必须更加彻底、更加全面。

大开放，首先要体现在思维方式上。核心就是要学会算账。我老家有一个邻居，精于算计，小事很聪明，大事不明白，算来算去最终住的还是茅草房，儿子还打光棍，所以老乡们就给他取个外号叫"小算盘"，"小算盘"算掉了自己的一生，也耽误了孩子。我们要学会算大账、长远账、全局账，不要算小账、眼前账、单项账。我相信干部中反对开放的恐怕没有，但不会算账的不是没有，特别是当眼前利益和长远利益、局部利益和全局利益发生冲突时，有人往往犯糊涂，因眼前利益影响了长远利益，因局部利益影响了全局利益。比如，对于招商引资，有的同志没有时间观念，马拉松似的谈判，为细枝末节斤斤计较，看起来很精明，其实很愚蠢。实际上，如果项目能够早一年、半年甚至是一个月投产，可以得多少利益啊！况且，有的项目拖来拖去，耽误了最佳时机，再上的时候，市场供求形势已经发生变化，制高点已经被别人抢占了，好项目变成了垃圾项目。时间是有价值的。古话讲"惜时如金"，"一寸光阴一寸金，寸金难买寸光阴"，现在讲"时间就是金钱"。市委、市政府出让会展中心土地，在地价方面予以优惠，目的就是尽快把会展中心建起来，把会展业发展起来，着眼的是一个产业，而不是一个项目。大家要想明白一个道理，零除以任何数都等于零。项目引不进来，就没有新的税源点、财源点。还有，一个项目引进之后，即使暂时没有多少税收，见不到直接经济效益，但增加了就业，就有了间接经济效益和社会效益。鄂尔多斯市为了引进华泰汽车的全国乃至全球都比较先进的"欧4"标准柴油发动机，甚至给该公司配套了一块煤田，以丰补歉。他们算的就是大账：发动机来了，配套企业就会过来，就能形成汽车产业集群，成为新的增长点。

学会算账，不但要体现在招商引资上，还要体现在其他方方面面。在国有企业改制上，政府要会算账。比如让管理层持股，不仅能解决国有股权转让的问题，而且可以有效预防企业家腐败，把企业做大做强，一举多得。说实话，我们在这方面保守得很，老是担心国有资产流失。青岛、鄂尔多斯等城市思想解放程度高，海尔集团的张瑞敏、鄂尔多斯集团的王林祥都持有公司股份。这种做法值得我们借鉴。相反，大家都知道"烟草大王"云南红塔集团原董事长褚时健，他把一个作坊式的小厂发展成为享誉全国乃至全球的烟草大亨。他在任的1997年，红塔集团为国家缴税200亿元，企业税后利润50亿元。可以说，没有褚时健就没有红塔集团的崛起。但后来，他因为私分贪污174万美元被判处无期徒刑，红塔集团也因此走下坡路，并直接影响了云南烟草行业的发展。当然，贪污是犯罪，必须受到处罚。但是，我们不妨假设一下，如果早一点把股权、期权等激励机制建立起来，给他相应的股权、期权，他还会不会铤而走险呢？贵阳最近成立了10家投融资公司，管理层实行年薪制，并可以持有股权、期权，其目的就是充分激励调动这些公司管理层的积极性。在企业整合、兼并、重组上，企业家也要会算账。贵阳的企业为什么很难做大？不客气地说，不少老板小富即安，"宁愿做鸡头，不愿做凤尾"，即使当"鸡头"只赚100万、当"凤尾"可以赚1 000万。实际上，你做"凤尾"，有一天可能会成为"凤头"，如果你坚持做"鸡头"，那你的企业永远只能是一只"鸡"而已。

大开放，要体现在政策服务上。核心是要全方位营造适合企业发展壮大的良好政策环境。在贵阳这样的地方，我们在硬件上比不过别人，必须下硬工夫提供更好的"软环境"。如果说企业家投入资金创业是在提供种子，那么资金支持可以说是土壤，服务环境可以说是水分，技术支撑可以说是肥料，外部氛围可以说是空气，市场条件可以说是阳光。我们一定要为企业、企业家、产业提供肥沃的土壤、适度的养料、充足的阳光雨露、精心的管护，促使企业到贵阳来落地、生根、开花、结果，长成参天大树。比如，政策环境方面。凡是别的地方能给的优惠政策，贵阳都可以给，甚至更优惠。对符合贵阳产业发展方向的企业，要采取"一事一议"的办法引进。如果这点魄力都没有，贵阳振兴工业就是一句空话。比如，服务环境方面。要真正为企业提供"保姆式"服务，建立健全横向领办、纵向领办、即请即办、即时即办、限时办结等行之有效的制度。比如，法治环境方面。坚持依法办事，公开透明。合理合规的，要及时给人家办；不合理、不合规的，坚决不能办，并及时给人家说清楚，让人家充分理解。现在，有的企业家讲政府部门办事经常是"灰色状态"，模棱两可，说按照规定本来不行，不过怎么怎么样以后还是可以办的。对此意见颇大。我们希望企业家不要把治理"软环境"简单地当成是政府的事情，欢迎企业家配合我们一起治理"软环境"。最好是实名举报，如果大家有顾虑，可以通过"百姓—书记市长交流台"反映。要继续加大"整治发展软环境，建设服务型机关"专项行动的力度，对那些吃拿卡要、推诿扯皮等行为，一定坚决查处，绝不手软。前不久，市纪委、市监察局依法处理了市劳动保障局小额贷款中心负责人"服务态度差、衙门作风重"的问题，这个典型抓得好，起到了很大的震慑作用。类似的单位、类似的人肯定还有，希望你们不要心存侥幸，拿自己的"饭碗"开玩笑。比如，信用环境方面。讲诚信是市场经济的重要标志，没有信用，连简单的交易都无法完成。因此，要在各级政府机关普遍推行"承诺践诺制"，建立健全失信追究制，切实扭转投资者担心的"领导换、政策变，政策多、兑现难"的问题。比如，金融环境方面。要积极引进更多的银行等金融机构，致力于营造良好的金融生态，让直接融资和间接融资都得到比较好的利用。金融机构不要只盯"铁（路）公（路）机（场）"，要多为工业企业服务，扶持、培育一批大企业、好企业。

大开放，要体现在放开搞活上。振兴工业经济，必须建立科学的机制，调动每一个区（市、县）、每一个部门、每一个企业、每一个人的积极性，让全社会每个细胞的活力和能量充分迸发、竞相涌流。专家们在对美国硅谷高新技术产业的兴起进行研究后，得出这样的结论：一个国家、一个地区创新产业发展得快慢，不是决定于政府给了多少钱、派了多少人、研发了多少技术，而是决定于是否有一套有利于创新活力迸发和人的潜能充分挖掘的制度安排、社会环境和文化氛围。制度经济学非常强调制度、产权对经济增长的作用，其实这个道理在生活中随处可见。我父亲原来是生产队长，搞包产到户前，他天天拿着喇叭筒挨家挨户喊：出工了，出工了。可是大家都慢慢吞吞的。改革开放，实行包产到户后，不用喇叭喊，家家都起早贪黑、拼命干活。这就是制度的作用。这次振兴工业经济大会，根本目的在于建立科学的，宜于优秀企业家施展才华、优强企业脱颖而出、优势产业蓬勃崛起的体制机制。我们很清醒，市场不是万能的，政府也不是万能的。党委、政府指导经济发展，当然要明确主导产业，明确扶持重点，明确发展目标，但有时候产业发展是不以人的选择为转移的，"有心栽花花不发，无心插柳柳成荫"。一些刻意重点扶持的产业、企业，有时候反而陷入"比较优势"陷阱，老觉得有优势，结果发展不起来。而一些不在扶持计划里的产业、企业反而意外崛起，自发形成产业支撑。20 世纪 90 年代，对中国的小轿车行业中央曾经规划过"三大、三小"，事实上一些地方自己在发展小轿车，因而被戏称为"三条大狗，三条小狗，还有一群野狗"。十多年过去了，家养的"大狗"、"小狗"有的没有长多肥多壮，一些"野狗"倒是筋骨强健了。比如"奇瑞"大成气候，"吉利"更是闯进了美国底特律车展。我们贵阳的"老干妈"也是这样，论辣椒品质，贵州不见得比湖南、四川的强，而且"老干妈"用的辣椒、菜油都主要不出在贵阳，但偏偏"老干妈"成为全国辣椒制品行业的老大，成为行业标准企业，创造了奇迹。可见，企业成长除了靠企业家之外，最根本的是靠良好的制度环境。政府不引导不行，市场机制不发挥作用也不行，关键是找到政府引导和市场选择的最佳结合点。前段时间，我们引导浙江兰亭高科有限公司董事长杨林江教授到高新开发区发展，也是着眼于发展高性能沥青材料的一种可能性，并不代表这个项目就一定能成功。请各位企业家、老板放心，无论是鲜花，还是柳树，我们都会提供肥沃的土壤、丰富的营养、充沛的水分、清新的空气、充足的阳光，给予每个企业做强做大的机会。

四、关于大实干

大调整也好，大开放也好，关键还是要靠"大实干"。我们前段时间讲要"埋头实干"，现在提出"大实干"，就是进一步强调实干，而不是一般的实干。为什么强调"大实干"？第一是因为历史的教训值得吸取。贵阳工业经济近年来发展不尽如人意，原因很复杂，但很多同志都认为，主要是因为有些地方、有些单位、有些同志说得多、做得少，表态性的东西太多，落实不力。我们以往制定的许多文件都很好，但是落实的效果不好，时间过去之后加以对照，很多任务都没完成。第二是因为现实的毛病必须克服。总体来讲，我们贵阳的干部都是肯干的、能干的、实干的，是完全可以充分信任的。但确确实实也有一些干部，习惯当"战略家"、"理论家"、"指挥家"，就是不当"实干家"，喜欢夸夸其谈，谈得多、干得少，只会谈、不会干。比如，这几年单是市委、市政府组织外出考察学习的活动就有不少，还不包括部门和区（市、县）组织的考察学习活动，花费了金钱、时间，但真正学到了多少？转化了多少？我听说，有的同志到外面考察学习，看的时候感到震动，讲体会的时候激动，回来以后就是不动。这次我们到内蒙古自治区学习考察，已经经历了震动、激动的阶段，现在就看到底有没有行动。第三是因为干部群众的担忧需要消除。不少同志跟我讲，这次会议出台的文件，问题抓得很准，措施很有力，写得非常好，就是担心不落实。过去，写文件的人不实施，实施的人不写文件，"两张皮"，所以不好落实。但这次我们把这"两张皮"粘起来，整个文件起草过程都让各有关部门负责人参与，起草的人就是实施的人，实施的人就是起草的人。其目的，就是为了解决"大实干"的问题。在这里，我就"大实干"提三点要求。

第一，思想必须高度统一。经济工作是党的中心工作，是一切工作的大局，各方面工作都要服从和服务于这个大局。党委领导经济工作，既要把握方向、谋划全局、提出战略，又要适时对经济运行中出现的新情况和新问题进行分析，有针对性地研究工作思路，提出对策措施，确保经济持续快速协调健康发展。各级各部门和广大干部特别是领导干部要把思想行动统一到市委、市政府关于当前工业经济形势的分析判断上来，统一到市委、市政府确定的振兴工业经济的各项决策部署上来，按照"大调整、大开放、大实干"的思路，齐心协力推进工业经济振兴。在这里，我要求参加会议的贵阳市的同志，待这次会议的文件正式下发后，至少要认真读三遍，适当的时候要组织抽查。这些文件不是普通的文件，起草过程是凝聚了汗水和心血的。要切实增强政治意识、纪律意识、规矩意识，以思想认识的高度统一保证行动和工作的高度协调，不争论、不折腾，做到心往一处想、劲往一处使，绝不允许自行其是、出现"各唱各的调，各吹各的号"，绝不能有令不行、有禁不止或者上有政策、下有对策。各区（市、县）要按照市委、市政府的统一部署，结合本地实际，创造性地开展工作；市直各部门要切实增强全局观念和大局意识，加强分类指导，增强服务意识，提高工作效率，为工业经济的发展创造良好的环境和条件。尽管目前贵阳市工业经济形势严峻，问题不少，但只要思想高度统一，步调高度一致，就没有闯不过的难关。

第二，作风必须切实转变。工业抓得好不好，经济运行数据摆在那里，财务报表摆在那里，一目了然，来不得半点虚假。抓工业的同志必须切实转变作风，领导干部首先要转变作风。思想要刻苦，在经济全球化和区域经济一体化的情况下，要有全局性、战略性思维，超前谋划关系长远发展的重大问题，做到分析问题有深度、抓工作有力度，不说要有世界眼光，至少要有全国的眼光，不做"井底之蛙"；不说要看到十年以后的情况，至少要看到两三年后的情况，不要"鼠目寸光"。工作要刻苦，必须扑下身子，不能只当"二传手"，不当"扣球手"，要具体研究每件事应当怎么办，谁去办，什么时候办到什么程度，做到目标、要求、责任都要落实，对重要工作、关键环节，领导干部要亲自动手、亲自推动，一竿子插到底。我们现在已经落在了别人后面，没有吃苦的精神，没有拼命的劲头，是很难取得效果的。比如，招商就要吃苦。一般来说，房地产项目比较好招，甚至你不去招，房地产老板也会跑上门来找你。2006—2008 年，贵阳市房地产投资增速逐年加快，三年增速分别是 19.1％、25.7％、25.9％，在固定资产投资中的比重逐年增长，就是这个道理。像这样的招商，我们可以当"大爷"，感觉当然很舒服。但招工业项目是一场"攻坚战"，拼的是耐力、毅力，要吃得起苦，坐得住"冷板凳"，甚至招白眼，是要当"孙子"的。但是，我想，为了贵阳市的发展，为了贵阳人民的利益，我们要有甘愿当"孙子"的精神。在追求好项目上，我这个市委书记愿意带头当"孙子"。现在，我就紧盯中铝 20 万吨铝精深加工项目不放。特别要强调的是，招商引资要适应新形势，切实改进方法，由传统招商方式向专业招商、定点定向招商、代理招商、委托招商、中介招商、网络招商等现代招商方式转变，增强招商的实效性、针对性。现在出去招商有搞"大呼隆"的情况，搞集体签约，但真正落地的又有多少？一些企业负责人对此很有意见。为了改变这样的状况，市委、市政府决定成立装备制造业、铝及铝加工业、磷煤化工业、现代药业、特色食品业、高新技术产业、物流业 7 个专业招商组和港澳地区招商组，围绕重点产业，主动外出开展工作，瞄准最尖端最前沿的企业去找"对象"。通过建立长期的招商联系点，成为这些企业的常客，即使引不来项目，也可以引来关系、引来感情，时间一长肯定会有收获。招商谈到一定程度后，我和其他市领导亲自出面，登门可以，接待也行。招商专业组的同志都来参加会议了，你们都是精挑细选出来的，希望你们发挥"尖刀队"的作用，"真刀真枪"地干，不遗余力地为贵阳工业经济的发展"冲锋陷阵"，"攻下山头"。你们外出之前，要开展培训。每年要对你们的工作进行考核，作为提拔任用的重要依据。

第三，效果必须逐步显现。走新型工业化道路，振兴工业经济是一个长期的过程，不可能立竿见影，千万不能急功近利，但是，也不能老不见成效。我们总的考虑是"两年调整，三年初见成效，四年大见成效"，希望同志们牢牢记住这个时间，到时效果一定要显现出来。在有些同志那里，时间没有严肃性。我经常听说，某个项目什么时候开工，某个项目什么时候竣工，但是一较真，开工也开不了，竣工也竣不了，把时间当儿戏。这样的事不少！因此，我们一定要强化时间概念，把争取时间放在首位，把工作抓得紧而又紧，一天也不能耽误，千方百计确保实现预定的目标。一些具体工作现在就要启动，要尽快落实到位，务求取得实实在在的进展。比如，在当前困难形势下，企业到底需要解决些什么问题？我看了一个材料，企业普遍反映存在资金短缺、运力紧张等问题，我们要切实帮助解决。特别是市里派到重点企业的"三保三实"工作队，要围绕这些实际问题帮助企业办实事，见到实实在在的效果。

今后四年是贵阳市工业经济的大调整年、大开放年、大实干年。我们相信，只要上下齐心协力，解放思想，埋头实干，就一定能够迎来贵阳市工业经济发展的大提速年、大增效年！

大力推进"产业生态化、生态产业化"*
Promote Vigorously the Strategy of "Industrial Ecologicalization and Eco-industrialization"

　　由于历史、地理条件等诸多因素，在全国经济版图上，贵阳仍是一块"洼地"；在经济发展的某些方面，贵阳比较慢，与其他城市的差距还在拉大，贵阳的这块"蛋糕"还不够大。我们要正视落后而不甘落后，千方百计提升经济增长速度，把"蛋糕"做大。但是，如果沿用传统的"高投入、高能耗、高污染、低效益"办法，"蛋糕"就会是劣质的、过期的，就会危害老百姓的健康。因此，必须在加速发展中加快转型，做环保的、生态的"蛋糕"，使"蛋糕"成为绿色产品，老百姓吃起来安全放心、美味可口。那么，往哪里转型呢？总的方向就是"走科学发展路，建生态文明市"，大力发展绿色经济、低碳经济、循环经济，推进"产业生态化、生态产业化"。

　　具体来说，要做到"三个转"。

　　一是产业结构由低端转向高端。要大力发展精深加工、精细化工、总装集成等中游、下游产业，拓宽产业幅，延长产业链，提高附加值。贵阳市年产15万吨铝板带项目将开工建设。据测算，目前铝锭的市场价格大概在每吨1.6万元左右，加工成铝箔坯料，每吨可以卖到2.4万元左右，加工成铝箔，每吨可以卖到4万元左右，而加工成高端铝型材，每吨可以卖到6万元以上。这个项目从洽谈到现在开工，花了两年多的时间，十分不易，其意义不仅在于项目自身带来的经济效益，而且还在于架起了从铝矿石到铝加工产品之间的桥梁，形成了完整的本地产业链，结束了贵阳作为铝矿资源基地却没有什么铝加工的尴尬历史。这就是从低端向高端、从上游向中下游转型。

　　二是增长模式由粗放转向集约。坚持资源节约型和环境友好型的发展路子，

---

　　* 这是李军同志 2010 年 12 月 28 日在贵阳市委八届十次全会上讲话的一部分。

切实改变高消耗、高排放、高污染的传统增长模式。大力发展循环经济。在资源开采环节，要提高综合开发和回采率，做到"细挖慢采"；在资源消耗环节，要提高资源利用效率，做到"滴水不漏"；在废弃物处理环节，要着力推进以废弃物为原料的产业链延伸，做到"吃干榨尽"；在再生资源利用环节，要完善废旧资源分拣回收利用机制，做到"变废为宝"；在社会消费环节，要提倡绿色、简约的生活方式，做到"返璞归真"。大力推进低碳发展。贵阳市是全国首批低碳试点城市之一。在 2010 年生态文明贵阳会议期间，我们发布了《贵阳市低碳发展行动计划（纲要）》，明确了到 2020 年的减排目标和"十大行动"，得到了各方广泛关注和好评。要把确定的政策措施抓落实，推动低碳城市建设取得重大突破。大力推动集约用地。贵阳土地资源十分稀缺，但有的地方大手大脚，一个项目动不动就占地 500 亩、1 000 亩、2 000 亩甚至几平方公里，如果这样下去，用不了多少年贵阳就会因为没有可用的土地而失去持续发展的能力。必须通过政策引导、行政审批、经济约束多种手段，促进集约用地，提高"亩产量"，实现土地资源效益最大化。要严格用地标准，对达不到一定投资强度的，不能提供用地；要盘活存量资源，包括利用好旧厂区等，对长期占而不用的土地要进行清理，并依法收回；要加大奖惩力度，对集约用地的给予奖励，对浪费土地的予以惩罚。前不久，市政府已经决定依法收回 4 宗闲置土地。贵州广铝公司 80 万吨氧化铝项目用地比国家标准节约了 64.3%，值得肯定。

三是要素投入由主要依靠物质资源转向主要依靠科技创新。贵阳市科技研发和转化能力总体上较弱，高新技术产业比重较低，是经济发展的薄弱环节。就拿高新开发区来说，规模以上工业企业仅有 71 家，销售收入过亿元的企业仅有 23 家，而国内其他高新区规模以上工业企业均在 500 家以上。因此，我们既要尽量提高自主研发能力，打造一批产学研联盟，推动科研成果向现实产业转化，又要采取"拿来主义"，大力引进先进技术和科研成果，将其孵化成企业，最终变成产业。贵阳市有些企业技术比较先进，也有完全知识产权，成长性较好，可就是规模太小，要采取特殊的政策扶持其迅速长大，抢占市场份额。

积极发展特色优势产业和战略性新兴产业
Develop Industries with Local Advantages and Strategic Emerging Industries

特色食品、药品产业要整合资源、做大做强 *

贵阳乃至贵州的生态环境好，农业和药材资源丰富，发展特色食品和特色药业的条件非常好，再加上有优秀的企业家，把特色食品和特色药业做大做强是很有希望的。但是，贵阳乃至贵州的食品行业、制药行业比较分散，小打小闹的很多，形不成规模，竞争力不强。与外地同类企业比较，贵阳企业的扩张速度相对缓慢。比如食品行业，贵阳"老干妈"已经做得很不错，2009 年销售收入为 12.3 亿元。然而，成立于 1994 年的双汇集团，2009 年销售收入为 400 亿元，2010 年目标是 500 亿元。比如医药行业，贵州益佰制药股份有限公司 1995 年成立，2004 年上市，2009 年实现产值 13 亿元。然而，河北石药集团成立于 1997 年，2009 年产值突破 100 亿元。贵阳的企业家要看到这些差距，确定更加积极的目标，聚精会神把企业做大做强。比如，"老干妈"公司看准的方便面项目，是个很好的项目，要力争早日上马，这不单是个赚取更多利润的问题，而且关系到企业良性发展、在本行业中的地位及形象。像益佰制药这样的企业，要发挥龙头作用，按照市场经济的办法整合贵州制药资源，集中力量打造制药品牌，进一步做大做强。贵州同济堂制药有限公司能够到美国纽约证券交易所上市，是贵州高原上的一个奇迹，具有多方面的意义。但同济堂在全国中药企业中只排在三十几位，规模还不大，要通过引进、兼并、重组等方式，加快发展步伐。贵阳长生药业通过引进北京中证万融进行兼并，实现了跨越式发展。对这样的成功案例，要大力宣传。

在发展特色产业问题上，党政干部特别是领导干部要解放思想，只要有利于

---

* 这是李军同志 2009 年 4 月 13 日调研特色食品、药品产业时讲话的一部分。

发展的，就要放开手脚，大胆地闯、大胆地试、大胆地干。在抓发展、抓项目中，上级要为下级撑腰，宽容干事中的失误；下级不能畏首畏尾、怕担责任，做太平官。企业家要解放思想，迸发强烈的"创业、创新、创优"冲动，勇于把企业做大做强、当"大老板"，为社会多作贡献。只要党政干部和企业家两个"解放思想"结合起来，贵阳工业经济发展就能结出丰硕成果。当然，我们在确定发展目标时，要努力做到既鼓舞人心又切实可行。

推进资源就地转化态度要坚决、措施要过硬[*]

发展工业经济，离开了资源就丢掉了优势。贵阳有丰富的铝、磷资源，这是我们发展铝工业、磷化工的优势。但目前卖资源、卖初级产品的情况仍然比较突出，经济效益很差，必须采取更加过硬的措施，大力推进资源就地转化，延长产业链、提高附加值。一要杜绝烧熟料的行为。烧熟料不仅浪费了最好的矿产资源，而且严重污染环境。二要坚决打击盗采盗挖、外卖原矿的行为，保护好宝贵的铝、磷等资源。三要加强矿权管理，大力支持和引进有实力的企业进行资源综合开发利用，切实提高资源利用效率。总之，不管遇到多大的困难和阻力，涉及多么艰难的利益格局调整，都必须坚定不移地推进以市场为导向的优势资源就地转化。新上项目中磷矿资源就地转化率必须达到 100%，现有企业磷矿资源到 2012 年就地转化率必须达到 60%；铝矿资源现有原矿和初加工企业，两年之内必须转型，向深加工发展，2012 年就地转化率必须达到 100%。只有这样，才能实现贵阳工业结构的"脱胎换骨"。

清镇市在资源就地转化方面做了很多工作。清镇共有 32 个矿山，中铝占了 4 个，私营企业占了 28 个，过去还关掉了上百个采矿企业。这可以说是一场利益的博弈。推进资源就地转化，一是态度要坚决，向企业广泛宣传资源就地转化的重要意义和相关政策，表明党委、政府促进资源就地转化的决心，提高企业认识；二是措施要过硬，综合运用行政、法律、经济等措施，严格执行有关政策措施，敢于碰硬，达不到就地转化要求的一律关停。

装备制造业要延长产业链，实现集群化发展[**]

对装备制造业，从中央到省里、市里都非常重视，关键是要研究如何发展。

---

[*] 这是李军同志 2009 年 11 月 25 日在清镇市调研工业经济时讲话的一部分。

[**] 这是李军同志 2009 年 4 月 14 日在调研装备制造业时讲话的一部分。

从政府来讲，一要加强规划引导。就是通过规划的方式来加以引导、优化。比如说优化产业空间布局。现在我们的问题是"散"，不光是产品散，连布局都很散，这有历史的原因。市里已经制定了规划，要集中发展贵阳高新技术开发区和小河—孟关装备制造业产业带，将其作为下一步振兴工业经济的重点。今后装备制造业的新投资要尽量往里面去，发展的蓝图尽量在那里绘。二要帮助中小企业配套。配套问题已经严重制约了贵阳市装备制造业发展，政府必须加大协调力度，帮助解决。很多国有企业有相应的人才储备、技术实力和生产能力，都可以搞配套，但没有很好地利用起来，下一步，国有企业改革不能"一卖了之"，也不能像有些地方那样，简单地让它破产后把厂址用来搞房地产，而要围绕装备制造业的配套需求来确定改革方案，发挥其优势和潜力。不光是生产上游、下游产品的问题，而且是要培育、孵化一系列配套企业，做成产业链，实现集群式发展。工商资产管理公司和新组建的工业投资（集团）公司在下一步经营运作中，要朝着这个方向用好、用足国有资产。三要建设服务型政府。在用地、财政、税收、行政审批等企业家最关心的软环境方面，尽心竭力搞好服务。只要是其他地方有的优惠政策，贵阳都要有，而且要更优惠。贵州、贵阳欠发达、欠开发，条件都比别人差，如果不优惠，不搞好服务，怎么吸引外来投资？四要狠狠地抓。贵州工业发展有不少教训，其中重要一条就是抓工作狠劲不够。抓烟草没有抓过云南，抓白酒从整个行业来讲没有抓过四川，烟草、白酒产值、税收比两省小多了。我们要改变这种状况，扑下身子，以抓铁留痕的精神抓产品、抓产业。非如此，贵州、贵阳工业没有希望。

从企业来讲，一要增强信心。贵阳目前处于欠发达、欠开发状态，但装备制造业有较好的技术基础、人才基础，有一定的优势。随着环城高速公路的建成以及市域快速铁路、到周边城市高速铁路的建设，今后贵阳的物流条件将得到极大改善。因此，贵阳在新的区域经济发展格局中会有更好的前景，大家要有信心。二要实行差异化竞争战略。要有超前的战略眼光，思考符合自身实际的产业发展方向，有所为有所不为，不要老跟在别人后面。比如，在低碳经济和环保产业方面，贵阳跟发达地区在同一个平台上竞争，大家要瞄准一两个领域，集中突破，力争在新一轮竞争中占有一席之地。三要有更大的作为。当前我国经济正面临国际金融危机的严重冲击，但危中会有新的机遇。贵州、贵阳已经错过了不少机遇，这次不能再错过了。希望大家克服"小富即安"甚至"不富也安"的惰性思想，在重新洗牌过程中紧紧抓住机遇，奋力做大做强。

发展战略性新兴产业既要积极又要冷静[*]

为什么要讲积极而冷静地发展战略性新兴产业呢？大家都知道，微硬盘项目一度是贵州的光荣，也承载了许多的梦想，说是5年时间再造一个贵州，打造1 000亿美元产业链！结果该项目破产，损失20多亿元。这个项目是非常典型的战略性新兴产业，在当时来讲是最领先的，但怎么会失败呢？需要大家认真去思考。发展战略性新兴产业，是转变发展方式、培育新的经济增长点、提高竞争力的重要举措。当前，各地都在谋划发展战略性新兴产业，我们必须从实际出发，始终不忘我们所处的地理方位、历史方位，充分考虑贵阳的资源优势、产业基础、技术基础、人才基础，积极而冷静，做到有所为有所不为。

一要优先发展能够充分发挥比较优势、体现特色的产业。发展战略性新兴产业，既要有资源优势、特色优势，又要我们能够驾驭和控制。有些项目比如商务飞机，市场前景很好，我们何尝不想搞，但现有的航空企业是中央企业，贵阳左右不了。2009年我们确定六大重点产业，不是谁拍脑袋拍出来的，是经过反复比较、反复论证确定的。贵阳铝、磷、煤等资源丰富，这是许多地方不可比的，是贵阳的优势。要通过牢牢把握上游优势资源，控制发展优先权，依托资源、能源优势发展与铝加工、磷煤化工等产业关联度高的战略性新兴产业。贵阳生态、气候优势独特，中药材资源丰富，近年来现代药业发展迅速，要进一步做大做强，形成局部强势。

二要优先发展产业基础较好、本地配套能力较强的产业。战略性新兴产业不是横空出世的全新产业，一定要注重产业基础。经过这些年的发展，贵阳装备制造等产业有了比较好的基础，要运用高新技术进行改造提升。贵阳循环经济有了多年的积累，可以借此发展节能环保产业。

三要优先发展技术取得重大突破、市场前景广阔的产业。要对现有产业和现有企业进行战略性、前瞻性分析，选准拥有核心技术、成长性好的产业和企业，大力扶持其发展壮大。当然，政府不能包办代替，而要充分发挥企业的主体作用。

四要优先选择高新技术产业比重高、人才优势和技术优势明显的发展区域。高新技术产业开发区和小河经济技术开发区是高新技术产业的相对集中区域，体制机制较灵活，创新能力较强，要承担主要的战略性新兴产业发展任务。其他区（市、县）要冷静，切忌一哄而上、遍地开花。

---

[*] 这是李军同志2010年7月2日在贵阳市振兴工业经济领导小组第四次会议上讲话的一部分。

广泛采用清洁能源[*]
Widespread Use of Clean Energy

联和能源清镇 300 万吨水煤浆基地项目从动工到正式建成投产，仅用了 9 个多月的时间，充分体现了一个"快"字。这个项目达产后可以实现近 30 亿元的年销售产值，前景很好。实施"工业强市"战略，落实市振兴工业经济大会精神，就是要通过这样具体的项目来体现。

水煤浆产业是个很好的产业，必须大力发展。

一是有利于延长煤炭产业链、提高附加值。贵州省煤炭资源非常丰富，但是，过去我们没有很好地利用，一般都是直接出售原煤，后来，我们将煤炭用于发电，也算是产业升级、附加值提高的举措，但产业链还不够长。看了水煤浆这个项目以后，我感到这是往深里做好煤炭这篇文章的一个成功路径。水煤浆对煤的质量要求并不高，能够利用贵州各种煤炭资源进行制浆生产。因此，水煤浆项目是一个经济效益高的好项目。

二是有利于减少排放、净化空气。在节能方面，水煤浆节能率是 26.73%。以贵阳市为例，按照现在的耗煤量来计算，运用水煤浆技术一年可以节省 200 万吨精煤，节约能源的效果是非常明显的；在减排方面，贵阳如果采用这种技术，每年可减少二氧化硫排放 1.2 万吨、二氧化碳排放 910 万吨。过去，节能减排的主要措施是通过关停一些耗能大户和技术落后企业，如果采用水煤浆技术，就可以通过技术创新进一步挖掘节能减排的潜力。因此，水煤浆项目是一个绿色环保的好项目。

三是有利于带动相关产业发展。水煤浆项目推开以后，可以带动装备制造业的锅炉生产以及其他的一些相关产业发展，是一个关联度强的好项目。

四是有利于保障供气安全。贵阳市居民供气和工业生产用气，主要靠市燃气

---

* 这是李军同志 2011 年 12 月 14 日在联和能源清镇 300 万吨水煤浆生产基地现场会上的讲话。

公司供应，但是，这几年一到冬天用气高峰，往往出现没气或者是气不够的问题。我们一般先保居民用气再保工业生产用气，即便是这样，居民用气的稳定性、可靠性也得不到保证。我曾经就燃气问题做过一次调研，老百姓对用气的要求很简单，就是一点就着、一着就旺，可是现在达不到这个要求，燃气往往点不着、点着了也不旺。水煤浆项目将增加燃气供应的渠道，有效提升燃气供应质量，可以说是一个重大的民生项目。

五是有利于企业节约能源、降低成本。节能环保不能光靠行政的强制命令，还要充分利用市场手段。过去我们要求企业节能减排，企业舍不得投入，主要是因为一些节能项目投资回报见效慢。作为市场主体，企业必须算经济账，对于投资见效很长的节能项目不会感兴趣。刚才，科伦药业公司的负责人介绍了运用水煤浆技术的情况，一期每年可节约30万元，二期建成使用后每年可节约100多万元。因此，对于企业来说，水煤浆项目是一个非常划算的好项目，有很好的推广价值。

贵阳市生态环境良好但又十分脆弱，在发展工业经济的过程中，坚决不能走先污染、后治理的路子，必须按照新型工业化的发展方向，在保护生态环境的同时加快发展，实现双赢。有的同志一讲到工业强省，一讲到发展工业，以为就可以搞"傻大黑粗"，可以上"高能耗、高污染、低效益"的项目，这就走入了误区。水煤浆项目说明我们完全可以走出一条以生态文明理念引领新型工业化发展的新路径来。

一要多扶持。以项目建成投产为契机，大力发展和使用清洁能源，推动绿色产业发展。要研究出台支持水煤浆等清洁能源和新能源开发利用的优惠政策。加大对洁净能源生产企业的扶持力度，使企业享受到新能源技术应用推广的财政补贴，通过减免营业税和增值税的税收优惠政策，鼓励全社会有效扩大洁净煤应用范围，通过原煤的二次利用技术，提高原煤的使用价值，实现资源利用的最大化。

二要多宣传。充分发挥宣传媒体的作用，利用举办节能宣传周、技术培训班，召开推介会、座谈会，编辑简报、宣传手册等多种形式，从节约能源、提高大气环境质量、发展工业经济、提高经济效益和生产效率的角度，广泛宣传推广应用清洁能源的意义，增强全社会节能减排、清洁生产意识。

三要多采用。当前，贵阳市正在大力建设工业园区和其他产业园区，水煤浆产业通过专业的能源供应商，以高效、规范的管理对污染排放总量进行有效的控制，提高锅炉运行的能源利用率和安全性，大大降低园区企业的土地、锅炉安装、运行管理、安全保障等成本，契合了绿色园区、绿色产业的发展导向，有利于园区的集约发展。要引导和鼓励广大企业新建或改建设备，逐步减少燃煤（油）锅炉，推行园区集中供汽供暖的"化零为整"运营模式，力争到"十二五"期末贵阳所有开发区、工业园区广泛采用清洁能源生产模式，实现园区绿色发展。

大力推动农村清洁能源发展和碳减排工作[*]

To Boost the Development of Clean Energy in Rural Areas and Improve the Reduction of Carbon Emission

　　长期以来，广大农村群众以木柴、煤炭作为主要的生活能源。砍树导致植被破坏，严重破坏生态环境，国家不得不强制封山育林、退耕还林，农民"砍无可砍"，只能烧煤。随着煤炭价格一路走高，加之长距离运输，给农村群众带来较重的经济负担和劳动负担。家庭生活离不开燃料，燃料问题是重大民生问题。如何让农民兄弟用上清洁、便宜的能源，保护生态环境是我们必须解决的重要问题。自 2000 年起，贵阳市将农村生态能源建设作为探索农村循环经济模式的核心项目，以农村户用沼气池建设为重点，建成了 22 万口农村户用沼气池，覆盖人口近百万。项目建成后，不仅让农村群众用上了廉价的燃料，还达到了三个效果：一是有效保护了生态环境。由于使用沼气，农村群众不再以木柴、煤炭作为主要生活能源，有效地保护了森林资源，改善了空气质量。全市森林覆盖率预计到 2012 年将达到 43%。二是提升了农产品质量。通过发展沼气池，以沼液、沼渣作为优质农肥长期施用，使土壤有机质、氮素显著提高，改良了土壤，有效地促进了无公害农产品的生产。三是提高了农民生活质量。农村公共卫生有两个关键，一是厕所，二是猪圈，这是农村卫生脏、乱、差的源头和疫病的传染源。我们通过建沼气池带动改厕、改圈，极大地改善了农村的生产生活条件，成为提高农村生活质量的重要举措。

　　贵阳市发展循环经济的实践，契合了国际国内建设生态文明、发展低碳经济、保护气候环境的大趋势。《京都议定书》引入了清洁发展机制（简称 CDM），制定了工业化国家减排义务，但没有对发展中国家作这个要求，同时允许发达国家和发展中国家进行项目级的减排量抵销额的转让与获得。对于发达国家来讲，

---

　　* 这是袁周同志 2010 年 1 月 22 日在贵阳市农村碳减排工作会议暨 CDM 项目合作签约仪式上的讲话。

能源结构的调整、高耗能产业的技术改造和设备更新都需要高昂的成本，温室气体的减排成本在 100 美元/吨碳以上，而发展中国家的平均减排成本仅几美元至几十美元。于是碳贸易便在国际上应运而生。贵阳农村沼气池项目建成后碳减排成效明显。按每口农村户用沼气减排二氧化碳 4.5 吨计算，全市农村户用沼气每年减排二氧化碳 99 万吨。加上建成和在建的 17 250 立方米养殖小区沼气池减排的 11.5 万吨，每年全市仅农村就可以减排二氧化碳 110.5 万吨。此次把开阳县作为试点开发自愿减排（VER）项目的成功尝试，一方面加深了国际相关机构对贵阳市新农村建设的了解，为贵阳增添了国际间多方合作的契机；另一方面为农户争取到了一定补助资金，减轻农户建设沼气池时的经济负担，也给大家上了一堂真实、生动的生态课程，让更多的人了解到什么是碳减排，什么是清洁发展，什么是生态保护，使更多的普通群众关注低碳经济，关心贵阳的生态文明城市建设。

在下一步的农村清洁能源发展和碳减排工作中，我们要从以下几个方面进一步做好工作：

一是加强领导，推进工作深入开展。此次 VER 项目是全球第一个根据中国农村实际情况进行核查的农户沼气自愿减排项目。开阳县农村沼气池量上来讲是全市最大的，县里面的同志做了大量辛苦的前期工作，保证了此次项目的成功，会后要及时对接，督促有关部门及时足额把项目补助资金发放到群众手中。各区（市、县）要加强领导，抓好前期各项工作，确保项目成功。各级各部门要加大对农村清洁能源发展的工作力度，对相关工作人员进行有关 CDM 知识的培训，包括如何选择项目、项目的参与资格、相关机构及主要职责、运行流程以及项目核查、核证等基本知识，更好地推进清洁能源发展工作。

二是扩大对外合作。《京都议定书》规定了 2008—2012 年的减排义务，将工业化国家分成 8 组，以法律形式要求它们控制并减少包括二氧化碳、甲烷等六种温室气体在内的排放。可以预见，在全世界更加关注低碳经济的大环境下，碳贸易的前景将更为广阔。贵阳市各级各部门要加强研究，优先在提高能源效率、发展新能源以及可再生能源领域开展项目试点。

三是进一步创新机制。目前，贵阳市正积极向国家申请"低碳经济试点"城市。同时，中英战略方案基金的两个项目把贵阳作为示范研究城市：一个是英国外交部与中国人民大学的省市级实施气候变化战略能力建设中英合作项目；一个是由省环保厅与英国牛津大学申请的低碳经济示范项目。市发改委、市循环办以及有关部门要以此为契机，制订贵阳市发展低碳经济试点工作方案，探索研究区域排放限额和建立排放权交易机制的有关工作，创新农村碳减排工作机制。

建设生态型工业园区 [*]

The Construction of Eco-industrial Parks

　　贵阳市相关部门在过去工作比较薄弱的基础上，用较短时间相继拿出了 9 个工业园区规划，这是一个很大的成绩。但因为时间紧，在规划的理念和设计当中，还是有一些薄弱环节，比如环境保护问题还需要强化。国家《规划环境影响评价条例》今年 10 月 1 日开始施行，我们要不折不扣地贯彻落实。如果说对全国来讲这个条例具有普遍作用，那么贵阳市尤其要重视这个条例，因为我们在建设生态文明城市，环保标准必须更高。区（市、县）书记、区（市、县）长们在环境保护问题上万万不可大意、万万不可松懈。要着力建设绿色园区、循环经济园区，努力实现园区污染物"低排放"甚至"零排放"。比如园区污水，应该做到内部排放、内部处理、循环使用。

　　小河—孟关工业园作为全省发展潜力最大、要素最集中的园区之一，要按照生态文明理念进一步加快建设进度，争取成为实施工业强省战略的排头兵，为贵阳振兴工业经济多作贡献。要深入研究在这个区域核心企业是什么，产业链是什么，能够形成什么产业集群，能够打造什么产业基地。小河和花溪要探索一种合作机制，打破行政区划的限制，共同开发，共同建设，形成利益共同体。要进一步完善园区用电、用水、排污等基础设施，为项目落地、企业发展创造良好条件。要进一步督促在建项目加快建设进度，尽快建成投产，形成新的生产能力。要进一步加大招商、选商力度，对技术含量高、经济效益好、带动能力强的好项目、大项目，要发扬"钉子精神"、"孙子精神"，千方百计予以引进；对污染性项目要严厉禁止，切忌饥不择食。要高度重视园区周边山体、绿化、建筑的综合整治，建设环境优美、形象良好的现代化园区。

---

* 这是李军同志 2009 年 11 月 3 日在贵阳市城乡规划建设委员会第七次全体会议上讲话的一部分。

龙洞堡食品工业园的条件很好，全国著名企业"老干妈"公司就在园区内，有利于发挥品牌效应，带动招商引资和上下游相关产业发展；园区紧邻机场、高速公路和规划建设中的市域快速铁路、城市轻轨，物流条件便利。因此，完全可以建成贵州一流的工业园区。下一步，一是要加强领导力量。南明区委、区政府主要领导亲自抓，分管领导全力抓，选派有开拓精神、实干作风、培养潜力的干部来推进园区建设，在推进园区建设中锻炼、考察、培养干部。二是要创新融资方式。利用政府信用资源，多渠道、多形式吸引和利用社会资金，切实加快基础设施建设步伐。在这个问题上，要牢记"时间就是金钱"的理念，算大账、算长远账，在控制风险的前提下，思想更解放一些、胆子更大一些，加快推进速度，降低时间成本，必要时"用金钱换时间"。三是要切实提高园区项目入驻的环保门槛。龙洞堡食品工业园地处环保敏感区域，食品工业本身对环保要求又很高，在园区规划建设、项目招商中，一定要坚持生态文明理念，凡是不符合环保要求的项目，不管能带来多少 GDP、多少财政收入，一律不得引进，绝不允许降低门槛、降格以求。现在，食品工业的环保工艺已经比较成熟，在生产过程中，企业要舍得加大环保投入，政府要切实加强环保监管，确保工业生产对环境的影响降到最低程度。四是要统筹考虑工业园区建设和城乡一体化发展。龙洞堡片区是贵阳城市发展的一个重要片区，在规划设计时，不能单打一地就食品工业园考虑食品工业园，而要把食品工业园放在龙洞堡片区城市发展的大局中来系统考虑，统筹基础设施、配套设施和其他功能。在征地拆迁安置时，要避免低水平重复建设，拆了旧村庄，又建新村庄；而要通过拆迁安置来改造城中村，建设新城区，改善城市面貌，提高城市品位。总之，不仅要建起一个工业园区，还要建起一座新城。

清镇市有红枫湖、百花湖，都是重要的水源保护区，环境问题十分敏感。在发展工业经济过程中，必须时刻高度重视环境保护工作，绝不能承接落后生产项目。清镇的园区规划做得比较好，贯彻了生态文明和循环经济理念。希望继续坚持走新型工业化道路，以精细化工、精深加工为发展方向，拓宽产业幅，形成一体化循环产业链，把工业经济发展提升到新的水平。要严格执行相关环保规定，凡是环评不过关的项目一律不得建设，凡是环保设施未经验收的项目一律不得投产，凡是生产过程中未实现达标排放的企业一律停止生产。在发展问题上，宁可慢一点，也不要走弯路。

高新开发区要成为带动发展的 "火车头"
High-tech Industrial Development Zone should be the Engine of Development

抓紧研究贵阳高新开发区的未来发展[*]

高新开发区在许多地方都是很重要的增长极和新的增长点，有的产值已占到当地总产值的 1/3 以上。贵阳高新开发区发展了十几年，但目前产值不够多，对全市经济增长的贡献不够大，在全国排名靠后。究其原因，与空间小且分散有直接关系。现在高新开发区是一区两园，新天园区仅有 5 平方公里，那里还设有一个垃圾填埋场，即使今后把洛湾那一片考虑进去也就 10 多平方公里。金阳园区现在是 4 平方公里，在规划建设贵阳火车北站后，没什么发展空间了。据我所知，贵阳高新开发区是全国占地规模最小的高新开发区。因此，贵阳高新开发区的未来发展关键是要解决分散和规模小的问题，我提出一个长远的构想，就是在白云区往北的沙文、麦架、扎佐方向，规划五六十平方公里来扩建高新开发区。

实行 "上合下分" 的管理体制[**]

经过充分论证、反复比选，市委、市政府作出了高新开发区扩区的决定，即在白云区规划建设麦架—沙文—扎佐高新技术产业经济带。这不是心血来潮，而是迫不得已之举。说实话，我并不想高新开发区搬家，就像一棵小树苗，在一个地方生长，直到长成参天大树，多好啊！但是，大家想一想，如果高新开发区不

---

　　* 这是李军同志 2007 年 9 月 5 日在白云区调研时讲话的一部分。
　** 这是李军同志 2008 年 9 月 4 日在贵阳高新开发区、白云区调研时讲话的一部分。

扩区,就在现有地方发展,前景在哪里?出路在哪里?可以说,高新开发区往白云区发展是必须走出的一步,当然,这也有利于白云区的发展。

高新开发区扩区后,与白云区到底是什么关系?到底采用什么样的管理体制?市委、市政府经过反复研究、论证,确定了"上合下分"的体制。"上合"就是高新开发区和白云区党政主要领导同志交叉任职,"下分"就是高新开发区和白云区的具体工作部门单独运行。对发展高新技术产业讲,高新开发区作为"尖刀团",轻装上阵,白云区作为"大后方",提供保障。国内高新技术开发区管理体制和运行机制多种多样,没有统一的模式。我觉得,高新开发区和白云区实行"上合下分"的体制有几个好处。第一,有利于协调高新开发区和白云区各职能部门之间的关系,促进各部门之间的配合。第二,有利于优化区域内的资源配置。一方面,高新开发区可以在整个白云区的范围内整合智力、土地、金融等资源,为高新技术产业发展提供更多的支持;另一方面,白云区也可通过为高新开发区企业提供急需的要素服务,达到资源的最优化,最大限度地提升经济发展的速度。第三,有利于为高新开发区的发展提供坚强的法律保障和全方位的政策支持。比如,高新开发区开展征地拆迁,除了市里给予相应的政策支持外,白云区还可以提供服务,这就为高新开发区的发展营造一个很好的环境。第四,有利于区域内的产业聚集,形成产业链。高新开发区和白云区可以利用各自的职能,根据区内现有的产业种类以及高新技术产业发展的需要,有计划地对相关产业和上下游产业进行合理布局。

怎样来适应这个体制?对高新开发区和白云区的同志都是一个新课题。高新开发区和白云区的领导班子,特别是交叉任职的同志要强化一体化意识,协调行动,争取达到双赢的效果。建议高新开发区和白云区形成一个协调机制,定期召开联席会议,解决各种实际问题。当然,究竟这种体制效果好不好?还有待实践的检验。如果实践证明这套体制是管用的、有效的,是既有利于高新开发区发展也有利于白云区发展的,那就要坚持下去;如果经过一段时间磨合以后,这套体制还存有不足,那就要进行必要的完善。

发挥经济发展增长极和结构调整"火车头"作用[*]

高新开发区的重要性,可以从量和质两个方面理解。从量的增长看,高新开发区是一个地方经济的重要增长极,对经济发展具有举足轻重的作用。对贵阳这

---

[*] 这是李军同志 2010 年 3 月 22 日听取贵阳高新开发区工作汇报时讲话的一部分。

样的欠发达、欠开发地方，必须千方百计扩大经济总量，而这在很大程度上就取决于高新开发区的快速发展。从质的提升看，高新开发区以发展新技术、新产业为主，只要高新区的产业做大了，比重上升了，贵阳市产业结构也就会发生变化，转变发展方式的目标也就得以实现。可以讲，高新开发区是贵阳市产业结构调整的希望所在。因此，无论从量的增长还是质的提升来讲，高新区的发展关系全局，高新区工作大有可为。

第一，紧紧扭住战略性新兴产业不放。目前全国各地都在抢抓机遇，努力寻求推动战略性新兴产业发展的路径，竞争很激烈。在这一轮竞争中，谁下的工夫最大，谁先抢占到战略制高点，谁就占有主动，一个国家是这样，一个地区也是这样。在加快战略性新兴产业发展这个狭路相逢环境中，要杀出一条血路、闯出一条生路极不容易。贵阳高新开发区一定要把推进和扶持战略性新兴产业作为加快发展的根本任务，紧紧扭住不放，着力抓紧、抓实、抓好。新能源、新材料以及先进制造业等重点新兴产业，能做大一个就不得了。要增强竞争意识、忧患意识和危机意识，积极克服困难、扬长避短，紧紧盯住有资源基础、研发基础、市场基础的产业，抓住一个就做大做强一个。把基础打牢、夯实，然后再提升，这样，发展就有了保障。

在这里，要特别强调高新开发区"腾笼换鸟"的问题。在贵阳这样的地方，土地资源十分紧缺，发展空间受限，但一些进入高新开发区的企业效益不好、附加值不高、发展潜力不大，导致高新区土地产出率不高、部分土地闲置。为此，一方面要"腾笼"，对闲置土地，要通过重新包装、运作、经营，让"死地"变"活地"；对效益不好、后劲不足、潜力不大的企业，要通过适当补偿、资产置换等经济手段以及建立考核机制、倒逼机制等行政措施，进行淘汰。另一方面要"换鸟"，对新进入园区的企业精挑细选，让真正的高新技术产业进来，把有限的土地资源用在"刀刃"上。

第二，在体制机制创新上狠下工夫。高新开发区要实现跨越式发展、承担推动发展排头兵的角色，必须以体制机制创新作为保障。在这方面，胆子要更大一点，思路要更新一点，办法要更活一点，不断丰富、完善更加适合高新开发区发展的体制机制。比如，从目前情况来看，高新开发区和白云区"上合下分"的管理体制发挥了初步作用，能够协调好高新开发区与白云区的关系、优化区域内资源配置、为高新区发展提供法律保障和政策支持。无论是从高新开发区看白云区，还是从白云区看高新开发区，都要形成"一家人"的观念，把互为补充、相辅相成的体制优势充分发挥出来。比如，高新开发区开展中层干部竞争上岗以及实行聘用制等做法，都很好。对高新开发区的干部，既有组织部门认可的行政级别，也可以实行灵活的薪酬激励机制，这就是为了充分调动高新开发区干部职工的创业积极性。比如，对有潜力的企业给予资金、政策等支持十分必要，但要正确处理好政府和企业的关系，企业是市场的主体，政府是引导，只能像"媒人"一样把关键的要素整合起来，鼓励和引导企业自我发展，而不是搞包办代替，把企业的风险投资等都承担过来。

第三，坚持"规划先行、适度超前、量力而行"的原则，抓好基础设施建设。现在，高新开发区沙文园区处于初创阶段，各方面条件十分艰苦，需要用钱的地方很多，必须从实际出发，科学合理地规划建设。总的要求是"统一规划、分步实施"。行政大楼可以缓建，完全可以利用金阳园区现有的办公设施。"九通一平"等基础性工作要尽快完成，以便大规模招商，特别是引进成长性好的产业项目。

以科技创新引领产业升级[*]

Lead Industrial Upgrading with Technological Innovation

今天，我们在这里隆重召开贵阳市最高科技创新奖暨科学技术奖表彰大会。我简单讲几点意见。

第一，贵阳建设生态文明城市必须有强大的科技作支撑。去年底，市委召开了八届四次全会，通过了《中共贵阳市委关于建设生态文明城市的决定》。在我看来，这个《决定》字里行间都浸透着两个字——科技，换句话说，要实现《决定》中确定的各项目标任务，对科技的要求很高，也很迫切。为什么这么讲？

从一般意义来说，科技是推动社会生产力发展最重要的力量。马克思曾经指出，科学技术是历史的最有力的杠杆，是最高意义的革命力量。很多同志都知道，20 世纪 80 年代《第三次浪潮》风靡一时，这本书阐述了继农业革命、工业革命之后，以电子工业、宇航工业、海洋工业、遗传工程等现代科学技术为代表的第三次浪潮，引领着社会变化和未来趋势。现在，这股浪潮席卷全球，高新技术及其产业化已经成为推动发展的"火车头"。世界范围的经济竞争，说到底是科学技术的竞争。在这里，我要向大家特别是向区（市、县）委书记、区（市、县）长推荐一本书，美国人托马斯·弗里德曼写的《世界是平的》。500 年前，哥伦布通过航海技术的进步，发现了美洲新大陆，得出了"地球是圆的"这样一个结论，改变了世人的观念；而弗里德曼考察了世界经济全球化的趋势和科技进步后认为，在今天这样一个因信息技术而紧密、方便的互联世界中，全球市场、劳动力、产品都可以被整个世界共享，一切都有可能以最有效率和最低成本的方式实现，因此他得出"世界是平的"这个结论。这种认识世界的观念变化，根源就在于科技的进步。我国改革开放的总设计师邓小平同志对科技非常重视，他在

* 这是李军同志 2008 年 1 月 16 日在贵阳市科学技术奖励大会上的讲话。

20 世纪 50 年代的时候就讲过，科技是生产力；80 年代又明确提出了"科学技术是第一生产力"的重要论断。党的十七大把"自主创新能力显著提高，科技进步对经济增长的贡献率大幅上升，进入创新型国家行列"作为实现全面建设小康社会奋斗目标六条新要求的重要内容。最近召开的中央经济工作会议又把增强自主创新能力作为经济工作的第一条措施。我国从 2000 年起设立国家最高科学技术奖，奖金高达 500 万元，每年召开全国科学技术奖励大会，总书记、总理亲自颁奖。所有这些，都充分说明了科技的极端重要性。

从特殊意义上说，科技对贵阳建设生态文明城市尤为重要。建设生态文明城市涉及观念转变、产业转换、体制转轨、社会转型等，方方面面都离不开科学技术。比如，建设生态文明城市，必须加强基础设施建设，完善城市功能。我们提出加强信息基础设施建设，整合信息资源，推进通信网、电视网和互联网"三网融合"，发展新一代宽带无限移动通信网、推进农村信息化进程、发展信息服务，都涉及科学技术。比如，建设生态文明城市，生态产业是重要支撑。我们提出大力发展的八大生态产业，其中高新技术产业就是一个重点，要着力培养成为贵阳新的经济增长点。旅游文化业、现代物流业、金融会展业、装备制造业、现代药业和特色食品业、循环经济型产业、现代生态农业等产业，都要依靠科技来提升产业层次、优化结构，才能真正成为生态产业。比如，建设生态城市，必须把治理和保护生态环境放在更加突出的位置。我们无论是治理污染还是修复生态，无论是减少排放还是清洁生产，都依赖于科技进步。总之，我们要真正重视生态文明城市建设，就必须真正重视科技进步；我们要把建设生态文明城市各项措施落到实处，就必须把党委、政府关于科技工作的一系列措施落到实处；我们要在建设生态文明城市方面取得实实在在的进展，就必须在科学技术方面取得实实在在的进展。

第二，盘活贵阳地区现有的科技资源。贵阳的科技资源是有一定基础的，但布局分散、规模小，科技成果转化率不高。贵阳是省会，全省的科研院所和高等院校 90％都在贵阳，我们完全可以"近水楼台先得月"。只要是在贵阳地区的科研院所、高等院校，包括一些科技能力比较强的企业，都要成为我们的服务对象，为我所用。要以项目为纽带、以市场为目标、以效益为中心、以政府为推力，下大工夫整合资源、加快转化。政府要充分发挥好"黏合剂"的作用，打破单位和部门之间的壁垒，搭建平台，推进企业与省内外大专院校的全方位合作，为产学研联合提供良好条件，引导和整合各方面的创新要素，促进科技发展和成果运用。同时，要充分发挥贵阳市创业服务中心、企业技术中心、留学生创业园等机构的孵化器作用，支持科技创新型企业的快速发展。

第三，在引进高新技术及其产业上狠下工夫。经验表明，技术引进可以迅速取得成熟的先进技术成果，不必重复别人已做过的科学研究和试制工作，既节约研发费用，又迅速缩小与发达地区的差距，是相对落后地区实现快速发展的一条捷径。日本、韩国等国家之所以能够实现迅速崛起，很大程度上靠技术引进。贵阳作为欠发达城市，提高自主创新固然必要，但关键是要引进先进的工艺、制造技术以及必要的设备、手段，并进行消化吸收，提升企业的制造能力、技术水平和管理水平，增强企业的竞争力。在招商引资过程中，要着力引进高新技术产业，整体提升贵阳的产业层次和经济发展质量。在引进高新技术及其产业方面，要主动出击，狠下工夫，特别是要大力宣传贵阳气候凉爽、空气清新等生态优势，增强吸引力，不能守株待兔。这当中要注意，现在一些技术落后、污染严重的企业在发达地区待不住了，就想向我们这样的欠发达地区转移。为此，市委、市政府特别要求，各个区（市、县）一定要严格把关，凡是不符合生态文明城市理念、没有达到环评要求的项目一律不得引进。千万不能为了单纯追求产值，招商引资心切，就降低标准，把污染型企业当作宝贝引进来。

第四，为高新技术产业发展搭建良好的融资平台。发展高新技术产业，肯定要钱，钱从哪里来？政府要加大投入，大幅增加技改资金、应用技术研究与开发资金等，提高科技经费投入占财政总收入的比重，积极支持科研活动、成果转化和应用以及科技服务活动。但光靠政府这点钱远远不够，只能作为"引子"，必须拓宽资金渠道。当前，要着力搭建高新技术产业投融资平台。前不久，市委常委会专门研究了组建贵州科技风险投资公司的问题，目的是把省市资源整合起来，实行规范的公司化、市场化运作模式，为中小型科技企业提供融资服务。同时，要研究成立科技型企业贷款平台、创新基金等融资平台，扶持科技型企业快速成长。另外，企业要强化主体地位，千方百计增加科技投入，加大研发力度，加快成果转化，提升企业技术水平。

第五，采取超常规措施集聚大批科技人才。不管是研发还是引进技术，归根到底都要靠人才。我国航天科技之所以能够达到现在这个水平，成为航天大国，这与钱学森为代表的一大批杰出科技人才是分不开的。像贵阳这样的地方，各方面条件都比较落后，在人才问题上，如果不采取超常规措施，不仅外地的人才引不来，就是现有的人才也要流出去。我们一定要解放思想，大气用才，大度容才，大方励才。一是待遇要优厚。就是想赚钱的让他赚大钱，想要社会地位的给他很高的社会地位，想创业的给他很好的创业平台、创业环境，让各种人才的价值在贵阳得到充分的体现。二是形式要多样。只要能让优秀人才充分发挥作用，什么方式都可以用。短期干可以，长期干也可以；全职可以，项目合作也可以；给年薪可以，给期权、股权也可以。总之，不求所有，但求所在；不求常在，但求常来。市委、市政府提出要力争每年引进 1～2 名在国内外有影响的领军人才到贵阳服务，引进或培养 10 名以上核心专家、省管专家和博士，务必要落到实处。大家要想通一个道理，从外面来一个领军人物，他不是来跟我们抢饭碗的，而是来给我们造饭碗的，因为他能够拓展新的天地、新的项目、新的品牌。完全可以说，引进人才和本地人才不是竞争关系，而是水涨船高的关系。

在这里，我给大家表个态，市委、市政府一定会为广大的科技工作者做好服务、排忧解难，给大家提供一个在贵阳建功立业、施展抱负的良好环境。

建设创新型城市[*]
Build an Innovation-driven City

　　我们召开全市加快创新型城市建设座谈会，主要任务是以科学发展观为统领，认真分析研究当前贵阳提高自主创新能力面临的新形势、新问题，研究和部署今后一个时期全市加快创新型城市建设的工作任务，充分发挥科技创新的支撑引领作用，进一步激发思想活力、激发机制活力、激发企业活力，促进经济又好又快发展，为建设生态文明城市提供强有力的支撑。2007 年，是中国科技创新发展载入史册的一年。这一年，党的十七大提出了"提高自主创新能力，建设创新型国家"，把科技创新摆在全部经济工作的首位，赋予了科技创新工作从未有过的地位和高度。创新，成为摆在各级政府面前要认真思考的重要问题。2008 年以来，贵阳市经济呈现出增长平稳、结构优化、民生改善的良好局面，特别是需求更趋均衡，产业结构更趋合理，区域的增长更趋协调，充分体现了转变经济发展方式取得的初步成效。当前，国内外经济环境不确定因素增多，经济发展面临严峻挑战，我们必须要坚定不移地推进发展方式转变，着力提高自主创新能力，大力培育自主知识产权和知名品牌，增强科技创新对经济增长的驱动力。贵阳作为区域性中心城市，要想在"前有标兵、后有追兵"的激烈竞争中掌握发展主动权，就必须实施自主创新战略，加快创新型城市建设步伐，形成强大的核心竞争力。2006 年 5 月，市委、市政府制定并下发了《关于实施科技规划、建设创新型城市、促进率先在全省实现经济社会发展历史性跨越的决定》，提出了建设创新型城市的指导思想、总体目标和具体部署。两年多来，全市按照市委、市政府的部署，扎实推进创新型城市建设，在发展高新技术产业、改造和提升传统产业、推动技术进步和产业升级等方面取得了很大的进步。

---

　　* 这是袁周同志 2008 年 9 月 1 日在贵阳市加快创新型城市建设工作座谈会上的讲话。

一是产业转型步伐加快。两年多来，全市通过科技创新逐步淘汰了一些能耗高、污染重的传统工业，培植壮大了航空航天、装备制造、精细化工、动漫等高新技术产业。规模以上高新技术工业增加值从 2005 年的 31.43 亿元提高到 2007 年的 42.44 亿元。贵阳市"十一五"规划高技术产业占整个工业的 29％，其产值每年净增长 3～6 个百分点。2008 年上半年，贵阳高技术产业产值增长 24.5％，全市工业产值增长 8％。科学教育经费占贵阳整个工业生产总值的 2.7％，这一比例在西部城市中位居前列，并以每年 0.7％的速度增长，而每年对科技的投入则达到财政收入的 20％以上。随着高技术产业加快发展，一些企业依靠自主创新培育了一批知名品牌。贵州轮胎公司生产的前进牌全钢子午胎、贵阳卷烟厂生产的黄果树卷烟产品、贵州大众橡胶公司生产的前进牌汽车 V 带、老干妈风味食品公司生产的陶华碧牌油制辣椒、险峰机床厂生产的险峰牌数控机床、贵州开磷集团生产的开磷牌重过磷酸钙等产品被评为中国名牌产品，黄果树、同济堂（包括同济堂和仙灵骨葆）、益佰制药、三五三七、神奇、老干妈等商标被授予中国驰名商标称号。

二是专利发明大幅增加。专利发明是衡量城市自主创新能力的重要标准。贵阳市高度重视知识产权工作，鼓励申报资助专利技术，促进了专利申请数量的稳步增长。2005 年，全市专利申请量为 1 546 件，专利授权量达 678 件；2007 年，全市专利申请量为 1 609 件，专利授权量达 1 156 件。两年时间里，专利授权量增长近 80％，贵阳市被授予"全国知识产权工作试点城市"。科技创新、自主创新、体制创新方面都已有了较大的改善。特别是体制创新方面，2007 年 9 月，贵阳市政府与贵州大学合作建立贵阳研究院，贵阳市政府每年向研究院投入 300 万元作为科研经费，现在该院针对贵阳产业发展重点已建立了 10 个专项研究所，为一些企业设计了方便实用的软件和提供了一批科研成果。

通过两年多创新型城市建设的实践，贵阳的知名企业和知名品牌不断增加，产业结构得到了极大优化，有力地推动了生态文明城市的建设。应该说，贵阳加强自主创新已经具备了坚实的产业基础、人才基础和智力资源。但是在城市环境、公共服务体系、政策环境等方面也还存在许多不容忽视的问题。当前，我们仍然要提高对创新的认识，总结创新经验。每一个企业家、党政领导干部都要认识到创新是贵阳的灵魂，是贵阳发展的不竭动力，是贵阳可持续发展的最宝贵的财富。如果没有创新，贵阳的发展将一无所成。很多实例早已证明，凡是创新做得好的企业，它的经济效益、社会环境都比较好，而那些按部就班、循规蹈矩、唯唯诺诺的企业，它们永远跳不出自己的门槛。贵阳的老干妈就因为敢于创新、善于创新而成为全国知名的食品企业。一个城市要有创新型的企业，才能成就创新型的城市。目前，贵阳在建设创新型城市方面还有很大的发展空间。科技人才、工程师、测量师、评估师、会计师、律师等贵阳现在还很缺乏。中介机构还很少，比如理发师评级也要到外省。贵阳在建设创新型城市上还有很多理论需要去普及，去创造、创新。贵阳市的很多党政干部创新能力、学习力度、学习积极性、吸收知识的紧迫感还不够强。如果不创新，贵阳就无法发展；如果不创新，贵阳就无法跟上时代的步伐；如果不创新，就是贵阳市党政领导干部的失职。创新精神、创新意识、创新作为是贵阳市党政领导干部最基本的要求。没有创新，贵阳就会失去生机、失去活力，就不会持续发展、协调发展。贵阳的党政领导干部要将创新作为精神支柱来激励我们、鼓励我们，要以高度的责任感和使命感，振奋精神，抓住机遇，坚定走自主创新之路的决心和信心，努力提高自主创新能力，把贵阳建设成为具有较强创新能力、较高技术水平、较大产业优势、较强区域带动力的创新型城市，为加快生态文明城市建设不断增添新的动力。

建设创新型城市，今后贵阳要突出"一个重点"，推动高新技术产业跨越式发展；强化"一个主体"，提高企业自主创新能力；着力"四个方面"；把握好"五个更加注重"。

突出"一个重点"，推动高新技术产业跨越式发展。高新技术产业集中体现自主创新的能力和水平。当前，为了提升城市综合竞争力，国内各个城市特别是发达地区城市都高度重视发展高技术含量、高附加值和高竞争力的高新技术产业，不断完善和发展创新体系，力争在新一轮城市竞争中获取主导权。从"十一五"产业发展规划来看，贵阳高新技术产业主要集中在铝工业、磷化工、烟草、装备及汽车零部件、电子信息产品、新材料、煤化工、现代中药、特色及绿色食品、电力等十大产业，而高新技术产业又主要集中在我们的几个开发区、循环经济园区和工业集中区，虽然这些园区发展良好，已实现了产业发展相关要素的集中和主导产业的聚集，产业集群效应已初步显现，但是总体上看，贵阳大部分工业园区（包括两个国家级开发区）还只是处于由不同行业、为数众多的企业集结而形成的企业"堆积"阶段，产业关联度不强、企业之间的配套协作不紧密。如小河区的詹阳重工生产挖掘机的主要液压件依赖进口，2008 年由于液压件供应紧张，詹阳重工虽有市场订单却不能开足马力生产。又如老干妈公司由于产品产量激增，全市为其配套生产玻璃瓶的市一玻、二玻不能满足其需求，企业只能远到柳州玻璃厂去购买玻璃瓶。这样的事例在贵阳的企业中还有很多。可以说，与发达地区相比，贵阳高新技术产业发展的差距主要就在于产业链短、产业配套差和产业集群能力不足。因此，在发展高新技术产业时，我们必须立足贵阳的实际，大力延伸产业链，打造高新技术产业集群。

强化"一个主体"，提高企业自主创新能力。企业是经济的细胞，是科技成果转化为产品的载体，当然也是自主创新主体。近年来，贵阳企业在技术创新上取得了较好成绩，但从整体来看，企业的创新意识还不够强，创新投入不够大，研发水平不够高。因此，进一步强化企业自主创新主体地位，提高企业自主创新能力，是加强自主创新工作、增强产业竞争力的迫切需要。

着力"四个方面"。一是大力倡导、大力发展自主创新。做好在花卉、蔬菜、文化等方面的创新工作。二是继续坚定不移地进行科技创新。统筹好原始创新、集成创新和引进消化技术再创新。三是完善体制创新。加强政府与高校的合作，推动科技体制改革，鼓励企业在体制创新上积极探索。四是积极为建设创新型城市营造良好的社会环境。

把握好"五个更加注重"。一是科技工作的重点在给项目、给资金的基础上更加注重营造创新环境；二是科技资源的配置在关注项目和成果的基础上更加注重人才培养；三是科技创新的视野在主要面向市内和省内的基础上更加注重利用国际资源；四是科技工作的重心在关注优势区域、重点领域的基础上更加注重区域的协调发展；五是科技部门的精力在重视投入的基础上更加注重科技产出。

加快创新型城市建设是一项紧迫性、艰巨性和长期性的工作，我们要以科学发展观为统领，努力提高自主创新能力，加快发展高新技术产业，政府和企业要有所思、所想、所为，为建设创新型城市服务。要增强主动意识、科学意识、服务意识，鼓励人人都做创新模范，人人都是创新能手，个个都是创新标兵，把贵阳建设成一个名副其实的创新型城市，为实现生态文明城市建设目标而努力奋斗！

发展生态农业是大势所趋[*]
Eco-agriculture Represents an Irresistible Trend

一、为什么要大力发展生态农业

贵阳建设生态文明城市，成败的关键在农业、在农村、在农民，而发展生态农业，正是解决"三农"问题的突破口。

第一，农业自身发展形成的倒逼机制，迫使我们必须大力发展生态农业。从国外看，20世纪30年代，瑞士人缪勒发明了DDT，推动了世界农业植保方式的革命。到了60年代，全球已经使用1 000多种农药，在提高产量的同时也给产品质量、生态环境带来了巨大的威胁。1962年出版的《寂静的春天》一书，揭露的就是农业生产中滥用农药，造成生物物种减少、生态失衡、环境恶化的问题。为克服这种"石油农业"带来的种种弊端，许多国家逐步将农业发展转向生态化。目前，全球有162个国家在发展生态农业，生态农产品的销售额已经达到625亿美元。预计到2020年，全球生态农业生产面积将占到20％～35％，生态食品的市场占有率将达到65％。完全可以说，生态农业已经成为世界农业发展的大势所趋。从国内看，随着农业农村经济的快速发展和人口的不断增加，农业资源的数量在不断减少、质量也在不断下降。目前，我国人均耕地不足世界人均水平的45％，并且耕地总量还在以每年500万亩的速度减少；平均每年旱涝灾害造成1 000万吨粮食损失和300亿美元的经济损失；由于大量工业污水排入江海、湖泊，每年造成几十亿元的渔业经济损失；平均每公顷化肥施用量达到400公斤以上，远远超过发达国家；每年使用农药超过120万吨，其中50％左右进入土壤、水体，污染面积达1.36亿亩，严重影响食品安全，危害人体健康。我国出

＊ 这是李军同志2010年11月10日在贵阳市发展生态农业座谈会上的讲话。

口贸易中，农产品因农药残留被退货的事件每年达 500 多起。今年初闹得沸沸扬扬的"海南毒豇豆"事件，从一个侧面反映出我国农业环境和农产品污染日益严重的现状。可见，粗放型、"化学化"的传统农业生产方式已经难以为继。中央明确要求加快转变农业发展方式，大力发展现代农业。各地也在结合实际进行积极探索。目前，全国有 21 个省（区、市）和 200 多个县（市）颁行了农业生态环境保护条例或办法，18 个省出台了无公害农产品管理办法。海南、吉林、黑龙江、浙江等制定了建设生态农业省的设想和规划。从贵阳市看，2009 年末实有耕地 98.24 千公顷，农民人均耕地 0.8 亩；农业增加值 50.08 亿元，占贵阳市生产总值的 5.2%，农民人均耕地少、农业总量小、人均产值低。同时，传统的粗放型农业生产方式仍占据主导地位，农业加工工艺落后，商品化程度较低，生态环境污染仍较严重。据统计，去年贵阳市一共用了 614 吨农药，比 2008 年增长 13.7%；平均每公顷使用化肥 1 005 公斤，比农业部提出的标准多 755 公斤；地膜使用 2 045 吨，由于贵阳市还没有专门回收地膜的机构，农用地膜只能残留在土壤中，有的降解需要上百年时间，有的不可降解。贵阳的农用地本来就很珍贵，这样下去，若干年后，土地上还能生产粮食吗？即使能产出粮食，大家还敢吃吗？现在大家越来越关爱生命、关注健康，都希望长寿，希望生命的质量高一点。在这样的情况下，不发展生态农业行吗？

发展生态农业到底有什么好处呢？一方面，生态农业推行标准化，运用简化、统一、优选的方法实现集约生产，能提高生物能的转化率和废弃物的再循环率，有效降低能耗，在不断提高农产品数量和质量的同时，减少对化肥的使用，实现农业资源的节约和合理利用，提高了农业效益，控制了生产成本，减轻农民的生产生活负担。另一方面，生态农业生产出来的无公害农产品、绿色食品和有机食品，提升了农产品的附加值，价格更高，卖得更好，利润更多。比如，在德国，生态牛肉要比常规方法生产的牛肉至少贵 30%。贵阳裕东公司生产的蔬菜，比一般的蔬菜要贵 2～3 倍。因此，发展生态农业不仅能带来良好的生态效益，也能带来巨大的经济效益，推动农业增产增效，带动农民增收致富，促进农村繁荣发展。

第二，贵阳城市需求特点，决定我们必须大力发展生态农业。贵阳是省会城市，是全省唯一的特大城市，消费能力比较强，对农业发展的辐射带动作用大。这些年来，老百姓生活水平不断提高，消费观念逐渐转变，为生态农业的快速成长提供了难得的契机。比如，现在贵阳市民对休闲旅游的兴趣越来越浓，有力地带动了乡村旅游的蓬勃发展。一到周末、"小长假"、"黄金周"，城里人差不多都到近郊休闲去了。三月看桃花，四月品枇杷，五月摘樱桃，六月赏杨梅，七月吃桃子，八月尝葡萄，到了九月还可以啃梨子。2008 年，贵阳乡村旅游接待了 933

万人（次），实现旅游收入 11.66 亿元；2009 年，乡村旅游接待游客翻了一番，达到 1 800 多万人（次），旅游收入也翻了一番，达到 23.7 亿元。今年"贵阳避暑季"期间推出的乌当"泉城五韵"就很火暴。有的地方还推出了现实版的"开心农场"，很受欢迎。比如，在过去短缺经济条件下，市民只要能填饱肚子就行，而现在要求的是生活品质、是质量、是安全，不仅要吃得饱，而且要吃得好、吃得健康，哪怕多付点钱也愿意。为了适应这种需求，我们必须大力提供生态食品。可以说，根据城市需求发展生态农业，潜力无限、大有可为。无论是花溪、清镇、乌当的农业，还是开阳、息烽、修文的农业，都应该围绕贵阳这个大城市做足"生态"文章。

还需要特别强调的是，农业发展关系到市民的"菜篮子"、"米袋子"、"油瓶子"，对于保障城市农副产品供应、稳定市场物价具有重要意义。农副产品是天天都要的生活必需品，涉及千家万户的切身利益，一旦供应不足、价格上涨，老百姓生活就会受到影响，就会出现抱怨。在贵阳，有些农副产品可以通过外运解决，但相当大一部分还必须通过本地生产供给。特别是一些时鲜蔬菜，只能靠本地生产。因此，发展生态农业、保障市场供应的工作一刻也不能放松。这段时间，由于种种原因，以农副产品为主的生活必需品价格上涨较快，加大了城乡居民特别是中低收入群体的生活负担。有关部门要科学分析面临的物价形势，加大对农业生产的扶持力度，确保蔬菜、肉禽等主要农副产品满足本地市场需要；特别是要抓好"菜篮子"工程，今冬明春要重点抓好蔬菜种植基地和蔬菜大棚建设，扩大速生蔬菜生产规模，增加越冬蔬菜供应，把价格上涨幅度控制在市民可承受的范围之内。

第三，实现建设生态文明城市的目标，要求我们必须大力发展生态农业。我们建设生态文明城市，很重要的目标就是生态产业发达，三次产业都要向生态化方向发展，形成完备的生态产业体系。生态农业强调整体、协调、循环、再生、可持续的发展方式，是建设生态文明城市的应有之义。而且，产业生态化，不仅仅是推进服务业、工业、农业各自领域的生态化建设，更为重要的是推进服务业、工业和农业在生态层面的耦合。产业耦合就是通过体系内各要素之间加强相互联系，形成整体效应或者集群配套效应，从而提高产业的竞争力。比如，在我们看来，苹果就是苹果，摘下来就吃。但在山东烟台，则形成了以苹果为主要原料的果品生产、果汁加工、果胶提取和果渣综合利用的完整产业链条，拉动了种植、运输、加工以及相关第三产业的发展，每年为果农增收 5 亿元，还为山东、河南、江苏、辽宁、陕西等十几个省的果农解决了卖果难问题，产生了良好的经济效益、生态效益和社会效益。产业耦合、发挥叠加效应的例子，在贵阳也有。比如，"老干妈"公司去年消化了 120 万亩耕地产出的辣椒、油菜、大豆等农作物，这还不包括姜、葱、蒜等辅料，带动了 110 万农民，解决了 2 000 多农民工的就业，创造了 19.5 亿元的产值和 3.15 亿元的税收，使农业与工业很好地结合，实现了良性互动。比如，南明区永乐乡的特色观光农业，成为第一产业和第三产业的结合体，也取得了很好的效益。可以说，发展生态农业是推进生态文明城市建设的规定动作，不是自选动作，不是干不干的问题，而是必须干好的问题。

二、怎样发展生态农业

第一，务必做好规划。发展生态农业，首先必须做好规划。我们抓城市建设，比较注重规划，有总规、有详规。但在农业工作中，规划是个薄弱环节，随意性很强。前段时间，农业部门申报扩大内需项目，结果审批不过关，卡在哪个环节上了呢？就卡在规划上，因为之前的规划中没有这方面的项目。刚才，南江现代农业发展公司的负责人讲到，该公司生产基地进出的道路十分落后，供电环境差，基础设施严重不配套，这就是规划滞后造成的。当前，"十二五"规划正在编制中，我们要抓住这个契机，精心编制农业发展规划，把要配套的基础设施、要发展的优势产业带和要布局的产业园区考虑清楚、研究透彻，安排进规划盘子。这件事迫在眉睫，必须抓紧再抓紧。在规划编制中，一要贯穿生态文明理念。我们要搞的农业不是传统农业，是生态农业、现代农业，是既要保护环境、又要提高效益的新兴农业发展模式，必须把生态文明理念贯穿到各个方面、各个环节。二要紧密结合各地实际。成都把城乡接合部的 6 个行政村打造成 5 个休闲观光农业景区，形成了乡村旅游的"五朵金花"。它们的成功经验就在于因地制宜、整合资源、突出特色，形成一区一景一业。过去，我们也制定过农业规划，但往往是"找上几个人儿，出上一道题儿，关上窗户门儿，做上一篇文儿"，不符合农业发展的实际。我不主张动辄就提"万亩工程"等空洞的口号，有的为了凑数，层层摊派。必须根据各地实际，能搞多少就搞多少。总之，要把规划做深、做细、做透。还需要强调的是，规划制定后必须严格执行。生态农业规划在产业发展方面具有引导性，但在基础设施等方面却具有强制性。不管是引导性，还是强制性，规划一经制定，都具有严肃性，必须严格执行，不能随意改变。

第二，务必抓住龙头。农业产业化龙头企业是发展生态农业的关键所在。为了解决禽蛋供应问题，贵阳市下了很大的工夫，以前搞过蛋鸡养殖小区，发动农户饲养蛋鸡，但是很快问题来了，单家独户的小生产不但产量有限，没有抵御市场风险的能力，价格稍有变化，生产就难以为继，而且防疫也是一个大问题。后来，我们下决心引进南江、长生源、黔富三家蛋鸡生产企业，蛋鸡存栏翻番、产量翻倍，较好地保障了贵阳市的禽蛋供应。这就是龙头企业的威力。经过这些年的努力，涌现出了一批龙头企业，培育出了"老干妈"、"好一多"、"山花"、"黔五福"等知名品牌。但是，总体上贵阳龙头企业还是太少，规模还是太小，带动性还是不强。贵阳现有市级以上龙头企业 77 家，但国家级的只有 8 家，省级的只有 15 家。像河南双汇集团、内蒙古蒙牛集团、四川新希望集团那样的企业，我们没有。在调研中，我看了很多龙头企业，比如裕东、台农、南江等，有品牌、有科技、有市场，有一定的规模，发展态势都很好。我们要采取切实有效的扶持政策，帮助这些企业解决发展中遇到的用地、信贷、市场开拓等难题，使它们尽快做大做强。在座企业家也要解放思想，迸发强烈的"创业、创新、创优"冲动，制定积极的发展规划，勇于当大老板，为社会多作贡献。对发展龙头企业作出突出贡献的优秀企业家，党委、政府要给予重奖，并大力宣传表彰。同时，还要积极引进一大批龙头企业。招商引资固然主要是工业、服务业，但当然也包括农业龙头企业。希望各区（市、县）、农业部门专题研究，多引进像雨润集团这样的大企业、好企业。要为这些企业提供肥沃的土壤、适度的养料、充足的阳光雨露、精心的管护，促使企业到贵阳来落地、生根、开花、结果，长成参天大树。在政策环境方面，凡是别的地方能给的优惠政策，贵阳都可以给，甚至更优惠。

第三，务必执行标准。有无标准是生态农业与传统农业的本质区别。传统农业生产粗放，产品质量参差不齐、缺乏标准，不仅影响市民生活质量和食品安全，也严重制约贵阳市农产品的市场竞争力。而生态农业从生产环境的选择，到生产过程、产品采摘加工储运等各环节都有严格的操作规程，按照标准生产。用什么品种、何时下种、何时施肥、施多少量、何时采摘，都有严格的规定。欧美发达国家的农业竞争力之所以强，就是因为以高度的标准化进行生产。在这方面，我们存在较大差距，像裕东这样按标准生产的企业很少。在越来越激烈的竞争中，如果不采取标准化生产，我们的农产品不要说打进国际市场，就是打进省外市场也很困难。抓标准，要从三个方面着手：一是要抓好质量标准体系建设。截至 2008 年，世界上已有各类农业国家标准 1 356 项，行业标准 3 396 项，地方标准 8 194 项。发达国家和许多企业大量投入，将自己拥有的标准转化为国际标准、国家标准、行业标准，抢占标准制定的主导地位，占领农产品市场先机。如欧盟农业技术和农产品标准中的 40% 都成了国际标准。这方面，我们前几年做了一些工作，制定了一批无公害蔬菜生产操作规程和产品标准，但只能算是起了步，总体上还很难适应大力发展生态农业的需要。各级各有关部门要认真总结经验，积极引进实用的国际标准、国家标准或行业先进标准，加快制定一批主要特色生态农产品质量标准、品种标准、生产技术规程、检测技术标准、农业生态环境标准、农业投入品标准、农产品初加工分级包装储运标准。同时，要帮助龙头企业加强其优势农产品的生产、加工、储运标准等的修订，初步建立起一套比较完善，既突出贵阳市生态农业特色，又与国际标准接轨的农产品质量标准体系，为生态农产品生产、加工、销售规范化运作打牢基础。二是要加强农产品认证体系建设。抓好农产品无公害、绿色、有机认证，是使农产品有身份、升地位、扩市场的重要保证。现在外地对此抓得紧，而且成效大。比如江苏省，到2006年已有3 800种农产品获无公害产品认证，504家企业、1 331种产品获得绿色食品认证，104家企业、232种产品获得有机食品认证。而我们的情况如何呢？截至2009年底，贵阳市累计获得国家农业部认证的无公害农产品才495种，其中，蔬菜产品就占了469种。绿色食品数量更少，才10多种。一些产品认证还是空白。我们获得认证的数量少，结构也不合理。贵阳的生态环境这么好，不是没有合格产品，主要是以前对这项工作没有足够重视，服务意识淡薄。申报绿色食品认证和有机食品认证的主体必须是企业，企业对政策不够了解，部门服务的主动性又差，这项工作就落空了。今后，我们要增强服务意识，帮助企业做好申报工作，力争迎头赶上。三是要加强农产品标准监督管理体系建设。要使农业生产标准落到实处，必须建立严格的监督管理机制。天津在这方面做得非常好，首先是监督检测检验体系健全，除建有与国际接轨的农产品检测中心外，在市区还建有十多个流动检测站，随时可为市民免费进行蔬菜、水果的农药和重金属残留情况检测，这样，农民对自己生产经营的产品质量心中有数，消费者对购买的产品放心。要学习借鉴类似的好做法，在进一步完善现有市级农产品质检中心检测条件的基础上，下大力气加快县级农产品质检中心建设，并合理划分市、县两级的监管职责，明确权利和义务，确保工作有序开展。要建立农业质量标准信息传播网络和质量公告制度，向生产者、经营者和消费者发布农业、农产品质量动态信息，接受社会监督。要加强农业系统管理人员、质量监督和技术推广人员质量标准化管理知识的培训，提高从业人员素质。同时，强化政府执法职责，积极开展重要农业投入品和产品质量的监督检验、统一检查和市场抽检，逐步建立从"田间到餐桌"的全程质量安全控制，使标准化工作真正起到指导生产、规范市场、引导消费、促进产业结构优化、保护农民利益的作用。

第四，务必培养人才。生态农业是农、林、牧、渔各业综合起来的大农业，又是农业生产、加工、销售综合起来、适应市场经济的现代农业。因此，必须有强大的人才队伍作支撑。往往一个人才能够带动一个产业的发展。如南明区永乐乡万亩艳红桃、乌当区阿栗杨梅，就是老一批农业技术干部引进品种、试验示范、技术服务，从三户五户发展到现有规模的。现在永乐、阿栗的老乡们都很感激这批农技干部。目前，贵阳事业单位农业专业技术人员有 1 547 人，相比于190 万农业人口，一个农技干部要为 1 000 多个农民服务，而且存在严重的"四少"——一是科技人员数量少，二是高学历人员少，三是高职称人员少，四是中年科技人员少，很难满足正常指导生态农业产业发展的需要。在科技人员中，学种植业的比学畜牧业的多，学种植业的又集中在大田作物方面，与我们提出的大力发展都市、特色、观光、生态农业不相适应。同时，近年来，农村不少年富力强的劳动力外出打工，留守农村从事农业生产的多是年迈力弱、文化水平较低的老年人和妇女，生产技能差，新技术领悟能力弱。因此，必须下大工夫研究打破制约生态农业发展的人才瓶颈。传统农业凭老一代人传授就可以应付了，但生态农业立足于科技推广应用和科学管理，科技含量高，要抓紧制定"十二五"农业专业技术人才培训规划，在一些职业学院开展免费的农业技术人才培训，争取用五年左右时间取得重大突破。以前，我们国家采取"从公社招生，毕业后回原社队当社员"的办法，培养了不少适用技术人才，现在也可以采取类似办法。总的来讲，要把人才放在重中之重的位置，解放思想，超常规培养农业专业技术人才和农村经营管理人才。

三、解放思想，努力开创贵阳市生态农业发展新局面

发展生态农业离不开党委、政府的引导和支持，但引导、支持一定要遵循客观规律，尊重农民的首创精神和主体地位，尊重企业的市场选择，不能搞长官意志，不能搞瞎指挥。

第一，要提高认识，高度重视生态农业发展。"三农"工作具有特殊重要性。贵阳市农业虽然比重较低，但地位和作用同样重要，同样是经济社会发展的基础。现在，贵阳市的确有少数干部存在思想上轻视农业的问题。前段时间省里要求申报国家生态农业示范基地项目，结果贵阳市一个没有，全让其他市（州、地）拿走了。论基础条件，论人才技术，论综合实力，贵阳在全省应该是最好、最强的，为什么一个项目都没争取到呢？这说明重视不够啊。我们要切实扭转这一错误倾向，绝不能因为农业没有工业、服务业项目见效快，对经济增长的贡献没有工业、服务业项目大，就忽视农业项目。一定要充分认识到，农业不仅具有食品保障功能，而且具有原料供给、就业增收、生态保护、观光休闲、文化传承等功能。要创新体制机制，严格奖惩措施，使市、县、乡各级农口干部队伍的精神都振奋起来，活力都充分迸发出来。

第二，要因地制宜，什么办法管用就用什么办法。发展生态农业，肯定会遇

到很多问题，怎么办？因地制宜、实事求是，不要被条条框框束缚。这是我们多年来的成功经验，也是发展生态农业必须遵循的原则。比如，农业生产地域性很强，同在贵阳市域内，不同的小气候、不同的土质、不同的地形地貌，都会对农作物生产产生不同影响。因此，对于发展的重点和模式，各区（市、县）、各乡（镇）、各村要根据各自的自然条件、资源状况、发展基础进行综合分析，引导农民做出恰当的选择，宜菜则菜，宜养则养，宜果则果，宜粮则粮，宜林则林，宜草则草。可以"一乡一品"，也可以"一村一品"，千万不要搞"一刀切"。比如，要准确把握市场规律，了解市场需求趋势，不要人云亦云，盲目跟风。我一直在思考一个问题，就是贵阳应不应该大搞花卉产业。我的观点是，贵阳搞花卉产业成本太高，阳光等资源条件没法与昆明比，大面积搞、实现产业化的潜力不大。说实话，过去财政补给花卉产业的钱可能都跟卖花的钱差不多了。当然，对这个问题，大家还可以讨论。比如，对于农村土地流转，在依法自愿有偿、保障农民利益的前提下，怎样能使土地产生最大价值就怎样办。白云区、清镇市、息烽县进行了农村土地承包经营权流转试点，通过县级流转中心、乡镇流转站规范和指导流转土地7 000余亩，有效促进了农业规模化、集约化经营，应该说效果是不错的。但从促进生态农业发展的角度讲，改革创新力度还不够大，还要突破，还要创新，步子还可以再迈大一点，尺度还可以再放宽一点。要探索建立农村土地承包经营权流转工作体系，健全相关制度，实行统一管理，鼓励农户采取转包、出租、互换、转让、股份合作等方式流转土地，优化土地与劳动力、资金、技术等其他生产要素的组合，促进农业增效、农民增收。比如，在提高农口部门服务基层的水平上，在农业资金投入渠道上，在引导农业产业发展上，都还要再突破、再创新。总之，要把握一条原则，发展生态农业没有固定的框框和模式，需要广大基层干部在不违反国家法律法规、有利于增加农民收益的前提下，勇于解放思想，敢于大胆创新，不断积累和总结推广。

第三，要尊重农民群众的首创精神，尊重基层干部的创造革新。发展生态农业的主体力量是谁？是广大农民群众。我国改革开放30多年的实践证明，农业改革往往发端于农民群众，农民群众的首创精神是改革的原动力。大家都知道，1978年，安徽凤阳县小岗村18户农民开始搞"大包干"责任制，揭开了中国农村改革的序幕，家庭承包责任制在全国全面推开。我们贵州、贵阳也有类似的创举。1978年，关岭自治县顶云公社推行"定产到组"农业生产责任制，换来了粮食大丰收；1977—1978年间，贵阳市郊的农民提出和实施了"土地下放"式的包干到户生产责任制，农业生产取得了显著成效。因此，我们必须尊重农民群众的首创精神，尊重基层干部的创造革新，做到"盯紧、关心、跟踪服务"，条件成熟时进行加工提高、总结推广。正如小平同志指出的那样："农村改革中的好多东西，都是基层创造出来，我们把它拿来加工提高作为全国的指导。"在实践中，基层的很多发明创造也许开始的时候不那么规范、不那么完善，但我们要善于从中发现好的苗头，加以引导、帮助改进，成熟后再普遍推行。我们要尊重专家，发挥专家的作用，但不要盲目迷信专家，而且专家的观点、提法往往也是从基层来的。前段时间，清镇市在部分乡镇、农业龙头企业开展诚信农民建设，全省还没有做过，相关部门要多关心、支持、帮助，多挖掘、总结、推广这样的首创。只有这样，才能充分调动广大农民和基层干部的创业激情，激发和会聚推动贵阳生态农业蓬勃发展的强大力量。

贵阳发展现代生态农业的认识、方向、重点和保障*

The Views，Trends，Key Steps and Guarantee Measures of Modern Agriculture Development in Guiyang

一、关于现代生态农业发展的认识问题

认识是行动的先导。国发〔2012〕2号文件对贵阳市现代农业发展作了明确定位：建设贵阳山区现代农业示范区。大家必须充分认识到，省会城市的农业也有大文章。这关键看我们用什么观点去认识、以什么方式去发展。在新形势下，如何发挥省会城市优势，立足资源禀赋，顺应农业产业发展潮流，大力推进贵阳山区现代生态农业示范区建设，探索一条产业发展、农民致富、生态良好的农业发展新路子，必须在认识上再提高、再深化。我想，至少要围绕"推进三化同步、率先实现小康、建设全国生态文明城市"三个大目标来认识和加强现代生态农业发展。

第一，要从推进"三化同步"发展的战略高度狠抓现代生态农业发展。"三化同步"发展，农业现代化是基础。李克强副总理指出：没有农业、农村的稳定和发展，就不可能有城镇的发展和繁荣，也难以支撑实现工业化、城镇化。随着贵阳工业化、城镇化的加速推进，对农产品、农村剩余劳动力以及水、林、地等综合资源的需求将持续增加，对农产品的质量要求将不断提高，对农村发展环境的改善也将进一步加快。目前贵阳市还处于由传统农业向现代农业转型的时期，存在产业化程度低、农民组织化程度低、物质装备水平低、农技推广力量弱、农业社会化服务体系不健全等问题，农村土地产出率低，农民对土地的依附率高，导致农村资源释放空间不够，农业现代化对工业化、城镇化的支撑作用亟待进一步提升。各级各部门一定要站在"三化同步"发展的高度，坚持以"三化"兴

---

* 这是李再勇同志2012年10月12日在贵阳市现代生态农业发展现场会上的讲话。

"三农"，按照"立足农业、跳出农业抓农业结构调整，立足农村、跳出农村抓农村经济发展，立足农民、跳出农民抓农民增收致富"的思路，把农业与工业、农村与城市作为一个整体来谋划，把农村的问题放到城市来解决，用工业化的方式发展农业、用城镇化的方式带动农村，加快形成"三化"融合互动、"三化"同步发展的良好格局。

第二，要从实现全面小康社会目标的高度狠抓现代生态农业发展。2011年，全市城乡居民收入平均为11 951元（城市居民人均可支配收入为19 420元，农民人均纯收入为7 381元，按全面小康测算标准（2000年价格），测算后全市城乡居民收入水平为11 951元；全面小康标准值为≥15 000元），全面小康实现程度为79.7%；城乡居民收入比为3.25∶1（全面小康标准值为≤2.8∶1），全面小康实现程度为86%。到2015年，我们要实现在全省率先建成全面小康，重点和难点之一在于增加城乡居民收入，并缩小城乡居民收入差距。而这"双收入"中，农村的难度大于城市。2011年，全市农民收入构成中，工资性收入占44%、家庭经营收入占41%，工资性收入和家庭经营收入仍然是农民增收的主要途径。从农民人均耕地少、农业总量小、人均产值低的现实来看，如果仍然靠传统农业的生产方式，农民收入就不可能大幅提高，就会影响在全省率先建成全面小康社会目标的实现。因此，我们必须加快建立高产、优质、高效、低耗、循环的现代农业产业体系，千方百计提升农业综合效益，实现农民大幅增收。

第三，要从建设全国生态文明城市目标的高度狠抓现代生态农业发展。2012年初，国发［2012］2号文件明确提出将贵阳建设成全国生态文明城市的战略定位。建设全国生态文明城市，农村、农业是一个非常重要的领域。一方面，从存在的问题看，目前贵阳农村生态环境污染仍较严重（2011年，全市使用农药585吨；平均每公顷使用化肥645公斤，比农业部提出的标准多213公斤；地膜使用2 122吨），如果我们不加快转变农业发展方式，将极大影响全国生态文明城市建设有关指标体系的实现。另一方面，从发展的方向看，大力发展现代生态农业必将有力促进生态的建设和保护。因此，我们要站在全国生态文明城市建设的战略高度，始终围绕这一目标狠抓现代生态农业发展，特别是大规模发展生态产业、加强植树造林、治理水土流失、减少农业面源污染，有效地促进生态建设保护和环境质量的改善。

二、关于现代生态农业发展的方向问题

现代生态农业，是利用现代的科学技术、生产与管理以及运营方式，吸收传

统农业精华，保持持续增长的生产率、持续提高的土壤肥力、持续协调的生态环境以及持续利用保护的农业自然资源，实现"高产、优质、高效、安全、生态"目的的农业。因此，贵阳市现代生态农业发展总的方向应该是：生态化、规模化、标准化、高效化、市场化、都市化。

第一，坚持走生态化发展之路。要按照"产业生态化、生态产业化"的发展思路，正确处理好生态保护和产业发展的关系，用生态化的理念发展产业，用产业化的思路建设生态。要多研究种植经济、生态、社会价值大的作物，如多种植茶叶、中药材、花卉、果蔬等经济作物。一方面把农业的综合效益大幅提升起来，另一方面把农民保护生态的积极性也提高起来。全市要力争在高等级公路沿线、景区公路沿线 25 度以上坡耕地、一级饮用水源保护区实现经济林全覆盖。同时，要大力推进生态养殖基地建设，通过推广生态循环养殖、大中型沼气池生态循环模式，有效减少畜牧业污染，使规模养殖场畜禽粪污处理利用率达100%。要积极推广现代物理生物防治和平衡配方施肥，减少农药、化肥施用量，主要农产品基地有机（生物）肥使用达到 100%，农村清洁能源使用率达到60%以上，实现环境保护与可持续发展的有机统一。

第二，坚持走规模化发展之路。规模决定效益。在人均耕地少、耕地破碎、农业商品化率低的基本现状下，要推动农业跨越发展，促进农民增收，必须加快农业产业结构调整，大力提升农业产业规模化水平，推进优质农业资源向优势产品集中、优势产品向优势企业集中、优势企业向优势产业和优势区域集聚，把资源优势转化为产业优势，把规模优势转化为市场优势。特别是要打破行政区域界限，集中连片打造一批规模较大、设施完善、特色鲜明的农业产业基地和示范带，真正做到规划一片、建成一片、见效一片、致富一片。到 2015 年，力争全市蔬菜基地面积达 120 万亩，果树种植面积达 80 万亩，茶叶种植面积达 50 万亩，中药材种植面积达 20 万亩。

第三，坚持走标准化发展之路。提升贵阳农业的核心竞争力必须加快农业生产标准化、实现产品安全化，这也符合当今农业发展的潮流。要引入工业的理念，推行标准化生产，推动传统农业向现代农业转变，确保农产品品质稳定、质量安全。市农委、质监部门要按照达到国标甚至高于国标的要求，加快农产品标准化体系建设，围绕特色优势产业建立健全一批涵盖农业生产的产前、产中、产后等各个环节的标准体系，确保每一个重点产业都有一套完善的标准化生产体系。到 2015 年，要确保全市主要农产品无公害、绿色、有机认证率达到 60%以上。

第四，坚持走高效化发展之路。据统计，2011 年，全市耕地亩均产值为2 690 元，农业生产的单位效益偏低，亟待提高（广东、浙江、江苏等地均在

8 000～10 000 元）。我们要把提高农业效益作为当前促进农业增产增效的突破点，全力发展高效农业。这里有两个关键点：一是以市场需求为导向，把传统低效农业转变为现代高效农业，即把收入效益低的改为收入效益高的。二是优化组合农业生产要素，通过提高资源利用率、强化科技运用、配套现代化的设施设备，大幅提高土地单位产量，提升农产品质量，实现耕地亩均产值大突破。到 2015 年，力争全市耕地亩均产值翻一番，达到 6 000 元以上，其中亩均产值万元以上的耕地达到 10％以上。

第五，坚持走市场化发展之路。市场经济的特点是大循环、大流通，农业特有的地域性和周期性特点又决定了某一产品在同类产品或某一区间最具竞争力。相比较而言，我们的特点是高原性和生态优势，这为贵阳反季节蔬菜、优质禽蛋、生态茶叶、特色食品等优势产品打入珠三角、长三角地区奠定了良好的自然基础。但是我们的优势还没有充分利用起来，贵阳优质生态农产品品牌整体形象有待进一步提升。各区（市、县）、各级农业部门一定要强化贵阳市农业的主导产品不是粮食的意识，大力引导农民调品种、调结构、强技术、抓服务，加快发展商品农业，推动农业由自给型向商品型转变，由传统农业向市场农业转变。要进一步强化品牌建设，加快打造一批像"老干妈"这样在全国叫得响的品牌，如"黔山牌"蔬菜、"黔山牌"水果、"黔山牌"茶叶等系列品牌，大力提升农产品的市场占有率。

第六，坚持走都市化发展之路。随着城市化进程的加快，未来几年，贵阳城市人口将实现较大规模的增长，500 万～1 000 万人口的一个大城市，就是我们农业发展的最大市场、最大优势。加快发展都市农业，既是满足城市发展需求的迫切需要，也是繁荣农村、增加农民收入的有效途径。所以，我们一要紧紧围绕城市大力抓好"菜篮子"建设，建好"菜园子"，管好"菜摊子"，确保主要"菜篮子"产品供应数量充足、品种丰富、价格合理、质量安全；二要积极发展休闲农业、观光农业、旅游农业、体验农业，综合开发都市农业潜力，最大化地把农业产业做成城郊旅游产业。

三、关于现代生态农业发展的重点问题

"十二五"期间，围绕确保第一产业增加值增长 10％、农民人均纯收入增长 22％以上的目标，抓好五个方面的重点工作。

第一，狠抓结构调整，全面提升农业产业化水平。农业产业化是以市场为导向，以主导产业、产品为重点，优化组合各种生产要素，实行区域化布局、专业

化生产、规模化建设、系列化加工、社会化服务、企业化管理的现代化经营方式和产业组织形式，是现代农业发展的必由之路。因此，我们要坚持以"集中、集群、集约"发展为导向，首先把农业产业结构调整过来。一是优化产业布局。坚持规模化、集中化、连片化布局的原则，统筹考虑各区、市、县的自然资源、区位条件和比较优势，着力打造"五区六带"的现代生态农业产业布局体系。五大优势产业区：开阳县重点布局生猪、禽蛋、茶叶产业，修文县重点布局水果、蔬菜产业，清镇市重点布局蔬菜、肉鸡产业，息烽县重点布局肉鸡、蔬菜产业，其他区重点布局优质蔬菜、水果产业；六大特色经济作物产业带：次早熟蔬菜，夏秋反季节蔬菜，食用菌，番茄，优质桃、枇杷、葡萄、猕猴桃等特色经济作物产业带。到 2015 年，形成一县一业、一线一品、一乡一特的现代生态农业产业格局。二是提高经济作物比重。重点发展蔬、茶、药、果等高附加值产业，到 2015 年，形成一大批年产值超 10 亿元的产业集群，并带动全市经济作物种植面积达到 300 万亩以上，粮经比调整为 1：9。三是提高畜牧业产值比重。到 2015 年，力争畜牧业产值占农业总产值的比重从 2011 年的 26.7％提高到 40％以上。四是提高第二、三产业在农村产业中的比重。既要用工业化理念发展农业，引进新技术、采用新工艺、提高装备水平，大力发展农业工业，又要用旅游化的理念发展农业，还要加快发展农林牧渔服务业、流通业、配送业、保险业等，把农业高度融入第二、三产业发展中，使其成效不仅仅体现在第一产业上。

第二，加快设施装备建设，改善农业生产条件。没有设施化就没有农业的现代化。以沈阳为例，从 2004 年起，每年增加设施农业 20 万亩，到 2011 年设施农业总面积达到 170 万亩，种植品种几乎涵盖了所有类别的种植业"菜篮子"产品，设施农产品年产量超过 300 万吨，农民从设施农业获得的纯收入已占农民人均纯收入的 1/3。目前全市设施农业占比只有 2％左右（约 3 万亩），我们要高度重视设施农业的发展，加大对设施农业的投入，大力提升农业设施装备水平。一是建设一批设施农业示范园区。高标准建设一批钢架大棚，力争到 2015 年建成 50 个标准化农业生产基地和农业科技园区，引领全省农业发展。二是加快建立健全配套的农田水利体系。到 2015 年农村有效灌溉面积达 120 万亩，新增节水灌溉面积达 10 万亩，新建配套渠系 1 000 公里，着力解决从沟渠到田间的"最后 1 公里"问题。三是加快标准化菜地良田建设。每年按 20 个左右标准园推进；加快标准化养殖小区建设，强化粪污处理和防疫设施配套。四是加大农业机械推广力度，提高机械化利用率。到 2015 年，力争全市耕种收综合机械化水平达到 40％，农机总动力增加到 160 万千瓦。

第三，整合现代农业发展要素，拓展农业的综合功能。要充分发挥省会城市优势，合理配置土地、资本、市场等要素，推动现代生态农业快速发展。一是加强土地要素整合。加快农村土地流转，积极促进土地向种养殖大户、合作社、龙头企业集中，力争到2015年完成土地流转50万亩，推动农业集约化发展。二是加强资本要素整合。发挥财政资金的"引子"作用，积极引导社会资本、工商资本、民营资本参与现代农业发展；抓好东部地区产业转移承接，构筑全省农业招商引资高地，利用东部企业的资本、先进理念、管理模式、营销网络加快贵阳现代农业发展。争取每年引进省内外优强龙头企业5～10家。三是加强市场要素整合。紧紧盯住城市市场，大力挖掘农业的文化、休闲等内涵，突出地域特色、产品特色、民族特色、风景特色，力争每年发展都市休闲农业示范基地5～10个，积极拓展农业的生产、生活、生态功能，让农业产品、农业风景、农业体验有更大的市场，实现农业增效、农民增收。

第四，着力抓好农产品加工转化，提高农业发展效益。2011年，贵阳农产品加工转化率仅为10%，比全省平均水平低20个百分点。要着力在农产品加工转化上下工夫，力争2015年全市农产品加工转化率超过全省平均水平。一是大力引进、培育龙头加工企业。大力引进一批加工型龙头企业，重点支持老干妈、黔五福等企业发展壮大，鼓励支持龙头加工企业把原材料基地建在市内，迅速提高自身农产品加工转化率。到2015年，力争培育3个年产值10亿元以上、10个5亿元以上、20个1亿元以上的龙头加工企业；引进龙头加工企业20个以上。二是加强技术培训。围绕农业发展需要、企业需要，在职业技术学校开设针对性强的专业，有计划地培养农技实用型专业人才。同时，广泛深入地开展农业实用技术培训，让更多农民成为有技术的产业工人。三是推进分散加工。大力挖掘食品、服饰等方面的农村传统工艺，鼓励支持农村能人利用现代技术手段，发展小而精、小而优、小而特的农产品加工业，打造一批极具地方特色的旅游食品、旅游商品，带动农民增收致富。

第五，提升社会化服务水平，夯实农业发展基础。一是切实提高农业科技贡献率。加强山区现代农业技术攻关和关键技术的集成和应用，突出抓好新产品、新技术、新材料和新设施以及节种、节水、节肥、节药、节地、节能技术的推广，提高土地产出率和劳动生产率。二是加快服务平台建设。各级农业、工业部门要当好"红娘"，搭建农产品加工企业、农产品流通企业、农业科研院所、农业科技企业与农产品生产基地、合作社、农户的联系平台，为农业提供全方位的产前、产中、产后服务。大力培育农民专业合作经济组织，到2015年，确保扶持发展100个销售收入50万元以上、20个销售收入100万元以上的农民专业合作经济组织。三是建立健全农业信息网络体系。进一步整合涉农信息资源，加快市、县、乡三级网站体系建设，构筑现代化信息、电子商务等平台，着力解决农业信息服务"最后1公里"问题。四是加强农村金融体系建设。深化农村金融体制改革，进一步健全引导信贷资金和社会资金投向现代农业的激励机制，创新涉农金融产品和服务，加快完善农业保险制度，支持现代生态农业快速发展。

四、关于现代生态农业发展的保障问题

第一，加强组织保障。成立市现代生态农业发展领导小组，由市委分管农业农村工作的副书记任组长，市政府分管农业农村工作的副市长任副组长，统筹抓好全市现代生态农业发展工作。市农委要切实发挥好职能作用，指导各区、市、县按照规划加快发展现代生态农业；市直相关部门要进一步制定和完善政策措施，全力推动现代生态农业发展。各区、市、县要发挥主体作用，落实好县长"菜园子"和"钱袋子"负责制，主要领导要真正把现代生态农业放在心上、抓在手上。市委、市政府将把发展现代生态农业作为考核各区、市、县的重要指标，年终进行考核，对工作抓得好、有成效的，将在新年度的项目、资金上给予倾斜，对工作成效不明显的将实行问责。市统计局要加大与省统计局的对接协调，全面客观反映我们农业农村经济发展所取得的成果。

第二，加强机制保障。一是完善现代农业经营制度。2013年要在全市推开土地确权、登记、颁证等工作，使农村土地产权更加清晰、农户对土地的用益物权真正落实。要完善土地承包经营权流转市场，引导土地承包经营权向种养能手、农民专业合作社、专业大户等集中。要大力扶持发展农民专业合作社、供销合作社、专业技术协会、涉农企业等新型社会化服务组织，到2015年力争发展农民专业合作化组织300家。二是创新排位考核机制。对农业农村经济发展的核心指标，对市决定的重大结构调整项目实施排位考核机制。由市督办督查局和市农委具体提出来，纳入政府一级目标考核。三是创新激励机制。鼓励干部、农技人员参与种植、养殖业发展和产业化经营，带领群众增收致富。由市农委研究提出具体实施意见。

第三，加强资金保障。一是加大财政资金投入。各级财政要进一步加大"三农"投入力度，并充分放大财政资金使用效应。可考虑将财政资金作为企业农业产业开发的贷款贴息，作为社会力量（领办、创办农业企业）的配套资金，作为金融部门贷款授信的担保，作为"引入"中央、省级资金的匹配，作为"生产主体"奖励资金等，需要大家研究、探索。二是大力引进社会资本。引入企业、社会力量、金融资本参与农业开发。特别是担保公司要加强与市农委、区市县的合作，真正成为连接龙头企业和金融部门的桥梁。三是大力争取上级资金。各区（市、县）主要领导要带头到省相关部门争项目、争资金，并形成制度，力争取得更多上级项目、资金支持。其实，我们农业农村的欠账还很大，而涉及农业农村方面的资金，贵阳市在全省所得占比很低，大家一定要打破我们是城市而不是农村的思想，多争取资金为老百姓多办好事和实事。

第四，加强人才保障。一是加快科研人才队伍建设。大力引进农业关键领域人才，重点培养农业科技领军人才和创新团队。二是加快农技推广人才队伍建设。大力改善农业农技干部、高技能农业人才待遇、工作条件，优化人员结构，加强乡镇农技推广队伍建设。三是加快新型农民队伍建设。依托市职业技术学院等资源，实施新农村实用人才培训工程，培养一大批"以农业为职业、占有一定资源、具有一定的专业技能、有一定的资金投入能力、收入主要来自农业"的新型职业农民，提升现代生态农业发展活力。

四、生态环境篇

Chapter Ⅳ Environment-friendly Ecosystem

治水是万万不可懈怠的大事 *
Governing Water is a Major Work
That Must Not be Slacked

一、在任何时候都不要忘记水资源的极端重要性

水是一切生命赖以生存、发展的基本条件，是承载人类社会发展进步的血脉。人类自古依水而居，文明因水而兴，也因水枯竭而衰。大家都知道，人类的四大古文明都是依托大江大河而兴起的。古埃及文明是依托尼罗河，古巴比伦文明是依托幼发拉底河、底格里斯河，古印度文明是依托印度河、恒河，华夏文明是依托黄河、长江。同时，历史上由于自然或人为因素导致水源枯竭，绿洲变成沙漠，城市变成废墟，甚至民族、国家迁徙消亡的也不乏其例。印度的西格里古堡曾经是莫卧儿王朝首都，现在仍能感受到当年的兴盛、繁华。但由于干旱缺水，仅仅过了 14 年就被迫弃置。我国古丝绸之路上曾显赫一时的楼兰古国也是因为水源干涸而湮没在茫茫戈壁里。这就是所谓的"一方水土养不活一方人"。

那么，水究竟有多重要呢？

第一，水是生命的源泉。人体内的水分大约占到体重的 65%，其中脑髓含水 75%，血液含水 83%，肌肉含水 76%，连坚硬的骨骼也含水 22%。人体的各种生理功能都必须借助水这个介质来运行。没有水，营养不能被吸收，氧气不能被传递，废物不能被排泄，新陈代谢将停止。现代医学研究表明，一个人不进食，可以存活 7 天，但没有水喝，只能维持 3 天。2008 年汶川大地震中，不少人创造了存活 100 多个小时而获救的奇迹。有一位老太太被滚石压住，就是靠几滴露水维持了 100 多个小时，被救出之后说的第一句话是"我想喝水"；2009 年贵州晴隆矿难发生后，3 名矿工能够存活 25 天而获救，依靠的也是矿洞里的废水。

---

* 这是李军同志 2011 年 12 月 6 日在贵阳市水利工作会议上的讲话。

可见，人在绝境中延续生命最重要的是水，而不是其他东西。

第二，水是生产的要素。传统农业基本是靠天吃饭，所以农谚说，"春雨贵如油"，"有收无收在于水，收多收少在于肥"。工业、服务业也离不开水，没有水，很多企业无法运转，很多产品无法生产。像德国的鲁尔工业区，就布局在莱茵河下游。就贵阳来讲，20 世纪五六十年代布局的一些工业企业都是在水边，贵州水泥厂、贵阳发电厂布局在南明河边，水晶集团、华能焦化布局在红枫湖旁。虽然现在看来不合理，但可以看出水对于工业运行的重要作用。

第三，水是生态的基础。江河湖泊等湿地被誉为"地球之肾"，有着调节气候、净化水质、涵养水分等独特功能。凡是环境优美、生态良好、适宜居住的地方，都是水资源丰沛的地方；而生态环境恶劣，不适合人类居住，甚至不适合动植物生存的地方，往往水资源极度匮乏。有的老百姓喜欢讲"风水"，其实东晋时期的郭璞早就说过"风水之法，得水为上"，最重要的是"得水"，其次才是"藏风"。

正因为水对生命、对生产、对生态如此重要，拥有水就意味着拥有生命、就能发展，失去水就意味着不能生存、发展，一些国家和地区为了争夺水资源，频频发生摩擦甚至爆发战争。印度和巴基斯坦，苏丹、埃塞俄比亚和埃及都曾因流域水资源的分配使用发生过纠纷。从 20 世纪 50 年代起，因约旦河水资源分配问题，以色列、约旦、叙利亚和黎巴嫩等国频繁发生争端，最终爆发了 1967 年第三次中东战争。叙以之间争论不休的戈兰高地问题也由水引起，因为戈兰高地的水资源十分丰富，数条河流注入太巴列湖，而以色列 40％的用水取自太巴列湖。最近中央电视台热播的《奢香夫人》中，有一个情节就是水西一带有两个彝族寨子因为争水而长期械斗，死了不少人。这样的争水事件在我国很多地方特别是农村地区时常发生。随着地球人口的不断增加，水资源的短缺问题日益突出，不少专家认为，近代以来很多战争都因石油而起，比如美国打伊拉克、法国打利比亚。而未来水将成为更多战争的根源。中央电视台有一则公益广告，讲的是如果人类不能解决好地球的生态环境保护问题，"最后一滴水将会是人的眼泪"。可见，水的问题解决不好，就会带来严重的经济问题、社会问题、政治问题和生态问题。

二、治水是万万不可懈怠的大事

水对人类极端重要，但水又是一把双刃剑，既能给人类带来巨大利益，也能给人类带来严重灾害。一方面，没有水不行，水少了也不行，会造成旱灾，甚至会危及生存。20 世纪全世界发生的"十大灾害"中，地震有三次，台风和风暴潮各一次，而旱灾却高居首位，有五次，分别是：1920 年，中国北方大旱，灾民 2 000 万，死亡 50 万人；1928—1929 年，陕西大旱，940 万人受灾，死亡 250 万人；1943 年，广东大旱，造成严重粮荒，仅台山县饥民就死亡 15 万人；1943 年，印度、孟加拉等地大旱，造成严重饥荒，死亡 350 万人；1968—1973 年，非洲大旱，受灾人口 2 500 万，逃荒者逾 1 000 万人，累计死亡人数达 200 万以上。另外，去年以来发生在非洲的大旱灾，使 1 200 万人受灾。另一方面，水多了也不行，会造成涝灾，严重时也会给人类以毁灭性的打击。人们经常把"洪水"与"猛兽"相提并论，可见其威力之大。古人讲过，"善为国者，必先除其五害……五害之属，水最为大"。1998 年的长江流域洪灾殃及 12 个省（区、市），受灾人口超过 1 亿，受灾农作物 1 000 多万公顷，死亡 1 800 多人，倒塌房屋 430 多万间，经济损失 1 500 多亿元。最近泰国发生的洪灾持续了 3 个多月，影响到全国 77 个府中的 62 个，共有 280 万户约 900 万民众受灾，死亡 400 多人，首都曼谷 1/5 被泡在水里。这样的例子不胜枚举。

正因为如此，古今中外，历朝历代都把治水作为国家、民族的大事，放在极其重要的位置，千方百计兴水利、除水害。这也是"水利"这个词的本义。在一定意义上讲，人类文明史就是一部治水史。在我国古代，治水、修路、办学被看作为官的三件大事，治水被摆在第一位，有很多流传千古的兴水利、除水害的故事。大禹的父亲鲧因为治水不力而被杀头，大禹因为治水有功而名传千古。李冰父子修建都江堰，现在还在发挥作用，使川西平原成为"天府之国"，为万世所景仰。不少文人到杭州上任，重点也是治水，白居易、苏东坡在西湖修建了著名的白堤、苏堤。新中国成立以来，红旗渠、引滦入津、引黄济青等工程都对合理利用水资源、推动经济社会发展发挥了重要作用。当代的三峡工程、南水北调工程更是空前的水利壮举，具有全局和深远的意义。从各国历史看，这样的例子也不少。苏伊士运河大大缩短了亚洲与欧洲、印度洋和大西洋之间的航程，每年承担着全世界 14％左右的海运贸易；巴拿马运河打通了大西洋和太平洋之间的航道。这两条国际性运河的开通，极大地促进了国际贸易。美国的胡佛水坝和科罗拉多河主河道上的其他水坝，近半个世纪来在防洪方面产生的经济效益估计超过 10 亿美元，胡佛水坝发电机组为加利福尼亚州提供了 75％的电力，灌溉 150 万英亩的田地。所有这些都是通过治水，让水更好地为人类服务。

在过去农耕社会，治水主要是兴修水利工程进行"调水"，平衡水量，达到兴利除害的目的。随着工业化、城镇化的深入推进以及人口的快速增长，现在治水的内涵已经大大拓展。由于一些地方受污染，水质下降，水很难直接用于饮用、灌溉。因此，在调水的同时，还要治理水污染、修复水生态环境，而这一工作的难度有时比调水还要大得多。由于生产和生活用水需求不断增长，水资源紧缺的问题日益突出，粗放式的用水方式难以为继，节约用水已经越来越成为人类发展面临的紧迫任务。治水思路要由传统水利向现代水利转变，加强水利建设和维护水安全，科学治水、依法治水，建设节水型社会。贵阳建设生态文明城市，要实现生态环境良好的目标，首先是水生态环境要好；要实现生态产业发达的目标，根本前提是不对水生态系统造成破坏；要实现生态观念浓厚的目标，很重要的是全体市民亲水、爱水、护水的观念要浓厚；要实现市民和谐幸福的目标，喝干净的水是起码要求。因此，必须把水利工作摆在更加突出位置，准确把握治水工作的丰富内涵，树立崭新的治水理念，统筹做好水资源开发、利用、保护工作，把治水这篇文章做漂亮。

三、贵阳治水的第一篇文章是要在"调水"上取得突破，迅速掀起水利工程建设高潮

所谓"调水"，就是要采取工程性措施，合理调节、分配水量，努力解决水资源时空分布不均的问题。贵阳市地表径流量并不少，天然径流深545～640毫米，平均每平方公里产水56.3万立方米，年平均总降水量为1 200毫米左右，几项数值均大幅高于全国平均值。但是，降雨时空分布不均。5—8月降水占全年的70%～80%，陡涨陡落，容易造成洪灾，因而有60%左右的水资源表现为洪水。但到了9月至次年4月，降水量又仅为全年的20%～30%，容易造成旱灾。2009年至2010年，贵阳遭遇了百年不遇的夏秋冬春四季连旱；今年，又遭受了特大旱灾。因此，抓紧建设一批水利设施，切实提高调控能力，解决水不是多了就是少了的问题，真正做到"引得进、蓄得住、排得出"，非常重要，也非常紧迫。

在农村，要因地制宜、加快水利设施建设。到贵阳市工作以来，我多次到农村调研。无论走到哪里，无论找农户开座谈会还是路边随机与农民聊天，大家反映的问题中，基本上都有缺水问题，有些地方水利设施甚至不如改革开放以前。对此，我们应该感到惭愧！当然，贵阳农村面大，地形复杂，缺水的原因、症结各不相同，不可能靠"一把尺子"解决所有问题；特殊的地形地貌，又决定了不可能靠兴建几个大型水利设施，一劳永逸地解决所有农村地区的缺水问题。必须因地制宜，结合各自的实际情况，采取"中小微并举，蓄引提调结合"的方法，大搞小水窖、小水池、小塘坝、小泵站、小水渠"五小"工程。这些工程项目建设周期短、技术难度较小、投资见效快，能够迅速提高山区蓄水、供水能力和抗

灾减灾能力，最符合贵阳的实际情况。今年 8 月，我到开阳县新隆村大寨组调研旱情，看到一块地，地埂下水哗哗流，没有利用；地埂上没有水，白菜都枯死了。这个例子就很典型。实际上，只要有一个小型提灌设施，就可以解决一大块地的灌溉问题，要不了多大的投入。

要特别提醒的是，冬季是农闲时节，又是枯水季节，正是对干涸的水库山塘进行全面检修、兴建小微水利设施的最佳时间。要在今冬明春掀起兴建水利工程的高潮，让大部分农村地区的水利设施有明显改观、生产生活条件得到明显改善。我老家湖南是水患比较重的省份，一到冬春时节就抢时间大修水利，有时一直要干到腊月二十九，大年初四又开工，到处都可以看到红旗招展。我看贵阳今冬明春兴修水利也要干出这种火热的场面，确保水利建设取得大的成效，着力提高农业抵御自然灾害的能力。

在城市，要居安思危、提高供水防洪能力。贵阳是省会城市，是贵州唯一的特大城市，聚集人口多、承载任务重，一旦水出了问题，影响很大、波及很广。而且，城市的运转系统越庞杂就越脆弱，一旦出问题就会带来系统性的影响。对贵阳这座城市的给水、排水问题，必须始终保持高度警惕，不仅要早作打算，而且要想深、想细、想到底、想到万一。第一，要不断满足城市供水需要。可以预见，贵阳市的工业化、城镇化将呈加速推进之势，城镇人口将大量增加，用水需求也将随之大量增长。必须及早谋划城市供水，做到超前一步。黔中水利枢纽是中央支持贵州水利发展的重大工程，是解决黔中地区缺水问题的重要项目，一期将每年给贵阳供水 1.96 亿立方米，解决城市生活生产用水问题。要积极配合涉及的渠道供水工程、借库提水工程建设，主动做好前期移民安置、土地审批、环评等工作，服务项目加快建设。第二，要切实提高城市防洪标准。内涝是困扰许多城市的难题。全国很多城市饱受内涝之苦，有的地方甚至一而再地被淹，这已经成为夏天很多城市的一大"景观"。城市发生内涝当然与极端天气现象增多有关，但更重要的还是排洪泄洪标准太低。江西赣州虽然三面环水，但在历次洪峰侵袭中都安然无恙。这要归功于一套宋代就建成的排水系统。据史料记载，在宋朝之前，赣州城也常年饱受水患。北宋熙宁年间，知州刘彝规划并修建了城区街道，同时根据街道布局和地形特点，建设了一套现在看来都相当先进的城市排水系统，标准达到"千年一遇"。从贵阳市来说，老城区居于山间"坝子"，在"盆地"底部，排水存在一定难度；穿城而过的南明河又是山区雨源型河流，很容易水位暴涨。这两方面结合起来，决定了贵阳一旦遭遇暴雨，很容易出现内涝。在经历了 1996 年特大洪灾之后，贵阳市加大了防洪工程的建设力度，1997 年完成了阿哈水库除险加固，2000 年完成贯城河分洪隧洞，2003 年又完成花溪水库和小关水库改、扩建及配套工程，使贵阳市城区防洪标准达到"百年一遇"，很不容易。但是，一些片区比如花溪、小河防洪标准还是"五十年一遇"。现在如果再遇到洪灾，人民群众生命财产损失将是不可估量的。因此，在城市防洪除涝方面，千万不能掉以轻心，标准只能更高，力度只能更大。要尽快提高金阳、小河、花溪等片区的防洪能力，确保"百年一遇"。像城市广场、河道沿线要多留绿地，多布局湿地，发挥储水和滤水作用，为排涝争取宝贵时间。在建设下拉槽、地下商场、停车场、地下通道的时候，要充分考虑排水问题，增强排水能力，不能一下雨就成灾，一爆水管就成灾。要尽量提高标准，以未来眼光看待管网建设，管子该大一点的就大一点，该厚一点的就厚一点，该埋深一点的就埋深一点，等等。宁愿现在多花一些钱，也要避免将来造成更大的损失。另外，还要加强防洪监测预警体系、组织动员体系、应急救援体系和社会管理体系建设，一旦洪灾发生，做到排查巡查到位、预报预警及时、转移避险有效。

四、贵阳治水的第二篇文章是要在"保水" 上下工夫，千方百计改善水生态环境

所谓"保水"，就是综合利用法律、行政、经济、宣传、技术等各种手段，采取最严厉的措施保护水资源，实现有序开发、永续利用。贵阳市不但存在工程型缺水、资源型缺水，而且一些地方的水资源又因为工业污染、采矿污染、生活污染、农业面源污染等原因遭到破坏，水质性缺水问题也很突出。必须切实加大水生态保护和水环境治理力度，全面提升水质，真正实现水复其清、碧水长流。

第一，要着力抓好以"三口水缸"为重点的饮用水源保护。饮水安全是第一位的，是民生工程中的基础工程。红枫湖、百花湖、阿哈水库承担着贵阳市城区70％左右的供水任务。2007 年，针对部分水域出现蓝藻、水质持续恶化的态势，贵阳市启动了依法治理"两湖一库"、确保市民饮水安全专项行动，在动员大会上我说了"三心"：对那么多污染物流入"两湖一库"感到惊心，对"两湖一库"污染程度感到痛心，对"两湖一库"的前景感到忧心。四年多来，我们通过创新行政、法律、经济、宣传"四大手段"，实施工业污染治理、生活污染治理、农业面源污染治理、生物净化、生态修复"五大工程"，有效遏制了水质恶化的趋势，使"两湖一库"水质由劣五类稳定在三类，基本实现了当时提出的"两年内遏制水质恶化趋势、三年实现水质根本好转、五年实现水质按功能区达标"的目标。当时采取的成立两湖一库管理局、环境保护法庭和审判庭、环境保护基金会等创新举措，发挥了重大作用，至今仍是贵阳市的工作亮点。成立环境保护法庭是全国第一家，现在国内已经陆陆续续有九家同类机构。过去，红枫湖、百花

湖、阿哈水库三个水库都有管理处，但只是搞创收，在治理污染、保护水库中发挥不了什么作用。于是，对三个管理处进行职能转变，成立了两湖一库管理局，实行准军事化管理，专门负责管理和治污，干得很不错。如果不是2007年以来我们采取了一系列严厉措施，真不知道"两湖一库"现在会是什么局面。我本人也因此沾光，获得了中国环保领域最高的社会性奖项——中华宝钢环境奖提名，已在《人民日报》公示。这不是个人荣誉，而是整个贵阳市的荣誉。

但还有一些措施落实得不够到位，比如周边农业面源污染仍然比较严重，很多村庄的生活污水没有经过处理，直接排入湖库。这些问题如果不从根本上解决，"两湖一库"长治久清仍然存在重大隐患。各有关方面对成绩的估计千万不能过高。水的保护是一个动态过程，不可能一劳永逸，现在干净不代表将来干净，将来干净不代表永远干净。治水好比针挑土，污染就像浪推沙。对"两湖一库"的治理、保护，任何时候都不能有丝毫松劲和懈怠。要抓紧完善污水收集管网，因地制宜建设一批中小型污水处理设施，实现村民生活污水就近处理、达标排放。对生活垃圾，必须坚持封闭清运、异地处理，绝不允许随意抛撒。对农业面源污染问题，要积极调整农业结构，实现产业升级，走生态农业的发展路子。对企业违法排污的，要加大巡查执法力度，按最高限额进行处罚。前一段时间，《贵州都市报》刊登了一则消息，叫《百花岛主，逍遥湖上》。那些所谓的"岛主"若干年以前不知道是通过什么方式买下这些岛屿，现在真是逍遥自在，过着世外桃源式的生活。他们到底怎么排污、怎么处理垃圾？怎么能够容忍有人在"水缸"里面制造污染？即使当时取得土地的手续是合法的，这么长时间没有开发或者按照规划开发，也应该收回了。

要提醒的是，"两湖一库"作为饮用水源地这条红线绝对不能碰。谋划百花新城建设，对百花湖的保护不但不能有任何松劲，而且必须更强、更有力。这些饮用水源非常珍贵，调整其功能就是罪人。小关湖水库、黔灵湖过去都是饮用水，2002年改成景观水以后，短短几年时间，现在污染成了什么样子？所以，希望大家记住这句话："'两湖一库'饮用水源性质在任何时候都不能改变！"贵阳还有松柏山水库、花溪水库两口"水缸"，水质目前保持得相对较好，我们也要切实巩固和发展这个好局面。

第二，要着力抓好以南明河为重点的流域治理。南明河是贵阳市的"母亲河"。历届省委、省政府，市委、市政府对治理南明河高度重视，采取一揽子措施进行综合整治，取得了明显成效。如果没有这些措施，南明河恐怕早就成为一条臭水沟了。但是，目前南明河城区段的水质还是不容乐观，下大雨水就变浑，天干旱水就有异味。根本原因是治理措施不到位。比如截污沟建设，要加快主城区雨污管网改造工作，有序实现市西河、贯城河和改茶大沟的雨污分流，解决雨污混流带来的水量过大、截污沟容纳不了，浓度过低、污水处理厂无法处理等问题；尽快修复破损的截污沟，最大限度减少污水"跑冒滴漏"。要集中力量对沿河直排污染点逐一进行排查，采取化整为零、因地制宜的方式，建设一批中小型污水处理设施，一个污染点一个污染点地迅速予以解决，从源头上把污水变为中水。有关部门务必把过去定的措施一条一条地对照、一条一条地落实、一个问题一个问题地解决。特别是中小型污水处理设施的建设，既可以解决截污管道长距离运输造成的"跑冒滴漏"，又可以就地就近处理，及时补充景观用水，使水流动起来。要综合行政的、经济的、法律的各种措施，对城区流域内大型住宅小区、宾馆、医院、企业等单位进行激励和约束，使其尽快建立配套中小型治污设备，实现生产生活污水达标排放。另外，现在中心城区面积不断扩大，城市东部一直到乌当区的开发建设速度很快，但是南明河从水口寺以下一直到新庄污水处理厂又黑又脏又臭，与沿线的新城开发极不协调。有关部门要适应城市发展需要，扩大流域整治面积，全面提升从小河三江口到乌当东风镇河段的水生态环境质量。

　　黔灵湖和小关湖水库是贵阳市水生态环境的重要组成部分，是市西河的来水之一，与南明河水质密切关联。前段时间，中央电视台新闻频道曝光了小关湖水库被污染的事情。不少市民也通过"百姓—书记市长交流台"等各种渠道，反映该流域水污染严重。小关湖水库水质富营养化明显，周边有人撒饵钓鱼，湖边一家"农家乐"污水未经处理直接排入湖中。要按照建设二环城市带的总体部署，在雅关片区抓紧进行大规模"城中村"改造，力争用 3～5 年时间打造高品质的城市新区，同时新建适当规模的污水处理厂，从根本上消除污染源头。在此期间，要充分发挥现有管网作用，最大限度减少"跑冒滴漏"；通过生物净化措施，提高湖水自净能力；严格环保执法，对各种环保违法行为进行严管重罚。

　　第三，要着力抓好以植树造林和湿地建设为重点的生态修复。要大搞绿化。继续推进退耕还林，组织机关干部职工和广大市民积极开展义务植树，通过"认种一棵树、认养一片林"等活动载体，在全社会形成植树造林的强大合力。要在环城高速公路、二环路两边大量种树。继续打响森林保卫战，对毁林开荒、毁林采石、毁林建房等各种破坏森林资源的违法行为实施严厉打击。2008 年，我们查处"福海生态园"案件，对当事人依法予以严厉惩处，近 2 000 亩的云关山植物园得以保全，也收到了良好的社会效果，疯狂的、毫无忌惮的砍伐森林行为得到了有效遏制，盗伐林木的犯罪分子受到了极大震慑。要多建湿地。这几年，我们相继建成了十里河滩国家城市湿地公园、观山湖公园等一批湿地，打造城市净化系统，增强生态自我修复能力，在净化空气、涵养水土、改善生态方面发挥了重要作用。这两个地方既是公园又是湿地，要处理好保护与利用的关系，切实维护好水生态系统，绝不能受到超出其自净能力的任何污染和破坏。同时，还要在有条件、有需要的地方，因地制宜建设一批湿地，改善生态环境，提升城市品位。

五、贵阳治水的第三篇文章是要在"节水"上挖潜力，最大限度发挥水资源的作用

所谓"节水"，就是通过引导、激励和约束，治理水资源浪费，推广节约用水、集约用水、循环用水，使水得到充分利用。贵阳人均水资源量为 1 260 立方米，低于全省、全国和世界平均水平，大大低于国际缺水警戒线 1 760 立方米/人的标准，按国际水资源丰歉划分标准为中度缺水城市。据预测，贵阳到 2015 年将缺水 4.5 亿立方米，到 2020 年将缺水 6.8 亿立方米。节水是贵阳建设资源节约型、环境友好型社会非常重要的一个方面。讲"加快转型"，其中很重要的内容就是向节水型城市转型。

第一，要优先发展节水型产业。贵阳的水情决定了在发展产业时必须把水耗作为重要考量，集中精力发展节水型产业。除一些必需的高耗水产业需要保留外，其他产业必须考核用水量和用水效率，将其作为环评的重要内容，作为重要的前置条件。具体来说，农业方面：按照生态农业的发展方向，鼓励发展节水型农业，优先选择、重点推广对水依赖性小、水资源消耗少、比较效益高的农业类型、农产品。据测算，种植一亩水稻耗水量为 380～400 立方米，产值在 1 300 元以内；而种植一亩水果和蔬菜，耗水量分别为 80 立方米和 150 立方米，产值分别可达 2 500 元和 4 500 元。可见，种植蔬菜和水果对水资源的利用效率要高得多，依赖度要低得多。要大力调整农业产业结构，同时还要推广科学节水的模式，逐步淘汰传统的大水漫灌，采用喷灌、微喷、滴灌、微灌、涌泉灌等节水灌溉技术，充分发挥每一滴水的作用。比如开阳龙岗镇的现代烟草农业项目，无土种植烟苗，把烟苗插在泡沫板上，泡沫板漂在水面上，既节约土又节约水，值得借鉴推广。工业方面：要通过严格的节水指标约束，确定合理的用水效率控制红线，包括万元产值耗水量、工业用水重复利用率等，促使各企业、各行业在生产过程中自觉重视节约用水。工业园区不仅要把提高水资源利用率作为规范园区现有企业生产的重点要求，对新上的工业项目，也必须从一开始就确立高标准，参考同行业现有节水水平，就高不就低。服务业方面：洗车、洗浴、酒店等行业都是用水大户，要制定行业规范，研究激励和约束机制，努力降低水耗，为建设节水型城市贡献力量。拿洗车业来说，我看到一份资料，北京 200 万辆机动车，一

年要洗掉 9 个昆明湖。贵阳有个网民发帖说，2006 年贵阳洗车要消耗 2 000 多万吨自来水，相当于半个阿哈水库的蓄水量。五年过去了，这个数字恐怕增加了不少。一定要鼓励洗车场使用节水技术，减少用水。

第二，要大力倡导简约生活、节约用水。现在全国城市人均综合用水量约为每人每月 11 立方米。贵阳 439 万人，如果每人每月能节约出 1 立方米的水，一年就可以节约 5 184 万立方米，相当于百花湖 27%、阿哈水库 96% 的库容。每人每月节约 1 立方米水难吗？不难。一个水龙头每秒滴一滴水，一个月可以滴掉 3 立方米。可见，节约用水非常重要，而且每个人都可以参与其中。要倡导简约的生活方式，引导市民把节约用水作为一种习惯、一种品德。一要形成行为自觉。要通过宣传、教育、组织公益活动等多种形式，让市民了解水的重要性和水情的严峻性，真正树立忧患意识、节水意识、水资源保护意识，从而自觉节水、科学用水、合理用水。二要加以利益诱导。充分运用价格杠杆，让各市场行为主体出于维护自身利益考虑，增强节水自觉性。比如，可以制定原水收费价格，逐步实行超定额累进加价制度，促使企业千方百计少用水。比如，严格执行居民用水阶梯式水价制度、污水收费制度，促使居民想方设法少用水。总之，要把节约用水的意识和习惯贯穿到生产、生活的各个领域、各个环节，落实到每个家庭、每个人，努力形成人人珍惜水、人人节约水的良好风尚。

第三，要积极探索再生水利用。再生水也就是"中水"，被称为城市的"第二水源"，利用的潜力巨大，是未来城市水资源利用的必然趋势。再生水利用，顾名思义，一要再生，二要利用。从再生环节来讲，贵阳市城市污水处理率已达到 95% 以上，但经污水处理厂处理、达到排放标准的污水，还要经过深度净化才能成为中水，中间还需要几道程序。由于缺乏项目支持，到目前为止，贵阳市污水处理厂的达标水仍是直接排放，白白浪费掉了。要认真研究、积极着手解决，实现零的突破。从利用环节来讲，关键要解决管网、价格两大难题。现在没有专门的再生水输送管网，如果要利用再生水，只能靠送水车运送，成本大幅增长。同时，再生水处理环节多，生产成本相对高一些。要探索给予财政补贴、收取污水处理费等方式，让生产再生水的企业有赚头、使用再生水的用户少付费。

六、要围绕治水"三篇文章"建立健全体制机制

重点要在以下三个方面下工夫：

一要实行最严格的水资源管理制度。实行最严格的水资源管理制度，加快确立水资源开发利用控制、用水效率控制、水功能区限制纳污三条红线，充分发挥

红线约束调节作用，从制度上推动经济社会发展与水资源水环境承载能力相协调。实行最严格的水资源管理制度，是由水的不可替代性决定的，是解决水资源紧缺与经济社会快速发展矛盾的需要，是水资源可持续开发利用的需要。要提高认识，结合水资源管理工作实际，科学划定水资源管理"三条红线"，并在取水、供水、用水、耗水、排水的各个环节中严格执行。要通过强有力的措施，着力改变水资源过度开发、用水浪费、水污染严重等突出问题，使水资源要素在经济布局、产业发展、结构调整中成为重要的约束性、控制性、先导性指标。

二要创新水利建设的投融资体制。总体上讲，水利建设由政府主导，需要各级政府加大投入，能不能做到这点，取决于思想认识。有同志讲财力有限，但对照 20 世纪五六十年代，那个时候财力比现在怎么样？应该拮据得多，可就在那种情况下，前辈们干成了多少水利工程！过去大搞水利建设，很多都是无偿劳动，现在完全靠无偿劳动不现实，很多地方就算补助了水泥等物资，要群众投工投劳都很难，这也是造成一些中小水利设施建设推进较慢的一个原因。在这种情况下，村党支部、村委会和乡镇党委、政府要善于做思想工作、组织工作、动员工作、宣传工作，发动群众投工投劳，采取以奖代补、先干后补、民办公助等多种方式，调动农民参与建设、维护水利设施的积极性。上级党委、政府支持是必需的，但也要发扬过去好的传统，组织农民自己动手，这样，取得的成绩可能会大得多。

要创新投融资方式，充分发挥市水交集团的投融资平台作用。水交集团组建以来，先后与 20 多家银行、证券机构、投资机构以及建设单位进行洽谈，寻求合作，在推动水利工程建设上发挥了一定作用。但是，水利项目多是公益性项目，往往投资规模大、回收期长、收益率低，有时甚至没有收益，用项目直接向银行贷款难度大，水交集团可经营的资产又有限，自身"造血"功能不足，所以作用发挥得还不够充分。当前，宏观政策是有利于水利建设融资的。中央明确鼓励符合条件的地方政府融资平台公司通过直接、间接融资方式，拓展水利投融资渠道。水交集团要抢抓机遇，进一步解放思想、开动脑筋，建立水利投融资稳定增长机制。比如，要认真梳理、精心包装能带来稳定现金流的资产，充分利用各种杠杆工具，盘活水利存量资产，使其发挥最大作用。比如，要探索水利工程产权流转制度改革，搭建产权交易平台，通过拍卖、买断、租赁、承包等方式，实现以存量换增量、滚动式发展的良性运行。比如，要借鉴道路基础设施建设融资的成功经验，对可经营的水利项目，吸引社会资金通过独资、合资合作、BOT和 BT 等多种方式参与建设。总之，在政策法规范围内，什么办法能融到资就用什么办法。

三要推进城乡水务一体化改革。现在，很多城市都实行城乡水务一体化的管理体制。早在 1993 年 7 月，深圳市就组建了第一个水务局，变"多龙管水"为"一龙管水"。此后，北京、上海、天津、广州、西安、大连等 90％以上大中城市和 70％以上县级行政区均实行了城乡水务一体化统一管理。由于种种原因，贵阳市水资源管理体制仍然没有统一，涉及水利、城建、环保、地矿、卫生等多个部门，这种"城乡分割"、"部门分割"的体制，导致了管理上的无序，管水源的不管供水、管供水的不管节水、管节水的不管治污、管治污的不管排水、管排水的不管回收利用，难以实现水资源的优化配置。小关湖水库污染的原因，就是"多龙管水"、各自为政。从属地看，雅关、偏坡、黔灵三个村由云岩区管辖，大关村由金阳新区管辖，黔灵山公园由市林业绿化局管理。从截污沟管理看，主管由云岩区市政管理所管理，支管由黔灵镇管理。从执法来看，违章建筑由城管局管，餐饮摊店由工商局、环保局管，水利工程设施由小关水库管，禁捕禁捞由渔政管。这么一个巴掌大的地方，就有这么多部门管，居然还没管好。说实在话，原来的体制也没错，问题是各部门没有认真负责，如果大家都尽职尽责地管到位，小关湖水库也不会是今天这个样子。从长远看，要推进城乡水务一体化，将水源建设、城镇供水、污水处理、中水回用相结合，形成统一的建设经营模式。实现水资源的可持续利用是大势所趋，现在不改，将来总有一天要改。近期，要积极推进城市供水和污水处理的一体化经营管理，实现资源整合、优势互补。当然，这项改革涉及面广，情况比较复杂，要精心制定改革方案，尽量兼顾各方利益，确保改革积极稳妥推进。

保护好贵阳人民的三口 "水缸"
Protect Three "Water Vats" for Guiyang Residents

坚持阿哈水库饮用水源保护区的功能定位不动摇*

首先必须肯定，为了保护阿哈水库，各有关部门、有关区做了大量工作，作出了重要贡献。虽然水质恶化的趋势没有改变，但通过大家的努力，遏制了这个进程，如果不是这样，今天阿哈水库的水质肯定会更加糟糕。可是，通过今天实地查看，现状让我惊心，前景让我揪心。所谓惊心，就是作为饮用水源地，周边到处乱搭乱建，有的地方污水横流，直接排进水库；所谓揪心，就是阿哈水库2005年是二类水质，2006年就变成了三类水质，那是不是2007年就会变成四类水质呢？如果这个趋势不改变，那阿哈水库以后就可能变成臭水塘、臭水库，不要说不能作为饮用水，就是像有的同志所讲的景观水也作不了了。所以，必须马上采取措施，深入进行治理，前提是阿哈水库饮用水源保护区的功能定位坚决不能退让，就像战场上打仗一样，必须严防死守阵地。谁要是在这个问题上退让，谁就是贵阳人民的罪人，就是历史的罪人。不要以为将阿哈水库的饮用水源功能退让一点，就能搞成风景区、旅游区，那简直是做梦。黔灵湖就是活生生的例子。水是生命之源，一切都应该服从这个根本。如果现有的"水缸"都保不住，人都不存在了，生命都不存在了，还谈什么发展？就像一个人如果没有了生命，即使全身上下都是金银首饰，又有什么用呢？这是一个很简单的道理。希望有关部门、有关区在这个问题上统一思想认识。

关于如何开展下一步工作，我强调三条原则：一要先易后难。就是要从简便可行、治理效果明显的事情做起。比如花溪区要立即治理废弃煤矿，可以通过筑

* 这是李军同志 2007 年 7 月 16 日在阿哈水库调研时讲话的一部分。

坝拦截，制止煤矿废水直接往水库里排放，这是比较容易的。再比如，把金竹片区污水引入小河二期的污水处理厂处理，这项工作也不难，要抓紧实施。二要及早预防。就是对那些新的违章建筑、新的污染源，要让它"胎死腹中"，坚决把它扼杀在萌芽状态。比如水库边上那几层楼，就是这几天冒出来的，这样的事情绝不允许再发生。环保部门要加大巡查力度，把新的污染源消灭在产生之前。同时，对于已经存在的污染源，要坚持"谁家的孩子谁抱走"、谁造成的污染源谁负责的解决办法。违法排污的企业必须马上停下来。贵州大学蔡家关校区对阿哈水库的污染问题要限期解决，不然政府就要采取措施。其他污染源也是如此，请环保局认真梳理，严厉查处。三要疏堵结合。就是对于库区的移民安置、农家乐等问题，要标本兼治，既要坚持该搬的搬、该取缔的取缔，又要切实安排好他们的就业、生活、居住等生计问题。对于污水直排水库的农家乐，要逐一排查，搞清楚背景，分类解决。搞农家乐的不一定都是移民，也不一定都是农民。移民、农民并不富裕，怎么可能搞设备那么好的农家乐？说不定还有村干部、乡干部或者什么老板入股。我相信，治理这些严重污染水库的农家乐，会得到广大移民和农民的拥护，得到全市人民的拥护。

总之，阿哈水库治理问题，省委、省政府非常重视，市委、市政府决心很大，谁都不准应付、不能凑合，要下真工夫，真正治理好。

对"两湖"的保护治理要高度重视、统一认识[*]

红枫湖、百花湖是贵阳市民的两大"水缸"，绝大部分水域在清镇市。因此，清镇市在实施"环境立省"、"环境立市"战略中具有非常重要的地位，在谋划工作的时候，一定要从全局的高度来思考这个问题，一定要把"两湖"的保护和治理工作放在极其重要的位置来抓。比如城市规划、城市发展方向都要围绕加强对"两湖"的保护和治理这个大局来考虑。刚才你们提出了"城连水、水连城"的城市规划，希望往"两湖"方向发展，我建议你们在这个问题上一定要慎重。城市规划拿"水"做文章毫无疑问是有道理的，但是，把"城市发展"和"饮用水源地"连在一起做文章就值得商榷了。对水源保护来说，人的活动就是最大的污染源，只要大量的人一进去，再怎么减排都会造成一定程度的污染。如果清镇市往"两湖"边上发展，几十万人对"两湖"的环境会造成很大的压力。所以，我希望清镇市往贵阳方向发展，向贵阳中心城区靠近，更好接受贵阳带动，这也是

---

* 这是李军同志 2007 年 7 月 17 日在红枫湖、百花湖调研座谈会上讲话的一部分。

清镇发展的潜力所在。清镇人民为保护"两湖"作出了重大贡献，全市人民会感谢你们，全省人民也会感谢你们。

讲到这里，有的同志可能会有顾虑——把"两湖"环境保护放在第一位，GDP上不去，那不就体现不出政绩了吗？我要告诉同志们的是，你们思发展、谋发展的劲头、热情都是值得肯定的，不发展一切无从谈起。但是，发展必须是科学发展、和谐发展、可持续的发展，以牺牲环境为代价的发展是不能要的。因此，衡量清镇市领导干部的政绩，根本的一条要看是否贯彻落实了科学发展观。如果清镇市GDP翻一番的同时，"两湖"的水质在进一步恶化，降低了一级，那就是没有很好地贯彻落实科学发展观，干部怎么被提拔重用啊！

对"两湖"区域内的项目问题，已经上的项目怎么办，准备上的项目怎么办，对"两湖"旅游如何定位等，都需要认真研究。既要尊重历史、面对现实，又要实事求是、与时俱进。"两湖"最初是用于发电，符合当时的发展需要；现在变为城市饮用水，符合现在的发展需要，这都是实事求是的体现。今后，"两湖"城市饮用水源的功能定位千万不能动摇。对于清镇市来讲，必须千方百计地保护好贵阳人民的这两个"水缸"。我们自己家水缸的水被弄脏了，那只得倒掉，重新换水。但"两湖"一旦被"弄脏"了，就不是"换水"这么简单了。因此，说得朴素点，大家要像保护自家"水缸"那样保护好"两湖"，"弄脏"了可不行啊！同志们要这样来认识和看待这个问题，深刻认识"两湖"保护和治理工作的重大意义。

把究竟是钱大还是命大、究竟是他人的事还是自己的事、究竟是表决心还是办实事三个问题想清楚、弄明白 *

省人大视察组在"两湖一库"视察过程中，对"两湖一库"的污染现状义愤填膺，对污染企业进行了严厉斥责，使我们深受感动。省人大代表视察组提出的意见，属于贵阳市职责范围的，我们一定不折不扣抓紧办理、加以解决。事实上，在这次座谈会之前，我就反复讲过，贵阳市首先要把自己应该承担的责任担起来，不要说人家怎么样，而是要先看看自己做得怎么样。我想，只有把三个问题彻底地想清楚、弄明白，才能解决下多大决心治理的问题。第一个问题，究竟是钱大还是命大？道理很简单，人的身体70%左右都是水，在绝境中能最后延续生命的不是面包，不是牛肉，而是水。有些人一心想挣钱，到时候没有干净水

---

* 这是李军同志2007年8月23日在贵州省人大代表视察组专题视察贵阳市"两湖一库"污染治理情况反馈意见座谈会上讲话的一部分。

喝了，才知道挣多少钱也没有用！对此，我是想得很清楚、弄得很明白的，我希望也相信我们贵阳市的同志能够想清楚、弄明白，究竟是钱大还是命大？是要钱还是要命？第二个问题，究竟是他人的事还是自己的事？对于"两湖一库"的保护和治理，确实有些责任是他人的，视察组也提出了这方面的建议。比如平坝县城的污水往红枫湖里排，这当然是平坝的事。但是从某种程度来讲，平坝的事其实也是贵阳市自己的事。对于平坝提出来的困难，我们要站在他们的角度想一想，能解决的就要想办法解决，即便我们直接解决不了，也要想办法推动安顺市、推动省里解决。也就是说，要把别人的事当作自己的事来办，这样做其实也是在办自己的事。如果把这个问题想清楚、弄明白了，那很多事情也就好办了。第三个问题，究竟是表决心还是办实事？决心当然要表，不表不行，不表人家怎么知道你的思想觉悟、认识程度呢？说实在话，我们许多干部很善于表决心，道理一套一套的，语言丰富多彩。但是，更重要的是行动，是动真格、办实事。我担任市委书记以来，深感责任重、压力大，经常睡不着觉。现在市委、市政府的做法是，将重大的工作任务一项一项落实到具体的人头上，实行严格的问责制。为治理"两湖一库"，市里成立了"两湖一库"保护和污染治理工作领导小组，由帅文同志①抓总负责。帅文同志需要市委、市政府创造什么条件，都可以提，我们尽量满足，但最终干得好、干得坏，帅文同志自己向全市人民交代。不知道帅文同志睡不睡得着觉？如果能有几个晚上睡不着觉，这就说明市委、市政府的问责制有了效果。其他如修建环城高速公路由马长青同志②具体负责，"严打两抢一盗，保卫百姓平安"由邹碧声③同志具体负责，"整脏治乱"由蒋星恒④同志负责，中心城区"畅通工程"由徐恒同志⑤负责。市委、市政府将严格奖惩，干得不好要问责，干得好有奖励。总之，无论干什么事，重要的是把决心转化为实实在在的行动，贵阳市方方面面都要形成这么一种风气。

刚才，有代表讲到视察时严厉批评了一个对污染问题熟视无睹、麻木不仁的厂长，这个厂长对此问题有了认识。不过，现在有的人脸皮很厚，批评他他也无所谓，批评完了也就完了。问题的关键是要有制约他的招。我希望贵阳市各职能部门包括各区（市）都要铁面无私地履行职责，敢抓敢管。做事只能从事情本身的正义性、合理性、公正性出发，不能把所谓的来头、背景、关系作为衡量的标准。我明确告诉同志们：第一，铁面无私地履行好自己的职责，即使得罪人，市

---

① 时任贵阳市副市长。
② 时任贵阳市委常委、白云区委书记。
③ 时任贵阳市委常委、政法委书记、市公安局局长。
④ 时任贵阳市委常委、宣传部部长。
⑤ 时任贵阳市副市长。

委会保护你们，没有人能撤你们的职；第二，千万不要以为那种有人关照、有人打招呼而不铁面无私履职的干部真能得到提升。下一步，市里也要成立像北京市那样的城市规划委员会，对重点地区、重点景观带、重点城市道路进行规划控制。如果谁想在"两湖一库"边搞个污染项目，不管有什么来头、有什么关系，坚决不行！我今天就表这么个决心：在"两湖一库"的问题上，一定要排除一切阻力，把贵阳市自己的事做好，老的污染源一个一个地解决，新的污染源一个都不能出现。

坚决推进"两湖一库"治理五大工程[*]

Firmly Advancing Five Major Projects for Harnessing Red Maple Lake，Baihua Lake and A'Ha Reservoir

贵阳市有计划、大规模、成体系地实施"两湖一库"水源保护和污染治理工作，始于 2007 年 7 月，迄今正好历时一年。一年来，我们基本摸清了"水情"，理顺了思路，完善了机制，拓宽了投融资渠道，加大了以"五大工程"建设为龙头的"两湖一库"水源保护和污染治理工作实施力度，应该说"初战告捷"。2008 年以来我多次就水源保护和污染治理问题到清镇市、红枫湖、阿哈水库、花溪水库、松柏山水库等地进行调研，前些日子我专程到平坝查看了天峰化工公司磷石渣堆放现场，并了解平坝污水处理厂建设情况。总的来看，"两湖一库"水源保护和污染治理工作进展有序，也是有效的，成绩有目共睹，但也存在不少问题，有的问题还被社会及公众高度关注，属焦点、热点、难点问题，需要下大工夫、下苦工夫才能解决。下面，我就如何发扬光大成绩、对会后的工作讲几点意见。

一、属地政府和相关部门工作卓有成效，"两湖一库"等水源水质状况实现初步好转

李军书记来贵阳工作，对"两湖一库"水源保护和污染治理工作高度重视，在他的指挥下，市委、市政府采取切实有效的保护措施，加大资金投入力度，专门成立了两湖一库管理局、环保法庭和"两湖一库"基金会，坚决果断地推行产业结构调整。通过全市干部、群众近一年的艰苦奋斗和共同努力，"两湖一库"

* 这是袁周同志 2008 年 7 月 18 日在贵阳市"两湖一库"水源保护和污染治理工作会议上的讲话。

水质已有初步好转。

2008 年贵阳市虽然遭受了几十年不遇的特大凝冻灾害，但灾害之后却风调雨顺，红枫湖、阿哈水库、花溪水库、松柏山水库的湖库出现了几十年难遇的满库蓄水，湖库周边的污染源也得到一定的控制，与老百姓生活息息相关的饮用水水质得到了好转。现在，这些湖库在周围青山绿黛映衬下，以一幅景色宜人的湖光山色天然画卷呈现在大家面前。这是一个很了不起的成绩，为全市经济社会又好又快发展奠定了良好的基础。

我们能取得这样的成绩是非常不容易的，相关部门和属地政府作出了很大努力和牺牲。自开展"依法治理'两湖一库'，确保市民饮水安全"工作以来，小河区委、区政府积极响应，组织上千人的队伍，拆违 1.7 万平方米，拆除农家乐上千户，这是多么不容易；还有移民局魏发志同志，为了妥善解决库区移民的生活问题，确保"两湖一库"水源保护和污染治理工作顺利推进，多次到省移民办去协调，后来我们也去做了一些工作，将阿哈水库移民补助人口增加到了 9 000 多人，扩展了保护区范围，延长了补助年限，为阿哈水库的保护奠定了物质基础。市里面也从财政安排资金给予被拆除农家乐一定的补助；乌当区、花溪区、云岩区在减少"两湖一库"污染源方面也做了大量工作；新闻部门在宣传"两湖一库"的保护、宣传生态文明建设方面，进行了梯次宣传报道，在"五一"期间，《贵阳日报》、《贵阳晚报》、贵阳电视台设置了曝光台，进行了专题宣传报道，营造了良好的社会舆论氛围，树立了社会公众"以保护'两湖一库'为荣，以损害'两湖一库'为耻"的良好风尚；还有工商局、经贸委、林业绿化局、蔬菜办、农业局、农办、移民局、文化局、招商局、公安局等部办委局和工青妇组织、人民团体都做了大量工作，值得表扬。

美丰化工公司、华能焦化公司、水晶集团这几个红枫湖边的污染大厂的污染减排工作实现了重大突破。美丰化工公司在企业改制后，投入七八千万，到 2007 年年底污水实现了减半排放，2008 年上半年又减少排放 770 万吨废水。到年底，美丰化工公司要实现零排放；华能焦化公司 2007 年年底实现了零排放；水晶集团 2007 年年底实现减半排放。这几个大公司在节能减排方面能实现重大突破，与清镇市委、市政府和市直有关工作部门的努力工作是分不开的。

更值得表扬的是两湖一库管理局。两湖一库管理局自成立运转大半年时间以来，硬着头皮，甚至冒着生命危险去保护我们的三口"水缸"。管理局的工作人员克服了各种困难，付出了超凡的努力，取得了令人瞩目的、巨大的成就。

二、坚决推进五大治理工程，确保"两湖一库"保护和治理工作取得更大突破

"两湖一库"的保护和治理工作虽然取得了一定的成绩，但是工作才刚刚起步，取得的胜利也只是阶段性的。存在的问题还不容忽视，对保护和治理工作不能有丝毫懈怠，大家必须紧紧围绕"五大工程"，扎实推进各项工作，确保"两湖一库"的保护和治理工作取得更大突破。

第一，生态修复工程。"两湖一库"、花溪水库等湖库要强力推行生态保护、生态修复。2008年贵阳市退耕还林任务是1万亩，到现在已经完成了70%，大家要以退耕还林、植树造林以及种植经果林为主，继续推进生态治理工作，确保2008年1万亩退耕还林和植树造林任务全面完成。我到清镇红枫湖周边看到的1.5万亩茶场和几千亩桑树，有了一定规模，希望能得到长足发展。同时，要在适当时候清除红枫湖库底的几百万吨磷、氮、重金属及百花湖的40多吨汞和阿哈水库上百万吨污染沉淀物；"两湖一库"周边农家乐、违章建筑、别墅、工厂、学校和开山采石的企业，都要退到保护区外。我们要逐步解决这些问题，也只有解决好了这些问题，才能使"两湖一库"和贵阳市的水源地重新闪耀出明珠的光芒，成为贵阳人民的骄傲，才能从真正意义上促进贵阳的可持续发展、建设我们的生态文明城市和宜居城市。

第二，生物净化工程。我们要通过投放鲢鱼和鳙鱼、建设湿地等生物工程来解决污染问题，净化"两湖一库"的水质。这方面小河区做得非常好，搞一两亩湿地，面积虽然很小，却是真正的生态意义的环保项目，希望在成熟以后抓紧实施推广。

第三，工业污染治理工程。工业污染是对红枫湖最大的威胁。天峰化工公司两三百万吨磷石膏废渣含有10多万吨磷，是红枫湖磷污染的主要来源。我们到现场考察后，决定采取搭建钢大棚封闭磷石膏堆放场地的方法，快速、直接地解决天峰化工公司磷石膏污染问题，消除蓝藻的生长条件，抑制蓝藻的爆发。相关部门单位要把天峰化工公司磷石膏废渣污染治理工程作为2008年"两湖一库"保护和治理工作必须实施的重大项目之一来抓，务必近期开工建设，同时，大家要抓好工业废水的污染治理。美丰化工公司减排了770万吨废水，但还有1千万吨废水直排红枫湖，天峰化工公司的工业废水也是直排红枫湖的。大家要在治理工业废水方面下大工夫，加大天峰化工公司、美丰化工公司等重大污染企业工业废水治理力度，争取早日实现工业废水零排放。

第四，农业面源污染治理工程。农业面源污染是"两湖一库"除企业排污以外最大的污染源。比如尿素含氮量是47％以上，有50％随着空气挥发了，但有50％附着在土地里渗透进湖库。红枫湖周围几十万亩良田，每年有上万吨的尿素直排到红枫湖，造成水体富营养化。解决农业面源污染要采取这样一个循序渐进的过程：第一步是由水作改旱作，减少肥料的流失量；第二步是退耕还林；第三步是发展生态产业。为此，相关部门要做好规划，摸清整个红枫湖周边到底有多少农田。在现阶段实施退耕比较困难的情况下，先走第一步田改旱，由种水稻改为种包谷、小麦，差价部分由政府补贴。用这种办法把水田退下来。如果迈出这一步，每年红枫湖可以减少几万吨尿素还有氮、磷、钾的排入，这是治理农业面源污染的第一步，然后再调整农业产业结构，搞林业、生态产业。

第五，生活污染源治理工程。乌当区、云岩区、小河区、清镇市在这方面做了很多工作，建了上百个垃圾转运站、垃圾填埋场、垃圾处理场，买了几十辆垃圾转运车，逐步改变乡村垃圾乱扔乱倒的现象。清镇污水处理厂截污沟工程，规模浩大，已经全面拉开。这些生活污水治理和生活垃圾处理工程要继续强力推进。

平坝县城位于红枫湖的上游，整个县城没有一个污水处理厂，七八万人口的生活污水直排红枫湖，我们要支持、协助平坝建设污水处理厂，并把其作为2008年"两湖一库"保护和治理工作要实施的重点项目之一，使红枫湖上游的生活污染源得以有效削减。同时，"两湖一库"周边学校、企业、单位、农家乐污水直排的治理力度也要加大，解决生活污染问题。

关于含磷洗涤剂的销售、使用问题，市政府常务会议通过了《关于禁止销售、使用含磷洗涤用品的管理办法》，并已经报市人大常委会审议。我们的目标就是在贵阳市区范围内率先禁止使用任何含磷洗涤用品。

三、在"两湖一库"保护和治理工作中，要特别注意处理好以下问题

第一，处理好保护和稳定的关系。在开展拆除违章建筑、取缔农家乐、禁止旅游这些工作的同时，要做好法制宣传，实行有偿补助，讲究人性化工作方法，避免发生大规模的集体上访，维护稳定的大局。

第二，处理好规划和保护的关系。"两湖一库"周边如何建设，如何发展，一定要科学规划，比如说水田退水还旱的问题，要把规划图定下来，逐年退，如果把水田退了，就解决了大问题。在控制污染的前提下，对一些既能改造景观，

又解决退耕还林和农民就业，促进经济发展、生态附加值高的产业要做好规划工作，如建设高尔夫球场、生态蔬菜基地等。对此，市环保局、两湖一库管理局、林业绿化局、农业局和市蔬菜办等部门可以作为课题专项研究。

第三，落实资金保障。向国家开发银行申报的十几亿项目贷款资金，还没有得到落实，市发改委和两湖一库管理局要继续进行协调。灾后重建资金，要尽快到位。清镇市开工的很多项目缺乏后续资金，相关部门要给予支持。财政局要准备好天峰化工公司磷石膏治理项目所需的几百万资金，确保该项目尽快开展招投标，尽快动工，争取 2008 年国庆前建成使用。还有平坝污水处理厂建设资金缺口，贵阳市支持他们 1 000 万元（2008 年和 2009 年各 500 万）。我和李军书记商量，平坝污水处理厂要实行股份制，我们用资金入股，双方签协议，建立约束机制，确保平坝污水处理厂建成并正常运行。天峰化工公司磷石膏治理和平坝污水处理厂建设，是 2008 年保护和治理"两湖一库"要实施的两个重大工程，必须做好必要的资金准备工作。

第四，严格考核督查。保护好"两湖一库"就是保护好我们的生命之水，必须按照李军书记的指示和市委、市政府的要求，落实目标任务。相关部门要加强督促检查，对不听招呼、工作推进不力的单位要实行责任追究，予以曝光。

第五，加强宣传。新闻部门要进一步加强宣传力度，对美丰化工公司、华能焦化公司、水晶集团等社会责任感强的企业进行重点宣传，专题报道。2008 年年底市委、市政府要对保护和治理"两湖一库"工作进行评比表彰，对好人好事进行表扬；对破坏环境、毁我水源的坏人坏事、单位进行曝光，给予惩罚。

第六，抓紧两湖条例修订工作。两湖条例的修订已经列入立法计划，相关部门要积极配合省人大做好相关工作，抓紧把两湖条例修订好，为工作开展提供法律依据。

确保"母亲河"长治久清

Safeguard the Lasting Clarity of Our "Mother River"

系统治理南明河[*]

南明河是贵阳市的"母亲河",贵阳这座城市依河而兴,世世代代贵阳人依河繁衍。历届党委、政府对南明河的保护和治理高度重视。20世纪80年代,时任贵州省委书记的胡锦涛同志就大力倡导南明河治理,并率先垂范,带领省直机关和贵阳市的干部职工参加南明河义务清淤劳动,为治理"母亲河"树立了良好的榜样。2001—2004年,市委、市政府实施了"南明河三年变清工程",采取上游生态建设、水利设施建设、污水处理厂建设、花溪河整治、污水收集系统建设、河道疏浚工程、沿河企业达标排放、沿河景观建设等一系列措施,取得了明显成效。如果没有这些措施,南明河早就变成臭水沟了。但是,由于近年来工业化、城市化的快速推进,以及城市人口的急剧增加,尽管治理力度不断加大,但南明河城区段污染状况仍较为严重,极大地影响了市民生活环境质量的提高,广大市民迫切期望抓紧解决。

治理好南明河要采用系统的方法,把各项治理措施逐一抓细、抓具体,使每个环节发挥应有的作用。一是加大源头治理力度。花溪水库大坝至平桥的黄金大道河段属于饮用水源保护区,一定要强化保护措施,确保饮水安全。过去大量经营户沿河无序经营骑马、游船以及烧烤等餐饮,对水体造成了污染,花溪区要大力开展综合整治,坚决取缔这类经营活动,维护良好的环境卫生秩序。南明河上游地区,要想办法补充新鲜给水,增加下游河水径流量,增强自净能力,做到"流水不腐"。现在,南明河沿线还存在生活污水直排的现象,执法部门要加大执法力度,认真开展对沿岸污染源单位的巡查,发现一家查处一家,确保稳定达标

---

* 这是李军同志 2010 年 3 月 30 日在调研南明河治理工作时讲话的主要部分。

排放。同时，要加强流域范围内农业面源污染治理，减少化肥、农药使用，规范人畜粪便和生活污水处理。二是完善污水收集处理系统。不少市民给我写信，说南明河一中桥以下臭气熏天，住户都不敢开窗户。我通过实地查看，发现主要原因是，雨污混流带来水量过大，截污沟容纳不了，浓度过低，污水处理厂无法处理。为此，必须加快主城区雨污管网改造工作，尽快修复破损的截污沟，最大限度减少污水"跑冒滴漏"，有序实现市西河、贯城河和改茶大沟的雨污分流，为南明河水质达标奠定坚实基础。另外，还要统筹做好加快污水处理设施建设、妥善处置污水治理留下的垃圾和淤泥、推进中水回用等工作。三是创新体制机制。体制机制不顺，是导致污水收集系统建设滞后、污水处理能力高而处理率不高的重要原因。要借鉴外地成功经验，进一步研究对南明河河道进行统一管理的办法和措施，理顺体制，避免多头管理。河道管理处要增强责任心，切实履行好治理和保护南明河的职责。重点河段污水收集系统建设、管理、维护和污水处理厂建设、运营、管理要由一家单位负责，做到责权明确，实现污水处理设施的投入、建设、运营、管理和收益一体化，确保污水收集系统建设加快推进，确保污水处理厂正常运转，在较短时间内大幅度提高污水处理率。

完善南明河治理思路 *

　　继续对南明河进行综合治理，是贵阳市民的迫切愿望，是创建国家环境保护模范城市的重要工作。要在已有的工作基础上，完善治理思路，坚持大中小并举，因地制宜建设污水处理设施，实现污水就近收集、就近处理、就近达标排放，达到节省投资、及时治污并及时补给中水的多赢效果。

　　目前生活污水是南明河的主要污染源，在治理污染任务繁重、时间紧迫、资金有限的严峻形势下，要分清轻重缓急，把眼前治理和长远治理结合起来，既要认真研究未来几年管用的措施，更要马上采取新的见效更快、效果更好的办法。当务之急，是集中力量对沿河直排污染点逐一进行排查，采取化整为零、因地制宜的方式，建设一批中小型污水处理设施，一个污染点一个污染点地迅速予以解决，从源头上把污水变为中水。在南明河上游的支流如麻堤河，在一些管网严重缺乏或老化的小型城市片区，要采取政府出资的方式尽快建立相应规模的污水处理设施，就地收集、处理生活污水。对大型住宅小区、宾馆、医院、企业等单位，要综合采取经济的措施如补贴、污水处理费返回等，或行政的措施如规划审

---

　　* 这是李军同志 2010 年 6 月 30 日在调研南明河治理工作时讲话的主要部分。

批、处罚等，引导和激励其建立配套中小型治污设备，实现生活污水达标排放。这样，既节约管网建设投资，又能从源头上截断污染，还能及时给南明河补充中水。同时，继续积极开展河道清淤工作，缓解沉积淤泥对水质及防洪的影响；切实加强河道日常管理，不间断清除河面水草和其他漂浮物。特别要加强对沿岸污染源单位的环境执法巡查，坚决防止、严厉查处偷排乱倒污水行为。

尽快改善黔灵湖、小关湖水质状况 *

　　黔灵湖是黔灵山公园的重要景区，多年来清澈的湖水、周边苍翠的山林一直是贵阳人记忆中的美好画面。位于雅关片区的小关湖水库曾是贵阳市重要的饮用水源，是黔灵湖的主要来水。黔灵湖、小关湖水库的水都流入市西河，其水质状况与南明河的清污密切相关。近年来，随着黔灵山公园客流量上升，黔灵湖水质有所下降。雅关片区生活污水流入较多，小关湖水库水质富营养化明显。刚才，我们看到水库边有人撒饵钓鱼，湖边一家"农家乐"污水未经处理直接排入湖中，污染状况让人触目惊心。老百姓对这一流域水生态环境很不满意，通过各种渠道反映，迫切希望市委、市政府采取有效措施加以解决。我们要以高度负责的态度，立即行动起来，克服各种困难，务必遏制黔灵湖、小关湖水库的水质恶化，并在较短的时间内，尽快改善流域水质状况，实现水环境状况的好转。

　　治理黔灵湖、小关湖水库水生态环境要采取综合的措施。一要着力在源头治理上下工夫。按照建设二环四路城市带的总体部署，依托黔灵山路、盐沙路等骨干道路，在雅关片区抓紧进行大规模"城中村"改造，力争用3～5年时间打造高品质的城市新区。在开发建设中，要完善污水收集系统，新建适当规模的污水处理厂，实现就近收集、就地处理，避免长距离管道输送造成的"跑冒滴漏"，最大限度减少污染源。二要充分发挥现有管网作用。新城和污水处理厂建设有个过程，在此期间必须开动脑筋，探索一些"短、平、快"的措施，最大限度收集现有污水，切实避免污水直排湖库。三要采取科学的办法净化水体。继续通过建生态浮床、投放鱼苗等生物净化措施，提高水生态环境自我修复能力。四要严格执法、严格管理。将黔灵湖、小关湖水库流域作为执法重点区域，采取最严厉的措施，对周边各种违法违规排污和影响水生态的行为进行严管重罚，尽快改善流域水质状况。水库管理机构要切实履行职责，充分发挥监管作用，否则，就是严重失职，就要受到严格问责。

---

　　* 这是李军同志2011年11月8日在调研黔灵湖、小关湖治污情况时讲话的主要部分。

有效治理城市生活污水 *
Make Effective Treatment for the Urban Sewage

  城市生活污水是重要的污染源，对城市生活污水进行有效治理，是贵阳深入贯彻落实科学发展观、纵深推进生态文明城市建设的重要内容，有利于完善市政基础设施，改善市民生活环境，提升城市品位；有利于完成国家节能减排等约束性目标，促进水资源的节约利用，建设资源节约型和环境友好型社会。近年来，贵阳市污水处理设施建设进展较快，污水处理工作成效明显，但与先进城市相比、与老百姓的期望相比还有较大差距，在污水处理设施的建设、运营和管理，污水再生利用方面存在一些亟待解决的问题。我们要认真总结经验，改进不足，加大工作力度，抓紧提升城市污水处理率。

  一要创新体制机制。城市生活污水处理设施、运营和管理方面确实存在不少体制机制问题。污水处理属于具有营利性的准公益性项目，要最大限度地运用市场化方式进行建设、运营和管理。对包括污水处理厂、管网等设施建设，要拓宽投融资渠道，采取特许经营权转让等多种方式，引进社会资金投资建设；污水处理厂都是非常优质的资产，要积极探索将现有污水处理厂资产实现资本化的具体办法，尽早回收建设资金，投入新的污水处理设施建设。对污水处理厂运营管理，要采取企业化的方式，在认真核算并监督企业降低管理成本的基础上，运用调整污水处理费价格、财政适当补贴等措施，保障污水处理设施的运营经费，实现运营管理的可持续发展。同时，要积极探索启动排污权交易市场，将征收上来的排污权有偿使用费，作为环保专项资金专项管理，用于污染减排工程、污染监控设施等。

  二要加快管网建设。污水处理是一个系统，本应该有厂有网。当前，贵阳的

---

 * 这是李军同志 2009 年 12 月 1 日听取贵阳市污水处理情况汇报时讲话的主要部分。

污水处理厂建设相对较快，但污水收集管网的建设明显滞后，极大地制约了污水处理效率，完善、优化管网的任务迫在眉睫。因此，必须系统谋划，坚持"厂管并举，管网先行"的原则，把污水收集管网的建设提上重要议事日程，用两年左右的时间完成城市主要片区的"雨污分流"管网改造。要尽快整合资源、调配力量，分清轻重缓急，精心组织实施。大家都已经认识到，住宅小区、公共单位内部的"雨污分流"是控制污水的关键。要制定相关政策措施，完善激励和约束机制，控制污水源头。对大型小区和公建项目，已经建成的，要逐步实施管网改造；新建的，必须强制建设"雨污分流"排水系统。同时，要加大执法检查力度，加强日常巡查、监测工作，严厉查处偷排、乱倒污水等行为。

三要促进全社会节约用水。水资源是十分宝贵的资源。贵阳人均水资源量低于国际缺水警戒线，是典型的资源性、工程性、水质性缺水城市。可是现在很多中水就直接排到河道，作为景观水白白流走。要大力推进中水回用，将经过处理的污水进行循环利用，提高污水再生利用率，实现污水的资源化、产业化。尤其是要出台政策，鼓励、支持新建小区配套建设中水回用工程，用中水解决小区内部保洁、绿化等用水需求。同时，要加大宣传力度，使节约用水成为企业、单位、居民的自觉行为，努力建设节水型社会；抓紧研究实行阶梯水价的具体办法，满足居民多层次的用水需求，促进节约用水，减少污染源。我相信，通过利益诱导和宣传发动，可以引导不少市民养成节约用水的好习惯。

人人都要管垃圾[*]

Waste Management is the Joint Responsibility for Everyone

解决垃圾处理问题，是建设生态文明城市向纵深推进的非常重要的环节之一。垃圾处理又是再生资源回收利用体系的重要方面，贵阳是商务部确定的再生资源回收利用体系建设第一批试点城市之一，必须把垃圾处理作为一件大事，人人都要管垃圾，人人都要讲卫生。

第一，认真做好环境卫生管理专项规划。垃圾处理不管是填埋，还是再利用，都要按照"适度超前、切实可行"的原则做好专项规划。要紧紧围绕城市总体规划，充分考虑"三条环路十六条射线"骨干路网即将建成的新形势，充分考虑贵阳土地资源稀缺、环境脆弱以及地质条件复杂等问题，系统谋划和实施生活垃圾收运、处理系统，科学布局和建设环卫设施。现在，垃圾的处理工艺有焚烧、有填埋，法国还有用甲烷化工降解垃圾，生产沼气和高品质堆肥的技术。这些垃圾处理新工艺的出现使得垃圾填埋的比例越来越低，被回收利用的比例越来越高。我们要大胆借鉴国内外的成功做法，瞄准国内外最先进的理念和技术对垃圾进行处理、回收，最大限度地避免给后人留下隐患。

第二，做好垃圾分类工作。实施垃圾分类收集是实现生活垃圾减量化和资源化的重要前提。必须坚持从源头抓起，多措并举，抓紧开展垃圾分类收集试点工作。各街道办事处要各选择一个社区作为垃圾分类收集的试点，机关、学校也要积极开展试点工作，以此作为建设生态文明社区、生态文明机关及学校的重要内容。通过制定社区公约等方式，引导居民实行垃圾分类包装和投放。采取政府特许经营的形式，指定专业物资回收企业进入小区对垃圾进行分类收拣或收购，促进垃圾分类处理的产业化、资源化。

---

* 这是李军同志 2009 年 12 月 2 日听取贵阳市城市生活垃圾处理情况汇报时讲话的主要部分。

第三，审慎选择垃圾处理方式。随着城市生活垃圾成分、数量的变化和经济社会的快速发展，现有的单一垃圾处理方式已不能满足需要。要按照已经确定的方案，抓紧实施高雁垃圾焚烧发电项目，确保尽快建成投入使用。在实施中，必须选择最优秀的专业化公司作为建设营运业主，选用最先进的技术，实现生态效益、社会效益、经济效益的有机统一。加快花溪南郊垃圾填埋场的建设，以满足花溪等区域的生活垃圾无害化处理需求。

第四，开征生活垃圾处置费。完善的垃圾处理收费制度，有利于推进垃圾处理的产业化，有利于缓解环卫经费紧张，有利于转变市民思想观念、强化环保意识。要抓紧研究制定征收生活垃圾处置费的办法措施，比如探索实行捆绑收费等办法，解决"收费难"问题，切实做到足额、及时征收。收取的处理费要专项用于城市垃圾收运、处理设施的建设、运营和维护。

第五，积极推进环卫体制改革。切实改变传统的环卫运营由政府统包统揽的模式，不管是主体收购公司，还是环卫工作本身，都要推进市场化进程，逐步实行垃圾清扫、运输等环节的公司化管理。要引入竞争机制，积极探索特许经营、租赁经营、承包经营等多种方式，通过政府购买服务的方式，不断提高环卫服务质量。同时，政府要切实履行社会管理和公共服务职能，加大资金投入力度，整合各类资源，购买环卫公共产品，尤其是要对再生资源循环利用的企业实行优惠政策，努力为市民创造干净整洁、赏心悦目的生活环境。

第六，加大宣传力度。垃圾处理是系统工程，尤其需要广大市民的积极参与。因为制造垃圾的是人，不把人的素质、习惯问题解决好，垃圾处理目标是不可能实现的。要加大宣传教育力度，提倡绿色消费，宣传先进典型，曝光突出问题，提升市民环保意识；要把垃圾分类知识宣传普及作为生态文明城市宣传教育的重要内容，做到家喻户晓，使居民自觉分类投放垃圾。尤其是要充分发挥志愿者队伍在垃圾分类处理中的示范带头作用，并对乱扔垃圾的行为进行规劝，使减少垃圾排放、提高垃圾利用、科学处理垃圾的生活理念和生活方式深入人心。

打响森林保卫战[*]
Forest Protection：The Battle is to Start

公众利益不容侵害

贵阳是首个"国家森林城市"，林在城中，城在林中，林与城交融一体。透迤374公里、方圆145万亩的两个环城林带，是贵阳市最可宝贵的"绿肺"。森林，为贵阳缔造了凉爽的气候、清新的空气、宜居的环境，为人民群众带来了福祉，被亲切地称为"城市生命线"。

森林是公共资源，保护森林就是维护公共利益。贵阳的森林属于贵阳这座城市，是老百姓的共同财富。不管是谁，不管打着什么样的旗号，不管巧立什么名目，只要去破坏森林资源，就是损害了人民的共同利益，就是与人民的愿望、要求对抗。

实施公共管理，提供公共服务，维护公共利益，是党委、政府最重要的职责。当毁林建房、毁林采砂、毁林修墓鲸吞了大片林地的时候，当不法之徒以各种不同的方式蚕食环城林带的时候，我们必须重拳出击，严厉打击破坏森林的行为，依法惩治环境违法者。否则，就是缺位，就是不作为，就是严重的失职、渎职。

贵阳正大力开展的"森林保卫战"，是顺应最广大人民群众的意志和愿望作出的必然选择，是落实科学发展观、建设生态文明城市的具体举措，是履行政府基本职责的正义之举，是一场公利与私利的较量。这是一场非打不可的战役。不打，就对不起辛勤造林的几代贵阳人。环城林带是几代贵阳人连续奋战的成果，如果毁在我们这一代人手里，我们怎么向前人、后人交代？不打，就对不起生活

---

[*] 这是李军同志2008年9月为《贵阳日报》撰写的4篇评论员文章。

在这片美丽土地上的贵阳人民。现在，贵阳人民对建设绿色、生态的美好家园充满了期待，对建设生态文明城市充满了憧憬，如果我们连保护现存的森林这样一件基本的事情都做不好，何以取信于民？不打，就对不起贵阳的子孙后代。环城林带是前人留下的宝贵财富，我们有责任把它传承下去，而且要"保值增值"，如果我们留下的是一块满目疮痍甚至是光秃秃的大地，后人会怎样评说我们？

我们党历来把人民利益高于一切作为制定政策、开展工作的出发点和落脚点。打响"森林保卫战"，就是庄严宣告：任何侵害公众利益的行为，都是不能容许的，谁侵害贵阳的森林，就要让他受到法律的严惩！

破坏环境就是犯罪

在一些人眼里，砍几棵树、毁几片林地、铲掉几座小山的绿色植被，没什么大不了的，顶多背个"缺德"的骂名而已；就算被有关部门追究，也无非算"犯错误"，不至于是"犯罪"。这些认识是完全错误的。破坏环境就是犯罪，而且犯的是极大的罪。

破坏环境就是犯罪，法律规定得清清楚楚。我国《宪法》在总纲部分就对环境保护问题作了规定，《环境保护法》、《森林法》、《刑法》等一系列法律对破坏森林犯罪行为的定性、量刑都作出了明确规定。《环境保护法》第五章第四十四条规定，"造成土地、森林、草原、水、矿产、渔业、野生动植物等资源的破坏的，依照有关法律的规定承担法律责任"；《刑法》第三百四十五条规定，"违反森林法的规定，滥伐森林或者其他林木，数量较大的，处三年以下有期徒刑、拘役或者管制，并处或者单处罚金；数量巨大的，处三年以上七年以下有期徒刑，并处罚金"。《最高人民法院关于审理破坏森林资源刑事案件具体应用法律若干问题的解释》第六条明确指出，滥伐林木"数量较大"，以10～20立方米或者幼树500～1 000株为起点；滥伐林木"数量巨大"，以50～100立方米或者幼树2 500～5 000株为起点。所有这些足以证明，现行法律已经明确规定，毁坏森林就是违法，破坏环境是要被追究刑事责任的。

从外地的做法来看，破坏环境就是犯罪，毁坏森林就要受到法律的制裁，早已达成了共识。早在2002年，福建省泰宁县法院就判处了一起滥伐林木案，两个被告人分别被判处有期徒刑7年和4年6个月，并处罚金2万元。2004年，国家林业局组织开展了打击破坏森林和野生动植物资源的"绿剑行动"，共破获1 434起破坏森林资源的刑事案件，抓获犯罪嫌疑人2 111名。2007年，云南省广南县严打破坏森林资源违法犯罪活动，破获刑事案件 10 起，共处理各类违法犯罪人员 303 人。今年以来，广州市检察机关批捕盗伐林木、非法占有农用地等破坏环境资源犯罪嫌疑人 46 人。可见，不论在哪里，只要毁坏了森林，就构成了犯罪，根本不可能逍遥法外。

从毁坏森林造成的后果来看，远比很多犯罪行为严重得多，性质恶劣得多。生态环境在一定时期具有不可逆性，一旦遭到破坏，就很难恢复，在贵阳这样的喀斯特地形区，森林都是经过几代人半个世纪乃至更长时间的不懈努力才逐渐形成的，但破坏起来只是一朝一夕的事情。很多原本郁郁葱葱的山体被不法分子"开膛破肚"后，有关部门费了很多心思、想了很多办法恢复，效果都很不理想，而且恢复成本要比违法开山者攫取的那一点点私利要高数倍、数十倍甚至数百倍。正因为此，群众对毁坏森林的行为深恶痛绝，在农村就随处可见"谁烧山，谁坐牢"、"放火烧山，牢底坐穿"这样的标语。

毁林就是犯罪，毁林者就是罪犯。我们要拿起法律的武器，把破坏森林的犯罪分子绳之以法，这既是维护法律的尊严，也是维护我们赖以生存繁衍的"绿色生命线"，使我们的家园变得愈加美好！

对环境违法者绝不手软

自去年 11 月贵阳市中级人民法院环保审判庭和清镇市人民法院环保法庭成立以来，已审理 58 件破坏森林资源的刑事案件，67 名违法者被判处有期徒刑。最近，清镇市人民法院环境保护法庭依法审理了"福海生态园"案件，一审判决主要被告有期徒刑 10 年半并加经济处罚，被认为是 1997 年修订《刑法》以来，我国最为严厉的刑事制裁破坏资源保护犯罪的案件。这些鲜活的案例表明：法律法规是碰不得的"高压线"，对环境违法者绝不手软！

破坏环境、毁坏森林就是违法犯罪，但在现实生活中，毁林建房、毁林采砂、毁林修墓等违法行为屡屡发生，而且一度愈演愈烈。究其原因，一方面是一些不法商人利欲熏心，胆大妄为，为了攫取暴利不惜以身试法、铤而走险；另一方面也与长期以来对环境违法行为"处罚偏轻"和"制裁偏软"有关。一些执法部门对毁林行为采取虚张声势的办法，"拍簸箕吓麻雀子"，"雷声大、雨点小"，"只见楼梯响，不见人下来"，即便处罚，也是就低不就高，"意思意思"，不痛不痒。犯罪分子对这种"狼来了"的执法阵势早已司空见惯，甚至是视而不见、我行我素，你喊你的号子，我砍我的树子。有的部门对违法项目睁一只眼、闭一只眼，或者持暧昧态度。更有甚者，成了为违法企业跑腿的、提包的、报信的、护短的。我们必须认识到，对环境违法者的姑息、纵容，就是对群众利益的冷漠、冷酷。如果不采取最严厉的措施，惩处那些无视国家法律法规、肆意破坏森林的犯罪分子，惩处那些环境行政不作为、乱作为的失职、渎职人员，贵阳环城林带就保不住，贵阳就有愧"国家森林城市"的称号，党委、政府就有负人民群众的期望。

对环境违法者毫不手软，就是不能搞花拳绣腿，做表面文章，要来实的，动真的，下狠的，见实的，真正做到执法必严、违法必究。对破坏森林的违法犯罪行为，不管采取什么形式、打着什么旗号，发现一起就要查办一起，不管是谁、不管有什么背景，发现一个惩处一个，决不姑息，决不迁就，决不搞"下不为例"，决不搞"特殊性"。只有如此，我们才能有力地打击环境违法者的嚣张气焰，对犯罪分子形成强大的震慑作用；才能使人们对法律产生敬畏感，有效地教育警醒一批干部；才能维护法规的严肃性和神圣性，形成遵章守纪、依规办事的良好氛围。

高举法律之剑，从严执法，秉公执法，伸张社会正义，并使之一贯化、常态化，使守法者更加守法，使犯法者不敢再犯，这样，贵阳的绿水青山就能得到有效保护，实现人与自然的和谐、友好，贵阳建设生态文明城市就有了坚实的基础。

法律面前人人平等

贵阳市环保审判庭和环保法庭成立以后，依法审理了一系列破坏森林资源的环保案件。去年12月，乌当区水田镇农民郎学友因盗伐林木被判处有期徒刑2年，并处罚金、补种树苗、赔偿经济损失；今年4月，清镇市王庄乡林业站工作人员舒正鹏因滥用职权罪被判处有期徒刑3年；8月，北京福海福樱石新材料科技发展有限公司董事长罗忠福和贵州省林业科学研究院原院长于曙明因非法占用农用地罪、滥伐林木罪分别被一审判处10年半有期徒刑并加经济处罚。所有这些，昭示了一个始终如一的原则：法律面前人人平等。不管是农民还是干部，不管是穷人还是富人，不管是普通人还是名人，只要做了违法犯罪的事，就一定受到法律严惩。

法律面前人人平等，是古今中外公认的法律理念。"平"，就是没有高下之分，"等"，就是没有大小之别。中国古代秦国的商鞅进行变法，提出"王子犯法与庶民同罪"，在法治推动下，秦国成为战国时期最强大的国家，并最终统一六国。古希腊政治家梭伦主张"制定法律，无贵无贱，一视同仁，直道而行，人人各得其所"，奠定了雅典民主政治的基础。新中国成立后，"法律面前人人平等"的基本原则被庄严地写进我国宪法，其基本精神就是，不管种族、肤色、性别、语言、宗教、政治信仰、国籍或社会出身、财产或其他身份的不同，法律都将一视同仁。对于违法犯罪的人，不管他资格多老，地位多高，功劳多大，都不能纵容和包庇，都应该依法制裁。

不管是谁，故意杀人就要偿命，同样如此，不管是谁，毁坏森林就要坐牢。但是，现实中却有少部分人，认为自己是可以不受法律约束、可以凌驾于法律之上的"特殊人物"，从而肆意妄为，胡作非为，想砍哪里的树就砍哪里的树，想在哪里建房就在哪里建房。在这些人的眼里，法律、法规是没有尊严的，可以随意践踏。对这样的情况，广大人民群众很有意见，社会影响很恶劣。贵阳依法处理森林违法案件，就是坚决贯彻"法律面前人人平等"的原则，让法律具有至高无上的权威，使各行各业、各职各级都遵守法律、遵守规矩，不允许任何人有超越法律之上的特权，不允许任何人逍遥法外。

看到贵阳环城林带被不法之徒破坏，我们感到十分痛心；看到破坏森林者一个个被绳之以法，我们感到无比欣慰；看到法律和法规的权威性和公正性得到维护，讲法治、守规矩的风气正逐步形成，我们感到由衷高兴！

严厉打击违法占用林地行为[*]
Crack Down the Behavior of Taking up the
Forest Land Illegally

今天的会议是市委、市政府决定召开的，很重要，也很及时。下决心开这个会，目的只有一个，就是安排部署全市开展严厉打击违法占用林地专项行动的工作，为有效遏制蚕食环城林带现象的继续发生，构建良好的城市生态屏障把脉造势，核心议题是研究保护环城林带的策略举措。

最近一个时期，贵阳地区社会各界都在关注并热议环城林带被以建房、修墓等方式大面积蚕食的现象，所提及的已不再是环城林带建设等常规问题，而是高度聚焦到如何保卫环城林带的森林安全问题上，可见违法占用林地甚至毁林现象的严重性及危害程度。需要指出的是，社会各界从"保卫"与"安全"的角度，深度关注环城林带被蚕食的现象，我们有必要拓展认识的空间，至少可以从以下两个方面进行思考。

其一是社会各界对环城林带建设成果的认同与倚重。贵阳市自然资源有什么优势与特色？我认为主要还是宜人的气候和喀斯特地质条件下较高的森林覆盖率。如果说宜人的气候是因为得天独厚的地理因素所致，那么，几代人苦心经营形成的以环城林带为标志的良好城市生态屏障及其对贵阳经济社会协调发展、人与自然和谐共处的贡献则很好地诠释了市委、市政府建设环城林带决策的前瞻性与科学性。现在，贵阳市城市森林覆盖率接近 40％，成为喀斯特地区植被最好的中心城市之一，"城在林中、林在城中、四季如春、人居适宜"的城市生态格局已基本形成。2004 年，首届国家城市森林论坛在贵阳举行，会上贵阳荣膺了首个"国家森林城市"称号，这是对贵阳生态城市建设的肯定，也是对贵阳环城林带建设的肯定。近几年，贵阳市在着力打造"森林之城、避暑之都"的名片；

* 这是袁周同志 2007 年 5 月 31 日在贵阳市开展严厉打击违法占用林地专项行动动员大会上的讲话。

倾力建设最适宜居住、最适宜创业的城市；强力宣传、推介丰富的城市旅游资源；努力营造良好的招商引资环境，森林资源的优势起了很好的支撑作用。可以说，森林是贵阳市的灵魂，也是贵阳市生存的母体与发展的平台。环境立市、生态经济市建设的战略构想也正是在良好生态环境特别是以环城林带为主体的优势森林资源的基础上提出的。在这一点上，市委、市政府与社会各界的认识是一致的。

其二是折射出贵阳市在生态环境改善中重建轻管、管而不力的局部失位，以至于违法占用林地行为到了几乎失控的地步。关于这个问题，相关单位部门应该进行深刻检讨与反省。从20世纪90年代末开始，随着贵阳市城市化进程不断加快，人口特别是流动人口急剧增加，城市周边尤其是第一环城林带内毁林建房及进行其他活动的行为愈演愈烈。2007年春节期间，一位回贵阳过节的领导语重心长地告诉我，现在坟场墓地已经把贵阳市包围了，再这样下去，贵阳就不再是林城而将变成"鬼城"了。同志们，这并非危言耸听，看看我们的周边，仅成规模也就是说办理了相关手续的公墓，贵阳东西南北就各有一个，而且都建在第一环城林带上。至于那些散落在山头林地的墓地、坟场，则不胜枚举！

当然，以上还仅仅是坟场墓地蚕食林地的现象，更让人痛心疾首的是大面积毁林建房及在林地从事其他经济活动对环城林带的破坏。现在，在贵阳电视发射台附近，市药用植物园后侧，沙冲路办事处、后巢乡、云关乡附近，几平方公里范围内已看不到成片树林，到处都是房子，高的矮的、新的旧的，拥挤在一起，杂乱无章。海马冲、七冲、灯笼坡等地这种现象尤为严重。就连市属国有顺海林场内林子深处也有两大块林地被用于房地产开发。2006年5月，我途经沙冲路时发现市药用植物园内有人在砍树，经调查，原来是该园前任园长卖了园地搞房地产开发项目，这可是发生在供人们休闲旅游、研究保护开发药用植物资源的公共园地的事，我们的国家职能部门难道就听之任之、视若无睹？机关工作人员的责任意识、法规意识、环保意识甚至公德意识就如此淡薄？说到这里，我建议大家好好学习新闻媒体特别是《贵州商报》记者们的职业敏感性及社会责任感，正是根据《贵州商报》记者披露的线索，有关单位部门顺藤摸瓜，查处了几起严重破坏环城林带的重大案件，对遏制违法占用林地现象起到了较好的警示作用。现在，不仅是新闻单位，还有许多有识之士包括一些干部和普通市民，都在奔走呼号、摇旗呐喊，希望各级党委、政府采取切实有效的措施，打好环城林带的保卫战。

环城林带被有计划、成规模、有目的地蚕食占用，其原因错综复杂，有客观因素，但更多的是主观因素；有历史因素，但更多的是现实因素。归纳起来，我认为应从四个方面进行反省。一是少数地区党委、政府和部门领导失职或者不作为。表现在有的为少数人享受公共资源和利用公共资源牟利大开绿灯，有的以种种借口推诿扯皮，坐视违法占用林地事件发生，拿着人民给的俸禄不干事。发生在螺蛳山、相宝山等地的违法占用林地建房现象，如果当地办事处党委书记、主任在第一栋房子打基脚的时候就依法依规予以制止，就不可能酿成今日的"燎原之势"。二是责任不明确、不落实。表现在个别单位部门职责意识淡化，工作力度弱化，迎着困难解决问题的信心、决心退化，以至于清理违法占用林地现象时瞻前顾后，查处工作裹足不前，客观上助长了蚕食环城林带现象的蔓延。三是法律法规体系不健全。我们有一个《贵阳市环城林带建设保护办法》，但这是一个宏观的指导性法规，没有具体的、明细的、具有较强可操作性的方案支撑，以至于清理、查处、打击违法占用林地行动中一些问题难以界定，工作不好开展。四是有效的监督与防范机制尚未建立。有效的监督与防范机制应具有广泛的社会性及信息通达、快速反应的能力，而现在我们的森林资源管护、监督与防范往往被理解为单一的行政主管部门的职责，处于封闭或半封闭状态，很难适应具体工作需要。

"皮之不存，毛将焉附"，如果我们放任违法占用林地现象继续发生，不能有效清理、查处和打击蚕食环城林带行为，长效的森林资源管护机制得不到建立与完善，那么，贵阳市可持续发展的环境，城市竞争力的提升，人居环境的改善，市民热爱贵阳、建设贵阳的平台都将随着森林资源被破坏而不复存在，我们也将因此对不起子孙后代，难以向老百姓交代。面对这样一个攸关全局的问题，我们除了直面正视、迎难而上并切实加以解决外，别无选择。还有一点也必须明确，就是研究保护环城林带战略举措，其重要性并不亚于研究财政收入增长方式，不亚于研究经济发展驱动模式。因此，各级党委、政府和市直相关单位部门务必要从努力践行"三个代表"重要思想的高度出发，认真贯彻落实科学发展观，按照市委市政府《开展严厉打击违法占用林地专项行动方案》的要求，结合本地区本单位的实际，扎实推进专项行动的开展，在具体工作中，应注意把握以下几条原则：

一是要明确责任，建立领导责任制。按照属地管理的要求，市长，区（市、县）长，乡镇（办事处）党委书记、乡镇长（主任）是环城林带保护的第一责任人。

二是建立与完善奖惩机制，奖罚要分明。对违法占用林地制止不力者，拆除违法违规建在环城林带上的房子执行不力者，要实行问责，工作严重迟缓、滞后的地方，要对区（市、县）及乡镇领导实行问责，情节特别严重的要引咎辞职。对行动迅速、工作成效显著、完成任务出色的单位或个人，应予以奖励。

三是要尽快划定森林资源特别是环城林带保护绿线。环城林带绿线范围内有可能被蚕食的林地，可通过安装隔离网、建围栏、打桩界等方式予以保护。

四是要进行认真的调查摸底，核实毁林建房数量和面积，界定性质，分类别、分对象、分时段依法依规拆除违章建筑。

五是要对毁林建房严重的个案实施严厉查处，必要时可提请司法部门介入，进行公示、公捕、公判；要集中力量整治毁林建房严重的地段山头，实行边整治边恢复植被"双管齐下"的工作策略，务求实效。

六是要建立环城林带长效管护机制。把每一个山头、每一片绿地的管护责任落实到乡镇、村组及护林员身上。

七是要加强森林警察队伍的建设。在注重提高森林警察素质的基础上，适度增加森林警察人员数量，初步考虑全市增加 50 名，其任务是专职保护环城林带。

八是要充分发挥新闻媒体、人民群众对环城林带保护的监督作用，相关单位部门要设立环城林带专用举报信箱、举报电话，凡举报毁林建房、修墓属实的，要根据情况对举报人实行奖励。

九是要对环城林带内的坟墓进行清理。老坟一律不准再立新墓碑，新坟要依法依规进行清理。对贵阳市城区内欲迁坟土葬的，相关单位部门要予以确认并登记造册，耐心细致地做好说服工作，防止迁出另建坟现象发生。对墓碑打造行业要建立健全严格的管理制度，控制规模，限制发展，违规严重的可依法予以取缔。

开展严厉打击违法占用林地专项行动适逢机关作风教育整顿，希望各级政府和相关单位部门以专项行动的开展为契机，端正姿态，扎实工作，以实际行动验证机关作风教育整顿成效。

多种树，善种树，管好树[*]
Tree Planting and Protecting

森林是陆地生态系统的主体，是促进生物界和非生物界能量与物质交换的主要角色，具有增加碳汇、调节气候，净化空气、保持水土，涵养水源、养护物种，防噪除尘、美化环境等多种功能，被称为"地球之肺"。专家测算，1棵树平均每年吸收1.8吨二氧化碳，释放1吨氧气。森林资源是重要的战略资源，可以提供多种健康的林产品，与人们的衣食住行密切相关。森林象征着绿色，代表健康、希望、生机和活力。科学利用好森林资源，大力开展林业绿化工作，提高森林覆盖率和绿化覆盖率，对于促进绿色增长、推动生态文明城市建设具有重大意义。

阳春三月，万物复苏，正是植树好时节。要以"见缝插绿"的精神，坚持不懈地开展义务植树造林，加快绿化荒山荒坡，增加林木总量。发挥专业队伍和市民群众两方面作用，特别是根据方便群众、灵活多样、不拘形式的原则，大力组织广大市民义务植树，形成千军万马齐心协力大搞绿化的生动局面，展示爱绿、植绿、护绿的社会风尚，深化保护生态、爱护环境、绿色消费的生态观念。要突出植树造林的重点，围绕环城高速公路、二环四路等重要交通干线开展绿化，着力建设绿色通道，彰显贵阳"林在城中、城在林中"、"绿带环抱"的独特魅力。大力倡导多种树、少移植，特别是在道路建设、城市改造等过程中，保护好有价值的树木，尽量不要砍伐，必要时还要为树"让路"。要讲究植树方法，以艺术的眼光看待城市绿化，以艺术的标准实施城市绿化，精雕细琢、精益求精，切实提高绿化档次和品位。绿化的品种要丰富，不能单一。树种的搭配、树种与花草的搭配要协调，做到布局疏密有度、高低错落有致、造型相映成趣、颜色相得益

---

* 这是李军同志2012年3月24日在参加"学雷锋·关爱自然""绿丝带"志愿植树活动时讲话的主要部分。

彰。要深入研究不同街区的特点，配置相应风格的绿化，使绿化与街景成为有机统一的整体。

在大力种树的同时，要加强对树木的管养。注重日常抚育，定期施肥、浇水，加强病虫害防治，提高植树造林的成活率、成林率。加强森林保护，高举法律武器，把"森林保卫战"进行到底，采取最严厉的措施，坚决打击各种盗伐、滥伐林木以及毁坏林地、绿地的违法犯罪行为。当前正值春耕时节，农事活动频繁，野外用火增多，森林火灾易发多发，要切实加强对森林防火工作的组织领导，严格落实森林防火包山责任制，加强隐患排查，严格火源管理，做好预警监控和应急值守，抓好防火物资储备，加强防火安全宣传，提升全民森林防火意识，坚决避免发生重大森林火情。

希望广大市民多种树、善种树、管好树，让贵阳天更蓝、水更清、气更净，加快构建友好的自然生态，共建美好生态家园。

兴建管好城市生态公园
Build a Fantastic Urban Eco-park

按照原生态理念规划建设十里河滩湿地公园*

湿地非常重要，被称为"地球之肾"，对于维护生态平衡、促进可持续发展具有十分重要的意义。贵阳市建设十里河滩湿地公园，势在必行。其一，这是为了不辜负老一辈革命家的心愿。花溪被誉为"高原明珠"，老一辈无产阶级革命家周恩来、董必武、陈毅等党和国家领导人多次视察花溪，对花溪的天然风景高度赞赏，陈毅元帅写诗赞美花溪是"真山真水到处是，花溪布局更天然。十里河滩明如镜，几步花圃几农田"。我们有责任把十里河滩保护好、建设好，使老一辈革命家笔下的美景永远存留下去。其二，这是贵阳建设生态文明城市的必然选择。贵阳建设生态文明城市，明确要求要把生态文明理念贯穿到城市规划建设中，通过绿地、湿地、公园、森林等将各片区有机连接，彰显"城中有山、山中有城，城在林中、林在城中"的特色。保护和建设好十里河滩，既符合贵阳市建设生态文明城市的目标定位，也是建设生态文明城市的具体途径。其三，这是十里河滩的现状所迫。近年来，对十里河滩的开发建设是严格限制的，但是，从现状来看，有的房开项目大煞风景，有的房开商还图谋圈地；有的餐饮生意还很兴隆；有几个村寨盖了一些塑料大棚，造成白色污染；农民违章建筑还时有出现，有些房子是新建的，有的连窗户还没有安。如果不及早纳入政府统一规划、保护和建设，违章建筑、违章经营和各类污染就堵不住。大家要想明白一个道理，建十里河滩湿地公园，早晚都要搞，晚搞不如早搞，越晚越被动。

十里河滩这个项目应该有三个功能定位：一是环境功能。十里河滩地处南明

---

* 这是李军同志 2008 年 8 月 5 日、2010 年 11 月 24 日调研十里河滩湿地公园建设时的讲话要点。

河上游，只有把上游的生态环境保护好了，下游才具有变清、变美的基础；贵阳夏季风主要是由南边往北边吹，十里河滩恰好是贵阳老城区通风的走廊，起到了调节气候、净化空气的作用。一句话，十里河滩的保护和建设，对改善贵阳市生态环境、城市气候、促进生态平衡具有重要意义。二是休闲功能。随着生活水平的提高，市民对休闲的要求越来越高。就贵阳现有的几个公园来说，贵阳市黔灵山公园、花溪公园已经人满为患，特别是周末的时候，游人多得简直像煮饺子一样。市民希望提供更多休闲场所。把十里河滩建设成为一个湿地公园，这既为市民提供一个新的休闲去处，也是对花溪风景名胜区的一个重要补充。三是城市功能。贵阳环城高速公路修好后，处于环线内的花溪区就属于中心城区范围，应在城市空间布局上进行整体考虑。十里河滩有山有水，又正好是连接中心城区与花溪片区的重要生态点，非常难得，城区之间有这么一个集生态、景观、休闲于一体的空旷地带，就显得疏密有间，而不是到处高楼林立。生活在这样的环境中，人的心情会很舒畅。

怎么建好这个项目？要把握住以下几个关键：

第一，坚持原生态理念和系统性谋划。要充分认识到，湿地公园建设将极大地强化生态保护、科普教育、自然野趣和休闲游览功能，必须坚持原生态理念，尽可能就地改造，"加工"痕迹不能太重，搬迁必须适度，现有农舍、耕地、苗圃、草地、荷花等，都要尽可能保持自然状态，在此基础上进行"艺术加工"。要保持现有种植业特色，大力发展生态农业、旅游观光农业，着眼于增强观赏性，优化种植品种，宜花则花、宜树则树、宜果则果，努力做到一年四季都有景可看，吸引广大游客。同时，要坚持系统性谋划，以湿地公园建设为核心，统筹推进花溪大道综合整治、汽车市场搬迁、城市开发、村寨整治、小流域治理等相关的一揽子工作，力求达到多赢的效果。

第二，进一步优化规划设计。优化规划设计，至少可以从以下这几个方面入手：其一，从总体规划来讲，要把十里河滩西部的花溪大道沿线和东部的整个大将山脉纳入湿地公园规划范围，进行整体建设，形成贵阳市山水相连的大片绿地，为后人留下宝贵遗产。不仅要搞好大将山西侧的生态和景观建设，而且要同步推进东侧的城市开发，发挥两片土地的最大效益。其二，要做足湿地公园水的文章。可以借鉴国内外活水公园、亲水公园建设的成功经验，开发小型木船巡游等生态休闲项目，增强对市民、游客的吸引力。河道的游船项目不一定要全部开通，哪一截适合开游船就开哪一截。其三，要重视细节生态保护，尽量按照现状进行局部修整，多采用自然的草坡、竹桩、树桩、垒石等方式进行驳岸加固，恢复植被。因地制宜进行适当的村庄整治，建设具有民族和地域特色的筑城民居。在村寨整治中，现在有些建筑体量过大，与周边小桥流水、绿荫草甸不协调，要采取适当的办法尽量弥补，今后要切实避免。其四，规划确定后就要严格执行。每一条道路、每一栋房屋都要合理设计，按规划进行施工，不能房子想盖多大盖多大。党员干部要带头服从规划、执行规划。

第三，坚持几个原则。一是照顾而不迁就。就是照顾各方利益，但是也不能迁就。对于居住在十里河滩的农民的搬迁问题，有两种意见：一种是全部搬出来，一种是希望保留一部分。全搬出来投入太大，负担不起，留待今后时机成熟时再考虑，但河岸边的建筑必须全部拆除。留下来的农民可以搞点民俗风情旅游，也可以搞点类似农家乐的经营，这样也解决了他们的长远生计问题，照顾了农民的利益。二是统一而不死板。就是规划、管理要统一，但是经营方式要灵活。现在十里河滩将土地出租的农户有 610 多个，承租土地的经营户有 31 个，是 610 对 31，档次不可能高。以后可以考虑组建一个公司统一规划和管理，农民通过入股或者托管的方式进入公司，公司采用多种灵活的经营方式，可以不改变与 31 户经营户的承租关系，但改变了农民与经营户直接打交道的传统模式，由公司代表农民与经营户打交道，这就是 1 对 31 而不是现在 610 对 31，就容易体现出科学的追求和理念。三是就高而不就低。就是品位要高、格调要高、追求要高，不能降低。要建就建成国内第一流，如果搞成个农贸市场，里面有牛粪、马粪，那就背离了初衷。四是不追求营利。就是要体现该项目的公益性，满足大众需求，不能收门票。当然，对于游客的个性需要，比如到公园内摄影、租车等，是可以收费的。

第四，多渠道筹措和节约利用建设资金。要把各个部门、各个渠道的资金进行打捆使用，变"撒胡椒面"为重点投入。比如建设局小城镇建设资金、水利局河道清淤资金、林业局绿化资金等，这两年都集中用于建这个公园。在合法合规的前提下，可以探索通过老城区其他区域调容积率等办法，筹集一定的专项建设资金。积极开展市场运作，通过企业捐赠、冠名等多种模式，引入社会资金参与建设；引进擅长经营餐饮、旅店、旅游商品的经营户参与开发建设，既发展实惠的农家乐，也发展高端酒吧，形成档次齐备、业态丰富的服务体系。要通过土地流转入股等方式，把农民的利益与十里河滩的保护和开发联系起来，调动农户积极性。现在工程建设中一个很大的问题就是资金浪费，决算超预算、预算超概算、概算超估算。不能因为是政府投资，花钱就大手大脚、不计成本，要有"一分钱掰开来用"的精神，精打细算，节省投资；要严格执行预算，严控建筑标准，超出预算的要追究相关人员责任。

第五，加强农民技能培训。发展十里河滩的乡村旅游需要专业技能，从现在开始就要对农民进行培训。其他地方有不少成功经验可以借鉴，比如可以去青岩古镇参观学习开小作坊，去开阳学习搞农家乐。

建设十里河滩湿地公园需要广泛发动社会力量参与。贵阳市人大、市政协以及一些单位发出倡议书，号召种植代表部队的"八一林"、妇女的"三八林"、青年团员的"共青林"，象征夫妻恩爱的"夫妻林"、恋人爱情甜蜜的"恋爱林"、老人健康长寿的"长寿林"、人才成就事业的"创业林"等，得到了社会各界、广大市民的积极响应。特别是市妇联组织 38 对热恋情侣、新婚爱人、恩爱夫妻、金婚银婚夫妻志愿参加义务植树活动，产生了强烈反响，报名的人十分踊跃、十分积极。在贵阳，志愿种树活动已升华成人们表达美好心愿的文化活动，具有广泛的号召力、吸引力和感染力。大家踊跃参加到"认种一棵树、认养一片林，共建十里河滩湿地公园"大型公益活动中来，必将在贵阳进一步掀起植树造林、美化家园的热潮。俗话说"前人栽树，后人乘凉"，大家在十里河滩认种、认养林木的高尚行动，将会为今人所称道、为后人所景仰。

把观山湖公园建设成有影响力的生态公园[*]

建设观山湖公园，是为广大市民谋幸福所办的一件大好事、大实事。

第一，观山湖公园具有重要功能。观山湖公园是金阳新区乃至贵阳市宝贵的湿地生态资源和难得的自然通风走廊，是城市的"绿肺"，主要有以下功能：一是市民休闲的场所。公园建成开放以后，市民可以在这个优美的自然环境中自由来往，开展各种休闲娱乐活动，修身养性、怡情益智，充分享受人与自然和谐相处的乐趣。二是重要设施的配套工程。作为配套来讲，它的周边有贵阳国际会展中心、贵阳城乡规划展览馆、市级行政中心等重大设施，观山湖公园是这些设施的后花园和很好的配套设施。三是重要的群众文化活动场所。以前，我们搞一些大型的群众文化活动，大都去人民广场，但是人民广场地方既小，容纳人数有限，又位于中心城区，太影响交通。今后，贵阳市一些重要的群众性文化活动，可以放在观山湖公园来举办。比如，国内很多城市灯会搞得很好，深受群众欢迎，观山湖公园建成以后，我们可以在这里搞灯会。可见，建好观山湖公园，对于优化金阳新区生态环境、美化市容市貌、提升城市品位、丰富市民生活，都具有重大意义。

第二，观山湖公园建设管理工作要抓紧。观山湖公园是金阳新区的"宝贝"，新区建设的很多文章都要围绕它来做，从现在起一定要进行严格的红线控制，绝不能让谁再来蚕食一寸土地。公园是贵阳市的公园，是老百姓的公园，不能变成

某个房开项目的"后花园"。观山湖公园的建设，一是要完善规划。要扩大现有规模，把周边与公园接壤的绿地，特别是东侧与会展中心之间的大片绿地全部纳入公园规划范围，实行统一管理，绝不能出现管理真空。二是要逐步完善配套设施。公园开放一段时间后，要根据市民的反映和要求，更加注重细节，不断完善有关设施。比如建设一批档次高的环保型公厕，规划市民晨练、健身、唱歌、跳舞的场地，采用原生态材料制作标识标牌，增加石梯步道，等等。总之，既要做到美观，又要最大限度方便市民。三是要加强管理。观山湖公园面积大，将近4平方公里，建成开放以后人流量会很大，相对于建设来说，公园管理的任务将更加艰巨。要尽快组建公园管理机构，选配有管理经验、责任心强的人员充实管理队伍，切实发挥作用。始终坚持公园的公益性质，不收门票。要高标准管理，严格保护公园生态环境，除了给游人提供必要的简便餐饮外，不允许搞烧烤、炒菜等有明火的餐饮服务和游船等其他经营项目，严禁车辆进入公园。总之，要努力为广大市民朋友提供一个整洁、舒适的园区环境，使观山湖公园成为贵阳市民更加喜爱、在省内外都有影响的城市中央生态公园。

保护好、管理好黔灵山公园 *

黔灵山公园位处中心城区，是4A级旅游景区和全国独具特色的城市山体公园，山水如画，森林葱郁，是前人留给我们的宝贵财富，深受本地市民和外地游客的喜爱，是贵阳响亮的"城市名片"。公园自建成以来，在改善城市生态环境、提升城市品位、提高市民生活质量方面发挥了重要作用。我一直关注着黔灵山公园的管理和保护情况，多次要求有关区和公园管理部门要切实把公园管理好、保护好，以实际行动践行为人民谋幸福的理念。

为了给老百姓提供更舒适、更惬意的休闲场所，公园管理部门要进一步完善设施、强化管理、提升品质。一要加强保护。抓紧划定公园红线，严肃法规保障，严防各类违法违章建筑蚕食公园。尽快整治公园后门关刀岩一带杂乱的农房，改善公园外围形象。对由于历史原因居住在公园范围内的住户，要通过深入细致的工作，依法依规引导他们搬迁。加强对黔灵湖的综合治理，保住美丽的湖光山色。二要强化管理。加强主干道的秩序管理，对小商贩挑担摆摊、游客开车和骑自行车等行为进行规范，维护良好的游园秩序。合理划定功能分区，把唱歌、跳舞、打拳等相对的"闹区"与观光、登山、游园等相对的"静区"分开，

---

* 这是李军同志2011年11月8日调研黔灵山公园运营管理情况时讲话的主要部分。

使各类群众各得其所、各享其乐。对于参加健身的市民们要合理劝导，让他们明白锻炼身体有益健康，但公园是公共场所，要调低伴奏音乐音量，尽量不影响其他游客。公园管理部门要抓好环境卫生和社会治安工作，特别是隧道、厕所等容易成为卫生死角死面的区域，要加大清扫力度，做到随时保洁，并强化安保措施，让市民们游园既舒适又安全。三要坚持公益性定位。黔灵山公园是贵阳市民重要的休闲场所，在坚持公益性定位的基础上，适度开展经营性项目，满足游客个性化、多元化需求。到公园休闲的主要是中老年市民朋友，要经常听取他们的意见和建议，有针对性地提高服务水平。四要保护好野生动物。人与猴和谐相处是黔灵山公园的一大特色，是贵阳建设生态文明城市的一大亮点，公园要根据生态承载容量，科学划定散养区域，合理控制猕猴数量，劝导游客善待猕猴，不要伤猴也不要为猴所伤。要向市民广泛宣传爱护动物、保护生态的观念，引导市民自觉加入义务宣传保护野生动物的行列中来。

精心打造小车河城市湿地公园*

小车河片区地处中心城区，20 世纪 60 年代以来，先后规划建设了南郊公园、苗圃所及保护林地，森林覆盖率高，生物多样性优势明显，有植物 400 余种、动物 200 余种；山、水、洞、林、泉齐备，拥有中心城区内唯一的溶洞景观——白龙洞，以及长 2.3 公里的小车河。但长期以来该片区基础设施滞后、配套功能不完善，公园功能未得到充分发挥，园内及周边脏乱差现象严重，游客量呈逐年下降趋势。为推进二环四路城市带开发建设，前不久，我到与这一片区紧邻的五里冲调研，要求有关部门统筹五里冲、小车河和南郊公园的整体开发，实现经济效益、社会效益、生态效益的有机统一，并抓紧规划建设。目前，规划部门制定了小车河城市湿地公园规划设计方案，项目开发建设正式启动。小车河城市湿地公园总面积约 6 平方公里，要按照"世界眼光、国内一流、贵阳特色"的要求，充分发挥生态多样性的优势，突出海拔落差和梯次植被特色，彰显良好的河谷生态，重点建设主体景观、湿地保护区、儿童游乐区、溶洞景观区、康体休闲区、综合服务区，并配套完善垃圾处理、排污治理、慢行系统等功能，使其成为展示贵阳生态文明城市建设成果的重要窗口。

一是充分认识建设小车河城市湿地公园的重要意义。小车河城市湿地公园项目地处南明河上游，位于花溪大道西侧、西二环东侧、贵黄路南侧，属于二环四

---

* 这是李军同志 2012 年 4 月 16 日调研小车河片区开发建设情况时讲话的主要部分。

路城市带重要控制区域，居于中心城区的核心部位。规划建设和保护好小车河城市湿地公园，具有多方面的重要意义。有利于呵护好中心城区林带，充分发挥"绿肺"净化空气、增加氧气的作用；有利于控制支流污染物排放，巩固提升南明河治理和保护的成果；有利于更好地满足市民娱乐、休闲、康体需求，进一步提高生活品质；有利于推动二环四路城市带开发，形成展示贵阳形象新的标志性区域。各级各有关部门要进一步提高认识，增强建好小车河城市湿地公园的责任感、使命感、成就感，积极主动地参与公园建设。

二是按照高标准规划、高质量建设、高效率推进的原则，抓紧优化小车河城市湿地公园规划设计。可以一次规划、分两期实施，一期重点规划建设路网系统、重要景点、污水处理等功能性基础设施。抓紧优化周边的路网结构和交通标识，完善园内道路设施，确保市民出行方便。加快建设污水处理厂、截污沟等设施，确保这一片区生活污水通过处理后达标排放，坚决杜绝直接排放。核心景点建设要注意保护好原有的生态特色，并进一步完善树种结构，增加文化内涵，提升设施水平，为市民打造"天然氧吧"和休闲健身场所。二期要在深入论证的基础上，逐步完善经营性休闲、娱乐项目，满足市民多样性、多层次需求。

三是优质高效地做好征地拆迁、组织施工等各项工作，确保今年8月底前完成小车河城市湿地公园一期工程建设。总结借鉴筑城广场建设的成功经验，做细做实调查摸底和补偿安置等工作，做到先安置再拆迁，确保征地拆迁快速、和谐推进。坚持政府主导与企业参与相结合，充分挖掘小车河城市湿地公园作为城市公共品牌的市场价值，通过市场化手段多渠道筹集项目资金。抽调精兵强将，组建项目建设领导小组和指挥部，精心组织施工，高质量、高效率推进项目建设，确保建成精品工程。

抓紧搬迁影响城市空气质量的污染企业*

Relocate the Polluting Enterprises that Affect the City's Air Quality as Quickly as Possible

贵州水泥厂、国电贵阳发电厂、贵州华电清镇发电厂、首钢贵阳特殊钢厂四户企业具有悠久历史，是贵州、贵阳很有影响的重点国有企业，在生产经营中都取得过不凡业绩，为贵州、贵阳的经济社会发展作出了重大贡献。近年来，在面临诸多困难的情况下，大家依然保持良好的工作状态，积极搞好生产经营活动，确保了企业正常运转和职工稳定，同时高度重视环境保护工作，基本完成了省、市下达的节能减排任务，为贵阳空气质量、环境质量的持续好转作出了应有贡献。

四户企业的搬迁是贯彻科学发展观、加快转变经济发展方式、调整产业结构的重大举措，是落实国务院关于进一步加强淘汰落后产能工作有关文件精神的实际行动，是顺应广大市民强烈愿望的必然要求。对城市来讲，四户企业的搬迁将大幅削减贵阳市的二氧化硫、工业粉尘、工业烟尘等污染物，消除长期困扰贵阳中心城区的"黑龙"、"黄龙"、"白龙"，极大提升贵阳市区空气质量，改善市民的生活环境，而且十分有利于优化城市布局，促进城市开发建设，提高城市品位。对企业来讲，通过搬迁并采用新的技术和工艺实施扩能技改，有利于拓展发展空间，优化产品结构，促进节能减排，提高综合竞争力，实现更好更快地发展。完全可以说，这是功在当代、利在千秋、一举多得的大好事。四户企业一定要强化社会责任感，毫不犹豫地加快搬迁的各项工作。反正早晚都得搬，越早越主动、成本越低；越晚越被动、成本越高，晚搬不如早搬，对此要有清醒认识。要强化时间概念，按照确定的时间表，超前运作、齐头并进、交叉作业、倒排工期、分类突破，超常规开展工作，确保老厂如期关停，确保让市民早日呼吸到更

---

* 这是李军同志 2010 年 4 月 12 日在贵州水泥厂等四户企业调研座谈会上讲话的主要部分。

加清新的空气。同时，千方百计地加快贵州水泥厂新生产线、清镇塘寨电厂和首钢贵阳特殊钢新特材料循环经济工业基地等建设步伐，确保早日建成投产，为老厂搬迁创造条件。在搬迁过渡期间，要自觉做好节能减排工作，力争少排放、少污染。

市政府要成立"四户企业搬迁服务协调小组"，为企业搬迁提供全程、周到、快捷的服务，协调解决各种困难和问题。在政策优惠、资金支持以及职工安置等方面对企业给予最大限度的支持，帮助它们渡过难关。几个老厂地理位置优越，周边环境较好，适宜开发。企业要主动与规划部门对接，根据城市总体规划，将土地用途调整为商住，并抓紧对老厂区域进行科学规划，积极做好开发建设的准备工作，努力加快进度，力争早日实现华丽转身，为生态文明城市建设作出积极贡献。

修复生态"伤疤"
The Restoration of the Ecological "Scar"

高度重视矿山生态恢复[*]

　　贵阳的铝、磷等矿产资源比较丰富，一定要科学开采、有序开采，最大限度地利用资源、保护好生态环境。有的地方政府招商开矿劲头很足，但对矿山生态保护重视不够，对矿山建设项目环境监管乏力，有的矿老板为追求高额利润采用已经淘汰的落后技术和工艺采矿，造成采空塌陷、地下水疏干、地质地貌景观破坏等问题，严重危害矿区人民正常的生产生活，甚至引发群体性事件，必须引起高度重视。要按照"谁开发谁保护，谁引发谁治理，谁破坏谁恢复，谁受益谁补偿"的原则，坚持预防为主、防治结合，完善矿山环境治理恢复机制和环境污染补偿机制。对闭坑矿山，要千方百计督促原业主依法履行法定义务，实施以"造地复田"、"复垦还绿"为主的综合治理。对正在开采的矿山，要实施全过程监管，督促企业"边开采、边治理、边恢复"，开展土地复垦，恢复地质环境，绝不允许出现矿山挖得乱糟糟、最后责任人却找不到的情况。对新建、改建和扩建的矿山，要先编制矿山地质环境保护与治理恢复方案，落实生物性、工程性防治措施，并严格按方案实施，坚决防止因矿业活动不当带来水土流失、土地荒漠化、地质灾害等环境问题。特别是要严格落实地质环境治理恢复保证金制度，确保足额提取，专项用于因开发矿产资源造成的崩塌、滑坡、泥石流、地裂缝、地面沉降和地面塌陷等地质灾害及其隐患的治理项目，以及因开发矿产资源造成的植被、地层、岩石、土壤、地质遗迹、地下水、地表水、地形地貌等矿山环境破坏的恢复保护项目，不得用于其他任何项目。各级政府要切实履行职责，综合运

---

　　* 这是李军同志 2009 年 11 月 25 日在清镇市调研工业经济时讲话的一部分。

用各种行政措施和相关法律法规对现有矿山进行规范、调控、监督，在这个问题上，不能有丝毫犹豫，要敢于碰硬，否则就是"吃祖宗饭、造子孙孽"。

专项治理开山采石[*]

龙洞堡国际机场周边和东出口高速公路沿线是展示城市形象的重要窗口。20世纪90年代以来，由于石材资源富集、交通便捷，加之市场需求旺盛，这一片区陆续开设数十家采石厂，使山体和植被遭到严重毁坏。从飞机上往下看，就像一块块"伤疤"，破坏了生态，影响了城市形象，而且采石厂排放出大量粉尘，影响周围植物生长，威胁当地村民身体健康。

贵阳市现有开山采石厂的分布，有其历史原因，在当时有其合理性。但是，随着城市空间的扩容和城市品位的提高，这些采石厂很多已经在交通要道、重要景观区的可视范围内，有的甚至已经处在城区范围内，必须立即开展专项治理行动，通过多种渠道妥善解决机场、高速公路以及重点景区可视范围内的开山采石问题，树立生态文明贵阳的良好形象。一是机场、高速公路以及重点景区可视范围内一律不允许新批采石厂；已经开采完毕的，要采取先进技术，高质量搞好复垦，还原良好生态；正在开采的，要采取重组、联营等方式，加快开采进度，尽早开采完毕；还未进行大规模开采的，要立即关停，迅速进行生态修复。二是当地党委、政府要坚持守土有责，增强环保观念、大局意识，切实把关于开展开山采石专项治理的决策部署落实到位。要把工作做深、做细、做具体，一个山头一个山头地排查，并采取分门别类的办法，一个采石厂一个采石厂地研究治理方案。三是规划部门要立即开展采石厂规划工作，国土部门要加强审批管理，按照相对集中布点的原则，在远离交通干线、重点景区的地方新规划一批采石厂，保证建材需求。

用地要精打细算^{**}

土地是项目落地的前提条件。大家必须认识到，用地指标紧张是正常的。发展的无限性和资源的有限性永远并存，而且这一对矛盾在一定时期内会越来越尖锐。怎么办？没有什么灵丹妙药，只有多管齐下、精打细算，努力实现土地资源

---

* 这是李军同志 2010 年 9 月 2 日调研龙洞堡国际机场周边开山采石情况时讲话的主要部分。

** 这是李军同志 2011 年 4 月 8 日在贵阳市工业园区及项目建设观摩与经验交流会上讲话的一部分。

最大化利用。比如，要向省里多请示、多汇报、多沟通，努力在全省新增用地里占据更大份额；比如，兄弟市（州、地）土地资源丰富，我们可以协商购买用地指标；比如，有的土地闲置多年，要想办法收回开发利用；比如，要继续实施"腾笼换鸟"，把一些层次低、污染大、开发强度低的项目退出来，上一些层次高、低碳环保、开发强度高的项目；比如，要集约和节约用地，厂房尽可能多盖几层，园区道路宽度要符合实际，不要贪大求宽；比如，要千方百计提高投资强度，多向山要地，努力发展工业梯田，最大限度促进土地的节约利用；比如，可以学习借鉴外省有的城市对企业提高容积率免收相关费用的办法，鼓励集约用地。有的工业园区探索以农民土地流转入股的办法解决用地紧张问题，既满足了项目落地需求，又带动了农民增加收入，可以积极总结推广。从总体上说，贵阳市的土地开发强度还不高，土地资源的利用水平还比较低，这方面还大有潜力可挖，要多方探索，从各种渠道一点一滴地节约出用地指标来。

把"生态文明贵阳"写成一首诗[*]

Develop Guiyang into an Amazing Place like a Poem by Promoting Ecological Progress

2007 年，生态文明城市建设的提出，是贵阳依托良好的生态条件、宽松的发展环境、自强的文化精神和正确的发展方向，选择的一条低碳环保、绿色发展之路。

低碳环保、绿色发展，是时代的呼唤，也是贵阳实现跨越发展、后发赶超的坚定选择。

近年来，贵阳坚持走科学发展路，加快建生态文明市，积极探索欠发达城市加速经济发展与加快绿色转型的可持续发展之路，取得了明显成效。先后荣获国家森林城市、国家园林城市、全国绿化模范城市、国家节水型城市、中国人居环境范例城市、全国文明城市、国家卫生城市等称号，被确定为联合国可持续发展试点城市和全国生态文明建设试点城市、全国十大低碳城市等。

实现绿色崛起，任重道远。国发〔2012〕2 号文件明确提出，要将贵阳建设成为全国生态文明城市，为我们加速发展、加快转型、推动跨越创造了千载难逢的机遇。贵阳将以贯彻落实好国发〔2012〕2 号文件精神为契机，充分发挥贵阳的生态优势、资源优势，深入实施低碳工程，全面推进绿色发展，加快建设经济实力更强、生态环境更好、幸福指数更高的全国生态文明城市，将"生态文明贵阳"写成一首诗，让人人都来读、人人都喜欢读，从而把贵阳建成一座让人诗意栖居的城市。

诗中经济：构建绿色经济体系

建设"生态文明贵阳"，必须实施低碳产业工程，构建绿色经济体系。

---

[*] 这是李再勇同志发表在 2012 年第 10 期《当代贵州》上的署名文章。

贵阳正按照"调整经济结构、做大三产，发展循环经济、做优二产，突出生态优势、做特一产"的基本思路，大力转方式、调结构。目前，三次产业比重已调整为 4.6：42.4：53。2010 年，全市单位地区生产总值能耗较 2005 年下降20.01％，二氧化硫实际排放量削减 45.5％，化学需氧量削减 14％，全市工业固体废弃物处置利用率达到 97.88％。"十一五"期间，平均每年婉拒高耗能、高污染投资项目均在 300 亿元以上。

贵阳在转型发展中实现了经济提速、效益提升的良好局面，2011 年全市生产总值比上年增长 17.1％，多项经济指标在全国省会城市中位居前列。

下一步，贵阳将坚持产业绿色化、绿色产业化发展理念，把发展绿色经济作为转变经济发展方式的主要途径、作为实现可持续发展的战略取向、作为建设生态文明城市的重要引擎。通过科技创新驱动、产业集群联动、市场需求带动、政策扶持推动，集聚综合要素，促进生态资源转变为生态资本、生态优势转化为经济优势，加快构建以生态从严保护、资源深度开发、生产清洁低碳、产业升级高效为主要特征，以绿色农业为基础、绿色工业为支撑、绿色服务业为主导的绿色经济体系，提升城市发展的可持续竞争力。力争"十二五"末，全市服务业增加值占经济总量的 55％，科技进步对经济增长的贡献率达 53％。

诗中乐居：构建绿色居住体系

建设"生态文明贵阳"，必须实施低碳建筑工程，构建绿色居住体系。

贵阳始终将绿色低碳建筑作为基础性工作，强化建筑节能综合管理，大力推广以磷渣等工业固体废弃物为原料生产的环保型墙体材料和其他建筑节能材料，实现了新建建筑节能 50％的要求。与联合国气候组织合作开展的"千村计划"项目，在联合国气候变化大会上被评为最佳案例之一。

今后，贵阳将结合夏无酷暑、冬无严寒的气候优势，按照节能、节水、节材、节地要求，大力推广低碳产品、技术应用，建设绿色建筑生态示范区，推进建筑发展绿色转型。同时，围绕建筑材料、建筑结构、通风系统、保温系统、生态系统、环境质量等方面制定新的建筑设计标准和探索国际人居环境范例新城标准。"十二五"末，实现新建绿色建筑达 30％，公共建筑节能改造面积 250 万平方米，构建起具有贵阳特色的绿色居住体系。

诗中畅行：构建绿色出行体系

顺畅交通、绿色出行，是生态文明城市建设的题中应有之义。因此，建设

"生态文明贵阳",必须实施低碳交通工程,构建绿色出行体系。

近年来,贵阳坚持以交通为重点,着力构建城市内部及其周边区域的循环网络,"三环十六射线"城市骨干路网基本建成,市域快速铁路和城市轨道交通开工建设,实现县际高速公路通达率90%、通乡油路率100%、通村油路率83%。坚持"公交优先",公交分担率达30%,60%的公交车改为液化天然气车辆,成为全国低碳交通运输体系建设试点城市。

下一步,我们将加大城市新能源客车投放力度,继续优化公交站点,完善道路交通智能监控指挥系统,围绕"畅通、有序、文明、安全"的目标,全力打造绿色出行体系,确保"十二五"末市民公交出行分担率超过42%,行政村通班车率达到88%。

诗中生活:构建绿色消费体系

建设"生态文明贵阳",必须实施低碳生活工程,构建绿色消费体系。

我们通过编制《低碳生活市民手册》、确定步行日、开展以低碳为主题的"地球一小时"活动和节能减排宣传周活动、参与"酷中国"低碳行动、建立全国首个低碳社区试验点等,向市民普及低碳知识,强化低碳意识,涌现出一大批生态文明社区、生态文明企业、生态文明学校。低碳生活理念和消费方式,在贵阳已蔚然成风。

今后,贵阳将加强对市民低碳知识理念、政策措施的宣传普及,使广大市民充分认识到建设低碳城市关系到城市的天是不是更蓝、水是不是更清、空气是不是更好,关系到每个人的生活质量,使其自觉参与低碳生活工程,在衣、食、住、行、购、用方面加快向低碳模式转变,在全社会形成低碳生活、绿色消费的浓厚氛围。

诗中逸爽:构建绿色生态体系

建设"生态文明贵阳",必须实施低碳环境工程,构建绿色生态体系。

我们通过组建两湖一库管理局、成立全国首家环保法庭和审判庭、制定全国首部生态文明建设的地方性法规、建立生态补偿机制等举措,以最严格的手段和有效的措施保护青山绿水。

通过深入开展"依法治理两湖一库,确保市民饮水安全"、"森林保卫战"、

"除尘降噪"等专项行动，贵阳市民的"三口水缸"水质稳定在Ⅲ类以上；城市污水处理率达 95.2%，生活垃圾无害化处理率达 93% 以上，城区空气质量优良率稳定在 95% 以上；森林覆盖率达到 43.2%；建成户用沼气池 22 万口，惠及近百万农民。

下一步，贵阳将继续按照"融入国际化、实现现代化、体现人文化、突出生态化"和"世界眼光、国内一流、贵阳特色"的要求，高起点规划、高标准建设"三区五城五带"，通过绿地、湿地、公园、森林、湖泊等将各城市组团、功能片区有机连接，促进城市建设与自然的融合共存，进一步突出"显山、露水、见林、透气"的生态城市特色。深入实施治水、护林、净气、保土工程，加快构建以水生态、林业生态、气候生态、土壤生态和生物多样性系统为支撑，以天更蓝、地更绿、水更清、空气更清新、环境更优美、人与自然和谐相处为目标的可持续自然生态体系，致力于让生态成为贵阳的靓丽名片，让绿色成为贵阳永恒的主题！

五、生态社会篇

Chapter Ⅴ　Harmonious Society

把老百姓的事当成自家的事来办[*]
Treat Citizens' Affairs as My Own Family's Affairs

党的十七大报告提出"加快推进以改善民生为重点的社会建设",把"民生"二字作为标题内容,这在党代会报告历史上是第一次。这说明我们党,一是批判地继承了中国传统文化关于"民本"思想的精华。中国古代杰出的政治家、思想家虽然在实践中没有真正做到解决"民生",但是在理论上特别强调"民本",倡导关注民生。《尚书》讲:"民惟邦本,本固邦宁。"孟子说:"民为贵,社稷次之,君为轻。"明代政治家张居正说:"为政之道在于安民,安民之要在于察其疾苦而已。"我们党自诞生起就把这一宝贵思想运用到自己的纲领和实践中,并在不同时期予以发扬光大。十七大报告中"学有所教、劳有所得、病有所医、老有所养、住有所居"等表述就借用了《礼记·礼运》"老有所终,壮有所用,幼有所长,鳏寡孤独废疾者皆有所养"的句式。二是忠实遵循了马克思主义关于"人民利益"的"要义"。一百多年前,马克思恩格斯在《共产党宣言》这部不朽著作中就曾明确指出:"过去的一切运动都是少数人的或者为少数人谋利益的运动。无产阶级的运动是绝大多数人的、为绝大多数人谋利益的独立的运动。"人民利益就是最大的民生。三是深刻总结了中国共产党在"民生"问题上的历史经验。过去我们夺取政权靠的是解决"民生",比如"打土豪,分田地",巩固和发展政权也要依靠解决"民生"。改革开放之所以得到群众的大力支持,中国特色社会主义理论之所以得到群众衷心拥护,一个重要原因就是群众从中得到了实惠,衣食住行等条件明显改善。四是很好顺应了广大人民群众的愿望。经过近 30 年的改革开放,人民群众生活水平普遍提高,但就像十七大报告中所说的,关系群众切身利益的劳动就业、社会保障、收入分配、教育卫生、居民住房、安全生产、

---

* 这是李军同志 2007 年 10 月 17 日出席党的十七大参与审议十六届中央委员会报告时发言的主要部分。

司法和社会治安等方面，仍然存在较多问题，部分低收入群众生活还比较困难。十七大报告将关注民生、重视民生、解决民生提到了一个前所未有的高度，反映了人民群众的愿望和情绪，反映了我们党"权为民所用，情为民所系，利为民所谋"，以及"立党为公、执政为民"的执政理念，具有十分重大的现实意义，必将产生深远的社会影响。

贯彻十七大精神要求我们在解决民生问题上尽心竭力、千方百计，切实把老百姓的"难事"作为党委、政府的"要事"，把老百姓的"关注点"作为党委、政府的"着力点"，把老百姓的"所急所盼"作为党委、政府的"所干所办"，使民生随着小康社会的建设逐步得到改善。民生问题包括很多方面，当前和今后一段时间，在下大工夫继续抓好就业、社会保障等工作的同时，根据贵阳市的实际情况，将着力抓好农民工和困难家庭子女上学难、困难群众和低收入家庭住房难、中心城区群众出行难、市民饮水安全、群众安全感等问题。

贵州是个"欠发达、欠开发"的省份，经济社会发展在全国处于靠后的位置，由于财力物力有限，民生问题解决的程度与发达地区相比存在一定的差距。首先要加快发展，奠定解决民生问题的坚实物质基础，通俗一点说就是要把"蛋糕"做大。但是，民生问题的解决只能从现有的基础出发。一方面，我们要如实向人民群众讲清楚所面临的困难和状况，以取得他们的理解；另一方面，作为人民公仆的各级干部，总是要在条件允许的情况下，千方百计、尽心竭力地为群众解决一些问题。看不到困难和问题，或者把困难和问题看得过于简单，企图在短期内解决多年积累的问题，或者无根据地向群众许愿，这是对群众不负责任。但片面强调困难，并以此为借口，不去解决一些本来可以解决的问题，更是对群众不负责任。实际上，群众所面临的困难和问题，有些解决起来是需要花很多钱的，有些则不需要花很多的钱，只需要费心耗力，多说几句话，多跑几步路。衡量我们是否重视民生、关注民生，不仅要看究竟办了多少事，更要看是否尽心竭力，是否千方百计。这样，就算有一些问题由于条件限制暂时还解决不了，或者说解决得不那么理想，但老百姓看到我们尽了心、竭了力，也会予以理解。所以在贵州这样的地方，解决民生问题更重要的是各级干部必须尽心竭力，必须千方百计，真正做到把老百姓的事当成自家的事来办。

像关心自家孩子上学那样
关心老百姓"学有所教"*
Concern Citizens' Right to Education Just Like
My Child Will Go to School

一、对教育重要性的认识要再深化再提高

我到贵阳市工作已经四年多了，如果问我对贵阳"十一五"时期的教育怎么看，归结起来就是两句话：成绩显著，差距不小。

说成绩显著，主要体现在：一是总体上教育水平有所提高。"普九"工作进一步巩固，"两基"攻坚顺利通过国家验收。建成省级示范性高级中学17所，占贵州省的近1/3。贵阳学院形成完全的普通本科教育，贵阳职业技术学院、贵阳护理职业学院新校区建成投入使用，面向社会需求新开设了实用性强的专业。贵阳市15周岁及以上国民平均受教育年限从2005年的7.8年增加到10.03年，超过全国平均8.9年的水平。二是教育改革创新取得进展。着力促进义务教育均衡发展，在云岩、南明两城区小学和初中开展学区化改革，实行学区内"统一校名、统一法人、统一管理、统一教学、统一招生"的"五统一"制度。对承担外来务工人员子女义务教育的民办学校提供与公办学校相等的生均公用经费，为民办学校义务教育阶段学生发放义务教育补贴和免费提供教科书，受益学生达15万人，荣获首届"全国地方教育制度创新"优胜奖。三是教师队伍管理进一步加强。实行中小学教师坐班制度，实施并完善教师聘任、校长交流等制度，153名中小学校长参与了交流。开展"师德教育"专项活动，探索教师职称评定师德"一票否决制"。着力招聘具备教师资格的高学历人才到中小学任教，优化教师队伍结构。四是服务生态文明城市建设成效明显。组织编写了地方中小学教材《贵

---

* 这是李军同志 2011 年 8 月 27 日在贵阳市教育工作会议上的讲话。

阳市生态文明城市建设读本》，引导学生从小树立生态文明理念、践行生态文明生活方式。在"三创一办"中，大力唱响"我参与、我受益、我快乐"的主旋律，教育学生"在家做个好孩子，在校做个好学生，在社会做个好市民"；开展"小手拉大手、共建文明城"社会实践活动，有力提高了市民文明素质，营造了良好社会风气。"三创一办"工作能有现在的局面，与教育主管部门以及各个学校发挥的重要作用是分不开的。所有这些，为贵阳市"十二五"和今后更长时期的教育发展奠定了坚实基础，为经济社会长足发展提供了智力支持，注入了强大后劲。

说差距不小，一是教育水平还不高。比如，教育普及性不够。2010 年，贵阳学前教育三年入园率仅为 51%，比全国 56.6% 的水平低 5.6 个百分点，这意味着每年有 9.1 万适龄儿童不能进入幼儿园；高中阶段教育毛入学率仅为 71.2%，比全国 80% 的水平低 8.8 个百分点，这意味着每年有 1.2 万初中毕业生不能进入高中阶段学习。比如，城乡之间、学校之间的办学条件差距很大，特别是城乡接合部的一些农民工子弟学校，校舍简陋、设备缺乏、师资薄弱，不具备基本的办学条件，甚至存在安全隐患。比如，教师队伍总体素质有待提高，在社会上有影响的名教师、名校长不够多。二是工作力度有差距。有些地方党委、政府对教育优先发展战略落实得不够好，在城市规划、建设用地、经费投入等方面对教育的支持力度不够大，去年贵州省财政支出中预算内教育支出占 18.82%，而贵阳市为 15.14%，与全省平均水平相差 3.68 个百分点。教育主管部门改革创新意识有待加强，办学体制比较单一，全社会参与办教育的积极性没有充分发挥出来，总体上缺乏活力。学校办学思想、管理模式、教学方式等方面的灵活性、自主性、开放性不够，以培养学生健全人格、促进人的全面发展为核心的素质教育尚未取得实质性突破。学生适应社会的能力和就业创业能力不强。三是尊师重教氛围不浓厚。吸引优秀人才长期从事教育事业的导向尚未形成，教师的社会地位有待进一步提高。

贵阳市教育发展存在的问题，固然有经济欠发达等客观因素，但我认为，更为重要、更深层次的原因，是有的党政领导干部在思想认识上存在偏差。概括起来说，主要有三种糊涂认识：

第一，认为教育投入大但收益差。的确，教育需要很大的投入。2010 年贵阳市市本级财政直接投入教育的经费达 7.5 亿元，是各项支出中最大的一笔。而且对教育的投入，确实不像办一个工厂、修一条公路那样能直接带来效益。但是，综合地看、长远地看，教育的投入产出比很高。首先，教育是经济社会发展的后劲所在。世界银行的调查研究显示，劳动力受教育的平均年限每增加 1 年，GDP 可增加 9%。美国著名经济学家、诺贝尔经济学奖获得者舒尔茨对 1929—

1957年美国经济增长的贡献率作了计算，结论是"投资物质的利润为3.5倍，而投资教育的利润达7.5倍"。我国学者对制造业企业的分析表明，职工受教育年限每提高1年，劳动生产率就会提高17％。其次，教育培训是现代服务业的重要组成部分。发展教育事业，非常有利于扩大最终消费、拉动经济增长。广义的教育业不仅是绿色的、低碳的，而且自身经济效益往往也很可观。在有的国家和地区，教育甚至成为支柱产业。教育发达的澳大利亚，仅仅靠吸引中国学生留学，每年就能获得超过150亿澳元的收益，留学产业已经成为澳大利亚仅次于石油和煤炭的出口创收产业。我国也有靠办教育培训成长为大企业的案例，比如新东方搞英语培训，2006年在美国上市，目前市值已达47亿美元。最后，教育是综合带动能力极强的事业。研究表明，教育不仅能直接带动文化、创意、出版等产业发展，而且，一所好的学校甚至能带动一个片区的发展。大家都知道，贵阳盛世花城的房子卖得很贵，为什么？因为附近有南明小学、有十八中。金阳新区景怡园的房子越来越"俏市"，为什么？因为贵阳一中就在旁边。北京海淀区发展很快，为什么？在很大程度上因为集聚了北大、清华、人大等全国名校。正因为教育的高效益性，明智的家长都将子女教育放在首要位置，很多贫困家庭不惜节衣缩食甚至借债供孩子上学，孩子学业有成之后找到一份好的工作，逐渐带动整个家庭摆脱贫困、过上相对富裕的生活。这样的例子比比皆是。我经常在琢磨，对于教育问题，有些人作为家长的时候非常清醒，投入不惜血本；但转换身份作为领导时，就犯糊涂了。为什么会这样呢？我的答案是：当书记、区县长，当一届5年，最多当两届，也就是10年，而当爸爸妈妈要当一辈子！

　　反过来，如果教育抓得不好，造成的损失则无法估量。法国著名作家雨果曾经说过，开办一所学校，就相当于关闭了一所监狱；关闭一所学校，那么就必须打开一所监狱。道理很深刻。不抓教育、舍不得投入，造成的后果往往需要付出教育成本的几倍、几十倍来弥补，有的甚至无法弥补。近几年，在一些地方发生的打砸抢烧事件中，很多参与者都是文化程度不高的年轻人。这是惨痛的教训！我们绝不能把教育视为没有回报的单纯投入，甚至视为财政的负担，而要学会科学算账，着眼于算大账、算全局账、算长远账，真正把发展教育、增加投入作为内在责任，舍得投入，而且舍得大投入。

　　第二，认为教育是潜绩而不是显绩。"十年树木，百年树人"。的确，教育的效果往往不能立刻显现出来，而是要10年、20年甚至30年之后才能见到效果，在党政领导短短的任期内，抓教育一般很难见到成效。很多人因此只热衷于抓项目、抓投资，而忽视教育发展。其实，对于一个领导干部来说，为官一任，能做几件关系长远的大事，泽被后世，是最大的价值体现，是最重要的显绩。大家一定要明白，那些能跨越时空的事情，更能够被后人记住和景仰。特别要提醒的是，有的工作推迟一下无所谓，但教育千万耽误不得。俗话说，"地误误一时，人误误一生"。人受教育有个黄金时期，如果错过了，荒废了学业，就很难补回来。一个领导如果不抓教育，耽误了几年，影响的可能就是一代人，造成的损失难以估量。我国古代官员到地方上任，往往抓三件事——修路、治水、办学。王阳明被贬到贵州，致力做的一件事就是从事讲学活动，开启了贵州的文明之风。小平同志早就说过："忽视教育的领导者，是缺乏远见的、不成熟的领导者，就领导不了现代化建设。"他呼吁："我们要千方百计，在别的方面忍耐一些，甚至于牺牲一点速度，把教育问题解决好。"各级领导干部要做有远见、成熟的领导干部，就必须抓教育；中央一再要求贯彻科学发展观，创造经得起实践检验、群众检验、历史检验的政绩，抓教育就是这样的政绩！

第三，认为教育是软任务而不是硬指标。古代朝廷对官员政绩的考核，教化一方始终是很重要的一条。比如，北周考核官员制定了六条标准，这六条是：清身心、敦教化、尽地利、擢贤民、恤狱讼、均赋役。明代开国皇帝朱元璋非常重视教育，把教化视为与农桑同样重要的关系社会安定的大事，要求府州县官任满赴京考核时，"必书农桑、学校之绩"。当前，我们对干部的考核，经济指标、招商引资、计划生育、节能减排等工作都是硬指标，像计生工作就有十分明确的规定，每年全省综合考核排名后五位的区（市、县）要实行"黄牌警告"，连续两年被"黄牌警告"的，其党政主要负责人、分管负责人两年内不得提拔重用。而教育等工作似乎成为软任务，投入的多少、发展的好差，没有硬性的考核指标。当然，在一定的历史时期，特别重视抓经济工作，夯实教育事业发展的物质基础是对的，党政领导干部跟着经济指标这个"指挥棒"走也是可以理解的；但到了新的发展阶段，经济社会必须协调发展，教育事业发展必须赶上来，否则，经济最终将失去持续发展的强劲动力。即使经济增长了，但孩子们上不起学、上不好学，这种增长也是没有意义的。

从我自身来讲，我到贵阳工作四年多来，花了很大力气抓教育工作，对教育部门请示解决的问题从不拖延，从不打折扣；直接推动实施"学有所教"行动计划，提出学区化改革、加强中小学教师管理、支持民办教育和职业教育发展等措施。但我要检讨的是，由于抓督促、抓检查的力度不够大，致使一些好的想法和决策没有得到很好的落实。可以说，这是我担任贵阳市委书记以来的最大遗憾。我特别希望通过这次教育工作会议，切实推动贵阳教育事业又好又快发展，弥补这个遗憾。

二、最大限度实现教育公平

大家都知道，教育公平是最基本、最重要的公平，是实现社会公平"最伟大的工具"。对个人来说，接受教育是获得发展的基本前提。老百姓讲，收入不公影响一时，教育不公影响一世。"一步落后、步步落后"，一个人丧失了受教育的机会，就会导致就业等一系列不公平，无异于剥夺其发展权。对社会来说，教育公平是社会公平的基础。如果教育不公平，将导致社会资源配置等方面的明显失衡，从而使整个社会公平失去基础。正因为如此，古往今来，众多思想家、政治家都非常重视维持起码的教育公平。孔子"有教无类"的主张，体现了深刻的教育公平思想。柏拉图也强调受教育的机会不应该受种族、地域、家庭背景、经济状况等外在因素的影响。然而，由于种种原因，在现实生活中，教育不公平的现象还十分突出，社会各界的意见依然很大。2009 年，《中国青年报》社会调查中心对全国 30 个省（区、市）2 952 名公众进行了调查。结果显示，56.5% 的人认为当下教育现状是越来越不公平。那么，如何解决教育公平问题呢？我认为，关键要解决两大问题：

第一，要确保所有孩子特别是农村孩子"能上学"。这些年来，党委、政府对教育的投入力度不断加大，教育供给不断增加，在义务教育阶段，学费、杂费、书费都免了，困难家庭孩子住校还补助生活费，应该说"上学难、上学贵"的问题基本得到解决。但是，在更大范围内观察教育问题，还有很多人特别是农村孩子因为这样或那样的原因，尽管有接受教育的意愿，但是没能入学，或者入了学但负担还是很重，就像有人说的那样，"不读书一辈子穷，一读书马上就穷"。比如学前教育，因为公办幼儿园数量很少，一般家庭的孩子很难"挤"进去，民办幼儿园的收费又很高，所以"入园难"、"入园贵"问题很突出。比如高中阶段教育，贵阳市距离"基本普及"标准相差近 20 个百分点，一个重要原因就是高中阶段教育要收取一定的费用，一些困难家庭因此就不送孩子去读了。比如高等教育，过去农村生源曾占到几乎 80%，现在明显下降。《人民日报》做了一个调查，发现重点高校农村生源比例仅为 30%，即使是中国农业大学，以前农村学生占多数，今年的这一比例也只有 28.26%。其中当然有城镇化推进的因素，但城乡教育不均衡是重要原因。农村学校条件差、师资力量薄弱，农村孩子接受优质教育的机会少。即便是义务教育，也并非所有适龄儿童都享受到了免费待遇。今年 3 月我调研教育工作的时候，几位民办学校的校长就反映，政府补助给民办学校的只是生均公用经费，不包含教师工资，如果学校不向学生收钱，教师工资从哪里来？对于上述问题导致的教育不公平，社会各方反应强烈。前不久，一位老师发帖感叹，现在成绩好的孩子越来越偏向富裕家庭，可谓"20 年前寒门出贵子，20 年后寒门难出贵子"，引发全社会热议。有一篇标题为《莫让"寒窗苦"后又成"寒门苦"》的评论写道："在激烈竞争但教育资源又不尽平衡的考试社会，从幼升小、小升初、中考直至高考，还有各种培训班、考证等，都需要金钱去填平。因此相较而言，那些寒门出身，特别是农村的孩子进入大学，尤其是优质大学似乎也越来越困难。"这些议论发人深省。

必须明确，保证人民群众享有接受教育的机会，是党委、政府义不容辞的责任。而且，随着经济发展水平的提高和公共财政实力的增强，保障教育的覆盖面要不断扩大。具体到贵阳，是省会城市，保障教育的覆盖面应该更广，标准应该更高。也就是说，要确保每个孩子特别是农村孩子接受教育的基本权利，绝不能让孩子因为家庭困难而上不起学，并从义务教育向两端延伸。学前教育方面，要认真贯彻《国务院关于当前发展学前教育的若干意见》，按照公办和民办并举的思路，兴办一批办学规范、收费低、教育质量有保障的公立幼儿园，确保实现每个乡镇至少有一所公办幼儿园的目标，同时鼓励社会力量兴办学前教育，着力提高学前教育的入学率。义务教育方面，针对部分学生特别是农民工子女在民办学校上学缴费的问题，要由补助民办学校生均公用经费尽快向补助生均教育经费转变，减轻民办教育办学负担，让外来务工人员子女享受到免费义务教育。普通高中教育方面，要在千方百计扩大办学规模的基础上，抓紧进行免费高中教育试点，并尽快全面推开，确保"十二五"期末贵阳市高中阶段毛入学率达到 90% 以上。这是硬任务，务必完成。职业教育方面，要在落实好中等职业教育免费制度的基础上，相应制定困难家庭学生资助政策，减轻上学负担，拓宽初中毕业生继续学习的通道。高等教育方面，要大力拓展生源地信用助学贷款，该贷款不需要担保和抵押，而且具有额度较高、还款期限较长、就读期间财政全额贴息等优点，就算是赤贫家庭的孩子也可以借此顺利完成学业。在此基础上，还要全面加大对困难家庭学生的资助、补助、救助力度，让他们不仅上得起学，而且就读条件不断改善。比如，对寄宿学生，要改善住宿条件，改善伙食条件。前段时间媒体报道，贵州一些农村寄宿制学校孩子的伙食很差，有的吃黄豆拌饭，有的吃酱油拌饭，很可怜。在贵阳市，绝不允许发生这样的事情。

第二，要努力让更多的孩子"上好学"。近些年，择校成为广大市民群众反映强烈的热点、难点问题。一项网上问卷调查显示，38% 的民众曾给自己或亲戚的孩子办过非学区入学。有的家长在孩子出生后不久就在好学校周边高价购买房子、落户口，为日后择校做准备；有的家长为了孩子能进好学校读书，千方百计托关系、找门子。真是可怜天下父母心！古代孟母三迁、择邻而居，就是为了孩子有个好的成长环境。人们择校，望子成龙、望女成凤，心情完全可以理解。我们应积极顺应、着力引导而不是简单抑制。为什么会出现这么大面积、高热度的择校现象？主要还是优质教育资源不足，城里的学校与乡下的学校之间以及城里的学校之间、乡下的学校之间往往差距较大。有的学校师资力量强，学生考试成绩好，就门庭若市、车水马龙，要为"推"学生发愁；而有的学校师资力量弱一些，教学质量或者说升学率低一些，就门前冷落、乏人问津，要为"拉"学生发愁。针对这样的问题，要最大限度实现教育资源均衡配置，兴办更多的好学校，培养更多的好教师。对现有的优质教育资源，要进一步扩大规模，尽可能满足市民的需求。对现有的普通教育资源，要加大教师培训力度，提高教学水平，尽可能多地吸引学生就读。要落实好新建小区配建学校的相关规定，贵阳市城规委对此要严格审查，而且要高起点建设、高标准管理，从一开始就形成好的学风、好的校风，成为新的优质教育资源。同时，要推进城乡标准化学校建设。下大力气加强农村学校校舍建设和设备配置，特别是加强师资力量配置，实现规范化办学。要大力组织开展城乡义务教育阶段强校对口帮扶弱校，探索建立城乡"校对校"教师定期交流制度和城镇中小学教师到乡村任教服务期制度，提高农村学校的教育质量。教师是国家公职人员，必须服从交流安排，在这个问题上不能讨价还价。在国外很多城乡，学校是最安全、家长最放心的地方，比如日本，乡村最好的房舍是学校，有些还是明治时期即 19 世纪中后期留下的，至今已有 150 年左右的历史。在大地震中，学校成了人们最安全的避难所。在这方面，我们要向日本学习，把农村学校建成最安全、最漂亮的建筑。还有，要推进学区化改革。以均衡教育资源配置为核心的学区化改革，方向是完全正确的。最近，《人民日报》报道了河南省焦作市推行"五个统一"、实现优质教育资源共享的经验。其做法是：推进城区优质学校与郊区薄弱学校实体捆绑发展，按照一校两区、统一管理模式进行重组，实行"统一学校牌子、统一领导班子、统一教师队伍、统一教学模式、统一考核奖惩"的"五个统一"管理体系，在两校区之间均衡配置经费、设施、师资、学生，并给第二校区教师优先优惠政策，以提高整体办学水平。贵阳市的学区化改革部署得很早，但推进的力度却没有焦作市大。为什么慢，就是部分人的既得利益在作祟！希望教育行政部门下定决心，改进措施，细化工作，扎实推进。已经实施学区化改革的学校，要进行内在的、实质性的融合，真正实现优化组合，达到"1＋1＞2"的效果，绝不能仅仅是挂个牌子、换汤不换药。同时，要逐步扩大学区化改革实施面。在设置学区时，要考虑适当的覆盖范围。如果太大，管不过来，就会带来教育质量下降、安全隐患突出等问题；如果太小，则发挥不了辐射带动作用，失去了设置学区的意义。特别要指出的是，很多家长"择校"，实际上就是"择师"。只要校长和教师真正流动起来，实现师资力量的均衡配置，择校热问题就会得到很大缓解。就像办连锁店一样，到处都能提供一样的食品、一样的味道，谁还会挑！

当然，我们说的公平是相对的概念。党委、政府提供的公共教育承担的是"兜底"的责任，保证所有学生都有比较好的学上。现在有个较为突出的问题，一些富裕家庭愿意花钱买优质教育资源，但由于高端教育市场供给不足，他们又只能挤占普通的公共教育资源，弄得穷人、富人都在骂教育。就像上医院看病一样，钱多的人也得排队候诊，在骂；花不起钱的人觉得看病太贵，也在骂。这实际上是一种"大锅饭"式的资源供给方式，看似公平，其实不公平，看似均衡，其实不均衡。因此，政府要解放思想，采取多种形式放大优质教育资源，包括积极探索走吸引民资、利用外资、家庭出资的路子，发展高端教育、特色教育、精品教育等，促进教育形式多样化，为那些愿意为子女进行教育投资的家庭提供通道，实现"分流"，形成多渠道培养人才的良好局面。

三、以社会需求为导向培养合格人才

刚才讲教育公平问题，主要是解决"入口"更加畅通的问题。接下来，讲讲"出口"问题，就是解决培养什么人的问题。现在群众对教育不满意，除了因为教育不公平之外，还因为培养出来的学生素质不高，适应社会能力不强，有的学生高分低能，有智商无情商，甚至很难就业。"为什么我们的学校总是培养不出杰出人才"，成为著名的"钱学森之问"。学校培养的学生，最终要成为对社会有用的合格劳动者，这是教育的最终目标，也是衡量教育成果的最终标准。小平同志曾经提出："我们的学校是为社会主义建设培养人才的地方。培养人才有没有质量标准呢？有的。这就是毛泽东同志说的，应该使受教育者在德育、智育、体育几方面都得到发展，成为有社会主义觉悟的有文化的劳动者。"小平同志的重要讲话，至今仍有很强的针对性。

如何培养合格人才？从根本上讲，要抓好素质教育。无论拔尖人才还是实用型人才，都要德才兼备，具有良好的综合素质。从贵阳实际出发，针对当前青少年的特点，素质教育要抓好以下六个重点：第一，坚持德育为先。德是立身立世、做人做事的根本。有句话说，德才兼备是上品，有德无才是次品，无德无才是废品，有才无德是毒品。要采取学生喜闻乐见的方式，结合学科、职业特点等实际加强思想品德教育，使学生树立健康的价值取向，陶冶高尚的道德情操。特别是要汲取瓮安"6·28"事件的教训，深入开展法制教育进课堂活动，使学生学法、知法、懂法、守法，绝不能违法乱纪。要研究推行责任倒查机制，如果哪个学校、哪个班的学生参与打砸抢烧，就应追查所在学校校长和所在班的班主任的责任。第二，提高实践能力。动手能力差是当前教育模式培养出来的学生普遍存在的问题。很多学生掌握了理论知识，但在实践中用不上；具体岗位需要的基本技能，这些学生也没有。这是一些用人单位不欢迎大学生的重要原因。"学习的目的全在于运用"，如果什么具体事都不会干，学那么多知识有什么用呢？因此，要坚持学以致用，创新教学方式，引导学生勤于动手、善于动手，切实提高适应社会的能力，提高办具体事情、做具体工作的能力，提高继续学习、终身学习的能力，实现知与行的统一。第三，培育创新思维。2009 年，教育进展国际评估组织曾对全球 21 个国家进行调查，结果显示，中国学生的计算能力排名第一，但想象力排名倒数第一，创造力排名倒数第五。美国硅谷 50 年来一直是信息产业发展的动力源，其成功就主要得益于这一地区的高校对创新教育非常重视。因此，从事教育工作的同志一定要有历史责任感，着眼于培养学生的创新思维，不要只要求学生循规蹈矩、按部就班、整齐划一，不要老埋怨学生不听话。要少一些灌输、"填鸭"，多一些平等讨论，多一些思想空间，鼓励学生长于好奇、勤于思考、敢于探索、乐于出新，迸发创造活力。对学生不要求全责备，特别是对那些有特长的学生，一定要注意因势利导、因材施教，开辟特殊通道，促使他们成长为拔尖专业人才。第四，磨砺坚忍意志。现在的学生大多是独生子女，是一家人的"心头肉"，衣来伸手、饭来张口，遇到麻烦有家长遮挡，成长环境太顺，经历的磨炼太少。这些"温室里的花朵"进入社会，独自面对工作和生活时，往往难以适应，容易退缩、放弃，甚至走极端。所以，培养坚忍意志十分必要。学校、家庭都要经常锻炼孩子的吃苦精神，提高其对挫折的适应能力，砥砺其咬定目标、锲而不舍、矢志不渝、百折不挠的意志品质。此外，还要加强农村留守儿童心理健康教育，丰富他们的课外、校外生活，使他们能够健康成长。第五，强化责任意识。责任感是一个有作为的人必备的品格，大到对国家负责、对民族负责，小到对家庭负责、对父母负责、对子女负责、对自己负责。要教育学生敢于负责、敢于担当，努力形成"铁肩担道义"的历史责任感和社会责任感。第六，锻炼健康体魄。现在，学生体质下降是个严重问题。城镇发展很迅速，而学校用地越来越紧张，一些学校甚至缺乏必要的体育活动场地；电视内容越来越丰富，网上的游戏越来越多样，有的学生喜欢"宅"在家里看电视、上网，不爱到户外搞体育锻炼；吃的越来越丰富，有的家长管不住孩子的嘴，要吃什么买什么，结果越来越多的孩子得肥胖症甚至高血压。这个问题如果解决不好，我们的孩子将成为"垮掉的一代"。学校、老师和家长要密切配合，管住孩子的嘴、迈开孩子的腿、强健孩子的体魄，使他们健康成长。总之，有了优良的品德、较强的实践能力和创新思维、坚忍的意志、强烈的责任感、健康的体魄，立身、立世、做人、做事就有了坚实的基础。

培养合格人才，还必须高度重视发展职业教育。从人才成长的规律性来看，有的人天赋高，学习能力、研究能力强，将来可以成为高端人才。但是，对于绝大多数学生来说，学习知识主要是为了形成基本素质，有一技之长，能自食其力、"养家糊口"过日子。从贵阳发展的需要来看，推进新型工业化、城镇化、农业现代化，既需要一批学术型、研究型的拔尖人才，更需要大量适应区域经济发展需求的技能型人才。从贵阳教育的定位来看，在我国的现行体制下，普通高等教育主要是由国家和省主导的。作为市这一级来讲，应该立足自身优势，重点办好职业技术教育，让更多的学生掌握适用技能，顺利实现就业。对于贵阳学院，如果按照综合性大学的方向发展，凭现有师资条件和生源条件，不要说在全国，就算在全省也没有什么优势可言。学院领导班子坚持按照"突出实用，服务本地"的要求，着力培养适用人才，这是完全正确的。也只有这样，才能在激烈的竞争中占有一席之地。从当前的就业状况看，职业技术学校毕业生由于有一技之长，就业率一般在 95% 左右，比普通高校毕业生高出 20 个百分点以上。今年 3 月，我到贵阳职业技术学院调研，从老师到学生都反映熟练技工是"香饽饽"。因此，必须把大力发展职业教育作为一项战略任务，着力提高学生的就业能力，培养合格劳动者。还必须指出，学一门技能、增强就业能力，对许多农村孩子来说，既是迫切要求，也是现实选择，大力发展农村职业教育显得更为重要。

一要紧扣经济社会发展的重点。做到培养目标面向市场、办学形式适应市场、专业设置瞄准市场、毕业生就业服务市场，培养经济社会急需的适用人才。目前，贵阳生态文明城市建设的一些重点领域，不要说专业技术人才，就是具备基本职业资格的合格职工都十分紧缺，成为发展的重大瓶颈制约。比如，我们正重点发展铝及铝加工、特色食品和医药、现代物流、旅游、会展、金融、生态农业等产业，但缺乏相应的职教学科。国内一流、西南第一的贵阳国际会展中心建成后，用工量很大，但非常缺乏会展方面的专业人才。推进城镇化发展，实现城乡规划全覆盖，需要每个乡镇都有规划管理员，但乡镇掌握专业规划知识的人少之又少。建设生态文明对环境保护和生态建设要求很高，但这方面的专业人才很难找。现在加强和创新社会管理任务繁重，贵阳市成立市委群工委和群众工作中心，但基本上没有社会管理方面的专业人才，基层社区也急需大量社会工作者。对于这些问题，有关部门要抓紧研究，着力调整学科结构，培养大量适合在生产、管理和服务一线工作的高素质劳动者，为建设生态文明城市提供强大支撑。贵阳职业技术学院已经组建装备制造分院、轨道交通分院，正在筹办城乡建设分院、工商行政分院，就是围绕发展重点培养适用人才的具体举措。另外，清镇职业教育集聚区是发展职业教育的重要载体和阵地，要抓紧推进，并与开发建设城市新区结合起来，取得多赢的效果。

二要建立更加紧密的校企联合体。校企合作是发展职业教育的重要途径，可以说是与市场需求贴得最紧的办学模式。职业教育开展得很成功的新加坡，很重要的经验是企业老总、政府官员参加到校董事会，把最新的职业需求信息传递给学校，学校及时调整专业设置。贵阳职业技术学院与开磷集团采取学校出师资、企业出资金、政府供地的模式，组成集团式的职业学校，联合开办了磷煤化工分院，定向培养高职生、中职生，既提前安排了学生就业，又解决了企业招工难题。贵阳汽车工业技术学校与贵州家喻集团汽车服务公司合作，建立了省内最大的开放式汽车服务实训基地，联合培养从事汽车修理和养护的中职学生。这些模式值得总结推广。在校企联合的过程中，一定要注意依靠市场的力量，以利益为纽带，形成紧密联合体。如果依靠行政手段捆绑，肯定是难以持久的。

四、着力在落实教育优先发展战略上实现突破

畅通"入口"、优化"出口"，关键在于落实教育优先发展战略，真正做到经济社会发展规划优先安排教育发展、财政资金优先保障教育投入、公共资源优先满足教育需要。

第一，教育投入要实现重大突破。投入不足是制约贵阳教育发展的顽症所在。要坚持教育公益性原则，健全以政府投入为主、社会力量积极参与的多渠道教育投入机制。一方面，要确保财政性教育资金投入。按照国家和省的要求，明年财政性教育经费支出占地方生产总值的比重要确保达到4％。不管有多大的困难，我们宁肯在其他方面省一点，也要保证教育投入，特别是农村教育投入。不仅要达到4％，而且要力争更高。实际上，4％这个比重并不算高。据世界银行统计，早在2001年，澳大利亚、加拿大、法国、日本、英国和美国等高收入国家的公共教育支出占GDP的均值就已经达到4.8％，而哥伦比亚、古巴、约旦、秘鲁等中低收入国家公共教育支出占GDP的均值更是高达5.6％。今年6月，国务院下发了《关于进一步加大财政教育投入的意见》（国发〔2011〕22号），明确了一系列政策措施，包括：严格落实教育经费法定增长要求，保证财政教育支出增长幅度明显高于财政经常性收入增长幅度，提高财政教育支出占公共财政支出的比重，提高预算内基建投资用于教育的比重；从去年12月1日起，统一内外资企业和个人城市维护建设税和教育费附加制度，教育费附加统一按增值税、消费税、营业税实际缴纳税额的3％征收；全面开征地方教育附加，地方教育附加统一按增值税、消费税、营业税实际缴纳税额的2％征收；从今年1月1日起，土地出让收入中，按照扣除征地和拆迁补偿、土地开发等支出后余额10％的比例，计提教育资金。对这些政策，我们要认真落实好。另一方面，要吸引民间资金投资教育。通过税收、金融扶持等优惠政策，鼓励和引导社会资金进入教育领域，鼓励企事业单位、社会团体、社会组织和个人投资教育，保证他们有合理、持续的收益。比如像兴农中学，能够办到这么大的规模、这么高的水平，十分不

容易。既然学校有增加投资、扩大规模的愿望，政府就要给予大力支持。同时，还要鼓励普通家庭调整支出结构，加大教育支出，增加整个社会的教育资源供给。

另外，土地也是很重要的投入。现在有的地方挤占教育资源，比较突出的就是挤占教育用地，要么缩小教育用地规模，要么把教育用地往偏僻的地方摆。这一倾向必须切实加以纠正。城镇规划必须优先安排教育用地，把交通条件、区位条件好的地块拿来发展教育。供地规模不仅要满足时下的教育需求，而且要适度超前考虑。尤其是新城区的开发建设，要优先考虑教育设施的配套规划建设。

第二，办学方式要实现重大突破。教育发展光靠政府不行，尤其是贵阳这样的欠发达城市，必须解放思想，让一切有利于教育发展的思想充分活跃起来，让一切有利于教育发展的资源充分利用起来，让一切有利于教育发展的积极性充分发挥出来，努力形成充满活力、富有效率、更加开放的体制机制。当前，要在办好公办教育的同时，大力发展各类民办教育。事实上，民办学校办得越多，公办学校就可能办得越好。然而，目前从观念到政策，都或多或少地存在一些对民办教育的歧视，必须大力破除这些藩篱，推动民办教育大发展。比如，公办教育用地可以行政划拨，民办教育用地也可以免费使用，只要限制用地性质，确保用于教育、不能转让就行。如果学校不办了，政府把地收回来。这并不涉及国有资产流失，有关部门思想上一定要转过这个弯儿来，在支持民办教育用地上迈出实质性的步伐。又如，一些办得好的民办学校和教育机构，可以整合本地公办教育资源，实行连锁办学，提高办学质量，发挥品牌效应。再如，在不改变身份的前提下，选派一批公办教师交流到民办学校，民办学校的优秀教师也可以通过特聘等方式到公办学校任教。市里正在制定措施，选派公办学校教师到民办学校和薄弱学校支教 1～3 年，要坚决执行，不能流于形式。此外，要保证民办学校教职工在资格认定、职称评定、业务培训、表彰奖励等方面，享受与公办学校教职工同等的权利。我在调研教育工作时，几位民办教师反映，在评优、晋级时，民办教师与公办教师不能享受相同待遇。教育部门、人力资源和社会保障部门要认真清理，逐一消除类似不合理事项，切实做到一视同仁。总之，只要不违反国家法律法规，有利于增加教育投入，有利于扩大教育规模和提高教育质量，满足群众受教育需求的措施，都可以大胆试验、积极探索。

第三，教育工作者队伍建设要实现重大突破。说一千、道一万，发展教育事业，还得靠教育战线的广大教职员工。要加强"三支队伍"建设管理，使教育工作焕发新的生机与活力。一是教育行政管理队伍。要加强对教育工作的领导，今后市、县、乡三级党委班子都要明确一位领导分管教育。教育行政主管部门的干部，作为教育发展战略的组织者、实施者，在推动教育事业发展中扮演着极为重要的角色。要结合换届，加大竞争性选拔干部的力度，真正把懂教育、善管理的干部选拔到教育管理岗位上来。二是校长队伍。学校能不能办好，校长非常关键。现在，校长有一定的行政级别，但实际上校长的贡献不是行政级别能够界定的，大学校长可以成为教育家，中学校长、小学校长也可以成为教育家。要本着积极而又稳妥的原则，研究一套专门的评级体系，只要学校办好了，校长的待遇可以大大高过相应的行政级别，这是一个方向。同时，要建立起一整套选拔、任用、交流、管理的新机制，不拘一格选拔中小学校长，可在全国范围内聘请名校长，努力做到"专家治校"。三是教师队伍。中华民族素有尊师重教的优良传统，过去神龛上都有"天地君亲师位"几个大字，把老师和"天"、"地"、"君"、"亲"放在一起供奉。现在，我们把老师形容为辛勤的园丁，燃烧自己、照亮他人的蜡烛，指引方向的灯塔，人类灵魂的工程师，等等。绝大多数老师是忠诚于党和人民教育事业的，无愧于"人民教师"的光荣称号。但是，也的确有个别老师在思想、能力、作风方面存在突出问题。有的满脑子是钞票，开辅导班、卖学习资料，挖空心思挣学生的钱；有的课堂上不讲完，留一点去卖钱，让学生有偿补课；有的懒于学习、不求上进，一本教案用一辈子；有的庸俗市侩，根据家长的职业能量大小区别对待学生。这些都严重影响了教育事业的发展，严重败坏了教师队伍的形象，严重伤害了广大家长的感情。针对这些问题，一方面，相关部门要加强对教师岗位的严格管理，在严把"入口关"的基础上，打破"铁饭碗"，建立科学合理的转岗退出机制，对不合格的教师，该转岗的转岗，该辞退的辞退；另一方面，老师们要提高自身修养，真正做到"学为人师、行为世范"。教师的人生价值不在于赚多少钱，而在于培养了多少有出息的学生，是不是桃李满天下。要潜心治学，打牢深厚的学识功底，否则以其昏昏，误人子弟，罪莫大焉。要以更高的道德标准要求自己，树立良好的师德师风，成为学生健康成长的引路人。

第四，监督考核机制要实现重大突破。要尽快建立起一套严格的考核监督机制，把教育工作摆在与经济发展、环境保护、维护稳定等工作同样重要的位置进行考核，使教育这个"软指标"真正成为"硬杠杠"。考核结果要作为干部任用和奖惩的重要依据，考核不合格的，原则上不能提拔重用和评先选优，从而真正将抓教育这一潜绩量化为干部考核的显绩，使关心教育事业发展的干部不仅得到群众的赞誉，而且得到组织的关心。

像关心自家涨工资那样关心老百姓"劳有所得"

Concern Citizens' Right to Employment Just Like Caring for My Own Salary

既要重视"劳"又要重视"得"*

　　"劳有所得"是涉及老百姓切身利益的重大民生问题。解决"劳有所得"问题，首先是"劳"，就是就业。作为政府，保障就业是基本的责任。对有劳动能力、有劳动愿望的人，就要想方设法解决他们的就业问题。要多发展一些弹性的就业岗位，包括加快发展社区服务业等。另外，就业者要转变择业观念。现在，不是没有岗位，而是有些人不愿意从事这些岗位的工作，导致一部分人没活干，一部分活没人干，就业结构性矛盾很突出。其次是"得"，就是收入。一方面要保障劳动者得到应得的报酬。有些农民工上街堵路，到政府上访，其中有些诉求涉及劳资纠纷，农民工该拿的工钱没有拿到。对此，劳动监察大队一定要站在农民工的立场上，对不按时发放甚至克扣农民工工资的用人单位、用工企业进一步加大处罚力度。要按照构建和谐劳动关系的要求，全面推行劳动用工备案制度，普遍建立政府、企业、工会组织劳动关系三方协商机制，严格执行农民工工资支付保证金制度，确保不拖欠工资。另一方面要落实好最低工资保障制度。现在有些企业经营管理者收入很高、增长很快，但还克扣员工工资。对此，要加强监管。同时，企业还应该随着经营效益的好转，保证职工工资相应增加。政府代表着最广大人民的根本利益，代表着弱势群体的利益。自古以来的执政经验表明，只有把最困难、最弱势的那部分群体的问题解决好了，政权才能稳固。

---

　　* 这是李军同志 2007 年 11 月 23 日调研"劳有所得"工作时讲话的一部分。

以前所未有的工夫做好国际金融危机冲击下的就业工作*

就业是民生之本，是保障和改善人民生活的首要条件。对于政府来讲，稳定人心、稳定社会，很重要的措施就是抓好就业。奥巴马能够当选美国总统，与打就业这张"牌"有直接关系。我们党的宗旨是全心全意为人民服务，就更应该重视就业。现在是金融危机时期，就业形势比较严峻。一方面，由于沿海企业裁员，农民工返乡回流问题比较突出，有些农民工回到了老家，有些就流落在贵阳街头；另一方面，就业刚性需求还很强烈，大中专毕业生以及农村人口向城市转移人数继续增加。可以说，当前就业的供需矛盾比以往任何时候都要突出。就业问题做不好，会带来很多问题。

针对当前的就业形势，我们不能用常规的、按部就班的办法，而要以前所未有的工夫做好工作。所谓前所未有，就是只要对就业管用，什么招都要使出来。贵阳市 GDP 每增长 1%，就可新增就业岗位 2 500 个。促进就业最重要的还是靠经济发展，因此要把保持经济平稳较快发展作为经济工作的首要任务，想尽办法开辟新的经济增长点，加快推进产业结构调整和发展方式的转变，增强吸纳就业的能力。就当前而言，一是妥善引导企业不裁员。企业有用工的自主权，企业根据经营情况裁员本来是企业行为，但是在社会主义国家，就不那么简单了，因为社会主义的本质是共同富裕，人人有衣穿有饭吃。在这个时候，企业不能把职工推到社会上去，而要与职工共渡难关。国有企业首先要讲社会责任感，不能简单裁员。贵州轮胎公司做得很好，虽然遇到了困难，但提出不裁员。贵州铝厂减薪不减员，提出从企业管理层开始减薪，厂长减薪 50%、处长减薪 30%，层层下去，一个人的饭，两三个人吃，值得肯定。民营企业也要有社会责任感，最大限度少裁员，甚至不裁员。劳动部门要对不裁员企业采取发放补贴等措施，表明政府的态度。二是大力开发新的就业岗位。现在可以开发的就业领域很多，比如，服务业就能提供大量的就业岗位。最近，我看了一个统计数据，返乡农民工再就业，从事服务业的占到 70% 以上。要大力发展家政、保姆、医院陪护等服务业，而且要创出品牌。比如能不能创一个"贵阳保姆"的品牌呢？现在的保姆不只是做做家务，甚至还承担一些老人保健、幼儿教育等任务，需要提高技能和素质，以满足客户需要。三是切实加强就业指导。就是要引导社会树立正确的择业观。现在有些人就业高不成低不就，就跟姑娘挑选对象一样，事先设定一个标准，要

---

* 这是李军同志 2008 年 12 月 10 日调研就业再就业工作时讲话的一部分。

求个子高、学历高、收入高等等，最后挑来挑去，挑不着成了"剩女"。要研究措施引导大家到基层去，宣传那些到基层创业成功的典型例子。今后，招考公务员、医生、老师以及提干等，有基层工作经验的要加分。四是努力做好劳动保障维权工作。最近一段时间，有些企业资金链比较紧张，可能影响农民工工资的发放。劳动部门要加大监督、检查力度，切实维护好农民工的权益，一定不能因为拖欠工资而引发事端。在这个问题上，我们要坚决站在农民工的立场上，替农民工说话办事。五是为党委、政府做好参谋。就业是反映经济运行状况的"晴雨表"，既然是"晴雨表"就应该发挥"晴雨表"的作用。有关部门、人才市场要对就业问题进行深入调研，做好分析预测，提供决策参考。

像关心自己亲人就业那样解决好大学生就业问题[*]

大学生就业问题，既关系国计，也关系民生。大学生是宝贵的人力资源，我国虽然人口众多，但相比之下人才并不多，尤其是高素质的人才还很少。我们一直在讲，要把经济发展转移到依靠科技进步和提高劳动者素质的轨道上来。贯彻落实科学发展观，优化产业结构，推进城乡一体化，最终还是要依靠人才，特别是高素质的人才。如果大学生不能实现就业，在社会上晃荡，即使一年半载，对本人也是一种浪费，对国家更是一种浪费。在我们国家还有一个特殊情况，大学生就业关系到千家万户的切身利益，牵动着千千万万家长的神经。家长们既操心孩子上大学，又操心孩子毕业后找工作。父母含辛茹苦、节衣缩食，让孩子上完大学不容易，上完大学找不到一份工作，父母就会非常失望，因为不仅以前的投入收不回来，而且指望孩子养家糊口的预期也泡了汤。

解决好大学生就业问题，政府、企业、学校、学生都有责任。政府要积极帮助造"饭碗"、找"饭碗"。要像关心自己的亲人找工作那样，关心大学生就业问题，把大学生就业放在当前就业工作的首位来抓。完善"一村一名大学生"计划，制定"一社区一名大学生"计划，通过给予公益性岗位补贴、发放薪酬或生活补贴、提供社会保障等方式，引导大学生到农村和城市社区工作。通过工商注册、税费优惠等政策，鼓励和扶持大学生自主创业，以创业带动就业。贵阳高新技术开发区要尽快设立大学生创业园，为大学生创业提供"一站式"服务。通过各种方式，将就业信息、技能培训和劳动保障政策等送进高校，组织用人单位开展校园招聘活动，为大学生就业搞好服务。劳动、人事、工商、税务、民政等部

---

[*] 这是李军同志 2009 年 3 月 18 日调研高校毕业生就业工作时讲话的主要部分。

门以及各区（市、县）要认真开展调查，看看还能增加多少适合大学生的就业岗位，还有什么渠道可以挖掘，一笔一笔算清楚，一项一项抓落实。总之，要打好"组合拳"，千方百计开发新增就业岗位，促进大学生创业和就业，做到就业率不比往年低，还要略有提升。

企业要转变"重牌子"、"重经历"、"轻培养"、"轻潜力"的观念。一些企业选人用人，不同程度地存在好高骛远的问题，动不动就要挑名牌大学的毕业生，对一般学校的毕业生看不上眼。贵州的企业应该首先面向贵州本地的高校，看看贵州省各个层面、各个方面的领导和专家，大部分是本省高校培养出来的。企业还要降低"门槛"，多录用一些应届毕业生。过分强调工作经历，就把很多优秀的学生挡在了门外。企业希望减少用人成本，直接用有工作经验的人，这无可厚非，但作为一个立足长远发展的企业来讲，员工对企业的归属感和忠诚度，还是要从一开始培养。有三五年工作经验的人跳槽到你这个企业，很有可能过一段时间就会跑到其他更好的地方去。你从别的地方和企业挖人，人家同样可以从你这里挖人，道理都是一样的，最好还是靠自己培养。企业建立实习基地的做法非常好，毕业生可以到企业实习一段时间，一旦双方互相看中和认可，就可以签订劳动合同。

学校要有营销、推销的意识。以前国家包分配，劳动部门主动来学校要人，学校只管培养，"皇帝不愁女儿嫁"。但现在的情况和过去不一样了，等着人家找上门来已经不现实。所以，学校要有营销观念，要上门到企业去推销自己培养出来的学生，这就好比我们到外地去搞旅游推介。学校的校长不仅要关心教学科研，还要花大量的精力关心学生就业。贵州商业高等专科学校在这方面就做得比较好，其就业率超过 90％。衡量一个学校的成就，不仅要看该学校的教师发表了多少篇科研论文，还有一个重要标准就是看就业率的高低。西安翻译学院之所以发展迅猛，主要是因为它的就业率达 100％，家长放心把孩子送到那里去，不用担心孩子找不到"饭碗"。对社会上的绝大多数人来讲，上学读书最后就是为了谋一个"饭碗"，毕竟只是极少数人才能成为声名显赫、受人景仰的杰出人物。学校有责任和义务加强引导和辅导，让学生及时了解人事部门的就业政策和用人单位的招聘信息，宣传一些就业和创业的成功典范与先进事迹，教育学生及早、主动谋划将来的工作，让在校学生有更多的实践机会，积累更多的工作经验，在就业市场的激烈竞争中赢得主动。

学生要树立新型就业观。毕业生承受着巨大的就业压力，难免会有苦恼、有焦虑，对此我深表理解和同情，但毕业生还是要转变就业观念，积极主动应对。当代大学生要与时俱进，树立"行行可建功、处处能立业、劳动最光荣"的新型就业观和成才观，不等不靠，不挑不拣，骑"马"找"马"，不要给自己预先设置一个过高的标准，想一口气吃成"胖子"，也不要眼睛老是盯着一个地方，在一棵树上"吊死"。基层的舞台十分广阔，大学生选择到农村、到社区、到生产一线去工作和锻炼，一定能够找到合适的岗位。就业是一个动态的过程，一个人一辈子不一定只在一个单位工作，很多人都要经历多次调整。要通过自己的努力，一点一滴积累，一步一步提升，逐渐改善工作和生活条件，切忌好高骛远、眼高手低、急于求成。我相信，只要实事求是，摆正位置，大家都能够找到好工作。

像关心自家老人养老那样关心
老百姓"老有所养"

Concern Elderly Citizens' Livehood Just Like
They Were My Own Family Members

关爱老人就是关爱自己 *

　　谁都会有老的那一天，老了之后能不能得到保障，每个人都很关心。从某种意义上讲，关爱老人就是关爱自己。

　　养老是全社会的责任，政府要尽到政府的责任，子女要尽到子女的责任，社会各个方面都要尽到责任。对政府来讲，要履行公共服务职能。现有的养老院要管理好，为老人提供优质服务，同时还要新建一些养老院，让更多的老人颐养天年。对孤寡老人等弱势群体要多做雪中送炭的工作，把党和政府的温暖真正送给没有办法通过市场满足需求的这部分人。对子女来讲，要发扬讲孝道的传统美德。中国的养老有自身的特色，家庭是基本的保障单位，老来靠儿女是传统观念。南明区"居家养老"工作开展得不错。我们今天看望的那位 100 岁老人，他的孩子都 70 多岁了，还天天来照顾老人，令人感动。我们要宣传表彰这种讲孝心、讲孝道的典型。在全国道德模范评比中，有"孝老爱亲"这一项，就是鼓励子女讲孝道。对社会来讲，要承担社会责任。比如，国家有规定，房开企业必须给社区免费提供包括老年活动室在内的公共用房，但有的社区居委会、基层派出所的办公场所还是通过购买取得的，对此，要来一次全面检查，如果没有落实，房开企业要么交一部分钱，要么拿出一两套房子用作社区办公用房。这不是杀富济贫，而是落实有关政策。比如，要积极吸引社会资本投入养老机构的建设，实现投资主体多元化，满足多样性养老需求。可以研究鼓励性政策，让投资方获得

* 这是李军同志 2007 年 11 月 23 日调研"老有所养"工作时讲话的主要部分。

一定收益，但不能是暴利。

现在，城市居民"老有所养"问题解决得相对好一些，退休后基本上都可以领到养老金，难点是农民的"老有所养"问题。农民养老保险究竟该怎么搞，全国没有统一模式。自去年开始，全国一些地方开展了农民养老保险的试点，比如北京市大兴区、山东省招远市、福建省南平市延平区、安徽省霍邱县、山西省柳林县、四川省巴中市、云南省南华县等地，西部地区的这两个市县还是国家级的贫困市县，巴中市农民人均纯收入才1 745元，南华县农民人均纯收入才2 081元。去年贵阳农民人均纯收入达3 442元，完全可以把农民的养老问题提上日程，按照"广覆盖、低标准、适度保障"的原则，制定计划，抓紧实施，让农村老人安度晚年，享受社会进步、社会文明的成果。

我相信，随着经济的发展，城乡统筹力度的加大，农民的养老问题迟早会得到妥善解决。有些事情早办晚办，早晚得办，我们就要赶早不赶晚，赶急不赶慢，真正地以一种时不我待、只争朝夕的态度，把农民养老这件事情办好，让农村老人及早受益。

形成尊老敬老的浓厚氛围*

岁岁重阳，今又重阳。在这个温馨的节日里，我表达四个心愿：

第一，各位老年人已经辛苦了一辈子，要保重身体、颐养天年。各位老前辈、老领导、老同志，曾经是各条战线的领导者和主力军，为贵阳的经济社会发展付出了大量心血，作出了重要贡献，在贵阳的发展史上留下了辉煌的一页。俗话说，"前人栽树，后人乘凉"，"饮水"要"思源"。我们这些后辈享受着老一辈辛勤劳动的成果，我们所做的一切工作，都是在老一辈奠定的良好基础上进行的。很多老同志虽然因为年龄原因，退出了工作岗位，但仍然心系贵阳的发展，通过各种方式来支持、帮助我们这些后辈开展工作。有的老领导、老同志经常给我来信、来电，围绕党委、政府的中心工作，比如建设生态文明城市、建设环城高速公路、治理和保护"两湖一库"、实施"畅通工程"、开展"公推竞岗"、打响"森林保卫战"等，提出很好的意见和建议，给予我热心帮助。各位老领导、老同志的历史功绩和现实贡献，我们永远不会忘记。你们工作了一辈子，辛苦了一辈子，现在是该享福的时候了。作为晚辈，我们要为你们创造良好的环境，提供优质的服务，让你们颐养天年。同时，也真诚地希望你们平衡饮食、科学运

---

* 这是李军同志2008年10月7日在贵阳市老年节茶话会上的讲话。

动、保持好的心态，健康长寿。

第二，要大力弘扬孝道，把孝敬老人作为最基本的道德准则。在中国的传统文化里，"忠孝"是维系社会的重要伦理纲常，弘扬"忠孝"之道，在今天仍然有着十分重要的意义。我理解，"忠"，就是对党、对国家、对人民要忠诚；"孝"，就是对父母要孝顺，要敬老、爱老、养老。在一定意义上讲，"孝"是"忠"的基础，"百善孝为先"。很难想象，一个对父母都不尽孝心之人，能够忠于党、忠于国家、忠于人民。对老人，物质上的孝敬是必需的，但更重要的是从精神上、感情上去孝敬。《论语》里有一个"子游问孝"的故事。子游问孔子，什么是孝？孔子说："今之孝者，是谓能养。至于犬马，皆能有养；不敬，何以别乎？"意思是说，如果认为养父母就是孝的话，那么，养犬、养马也是养，如果没有对父母的一片孝敬之情，那赡养父母与饲养犬马又有什么区别呢？说实话，老一辈在吃穿上很简单，要求不高，对他们来讲，精神上、感情上的需求比物质上的需求重要得多。以送礼物来讲，晚辈们总想给长辈送些吃的穿的，其实现在生活条件大都可以，老人们并不缺吃的穿的，跟他们一起待几天，陪他们唠唠嗑，这就是最珍贵的礼物。现在的年轻人在外面打拼、创业，都很忙碌，确实很不容易，老人们也很理解，但做子女的，无论工作怎样紧张、怎样繁忙，都应该"常回家看看"，给老人精神上、感情上的慰藉。如果以工作忙为理由，不回去跟老人团聚，只顾经营自己的小安乐窝，这是不孝顺的表现。过去是小孩盼过节，现在是老人盼过节，因为过节的时候能和孩子们团聚。要大力提倡过节的时候年轻人回家跟老人团聚。各单位、各部门在对干部职工孝敬老人问题上，比如回家探望老人、老人生病需要照顾等，要尽可能提供方便。有关部门在评选道德模范的时候，要注意评选一些孝顺老人的模范。

第三，党委、政府要扎实推进"老有所养"行动计划。"努力使全体人民老有所养"是党的十七大提出的新要求。贵阳市结合实际，提出"六有"民生行动计划，把"老有所养"作为建设生态文明城市一项十分重要的工作来抓，决定用五年时间，实现"老有所医，老有所教，老有所学，老有所乐"。要认认真真地落实各项措施，把事情一档一档地抓好，一项一项地完成，确保实现"老有所养"的各项目标。贵阳城乡差别比较大，城市的社会养老保障问题解决得比较好，绝大多数老人能领到养老金，少数比较困难的老人也能得到相应救助，基本生活是有保障的。但在农村，老年人养老没有社会保障，主要靠家庭养老。必须高度重视、扎实推进农村社会养老保险工作，努力使农村老年人的养老保障水平随着经济社会的发展而逐步得到提高，切实解决农民群众的养老之忧。

第四，全社会要形成尊老敬老的浓厚氛围。尊老敬老是中华民族的传统美德，也是社会文明的一个重要标志。一个地方，老年人生活艰难，却没有人管，怎么能谈文明？老年人有病有痛，却没有人去过问，怎么能谈文明？公共场所老年人得不到照顾，比如公共汽车上没人让座，怎么能谈文明？因此，要结合生态文明城市建设，在全社会形成尊重老人、赡养老人、救助老人的浓厚氛围。比如，可以在机关、学校、社区、企业广泛开展各种敬老助老活动，树立敬老助老的先进典型，让他们得到社会的赞扬；同时也要让那些嫌弃老人、蔑视老人、欺负老人的人遭到鄙视和唾弃。今天是重阳节，也是老年节，当然要开展尊老敬老活动，但尊老敬老不能只体现在节日里，更要体现在日常生活的各种场合、各个方面。"老吾老以及人之老"，每一个年轻人都要像对待自家老人一样对待社会上的每一位老人，让老人无论是居家还是出门在外，随时随地都能感受到尊重、关怀和温暖，真正使贵阳成为老年人幸福生活的乐土，成为全国老年人向往的地方。

我父亲 80 岁、母亲 78 岁的时候，我给他们写了一首歌《我爱老爸爸，我爱老妈妈》，以表达我的感恩之情。我在这里给大家念一下：

> 您有一句叮嘱的话/我一直用心记着它/伴我走过坎坷的路程/不畏艰苦闯天下/我爱你我的老爸爸/我爱你我的老妈妈/孩儿现在已经长大/事业顺心身体好/您真的不必再牵挂/您老人家放心吧

> 我有一句贴心的话/我反反复复念叨它/伴我熬过孤单的夜晚/常常梦里回老家/我爱你我的老爸爸/我爱你我的老妈妈/您操劳了一辈子/现在好好享福吧/您身体安康精神爽/孩儿也就高兴啦

今天，我把这首歌词献给贵阳市的老爸爸、老妈妈，祝你们健康长寿、吉祥如意！

像关心自家就医那样关心老百姓"病有所医"
Concern Citizens' Health Just Like I were a Patient

解决"看病难"多用加法，解决"看病贵"多用减法 *

人从生下来就和病结下了不解之缘，"病有所医"是与每个人联系最直接、每个人都最关心的问题。这个问题解决得好就会赢得民心，否则就会失去民心。由于多方面原因，实现"病有所医"的目标并不那么容易，我们要做出巨大努力。第一，要很好地完善现有的制度措施。根据贵阳的实际情况，在国家政策范围内积极探索。只要国家没有明令禁止的，没有说不让搞的，就可以先行先试。围绕建立覆盖城乡居民的基本医疗卫生制度这一目标，如何提高新型农村合作医疗制度的参合率，怎么搞好城镇居民的医疗保险试点，如何加快发展社区卫生服务，等等，都值得大胆探索。第二，解决"看病难"要多用加法。在财政投入方面，随着财力的增长，要相应地增加医疗投入。在配置城乡医疗资源方面，要进一步下沉，下沉到社区，下沉到乡村，这方面国家没有统一规定，可以根据贵阳的特殊情况进行设计，研究出有特点的办法来。在农村新型合作医疗制度方面，既要扩大医疗保障覆盖面，又要把钱用出去，用出效益来。找钱是本事，花钱也是本事，并不是说财政支出越少越好，支出也是效益。总之，要增加投入，增加设施，增加医护人员，扩大覆盖面，将医疗服务的触角延伸到每一个城乡居民。第三，解决"看病贵"要多用减法。比如，降低药品价格，减免医疗服务费用，等等。现在有一个很普遍的现象，医院之间相互不承认检验结果，病人在这个医院做了检查，把检验单带到另一个医院，不被承认，还得重新检查。卫生部门要研究措施，让医院互相承认检验结果，就像大学互相承认学历一样。医院

---

　*　这是李军同志 2007 年 11 月 15 日调研"病有所医"工作时讲话的主要部分。

要想方设法站到患者、病人的角度来想问题，让病人少花钱，让利于病人。另外，现在医院普遍存在利润流到医生个人手里的问题，"富了方丈穷了庙"。要想想办法，进行制度设计，把利润留给医院，而不是流到个人口袋里。第四，要形成合力。由于体制原因，"病有所医"涉及卫生、劳动保障、民政等部门。相关部门要同心同德，形成合力，共同研究保障城乡居民"病有所医"面临的新情况，解决新问题，把这项民心工程提高到一个新的水平。第五，要绝对保证医疗保障资金的安全。农民的参合费用、城镇职工的医疗保障资金等，是老百姓的救命钱，绝不能发生任何问题，哪怕出一点点问题都没法向老百姓交代！

超前开展城镇基本医疗保障试点*

现在，城市有工作的人办理了医保，农民参加了新型合作医疗，但全国还有 2 亿多城镇居民、贵阳市还有 92 万城镇居民没有纳入医疗保险体系。因此，开展城镇居民基本医疗保险试点工作意义十分重大，是落实科学发展观的必然要求，是构建社会主义和谐社会的题中应有之义，是解决人民群众特别是城市困难群众看病难、就医难的重大举措。

试点工作先行一步，群众就先受到医保阳光的普照，就先受惠。因此，无论如何要把工作做好。一要把握原则。就是要坚持低水平、广覆盖，开始时标准不要太高，今后可以随着财力的增长而逐步提高。就像一个人住房子，如果一开始就住别墅，后来去住茅草房，当然受不了；但从茅草房开始，换成砖房，再换成楼房，最后住别墅，感觉就很好。二要坚持群众自愿。特别是中小学生的参保问题，一定要给家长讲清楚，这不是强制性的，不是摊派，而是党委、政府给大家办的一件好事。好事要办好，不能让群众反感。当然，也要增强政策的吸引力，让他们感觉参保与不参保大不一样。三要及时总结经验。要运用农村新型合作医疗的成功经验来推动城镇医疗保险试点，像花溪区党武乡，农村新型合作医疗的参合率达 90% 以上，就值得借鉴。同时，发现问题要及时纠正。四要加强资金管理。资金安全是大事，一定要把医保资金列进专户，切实管好、用好。五要做好宣传引导。让广大城镇居民知道，党委、政府搞医保试点确实是为他们着想，为他们谋利益。

---

* 这是李军同志 2007 年 9 月 15 日在贵阳市委常委会上关于开展城镇居民基本医疗保险试点工作讲话的主要部分。

讲党性、讲规矩、讲良心，抓好食品药品放心工程*

最近一段时间，全国一些地方发生了重大食品安全事故，令人非常震惊。同样性质的问题在贵阳市也发生过，只是规模、影响没有这么大罢了。各级领导干部一定要清醒，不能麻痹大意，不能沾沾自喜，不能有侥幸心理。

人们常说，要注意身体，身体是"1"，其他都是"0"，只有有了"1"，"0"才有意义。身体没有之后，其他不都是"0"了吗？食品、药品直接关系人的身体健康，而且一旦出现事故涉及面很广，像"三鹿奶粉"事件涉及上亿人。现在一个家庭往往只有一个孩子，一个孩子至少牵动着父母、爷爷奶奶、外公外婆六个人的心。孩子到医院就医，后面通常跟着一堆人。因此，对食品药品的监管一定要严，特别是对涉及孩子的食品药品监管要更严。监管得严，对企业而言，无非就是增加点成本而已。但企业成本与老百姓的安全相比，孰轻孰重？是钱大还是命大？我们绝不能以损害人民群众生命健康来换取企业发展和经济增长。

领导干部一定要讲党性、讲规矩、讲良心。讲党性，就是要多为党分忧，绝不给党抹黑。我们党是全心全意为人民服务的党，是"立党为公、执政为民"的党，食品药品安全事故发生多了，群众就会怀疑党的执政能力，怀疑党的立场。讲规矩，就是要不徇私情，严格依照法规办事。现在，各项工作都有制度规范、有法律规定，只要严格依照法规办事，这些问题都可以避免。在食品药品监管中，对违规生产等各种行为绝不能含糊，要顶住说情、打招呼、递条子的压力，不能为违规行为提供土壤。这次食品药品安全大检查绝不能走过场，不符合要求的，一天整改不达标，一天不能恢复生产或营业。如果谁乱干预，市委坚决斩断他的"黑手"，让他付出代价。讲良心，就是从人最基本的恻隐之心、同情之心、怜悯之心出发，设身处地为受害者着想。大家想一想，如果婴幼儿奶粉涉及在座各位的孩子，那会怎么样？企业不能赚黑心钱、昧心钱，政府工作人员不能干黑心活。总的来讲，大家要以对党、对国家、对人民生命财产负责，对自己的家人负责的态度，全心全意把食品药品监管工作做好。

---

* 这是李军同志 2008 年 9 月 23 日在贵阳市委常委会上关于抓好食品药品监管和安全生产工作讲话的一部分。

像关心自家改善住房条件那样
关心老百姓"住有所居"

Concern Citizens' Right to Housing Just Like
Caring for Improving My Housing Situation

抓紧实施"住有所居"行动计划 *

贵阳市委、市政府决定抓紧实施"住有所居"行动计划，有四个方面的原因。第一，这是贯彻落实党的十七大精神的具体行动。党的十七大一个鲜明的特点就是把解决民生问题提到了前所未有的高度，其中，"住有所居"方面明确提出"健全廉租住房制度，加快解决城市低收入家庭住房困难"的要求。对此，我们要结合实际认真贯彻落实。第二，这是顺应广大群众强烈呼声的实际举措。现在不少群众反映住房十分困难，像汉湘街、白果巷的老百姓，住房那么小、那么旧、那么破，看后令人心酸。有个老人当面给我讲，他的房子住了将近 60 年，砖、瓦随时都可能掉下来，有生命危险。还有一位姓夏的同志给我写了一封长信，请党委、政府帮助解决住房困难问题。对老百姓的呼声，我们要敏感，不能迟钝。第三，这是党委、政府履行职能的必然要求。从世界各国和地区的经验看，完全依靠市场难以有效地解决低收入群体的住房困难问题，党委、政府通过完善住房保障制度，特别是通过改造棚户区、城中村等措施，为低收入群体提供住房保障，是应尽的职责。尤其是贵阳的棚户区、城中村，很多地段条件差、面积小、拆迁难度大，单纯搞开发赚不到什么钱，更加需要政府承担社会管理和公共服务的职能，予以政策支持，改善当地居民的住房条件。全国其他省市近年来改造棚户区、城中村的经验也充分证明，哪里的党委、政府高度重视，措施有力，哪里的棚户区、城中村改造进展就顺利。第四，这是落实房地产宏观调控政

---

* 这是李军同志 2007 年 11 月 7 日调研经济适用房、廉租房建设工作时讲话的一部分。

策，抑制高房价的有效途径。一段时间以来，商品房价格一个劲儿地往上涨，有些地方采取直接平抑房价的措施，但效果不是很明显，市场的问题还是要通过市场来解决。政府建设面向低收入群体的小户型、低价位普通住房，能够有效增加房屋的供应量，缓解供需矛盾，在一定程度上起到抑制房价过快上涨的作用，从而促进商品房市场的健康、有序发展。因此，必须增强紧迫感和责任感，把实施"住有所居"行动计划作为一项重大的民生工程、民心工程，提上重要议事日程，切实抓紧抓好，抓出成效。

以前的经济适用房建设管理，由于处于由福利房转变到商品房的过渡期中，确确实实存在局限和不足。《国务院关于解决城市低收入家庭住房困难的若干意见》（国发〔2007〕24 号文件）对改进和规范经济适用住房制度作出了明确规定：经济适用住房供应对象为城市低收入住房困难家庭，并与廉租住房保障对象衔接。经济适用住房套型标准根据经济发展水平和群众生活水平，建筑面积控制在 60 平方米左右。对此，我们要不折不扣地落实。今后，对已审批定点的经济适用房项目，已经开工的要完善规划设计方案和管理办法，没有开工的要迅速调整。如果开发商能够执行国务院的新政策，可以继续开发建设；如果不能按照国务院新的政策实施，就要坚决把地收回，或者转为建设廉租房，或者通过补缴土地出让金后转为建商品房。同时，市委、市政府决定，贵阳市原则上不再新批经济适用房项目。

解决低收入群体的住房困难问题，是政府的责任。在贵阳这样的欠发达城市，解决困难群众的住房问题更加紧迫。第一，从保障对象来讲，就是要面向生活困难群体和低收入群体。通过福利分房、经济适用房等其他渠道，城市居民中80％的人住房问题得到了较好解决，现在还有 20％左右的人住房还比较困难，这部分人主要是：体制转轨过程中的企业下岗工人；城镇新增就业人口中的低收入群体，包括近年来大中专毕业生和企事业单位、机关新招的人员；农民工；城镇失业人口，包括被拖欠工资和退休金的职工；等等。这些人经济收入比较低，大多住的是多年的旧房和私自修建的房屋，房屋质量非常差，有的还是危房。当务之急，是要对这部分群体进行摸底调查，做到心中有数。第二，从运作模式来讲，就是政府主导、市场引导。所谓政府主导，就是政府直接建设、储备一批廉租住房，向困难群体出租。就像粮食市场一样，国家储备粮这块，政府是要直接掌握的。所谓市场引导，体现在两个方面：一是改变住房租金补贴发放形式。同样的房子，租金都是一样的，不能有的是 1 块钱，有的是 10 块钱，但应根据不同群体的收入状况，给予相应的补贴。二是吸引房开企业参与廉租房开发建设。贵阳市房开企业社会责任感比较强、社会形象比较好，希望你们积极参与贵阳市棚户区、城中村改造。政府可以研究制定有关政策措施给予支持，比如行政划拨土地、减免各种税费等等，不会让你们吃亏，而且还会让你们有长期的稳定收益，但是要服从整体规划，搞小户型，供市场出租，不能卖。第三，从资金保障来讲，要多种渠道筹集。政府主导的保障性住房建设，资金来源有这样几个方面：一是财政预算安排，今年市财政就安排了8 000多万元保障性住房建设资金。二是住房公积金增值收益在提取贷款风险准备金和管理费用之后全部用于廉租住房建设。三是土地出让净收益用于廉租住房保障资金的比例不得低于10％。四是国家每平方米补助300元，我们申请的廉租房获批后将得到一笔补助资金。这样算下来，资金总额不小，然后再通过贷款等市场手段进行运作，用这些钱可以盖不少房子。要聘请职业经理人来经营，把这些钱用活用好，发挥最大效益，最大限度地解决低收入群体的住房问题。第四，从工作思路来讲，要系统谋划、统筹考虑。把解决低收入群体的住房难问题与城市规划建设结合起来，切实完善城市功能，改变城市面貌，达到一举多得的效果。第五，从氛围营造来讲，要加强宣传教育的力度。要通过报纸、电视、电台、网络等多种方式，宣传各级党委、政府为解决低收入家庭住房困难采取的行动，让广大市民支持、理解、配合，形成实施"住有所居"行动计划的强大合力。

能否把低收入群体住房困难问题解决好，是对各级干部政治素质、思想意识、工作作风的重大考验。要精心指定工作方案，排出详细的时间进度表，分项目、分步骤地抓紧推进。要建立严格的目标责任制和绩效考核机制，对工作不落实、措施不到位的单位和部门，要通报批评、限期整改，并追究有关领导的责任；对在解决城市低收入群体住房困难中以权谋私、玩忽职守的，要依法依规追究有关责任人的行政和法律责任。

多途径解决好各类群体的住房问题[*]

当前，多途径增加居民住房供给，有利于扩大投资、拉动内需、带动相关产业发展，有利于"保增长、保民生、保稳定"，既有重大的政治意义，又有重大的经济意义。特别是国家加大保障性住房建设力度，为更好地解决困难群体的住房问题带来了难得机遇。要进一步深化认识，抢抓机遇，加快建立包括商品房、"两限房"、经济租赁房、廉租房等在内的多层次住房供应体系，千方百计解决好各类群体的住房问题。

对于无力通过市场手段解决住房问题的困难群体，政府要提供带有"托底"

---

* 这是李军同志2009年6月28日调研"住有所居"工作时讲话的主要部分。

性质的保障性住房，给他们提供一个"遮风挡雨"的住所。廉租房和农村危房改造要坚持"低标准、广覆盖"的原则，做到"雪中送炭"，而不是"锦上添花"。如果标准过高，不但有限的财力难以为继，而且会带来新的社会不公。认真执行国家廉租房建设的有关政策，严格控制户型、面积、档次、成本，进一步拓宽覆盖面，让更多的老百姓共享改革发展的成果。严格实行廉租房的准入、退出机制和轮候制度，切实做好申请人家庭收入、住房状况的调查审核，坚决查处弄虚作假等违纪违规行为和有关责任人员，确保各项政策得以公开、公平、公正实施。要多渠道增加廉租房源，特别是要采取强制性措施，把经济适用房小区配建廉租房的政策落实到位。探索多渠道建设保障性住房的路子，充分调动社会资金参与建设保障性住房的积极性。

对于既买不起、租不起商品房，又不属于廉租房保障对象的群体，比如刚参加工作的大学毕业生、年轻公务员等，要通过政策支持，多渠道、多方式帮助他们解决住房困难问题。积极发展经济租赁房，以略低于市场同类房屋的价格将经济租赁房租给特定的对象和人群；探索建设限价商品房，进行政府严格监管下的市场化运作，限定房屋价格、建设标准和销售对象，帮助这部分群体渡过暂时的住房困难。同时，要引导他们树立正确的住房消费观念，改变一步到位住"宽房大屋"的想法，可以先租房，再买小房，经济宽裕后再换大房，逐步改善住房条件。

对于中高收入者，主要通过市场手段解决住房问题。房地产业的健康有序发展，既符合房开企业的根本利益，也符合广大住房消费者的愿望。党委、政府既要立足于算大账、长远账，让利于企业，使之有合理的利润空间，又要严格监管，避免出现泡沫；要采取适宜的政策，满足居民多样性的购房需求。房开企业要克服"暴利"心理，大力发展中低价位的商品房，在让利于消费者的同时，实现自身的持续发展。

探索西部城市保障性安居工程建设和管理的新路子[*]

保障性安居工程是党中央、国务院实施的一项重大民生工程。今年2月12日，中央领导同志到贵阳市视察公租房、廉租房建设和城市棚户区改造情况，殷切希望贵阳市在公租房和廉租房并轨、公租房建设和管理以及保障性住房建设长效机制等方面探索经验。贵阳市认真贯彻，积极实践，摸索符合贵阳实际的西部

---

* 这是李军同志 2011 年 5 月写给中央领导同志的一份报告。

城市保障性安居工程建设和管理的新路子，取得了初步成效。

第一，政企并力。就是在发挥政府主导作用的同时，引导社会力量积极参与，多渠道建设保障性住房。保障全体人民"住有所居"是党委、政府义不容辞的重大职责，政府不但应该在资金上加大投入，而且在规划布局、土地供应、配套设施等各个方面也应全力保障。但是，大规模的保障性住房建设任务，政府不应该也没有能力大包独揽，必须广泛调动社会资金参与建设。特别是对贵阳这样的西部欠发达城市来说，自身财力十分有限，保障任务又非常繁重，更需要发挥财政资金的放大效应，撬动更多的社会资本建设保障性住房。

在发挥政府主导作用方面，一是资金上发挥放大效应。2009 年 4 月，贵阳成立了市公共住宅建设投资有限公司，集投资、融资、建设、经营、物业管理于一体，作为政府保障性住房建设、管理的杠杆和载体。贵阳市将各种财政性资金及增值收益打捆整合成公司资本金，比如将 8 个房管所所辖资产注入公司；将国家、省对保障性住房建设的补助资金和市公积金增值收益、土地出让金净收益约 6 亿元注入公司；将 300 万平方米批而未建的经济适用房一部分转建廉租房，一部分转建商品房，收益 50 亿元，全部注入公司。公司发挥财政资金的放大效应，通过银企合作、发行债券、引进战略投资者等方式进行资本运营，实现优质资产良性滚动、循环发展。"十二五"时期，公司将筹资 105 亿元，完成 420 万平方米、8 万余套保障性住房建设任务。二是布点上予以重点倾斜。保障性住房项目大都规划布局在交通较为便利，教育、医疗、商贸等公共配套设施较为齐备的地段，土地价值较高。比如，蛮坡廉租房小区，有 5 条公交线路可到达，紧靠正在规划建设的轻轨 1 号线；新建的幸福里公租房小区也有多路公交通达，距小区 300 米处就是新云农贸市场，小区 1 公里范围内有多所中小学。这些地块如果用来做商业开发，政府可以增加一大笔收入，但是为了住房保障对象能住得相对舒适、相对方便，政府宁愿减少收入。三是用地上予以全力保障。在财政对土地出让收益依赖度较高的情况下，加大保障性住房土地行政划拨力度，2010 年保障性住房供地面积达 165.87 公顷，占建设用地量的 32.59%。据测算，政府因此减少土地出让价款约 15.49 亿元。

在调动社会力量参与上，重点是建立可持续的盈利模式。引进技术力量强、社会信誉好的企业参与保障性住房建设，不仅可以拓宽投资渠道，还可以利用企业的技术优势和管理经验，确保房屋质量和运营管理良好。社会资金是否愿意参与保障性住房建设，从根本上讲取决于是否有合理的投资回报。通过测算，我们认为，社会资本参与保障性住房建设，虽然不可能获得暴利，但只要政府给予适当的政策支持，完全可以实现长期稳定的收益。为此，我们采取了一系列支持措施。比如，通过行政划拨土地、适当提高容积率等办法，降低社会资金开发成本；明确规定公租房只租不售，但其商铺、市场等配套设施可以出售、转让、出租，缩短投资回报周期；在符合城乡规划和土地利用总体规划的前提下，鼓励农村集体经济组织使用集体建设用地与社会投资者合作建设公共租赁住房；等等。这样，有效调动了社会资金参与的积极性。中天城投集团投资 25 亿元建设贵阳渔安新城 100 万平方米、1.6 万套保障性住房；中建四局投资 40 亿元改造大营坡棚户区，建成后将解决 2 141 户群众的住房困难。

据测算，"十二五"期间，贵阳市政府主导建设 500 万平方米、10 万套公租房为主的保障性住房，同时将引导各类社会投资者参与建设、经营公租房 850 万平方米、17 万套，解决 27 万户中等偏下收入家庭的住房困难。同时，要求普通商品房项目配建一定数量的廉租房和公租房，进一步拓宽保障性住房来源渠道。比如，规定商品住宅面积在 5 万平方米以上的项目，按照不低于 5% 的比例配建公租房，配建项目在土地使用权招拍挂条件中予以明确，建成后由政府指定机构按建安成本回购。通过各种渠道，公租房占全部住房的比重将达 30%。

第二，建储并举。就是在做大新建住房"增量"的同时，千方百计盘活住房"存量"。在实际操作中，我们发现，一方面，新建住房资金需求量大、建设周期较长，有的保障对象"等着房子住"；另一方面，一些居民小区特别是新区的小区房屋空置率较高，"房子空着没人住"，造成社会资源浪费。为此，贵阳市在加快新建保障性住房的同时，积极开展收储配租，最大限度把社会闲散房源集中起来，统一出租给需要保障的对象。成立了国有控股企业"贵阳市公共租赁住房服务中心"，作为公租房收储配租主体，按照"房屋银行"的模式管理，在社会上广泛收购或承租住房，再统一租赁给经住房保障部门审核、符合条件的城市中低收入家庭。目前，服务中心已在金阳新区、南明区开设分行，"房屋银行"的收储配租模式在全市推开，已收储房源 3 500 多套。

收储配租的方式具有多方面的积极意义。对政府来说，拓宽了保障房源筹集渠道，缓解了资金投入压力，节约了时间成本和土地资源，提高了资源配置效率。拿目前已收储的 3 500 多套房源来说，如果采用新建方式，按照每套 50 平方米、每平方米 2 500 元建安成本计算，约需 4.38 亿元、1～2 年时间。而且，还规范了房屋租赁市场秩序，使很多房屋租赁行为由"地下"转为"地上"。对房主来说，政府组织收储房屋不收取任何费用，还减免房屋租赁登记备案手续费等税费，并承担收储协议存续期间的经营风险；而且，出租对象是经严格审核的中低收入家庭，租赁关系稳定，消除了房主因承租人从事违法活动带来连带责任的担心。因此，房主"存入"房源后可以安心、省心地按市场价获取租金。对住户来说，可以尽快改善住房条件，早日实现安居，特别是对于新就业职工、新毕业大学生等面临阶段性住房困难的群体，可以解"燃眉之急"；租赁中心储备房源多，相当于房屋租赁超市，选择余地大，且房源大多位于新建小区，配套设施相对完善，更能满足居住需求；还可以避免遭遇"黑中介"、"一房多租"等麻烦。中国房地产估价师与房地产经纪人学会、清华大学房地产研究所专门召开贵阳市公租房"房屋银行"收储配租模式研讨会，专家们一致认为，贵阳市公租房收储配租模式，充分利用了存量住房资源，实行专业化运作，有利于平抑市场租金、引导市民树立"先租后买"的健康住房消费观念，实现住房保障体系的可持续发展，具有多方面的示范效应。

第三，公廉并轨。就是将公租房与廉租房统一管理，对保障对象实行梯度保障。过去，由于保障力量有限，贵阳市保障性安居工程主要提供廉租房，解决低收入群体住房困难问题。经过这些年的努力，保障范围逐渐扩大至中低收入群体，包括新就业无房职工、新毕业大学生和非本市户籍的外来务工群体等住房困难的"夹心层"。为便于执行，我们将廉租房和公租房并轨管理，实现从低保户到中等收入群体的住房保障全覆盖。

并轨管理的具体做法是：一是统一房源。房屋性质不再划分廉租房和公租房，同一套房子既可以提供给廉租房保障对象，也可以提供给公租房保障对象。过去用中央、省补助资金建设的廉租房，以及地方建设的各类公共租赁住房，都纳入公租房统一管理；今后各类渠道资金建设的廉租房、公租房，都统一作为公租房源。二是梯度保障。凡是人均住房 15 平方米以下、人均月收入 1 500 元以下的本市家庭，月收入 2 250 元以下的本市单身人员，以及符合资格条件的非本市户籍家庭或单身人员都可以申请居住公租房，政府根据保障对象收入水平的高低实行补差。三是公开透明。实行保障房源、分配过程、分配结果"三公开"，接受社会监督，实现公平公正。

第四，租补并行。就是把提供现房和发放房租补贴结合起来，保障方式更个性化、多层次。一方面，政府通过新建、改造、购买等多种方式筹集足够的公租房源，向社会出租，缓解供需矛盾。另一方面，在面向保障对象出租时，原则上参照市场价格收取租金，形成统一的租赁市场。政府根据保障对象的不同，分别给予不同的租金补贴。对低保户，财政补贴 90%，自己承担 10%，约为每平方米 1 块钱；对中低收入群体，财政补助 50%～70%，自己承担 30%～50%。如果保障对象自行到服务中心租房，经审核也可以享受相应补贴。目前，贵阳公租房保障的家庭为 25 512 户，其中货币补贴为 23 045 户。

通过租补并行的方式，一是有利于满足保障对象的多样性需求。人的住房偏好各不相同，有的愿意选择政府提供的公租房集中建设点；有的愿意选择政府通过收储配租筹集的市中心的房屋，哪怕环境和住房条件差一点；有的愿意选择环境和住房条件较好的市郊，哪怕配套设施差一点。实物补贴与货币补贴相结合为满足多样化的住房需求提供了可能。二是有利于建立准入退出机制。通过对保障家庭收入进行严格审查、年度复核，根据其变化相应调整租金补贴标准。当收入超过保障上限时，取消补贴，实施退出。这既能让中低收入者切实感受到党委、政府给予的实惠，也能让他们转变观念，增强市场意识。三是有利于实现保障性住房建设可持续发展。货币补贴既减轻了政府在公租房投资、建设、后续管理等方面的负担，又保证了投资者的合理回报，实现滚动发展、良性循环。

在大力推进保障性安居工程的同时，贵阳市坚决贯彻落实《国务院办公厅关于进一步做好房地产市场调控工作有关问题的通知》（国办发〔2011〕1号）等文件精神，狠抓房地产市场调控和监管，着力遏制投机、投资性需求，积极增加中低价位、中小户型普通商品房供给，切实稳控住房价格、优化住房供给结构，进一步完善多渠道、多层次、多方式的住房供应和保障体系，改善人民群众的居住条件，提高人民群众的幸福指数。

像关心自家会不会被偷被抢那样
关心老百姓"居有所安"
Concern Citizens' Security Just Like Caring for
Whether My Home Will be Stolen or Not

下大力气开展"严打"专项行动*

市委、市政府下决心开展"严打"专项行动，是因为：

第一，这是广大老百姓的强烈呼声。必须清醒地看到，当前贵阳治安形势还不容乐观。今年1—6月，刑事案件比2006年同期上升了15%，尤其是"两抢一盗"案件反弹趋势、高发态势明显，占刑事案件总量的88.4%。不仅数量上升，而且性质也趋向恶化。对这样的形势，各级领导忧心忡忡，广大群众意见颇多，都希望狠狠抓一抓。我到贵阳上任之后，拜访了一些老同志，他们都提到要加强社会治安工作。前不久，我到南明区金地社区调研，问居民目前最关注的五个问题是什么，治安就是其中之一；有些网友看了我到贵阳市工作的就职讲话后，在网上给我发帖子，希望我不要讲大话、空话，首先要抓抓治安。所以，开展"严打两抢一盗，保卫百姓平安"专项行动，是党委、政府倾听老百姓呼声作出的一项重大决策。

第二，这是各级党委、政府的基本职责。古往今来，维护社会治安都是政府存在的基本价值。中国古代有很多思想家、统治者都将安民作为"帝王之道"、"治国之要"，提出"为官一任，保一方平安"。在美国，很多地方政府执政纲领的第一条就是"让市民安全地生活在这个城市"，纽约警察局在治安问题上还提出了"零容忍"的理念，就是对任何一点轻微的犯罪都要采取严厉打击的态度。我们是

---

* 这是李军同志2007年7月12日在贵阳市"严打两抢一盗，保卫百姓平安"专项行动动员大会上讲话的一部分。

中国共产党领导的政府，全心全意为人民服务是我们的根本宗旨，党和政府的一切奋斗和工作都是为了造福人民，应该在这方面比封建王朝、比资产阶级政权做得更好，对犯罪行为更不能容忍，态度更要强硬，措施更要有力。我们的政府叫人民政府，法院叫人民法院，检察院叫人民检察院，都有"人民"二字；我们叫公安局而不叫警察局，公安公安，顾名思义，就是保障公民安全。过去讲，乱世用重典，我看，治世也要用重典；平常讲，杀鸡焉用牛刀，我看，杀鸡就得用牛刀。如果我们在社会治安问题上不作为，对"两抢一盗"分子姑息，就是对人民群众最大的冷漠、冷酷，就是最大的失职、渎职，就说明我们的执政能力不行。因此，对这次专项行动，我们开宗明义，直奔主题，叫"严打两抢一盗，保卫百姓平安"专项行动。

第三，这是贯彻落实科学发展观的实际举措。科学发展观，第一要义是发展，核心是以人为本。从发展本身来看，要加快发展，必须要有好的发展环境，而治安环境则是最基本的环境，如果治安问题解决不好，抢劫、抢夺、盗窃等案件频发，今天企业被盗，明天老板被抢，投资者连基本的安全都成了问题，谁还来投资，还怎么发展？从发展的目的来看，贯彻落实科学发展观，就是要使老百姓过得幸福安康，就是要为老百姓营造宜居的环境。什么是幸福？老百姓的语言很朴实："平安是福"。什么是宜居环境？不仅自然环境要宜居，社会环境也要宜居。只有让平安、宜居融入百姓生活的每一个角落，才是真正的以人为本。我们要建设和谐贵阳，而犯罪分子就是最大的不和谐因素，只有最大限度地排除这些不和谐因素，才能有力地促进社会和谐。

开展"严打两抢一盗，保卫百姓平安"专项行动，大道理、小道理还可以讲出很多，我就简单讲这么三条，目的是希望各级党委、政府主要负责同志强化"发展是第一要务，平安是第一责任"的意识，不管担不担任专项行动领导小组的组长，都要高度重视，亲自部署，亲自落实。当组长，如果不去抓，也不能叫重视；不当组长，但抓了，也是重视。希望大家进一步提高思想认识，更加自觉、更加主动地开展工作，把这次"严打"专项行动组织好、实施好。特别是云岩、南明两城区，"两抢一盗"等各类刑事案件占全市 61％以上，要更加重视，其他区（市、县）情况要好一些，但也不能松懈。因为两城区打得狠了，犯罪分子就会往郊区、往县里跑，你们要做好充分准备。

社会治安问题不是一朝一夕形成的，也不可能一朝一夕把所有问题都解决，千万不能犯"急性病"，期望一次搞定、一劳永逸。以往全国各地也开展过类似行动，我上网查了一下，什么"飓风行动"、"狂飙行动"、"利剑行动"、"暴风行动"、"雷霆行动"等，也都取得了积极成效，但这样的行动往往是紧一阵、松一阵，老百姓看到了这一点，对行动信心不足；违法犯罪分子看准了这一点，风声紧的时候，有的有所收敛，有的偃旗息鼓，风头过后，干警松了一口气，犯罪分子也跟着松了一口气，很快卷土重来，甚至变本加厉。因此，必须做好打持久战的思想准备，绝不能只打这个夏季，绝不能搞"一阵风"。每年都要精心部署，每季度都要组织战役，做到对违法犯罪分子露头就打，反复打，打反复，让这些坏家伙知道我们天天在行动，天天在严打。

衡量这次"严打"专项行动是否真正取得实效，需要进行科学评估。用什么来评估？要用广大老百姓的安全感来评估。老百姓不是看我们说得怎么样，而是看我们做得怎么样、取得什么样的效果。我们开展这项行动，投入了很大的人力、物力、财力，费了很大的心血，如果自我评估的话，自然是很有成效。但这是主观评价，客观评价要由老百姓来做。如果政府有关领导说当地治安很好，而老百姓说不行，我宁愿相信后者。去年，市综治办把过去综治考核由检查考核人员自己进行改为委托城调队进行，提高了群众安全感评估的科学性，效果很好，值得提倡。对于这次专项行动的效果，还是请城调队进行测评。老百姓满意了，我们就满意；老百姓不满意，我们就不能满意。

在"严打"中坚持守土有责、违责必究 *

大量事实反复证明，我们很多工作流于形式，收效甚微，甚至出问题、出事故、出灾难，不是因为目标不明、方案不好、措施不细、制度不全，而是因为各个方面、各个环节责任心太差，守土无责、违责不究，或者说究得不严、不够彻底。像很多地方发生的煤矿安全事故，基本都是责任事故，这样的例子不胜枚举。我不想说得太远，就说近几天我亲身经历的一件事吧。甲秀楼是什么地方？是贵阳的标志性建筑，好比是贵阳的"天安门"、"故宫"。在天安门、故宫前面能搞烧烤吗？不行吧，但是在我们的甲秀楼前可以搞！一长溜，整整齐齐，烟熏火燎，很是"壮观"！我想不通，就给市整治办、文明办的负责同志讲了，他们叫城管队员守在那里，那几天效果很好，烧烤摊不见了，干净整洁。但最近几天晚上我经过的时候，又发现烧烤摊卷土重来，比过去更甚。叫人去了解，说是管那一片的城管队员搞拆违去了。我想，拆违不可能晚上也拆吧，也不是天天拆吧，你这个城管队员的责任是什么？怎么晚上就不到甲秀楼那里看一看呢？就像一个战士站岗、守阵地一样，你怎能放弃你的岗位、放弃你的阵地呢？我们这次"严打"专项行动，口号很响，叫"保卫百姓平安"，方案很好，从目标到措施都完完整整，但要真正取得实效，确保实现三年的预期目标，关键还在于强化各个

---

* 这是李军同志 2007 年 7 月 12 日在贵阳市"严打两抢一盗，保卫百姓平安"专项行动动员大会上讲话的一部分。

方面、各个环节的责任心，做到守土有责，违责必究。

什么叫责任？就是分内应做的事，就是做不好分内应做的事而应承担过失。在我们的生活中，小到家庭、单位，大到社会、国家，责任无处不在。每个人都有责任。作为子女，对父母有赡养的责任；作为父母，对子女有养育的责任；作为干部，有尽职干好工作的责任；作为军人，有保卫国家的责任。负责任，是讲良心的表现。父母养育了你，你不尽赡养的责任，那还有良心吗？政府用纳税人的钱给你发工资，还给你各种待遇，你不作为，这叫有良心吗？负责任，是懂规矩的表现。当公务员，就要按时上下班，尽职尽责地处理公务，否则，就不要当公务员；当警察，就要抓小偷，与犯罪分子作斗争，有时甚至会有生命危险，如果贪生怕死，就不要当警察。如果有人问，责任心值几个钱？我说它是无价之宝。责任心有多重？责任心重于泰山。对于这次"严打"专项行动，市委书记、市长是第一责任人，就要履行第一责任，这个会议我主动来讲话，袁周市长主持，这就是我们在尽当书记、当市长的责任。接下来，我们还会下去督促检查，推动落实，尽我们的责任；分管领导是直接责任人，就要履行直接责任；各级有各级的责任，公安局长有公安局长的责任，法院院长有法院院长的责任，检察长有检察长的责任，派出所所长有派出所所长的责任，每一位干警也都有自己的责任。我听说，对于这次"严打"行动，一些同志有厌战、松懈等情绪，认为无所谓，又是搞老一套，准备应付凑合、敷衍了事。且不说我们希望这次专项行动本身要与时俱进，创新方法、创新机制、创新手段，尽量避免老一套，就算是老一套，大家也得认，也得扎扎实实搞好。就像天天吃饭、天天穿衣，都是"老一套"，但我们不吃饭、不穿衣行吗？因此，在这次专项行动中，每一位同志都要认真想一想自己的责任。党和人民给了我们这么好的待遇，我们的天职是什么？如果没有履行好保护人民群众生命财产安全的职责，就是该干的活没有干好，是党员的就愧对党员这个光荣的称号，是公务员的就愧对公务员这个崇高的职业，是政法干警的就愧对身穿的警服、愧对庄严的国徽。

专项行动从一开始就必须责任明确，将工作任务和目标明确到具体的部门、具体的人，绝对不能出现误了事情却找不到责任人的现象。比如，各级综治委、政法委是这次"严打"专项行动的总体指挥协调部门，就要对这次专项行动负总责；各级公检法部门要担负起主力军的作用；其他各部门也要按照方案的要求，认真思考和梳理，自己有什么任务，该承担什么责任，该采取哪些措施去完成这些任务，都要一一落实。

责任明确之后，更为重要的是责任追究要落实。没有制度建设不行，但制度执行不严更不行。从某种意义上讲，制度的执行力，同样是一个国家、一个民族的软实力，它是一种对规则制度的高度认同、忠诚和敬畏。相对而言，我们不缺制度建设，但缺乏制度落实的文化氛围，缺乏制度落实的本领，执行不严已成为现实中的一个大问题。之所以执行不严，根子在领导干部。有的领导干部自己有毛病，说话、办事不硬气，"己不正，焉能正人"，自己脸上脏兮兮的，怎么要求别人讲卫生呢？自己手里不干不净，怎么要求别人廉洁从政呢？有的领导干部有私心，当好好先生，"不求有功，但求无过"，怕得罪人，怕丢选票。我们要在领导干部中强化"无功就是过"这样一种理念。领导干部的位子是稀缺资源、紧缺资源，组织把这个稀缺资源、紧缺资源给了你，你占有资源不干事，那浪费资源的责任应该怎么追究呢？如果领导干部是因为抓工作而丢选票的，组织自有明鉴，群众自有公论。我们要通过这次专项行动，使各方面的工作、各级干部都严起来，使每一位同志感觉到，制定的规则和制度、确定的责任不能当儿戏，而必须对其产生"敬畏"。我了解了一下，近年来，贵阳市在维护社会稳定责任追究制上至少下发了三个重要文件，即《关于实行社会治安综合治理领导责任查究制的规定》、《关于实行维护稳定工作领导责任查究制的办法》和《关于各级领导干部在维护社会稳定中实行"一岗双责"的意见》。我相信文件下发以后同志们都做得很好，但我也相信不是 100％的人都尽了职、尽了责。从理论上讲，如果100％的人都尽职尽责，那怎么解释治安案件数量上升呢？既然不是 100％，那么 0.01％的不尽职尽责总有吧，可是真正用这三个文件查究过哪一个呢？在这次"严打"专项行动中，我们要层层建立责任制，坚决而严格地实行责任追究。专项行动搞得不好，群众安全感没有上升，市委首先要追究分管领导同志的责任。然后层层追究，对那些工作责任心不强，部署任务不落实，贻误了工作的，群众满意度测评靠后的，该诫勉谈话的就诫勉谈话，该黄牌警告的就黄牌警告，该免职的就免职，该开除的就开除。一句话，对那些"当官不作为、占位不尽责"的失职、渎职行为，绝不姑息、迁就。在责任追究方面我没有创新，只是严格执行已有的制度而已，希望所有的同志都能经受执行这几个文件的考验。

我相信，通过这次"严打两抢一盗，保卫百姓平安"专项行动，在为老百姓"打"出平安的同时，也会"打"出广大政法干警的精神风貌，"打"出党委、政府的威信。

牢记人民卫士的天职[*]

政法干部是人民的卫士，天职就是保卫百姓的平安。惩治犯罪、保卫百姓，

---

[*] 这是李军同志 2008 年 8 月 4 日在贵阳市深入推进"严打两抢一盗，保卫百姓平安"暨"打黑除恶"专项行动动员大会上讲话的一部分。

是你们的使命，是分内之事，不是外人强加给你们的任务，干不好就是失职。大家一定要牢记这个职责，认这个"死理"，把"严打两抢一盗"和"打黑除恶"专项行动进行到底。只要犯罪分子嚣张一天，你们就得"打"一天；只要穿上警服一天，你们就得"打"一天；只要老百姓对社会治安担心一天，你们就得"打"一天。"严打"已经一年了，有的同志抱怨太苦太累，我承认你们很苦、很累，有关领导也在探索一些避免打疲劳战的办法，我完全支持。但是，不管你们高不高兴听，我仍要讲一句话，就是你们在想到苦、想到累的时候，想一想在煤窑里爬上爬下的"煤黑子"，想一想面朝黄土背朝天的农民，想一想一天到晚在街上打扫卫生的环卫工人，想一想车间里的一线工人。想一想他们，我们的苦、我们的累算得了什么？我上大学的时候，自认为跟班上的同学比起来，知识等各方面确确实实差距很大，怎么办？只好加班加点用功，宿舍是晚上10点钟熄灯，熄灯之后我到路灯底下看书，特别是1981年备考研究生的时候，真是夜以继日。有的同学问我累不累、苦不苦？我说，在湖南农村老家，每到抢收抢种的大忙季节，每天都在摄氏六七十度的水里面泡，酷热难当，手脚溃烂，我想读书再苦再累，也累不过这样干农活。直到今天，我也时常回想在农村的经历。因此，我体谅大家的累、大家的苦，但是也希望你们学会比较。比一比，心里就平静了、舒坦了。

搞好"严打"和"打黑除恶"，要靠专门部门的力量，也必须紧紧依靠人民群众。"警力有限，民力无限"。只有依靠人民群众，得到广大群众的支持，才能耳聪目明，形成强大的震慑力量，实现长治久安。要注意依靠群众、发动群众，既当"战斗员"，又当"宣传员"、"组织员"，善于组织动员群众，努力提高群众的自防自治能力，组织群众主动揭发坏人，提供破案线索，见义勇为，同犯罪分子作斗争，使人民群众真正成为维护社会稳定的巨大力量。到过北京的同志可能都有印象，北京社区里的老大爷、老大妈手臂上套一个红袖章，往胡同口一站，那些坏人见了之后说不怕是假的。贵阳的街道、社区也可以组织一些"红袖章"。在坚持"严打"不放松的前提下，依靠各方力量对社会治安齐抓共管。要采取政治的、文化的、教育的、行政的各种手段，来预防犯罪、减少犯罪、惩治犯罪。特别是学校及有关组织要广泛开展青少年思想道德和法制教育，减少青少年犯罪的可能性。升学率再高，法制教育跟不上也不行。因此，最近出台的"学有所教"行动计划专门增加了加强中小学法制教育的内容。

要形成推动"严打"的良好氛围，必须建立严格、严肃的激励和惩戒机制。我们已经采取了一些激励措施，但力度还要加大，包括政治上、经济上、精神上的激励。我听到有的同志讲，"严打"又苦又累，默默无闻，打来打去能打得出政治前途吗？作为市委书记，我可以负责任地告诉大家，只要好好地打，打出成绩，就一定有前途。这次市公安局二级班子的调整，很重要的一条就是看在"严打"和维稳工作中表现怎么样。有几位同志特别是有派出所所长被破格提拔的，这是前所未有的，这就是一个信号，就是要提拔重用在基层工作表现优秀的同志，表明市委惦记派出所所长、关心派出所所长、重视派出所所长。当然，这次得到提拔重用的同志，只能表明你们过去工作是优秀的，下一步表现如何，还是未知数。你们都是"刀把子"，究竟是一把"钝刀"，还是一把"快刀"，究竟是一把"锈刀"，还是一把"利刀"，还有待检验。有些同志的任职有一年的试用期，试用期是真正的试用，对不合格的坚决不能转正，对失职的坚决进行问责。新领导一定要有新气象，新班子一定要有新局面，要通过你们的工作，来证明市委的选人用人决定是正确的。另外，市公安局二级班子调整之后，空出了很多位子，盯着这些位子的人肯定很多，这很正常，每个人都想进步，都想得到提升。要求进步是有上进心的表现，应该鼓励，但是，怎样才能进步，才能得到这些位子呢？靠跑、靠送、靠要行吗？不行。靠走关系、搞"运作"行吗？也不行。"用"和"不用"的标准很简单，就是干没干事，干没干出成绩。要把"严打"、"打黑除恶"专项行动和维稳工作中的表现作为考察、检验政法干部的标准，让建功立业者能够走上领导岗位或者更重要的领导岗位。希望大家沉下心来，扎扎实实投入到"严打"、"打黑除恶"专项行动和维护稳定的各项工作中，在工作实践中接受组织的检验和考察！组织上绝不会让老实干活的人吃亏，也绝不会让偷奸耍滑、投机钻营的人得便宜。如果大家发现有表现不行，没有做出成绩的人得到了提拔重用，或者表现很好的人没有得到提拔重用的情况，可以向市委据实反映。

社会管理要有新突破[*]
New Breakthroughs Needed in Social Administration

贵阳市认真贯彻中央精神和中央综治委部署，十分珍惜与宁波、深圳一起被列为全国大城市从整体上加强和创新社会管理的典型进行培育的机会，结合本地实际，对"十二五"期间加强和创新社会管理进行整体规划设计，努力为探索具有中国特色、地方特点、时代特征的社会管理新路子作出应有贡献。重点在五个方面实现新突破：

第一，进一步强化党委群工委（综治委）的统筹功能，在创新领导体制上实现突破。针对社会管理、群众工作涉及面广，党委没有权威部门统筹，个别地方简单动用政法部门力量处理人民内部矛盾的问题，去年2月，我们探索以群众工作统揽社会管理，从顶层设计入手，在市、区成立党委群众工作委员会，承担社会管理综合治理委员会的职责，统一领导、全面统筹、具体推进加强和创新社会管理工作。群工委（综治委）位列党委各部门之首，群工委书记（综治委主任）由党委专职副书记担任。实践表明，群工委（综治委）有利于从统筹经济发展、改善民生、维护社会稳定的高度部署社会管理，有利于提升社会管理工作的权威性、形成推进社会管理的合力，有利于将"加强党对社会管理工作的领导"落到实处。但由于群工委（综治委）在党委领导体制中是新事物，工作职能和方法有待完善，运行机制有待顺畅。我们将围绕中央确定的"发挥党委在社会管理中总揽全局、协调各方的领导核心作用"这一重大命题，加强对社会管理体制机制的系统研究、整体设计，着力完善运行机制，形成包括目标制定、责任分解、监督实施、绩效考评、失责追究在内的一整套工作制度，真正实现社会管理统筹有力、运转高效。

---

* 这是李军同志 2012 年 2 月 7 日在全国社会管理创新综合试点工作座谈会上发言的一部分。

第二，全面推进城市基层管理体制改革，在夯实基层基础上实现突破。社会管理重点、难点在基层，要坚持"基层在先"，壮大基层力量，整合基层资源，增强基层服务管理能力。针对街道办事处主要精力抓创收、疏于社会管理，居委会社会管理能力有限，城市基层社会管理存在不少"真空"和"盲点"的状况，2010 年 2 月以来，贵阳市以精简层级、夯实社区为主要内容开展了城市基层管理体制改革试点工作。全市总计有 49 个街道办事处，目前已撤销 10 个，成立 31 个新型社区，变"市、区、街道、社区"四级管理为"市、区、社区"三级管理，实现城市基层社会管理扁平化；推行社区党委、居民议事会、社区服务中心治理模式，直接面向群众开展"一站式"、"一条龙"服务；实行社区建设"四个纳入"，即将社区机构纳入事业单位序列、工作人员纳入正式编制、工作经费纳入财政预算、办公和服务场所建设纳入城市建设规划，真正把社区做实做强。试点社区群众满意度为 92％左右。但是，由于涉及观念变革、利益调整等原因，这项改革在推进过程中遇到体制性障碍、机制性束缚、保障性困扰。我们将坚定信心，总结完善试点经验，攻坚克难，今年上半年全部撤销街道办事处，普遍建立新型社区，建立健全把更多的人力、物力、财力投向基层的新体制，按照扁平化管理的原则，真正把社会管理服务的触角延伸到社会的末梢。

第三，积极调动社会力量有序参与社会管理，在创新社会协同上实现突破。针对有些群众的诉求合情合理但不合法规不合政策、长期得不到解决而积怨加深的问题，去年 3 月，由统战部门推动，成立由民营企业家、民主党派人士、佛教团体负责人等参加的市、区（市、县）和谐促进会，筹集资金 6 783 万元，作为"第三方"力量，通过思想劝导、心理治疗、资金救助等方式进行柔性调处，成功化解信访"老大难"案件 212 个，惠及群众 5 万余人，既解决了个案问题，又避免了引起连锁反应。但从总体上看，目前刚性调处社会矛盾还较多，社会协同、公众参与社会管理和柔性调处仍是薄弱环节。我们将在着力推动各地和谐促进会发挥更大作用的同时，引导更多社会组织有序履行社会责任、依法参与社会管理，成为积极建设和谐社会、维护社会稳定的"第三方"。

第四，着力解决好影响社会和谐稳定的突出问题，在重点领域社会管理上实现突破。针对城镇化进程加快、大量流动人口急需更好的公共服务的现状，贵阳市赋予人口计生部门对流动人口的综合服务和管理职能，推行流动人口居住证制度，目前已有 13 万流入人口办理居住证，在就业、社保、住房、教育、医疗等方面享受与城镇人口同等的基本公共服务。我们将加快办证速度，两年内实现约 100 万流入人口居住证全覆盖。同时，加强对特殊人群的帮教，加强公共安全体系建设，提升信息网络建设、管理和舆论引导水平。

第五，大力实施"十大民生工程"，在提高公共服务水平上实现突破。当前，贵阳市贫富差距扩大、社会建设欠账较多的问题仍然突出。我们将以缩小贫富差距为目标，打响新一轮扶贫攻坚战，"十二五"期末实现全市 43.43 万农村贫困群众全部越过 2 300 元的贫困线；多渠道增加城乡居民特别是农民的收入，确保 5 年内城乡居民收入比从 2.63∶1 下降到 2∶1；围绕 2015 年在全省率先全面建成小康社会的要求，继续下大工夫解决好教育、就业、医疗、养老、住房等基本民生问题。

六、生态文化篇

Chapter Ⅵ   Ecological Culture

大力弘扬生态文化[*]

To Promote the Culture of Ecological Progress

一、五年来全市生态文化建设成绩显著

生态文化建设是生态文明城市建设的重要内容之一。自 2007 年年底市委提出建设生态文明城市以来，全市生态文化建设卓有成效，主要体现在三个方面：

第一，生态文明理念深入人心。五年来，我们着力创新生态文明教育手段，通过编写生态文明城市建设学生读本、干部读本、市民读本，举办研讨会、培训班，开展主题宣讲等方式，把生态文明的理念熔铸到经济社会发展的方方面面，浸润到城市进步的每个层次和环节。今天我们在市群艺馆看摄影展、在市委党校听机关干部生态文化专班培训课、在小河区二小听"梦想课程"、在中天社区听市民生态道德讲堂、在十七中看学生创作的科普展板，感到教育活动形式多样、各具特色。贵阳电视台最近播出的系列节目《踏访南明河》，表扬做得好的，批评做得差的，对保护南明河发挥了教育、监督作用。全市教育系统在国内率先将生态文明建设列入中小学教学课程，并组织开展生态夏令营、乡村文化夏令营、青少年环境保护系列比赛、"生态文明从我做起"读书演讲、自然与科学科普展等主题活动，让学生在亲身体验中增长了生态文明知识，提高了生态环保意识和能力。通过这些有效、持续的生态文明理念教育活动，激发了全市人民热爱家乡、建设家乡的热情，建设生态文明城市已经成为干部群众的共同理想和实际行动，为城市发展注入了持久的精神动力。我们着力搭建生态文明传播平台，连续四年举办了生态文明贵阳会议，搭建了对外交流合作的高端平台，向国内外广泛传播了生态文明理念，有力推动了生态文明建设的实践。借助这一平台，贵阳市

---

* 这是李军同志 2012 年 10 月 12 日在调研生态文化建设座谈时的讲话。

开启了一扇对外交流合作的窗，发出了一张"爽爽贵阳"的文化名片。这是彰显贵阳文化影响力的一张"王牌"，随着时间的推移，这张"牌"会更加重要，要坚持不懈地打下去。我们着力熔铸城市独特的文化灵魂，汲取王阳明"知行合一"的思想精髓，铭记周恩来总理对贵阳"加强团结"、"后来居上"的寄语，落实胡锦涛同志对贵阳市"作表率、走前列"的嘱托，凝练出了"知行合一、协力争先"的贵阳精神，并在建设生态文明城市过程中不断丰富、完善和提升。2008年抗击特大凝冻灾害，我们锤炼出伟大的"08贵阳抗凝精神"；2011年协办第九届全国少数民族传统体育运动会，我们又锤炼出宝贵的"协办精神"；市第九次党代会提出构建自强的文化生态，喊出"贵阳当自强"的时代强音。所有这些，都使贵阳精神的内涵和外延愈益丰富，为构建"精神高地"提供了重要支撑。

第二，生态生活方式日益普及。五年来，贵阳市以生态文化建设为引领，加强生态道德教育，把生态道德观念自觉贯彻到日常的行为中去，为生态道德建设培育了良好的社会环境，提高了整个社会的生态道德能力，使社会道德风尚有了明显变化。特别是2010年以来，大力开展"三创一办"活动，成功创建"全国文明城市"、"国家卫生城市"，成功协办第九届全国少数民族传统体育运动会，市容市貌显著改观、市民文明素质得到提升、城市管理水平跃上新台阶，使贵阳这座城市和贵阳人赢得了外界的更多尊重。现在的贵阳，有越来越多的市民积极参与"步行日"、"无车日"、"地球1小时"、义务植树等公益活动，追求并践行自然、绿色、健康的简约生活方式，越来越多的市民文明素质大幅提升，不文明行为大幅减少，遵章守纪、文明礼让的人越来越多。在农村，村民文明卫生意识明显增强，比如花溪区摆贡寨，几年前污水横流、牛粪马粪遍地，现在整洁有序、焕然一新。这个村寨村民生产生活的可喜变化，对农村危房改造、新农村建设、发展特色农业和乡村旅游都具有典型示范意义，其经验值得认真总结。在城市，社区群众积极践行生态文明行为，比如中天社区实行了垃圾分类、电池回收，居民在日常生活中坚持节水、节电，爱护和美化社区环境，从他们的身上，我深深感受到了生态道德的感召力。像中天社区这样的社区全市还有很多，都各有特色。有的社区建有太极拳队、健身队等十余支文化队伍，开展了健康、丰富的社区文化活动。有的社区发动社区居民，举办了邻里长桌宴等活动，拉近了邻里距离，使家庭关系更加融洽。在学校，全市各级学校积极创建生态文明学校，引导全体师生及家长讲生态文明语言、行生态文明礼仪、养生态文明习惯、树生态文明形象，带动了家庭生态文明，推进了社会生态文明进步。特别是全市广泛开展"绿丝带"志愿服务活动，46万志愿者尽己所能、不计报酬、帮助他人、服务社会，形成了一道靓丽风景线，成为贵阳市一个极具影响力的城市文明品牌。贵阳公众环境教育中心发起了"贵阳市绿色江河全民保护行动"，2 000多名志愿者踊跃参与，126个家庭、5家户外俱乐部认领全市98条河流并定期巡查，成为贵阳市参与人数最多、影响力最大的公众环保行动，受到国内外多家非政府组织（NGO$_8$）的高度关注。可以说，与五年前的贵阳相比，现在的贵阳更为文明有序。这很不容易，因为文化对人的影响是潜移默化的，习惯的改变、素养的提升需要一个过程，不像物质建设一样能够直观、迅速显现出成果来。

第三，城市生态特色凸显。过去五年，我们致力于在城市的规划建设中实现生态与文化的有机结合，以城市重大功能建筑为载体，不遗余力地打造贵阳市的文化形象，成功塑造了"爽爽的贵阳"这一城市品牌。我们建成了面积2万余平方米的孔学堂，作为贵阳市传承与弘扬儒学的殿堂、教化与开启新风的基地。我们在全社会大力提倡孝顺、贤惠、忠诚等传统美德。今天到摆贡寨看望村里的"贤惠媳妇"和"五好文明家庭"以后，我更加深切地感到，一个社会要和谐，关键在于要倡导一种引领和谐的美德风尚。我们建成了以竹文化为灵魂的筑城广场，延续贵阳悠久的竹文化历史，展示爽爽贵阳良好的生态优势，彰显贵阳城市蓬勃发展、蒸蒸日上的风貌。我们相继建成了观山湖公园、花溪十里河滩湿地公园和小车河湿地公园，使中心城区湿地公园面积达到16平方公里，城市生态系统更加完善，城市文化品位和形象大幅提升，市民生活更有品质。我们建成了以本土少数民族文化为创意点的奥体中心，使贵阳市拥有了一个全国一流、西南领先的大型综合体育场，为举办中超比赛、大型文艺演出等文体活动提供了硬件基础。我们还成立了全国第一家"民办公助"的贵阳交响乐团，先后参加了20多场国内外重大演出，为市民带来演出300余场，在国内外都已打响名气。世界著名的美国费城交响乐团将在2013年适当时候到贵阳开展合作演出，这充分证明，经济相对欠发达的地方完全可以实现在文化上、精神上的崛起。不少文化界的朋友对我说，过去几年贵阳市的一大文化成就，就是塑造了"爽爽的贵阳"这个独特的城市形象。现在一提起贵阳，人们就想到"爽"；一提起"爽"，人们就想到贵阳，这就是因为，一个"爽"字，道出了贵阳的气候、美食、民风、民俗、风光，体现了贵阳饮食、起居、民族等各种文化。

总的来说，通过过去五年的努力，生态文明建设已经与贵阳紧密联系在一起。从内部讲，建设生态文明城市的实践和生态文明的价值观，已经深得广大市民群众的认同，尤其重要的是，全市上下形成了以生态文明理念引领经济社会发展的共识，越来越多的干部群众认识到，生态文明与工业发展是可以兼顾的，发展与环保是可以兼顾的。从外部讲，贵阳市倡导生态文明建设、传播生态文明理念的实践探索，已经深得国内外的关注和好评。这些方面，都极大增强了全市老百姓的自信心、自豪感。

二、把生态文化建设放到更加突出的位置

从本质上讲，生态文化就是基于生态系统、遵循生态规律、倡导生态文明、促进生态和谐的文化。对贵阳而言，生态文化建设是一件大事。这是因为：首先，生态文明建设是一个集经济、生态、文化、社会于一体的系统工程，涉及观念转变、产业转换、体制转轨、社会转型等多方面，生态文化是其中不可或缺的组成部分。要建设生态文明，不能避开生态文化这个必要条件。其次，生态文化在生态文明建设的整体格局中处于先导性位置。要加快建设生态文明城市，必须观念先行，无论是发展绿色产业、建设宜居城镇，还是保护生态环境、完善生态文明制度等，都要首先解决思想观念问题，提升精神动力，在微观上引导公众价值取向、生产方式和消费行为逐步转型，在宏观上影响和指导决策行为、管理体制和社会风尚。最后，从贵阳市生态文明城市建设的实践来讲，生态文化与其他方面工作相比明显滞后，是一块"短板"。比如，思路不系统，一直缺乏具有体系性、前瞻性的发展思路，零零散散；亮点不够多，能够拿得出手的精品力作和有影响的活动还比较少；理念不牢固，生态文明意识还不够深入人心，生态道德意识、生态责任意识还没有真正形成风气，特别是在个别地方和部门，仍然存在把抓工业发展与抓生态文明建设脱离开来的现象。因此，必须把生态文化建设放到更加突出的位置，以更有力的措施抓好生态文化建设，进一步把生态文化建设渗透到社会生产生活各环节、各层次。

第一，要更深入地开展生态良心和生态责任教育。通过学校教育、干部培训、市民讲座等各种渠道，通过文艺作品、群众文化活动等各种载体，进行绿色消费意识和适度消费意识的教育，实施生态保护意识和生态创造意识的教育，努力把生态良心、生态责任意识渗透到市民生活习惯、行为方式等方方面面，使市民群众自觉遵循保护生态环境的行为准则和道德规范，更好地履行人类对自然和生命的道德义务与责任。要通过生态文化教育，强化、丰富和提升"知行合一、协力争先"的贵阳精神，随着实践的发展、认识的深化，不断赋予其新的时代特征，以此提升城市的凝聚力和创造力。前几年，市教育局、市文明办、市直机关工委分别组织编写了《贵阳市生态文明城市建设》地方中小学教材、市民读本和干部读本，反响很好，现在仍在使用，但近几年来贵阳市很多方面的情况发生了变化，有一些内容明显过时，请有关单位和部门 2012 年年底以前修订一次，确保 2013 年年初用上新的版本。同时，建议贵阳公众环境教育中心在保护水资源的同时，将森林、湿地公园纳入公众监督范围，引导更多市民群众更积极、更主

动、更深入地投身保护贵阳生态环境的公益事业。市林业局、市水利局要给予经费支持，为中心顺利开展各类环境教育和环保活动创造条件。

第二，要更扎实地推进生态文明创建活动。生态文化建设具有的全局性、系统性，决定了它需要全社会的共同参与。市委八届八次全会已经提出开展生态文明创建活动，要更加扎实地推进这项工作，确保取得更大的成效。机关要创建生态文明单位，发挥各级党政部门和公务员在生态文化建设中的表率作用。各级机关工委要切实承担责任，在这方面发挥作用。企业要创建生态文明企业，把绿色理念贯穿到企业生产、经营、管理的各个环节，形成以绿色生产、绿色经营、绿色管理为主题的企业文化。学校要创建生态文明学校、绿色学校，继续组织开展"小手拉大手"、"绿色健康出行"、"低碳达人"等各种教育培训活动，坚持在小学、初中、高中开设生态文明课程的做法，把生态文明教育有机融入各项教育教学活动当中，努力实现与学校教育相结合、与中小学德育活动相结合、与中小学日常行为习惯养成相结合、与家长学校工作相结合、与校园自身特色相结合、与考试评价相结合。社区和村寨要创建生态文明社区、村寨，依托社区服务中心这个平台，发挥居委会的自治功能，调动社区居民积极参与各种健康的社区文化活动；充分发挥城市优势文化资源的带动作用，广泛开展送文化下乡、送电影下乡等活动，丰富农村文化生活，向农村群众广泛宣传生态文明理念。要引导群众文化活动的发展，将绘画、摄影等文化活动与社区实际结合起来，鼓励创作反映现实生活的作品，褒扬身边的好现象、新风尚，针砭身边的各种恶习、陋习。

第三，要更有效地打造生态文化艺术精品。在贵州、贵阳这样相对欠发达的地方，更需要发挥文化精品力作"精神原子弹"的作用。前不久中央电视台第八套节目播出了以云南历史民族文化为背景的电视剧《木府风云》，随后又在中央电视台第一套节目黄金时间进行了重播，收视率很高，影响力很大，让很多人对云南丽江心驰神往，产生了到那里一游的念头。基本上在同一时期，贵州也拍摄了一部以贵州土司文化为背景的《奢香夫人》，获得了中宣部"五个一"工程奖，对弘扬贵州本土文化、宣传贵州民族风情起到了明显的作用。但必须看到，现在我们还是比较缺乏高水平、高质量的文艺作品。以2012年中宣部"五个一"工程奖为例，贵州只有1件作品获奖，而相邻的云南有7件。现在省内、市内除了《多彩贵州风》以外，几乎再没有什么能叫得响的节目了。贵阳市要在打造文化精品上狠下工夫，特别是对于一些具有鲜明贵阳"味道"的影视题材，比如有关方面正在筹拍的王阳明、老干妈等题材的电视剧，要坚持高标准、高起点，确保拍出贵阳特色，拍出历史韵味，拍出民族风情，让人看了以后，就产生想到贵阳来看一看、走一走的念头。

第四，要更充分发挥文化设施的阵地作用。比如，对孔学堂，要充分发挥其硬件优势，把祭祀与礼典、典藏与陈列、研究与教化、修身与养性的功能全部发挥出来，打造弘扬优秀传统文化的重要阵地。一方面，通过经常性开展各类讲座、经典诵读以及琴、棋、书、画的研习和培训等"客户体验"活动，提高游客和市民的"用户黏性"；另一方面，通过与中央电视台《百家讲坛》栏目合作，抓紧研究、精心策划、坚持开展有影响力的文化活动，全力打造全国甚至全世界知名的儒学品牌，从而最大限度发挥其弘扬儒学精华的传承作用、开启文明新风的导向作用以及敦风厉俗的教化作用。比如，筑城广场作为贵阳的"城市客厅"，兼具集会、休闲、文化、生态和历史纪念等功能，要在增强群众参与性的文化活动方面下工夫，要经常组织大规模的群众性文化活动，在为大家提供一个宽广的休闲娱乐公共空间的同时，彰显贵阳城市建设蓬勃发展、市民生活蒸蒸日上的新风貌。要鼓励引导各类文艺院团着眼于普及，走出排演厅，直接面向市民，在这里开展演出活动。相关部门要注意统筹管理，安排好时间，利用好周末。比如，观山湖公园、十里河滩湿地公园、小车河湿地公园、城乡规划馆、图书馆、奥体中心等，都要认真研究如何以之为载体，引导好市民参与文化活动。

第五，要更加鲜明地把生态文化体现到城市规划建设管理全过程。建筑不仅是城市最直接的外貌，更是城市精神、文化特质的外在显现。在城市规划建设管理中，一定要始终坚持生态文明理念，既要加快山、水、林、城和谐相融的生态文明城市建设，又要注重文化的传承和保护。无论是地标性建筑、城市广场，还是特色街区、大型场馆、主题雕塑，其规划设计、建筑施工、材料选用等各环节，都要充分考虑贵阳的生态特色，考虑贵阳的城市精神，使其成为承载生态文化的有形载体。

三、切实为加强生态文化建设提供坚强保障

加强生态文化建设是一项长期的战略任务，必须狠抓不放，从各个方面提供坚强保障，确保长效推进。

一是要加强组织领导。生态文化建设涉及面比较广，任务又很艰巨，各个部门都要结合实际，充分履行职责。市委宣传部要牵头统筹，使生态文化建设成为一项重要的日常工作，列为宣传思想工作的要点之一。市委组织部要把生态文化建设渗透到公务员招考、干部培训、选拔任用和考核中。可以依托每年的生态文明贵阳会议，组织党校学员聆听国内外知名专家的发言、讲座，让更多党员干部近距离接触、汲取国内外顶尖专家学者最尖端、最前沿的生态文明知识。

二是要细化工作责任。市委宣传部要尽快牵头制定生态文化建设实施方案，

把内容一项一项具体化，严明工作纪律，明确目标责任，严格兑现奖惩。宣传部门与组织部门的不同，除了工作内容外，宣传部门由于工作弹性较大，需要人找活干，往往容易被人认为是"虚"的部门。其实，如果有责任心、事业心的话，宣传部门的活是忙不完的。在生态文化建设方面，宣传部门可以"虚功实做"，做很多事情，发挥重大作用。

三是要建强人才队伍。发展生态文化，关键靠人才。要制定有利于文化人才成长的政策措施，推动形成名家辈出的繁荣局面。一方面要建设专业队伍，生产创作精品力作；另一方面要培育业余队伍，普及群众文化。特别是要开动脑筋，总结推广广场文化，争取在群众文化方面搞出贵阳自己的特色。省里在加强人才队伍建设方面出台了不少扶持政策，市里可以认真研究一下，比照制定贵阳市的政策。比如，要制定奖励扶持政策。鼓励广大文化工作者潜心创作体现贵阳精神、鼓舞干部群众的优秀作品。比如，要制定宣传塑造政策。对精英人才、优质产品全力予以宣传推介，使之更具影响力，走向全国。

四是要加大宣传力度。充分利用广播、电视、报刊、网络等新闻媒介和社区宣传阵地，广泛开展多层次、多形式的舆论宣传，使生态价值观深入人心。这几年，省市报纸、电视、电台、网络等媒体做得很好，希望继续向前推进。

总之，生态文化建设是一项长期工作，希望各级各部门开拓进取，常抓不懈，创出品牌和亮点。

广泛普及生态理念[*]
Popularize Ecological Ideas Widely

生态文明是人类文明发展的潮流和趋势，是实现全面、协调、可持续发展的必然要求。市委九届二次全会作出迈向生态文明新时代的决定，我们要紧扣"五位一体"的总布局，系统谋划、分类指导、试点先行、重点突破，加快建设"绿色经济崛起、幸福指数更高、城乡环境宜人、生态文化普及、生态文明制度完善"的全国生态文明示范城市，打造天蓝、地绿、水清、人爽的宜居新家园。

第一，坚持消费低碳化、环境人文化，广泛普及生态理念。实施低碳建筑工程，大力推广绿色建筑，完成 272 万平方米可再生能源建筑应用示范任务，创建"全国公共建筑节能改造重点示范城市"，推进建筑发展绿色转型。实施低碳交通工程，加大新能源汽车的推广应用，加快建设公共交通、轨道交通、慢行交通相配套的出行系统，创建"公交都市"，大力提高公交出行分担率，打造顺畅交通、绿色出行。实施低碳生活工程，倡导低碳生活理念和低碳消费方式，积极创建生态文明社区、企业、学校、单位和家庭，努力在全市形成人人参与、自觉践行、模范遵守的生态文化氛围，让生态文明理念深刻植入城市发展和市民生活之中。

第二，坚持生产清洁化、利用高效化，切实保护生态环境。积极顺应自然规律、尊重经济规律，促进环境换增长向环境促增长转变。把循环经济理念贯穿到园区发展、企业生产的各个环节，提高资源就地转化率和废物再利用率，实现资源深度开发和循环利用。进一步健全节能减排目标责任制，公开发布 PM2.5 监测数据，加快环保技术服务、排污权交易、合同能源管理、再生资源利用、重点污染源在线监控"五大体系"建设，加快淘汰落后产能，深入治理农村面源污染，整治关停一批污染企业，努力实现经济持续增长、污染持续下降、生态持续

* 这是李再勇同志 2012 年 12 月 31 日在贵阳市委九届二次全体（扩大）会议上的讲话摘录。

改善。

第三，坚持生态产业化、产业生态化，着力提高生态效益。始终围绕生态价值、经济价值、社会价值"三个最大化"目标，构建可持续的生态效益价值体系。大力实施退耕还林还草、天然林和环城林带保护等林业生态经济建设，在实施二环四路、环城高速公路景观改造中，规模化发展高附加值的生态农业，建设环城绿色产业经济带，实现美化城市环境与增加群众收入的有效统一。从严保护"三口水缸"，科学化、系统性实施南明河综合整治，精心守护好城市的"生命之源"，让我们的"母亲河"碧波清流！改造提升花溪十里河滩国家城市湿地公园和黔灵山公园，加快推进百花湖国家湿地公园、小车河湿地公园（二期）和小关湖城市湿地公园规划建设，进一步修复水—林—湿地城市生态系统，打造城市"绿色净化器"。大力实施石漠化治理，加大城市三环内采石迹地修复，充分利用低丘缓坡规划建设白云金山等山体公园，十二滩、乐湾国际等山地户外体育旅游休闲基地。通过质量效益型生态发展，把山建成城市发展的生态屏障、群众致富的"绿色银行"！

大家都来读一读
《贵阳市生态文明城市建设读本》*
"Textbook on Guiyang's Eco-city Building"
is Worth Reading

  各位专家通过半年多勤勤恳恳、兢兢业业的工作，高质量、高效率地编完了《贵阳市生态文明城市建设读本》教材，让我们深受感动。我同意这样的观点：这套教材无论从内容还是从形式来讲，确确实实都具有开创性意义。

  观念影响行为。在全社会培育、弘扬生态文明的观念，是一件非常重要的事情。如何培养、如何弘扬，方法很多。比如，可以靠宣传。这一段时间，新闻媒体开辟了专栏，宣传部门举办了一些报告会、研讨会，很有成效。比如，可以靠示范。市妇联组织广大妇女编制环保布袋，并大力倡导使用，也很有效果。这就是用践行生态文明的典型和方式影响社会。当然，很重要的是靠教育。教育从哪里抓起，就是从青少年抓起，因为青少年时期是一个人伦理道德形成的关键时期。通过教育让广大青少年真正形成生态文明的观念，就会影响他们一生的行为。

  我们这一代人在处理人和自然的关系上走过一些弯路，甚至在一些地方造成了比较严重的后果。以前，我们可以随意到河里抓鱼、游泳，但是现在很多河流、湖泊都被污染了，没有鱼可抓，游泳也找不到地方了。回想起来，我们强调人定胜天，与自然作斗争，干了不少蠢事、傻事，现在受到自然界的惩罚。造成这种状况的原因很多，与我们这一代人生态观念淡漠、生态保护知识缺乏也有关系。所以，生态文明从下一代抓起具有战略意义，无论怎么重视都不过分。希望通过这套教材，告诉青少年怎样去亲近自然、尊重自然、保护自然，怎么与自然和谐相处，从而在他们的头脑中牢固树立生态文明的理念，等他们到我们这个年

---

  * 这是李军同志 2008 年 8 月 29 日在《贵阳市生态文明城市建设读本》地方教材首发仪式暨座谈会上的讲话。

龄的时候，到我们这个岗位的时候，用不着再费劲反复讲要重视生态、保护环境。

孩子们现在作业很多，背的书包有几十斤重，负担很重。如何科学、合理地利用这套教材，值得教育部门认真研究。要免费发放，不能增加家长的负担；要寓教于乐，通过灵活多样的形式，让孩子们轻松地、愉快地获得知识、受到熏陶，如怎样节约用水、用电、用纸，等等。

生态文明教育，当然要抓未来，抓下一代，但也要抓现在，抓我们这些大人。希望同学们在自己读的同时，也请爸爸、妈妈、爷爷、奶奶、大哥哥、大姐姐读一读，让他们接受教育，树立生态文明观念。要总结这套教材的编写经验，编一套市民读本，在广大市民中普及生态文明理念，推广生态文明知识。

让"绿丝带"志愿服务蔚然成风[*]
Let "Green Ribbon" Voluntary Service
Become Common Practice

在 2008 年应对百年不遇的特大凝冻灾害期间，贵阳市开展了"绿丝带"互帮互助活动，得到了社会各界的广泛赞誉。一根根飘扬的"绿丝带"成为冰天雪地里温暖人心的一道亮丽风景线。要把"绿丝带"所体现的互信、互助、互爱精神，推广到全体市民当中，推广到社会工作的各个方面、各个环节，使之成为一种风气，以此来丰富和发展有贵阳特色的生态文化，真正激发贵阳人民热爱家乡、建设家乡的热情，使贵阳成为魅力独特、令人向往的城市。

一个城市要有一种灵魂、一种精神、一种风尚，志愿服务就是这种灵魂、精神、风尚的体现。志愿服务是一项光荣而崇高的事业，是现代社会文明程度的重要标志，是新形势下推进精神文明建设的有力抓手。贵阳市组织开展的"绿丝带"社会志愿服务活动，倡导广大市民自觉、自愿、自动参与到生态文明城市建设中来，目前已招募志愿者 46 万人，占总人口的 10.6%。市委、市人大、市政府、市政协主要领导带头登记成为志愿者，并倡议 10 万名国家公职人员不拘形式、不拘内容，尽己所能、不计报酬、帮助他人、服务社会，每人每年志愿服务时间不少于 48 小时。去年 12 月 5 日，第 24 个"国际志愿者日"，全国"百万空巢老人关爱志愿服务行动"在贵阳等地启动，倡导时代新风、弘扬志愿精神；广大志愿者采取多种方式，为 1 万多名需要关爱的"空巢老人"提供生活照料、心理抚慰、应急救助、卫生保健、法律援助等服务，大力弘扬传统孝道，让"空巢老人"真正感受到社会的温暖。去年 12 月 19 日，市四大班子领导干部与 500 多名机关干部一起，利用休息时间走上街头，开展交通协勤、维护秩序活动。所有这些，都受到广大市民的好评。

---

* 这是李军同志 2010 年 4 月 3 日参加"绿丝带"社会志愿服务活动时讲话的主要部分。

广大高校师生利用休息时间开展志愿服务活动，不仅能够积累社会实践经验，还能在活动中实现自我价值，把"尽己所能、不计报酬、帮助他人、服务社会"志愿精神变为实际行动，充分展现了当代大学生的良好风貌。要认真总结推广贵阳学院等院校开展志愿服务活动的经验，带动更多的人投身到志愿服务活动中。对积极投身社会公益事业、在志愿服务活动中表现优异的大学生，相关部门要在就业等方面给予优先考虑，在全社会营造帮助他人、服务社会的良好氛围。

社区公共服务任务繁重，仅仅靠专业的社区工作者即社工还无法满足需要，必须发动大量志愿者即义工，以实现社区服务的全覆盖。像白云区白沙关社区，组织社区志愿者服务队，为居民提供家电维修、水管修理、法律咨询、专家义诊等17个社区服务项目。像小河区黄河社区，组织了300人的志愿者队伍，定期出黑板报，对辖区进行清洁、保洁，组织青年学习书法、绘画、舞蹈等，维护学生上学、放学的交通安全，为弱势群体提供服务帮助，关爱"空巢老人"，等等。要让这些活动经常化、制度化，而且推广到其他领域。比如社会治安，当然需要警察，但仅仅靠专业的警察队伍行吗？不行。而且，警察队伍如果太庞大，就成本而言，社会也承受不了，所以要特别强调群防群治，提倡"我为别人守一日，别人为我守一月"，实行轮流值夜巡逻。比如，可以鼓励和引导有良好爱好和兴趣的牵头人，组建舞蹈小组、音乐小组、摄影小组等群众性协会，带领群众开展丰富多彩的社区文化活动。实际上，社区的很多工作，比如抄表、人口登记等，只要培训一下志愿者，就能完成，不一定非要固定的专业人员。总之，我们要积极探索，建立广大市民定期参加志愿服务活动的机制，使志愿服务活动在贵阳蔚然成风，形成"我为人人、人人为我"的浓厚氛围。

在家做好孩子，在学校做好学生，在社会做好市民*

Be a Sensible Child in Family，an Excellent Student in School and a Good Citizen in Society

在贵阳市第四次少代会即将开幕之际，非常高兴和大家见面。我感觉自己又回到了少年时代，又体验了一番少年儿童的乐趣。借此机会，我对全市少先队员提三点希望。

第一，在家里做一个好孩子。小朋友在家要孝顺父母、尊敬长辈，养成良好的生活习惯，做一些力所能及的事情，使家庭更加美满、更加幸福。刚才我在一个活动区看小朋友掰包谷，从他迅速、熟练的动作，能看出他在家里是经常掰包谷的，是经常帮家里做家务的，全市的小朋友都要向这样的小朋友学习。刚才在小小茶博园活动区，小朋友表演泡茶技艺，如果你们的爸爸妈妈下班回到家后能够喝上你们亲手泡的茶，心里是再美不过的了。希望小朋友们在家里做一个很乖的孩子。

第二，在学校做一个好学生。要从小树立远大理想，养成良好的学习习惯，勇敢肩负起时代赋予的神圣使命。希望你们勤奋学习，发愤读书，刻苦学习科学文化知识，努力成为品学兼优的人；热爱体育运动，加强锻炼，努力成为体魄强健、身心健康的人；扬荣拒耻、厚德崇文，认真践行优秀传统文化，努力成为一个有益于社会、有益于人民的人，为今后建设祖国、建设家乡打下良好的基础。

第三，在社会做一个好市民。要自觉遵守各项规章制度，抵制各种不文明行为，带头讲文明、讲卫生、讲环保，并影响和带动自己的爸爸妈妈、爷爷奶奶、外公外婆、亲戚朋友和身边的同学，为贵阳市推进"三创一办"、建设生态文明城市作出自己的贡献。刚才看了小朋友们做的垃圾分类回收的游戏，看了几位小

---

* 这是李军同志 2010 年 12 月 21 日在接见中国少年先锋队贵阳市第四次代表大会代表时的讲话。

朋友怎样做"低碳小达人",我感到非常高兴,说明我们贵阳的小朋友们、少先队员们对建设生态文明城市、建设低碳城市的理解很到位,做得非常好。希望媒体对今天的展示活动进行专项报道,要使积极参与"三创一办"、体验低碳生活成为贵阳市的一种时尚,成为小朋友中的一种时尚。

少年儿童是祖国的花朵、民族的未来。各级党委政府、共青团组织、少先队组织、教育行政部门、家庭、学校和社会各界,都要满腔热情地关心、爱护和帮助少年儿童,为他们创造一个良好的环境,使他们健康、快乐、幸福地成长。

青年人要吃苦、坚忍、感恩[*]

Young People should be Painstaking, Tough and Grateful

青年朋友们：

今天是"五四"青年节，是中国共青团建团 90 周年纪念日，也是在场 2 012 名同学迈入成年的日子。在这样一个特别的时刻，和你们这样一群特别的朋友，相聚在筑城广场这样一个特别的地方，举行成人礼这样一个特别的活动，我感到特别的高兴。首先，我代表市委、市人大、市政府、市政协，向你们以及全市光荣加入成人行列的小公民们表示热烈的祝贺！

18 岁，在人的一生中具有里程碑式的意义。从自己来讲，18 岁表明已经成为大人，不再是天真的小孩；从社会角色来讲，18 岁意味着具有完全民事行为能力，不再需要监护人。18 岁是花季，是如歌如诗的岁月，充满着幻想、憧憬，也伴随着迷茫、困惑；18 岁是一道"门槛"，迈过这道"门槛"，就意味着担当责任、努力自立，进入人生另一个重要的时期。

18 岁的你们有很多优点，比如聪明活泼、纯真可爱、视野开阔、知识丰富等等，但是，坦率地说，18 岁的你们也有缺点，也有局限。18 岁以后的路怎么走，毫无疑问，你们自己会思考，家长很费心，社会也很关注。我女儿今年刚好18 岁，我想把对她讲的话也对你们讲讲。

你们现在的生活条件比你们父辈 18 岁的时候不知道好了多少倍。在你们的人生字典里，找不到"饥寒"这个词。"梅花香自苦寒来"。你们一定要多想想父母挣钱养家不容易，多体验生活的艰辛，养成吃苦耐劳的良好习惯。当前，就是要下苦工夫全面发展德智体美劳，为将来成为一个对祖国、对社会有用的人才打下坚实基础。

---

[*] 这是李军同志 2012 年 5 月 4 日在贵阳市"五四"成人礼活动上的讲话。

你们绝大多数是独生子女，是一家人的"宝贝疙瘩"，被爸爸妈妈、爷爷奶奶、外公外婆等亲人宠着、顺着。但是，在社会看来，你们就是普通一员，没什么特别，难免会遇到不顺。你们一定要培养坚忍不拔、百折不挠的意志，敢于面对逆境，战胜人生中的诸多困难。

你们在 18 年的成长历程中，得到了太多的爱，父母精心抚育，老师谆谆教诲，同学、邻居甚至素不相识的人热情帮助。你们一定要秉承"滴水之恩当涌泉相报"的传统美德，常怀感恩之心，孝敬父母、尊敬师长、关爱他人，成为一个有善心、有爱心、有诚心的好青年。

最后，衷心祝愿同学们牢记刚才宣读的成人誓言，积极向上、茁壮成长！

希望妇女人人都贤惠、个个都淑女[*]

A Wish that Every Woman is Virtuous and Graceful

　　贵阳市妇联号召广大妇女争做时代新女性。时代新女性的标准、要求很多，我集中讲一个标准、一个要求，就是希望广大妇女同志大力弘扬贤惠的传统美德。大家都知道，男人和女人的差异，不仅仅是生理上、外貌上的差异，更重要的是心理上、性情上以及社会角色上的差异。比如，一般来讲，男性以阳刚为美，女性以阴柔为美；男性粗犷，女性细腻；男性直接，女性温婉；男性大胆，女性羞涩；等等。男女平等是妇女解放的重要内容，也是必须坚持的基本国策。但是，男女平等并不是说男女要一个样，没有差别了，而是要发挥各自特质，优势互补。男人就是男人，女人就是女人，如果男人像女人、女人像男人就不好了，不男不女更不好。冰心老人说过，这世界缺少了女人，至少没了五分的美丽、六分的温柔、七分的爱和八分的坚强。对女性的理想人格，中国传统文化里有很多要求，其中有不少是糟粕，比如三从四德、三纲五常等等，要清除；但也有很多精华，比如秀外慧中、贤良淑德、心地善良、举止端庄、温柔体贴、通情达理、尊老爱幼、相夫教子、勤劳节俭、态度和蔼等等，需要我们继承弘扬，而这些精华归结起来我认为就是要贤惠。贤惠包含了一种大善，一个心地善良的女性能够爱护家人，也能够将这种善传递到社会上，善待他人、包容他人；贤惠包含了一种智慧，一个贤惠的女性有办法、有智慧料理各种家务、处理家里的各种关系，同样也有办法和智慧处理社会上的各种事务、各种关系。贤惠几千年来一直流淌在中华民族优秀女性的血液中，成为优秀女性必备的特质。但是传统文化曾受到过破坏、摧残，特别是"文化大革命"时期被大肆糟蹋，女性贤惠的传统美德也被抛弃，有的女性张口就骂、举手就打，有的女性甚至宣称贤惠是女人最

---

　　* 这是李军同志 2010 年 9 月 26 日在贵阳市妇女第十二次代表大会开幕式上讲话的一部分。

大的缺点。而今，时代特别呼唤新一代的女性弘扬传统美德。我在网上看过一个调查，新时代的女性什么最美，九成的网友认为贤惠最美。电影《牧马人》中的李秀芝，电视剧《渴望》中的刘慧芳，她们之所以引起亿万观众的强烈反响，就是因为她们身上承载了中华传统妇女贤惠的美德，激起了人们的共鸣，拨动了人们的心弦。一定程度上讲，如果说当今社会对男人的要求主要是责任，那么对女人的要求主要就是贤惠。在一个家庭，有贤惠的女性，孝敬老人、关爱孩子、体贴丈夫、勤俭持家，家庭就和谐了。在一个社区，有贤惠的女性，讲究卫生、爱护环境、与邻为善，大家和和气气、高高兴兴相处，社区就和谐了。在一个城市，贤惠的女性多了，自觉遵守公共秩序，举止文明、大方得体，奉献爱心、服务社会，社会就和谐了。因此，应当在女性中大力弘扬贤惠美德，大力宣传贤惠女性的先进典型，表彰贤惠女性的先进代表，在文艺作品中塑造贤惠的女性形象，使贤惠成为广大妇女的道德标准、内在追求。现在，这样那样的评选活动不少，我建议增加"贵阳淑女"评选活动。

也许有人要问，现在都 21 世纪了，你提倡我们妇女要贤惠、当淑女，是不是要回到"男主外，女主内"的时代，要求妇女放弃事业、只做家庭主妇呢？绝对不是。实际上，贤惠是一种操守，一种高尚的操守；是一种修养，一种终身的修养；是一种境界，一种不懈追求的境界；是一种气质，一种超凡脱俗的气质。贤惠体现在举手投足之间，体现在言谈话语之中，不拘泥于某种职业、某种形式，不影响妇女在思想上独立、经济上独立、政治上独立，不妨碍妇女在事业上获得成功。恰恰相反，有些全职太太并不见得贤惠，而很多事业上成功的女性却非常贤惠。不少女同志，既贤惠、淑女，又获得了事业成功。经验证明，一个贤惠的女性，更容易找到好的夫君，更容易受到社会的尊重，更容易取得事业的成功，更容易得到组织的认可。对现代女性来说，贤惠是家庭和美、事业成功的"助推器"，是既浸润家庭又笑傲职场的象征。真心希望贤惠成为贵阳女性的风貌，真心希望贵阳女性人人都贤惠、个个都淑女。

提起贵阳，就想起筑城广场[*]

When it Comes to Guiyang, Zhucheng Square will be Occurred in My Mind

广场被誉为"城市客厅"，是一个城市的重要名片，是展示城市形象的重要窗口。一提到天安门广场，大家就会联想到北京；到了北京，游览的必选之地就是天安门广场，大家都说"不到天安门，不算到北京"。一提到时报广场，人们就会联想到纽约；到了纽约，也必然想去时报广场走一走、看一看。纽约市长彭博自豪地说，"当你同国内或世界上任何人谈起什么是纽约的时候，你可以说时报广场和百老汇就是纽约"。贵阳虽然有一个人民广场，发挥了积极的作用，但客观地说，规模不够大、档次不够高，设计不那么合理、功能不那么完善、特色也不那么鲜明，很难讲是贵阳的"名片"和"窗口"。随着市民生活水平的不断提升，贵阳迫切需要更多、更为舒适的休闲空间；随着外来客人的日益增多，贵阳迫切需要一个更能展示城市特色的时尚标志性场所；随着生态文明城市建设的纵深推进，贵阳迫切需要一个展示生态建设成果的"窗口"。贵阳一中搬迁到金阳新区，留下总面积达 5.2 万平方米的空地，加上 3.5 万平方米的人民广场，为我们建设一个规模适宜、档次一流、特色鲜明的城市广场，更好地满足对内对外各种需要提供了可能。

我们经过广泛征求意见，反复进行比选，初步确定以竹文化为筑城广场的"灵魂"或者主题。理由有三：其一，贵阳有着悠久的竹文化历史。据史料记载，贵阳历史上是竹子丛生的地方。五代至北宋年间，贵阳的名称叫"黑羊箐"。"箐"是方言，意思是山间的大竹林。明代初年，贵阳称"贵竹"，《贵州图经新志》说："贵竹，郡产美竹，故名。"清康熙二十六年（1687 年），今贵阳地设贵筑县，贵筑之"筑"就是由竹制作的乐器，古时"筑"通"竹"，贵阳因而又简

---

* 这是李军同志 2011 年 4 月 1 日在筑城广场建设启动仪式上的讲话。

称"筑"（zhú）。其二，竹能更好地展示"爽爽的贵阳"。竹四季常青，能涵养水分、调节气候、净化空气。大家都有这样的感觉，有竹林的地方往往凉风习习、空气清新，让人感觉很清爽、很舒适。其三，在中国传统文化中，竹寓意坚强、气节、高雅。古人将竹与梅、兰、菊并称"四君子"，与松、梅并称"岁寒三友"，歌颂竹"未出土时便有节，及凌云处尚虚心"。文人雅士"宁可食无肉，不可居无竹"。明代王阳明贬居修文，驾楹为亭，环植以竹，写下了著名的《君子亭记》，赞扬竹"有君子之道"。总之，从历史上看，贵阳与竹有深厚的渊源；从特性上看，竹能够展示贵阳生态良好的优势；从文化上看，竹能够彰显贵阳人民崇尚气节、不屈不挠的精神，以及贵阳城市蓬勃发展、蒸蒸日上的风貌。因此，我们顺应广大市民的愿望，将当初拟称的中央生态广场改称筑城广场，将竹文化的元素渗透到广场的规划建设中。在广场绿化方面，将竹作为栽植的重要品种，辅以梅、兰、菊、松、香樟等植物。在标志建筑方面，规划在广场中心位置建设以"竹"为内涵的构筑物，使其不仅成为广场最重要的景观中心，而且成为贵阳城市的新标志。

总面积为16余万平方米、可以容纳10多万人的筑城广场，具有五大功能：一是集会功能。今后，每年的1月1日凌晨，广大市民可以在这里共同聆听迎接新年的钟声；5月4日，当年年满18岁的青年朋友可以在这里举行成人仪式；7月1日，广大党员可以在这里庆祝党的生日；10月1日，各族各界可以在这里举行国庆活动。二是休闲功能。市民可以在这里唱唱歌、跳跳舞、下下棋、散散步、乘乘凉、聊聊天，尽情享受良好生态环境的惬意。三是文化功能。可以举办露天音乐会、歌舞晚会、民俗活动以及各种主题宣传活动。四是历史纪念功能。充分尊重贵阳一中校友的感情，在广场规划建设体现一中记忆的浮雕墙、石刻等。五是商业功能。广场附近将建成贵阳重要的商业圈、文化圈，市民可以在这里感受浓郁的动感、时尚氛围。建成具有五大功能的筑城广场，贵阳就有了一张可以拿得出手的响亮"名片"，就有了一扇可以自豪开启的亮丽"窗口"。人们一提到贵阳，就自然想到筑城广场；一来到贵阳，就要前往筑城广场。

这个广场是全市人民的广场，凝聚着全市人民的情感，寄托了全市人民的心愿。在公开征求意见的过程中，短短几天，我们就收到许许多多市民朋友的建言献策，有给广场名称出主意的，有给广场功能提建议的，有给广场标志性建筑想点子的，字里行间无不流露出对贵阳的热爱、对贵阳美好未来的憧憬。希望广大市民继续踊跃地提出宝贵意见，将热情与智慧贡献出来；希望广场的设计师充分吸纳广大市民意见，做到集中民智、顺应民意；希望广场的建设者科学组织、精心施工，保质保量按期完成建设任务。总之，我们将在广大市民的大力支持、积极参与、热情帮助下，秉持为人民谋幸福的理念，把筑城广场这一民生工程建设成为精品工程。

最后，我还要对住在这里的 129 位离休、退休、在职的贵阳一中老师们说几句。首先，对你们长期以来献身贵阳的教育事业、为培养众多栋梁之才作出的重大贡献表示敬意，对你们几年前顾全大局、支持一中搬迁到金阳新区，使一中获得更大的发展空间表示感谢！现在，为全市人民规划建设公益性的筑城广场，又需要你们理解、配合。你们是光荣的人民教师，深受全市人民的尊敬。我希望并相信，你们一定能够以全市人民的利益为重，积极搬迁，为广场的顺利建设、按期建成营造良好氛围，作出应有贡献。党和政府感谢你们，全市人民感谢你们！

把孔学堂建设成为传承和弘扬优秀
传统文化的重要基地 *

Build Confucius Institute into the Important
Centre for Inheriting and Carrying forward the
Fine Traditional Culture of the Chinese Nation

　　文化是民族的血脉。一个民族要真正强大，必须使本民族的优秀文化延绵不绝、繁荣发展。胡锦涛总书记指出，中华民族创造了源远流长、博大精深的中华文化，中华民族也一定能够在弘扬中华优秀传统文化的基础上创造出中华文化新的辉煌。2011年5月9日，习近平同志在贵州大学视察时强调，中华民族连绵不断的五千年文化，是我们的自豪所在，一定要发扬光大，使之成为推动中华民族伟大复兴的巨大动力。我们建设孔学堂，就是贯彻中央的要求，坚持古为今用，弘扬中华民族优秀传统文化，彰显社会主义文明新风。

　　以孔子为代表的儒家思想是中华文化的主脉，塑造了中华民族的文化品格，培育了光辉灿烂的中华文明，是人类的共同财富。孔子被公认为全球最有影响的思想家之一，我国在全球100多个国家和地区建立了300多所孔子学院，积极推广中华文化。我们建设孔学堂，弘扬儒家文化，不是为了把它当古董摆设，也不是食古不化、作茧自缚，而是为了吸收以儒家文化为主体的中华文化精华，使之变成内心的源泉动力，做到格物穷理、知行合一、经世致用。从我们党来讲，要吸收、借鉴、运用人类创造的一切文明成果来提升党的思想理论水平。1938年10月，毛主席在延安的时候，就曾号召全党进行理论学习的竞赛，他明确指出，从孔子到孙中山，中华民族优秀的历史遗产，我们都要继承，这个继承对于指导当前的运动是有巨大的帮助的。我们党现在作为执政党，需要站在历史的高度，充分汲取有益治国理政的优秀思想。儒家学说主张的仁政、礼义、民本等为政思想，对于维护社会稳定、促进社会和谐具有重大的指导意义。它在治国理政方面的作用和影响，已经为我国延续两千多年的执政实践所证实，以至于有"半部

＊　这是李军同志2011年7月3日在贵阳孔学堂项目开工仪式上的讲话。

《论语》治天下"之说。我们要从儒家文化中汲取安邦济世的执政智慧，充分认识执政规律，提升执政能力，实现长期执政。从贵阳市来讲，贵阳与儒学文化有着很深的渊源。明代大哲学家王阳明创立的"心学"，在儒学文化中有着很高的地位，是唯一可以与程朱理学分庭抗礼的思想流派。而"心学"的发源地就是贵阳，王阳明曾经贬居贵州三年，在今天贵阳市修文县龙场镇潜心悟道，提出"心即理"和"知行合一"的思想。但总体来说，贵阳历史文化积淀并不深厚，迫切需要在建设高楼大厦的同时，着力打造精神文化殿堂。从普通百姓来讲，要获得幸福，不光要有物质财富的增长，更需要有安身立命的精神家园，需要有充实心灵的道德追求。在现代社会，不少人存在焦躁感、浮躁感和空虚感，感到不幸福。弘扬儒家文化，践行仁爱、礼义、孝悌、忠信、廉耻等价值理念，对于人格的健全、内心的宁静以及人际关系的和谐，幸福感的提升，具有重要意义。总之，修建孔学堂是一项功在当代、利在千秋的文化工程、民生工程。

作为华夏子孙，我们有责任、有义务把中华民族优秀的文化传统弘扬光大。要以无比自豪的崇高感、崇敬感、历史感，高品位、高质量、高标准规划好、建设好、管理好孔学堂，使其真正成为"传承与弘扬儒学的圣殿，教化与开启新风的基地"。

孔学堂建成后，要抓紧研究、精心策划，坚持开展有影响力的文化活动，提高知名度和影响力，特别是要与干部培训、中小学传统文化教育培训结合起来，实现社会效益和经济效益的双赢。

呼唤名家名作[*]
Call for Masters and Masterpieces

参加这次文代会，我想采取这种谈心的方式，讲一些感受，跟大家探讨"名家名作"问题。

为谁呼唤

为谁呼唤呢？既为百姓呼唤，为党委、政府呼唤，也为文艺工作者自己呼唤。

贵阳的老百姓呼唤名家名作。现在老百姓物质生活得到极大丰富，相对来说，高雅的、健康的精神生活比较贫乏。马克思在《1844 年经济学哲学手稿》中指出："诚然，动物也生产。它也为自己营造巢穴或住所，如蜜蜂、海狸、蚂蚁等。但是动物只生产它自己或它的幼仔所直接需要的东西；动物的生产是片面的，而人的生产是全面的；动物只是在直接的肉体需要的支配下生产，而人甚至不受肉体需要的支配也进行生产，并且只有不受这种需要的支配时才进行真正的生产；动物只生产自身，而人再生产整个自然界；动物的产品直接同它的肉体相联系，而人则自由地对待自己的产品。动物只是按照它所属的那个种的尺度和需要来建造，而人却懂得按照任何一个种的尺度来进行生产，并且懂得怎样处处都把内在的尺度运用到对象上去；因此，人也按照美的规律来建造。"在这里，马克思揭示了人按照"美的规律"进行生产的特点。人活在世上不仅有物质上的需求，更有精神上的需求，而且对精神食粮的要求更高。对吃饭来说，山珍海味可

＊ 这是李军同志 2009 年 10 月 21 日在贵阳市文联第六次代表大会上的讲话。

以填饱肚子，萝卜白菜一样可以填饱肚子。但欣赏文艺作品不是这样，老百姓需要的是物美价廉的精品、上乘之作，粗制滥造的低劣产品是要被拒绝的。那么，谁来给贵阳的老百姓提供高质量的精神产品？在座各位担负重要的责任。或许有同志会讲，现在外地"名家大腕"多的是，请他们不就可以了吗？当然可以，可是要花很大的价钱，老百姓会有意见。请一位知名歌手，出场费动不动就十几万、几十万，普通老百姓买得起门票吗？要眼睛向内，重视、培养、起用本地的文艺人才。本地不是没有人才啊。不论是在省委宣传部，还是在贵阳市委任职，对各类文艺活动，我都主张多用贵州、贵阳的艺术家。最近，青岩堡要落成，准备请中国书法家协会某位领导题名。我就说，贵阳有戴明贤[①]老先生，为何要舍近求远，就请戴老先生题吧。但是我们也得承认，贵州、贵阳名家名作太少，与老百姓愿望有很大差距。老百姓希望贵州、贵阳大量涌现有影响力的作品和艺术家，希望欣赏贵州、贵阳的名家名作，在座各位要尽力去满足。

贵阳的发展呼唤名家名作。一个地方经济落后，很重要的原因是精神落后、观念落后；要发展经济，首先要振奋精神、转变观念。如果精神委靡不振，自己都没信心，怎么发展？如果观念落后，拒绝新鲜事物，怎么进步？那么，如何解决精神状态、思想观念问题呢？大量事实证明，一部优秀的文艺作品、一场成功的文化活动，就是一颗"精神原子弹"，可以发挥威力无比的作用。现在我们明显感到，一是外界对贵州的印象发生了变化，认为贵州有贵州的优势，贵州不比别的地方差；二是贵州的同志精神面貌发生了变化，对家乡更加热爱，对建设家乡更加充满信心。大家公认，这得益于近几年举办的"多彩贵州"系列活动。"多彩贵州"歌唱大赛的主题是"热爱贵州、唱响贵州、建设贵州"，"多彩贵州"舞蹈大赛的主题是"热爱贵州、鼓舞贵州、建设贵州"，"多彩贵州"旅游形象大使大赛的主题是"热爱贵州、展示贵州、建设贵州"，每次活动的开展都吸引了数百万贵州人参与，都推出了为群众喜爱的优秀艺术家、优秀文艺作品，如苗族歌唱家阿幼朵、苗族舞蹈《水姑娘》等等。名家名作对一个地方提升知名度，特别是发展旅游产业具有直接的推动作用。名家名作孕育了名山名川，孕育了名景名胜。因为鲁迅作品的魅力，人们对与此相关的故事、人物、场景兴趣很浓，绍兴的旅游业因此很兴旺；因为沈从文作品的魅力，大家都想去湘西凤凰体验边城淳朴的民族民俗；因为英国作家詹姆斯·希尔顿的小说《消失的地平线》，香格里拉名满天下；因为电视剧《乔家大院》，山西现实版的"乔家大院"人满为患。现在，很多地方发展旅游业都在文化上做文章，贵阳把旅游业发展成为支柱产业，建设发达的旅游城市，迫切需要名家名作。只靠领导到外面去推介是很不够

---

① 贵州省著名书法家、文学家，曾任贵阳书画院院长，贵州省书法家协会主席、作家协会副主席，中国书法家协会理事。

的，我们说"贵阳夏季天气凉爽，大家过来避暑吧"，这种推介太直白，缺乏艺术性，而通过作家、艺术家的作品来推介，效果就好得多。所以特别需要、特别呼唤大家运用各自的优势，艺术地描绘、展示贵州、贵阳优美的自然风光和丰富的人文遗产，提高贵阳的美誉度，为贵阳的发展助力。

贵阳文艺界呼唤名家名作。衡量一个文艺工作者成就大小的标准很多，有无名气是重要的一项。有名气表明群众认可度高，表明艺术贡献大。因此，文艺工作者追求成名成家，就像商人想赚大钱一样，是天经地义的事，是有事业心的表现。过去曾经批判"成名成家"的思想，甚至要求小说、电影、戏剧作者不要署个人名字，只能以集体署名方式出现，这是有很大偏颇的。没有名家，创作水平如何提升，文艺如何繁荣。我希望在座各位树立成名成家的理想，努力成为贵州的名人，乃至全国的名人。你们中间有名的人还是不多啊。当然，君子爱财，取之有道。作家、艺术家成名成家同样要走正道，要把自己的事业与祖国的命运、人民的利益紧密联系起来，绝对不能"为名忘义"。还是陈云同志说得好，"出人、出书、走正路"。

关键靠文艺界自身

名家名作怎么出来？靠自身。针对贵州、贵阳的情况，我建议同志们：

一要有信心。有的同志说，成名家、出名作当然是对的，但贵阳经济发展水平赶不上东部、中部甚至西部一些地方，能出名家名作吗？这种把名家名作与经济发展水平画等号的认识是有误的。马克思明确说过，"关于艺术，大家知道，它的一定的繁盛时期决不是同社会的一般发展成比例的"，"经济上落后的国家在哲学上仍然能够演奏第一提琴"。文艺创作是个性极强的精神生产，靠的是才情、灵感，不是靠现代化设备。延安时期，物资匮乏、经济困难，却涌现了光未然、贺敬之等一批名家，诞生了《黄河大合唱》、《白毛女》等不朽名作。改革开放以来，有些经济相对落后的省份，比如甘肃，推出了《丝路花雨》、《大梦敦煌》等在国内外产生巨大影响的舞台艺术精品。因此，贵州、贵阳虽然经济不发达，但各位文艺工作者只要肯下工夫，靠才情、智慧、活力、激情，完全可以跟发达地区的文艺工作者比拼，完全可以创作出艺术精品，在各自领域成为一流人才。

二要能吃苦。从事文艺工作的人很多很多，但成名成家的很少很少。比如唱歌，真正在全国唱出名气的，能有几个？不吃苦怎么行呢？"台上一分钟，台下十年功"，"梅花香自苦寒来"。因此，戏曲界最高奖名为"梅花奖"。我感觉，现在有些人很浮躁，急于求成，把成名家、出名作看得太容易，只羡慕人家在台上光彩照人，不知道人家在台下含辛茹苦。特别是有些艺术门类吃的是"青春饭"，时过境迁，就很难再成名成家，所以更加急功近利。有的"采风"、"体验生活"，就是蜻蜓点水，走一走、逛一逛，不像老艺术家们那样，舍得下工夫，沉下去感受、感悟。商品社会弄得大家都很忙碌，书法家、美术家、舞蹈家、歌唱家，不管什么"家"，只要有点小名气就忙于"赶场"。我希望贵州、贵阳的文艺工作者不要沾染这种坏毛病，要去除浮躁之气，多下刻苦之功，肯坐"冷板凳"。

三要讲团结。实际上，任何一台戏，都有主角和配角，还有跑龙套的。只有各种角色相互帮衬，演出才能成功。即使有的个性化文艺创作，单靠个体的力量也很难扩大影响，必须借助现代传播手段，这就需要其他方面的配合。因此，文艺界特别需要相互补台、相互支持。现在个别地方文艺界出现不团结的问题，一是文人相轻，互相看不起；二是文人相争，争名夺利。有些同志争来斗去，双方都怄了一肚子气，最后两败俱伤，落下一身病。其实，很多争斗都是些芝麻蒜皮的小事引起的，没有多少实际意义。衷心希望贵阳文艺界形成好的风气，以一种阳光的心态对待名利，以健康的心态看待别人的进步，特别是要多欣赏别人的长处，少盯着别人的短处，更不要用卑劣的手段去拆台。

全社会都要帮忙

出名家名作固然主要靠自身，但也离不开很好的氛围，离不开适宜的"阳光"、"土壤"、"水分"、"空气"等等。

一是党委、政府要高度重视。党政主要领导尽管事务繁杂，但要亲自抓文艺工作，这个抓就是关心，就是帮助解决困难。从艺术生产的客观规律看，抓不一定能成功，但是不抓绝对不行。抓与不抓，效果肯定不一样。尤其是一些舞台艺术需要大投入，单靠艺术家自己的力量显然不行，就需要党委、政府大力支持。当然，抓也要看怎么抓。要科学地抓，而不是盲目地抓。党政领导同志抓文艺工作要遵循艺术创作规律，发挥作家、艺术家的主体作用，保障创作自由，不能瞎指挥，更不能越俎代庖。但是，我这里也要提醒一句，艺术家有艺术家的局限，要虚心听取来自各方包括领导的意见。领导和专家要互相商量，互相尊重，共同打造精品力作。

二是社会各界要多多捧场。名角、名家是捧出来的，古今中外莫不如是。在贵阳，要形成热捧文艺作品和文化名人的良好氛围。各家媒体要在重要版面、黄金时段满腔热情地宣传优秀文艺作品和文化名人，各级政府要大张旗鼓地表彰作出贡献的文艺工作者，广大企业家要对文艺生产、文艺创作慷慨解囊，予以大力支持。贵阳星力百货集团公司在董事长黄志明先生的倡议下，投资组建贵阳交响乐团，开创了贵州省民营资本进入公益性文化事业的先河，产生了良好影响。总之，只要社会各界多多捧场，就一定有助于贵阳的文艺事业形成热气腾腾的大好局面。

三是文联组织要充分发挥作用。文联是党和政府联系文艺工作者的桥梁和纽带，要充分发挥作用，把文艺工作者团结起来，把他们的积极性充分调动起来、主动性充分发挥出来。要从政治上、生活上、创作上关心支持文艺工作者，注意倾听他们的呼声，向党委、政府反映他们的要求，维护他们的合法权益，帮助他们解决各种困难和问题。大学一年级时，我曾向一个杂志社投了一篇小说稿，很长时间没有回音，直到我写信询问，才收到回信说稿子不能用。正好，当时我写了一篇理论文章，投到一家理论刊物，这家刊物的编辑给我写了一封热情洋溢的信，说文章观点很新，修改一下可以发表。就这样，我同写小说"再见"，开始研究文艺理论。有时候，人生轨迹发生变化就这么偶然。对年轻人来讲，关键时刻给一点引导，给一点帮助，就可能改变他的命运。希望文联多做这样的工作。

贵阳交响乐团：民办公助好 *

Guiyang Symphony Orchestra：a Good Practice of Private Operating and Public Subsidiary

贵阳交响乐团在外名声好，好就好在民办公助的体制机制。

"民办"，就是坚持民营企业主办。一是投入上，贵阳星力百货集团每年向乐团注资 1 200 万元，用于日常开销和艺术生产运营。二是管理上，成立了贵阳交响乐团董事会，对交响乐团实行公司化运营管理；聘请著名指挥家李心草担任音乐总监，著名指挥家陈佐煌担任艺术指导，著名小提琴演奏家刘云志担任名誉团长和名誉首席小提琴手；面向海内外招聘音乐家，乐团已拥有包括日本、德国等国外优秀音乐人才在内的专职演奏人员 60 余人。三是运营上，借鉴欧美职业乐团广泛采用的音乐季演出制式，组织各类专题音乐会，满足不同群体的艺术需求。

"公助"，就是政府提供帮助。一是给予资金补贴。市政府每年给予乐团 200 万元专项补贴，用于开办 80 场公益性演出，并一次性提供 100 万元添置乐器。二是提供场地保障。将贵阳大剧院的音乐厅免费提供给乐团，作为乐团办公和排演、演出场所。提供宿舍解决乐手住宿问题。三是兑现奖励政策。按照相关文件和政策规定，对贵阳星力百货集团组建交响乐团、促进文化产业发展的行为给予相应税收减免。四是帮助拓展市场。通过票价补贴、优惠套票、学生票等方式，吸引更多市民走进交响乐场，定期组织干部职工和广大交响乐爱好者参加交响音乐会，向社会普及推广交响乐艺术。

据我所知，其他种类的艺术团体有民营的，也有民办公助的，但交响乐这种高雅艺术采取民办公助的体制机制，在国内独此一家，具有开创性，探索了文化艺术事业发展的新模式，取得了多赢的效果。一是丰富了市民文化生活。乐团成

---

* 这是李军同志 2011 年 7 月向一位领导同志介绍贵阳交响乐团时的谈话。

立至今，已开展经典交响音乐会、普及音乐会、室内乐、小型沙龙以及古典音乐鉴赏等各类演出 180 余场，接待观众达 10 万人次，成为市民欣赏高雅音乐、感受艺术熏陶、提升文化素养的重要平台。二是提升了城市形象品位。乐团先后参加了生态文明贵阳会议、"贵阳避暑季"开幕式、贵阳森林音乐会、国庆"向祖国献礼"等各类重大活动的演出；2010 年 4 月，经过全国遴选，在国家大剧院进行演出，受到了专家和听众的一致好评，成为贵阳对外文化宣传的一张靓丽名片。三是促进了企业发展。借助交响乐团，贵阳星力百货集团彰显了企业文化，提升了品牌知名度，扩大了企业影响力，赢得了良好的社会效益和经济效益。

如果要给贵阳交响乐团提点建议的话，就是希望他们在演奏中外名曲的同时，适当演奏一些具有贵州、贵阳特色的曲子。乐团基地在贵阳，主要听众是贵州、贵阳人，如果把一些贵州、贵阳听众比较熟悉的音乐作品，像《好花红》、《桂花开放幸福来》等改编成交响乐来演奏，能够激发听众的亲切感，拉近与乐团的距离，也容易让交响乐走向普通大众，逐步形成固定的观众群。

从流冷汗到流热汗说明了什么[*]
What Do We Learn From a Cold Sweat to the Hot Sweat

今天和大家在这里欢聚，共进夜宵，我非常激动，非常兴奋。

两年前，当我坐在荷花奖决赛的现场和颁奖晚会的座位上时，我感到汗流浃背，流的是冷汗，因为作为东道主，我们没有一个作品获奖，就像准备了丰盛的筵席，却只能眼睁睁地看着客人在那里品尝，而我们连上桌的资格都没有。两年后的今天，我在决赛现场，同样是汗流浃背，但流的是热汗，因为我们贵州、贵阳成为这桌"筵席"的主人、主角！全国舞蹈界的专家名流一致称赞我们贵州、贵阳的民族民间舞蹈异军突起，令整个舞蹈界为之一振、眼睛一亮。

从两年前榜上无名，到现在金榜题名，这充分说明，虽然贵州、贵阳在经济上比较落后，但只要我们贵阳人有志气、有信心，有顽强拼搏、不服输、不甘落后的精神，就没有攻克不了的难关，没有实现不了的愿望。因此，今晚市委、市政府用这种特殊的方式，表达对全体编创、演职人员的谢意。你们是贵州人民的好儿女、贵阳人民的好儿女，谢谢你们！

通过这次大赛，我们看到了贵州、贵阳在全国扬眉吐气，看到了贵州、贵阳民族民间文化的崛起，看到了新时期贵州人民、贵阳人民的精神风貌。特别是《水姑娘》这个节目，可以说是贵州人民、贵阳人民精神风貌的艺术写照，堪称经典之作。还有《花溪花溪》等几个作品也都是艺术精品。我们要让这些作品在贵州、贵阳的舞台上广泛展演、广为传播。

党的十七大刚刚召开，贵阳站在一个新的起点上。希望各行各业向宣传口的同志学习，向在座的文艺工作者学习，学习你们顽强拼搏的精神，学习你们求实务实的精神，把各项工作搞得更好。

---

* 这是李军同志 2007 年 11 月 12 日在看望第六届中国舞蹈荷花奖 "'大地之舞'杯民族民间舞大赛"贵阳获奖人员时的讲话。

"08 贵阳抗凝精神"是极其重要的软实力[*]

"2008 Guiyang's Anti-Freezing Disaster Spirit" Constitutes a Soft Power of Great Importance

今年 1 月 13 日以来，贵阳遭受了五十年不遇、局部地方百年不遇的特大凝冻灾害，持续时间之长、受灾面积之广、危害程度之深、抗灾救灾之难，为历史罕见。凝冻肆虐下的贵阳，城乡交通运输严重受阻，机场被迫关闭，大批航班取消或延误，高速公路限时通行，出现严重拥堵，数十万旅客滞留贵阳，23 个乡镇变成交通"孤岛"，与外界联系中断；贵阳电网频频告急，大量电杆倒塌、线路损坏，中心城区进入大面积停电应急状态，工厂基本断电停工，许多乡镇、办事处停电；农业、林业损失惨重，数万头牲畜、数十万只家禽冻死，上百万亩农作物受灾、半数以上绝收，林木大面积坠断；城乡居民正常生活受到严重影响，数百间房屋倒塌、数千间房屋损坏，部分地区自来水管、水表爆裂，停水多日。这次特大凝冻灾害，造成 262 万人受灾，占总人口的 74%；直接经济损失达 110 亿元，相当于 2007 年 GDP 的 15.87%。

但是，特大凝冻灾害没有压垮英雄的贵阳人民。贵阳市委、市政府带领干部群众，在一个多月时间里，万众一心抗凝冻、竭尽全力保民生，打了一场抗灾救灾的硬仗，取得了重大的阶段性胜利，谱写了一曲荡气回肠的英雄壮歌。

面对特大灾情，各级党委、政府从容应对，果断决策。迅速建立政令畅通、运转高效的应急指挥体系，总揽全局，科学调度，整合力量，形成了巨大的向心力，牢牢掌握了抗灾救灾的主动权；及时启动、落实并不断完善各项应急预案，迅速排除各种险情，全力以赴保障煤电油运；始终把"保民生"放在首要位置，采取多项得力措施，保障居民用电、用水、用气，保障市场供应和物价稳定，扎实开展对特殊困难群体的救助活动，实现了没有因灾冻死、饿死一个人的目标；

---

* 这是李军同志 2008 年 2 月 23 日在贵阳市"抗凝冻、保民生"总结表彰大会上讲话的一部分。

及时启动"抗凝冻、保民生"新闻发布会制度，定时发布灾情和抗灾救灾信息，保障人民群众的知情权，正确引导社会舆论。这次凝冻灾害正逢新春佳节，各级党委、政府精心安排，想方设法保障城市家庭电、水、气需求，千方百计让100％的乡镇、80％以上的行政村用上电，通过发放春节慰问金和慰问品、致慰问信，向人民群众表达特殊的心意，人民群众在这个不同寻常的大灾之年，度过了一个欢乐、祥和、平安的春节。事实充分证明，各级党委、政府不愧是抗击灾害的坚强领导核心，不愧是人民群众的"主心骨"。我为贵阳拥有这样坚强的各级党委、政府感到无比光荣，并致以最崇高的敬意！

面对特大灾情，各级领导干部率先垂范，靠前指挥。市委、市人大、市政府、市政协、贵阳警备区、各区（市、县）和市直部门的各位领导，雷厉风行，忠实执行党中央、国务院的重要指示，省委、省政府的工作部署，以及市委、市政府的一系列措施，确保上级关于抗灾救灾的各项决策部署得到不折不扣的贯彻落实；奔赴一线，发动群众、组织群众、带领群众奋力抗灾；深入基层查看灾情，检查、指导、督促抗灾救灾；勇于负责，现场办公，协调解决抗灾救灾中碰到的困难和问题；看望慰问受灾群众和困难群众，真心实意地为群众排忧解难。事实充分证明，贵阳市的各级领导干部不愧是"抗凝冻、保民生"的中流砥柱和中坚力量。我为贵阳拥有这样优秀的领导干部感到无比自豪，并致以最崇高的敬意！

面对特大灾情，广大党员和干部职工忠于职守、无私奉献。当电力告急的时候，我们的干部职工爬电杆、上电塔，迅速抢修受损设施，与凝冻灾害展开拉锯战，保障电网运行；全力以赴抢运电煤，保障电厂满负荷生产；紧急运送发电机，保障停电居民临时用电。当交通受阻的时候，我们的干部职工走上街头，铲冰除雪，疏导车辆，维持秩序，救助旅客。当部分受灾群众的生活陷入困境的时候，我们的干部职工踏冰履雪，翻山越岭，访贫问苦，将救助资金以及米、油、蜡烛、棉衣棉被等救灾物资发送到受灾群众手中。我们的广大新闻工作者以良好的操守和一流的技能，用饱含深情的笔墨、镜头和电波，迅速准确地传播党委、政府的重大决策部署，积极宣传干部群众抗击凝冻的英雄事迹，为抗灾救灾鼓劲加油、呐喊助威，以正确的舆论导向凝聚力量，增强了夺取抗灾救灾胜利的决心和信心。特别是广大党员，舍小家、顾大家，始终战斗在抗灾救灾的第一线，冲锋在抗灾救灾的最前沿，哪里有险情，就出现在哪里，什么活最脏、最苦、最累，就挑什么活干。让人感动的是，在万家团聚、享受春节快乐的时候，党员和干部职工坚守岗位，继续抗灾救灾，开展"党旗进村寨，入户送温暖"等活动，度过了人生当中最为珍贵、最难以忘怀的一个春节。事实充分证明，贵阳市的党员和干部职工是特别能吃苦、特别能战斗、特别能奉献的队伍。我为贵阳拥有这样可敬的党员和干部职工队伍感到无比骄傲，并致以最崇高的敬意！

面对特大灾情，全体市民互爱互助、共渡难关。大家积极开展自救，铲冰扫雪；相互支持，无灾帮有灾、轻灾帮重灾；组织"绿丝带"市民互助活动和"抗凝冻、保民生，欢迎你到我家来过年"爱心活动，传递着互信、互助、互爱的真情；帮助抬电杆、拉电线，为抢修电网出力；镇定从容，服从指挥，不信谣、不传谣，坚信党委、政府有能力带领人民群众夺取抗灾救灾的全面胜利。事实充分说明，贵阳的全体市民是善良的、纯朴的。我为贵阳拥有这样可爱的市民感到无比激动，并致以最崇高的敬意！

面对特大灾情，社会各界真情援助、扶危济困。人民子弟兵星夜驰援，打响了一场特殊的战斗，以生动的抗凝保民实践见证了鱼水情深；兄弟市（州、地）在自身受灾的情况下，也向我们伸出了援助之手，送来了大批急需的物资，体现了患难真情；在外的贵州、贵阳老乡以不同的方式，倾力支持贵阳抗灾救灾；各族各界、各行各业，以及港澳台同胞踊跃捐资捐物，奉献出浓浓的爱心。所有这些，完美地诠释了"一方有难、八方支援"的崇高精神，有力地彰显了"同舟共济、扶危济困"的传统美德。我为贵阳拥有这么多可亲的同胞、朋友感到无比欣慰，并致以最崇高的敬意！

这场自然灾害造成的巨大损失和贵阳人民战胜自然灾害所进行的英勇搏斗，是贵阳历史上少有的重大事件。事件就是历史，就是舞台。重大事件和危急关头，是成就民族精神、时代精神的重要契机。2008年初这场可歌可泣的"抗凝冻、保民生"战斗，空前地展示了我们贵阳干部群众的思想觉悟、道德情操，并锤炼出伟大的"08贵阳抗凝精神"。

这就是情系人民、忠于职守的精神。各级干部牢记全心全意为人民服务的宗旨，把如何对待"抗凝冻、保民生"作为有无党性、有无能力、有无良知的检验，忠实执行各项决策部署，对工作极端负责任，对群众极端负责任，设身处地为群众着想，把老百姓的事当成自己的事来办。群众有难，干部心急如焚；群众遭灾，干部寝食不安。有了这种情系人民、忠于职守的崇高精神，我们的各项事业就会赢得人民群众的衷心拥护、坚定支持，我们就拥有了取之不尽、用之不竭的力量源泉！

这就是万众一心、共赴艰难的精神。大灾面前，贵阳人民空前团结，党群一体，上下齐心。从社区到村寨、从机关到企业、从地方到部队，各级、各部门、各单位形成一盘棋，拧成一股绳，通力协作，步调一致。各种力量集结在一起，各种资源整合在一起，全力以赴抗凝，众志成城化冰。有了这种万众一心、共赴艰难的崇高精神，我们就完全能够从容应对前进道路上的各种复杂局面，战胜各种可能出现的艰难险阻！

这就是自强不息、敢于胜利的精神。人民群众无所畏惧，沉着应战，表现出超人的勇气和惊人的意志，体现了昂扬的斗志和英勇的气概。越是情况危急，越是不屈不挠，越是勇于攻坚。有了这种自强不息、敢于胜利的崇高精神，我们就不会屈服于任何困难，就能从容自信、顽强拼搏！

伟大的"08 贵阳抗凝精神"，具体展现并深化、丰富了"知行合一、协力争先"的贵阳精神。情系人民、忠于职守，是"知行合一"的具体体现，我们平常讲"立党为公、执政为民"，讲"权为民所用、情为民所系、利为民所谋"，不是抽象的、空洞的，不是挂在嘴上、写在纸上的，而是要言必行、行必果，体现在发生凝冻灾害这样的关键时刻和危急关头，体现在"抗凝冻、保民生"这样的具体行动上。万众一心、共赴艰难，是"协力"的生动写照；自强不息、敢于胜利，是"争先"的形象诠释。"08 贵阳抗凝精神"是我们贵阳无比珍贵的财富，是极其重要的软实力，必将激励广大干部群众不断从胜利走向新的胜利。

一个让我们刻骨铭心的寒冬已经过去，一个让我们充满期待的春天正在走来。让我们大力弘扬伟大的"08 贵阳抗凝精神"，励精图治，埋头苦干，奋力夺取灾后恢复重建的全面胜利，奋力开创建设生态文明城市的崭新局面！

成功、圆满、精彩协办民族运动会
展示了贵阳良好形象*

The Successful, Perfect and Satisfactory Cosponsoring Work for China's Ninth National Traditional Games of Ethnic Minorities Demonstrates the Wonderful City Image of Guiyang

协办第九届全国民族运动会，是党中央、国务院，省委、省政府交给贵阳市的重大政治任务，是全省人民对贵阳市的殷切重托，是对贵阳市党员干部群众执行能力的一次重大检验。面对艰巨的任务、严峻的挑战，贵阳全市上下确立必胜的信念，拿出百倍的勇气，鼓起冲天的干劲，出色地完成了"协办"任务，贵州和贵阳成功实现了在全国乃至全世界面前的精彩亮相。

贵阳市"协办"工作的主要任务就是办好开幕式、闭幕式和民族大联欢三大活动。可以说，这三大活动是民族运动会最大的亮点，也是最大的难点。通过各方共同努力，三大活动成功、圆满、精彩，好评如潮。

一是特色鲜明。我们从一开始就明确，无论是贵阳市的财力，还是民族运动会的各种资源，都无法和北京奥运会比，无法和广州亚运会比，必须在特色上做文章，靠特色取胜。按照这一思路，我们不比花钱、不比排场，比用心、比创意，在演员挑选、节目编排、道具制作、环境建设、氛围营造等各方面，注重突出民族性和原生态，融入更多民族元素，充分展现多彩贵州、爽爽贵阳的独特魅力。特别是开幕式上侗族大歌、苗族反排木鼓舞、布依族八音坐唱等本土节目，以及民族大联欢活动中风情各异的迎宾等互动联欢活动，都给人强烈的审美冲击，在民族运动会文艺演出史上留下了浓墨重彩的一笔。

二是气氛热烈。开幕式和闭幕式观众都达6万多人，民族大联欢活动人数达

---

* 这是李军同志2011年10月24日在协办第九届全国少数民族传统体育运动会总结表彰大会上讲话的一部分。

2万多，这样宏大的场面在贵阳历史上是第一次。广大观众激情参与、积极互动，将灿烂的笑容、热情的掌声和欢呼、有序的摇旗和挥灯融入活动的精彩，成为演出的重要组成部分。所有观众都成了演员，舞台看台交相辉映，营造了欢乐、祥和的浓郁氛围，展示了贵州人、贵阳人文明、奋进的精神风貌，给来自全国的各族同胞留下了难忘的印象。另外，民族运动会期间，各级各有关部门开动脑筋，充分利用自身资源，通过广告牌、道旗、会旗、标语、LED显示屏等多种手段，在全城营造了浓厚的赛会氛围。

三是安全有序。对于几万人参加的大型活动，安全保卫工作必须做到万无一失。为此，公安、武警、消防等有关部门强力组织实施社会面治安整治专项行动，严厉打击"两抢一盗"，始终保持对违法犯罪活动的高压态势，营造平安和谐的社会环境。对贵阳奥体中心、17个比赛场馆、69家接待酒店和人员密集场所、高层建筑、比赛场馆周边加强治安排查，确保绝对安全。特别是在三大活动中，投入大量警力，精心布置安保方案，确保活动安全、有序进行。

四是影响广泛。对这次民族运动会，新华社、人民日报社、中央电视台等主流媒体都进行了全方位的详尽报道，引起了强烈反响，极大地提高了贵州、贵阳的知名度和美誉度。据统计，开幕式当晚，全球约1.3亿人次通过央视中文国际频道、体育频道和英语新闻频道收看了直播，综合收视率达1.44%，超过以往任何一届。省委、省政府对贵阳承办的三大活动给予高度评价，为贵阳颁发了唯一的特别贡献奖，并颁发奖金5 000万元。

这次"协办"工作，我们不仅收获了成功、圆满、精彩，收获了行之有效的经验做法，收获了城市发展理念的转型升级，而且极大地提升了广大市民群众对贵阳的自信心、自豪感、认同感和归属感，空前地展示了贵阳干部群众的思想觉悟、执行能力，收获了宝贵的精神财富，这就是"协办精神"。具体来说：

第一，这就是"热爱贵阳、建设贵阳"的精神。由于种种原因，贵阳经济社会发展相对滞后，群众反映的一些突出问题尽管我们尽了心、竭了力，但还解决得不那么理想。但是"儿不嫌母丑"，每一个生于斯、长于斯、居于斯的贵阳儿女都满怀深情热爱这座城市。当协办民族运动会的光荣使命落到我们肩上的时候，全体贵阳人为了自身的尊严，为了贵阳的荣誉，明大理、识大体、顾大局，自觉当好主人翁，像呵护自己的小家一样呵护贵阳这个"大家"，为提升城市文明形象作贡献；积极参与"协办"各项工作，形成共襄盛举的良好氛围；充分理解、自觉配合省、市为举办民族运动会采取的各项举措，甚至舍小家为"大家"。有了这种热爱贵阳、建设贵阳的精神，就会不断焕发出无比的自豪感和强大的凝聚力，贵阳的发展就会拥有取之不尽、用之不竭的力量源泉。

第二，这就是"不甘落后、奋勇争先"的精神。贵阳没有举办全国民族运动会这样的全国性大型综合赛事的经验，与北京、上海、广州等发达城市相比，各方面条件都要差许多。但我们贵阳的同志承认落后而不甘落后，以不服输、不畏难的劲头，坚信"别的地方能办成、能办好，我们贵阳没有理由办不成、办不好"，始终坚持高标准、严要求，高效率地开展工作，克服了种种困难，最终实现了"成功、圆满、精彩"的目标。有了这样不甘落后、奋勇争先的精神，就会迸发出赶超的志气和必胜的信心，就没有克服不了的艰难险阻。

第三，这就是"真抓实干、敢打善拼"的精神。"协办"工作时间紧、任务重、难度大，在严峻考验面前，我们抓紧时间，埋头实干，把任务按时间段分解，分解成一档一档的工作。领导同志亲自指挥，具体谋划，一抓到底，推动解决困难和问题。干部明确责任，把每项工作落到实处，把每个细节做到精益求精。大家顽强拼搏，发挥优势，用智慧和汗水完成了一项项硬任务，啃下了一块块"硬骨头"。有了这种真抓实干、敢打善拼的精神，就会转化为强大的执行力，就会取得一流的工作业绩。

第四，这就是"上下一心、团结协作"的精神。在"协办"工作中，全省上下围绕共同目标，思想高度统一，行动高度协调，拧成一股绳。省里加强领导，全力支持；市里服从大局，听从指挥。市里各部门之间、各区（市、县）之间虽然各有分工、各司其职，但相互支持、相互配合，建立良好的沟通协调机制。特别是运动会期间有的同志尽管受了委屈，仍以全局为重，没有影响工作。干部与群众之间良性互动，积极呼应，心往一处想、劲往一处使。省与市之间、市有关部门之间、区（市、县）之间、干部与群众之间形成了强大合力。有了这种上下一心、团结协作的精神，就能把各方积极性充分调动起来、把各种力量聚集起来，就能办成一批大事、难事。

事件就是历史，事件就是舞台。重大事件是砥砺精神品质的重要机会。2007年我们提出要培育和塑造"知行合一、协力争先"的贵阳精神。从那时起，每一次重大事件、每一个紧要关头，干部群众都在战胜困难、赢得胜利中迸发出强大的精神力量。这些精神力量一次又一次地丰富了贵阳精神的时代内涵。2008年初，我们战胜百年不遇的特大凝冻灾害，凝聚了伟大的"08抗凝精神"。现在，我们在赢得"协办"工作漂亮仗的过程中，又凝聚了伟大的"协办精神"。不断深化的"知行合一、协力争先"精神，是贵阳市战胜任何艰难险阻、不断取得建设生态文明城市新胜利的强大"原动力"。

民族运动会这个盛会已经成为历史，但在今后的征程中，成功、圆满、精彩还可以续写，还可以创造。贵阳新形象的展示，贵阳精气神的展示还仅仅是开始。让我们大力弘扬伟大的"协办精神"，坚定信心、团结一致、埋头实干，使贵阳市的各项建设事业更成功、更圆满、更精彩，使439万各族人民生活得更幸福！

传承好弘扬好"知行合一，协力争先"的贵阳精神[*]

To Inherit and Promote Guiyang Spirit of "Combining Theory into Practice, Contending for the Top with Joint Efforts"

站在时代前沿和理论高度传承好、弘扬好"知行合一，协力争先"的贵阳精神，要既以"知"明责，以世界眼光思考发展，以战略思维运筹建设，又重"行"实干，提升战斗力、凝聚力。既注重"协力"，团结协作，增强合力，又负重"争先"，率先跨越、奋力崛起。

一、提升"知"的高度

一是要知"往"知"来"，坚定发展信心。城市发展源于过去、植根现在、启示未来。"往"就是城市以往发展历程，"来"就是城市的未来。经过历届市委、市政府和全市人民的艰苦奋斗，贵阳经济社会发展取得了巨大成就。全市生产总值 1949 年仅为 0.54 亿元，而 2010 年则突破 1 000 亿元；地方财政收入从 1950 年的 157 万元增加到 2010 年的 136 亿元，城市居民人均可支配收入从 1979 年的 343 元增加到 2010 年的 16 597 元，农民人均纯收入从 1981 年的 266 元增加到 2010 年的 5 976 元。2011 年上半年全市生产总值增速创 1979 年来同期新高，二季度比一季度快 12 个百分点，呈逐季加快发展态势。如果未来几年不发生不可抗因素使经济明显下滑，继续保持高于现在的这个增速，到 2013 年全市生产总值就有望突破 2 000 亿元，到 2015 年有望突破 3 000 亿元。同时我们也要看到，贵阳发展的"短板"亟待解决，存在发展速度不够快、经济总量不大和发展方式粗放、经济质量不高两大突出问题。我们要牢记经验和教训，审视存在的问

* 这是李再勇同志 2011 年 8 月 1 日在贵阳市政府第九次全体会议上讲话的一部分。

题和"短板"、"瓶颈",认清潜在优势和发展趋势,坚定不移地"走科学发展路,建生态文明市"。

二是要知"内"知"外",找准发展目标。"外"有全国省会城市、西部省会城市,"内"有省内兄弟地州市。其一,和全国省会城市相比。2011年上半年,贵阳GDP列第23位,增速列第1位;固定资产投资额列15位,增速列第1位;规模以上工业增加值列第21位,增速列第2位;社会消费品零售总额列第23位,增速列第1位。城市居民人均可支配收入列第19位,增速列第6位;农民人均期内现金收入列第23位,增速列第1位。其二,和西部省会城市相比。贵阳GDP列第8位(2010年上半年全市生产总值比兰州市少48.3亿元,2010年全年比兰州市多21.43亿元,2010年上半年比兰州市少35.36亿元,与去年同期的差距缩小了12.94亿元,到第四季度天气因素将影响兰州的固定资产投资,如果下半年继续保持较高的增速,2011年将进一步拉开与兰州市的距离),增速列第1位;固定资产投资额列第4位,增速列第1位;规模以上工业增加值列第7位,增速列第2位;社会消费品零售总额列第8位,增速列第1位。城市居民人均可支配收入列第6位,增速列第3位;农民人均期内现金收入列第7位,增速列第1位。其三,和省内各地州市相比。贵阳GDP、固定资产投资、社会消费品零售总额均列第1位,增速分别列第3位、第3位、第2位;规模以上工业增加值增速列第7位;财政收入增速列第8位。城市居民人均可支配收入、农民人均期内现金收入均列第1位,增速分别列第2位、第3位。可以说,我们处于"既有标兵、又有追兵"的激烈竞争格局中,特别是省内各兄弟地州市发展加快,我们必须加快发展步伐。

2011年上半年,我国GDP为204 459亿元,同比增长9.6%,高于9%的普遍预期;从环比情况看,今年一季度、二季度GDP环比增速分别为2.1%、2.2%,表明我国经济运行总体良好,继续朝着宏观调控预期方向发展。从贵州省情况看,上半年多项主要经济指标高速增长,创近年同期最好水平,经济增速在全国的位次前移。可以判断,"十二五"期间,全国经济发展仍然不会慢。在今后发展中,我们要切实解决"慢"这个主要矛盾,力争保持一个高于全国和西部省会城市平均水平、高于历史水平的增长速度,以"快"补差距,以"快"增实力,以"快"求跨越。

三是要知"上"知"下",明确发展重任。要吃透上情,深刻领会主题、主线、主基调、主战略,进一步认清"作表率、走前列"的发展重任。要了解下情,牢固树立人民至上的价值观,倾听群众呼声,了解群众疾苦,回应群众诉求,着力解决广大群众普遍关注的热点、难点问题,从而明晰工作的联系点、关键点、着力点。要深刻认识到省委、省政府对贵阳市寄予更高的发展要求,老百姓对幸福生活寄予更高的期望。我们必须在"快"上狠下工夫，推动经济持续快速发展，努力增比进位；在"好"上做文章，"质"上求突破，切实转变发展方式，提高发展质量，做出不负时代、不负重托、不负人民期待的崭新业绩。

四是要知"己"知"彼"，借鉴先进经验。比如瑞士，大力实施工业强国战略，在制药、精密仪器制造、金融等方面取得了令世界瞩目的成绩，由于经济实力较强，高度重视生态环境建设和保护，生态环境也是最好的。比如广州，大力进行产业结构调整，经济实力、竞争力显著增强，下大力气抓好基础设施建设、城市管理和环境保护，城市面貌、品质得到极大改善、提升。我们要清醒看到存在的差距，善于学习、借鉴别人的好做法、好经验，推动贵阳率先跨越、奋力崛起。

二、提升"行"的力度

一是要强化抢抓机遇、应对挑战的发展力。综观宏观经济形势，在经历了一个相对较快的复苏期后，当前世界经济增长出现了放缓趋势。国家实行稳健货币政策，并出台了一系列调控房地产、土地、产能过剩等政策。目前，我国采购经理人指数（PMI）连续下降，且物价仍在高位运行，增加了宏观经济政策的不确定性。但是也要看到，我国处于并将长期处于战略机遇期的基本判断没有变，机遇与挑战并存、机遇大于挑战的基本环境也没有变，主要表现为"四个更加广阔"。其一，当前世界经济结构加速重组，发达地区产业转移趋势明显，贵阳作为全国 18 个重要枢纽节点城市和会展名城，对外开放的空间更加广阔。其二。国际金融危机的倒逼机制，带来了思想观念的大冲击、发展模式的大调整、体制机制的大变革，我国将进入新一轮改革攻坚期，制度创新、技术创新、管理创新已成为推动经济社会发展的引领力量，贵阳作为国家级创新型试点城市，改革创新的空间更加广阔。其三，我国加强和改善宏观调控，推动又好又快发展的效应全面显现，贵阳作为发展首位度、产业支撑度、经济集中度和社会集聚度"四度"加权最高的省会城市，市场拓展的空间更加广阔。其四，我国将实施积极的区域经济发展政策，把西部大开发放在更加重要的战略位置，国家将出台或实施相关政策支持贵州省的经济社会发展，贵阳作为全国 8 个节能减排试点城市之一，作为黔中经济区核心城市，优化生产力布局的空间更加广阔。我们各级各部门特别是领导干部要紧紧抓住一切可以利用的战略机遇，充分发挥比较优势，既融入区域经济中谋求合作，又要在区域竞争中实施错位发展，咬定发展目标不放松，利用宝贵的发展关键期加快发展。当前更要勇于在出现诸如用地紧张、融资困难等一系列发展难题的"关键时刻"，正视难题，勇于担当，因地制宜地提出和制定应对措施，促进经济社会又好又快、更好更快发展。

二是要强化敢于碰硬、敢于突破的执行力。在执行文化还没有真正形成行政主流文化，潜规则还有一定市场，抓落实不到位的情况下，各级领导特别是一把手要敢于碰硬，不回避矛盾和困难，对本系统、本单位的突出问题，特别是影响全局工作的大事、主要工作、关键环节和不稳定因素，要亲自抓，要有不解决问题，就食不甘味、夜不能寐的责任心。对上级布置的重要工作和任务要亲自抓落实，特别是对上级领导明令和批示的重要事项和问题要及时处置，并且有回声。对在履行职责、行政执法中有违法违规行为的事项，造成影响和损失的，要亲自抓处置和纠正，尽量减少消极影响和损失。

三、提升"协力"的宽度

协力对内是高扬团结的旗帜，对外是讲协作，重合作，促共赢。对现阶段的贵阳来说，协力需要宽眼界、宽思路、宽胸襟。

一是注重开放性，协"外"力。当今世界是开放的世界，在开放中借力，在借力中发展，是欠发达地区实现跨越式发展别无选择的道路。我们要深刻认识到，历史的积累奠定了城市的厚度，但世界的舞台决定着城市发展的宽度。要站在时代和战略的高度找准城市发展的方向，把城市的未来与世界发展紧紧结合起来，在现代人类文明浪起潮涌中丰富城市的历史文化，用昨天的辉煌与今天的灿烂开启城市的明天，加快建设世界的贵阳、中国的贵阳、贵州的贵阳的步伐。

二是强调和谐性，协"合"力。对外要努力树立文明和谐、诚信守诺、友谊合作的城市形象，不断拓展对外经济合作发展的空间；对内要切实从人民群众的利益出发，努力满足人民群众不断增长的物质生活和精神生活需求，努力倡导诚实守信、团结友爱、开明开放、创新创业的社会品德。

四、提升"争先"的速度

牢固树立"三大"目标：一是在全省"作表率、走前列、做贡献"，在加快发展中增比。从 1990 年以来，全市 GDP 在全省的占比情况呈倒 U 形，1990 年、1995 年、2000 年分别为 23.14%、23.44%、26.68%，2002 年达到 27.99%，2005 年为 27.07%，2010 年为 24.42%。2011 年上半年经济快速增长，GDP 在全省的占比较 2010 年同期提高了 0.14 个百分点，达 24.41%。但是我们要清醒地看到，离"作表率、走前列、做贡献"和当好"火车头"、"发动机"的要求，离全省、全市人民群众的期望，还有不小的距离。我们必须牢固树立"不做第一就是耻辱"的意识，通过五年努力，力争 GDP 在全省的占比大幅提高。二是在纵向上比，在协调健康发展中跨越，实现从总体小康社会到全面小康社会跨越的目标。三是在横向上比，在进位中实现崛起。通过"十二五"期间的努力，使贵阳在全国和西部省会城市中的排位前移。

七、生态文明制度篇

Chapter Ⅶ　The System to Ensure Ecological Progress

拿起法律武器治理和保护"两湖一库"*

Use Legal Tools to Treat and Protect Red Maple Lake，Baihua Lake and A'Ha Reservoir

治理和保护"两湖一库"刻不容缓

刚才，大家观看了反映"两湖一库"污染状况的内部电视资料片。我留意到，同志们观看电视时的表情都很凝重，相信大家跟我的感受是一样的。我的感受是什么呢？第一，对那么多的污染物流入"两湖一库"感到惊心动魄。我多次讲，"两湖一库"是贵阳人民三口宝贵的"水缸"，可是现在有些人肆无忌惮地往水缸里"拉屎拉尿"，有些单位无所顾忌地往水缸里乱排乱放，"水缸"正在变成"染缸"，那些红色的、白色的、黑色的水，就是包括在座各位的 100 多万市民每天饮水的水源，饮用水源如此，还谈得上什么健康，还谈得上什么幸福！第二，对"两湖一库"的污染程度感到痛心疾首。红枫湖、百花湖目前为五类和劣五类水质，阿哈水库为三类水质，有的地方为四类水质。国家规定，三类以上才可以作为饮用水源，四类水只能作为工业用水和景观用水，五类水只能作为农业灌溉用水。我在百花湖调研时，当地老百姓说，这样的水牛喝了都要拉肚子。对这样的状况，大家难道不感到痛心疾首吗？第三，对"两湖一库"生态环境的前景感到忧心忡忡。红枫湖、百花湖水质在 2000 年还是二类或三类，阿哈水库水质到 2005 年还是二类，短短几年的时间，水质就恶化到现在这个程度。如果现在不采取坚决措施，这样下去会变成什么样子呢？会造成什么后果呢？讲概念、数字是枯燥无味的，我给大家讲个活生生的例子。19 世纪之前，泰晤士河还是碧波荡漾，水中鱼虾成群，河面飞鸟翱翔。但随着工业革命的兴起及两岸人口的激

＊ 这是李军同志 2007 年 9 月 21 日在贵阳市"依法治理两湖一库，确保市民饮水安全"动员大会上的讲话。

增，大量工业废水和生活污水直接排入河中，使泰晤士河污浊不堪，臭气熏天，鱼类几乎绝迹。河水的污染还带来了沿岸疾病的流行，1849 年到 1954 年，泰晤士河河滨地区约 25 000 人死于霍乱。1878 年"爱丽丝公主"号游船在泰晤士河沉没，造成 640 人死亡，事后调查发现，大多数遇难者并非是淹死的，而是被污染严重的河水毒死的。假如有一天，我们掉进红枫湖、百花湖、阿哈水库，不是被淹死而是被毒死，那该多可怕！有的同志给我讲，现在如果不采取更加有力的治理措施，"两湖一库"真有可能变成下一个泰晤士河，我对此深有同感。

也许有人觉得，这样看就否定了这么多年治理和保护"两湖一库"取得的成绩。不是的。但现实的情况是，"两湖一库"水污染问题仍没有根本解决，水质不能稳定达到国家规定的饮用水源功能区标准。大家都知道一句话，成绩不讲跑不了，问题不讲不得了。今天不是来讲成绩的，而是来研究如何解决问题的。还有的同志也许觉得我这样讲是在散布悲观情绪，是在杞人忧天。也不是。我查了一些资料，太湖水质是 10 年下降一个等次，水的富营养化程度是 15 年上升一个类别，而"两湖一库"水质恶化的速度比太湖快多了，照这样下去，要不了 10 年时间，我们就可能真没有干净水可喝了。大家能够看见的例子就是南明河，听老百姓说，20 世纪 70 年代在南明河里还可以游泳、抓鱼、淘米、洗衣服，而到大规模治理之前，南明河几乎成了臭水沟，虽然经过 3 年耗巨资治理，但水质状况仍不容乐观！

"两湖一库"的污染现状并不可怕，可怕的是有些同志、有些单位对严重的程度、恶化的趋势或者麻木不仁，或者高高挂起，甚至对治理和保护措施不那么理解或者理解得不那么透彻，虽然行动上不得不服从，但心里大不以为然，认为这是小题大做、没事找事。我想，之所以存在这些现象，关键是三个问题没有弄明白、想清楚。

第一，究竟是钱大还是命大？从理论上讲，到底是钱大还是命大，到底是要钱还是要命，这个问题不是脑筋急转弯，只要不是白痴，都能作出正确的回答。但一落实到具体的事情上，很多人就会犯糊涂。这里有一则故事：一个人背着一袋钱坐船，船翻了，他掉入水中，有人劝他说钱太重，赶紧丢钱逃命，他不肯，最后人和钱一起沉下去了，人被淹死了，钱也没了。现实中这样的人不少。水是生命之源，人的身体 70% 左右都是水，在绝境中最后延续生命的不是钞票，而是水。有的人掉进山洞里，就是靠几滴山泉水活命的。如果哪一天"两湖一库"里的水被污染得没法喝了，大家只能坐以待毙，贵阳即使有金山银山，市民即使钞票满兜又有什么用呢？

第二，究竟是治理划算还是预防划算？污染好比"病来如山倒"，治污好比"病去如抽丝"。国内外大量事实证明，在资金投入上，污染之后的治理费用要比预防污染的费用大约高 10 倍；在时间上，1 年造成的污染要花大约 10 年来治理。日本治理琵琶湖，花费了 180 亿美元巨额资金和 35 年时间。英国政府治理泰晤士河，投入 300 亿英镑，用了 100 多年的时间。云南滇池周边的企业 20 年的时间创造了不过几十亿的产值，但治理滇池就已经花了 50 多亿元，预计还要花 490 亿元和很长时间。淮河流域的小造纸厂创造了不到 500 亿元的产值，但要把淮河水治理到符合农灌水标准的五类水质，至少要花 3 000 亿元，需要 100 年。最近，我让清镇市的同志算了一笔账，看红枫湖搞旅游到底划不划算，他们算完后跟我讲，收入不多、税收不多，但祸害不小、麻烦很大。可以说，"先污染、后治理"实际上是饮鸩止渴。需要指出的是，贵阳和别的省会城市特别是发达城市比，比什么？比 GDP 比不过别人，但比环境、比水质、比气候，贵阳的碧水青山、贵阳的生态环境和宜居气候，别的地方用再多的 GDP 都换不来。因此，我们宁舍金山银山，也要保住绿水青山。我反复讲，我们要发展，不发展不行，发展慢了也不行，但必须认认真真地落实科学发展观，做到科学发展、和谐发展、可持续发展，如果单纯地追求 GDP，甚至玩数字游戏，那有什么实际意义呢？

第三，究竟是自己的责任还是他人的责任？我经常听到这样的说法，那里的水是谁谁谁污染的，责任不在我。对这样的说法我不能苟同。且不说很多污染源是我们自己造成的，比如湖边那么多的违章建筑是怎么出来的，难道是别人来建的吗？因此，我提醒大家，先不要管别人怎么做，先管好自己，把自己的关口把住。退一步讲，即便有些污染是别人造成的，也要当成自己的事来办。大家都知道，空气是没有边界地流来流去，我这个地方污染了，你那里也要受损害；水也是一样，甲地被污染了，乙地也要受影响，如果在这个问题上推诿扯皮，左推右卸，上推下卸，一旦发生污染，大家都是受害者。比如平坝县要建污水处理厂，省里肯定会大力支持，我们能帮也要帮一把。实际上，帮助他人就等于帮自己，如果斤斤计较，自以为很聪明，实际上最愚蠢。

归结起来，就是警钟已经敲响，危机正在逼来，治理"两湖一库"刻不容缓，迫在眉睫。我们要真正像爱护、保护自家"水缸"一样，下最大的决心，花最大的力气，采取最硬的措施，把"两湖一库"污染问题彻底解决好，实现 3～5 年使"两湖一库"饮用水源水质恶化趋势得到有效遏制并在此基础上明显好转的目标，不给子孙留后患，不给历史留遗憾。

治理和保护"两湖一库"必须拿起法律武器

要把一系列治理和保护的政策措施落到实处，必须解放思想、与时俱进，进行体制、机制和制度的创新。要在行政手段方面进行创新。比如，在原红枫湖管理处、百花湖管理处、阿哈水库管理处的基础上，组建"两湖一库"管理局，为市政府直属的正县级单位，实行政企分开，依法履行涉及"两湖一库"环境保护方面的管理、监督、执法等行政职能，不再搞包括旅游在内的各类经营活动。要在经济手段方面进行创新。比如，大幅度提高排污成本，切实解决"违法成本低，守法成本高"的问题，让污染企业排不起污。这方面，外省市有不少好的做法。重庆就规定，对违法排污和破坏生态环境造成严重危害后果的，可加收两倍以上、五倍以下的排污费；违法排污拒不改正的，环境保护行政主管部门可按环境保护条例规定的罚款额度按日累加处罚，等等。

要特别强调的是，必须在法律手段方面进行创新，拿起法律的武器，把"两湖一库"的治理和保护纳入法治轨道，切实做到依法治污。第一，依法治污是国内外的成功经验。芬兰被称为"千湖之国"，有超过 18 万个大大小小的湖泊。为了保护丰富的水资源不受污染，芬兰政府通过立法并严格依法治理污染，对严重污染水源和空气的企业课以巨额罚款，令其停产整顿甚至关闭，实现了湖泊碧水常清。南非、科威特等国家设立了环境法庭，对环境违法者处以严厉惩罚，取得了很好的效果。广东省高度重视环境立法和环境执法，在过去 3 年内取缔关闭各类企业 1 543 家，前不久海北化工购销部因偷排化工废酸液，其法人代表在广州被判刑 3 年并处罚金 10 万元，为华南地区首例。第二，强调依法治污对贵阳市尤为紧迫。国家、省、市制定的法律法规中，适用于"两湖一库"保护和治理的有不少。在国家层面，有《水污染防治法》及其实施细则、《饮用水水源保护区污染防治管理规定》；在省的层面，有《贵州省红枫湖百花湖水资源环境保护条例》；在市的层面，有《贵阳市水污染防治规定》、《贵阳市饮用水源环境保护办法》、《贵阳市阿哈水库饮用水源保护区污染防治管理办法（试行）》；等等。法律、法规明明就摆在那里，但我亲眼所见的事实是：工业污水、生活污水和垃圾照常向湖水中排放，休闲山庄、农家乐无所顾忌地建在水边甚至湖中；有的执法人员对污染行为熟视无睹，置若罔闻，见怪不怪；一些排污大户面对污染受害群众呼天抢地的诉求，爱理不理，无动于衷。出现这样的状况，我认为，主要是一些同志的法治意识太淡薄，有法不依、执法不严、违法不究。这种情况在贵阳市其他领域也存在。比如在交通领域，在征求广大市民对中心城区"畅通工程"实施方案的意见时，很多市民反映，贵阳不遵守交通法规的现象比其他很多城市严重得多。机动车乱停乱行，行人乱穿马路，是造成交通拥堵的一个重要原因，如果把这个问题解决了，贵阳道路的通行能力预计可以提高 30％左右。又比如在建设领域，我也听到一些反映，包括有的房地产开发商反映，贵阳市有些房地产开发项目随意"长高长胖"，随意破坏山体，这正是有些人不讲规矩、不按规划办事造成的。在有的人看来，法律、制度、规矩在贵阳是没有尊严的，是可以肆意践踏的。同志们想一想，假设一个地方不按规矩办事，只要有关系，就什么都可以摆平、搞定，就可以恣意妄为，那将是个什么样子啊！因此，我到贵阳市工作后，在各种场合反复强调要守"规矩"，要按规矩办事。有同志担心，一旦严格依法办事，按规矩办事，外面的客商是不是就不来了，甚至来了也会跑？会不会因此影响招商引资、扩大开放？事实上，按规矩办事，不但不会影响招商引资、对外开放，反而有利于树立贵阳讲秩序、讲规矩的形象。因为有实力的投资者都是自觉遵纪守法的，更希望政府遵纪守法。比如，市里决定暂停新上房地产开发建设项目的规划审批，对此绝大部分房地产开发商是理解的，他们只是担心能不能一视同仁、能不能把遵守规矩坚持到底。而那些想破坏规矩、乘机捞一把就走的人，不是什么真正的投资者，他们不是奸商就是投机分子！对这样的人贵阳不欢迎。

因此，要特别强调增强法治意识、规矩意识，维护法规的尊严，形成纪律严明、做事规范的风气和氛围，让法律具有至高无上的地位，具有神圣的权威，任何人不得凌驾于法规之上；不管有多大来头，不论地位多高，都必须遵纪守法，按规则办事。当书记有当书记的规矩，要遵守；当市长有当市长的规矩，要遵守；各行各业都有规矩，各职各级都有规矩，都要遵守。这次提出"依法治理两湖一库"，目的就是要强化方方面面的法治意识、规矩意识，让法律法规真正成为碰不得的"高压线"，切实做到有法可依、有法必依、执法必严、违法必究。那么具体来讲，如何运用法律的武器来保卫"两湖一库"呢？

第一，建立健全法规。国家和省里关于水资源保护的法律法规都很好，首先要把这些法律法规贯彻好。在此基础上，要根据"两湖一库"污染日益严重的形势，针对造成污染的根源，进一步修改完善地方性法规，确保真正发挥作用。比如，"两湖一库"的主要污染物之一是磷，对此，以前我们只有一个政府规章，在"两湖"水源保护区禁磷，这远远不能适应水源保护的需要，要及时研究制定在整个贵阳市范围内禁止生产、销售和使用含磷洗涤剂的地方性法规。如果做到这一点，我们就是全国第一家。比如，随着形势的发展，"两湖"的功能已经发生了很大变化，许多人大代表和有识之士都建议强化"两湖"的饮用水源功能，弱化甚至基本取消旅游功能。对这些民意，一定要认真倾听，高度重视，积极反映，推动修改"两湖"保护条例，明确湖区功能定位，为治理和保护提供法律武器。

第二，成立环境保护法庭。加快组建环境保护法庭，这是解决"两湖一库"污染问题在法律手段方面的一个创新。这个环境保护法庭设在清镇市，负责统一审理及执行涉及"两湖一库"环境保护的民事、行政案件和相关案件。贵阳市辖区内的"两湖一库"案件，由市法院指定给环境保护法庭负责审理；贵阳市辖区以外的"两湖一库"案件，由省高院指定环境保护法庭负责审理。设立这个环境保护法庭，意义非常重大。一是解决了"两湖一库"污染因行政区划、隶属关系不同而难以治理的问题。有的同志说，有些污染是平坝县造成的，贵阳没有行政管辖权，如果要解决污染问题就得把平坝县划过来；一些污染企业是中央、省属企业，贵阳也没有管辖权，如果要解决污染问题也只有把这些企业下放给贵阳。这些都是老观念，肯定是行不通的。成立环境法庭后，不管是哪个地方，不管是什么级别的单位，只要有人起诉，都可以审理、执行。二是解决了以往对环保违法案件处罚不力的问题。环境保护法庭的成立，就等于公告社会：污染环境就是犯罪！环境保护法庭成立后，不但要依法审理涉及"两湖一库"的所有乱排乱放等环境违法行为，而且要依法审理对环境违法事件不作为的失职、渎职行为；不但要责令污染企业赔偿损失、停产关闭，而且对那些违法排污企业的负责人，对那些失职、渎职的政府机关公务人员，该判刑的要判刑。希望环境保护法庭尽快开展工作，打响惩罚污染"两湖一库"环境的犯罪行为的"第一枪"。三是解决了"两湖一库"治理的长效机制问题。有了环境保护法庭，也就是从体制上将"两湖一库"的保护和治理纳入法制化轨道，确保了工作的稳定性、连续性和权威性，不因领导同志的变化而变化，不因领导同志注意力的转移而转移。总之，环境保护法庭的设立及其所发挥的作用，一定会让人们感受到法律之剑的威严，真正对"两湖一库"的环境保护工作起到保驾护航的作用。公安、检察、司法等政法部门在依法保护"两湖一库"中也大有可为，希望这些部门能积极探索，把法律武器用好、用足。比如，在环境污染案件中，在没有确定的受害人作为诉讼主体而无法起诉的情况下，检察院就可以代表国家和公共利益对环境污染案件的致害人提起环境民事诉讼。

第三，加强法治教育。首先必须增强全社会的环保法治意识，形成遵纪守法的良好氛围。特别是对那些湖库周边的排污大户和居民集中区要开展宣传攻势，让他们明白"污染环境就是犯法"的道理，自觉遵守"两湖一库"相关法律法规；要唤醒全社会依法治污、维护自身权利的意识，对企业违法排污行为，对政府机关不作为而放任自流的行为主动投诉、起诉。在此基础上，要进一步动员全社会都参与到"两湖一库"的保护中来。为此，我们将成立治理和保护"两湖一库"基金会，让全社会都来为保护"两湖一库"出钱出力。这对企业来讲，是一种回报社会的形式，体现了其社会责任；对市民来说，捐款不在多少，一毛钱、一块钱都行，体现的是环保意识。

我作为市委书记，深感在治理和保护"两湖一库"中责任重大。有的领导给我说，"老大难，老大难，老大一抓就不难"，这当然是对我们抓治理和保护"两湖一库"工作的鼓励，同时，这也让我想到自己肩负的责任。如果我这个"老大"不采取措施坚决地抓，一旦"两湖一库"出现大面积蓝藻，致使贵阳100多万市民的饮水安全发生问题，我就是失职、渎职，就是犯罪，这比贪污受贿几百万、几千万造成的后果要严重得多。为了这份责任，我一定按照市委书记应该遵守的规矩、应该履行的职责去加大工作力度，希望广大市民理解、配合、响应治理和保护"两湖一库"的重大决策和工作部署，也希望监督我、支持我、帮助我开展好工作。我相信，大家共同努力，一定能够把"两湖一库"的污染问题彻底解决，让贵阳市民喝上干净水、放心水！

制定《贵阳市促进生态文明建设条例》
十分必要[*]

It's Necessary to Set up Regulations for Promoting Ecological Progress in Guiyang

今天参加市人大常委会主任（扩大）会议，主要是和大家谈一谈促进生态文明建设立法的相关问题。我提议贵阳市开展这项立法工作，有这么几点考虑：第一，这是开展学习实践科学发展观活动的具体行动。学习实践科学发展观的活动，一个很重要的任务就是要实现体制机制创新。从人大常委会的角度来讲，怎样来检验学习实践活动的成效？人大常委会的一项重要工作就是立法，我想，把落实科学发展观、建设生态文明城市的决策上升到法规的高度，完成相关立法工作，就说明市人大常委会的学习实践活动开展得很好。第二，中央、省委对建设生态文明的要求越来越明晰，越来越突出。十七大在我们党的历史上第一次将"生态文明"作为全面建设小康社会的新要求写进政治报告。胡锦涛总书记在后来的讲话中多次谈到"经济建设、政治建设、文化建设、社会建设以及生态文明建设"，将生态文明建设与前四个建设并列，使生态文明建设进入我们过去所讲的"四位一体"中，这就说明我们党对生态文明建设的认识越来越深化。作为贵阳市来说，必须认真地贯彻落实中央和省里的指示精神，有效推动工作。第三，这是贵阳建设生态文明城市实践的要求。制定任何一项决策、任何一项政策，一定要排除个人因素、个人喜好，这样才经得起历史的检验，不会人去政废。贵阳建设生态文明城市的决策，是继承和发展历届市委、市政府执政理念和思路的结果，符合历史潮流，符合民心民意，符合贵阳市实际。一年多来，全市上上下下实实在在地推动，已经取得一些成果。随着各项工作的推进和经验、教训的积累，有必要通过立法，把一些好的措施、好的政策制度化、规范化。

这项立法工作内容很杂、难度很大，我提几点建议：

---

* 这是李军同志 2009 年 2 月 26 日在贵阳市十二届人大常委会主任（扩大）会议上的讲话。

第一，要解放思想，创造性地开展工作。国内还没有哪个地方就促进生态文明建设进行过立法。因此，没有先例可循，没有现成经验可借鉴，这就需要市人大常委会的同志解放思想，开动脑筋，不受条条框框的束缚，大胆创新。比如，生态文明建设中需要规范的企业、个人行为，大量的是属于"错"而非"罪"的范畴，那么在法律责任上怎样追究才能达到最好的规范、教育效果？这就是需要认真考虑的问题。"两会"期间，我和香港政协委员座谈时讲到香港是法治社会，违了法哪怕只是"错"也都严惩不贷。有个委员讲了一个例子。她在别墅上建一个玻璃屋，结果被香港的巡逻飞机发现，马上要她认错，缴罚金，并将违章建筑拆了。香港是讲法治不讲人治的。这种不放过"错"的"执法必严"值得我们学习。虽然我们在立法追究刑事责任上没有权力，但在立法纠错、罚错上的空间还是很大的。在生态文明立法中，我们在纠错上一定要有创新。《大秦帝国》这部电视剧中，商鞅处罚三个胡搅蛮缠的贵族，就是让他们到大堤上服三天劳役，挑三天土，类似这样的处罚在生态文明立法中为什么不可以呢？哪怕引起争议也没有关系，只要有51％的人赞成就算成功了，可以通过处理少数，教育大多数。说白了这些就是"乡规民约"。2008年市"两湖一库"管理局、监察局、人事局联合出台了禁止贵阳市公务员到阿哈水库游泳的规定，在社会上引起很大的反响，还入选了人民网"全国十大新政"。地方性立法就是要有地方特色，新加坡的"鞭刑"很有特色，至于对不对另当别论。总之就是要解放思想，认真规范那些在建设生态文明城市过程当中企业、社会团体、个人存在的不是犯罪但确实是陈规陋习的行为。

第二，要突出重点，抓紧关注度高的问题。从法律的效果来讲，要抓住人民群众关注的热点问题、反映强烈的问题。在这次立法中，要抓住100％的人认为不好的问题，要找出有51％以上的人认为好的措施。比如，大家都认为随地吐痰不好，100％的人都认为错的，这就该抓住；如果规定在公共场所吐痰，处罚他把痰清理干净，并且罚站半天，肯定会引起争议，但是只要有51％的人认为这个措施好就行了。建议不要面面俱到，篇幅不用太大。生态文明建设是一个长期的过程，不可能因为立了这个法就一蹴而就、一劳永逸解决所有问题，可以逐步修订、逐步完善。也许今后会有《贵阳市促进生态文明建设条例》2009年版、2010年版、2012年版，只要有修订版，就说明这个法规立成功了，因为它还有必要再进行修订，进行完善。如果放在那里没人问、没人管，就说明它没有用。

第三，要开门立法，群策群力，专群结合。在我们国家，法规要反映广大人民群众的意志，如果人民群众不拥护、不赞成，没有民意基础，那我们就实施不了，推行不下去。尤其是生态文明建设关系到千家万户，关系到每个人的切身利益，要把立法的过程变成大家都参与的过程，使得立法的过程成为宣传的过程、教育的过程、集中民智的过程，让大家献计献策，参与进来。

第四，要务求管用，真正落到实处。为了立法而立法，没有意义。这次立法一定要可以操作，可以实施，能够运用到经济活动、社会活动乃至各种活动当中去。比如，经济活动中我们禁止引进"三高一低"项目，如果引进了该怎么处罚？又比如，在约束政府的行为时，法规要求政府必须依据国家的产业政策，定期发布鼓励、限制或淘汰的技术、工艺、材料和产品等的目录。在这些方面法规要管用。

第五，要监督有力，狠抓典型。有法可依之后，就要做到有法必依、执法必严、违法必究。这部法规报省人大常委会批准实施后，市人大常委会在监督这部法规的执行方面要有力度，抓典型，让媒体全方位报道，让全市人民都知道，不能立完法就了事。包括已经实施的《贵阳市阿哈水库水资源环境保护条例》和"禁磷"规定，人大常委会要监督其实施情况。

我完全相信市人大常委会能在半年内搞出一部有贵阳特色的、很管用的地方性法规，在生态文明建设当中发挥重大作用。

完善生态文明城市建设的法规体系[*]
To Improve the Legal System for Eco-city Building

2009 年 10 月 16 日，贵阳市第十二届人大常委会第二十次会议通过了《贵阳市促进生态文明建设条例》，这是贵阳建设生态文明城市法治化进程的一件大事。三年时间过去了，我们有必要对《条例》实施情况进行回顾总结，对完善生态文明城市建设的制度安排作一个展望。

一、《条例》在建设生态文明城市中发挥了重大作用

从《条例》实施情况看，有四个特点比较突出。一是首创性。《条例》是国内第一部促进生态文明建设的地方性法规，包括区域限批制度、监督员制度、"门前三包"责任制、超时默认制度、舆论监督规定等内容，都是首次被写进地方性法规。在起草之初，全国人大常委会肯定了法规的开创性，明确表示支持贵阳在这方面进行探索。二是系统性。《条例》的内容不是某个单项或者几个单一的方面，而是包含了目标任务、组织实施、督促检查、责任追究的全过程，形成了一个比较完善的法规体系，涵盖了建设生态文明城市的各个组成要素。三是前沿性。《条例》提出的很多措施比较超前，比如"社区支持农户的绿色纽带模式"就是学界研究讨论的热点话题。特别是贵阳把环境公益诉讼从理论研究层面落实到法律制度建设层面，这是全国司法界的一大前沿性创举。四是实践性。《条例》完全从贵阳建设生态文明城市的实际出发，有的条款是针对实际工作中的薄弱环节提供规矩遵循，有的条款是把实际工作中的成功经验固化为法规条文，可操作

---

　　* 这是李军同志 2012 年 10 月 17 日在《贵阳市促进生态文明建设条例》通过三周年座谈会上的讲话。

性强。因此，从2010年3月1日颁布实施以来，各方面对《条例》的评价都非常高，从内容到形式都予以充分肯定。《人民日报》、中央电视台等媒体都进行了报道，在全国产生了较大影响。

好的法规制度还需要有好的执行。从市人大执法检查情况来看，《条例》执行情况总体是好的。市政府及其组成部门扎扎实实地分解落实《条例》的各项措施，做了大量卓有成效的工作。比如制定了《条例》的配套规章，包括《贵阳市"门前三包"责任制管理规定》、《贵阳市机动车排气污染防治管理办法》等27部政府规章；比如按照生态文明理念，编制《贵阳市城市总体规划（2011—2020年）》和《贵阳市生态功能区划》，并督促规划实施；比如优先发展现代服务业，大力振兴工业，积极发展生态农业，推动三次产业向生态化方向发展，努力建设生态文明产业体系；比如认真履行行政执法职能，采取最严格的措施保护生态环境，推进节能减排、淘汰落后产能，使贵阳市生态特色更加彰显；比如严格落实生态补偿制度，按照"谁保护、谁得益，谁改善、谁受益，谁贡献大、谁多得益"的原则，采取项目扶持和财力性转移支付补偿相结合的模式，从2009年至今安排生态补偿资金10.43亿元；等等。市中级人民法院和市人民检察院高举法律武器，坚持以最严厉的手段保护生态环境，打击违法犯罪，为建设生态文明城市营造了良好的法制环境。特别是环境保护审判庭、环境保护法庭加强与检察机关、公安机关和行政执法机关的联动执法，逐步形成了具有特色的环境审判模式和环境公益诉讼机制。依法判决"福海生态园"案件，成为我国1997年修订刑法以来最为严厉的刑事制裁破坏资源保护犯罪的案件。其他各部门、各方面，包括企业、学校、社团、公众也自觉贯彻落实《条例》，做了大量工作。比如，贵阳幼儿师范学校结合开展"三创一办"，采用"七步法"推进生态文明学校建设，着力培养文明有礼、遵纪守法的高素质幼儿教师；贵州轮胎股份有限公司在创建生态文明企业的过程中，积极推广清洁生产，大力革新工艺、技术、装备，再生胶使用比例占到40%左右，企业节能减排水平全面提升；等等。所有这些表明，《条例》的理念、思路、要求、办法都正转化成具体工作、具体项目和具体成效，并产生了良好的生态效益、经济效益和社会效益。

总体来讲，《条例》在建设生态文明城市中发挥了四个方面的作用。一是引导作用。法规作为一种行为标准和尺度，具有鲜明的引导功能。贵阳市颁布《条例》的一个重要目的，就是要形成践行生态文明理念、保护自然生态环境的导向。三年来，全市以《条例》为引导，通过举办讲座、研讨班、道德讲堂，开展电池回收、垃圾分类、提倡步行活动，创建生态文明示范单位等形式和载体，加强生态文明教育，弘扬生态文化，普及生态文明知识，倡导形成健康、环保、文明的行为方式和生活习惯，极大提高了公众生态文明素质。二是强制作用。法律作为一种行为规范，对人们的行为具有强制作用。《条例》颁布后，无论是政府部门、企业、社会组织还是个人，都根据《条例》的强制性规定规范自己的行为和活动。对不符合《条例》规定、破坏生态环境的行为和活动，司法部门以《条例》为准绳、以事实为依据，坚决依法惩处。三是监督作用。《条例》要求实行生态环境和规划建设监督员制度，并要求有关单位和国家工作人员自觉接受新闻媒体的监督。这些年来，全市涉及公众权益和公共利益的重大生态文明建设决策，都通过听证、论证、专家咨询或者社会公示等形式广泛听取意见，广播、电视、报刊、网络等新闻媒体依法对生态文明建设活动及国家机关履行生态文明建设职责情况进行舆论监督，将生态文明建设全过程置于公众的监督之下，提升了建设工作的科学性、民主性、公开性。最近贵阳电视台播出的"踏访南明河"节目，有效发挥了舆论监督作用，值得表扬。就市人大来讲，针对《条例》的执行情况定期开展了一系列督促检查。比如 2010 年 8 月，针对"门前三包"责任制的执行情况开展了执法检查，有效督促整改了执行不到位、环境卫生脏乱差反弹等现象；同年 10 月对"创模"、"创卫"和"协办"工作开展专项评议，有力推动了"三创一办"工作的开展；2012 年以来就"门前三包"责任制、大气污染防治、"两湖一库"综合整治、巩固"创卫"成果等开展专项检查，提出了完善长效机制、巩固提升创建成果的意见和建议，监督作用发挥得非常充分。四是惩戒作用。对行政部门和执法部门来讲，法规既是惩治违法行为的武器，也是自我约束的"戒尺"。《条例》规定实行生态文明建设行政责任追究制和一票否决制，严肃整治和处理各种违反行政管理规范的行为，并一一列举出行政机关及其工作人员各种失责、过错行为，制定了相应的处罚办法。这些年来，我们将这个要求严格落实在具体工作中，比如在"三创一办"工作中，实行严管重罚、严格问责，处理失职渎职人员 335 人，强化了公众特别是公职人员践行生态文明理念的责任意识和主动意识。

《条例》是个纲，纲举目张。在一定意义上讲，《条例》就是贵阳建设生态文明城市的"根本大法"，它提供了目标、原则、措施，凝聚了强大力量，发挥了保驾护航的重大作用。这些年贵阳建设生态文明城市取得了显著成绩，《条例》作出的贡献不可替代。

二、根据形势的发展不断修订完善《条例》

任何一项法律法规都不可能尽善尽美，不可能一劳永逸，必须根据形势的发展、认识的提高，进行修订和完善。拿《宪法》来说，新中国成立以来先后颁布了 1954 年宪法、1975 年宪法、1978 年宪法和 1982 年宪法。现在我们使用的宪法是在 1982 年宪法的基础上修改完善的。从贵阳市来看，《条例》面临的宏观环境和实践形势与三年前相比，已经发生了很大变化，因此必须抓紧进行修订和充实。一是中央对建设生态文明有新的要求，胡锦涛总书记在"7·23"重要讲话中作了精辟阐述。二是经过五年努力，特别是《条例》颁布后三年来，贵阳生态文明城市建设取得阶段性成果，进入了新的阶段；《国务院关于进一步促进贵州经济社会又好又快发展的若干意见》（国发〔2012〕2 号）明确提出，贵阳要建成全国生态文明城市。生态文明城市建设的任务、要求有了新的变化，《条例》必须适应这样的变化。三是生态文明城市建设还存在不少薄弱环节和不足之处，迫切要求加强和改进。现在有些市民遇到破坏环境的行为，首先不是向政府部门举报，而是到贵阳公众环境教育中心反映。本来该找政府解决的事，结果去找非政府组织。出现这样的情况，一个重要的原因是政府部门的公信力还不够高。以上这些问题，涉及方方面面，原因多种多样，必须尽快加以解决，否则势必会影响和制约生态文明城市建设的强力推进。在这样的情况下，《条例》完全有必要进行一次修订完善。

一要更加准确地把握生态文明的内涵和外延。跟其他地方一样，我们对生态文明的认识经历了一个逐渐深化的过程。如何准确理解生态文明？有的同志狭隘地认为，生态文明就是环境保护，果真如此，那我们根本没有必要提出生态文明这个概念；有的同志过高、过大地看待生态文明，把它当作农业文明、工业文明之后的一种全新文明形态。毫无疑问，这两种认识都有失偏颇。中央明确指出，生态文明建设与经济建设、政治建设、文化建设、社会建设一起，构成了中国特色社会主义事业的"五位一体"总布局。生态文明建设是其他各种建设的基础、支撑和保障。离开生态文明建设，经济、政治、文化、社会建设就无法持续、协调地进行。正因为如此，胡锦涛总书记强调要把生态文明建设的理念、原则、目标等深刻融入和全面贯穿到经济、政治、文化、社会建设的各方面和全过程。在《条例》修订的过程中，要牢牢把握这一基本要求，准确界定《条例》涵盖哪些内容、不涵盖哪些内容，用什么来串起整个篇章和具体条文，真正把"深刻融入"和"全面贯穿"八个字充分体现到《条例》中。

二要根据实践的推进完善相关工作内容。有些工作过去没有开展，凭空想象不出来；有些问题过去没有发现，现在需要亡羊补牢；有些做法实践证明行之有效，就要及时补充到《条例》中去。比如，三年前没有开发建设"二环四路城市带"，现在有了，修订和执行《条例》在考虑重点区域、重点环节的时候就要随时想到二环四路城市带及其相关因素。比如，《条例》第十六条，禁止采矿、采石、采砂的罗列区域里，有国道、省道、高等级公路、旅游线路、铁路主干线，有饮用水源保护区、风景名胜区、自然保护区、文物保护区和环城林带，有湖泊、水库周边，有河道沿岸，就是没有机场及其周边。而机场及其周边恰恰是破坏最重的、影响最大的。《条例》在修订的时候，要及时解决这个问题。比如，贵州省危险废物暨贵阳市医疗废物处理处置中心正在加快建设，进一步规范危险废物全过程环境监管迫在眉睫，《条例》在修订中要体现这方面内容。比如，新的《环境空气质量标准》公布后，需要重新组织测算，看看是否对全年优良天数占比等表述作出相应调整。比如，通过开展"三创一办"，我们在保持良好的市容市貌常态化、提高城市管理水平方面积累了不少成功做法，要及时进行总结、提炼，充实到《条例》的相关条目中去。比如，过去区（市、县）有权审批采石场，我们现在统一收归到市国土局，通过调整采石场开采审批权，有效遏制了地方私挖滥采，这一做法可以在《条例》中专门加以明确。类似的情况还有很多，修订的时候要注意一一梳理。

三要在增强操作性上下更大的工夫。我感觉，贵阳的一些法规条文往往比较注重要怎么样、要做什么，而对于不怎么样、不做什么如何处置，往往语焉不详。这样法规条文的可执行性、威慑力就会打折扣。从实施情况看，"门前三包"责任制是执行得比较到位的，为什么呢？因为《条例》中有一条：责任人不履行"门前三包"责任的，由县级人民政府市容环境卫生行政管理部门予以警告，责令限期改正，并可以采取通报批评、媒体披露等方式督促改正；逾期不改正的，对单位处以 3 000 元以上 3 万元以下罚款，对个人处以 300 元以上 3 000 元以下罚款。这就非常具体了。而有的条文不那么具体，可执行也可不执行，执法部门即使发现不执行也往往缺乏处罚的具体依据。希望法院部门充分发挥专业优势，积极参与修订工作。在修订过程中，既要从正面细化各项倡导性规定，也要从反面明确违反的惩罚性后果，便于有关责任单位和部门具体实施，便于市民群众自己对照检查。

建设生态文明城市是贵阳的施政纲领，我们一定要从事关全市发展大局的高度，充分认识《条例》的极端重要性，抓紧把《条例》修订好、完善好。

三、实行更加有利于生态文明建设的制度安排

建设生态文明城市是一个庞大的系统工程，关系到经济、政治、文化、社会建设的方方面面，必须有完善的制度安排作保障。《条例》的作用很大，但仅有《条例》是不够的，必须着眼于整个体制机制的完善和运转，形成更加有利于生态文明建设的制度导向和制度合力。

一要完善法规制度体系。我们报国家发改委审批的《贵阳建设全国生态文明示范城市规划》提出到 2020 年要建立比较完善的生态文明法制体系，其实质就是要在深入贯彻实施《条例》的基础上，建立将生态文明建设融入和贯穿到经济、政治、文化、社会各方面和全过程的地方性法规体系，把生态文明建设纳入法治轨道。从目前的情况看，贵阳的生态文明法规制度有两个比较明显的问题。一是还有一些缺项。市人大常委会制定了未来五年的立法规划，确定列入的有44 个项目，与生态文明建设紧密相关的有 16 项，都是需要加强的领域和环节。但是，随着形势发展的加快，立法规划恐怕还得调整。比如，立法规划里明确要对《花溪国家城市湿地公园保护管理办法》进行调研立法，但这几年贵阳市还建成了观山湖湿地公园、小车河城市湿地公园，还将因地制宜地建设小关湖、百花湖等一批生态湿地公园。因此，要将湿地公园的保护提到紧迫的议事日程上来。市人大要统筹立法规划，制定一个湿地公园保护管理办法，今后不管建多少湿地公园，这个管理办法都管用。有了固定的制度和法规，公园的安全系数就会高得多，保护力度就不会因领导者生态文明意识的强弱而改变。否则，辛辛苦苦建起来的湿地公园还是有可能被蚕食和侵吞。同时，要在办法中体现公众监督，向社会公开每一个湿地公园的地理位置、面积大小等，方便群众监督。二是有不少需要细化之处。跟《条例》一样，贵阳市的一些地方性法规和政府规章还有不少笼统、模糊的地方。中国文化传统有时候喜欢模糊哲学、讲求中庸之道，但法规制度一定不能模糊、不能中庸，越具体越好、可操作性越强越好。一就是一、二就是二，是就是是、非就是非，这样才有利于执行。市人大、市政府和各有关部门都要在分解《条例》上下工夫，尽可能完备地制定配套法规制度，让法规制度的"网格"尽可能细、尽可能密，减少漏洞和盲点。一句话，没有的法规制度要抓紧建立，已有的法规制度要努力完善。

二要确保法规制度得到刚性执行。建立起完善的法规体系只是第一步，更为关键的是严格、有效地执行。实际上，我们很多时候不是没有法规制度，而是法规制度往往被挂在墙上、搁在一边，没有得到严格执行。少数单位和个人法规意识比较淡薄，有令不行、有禁不止的现象比较突出。有的司法部门不公正执法，有的行政部门不依法行政，有的普通百姓不依规行事，特别是有的公职人员视规章制度为儿戏，想执行就执行，不想执行就不执行，想怎么执行就怎么执行，人为引发各种矛盾和问题，导致我们在很多时候付出巨大的政治代价，老百姓对党和政府的信任度降低；付出巨大的经济代价，花更多的钱去补偿当事人和维护社会稳定；付出巨大的社会代价，社会风气越来越坏甚至频繁出现群体性事件；等等。我在不同场合反复强调规矩意识、制度意识，要求遵章守纪、依规办事，真正做到有法必依、执法必严、违法必究，切实提高制度执行力，维护制度严肃性。要让生态文明法制体系真正像火炉子一样，谁碰谁被烫，没有特权，没有例外，使每个人都敬畏法规、尊重法规，自觉在生态法制体系的约束下行动。一是要加强宣传教育。引导大家思想上牢固树立生态文明法规理念，牢固树立严格按生态文明法规办事的观念，养成自觉执行生态文明法规的习惯，努力营造人人维护法规、人人执行法规的良好氛围，让尊重、遵守法规成为贵阳人的一种内在品格。现在看来，我们对《条例》的普及、宣传还不够，还有很大的距离，要通过加大普法力度、公务员任前培训、干部考试考核等方式，提高干部群众对《条例》以及其他一些地方性法规的知晓度、运用度。二是要加强执法监督检查。充分发挥各级各有关职能部门的作用，比如人大的法律监督作用、政协的民主监督作用、公众的社会监督作用、媒体的舆论监督作用，将执行生态文明法规的全过程置于监督之下，杜绝暗箱操作，确保生态文明法规得到严格、有效落实。各级人大的执法检查都会突出一些立法的重点，市人大的重点就是《条例》。政协的民主监督也是如此。全市各级人大、政协和其他部门要把《条例》执行检查情况作为人大法律监督、政协民主监督和行政执法监督的重点工作来抓，提高执法监督检查的针对性、实效性。三是要狠抓严厉惩处。不管矛盾有多尖锐，利益关系有多复杂，阻力有多大，只要触犯生态文明法规制度，只要发生破坏生态环境的违法行为，都要坚决查处，决不妥协。尤其是基层执法部门，要敢于"亮剑"。不光要采用行政处罚的方式，更要善于运用法律手段，充分发挥环境保护法庭的作用。对省直部门、各类企业和投资者，我们要全力以赴搞好服务，但如果不服从贵阳的城市规划，违反贵阳市的地方立法，该怎么处罚就怎么处罚。要借鉴对公检法部门的绩效考核办法，在考核环保、林业、城管等部门的成绩时，不仅要看环境质量和市容卫生秩序状况，也要看实实在在地查办了多少起违反《条例》的案件。

三要充分发挥市场机制的作用。在社会主义市场经济条件下推进生态文明城市建设，必须尊重经济规律，发挥市场配置资源的基础性作用，将"有形的手"和"无形的手"结合起来，使参与环保活动的各相关主体自觉、自愿地践行低碳、绿色、环保的行为方式。这是我们过去最欠缺的，是将来最需要加强的，也就是所谓的"生态产业化"。一是要积极开展排放权交易。对贵阳这样欠发达、欠开发的西部城市来说，污染问题很大程度上和发展压力联系在一起。承接东中部产业转移，最容易引进落地的是"三高一低"的项目；现有工业企业要提速增效，最容易释放产能的，是铺大摊子粗放经营。这种追求发展的冲动是内在的、强烈的、持久的。对此，既要进行有力的行政干预，也要千方百计因势利导。通过交易市场体系建设、完善交易市场管理机制，可以有效推进生态文明城市建设与市场化运作方式逐步接轨。在 2010 生态文明贵阳会议召开期间，贵阳就挂牌成立了环境能源交易所，并通过向息烽县农民代表购买碳减排量，实现了"碳中和"。这还只是初步的探索。事实上，排放权交易的实施是复杂的系统工程，从选定污染控制项目、确定污染排放总量到许可证的发放等，都需要完善的法律来保证。这方面我们起步较晚，很多领域还是空白，希望各级各有关部门大胆探索，学习借鉴国内外先进经验，积极开展排污权交易、水权交易、碳排放权交易等工作，更加灵活、有效地解决发展与排放的矛盾。二是要抓紧完善生态补偿机制。贵阳开展生态补偿以来，极大地调动了各方保护环境的积极性。但是这项工作的制度性、规范性、刚性还不够，随意性较大，补不补、怎么补、补多少还没有一定之规，可以说是既靠补偿制度的显性约束，也靠生态道德的隐性约束。下一步，要在细化、量化补偿机制上下工夫，逐步扩大补偿范围、提高补偿标准，更多地寻找补偿方和被补偿方的利益共同点，让补偿方心甘情愿地出钱，让被补偿方高高兴兴地作生态贡献。同时，要积极探索开展代际补偿，把空间上的补偿和时间上的补偿结合起来。三是要充分利用价格杠杆。通过实行差别电价、阶梯水价、加强排污费征收管理等措施，加快建立有利于节约资源能源的利益导向机制。当然，电价问题、水价问题是重大的民生问题，要积极而又稳妥，坚持听证制度，把改革的力度和老百姓的承受度很好地结合起来。

总之，希望全市各级各部门以《条例》颁布三周年为契机，形成全方位的制度体系，进一步将生态文明城市建设纳入法制化轨道，为"坚持走科学发展路、加快建生态文明市"提供坚强的法制保障。

充分发挥地方人大职能，推动生态文明城市建设进入法制化轨道[*]

To Put Eco-city Building into the Legal System by Giving Full Play to the Functions of the Local People's Congress

为全面总结近年来全市依法推进生态文明城市建设的情况，根据市委的统一部署，市人大常委会组成执法检查组，并邀请部分市人大代表和地方立法咨询专家于 2012 年 8 月 21 日至 31 日集中开展了《贵阳市促进生态文明建设条例》执法检查。现在，我代表市人大常委会向市委汇报有关工作情况。

一、市人大常委会始终坚持以科学发展观为统领，把建设生态文明城市纳入法制化轨道

2007 年 12 月市委八届四次全会作出建设生态文明城市的决定以来，市人大常委会一以贯之地把推进生态文明城市建设作为贯彻落实党的十七大和科学发展观的总抓手和切入点，并贯穿到坚持和完善人民代表大会制度以及开展人大工作的各个方面，为坚持走科学发展路、加快建生态文明市提供了强有力的法制保障。

第一，率先制定全国首部生态文明城市建设专项法规，形成了较完备的生态文明法规系列。围绕市委决策，人大常委会充分发挥地方立法的主导作用和职能优势，为推进生态文明城市建设的制度化、规范化开展创制性立法。2009 年至 2010 年，贵阳市人大常委会积极探索，在没有可参照借鉴的情况下，深入开展调查研究，充分听取各方意见，有效凝聚智慧，及时起草、制定、颁布施行了全

---

* 这是贵阳市人大常委会主任李忠同志 2012 年 10 月 17 日在《贵阳市促进生态文明建设条例》通过三周年座谈会上发言的一部分。

国第一部生态文明建设地方性法规——《贵阳市促进生态文明建设条例》，以生态文明建设为主线，紧紧围绕全市环境资源实际、建设发展实际、执法管理实际，牢牢把握影响、制约生态文明建设的主要问题，在"促进"上下功夫，在"保障"上做文章，制定了促进生态文明建设的一系列体制、机制、办法和措施，把市委落实科学发展观的重要决策主张依法上升为法规规范，转化为全市人民的共同意愿，依法推进生态文明城市建设，充分体现了坚持党的领导，人民当家作主和依法治国的有机统一。从 2007 年开始，还先后制定了《贵阳市生态公益林补偿办法》、《贵阳市阿哈水库水资源环境保护条例》、《贵阳市禁止生产销售使用含磷洗涤用品规定》、《贵阳市民用建筑节能条例》《贵阳市科技创新促进条例》、《贵阳高新技术产业开发区条例》等法规，修订了《贵阳市水污染防治规定》，促进生态文明建设条例与 20 余个相关法规配套，形成了较为完备的生态文明法规系列，为有力、有序、有效推进生态文明城市建设提供了依据和保障。

第二，创新方式加强监督，确保生态文明城市建设依法顺利推进。市人大常委会十分重视推动《条例》的贯彻实施，充分发挥监督、决定重大事项等职权，有力促进生态文明城市建设。2010 年 8 月，市人大常委会从细节入手、从薄弱环节入手，针对《条例》中有关"门前三包"责任制执行不到位、环境卫生脏乱差容易反弹等现象，及时作出了对"门前三包"责任制执行工作加强监督的决定，并开展了一系列的执法检查。同年 10 月，对市环保局创建国家环境保护模范城市、市卫生局创建国家卫生城市、市政府有关部门协办第九届全国少数民族传统体育运动会开展专项工作评议，有力地推动了"三创一办"工作。创卫、创文取得成功后，为进一步巩固创建成果，今年 7 月，市人大常委会继续开展"门前三包"责任制专项检查，并提出了完善长效机制，巩固和提升创建成果的意见和建议。按照建设生态文明城市的要求，今年以来，市人大常委会继续加强相关工作监督，开展了大气污染防治相关法律法规的检查，对"两湖一库"饮用水源地综合整治、危险废物和医疗垃圾处置中心建设和试运营、巩固"创卫"成果等工作进行了专项调研，首次对市林业绿化局石漠化治理植被恢复工作进行了专项工作评议，提出了有针对性的评议意见。目前，市政府及有关部门正采取有力措施积极整改。

第三，切实保障代表依法行使职权，充分发挥代表在推进生态文明城市建设中的积极作用。市人大常委会始终尊重代表主体地位，充分发挥人大代表的作用，紧扣生态文明城市建设主题，精心选题，拓展代表活动的广度和深度，丰富活动内容，支持代表深入基层、深入群众、了解民情，提出高质量的建议意见。2009 年，开展了"人民选我当代表、我当代表为人民"主题活动，代表就生态文明城市建设、整脏治乱、"两湖一库"保护等方面提出 28 件视察建议。2011

年，成立贵阳市人大群众工作志愿者委员会，在全市三级人大代表中开展"维护社会稳定、化解社会矛盾"志愿者活动。国发〔2012〕2号文件颁发后，市人大常委会立即向全市三级人大代表发出倡议书，号召和要求代表们迅速行动起来，带头实干、履行职责、发挥作用，坚持以生态文明理念引领贵阳经济社会又好又快、更好更快发展，扎实当好促进贵阳经济社会发展的排头兵。3月28日，在全市开展了"积极发挥人大代表作用·助推城市基层管理体制改革"主题活动，各级人大代表主动参与，通过学习宣讲推改革、视察指导促改革、关注民生助改革、建言献策议改革、维护稳定保改革。市人大常委会对代表在视察、调研等工作中提出的意见和建议高度重视，今年6月，首次开展了主任会议督办和专委会归口督办，市人大常委会主任、副主任分别领衔督办7件涉及民生的重点建议，为民代言，为民解忧。

二、"一府两院"认真执行《条例》，依法推进 生态文明城市建设

《条例》颁布实施以来，市人民政府坚持以生态文明理念引领经济社会又好又快、更好更快发展，市中级人民法院和市人民检察院以最严厉的法律手段保护生态环境，打击违法犯罪，为建设生态文明城市营造良好的法制环境。

第一，坚持生态规划引领，加强制度建设保障。一是组织编制了《贵阳城市总体规划（2011—2020年）》。大力彰显"城中有山、山中有城，城在林中、林在城中"的特色。编制了《贵阳市生态功能区划》，划分优化开发区、重点开发区、限制开发区和禁止开发区，优化生产力布局。编制了《贵阳市"十二五"循环经济发展规划》等一批生态产业规划。成立了省市共建的高规格的贵阳市城乡规划建设委员会，提高了规划的权威性和严肃性。二是制定生态文明城市指标体系及监测方法。将生态文明城市建设量化为生态经济、生态环境、民生改善、基础设施、生态文化、廉洁高效6个方面共30多项指标。三是明确了工作责任和考核机制。及时制定了《贵阳市建设生态文明城市目标绩效考核办法（试行）》、《贵阳市生态环境和规划建设监督员管理办法》等制度，把建设生态文明城市的各项工作目标任务纳入考核体系，层层分解，落实到人。四是制定了《条例》的配套规章。就水资源环境保护、大气环境改善、绿化建设管理等制定了《贵阳市"门前三包"责任制管理规定》、《贵阳市机动车排气污染防治管理办法》、《贵阳市绿化管理办法》等27部政府规章。为适应生态文明建设需要，市人民政府还对《贵阳市农村饮水安全工程运行管理办法》等110余件规范性文件进行合法性

审查，进一步规范和理顺生态文明城市建设的相关规章制度。同时，研究并申报建设全国生态文明示范城市规划。

第二，坚持创新经济手段，积极强化市场引导。一是成立了两湖一库环境保护基金会，举全社会之力保护生态环境。倡导广大市民为治理和保护"两湖一库"贡献力量，募集资金全部用于资助治理和保护"两湖一库"的活动及项目。二是建立生态补偿机制，用发展保障生态环境。市政府制定了《贵阳市生态建设补偿资金管理暂行办法》、《贵阳市生态公益林补偿办法》等，按照"谁保护、谁得益，谁改善、谁受益，谁贡献大、谁多得益"的原则，采取项目扶持和财力性转移支付补偿结合的模式，保障生态环境建设。从 2009 年至今，3 年间市财政通过多种渠道、多形式安排生态补偿资金 10.43 亿元，其中专项资金约 7.97 亿元，财力性转移支付约 2.46 亿元。三是加强产业引导，用市场之手保护生态环境。市级财政安排 2 亿元，设立服务业重点行业发展引导资金，共撬动 10 多亿元社会资金投入服务业。每年安排近 6 亿元的资金，加快传统产业的改造升级力度，推进产业生态化，大力支持循环经济、绿色经济和低碳经济发展。加大节能减排力度，淘汰落后工艺、技术、装备和产品，对超标排污的工业企业一律停产治理，大力支持推广公共交通清洁能源改造，积极实施农村沼气项目，鼓励全社会使用清洁能源。

第三，坚持创新法律手段，努力迈向法治轨道。2007 年 11 月，成立了环境保护审判庭、环境保护法庭。两庭自成立以来，加强了与检察机关、公安机关和行政执法机关的联动，形成了司法与行政执法相互衔接、相互配合、相互弥补、相互监督的环境资源保护执法新机制，逐步形成了具有特色的环境审判模式和环境公益诉讼机制，引起了法学界、司法界、新闻舆论等社会各界的广泛关注，特别是依法判决的"福海生态园"案件，是我国 1997 年修订刑法以来最为严厉的刑事制裁破坏资源保护犯罪的案件，得到了社会各界的普遍拥护，产生了良好的法治效益、社会效益和环境生态效益。同时，《条例》规定"环保公益组织为了环境公共利益，可以依照法律对污染环境、破坏资源的行为提起诉讼"，这不仅对全市环境公益诉讼实践提供了法律依据，更为我国环境公益诉讼作出了可贵的探索，一些案例引起了法律界的高度关注，如"中华环保联合会起诉修文县环保局信息不公开案"，是全国首例环境信息公开公益诉讼案，法律专家认为对推进政府依法行政，推动公众参与环境保护具有里程碑意义。

三、下一步工作重点

市人大常委会将充分发挥地方国家权力机关的作用，认真履行宪法和法律赋予的各项职责，自觉服从服务于全市工作大局，大力推进建设生态文明城市的法治化进程。

第一，认真负责，积极推进地方立法，逐步形成较完备的生态文明法规制度。一是选择与生态文明建设密切相关的法规或重要制度规定开展立法后评估，更好地适应经济社会健康发展。二是认真实施五年立法规划，搞好《贵阳市水土保持管理办法》、《贵阳市固体废物污染防治规定》、《贵阳市再生资源管理办法》、《贵阳市餐厨废弃物管理办法》等地方性法规的起草制定；搞好《贵阳市公园绿化广场管理办法》、《贵阳市大气污染防治办法》、《贵阳市环境噪声污染防治办法》、《贵阳市公共餐饮卫生管理办法》等法规的修订。三是搞好《贵阳市机动车排气污染防治管理办法》、《贵阳市花溪国家湿地公园保护管理办法》等立法调研。四是结合城市基层管理体制改革实际，深入调研、提前谋划，尽快制定《贵阳市城市社区工作条例》，切实发挥人大保障、改善和维护人民群众权益的重要作用。

第二，进一步加强工作监督，支持"一府两院"依法推进生态文明城市建设。全市各级人大要在全面熟悉把握、深刻认识领会生态文明城市建设各项重要工作部署的基础上，通过开展经常性的相关执法检查、专题视察或工作调研，针对生态文明城市建设进程中存在的困难和问题，提出针对性和可操作性强的意见建议，特别是依法监督相关配套法规、规章、制度的贯彻落实，督促和支持"一府两院"履行工作职责，明确目标责任，把握规律性，富有创造性，找准切入点和结合点，依法、有效推进生态文明城市建设，把市委的重大决策，把法规规定和精神，把人民群众的共同期盼真正落到实处。

第三，进一步充分发挥人大代表的主体作用，形成推动建设生态文明城市的强大合力。既要支持和保障全市各级人大代表通过积极参与视察、执法检查、专题调研、代表小组活动等工作，依法履行代表职责，认真执行代表职务，充分发挥代表作用，主动为建设生态文明城市建言献策、献计出力，又要引导和号召人大代表充分发挥桥梁纽带作用和联系群众密切的优势，立足本职，以身作则，扎实当好排头兵，用实际行动践行、感召和带领本地方、本系统、本部门的干部群众积极投身生态文明城市建设的实践，形成全社会积极主动、共同参与建设生态文明城市的强大合力。

积极为《条例》的修订和完善建言献策 *

Advices and Suggestions are Welcome to Revise and Improve Regulations for Promoting Ecological Progress in Guiyang

我们在这里召开《贵阳市促进生态文明建设条例》通过三周年主席约谈会，目的是回顾总结生态文明城市建设的成功实践和经验，结合形势、任务的新变化、新要求，积极为《条例》的修订和完善建言献策。

何为生态文明？生态文明的内涵和外延是什么？生态文明是人类文明的一种，它以尊重和维护自然为前提，以人、自然、社会的和谐共生为宗旨，以建立可持续的生产方式和消费方式为内涵，引导人们走上可持续发展的道路。生态文明主要包括三个方面的要素：即生态意识文明、生态法治文明和生态行为文明。生态意识文明是人们正确对待生态问题的一种进步的观念形态，包括进步的意识形态思想、生态心理、生态道德以及体现人与自然平等、和谐的价值取向。生态法治文明是人们正确对待生态问题的一种进步的制度形态，包括生态法律、制度和规范。生态行为文明是在一定的生态文化观和生态文明意识指导下，人们在生产和生活实践中的各种推动生态文明向前发展的活动，包括清洁生产、发展环境产业、开展环保行动以及一切具有生态文明意义的参与和管理活动，同时还包括对生态文明建设主体的生态意识和行为能力的培育。生态文明建设涵盖了经济、政治、文化和社会生活四个层面。生态文明建设指向的经济领域，要求各种经济行为都要把生态效益纳入其中，形成与生态平衡要求相适应的产业结构、增长方式、消费模式和循环经济形态。生态文明建设指向的政治领域，强调要将生态观纳入党和政府的执政观，加强生态环境管理，设立生态保护机构，完善生态保护法制建设。生态文明建设指向的文化领域，要求摒弃传统文化中的"反自然"性质，建设尊重自然的文化，增加生态教育、生态研究、生态道德、生态科技、生

---

* 这是贵阳市政协主席陈石同志 2012 年 10 月 26 日在《贵阳市促进生态文明建设条例》通过三周年主席约谈会上的讲话。

态文艺等内容。生态文明建设指向的社会生活领域，要求全社会树立适度消费、节约资源的消费理念，形成健康、文明、科学、节俭的生活方式。生态文明建设是一个有机体系，它与物质文明、政治文明、精神文明以及和谐社会建设之间存在着相互制约、相互依存、相互渗透的互动关系。

党的十七大提出"生态文明"理念后，2007年12月市委八届四次全会出台了《中共贵阳市委关于建设生态文明城市的决定》，提出了建设生态文明城市的目标，贵阳市成为全国首个明确将生态文明城市建设作为当前和今后一个时期施政纲领和总体战略目标的城市，由此贵阳经济社会发展踏上了生态文明城市建设的新征程；2009年12月，市委八届八次全会审议通过了《中共贵阳市委、贵阳市人民政府关于提高执行力、抢抓新机遇，纵深推进生态文明城市建设的若干意见》，对生态文明城市作出更为全面系统的安排；同年，在市委的部署下，10月16日市人大制订了全国第一部生态文明建设的地方性法规——《贵阳市促进生态文明建设条例》，把市委的战略决策部署依法上升为法规规范，转化为全市人民的共同意愿，依法推进生态文明城市建设；在《条例》通过三周年之际，根据形势任务的变化，又召开座谈会，回顾总结《条例》实施情况，对完善建设生态文明城市的制度安排进行部署。这一系列的重大举措，充分反映了市委建设生态文明城市的坚强决心和把贵阳市建设成为生产发展、生态良好、人民生活幸福的生态文明城市的坚定信心。全市各级政协组织和广大政协委员要从战略和全局的高度，深刻认识加快生态文明城市建设的重大意义，坚持把推进生态文明城市建设作为深入贯彻落实科学发展观的重要切入点，以建设生态文明城市总揽工作全局，自觉将生态文明城市建设的理念、思路、要求、办法转化成具体工作、具体项目和具体行为。

一是要更加准确地把握生态文明的内涵和外延。胡锦涛总书记在2012年省部级主要领导干部专题研讨班开班式上发表重要讲话，明确了生态文明建设的目标任务，丰富了中国特色社会主义的科学内涵。我们要不断深化对生态文明的认识，牢牢把握"把生态文明建设的理念、原则、目标等深刻融入和全面贯穿到经济、政治、文化、社会建设的各方面和全过程"这一基本要求，切实把生态文明城市建设推进到全市经济社会发展的各个领域、各个层次、各个环节，坚决做市委重大决策的拥护者、助推者、宣传者、组织者和践行者。

二是要根据中央、省委和市委关于建设生态文明的新要求，根据建设生态文明城市的新实践，充分发挥政协优势，通过邀请专家学者研讨、组织高端论坛、举办专题协商会等形式，广泛征求专家学者、政协委员、市直机关干部、政协工作者和广大市民对修订《条例》的意见建议，广集民智，广献良策，扎实推进生态文明城市建设的法治进程，为坚持走科学发展路、加快建生态文明市提供坚实的法制保障。

三是要充分发挥政协的民主监督职能，把《条例》及相关法规规章的执行作为政协民主监督重要内容，通过对有关部门执行《条例》情况、对触犯生态文明法规的违法行为的处置情况等进行专项视察，增强民主监督的针对性、实效性，促进公民法人自觉在法制体系的约束下活动。

四是发挥政协优势，为深化生态文明理念营造更加浓厚的社会氛围。要通过举办专题讲座、委员培训、在《民声》栏目中专题讨论等形式，大力提高政协委员和广大干部群众对《条例》的知晓率和运用率。

五是要积极倡导和培养生态文明的生活方式。生态文明建设同我们每个人的日常生活息息相关，每位政协委员都要发挥表率作用，从自我做起，从现在做起，从小事做起，时时、处处、事事注意用生态文明的理念指导我们的行动，争做节约资源和保护环境的模范，努力成为《条例》的自觉践行者，成为贵阳建设生态文明的参与者和推动者。

推进生态文明建设是深入贯彻落实科学发展观的内在要求，我们要深刻学习领会中央、省委和市委的重大决策部署，以《条例》的修订完善为契机，更加自觉地投身于生态文明建设的各项实践中，为纵深推进生态文明城市建设积极建言献策，献计出力，以扎实的工作作风和优异的工作成绩喜迎党的十八大胜利召开。

环保"两庭"在建设生态文明城市中发挥了重要作用[*]

The Special Court and Adjudication Division for Environmental Protection Play a Crucial Role in the Eco-city Building

党的十八大刚刚闭幕，我们就在这里纪念贵阳市环保法庭和环保审判庭成立五周年，具有特殊的意义。借此机会，我讲三点意见。

一、"两庭"成立五年来取得了显著成绩

2007 年 11 月，在最高人民法院大力支持下，在省高级人民法院具体指导下，贵阳市在全国率先成立环保"两庭"，统一司法管辖权，运用法律武器保护饮用水源和森林资源。五年来，"两庭"在贵阳市建设生态文明城市中发挥了巨大作用。

一是有效保护了生态环境。五年前，"两湖一库"污染逐渐加重，部分水域出现"蓝藻"，环城林带受到不法商人的肆意侵占，广大群众对贵阳生态环境忧心忡忡。"两庭"成立后，以《贵阳市促进生态文明建设条例》等法规为依据，高举法律武器，严肃查处环境犯罪案件，有效地保护了"两湖一库"、两条环城林带等宝贵的生态资源。截至 2012 年 10 月 20 日，"两庭"共受理各类环保案件 589 件，审结 582 件，结案率 98.81%，取得了良好的审判效果、社会效果和生态效果。特别是依法判决"福海生态园"案件，对违法毁林的开发商进行了严厉惩处，被认为是 1997 年刑法修订以来我国最为严厉的刑事制裁破坏资源保护犯罪的案件。五年来，"两湖一库"水质从 2007 年的五类、劣五类提升到二类、三类；森林覆盖率从 2007 年的 39.2% 提高到 2012 年的 43.2%；空气质量优良天

---

* 这是李军同志 2012 年 11 月 23 日在贵阳市中级人民法院环境保护审判庭和清镇市人民法院环境保护法庭成立五周年总结暨表彰大会上的讲话要点。

数达全年的95%以上。取得这些成绩，"两庭"功不可没。

二是推动形成了"破坏环境就是犯罪"的浓厚氛围。以往在一些人眼里，排放点污水、砍几棵树，没什么大不了的；执法部门对环保违法案件处罚力度也不够大，"雷声大雨点小"。环保法庭成立以后，不但依法审理、处罚企业乱排乱放行为，而且依法审理、处罚对环境违法行为不作为的失职渎职行为。不但责令污染企业赔偿损失，而且追究相关责任人的刑事责任，从而极大地震慑了市域范围内甚至周边区域的环境违法行为，使"破坏环境就是犯罪"的观念深入人心。

三是对生态文明制度建设作出了初步探索。"两庭"的成立，是一个重大的体制创新，在全国打响了"头炮"，较好地解决了涉及不同行政区域、不同隶属关系的利益主体的污染问题，也解决了环境保护延续性、稳定性的问题。《人民日报》等中央媒体专门作了报道，在全社会引起了强烈反响。目前，全国已有95个环保法庭。

五年来，贵阳市经济创造了新中国成立以来的最快发展速度，多项指标在全国省会城市名列前茅；与此同时，生态优势进一步凸显，实现了经济持续快速发展与生态质量明显改善的双赢。在这个"双赢"的背后，凝聚了"两庭"同志们的心血和汗水。

二、"两庭"发展中凝结了宝贵经验

"两庭"之所以能取得一系列成绩，得到社会各界的高度赞誉，得到最高人民法院和司法界的高度关注，最根本、最宝贵的经验就在于敢于解放思想，大力推进法律手段创新。具体来说：

一是必须把生态文明建设纳入法制轨道。建设生态文明、保护生态环境是一个系统工程，涉及不同的利益主体；是一个长期过程，必须坚持不懈、持之以恒，不能因为领导同志的变化而变化，也不能因为领导同志注意力的转移而转移。要借鉴成立"两庭"的经验，按照十八大关于"加强生态文明制度建设"的要求，进一步建章立制，加快形成有利于优化国土空间开发格局、促进资源节约、保护自然生态系统和环境的制度体系，真正把生态文明建设纳入法制化、规范化轨道。

二是必须有法必依、执法必严、敢于碰硬。"两庭"成立以来，不管是农民还是干部，不管是穷人还是富人，不管是普通人还是名人，只要做了违法犯罪的事，就一定依法予以惩处。不管采取什么形式，打着什么旗号，只要破坏森林、水源，就绝不姑息迁就。这表明，成立"两庭"绝不是搞花拳绣腿、做表面文章，而是要动真格，维护法规的严肃性和神圣性，使其成为碰不得的"高压线"。

三是必须大力创新环保案件司法审判方式。"两庭"在审判环保案件的具体实践中，主动作为，创新方式，打破了一些框框，创造了不少有贵阳特色的新经验。比如，在管辖权方面，彻底改变了以行政区划人为分割水流自然属性的管理方式，率先开创了环境资源保护刑事诉讼、民事诉讼、行政诉讼"三诉合一"集中专属管辖的先河，这是对传统诉讼以侵权行为地、被告住所地管辖一般原则的重要补充和发展。比如，在专业性方面，针对环保审判中环境污染成因分辨难、损害结果防治难等诸多专业技术问题，建立专家顾问组、专家咨询委员会以及专家陪审员等制度，集中环保专家学者的智慧和力量，使法官自由裁量权在充分考虑专家意见的基础上合法、合情、合理行使。比如，在公益性方面，对环境公益诉讼原告主体、受案范围、诉讼类型等作了明确规定，向个人敞开了环境公益诉讼的"大门"，使公益诉讼制度建设向前迈出了重要一步。近年来全国法院受理的环境公益诉讼案件不超过20件，而贵阳法院就占其中10件。新修订的《民事诉讼法》提出环境公益诉讼制度，应该说贵阳市进行了先行探索。

我们要把这些宝贵经验总结好、宣传好、运用好，推动生态文明城市建设的各项工作取得更大成效。

三、"两庭"要继续发挥更大作用

成绩属于过去。在建设生态文明的征程上，贵阳市和"两庭"都只是万里长征迈出了第一步。12月的市委九届二次全会要对贯彻落实十八大精神、建设全国生态文明示范城市的工作进行安排部署，努力把生态文明城市建设推上新台阶。希望"两庭"继续围绕中心、服务大局，进一步巩固和发挥自身独特优势，充分运用法律武器，在推进全国生态文明示范城市建设中发挥更大作用。

一是要更加重视学习。党的十八大明确把生态文明建设纳入中国特色社会主义"五位一体"总布局，并把生态文明建设写入党章。把生态文明建设放在如此突出、如此重要的地位加以强调、加以谋划，这在我们党的历史上是第一次，具有极为重大的现实意义和深远的历史意义。十八大报告特别讲到，要加强生态文明制度建设。什么叫制度？固定下来、规范性的规定就叫制度，其中很重要的方面就是法律法规。"两庭"名义上是环保法庭，实质上就是生态法庭，今后可以改名为生态法庭。作为生态文明城市建设的制度执行者，如果对生态文明建设的最新精神、最新要求、最新部署都不清楚，怎么司法？所以，环保"两庭"乃至市法院系统的同志都要认真学习十八大精神，把自己的工作放在贯彻十八大精神的大背景下思考，放在生态文明建设被提升到"五位一体"战略地位的高度去思考，真正把生态文明建设放在突出地位，融入经济建设、政治建设、文化建设、社会建设各方面和全过程，使之成为想问题、办事情的参照系，在学习中不断提升生态文明司法能力。

二是要更加严格执法。当前，一些单位和个人法规意识淡薄，有令不行、有禁不止的现象比较突出。核心的问题还是违法成本很低，导致很多人对于法律没有敬畏之心。因此，在保护良好的生态环境方面，我们一定要坚持有法可依、有法必依、执法必严、违法必究，采取最严厉措施惩治各种违法犯罪行为。一要从严。坚持法律面前人人平等，不允许任何人以任何方式凌驾于法律之上。在生态资源和生态环境保护这件关系长远的大事面前，不能有任何例外，不能有任何"特殊公民"。二要从重。对那些肆意破坏自然环境、践踏法律尊严的人，必须从重处罚，把"火炉子"烧得又红又烫，烫得他们手指起泡，烫得他们胆战心惊，烫得他们不敢再向宝贵的生态资源、生态环境乱伸手。三要从快。在把好案件事实关、证据关、程序关和法律适用关的基础上，要提高审判和执行效率，做到快审快结，提高法律公信力。

三是要更有创造性地开展工作。很多富有创造性的工作，我们不可能等到上级有明确指示再去做，必须发挥首创精神，结合实际大胆探索。只要有利于贵阳的生态文明建设，有利于人民的利益，都可以试。省委十一届二次全会强调解放思想"十破十立"，第二条就是要突破墨守成规的思想，树立开拓创新的意识。环保"两庭"成立以来，采取了很多创新举措，取得了很好的成绩，但千万不能因循守旧、骄傲自满，要再接再厉，切实做到观念新、方法新、作风新。比如，可以进一步探索创新加大法制宣传教育力度、积极参与法律法规制定和修订、提高案前介入防患于未然、加强与民间环保公益组织联动等内容，在制度化、规范化运行的同时不断开创工作的新局面。

成立生态文明委是一个重大的体制创新[*]

To Establish the Committee for Ecological Progress is a Major Innovation of Our System

下面，我讲三个问题。

第一，为什么要成立生态文明建设委员会？市委、市政府之所以决定成立这样一个机构，主要是基于两点考虑。首先，这是中央精神所向。十八大报告的一个亮点，就是在我们党的历史上第一次把生态文明建设纳入中国特色社会主义"五位一体"总布局，同时明确要求加快建立生态文明制度。十八大报告还指出，必须以更大的政治勇气和智慧，不失时机深化重要领域改革，坚决破除一切妨碍科学发展的思想观念和体制机制弊端；完善社会主义市场经济体制、社会主义民主政治制度、文化管理体制和文化生产经营机制、社会管理体制和生态文明制度。从研究具体工作到研究制度供给，这是对生态文明建设规律认识的深化。成立生态文明建设委员会，是贵阳市继成立两湖一库管理局、环保"两庭"之后，在生态文明建设领域的又一次体制创新，是及时贯彻中央精神、对建设生态文明进行顶层制度设计的重大举措。正是因为方方面面对贯彻十八大精神高度重视、行动迅速，所以审批生态文明委成立时"一路绿灯"。同时，这也是贵阳现状所迫。作为生态文明建设的基本要素，治水、护林、保土、净气是相互关联、密不可分的有机整体，但这些工作分属不同部门，存在职能重叠、职责不清等问题，影响了生态文明建设的整体性。比如发改委、工信委、环保局都有节能减排监察职能，水利、城管、环保、农委等部门都有保护水资源的职责，城管和水利部门都有节水办。成立生态文明建设委员会，就是按照十八大关于推进大部制改革的要求，整合这些部门的职责职能，使生态文明建设和经济建设、政治建设、文化建设、社会建设一样，有了强有力的统筹领导机构，朝着高效、统一的目标一步

* 这是李军同志 2012 年 11 月 27 日在贵阳市生态文明建设委员会成立仪式上的讲话。

一步地推进。

第二，生态文明委成立后怎么干好工作？作为一个全新机构，当前重点要在三个方面下工夫。一要切实提升理念。把环保、林业、绿化和其他部门的相关职能整合在一起，成立生态文明委，这不是简单地换个牌子，不是职能的简单相加，而是思维方式、工作理念的重大提升，不是"物理效应"，而是"化学效应"。希望大家充分认识这项工作的价值和意义。生态文明委作为生态文明建设的统筹协调单位，要认真学习十八大关于大力推进生态文明建设的新精神、新要求、新部署，从"五位一体"的战略高度充分认识生态文明建设的重要性，增强全局观念、系统思维。二要切实推进"融入"。十八大强调把生态文明建设融入经济建设、政治建设、文化建设、社会建设的各方面和全过程。这是生态文明建设的根本方向所在。要跳出就环保抓环保、就林业抓林业、就节能减排抓节能减排的局限，在"融入"的方法、途径、措施上狠下工夫。融入经济建设中，就是要正确处理人与自然的关系，优化生产方式，发展生态经济、绿色经济、循环经济、低碳经济，构建符合生态文明的产业结构、消费模式等；融入政治建设中，就是要形成有利于生态文明的体制机制和法规制度安排；融入文化建设中，就是要在全社会弘扬尊重自然、顺应自然、保护自然的价值观念和道德约束；融入社会建设中，就是要解决共同富裕问题，形成人与人之间的和谐、人与社会之间的和谐。如何"融入"是崭新的课题，没有先例可供借鉴，这就需要生态文明委大胆探索、勇于创新，边实践、边总结，努力探索好的经验。三要切实形成合力。生态文明委的班子是个新班子，需要一个磨合过程。大家各有所长也各有所短，要加强班子团结，消除"门户之见"，同心协力开创建设全国生态文明示范城市的新局面。

第三，从哪些方面进一步完善贵阳生态文明制度体系？成立生态文明委并不是我们制度创新的终点。要按照十八大的要求，围绕建设全国生态文明示范城市的目标，加快形成有利于优化国土空间开发格局、促进资源节约、保护自然生态系统和环境的制度体系。一要完善法规。抓紧开展地方性法规的修改完善、查漏补缺工作，进一步把生态文明建设纳入法制化、规范化轨道。比如，《贵阳市促进生态文明建设条例》的修订工作已经进行了一段时间，要尽快出台，为建设全国生态文明示范城市提供遵循，生态文明委要积极参与到这项工作中去。比如，要加快《贵阳市湿地公园管理办法》起草进度，用法规制度保护好观山湖、十里河滩和小车河等城市湿地公园。二要科学考评。市委、市政府 2008 年就制定了《贵阳市建设生态文明城市目标绩效考核办法（试行）》，对不同主体功能区进行差异化考核，同一指标在不同的主体功能区的权重不同。生态文明委要发挥统筹作用，进一步完善并且严格执行这个考核办法，形成体现生态文明导向的考评

"指挥棒"，更好地激发各级各部门建设生态文明的积极性、创造性。三要严格执法。生态文明委很重要的职能就是执法，目前，执法工作恰恰是生态文明建设的薄弱环节。希望生态文明委增强生态文明执法的自觉性、主动性，违法必究、执法必严，开展不间断执法巡查，提高发现违法的能力，加大处罚违法行为的力度，为生态文明建设保驾护航。

全国第一个环保法庭是贵阳成立的，全国第一部生态文明条例是贵阳颁布的，现在看全国第一个生态文明委也是贵阳成立的。希望生态文明委这个"第一"有更大的作为，市委、市政府对你们寄予厚望。

建立健全有利于生态文明建设的行政体制、司法体制[*]

Establish the Judicial and Administrative Systems that are Suitable for Ecological Development

党的十八大强调，必须以更大的政治勇气和智慧，不失时机深化重要领域改革；加快建立生态文明制度，健全国土空间开发、资源节约、生态环境保护的体制机制。这次成立市生态保护检察局，最近还将成立市公安局生态保护分局，就是要认真贯彻十八大精神，建立健全有利于生态文明城市建设的行政体制、司法体制。

近年来，贵阳在生态文明制度建设方面进行了积极探索，有不少创新成果。2007年11月20日，我们在全国率先成立环保法庭和环保审判庭，统一司法管辖权，解决环境公益诉讼和跨行政区、跨流域环保案件审理问题，运用法律武器保护饮用水源和森林资源，有力地推动形成了"保护环境就是贡献，破坏环境就是犯罪"的浓厚氛围，得到最高人民法院和司法界的充分肯定，得到社会各方的高度赞誉。30日，我们撤销原有的阿哈水库管理处、红枫湖管理处、百花湖管理处，整合成立两湖一库管理局，集中履行对"两湖一库"的行政执法权，改变了过去"九龙治水"的局面。这些年来，全市生态环境质量持续改善，森林覆盖率2012年达到43.2%；"两湖一库"水质稳定在二类、三类，可以说环保"两庭"和两湖一库管理局作出了重要贡献。

2012年11月27日，十八大闭幕13天后，我们又根据十八大的新要求，将市环保局、市林业绿化局（市园林管理局）、市两湖一库管理局整合，组建生态文明建设委员会，并将文明办、发改委、工信委、住建局、城管局、水利局等部门涉及生态文明建设的相关职责划转并入。随后，各区（市、县）也陆续成立生态文明局。生态文明委（局）的建立，契合了生态文明战略升位的新形势，优化

---

* 这是李军同志2012年12月14日在贵阳市委常委会审议市机构编制委员会办公室相关议题时讲话的一部分。

了生态文明建设的顶层制度设计，使生态文明建设的系统性、协同性大大增强。2012 年 12 月初，胡锦涛同志在贵阳视察时，充分肯定了这一尝试，认为符合大部制改革精神。

这一次，为了强化生态文明建设领域的法律监督，进一步加强检察环节的生态保护工作，市委决定在市检察院和清镇市检察院分别设立生态保护检察局，生态保护案件由专门机构办理。生态保护检察局成立后，将致力于办理涉及生态保护的公诉案件和环境公益诉讼案件、预防涉及生态保护领域的职务犯罪工作、对涉及生态保护的刑事侦查和审判活动开展法律监督等。

另外，为了有效整合执法资源，进一步加强我市生态文明建设领域执法工作，加大对破坏生态文明建设的各类违法犯罪行为的打击力度，我们要组建市公安局生态保护分局，作为市公安局内设副县级机构。其中心职能职责，就是掌握影响贵阳生态文明建设的各类违法犯罪信息，办理《刑法》、《环境保护法》、《大气污染防治法》、《水污染防治法》等涉及生态、环境保护的各类刑事、治安案件，配合市生态文明委开展专门治理活动。

生态保护检察局、生态保护公安分局成立后，再加上此前成立的环境保护法庭将更名为生态保护法庭，贵阳的公、检、法就都有了从事生态保护的专门机构，形成了比较完备的司法体制。这一司法体制与以生态文明建设委员会牵头抓总的行政体制一起，使贵阳的生态文明制度更加成龙配套，保障更加有力。

制约和监督权力运行[*]
Restrict and Supervise the Operation of Power

    贵阳市存在的许多问题，很重要的一个原因是：权力运行没有受到制约和监督。主要体现在以下三个方面：一是无规可依，就是制度不健全，管理有漏洞。比如，像南明河两边这样的重点地区、重点地段，房子该不该建、建多高、如何建，没有明确的规定，以至于一些河段两边高楼林立，南明河变成了"南明沟"。二是有规不依，就是规定明明摆在那里，但不遵守。一种情况是，本来按规定是不能办的，但有些神通广大的人就能办成。我自己就亲身经历过这样的事。一个中学同学找到我，说想在百花湖边盖一个休闲山庄。我说，按规定"两湖"边是不能盖山庄的。他说，能不能盖还不是你这个市委书记一句话吗？还有一件事，有个周末，我到红枫湖边上，问当地农民可不可以搞"农家乐"。一位农民说，按规定是不能搞，但只要市里有关系、有人打招呼还是可以搞的。这两个例子说明了什么？说明规矩在有些人那里是"面团"，可以揉来揉去。现在不是有一个很时髦的词叫"摆平"吗？有什么事办不了，有人就会说，我来给你摆平。刚才我讲的那个同学，就是别人请他出来"摆平"我的。有人甚至跟我讲，李书记，在贵阳什么事都可以"摆平"。我说你太夸张了吧。他说，不信你以后看吧。我说，那好啊，我就看看。另一种情况是，本来按规定是可以办的，但就是不办，或者不及时给人家办，不给人家好好办。老百姓办一件正常的事情也要托关系、走门子，正常的事要用不正常的手段去办。前几天，一个市民给我写信，反映他家自从 2003 年入住以后一直用水不正常，经常停水 3～5 天，特别是 2008 年，从大年初七以来 20 多天没有水用，请我在千忙中过问一下。我转给供水公司，6号中午供水公司派人去处理，当晚 9 时就通水了。这个市民就给我写了一封表扬

---

* 这是李军同志 2008 年 3 月 11 日在八届贵阳市纪委三次全会上讲话的一部分。

信，说老实话，我看了之后，心里很不是滋味！几个小时就可以处理的问题，前20天干什么去了呢？刚才不是讲到"摆平"吗？这个事居然需要我这个市委书记来"摆平"！上任9个多月以来，我"摆平"的这类事还真不少。在这里，我希望大家千万不要被那些别有用心的人、不怀好意的人"摆平"了，而要多多帮那些"无权无钱"的善良老百姓"摆平"麻烦事、难事。三是违规不究，就是对违规违法行为不进行严厉处置，有的不仅不究，甚至帮助其合法化，大事化小，小事化了。有些建筑，开始明明是违法的，连老百姓都知道是违法建筑，但一查，手续都有。很多违法建筑，被查出来以后，不了了之，真正拆的不多，而且还打着"情况特殊，需特事特办"的旗号，进行更改、调整，并最后合法化。所有这些权力不受约束、不受监督的现象，与我国现阶段处于体制转轨时期，改革不彻底、不到位有关系，与全社会的法治意识淡漠有关系，也与传统的封建宗法观念有关系。这些问题在全国各地都有，但是在贵阳比较严重、比较突出。

为什么有些人要千方百计摆脱制度的约束，想方设法避免监督？背后的因素是什么？就是利益驱动，就是腐败。天下没有免费的午餐。有的人送钱、送物，请客的时候那么大方、那么慷慨，记住了，他不是慈善家；有的人帮别人办事那么卖力、那么热心、那么投入、那么一竿子插到底，记住了，他不是活雷锋。送钱、送物、请客的人，收钱、收物、吃请的人，都不是傻子，这背后都是权钱交易。掌权的人，是想用权力来寻租，谋取私利；行贿的人，是想投资权力，赚取最大利润。为什么城市规划建设领域是腐败高发领域？这主要是因为城市规划建设里面蕴藏着巨大的利润空间，在寸土寸金的城市，红线动一点点，容积率调一点点，普通群众可能觉察不出来，但对项目主来说却意味着数百万、数千万甚至上亿元的利润。我刚才讲的那个同学想"摆平"我的时候就提出来，你帮我把百花湖边盖山庄这个项目批下来，至少可以得到50万，你不方便要的话，我可以给你的兄弟。真是赤裸裸的交易啊！现在不是还有个词叫"运作"吗？所谓"运作"，就是要使不能办成的事情或可能办成也可能办不成的事情能够办成。"运作"的过程当然是需要成本的，但只要"运作"能够成功，"运作"者将获得大于"运作"成本的收益。大家要相信，行贿的人行贿100万，他肯定是要得到大大超过100万的好处，赔本的买卖他怎么会做啊！为了"运作"，就要努力冲破制度，避开监督，以谋取利益，而"运作"的成本则成为权力持有者的收益。各类腐败现象千变万化，但其基本的规律和逻辑都是这样的，就是利益驱动。

因此，我们要特别强调建章立制，用制度来约束权力。没有制度的要赶紧建立，不健全的要尽快完善。特别是要针对腐败易发多发的领域，深入推进干部人事制度、行政审批制度、财政制度、投融资体制、司法体制等改革，用制度管权、管事、管人，最大限度地减少以权谋私、权钱交易的体制机制漏洞。比如，在决策制度方面，就要建立社情民意反映制度，重大事项社会公示、社会听证制度，完善专家咨询制度，实行决策的论证制和责任制等等，形成"防火墙"，缩小随意决策、个人决策的空间。比如，在审批方面，要集中办理审批事项，全力实行政务公开，以公开为原则，以不公开为个例，除了涉及国家机密的，都要公开，杜绝暗箱操作。以规划为例，建章立制和程序设计太重要了。以前写条子、打招呼的人很多，我相信规划局领导、市领导也很伤脑筋。办吧，不合规；不办吧，抹不开情面。现在，我们成立贵阳城乡规划建设委员会，一方面，是为了以规划为龙头，把贵阳规划建设得更加美好；另一方面，也是为了避免规划领域的腐败现象。市规委下设四个专家委员会，实行票决制，所有重要规划，包括城市设计，必须经过专家委员会评审。专家委员会通过以后，才提到市规委来审议，市规委还是投票，一人只投一票。我想，这个制度建立以后，写条子、打招呼，都很难管用了。因为涉及十几个专家委员会的委员，二十多个市规委的委员，他再怎么神通广大，也不可能把那么多的委员都"摆平"吧。因此，有了市规委，建立了这一套程序、制度以后，我不敢说今后贵阳市小的违规项目能百分之百禁绝，但像南明河两边那样大的违规项目我相信不会再有了。说句开玩笑的话，这些约束权力运行的规矩建立起来以后，可能有些同志吃请、喝酒的机会少了，但犯错误的机会也少了，麻烦事也少了，跟家里人团聚、享受天伦之乐的时间多了。

还必须特别强调，在贵阳，任何部门、任何个人的权力运行都必须受到监督。小平同志在《共产党要接受监督》一文中就明确指出："党要领导得好，就要不断地克服主观主义、官僚主义、宗派主义，就要受监督，就要扩大党和国家的民主生活。如果我们不受监督，不注意扩大党和国家的民主生活，就一定要脱离群众，犯大错误。"对一个政党来说，不接受监督最终要垮台。苏联共产党垮台，很大程度上就是因为失去监督。赫鲁晓夫当政的时候，批判斯大林搞个人迷信，而他自己却沉迷于别人对他的个人迷信，听不进来自党内外的其他声音。1964年10月14日，在苏共中央主席团会议上，即将被赶下台的赫鲁晓夫发表了他的"最后的政治演说"。他流着泪说：在座的各位，从来没有公开地、诚实地指出我的任何缺点和错误，总是随声附和，对我所有的建议都表示支持，你们也缺乏勇气和原则性。对一个领导干部来说，不接受监督最终要犯错误、要出问题。这种例子多得很，很多贪官写忏悔书的时候，差不多都会提到"不学习，监督不够，听不进不同声音和意见"，诸如此类。可见，接受监督是多么重要！

那么，如何搞好监督呢？从监督的本质来讲，就是异体对本体的察看和督促。这就像医生不能给自己动手术、运动员不能给自己作技术指导一样，自己是监督不了自己的。因此，要充分发挥异体监督的作用，把法律监督、舆论监督、群众监督、上级监督、同级监督、下级监督，以及人大的法律监督、政协的民主监督用好，形成监督合力，提高监督实效。加强监督，很重要的方面是"一把手"要增强监督意识，主动开展监督，自觉接受监督。党章规定，党的各级领导干部都要自觉接受党和群众的批评与监督。我想，君子坦荡荡，小人常戚戚；为人不做亏心事，半夜不怕鬼敲门；彻底的唯物主义者是无所畏惧的，真正的共产党人也是无所畏惧的。领导干部做事只要光明磊落，就应该不怕监督；只要想减少决策失误，就应该欢迎监督。所以，领导干部一定要养成接受监督的习惯。我们共产党是执政党，不是"地下党"，做事要光明正大，为什么要搞地下活动，搞"暗箱操作"呢？我担任贵州省委常委、贵阳市委书记这个职务是中央和省委公开任命的，我不是到贵阳来搞地下活动的，我没有任何不可以公开的东西，真诚欢迎大家对我进行监督，监督我有没有搞"一言堂"，压制民主；监督我有没有搞"小圈子"，以人画线；监督我有没有"打招呼、批条子"，为自己的亲友谋取不当利益；监督我有没有当懒汉，占着位子不干活；监督我有没有搞阴谋诡计，言行不一，当面一套、背后一套。你们在监督过程中发现我有什么问题，如果觉得我还可以教育好，就直接给我写信、打电话、发短信或者直接约见，进行善意提醒；如果觉得我没指望了，就向省纪委、省委甚至向中纪委、中央反映。希望各个部门、各个地区的主要领导欢迎各方面的监督。

提升制度执行力[*]
Improve Our Execution of the Systems

　　提升制度执行力是当前加强反腐倡廉建设的重点。提升制度执行力，当然需要建章立制、完善法规制度，但是现在的突出问题是，我们制定的法规制度不可谓不多，关键是落实不力。很多法规制度不要说全部落实，只要把其中一部分不折不扣地落实好，问题就可以完全解决或避免。说实话，我们往往在制定制度方面花的工夫太大、太多，在执行制度方面花的工夫太小、太少。许多文件，花了很大的人力、物力去制定，制定完了就像艺术品一样陈列在柜子里，是否执行无人过问。这是一个很可怕的问题，就像英国哲学家培根说的那样：有制度不执行，比没有制度危害还要大。

　　那么，既然政策是好的政策，制度是好的制度，为什么就是轻执行甚至不执行呢？很重要的原因是受"不执行文化"的影响很深。具体来说，有这么几个方面。第一，情大于法。由于长期受封建的宗族思想以及传统的伦理观念影响，现实生活中存在着一种特殊的关系文化、人情文化，将关系、人情看得高于一切。就像林语堂所说的：中国人是把人情放在道理上面的。根据传统伦理观念，社会关系全都来自君臣、父子、夫妻、兄弟、朋友这五种伦常关系。而君臣关系又是父子关系的扩大，移孝作忠；朋友关系则是兄弟关系的变种，朋友之间称兄道弟是中国特有的现象。所以"五常"实际上是"三常"：父子、夫妻、兄弟。也就是说，按照中国的传统伦理，真正的核心是血缘关系。在这种文化背景下，行为的是非标准是以自己为中心，沿血缘关系外推。比如形容谁和谁关系很好，好到什么程度呢？就是像亲兄弟一样好，甚至比亲兄弟还好。现在有种不良社会风气，称领导干部为"大哥"，群众因此还讽刺领导干部有"三小"："小圈子"、"小兄弟"、"小爱好"。你想想，当一个人来找你办事的时候，称你为"大哥"，那"大哥"哪有不帮"兄弟"的道理呢？兄弟情、手足情啊。但如果称"市长"、

　　* 这是李军同志 2010 年 3 月 1 日在八届贵阳市纪委五次全会上讲话的一部分。

"局长"，那就不一样了，"市长"、"局长"的权力是为公众服务的，公事公办呗。而有的领导干部呢，也热衷于"称兄道弟"，于是一来二去、你来我往，很快沆瀣一气。比如电视剧《蜗居》里，房地产开发商陈寺福对宋思明就是一口一个"大哥"，宋思明也对这个"小弟"关爱有加。还有，大家在街上常常可以看到这样的现象，车辆违规被逮住了，一边是交警拿着罚单要执法，一边是司机不停地打电话，结果往往是司机对交警说：我是你们队长的"哥们"、亲戚或者同学，你通融通融算啦。执法的交警只好权衡权衡，在人情和交规之间进行选择，而像贵阳这样的"坝子"，地方不大，抬头不见低头见，结果多半只好"放一马"了。为什么交通违规那么严重？就是因为一些司机完全不把交通规则当回事，反正能"摆平"。有一次，我听到某机关的一个驾驶员扬扬得意地讲："我收到的处罚通知书已经有厚厚一打了，但我擦都不擦，我在交警队有人，你能把我怎么的？"大家想想，这样的人、这样的事多了，贵阳的交通还怎么畅通呀？当然，讲亲情、讲人情、讲感情本身是没有错的，但任何事情都有一个度，都有一个范围，情不能大于规则，情不能大于制度，情不能大于法律。如果亲情、人情、感情超越了规则，超越了制度，超越了法律，就会陷入人情网、关系网，执行的就不再是国家的法律制度，而是所谓的"潜规则"，不能公开讲，只能心照不宣地去做。在这种情况下，制度怎么执行呢？第二，私利作祟。制度执行不力，还有一个很重要的原因就是有"利益"。当然，合理合法地追求利益，无可厚非。而一旦利欲熏心，就会把国家、人民赋予的权力当作牟利的工具，公权私用、私事公办、以权谋私，哪管什么制度、什么规定？合乎自己利益的制度就执行，不合乎自己利益的就不执行；当破坏制度能获取利益时，就毫不犹豫地去破坏。特别是我们的一些权力部门、一些领导干部，如果一项制度、一项措施对他的利益有影响，他就软磨硬抗、拖着不办。原因很简单，"利"字当头呀！还有些领导不敢严管，一是自己有瑕疵、有毛病、有硬伤，腰杆硬不起来，怕人揭短；二是怕丢选票，影响自己前途，从根本上讲还是私心在作祟。如此，制度执行怎么会有力？第三，"法不责众"的心理。制度执行不下去，还与"法不责众"心理有很大关系。现实中，经常有这样的现象，不遵守规则的人多了，这些人往往很难受到处罚，久而久之，就会使人产生侥幸心理：反正有那么多人不遵守规则，没有受到相应的处罚，我也可以不去遵守，也不可能受到处罚。如此一来，大家也就不会为不守规则感到难堪、羞耻，也不会担心受到处罚。为什么？因为大家都这样啊！随波逐流啊！法不责众啊！这种风气、这种心态，让人们对法规、制度的存在熟视无睹，它就像病毒一样，迅速传播和蔓延，大家纷纷效仿，成为不守规则、不守制度的人。为什么现在收受红包、公款送礼、大吃大喝的现象屡禁不止，关键就是法不责众的心理在作怪。

那么，怎样提高制度执行力呢？关键是在教育、监督、执法上下工夫。一要加强宣传教育。宣传教育是个老问题，老生常谈，我们在廉政建设的宣传教育上下了很大的工夫，有一定效果，但是提升的空间还很大。比如，在宣传教育的方式上，必须采取生动活泼、喜闻乐见、通俗易懂的方式方法，增强宣传教育的吸引力、说服力和感染力，使广大党员、干部牢固树立严格按制度办事的观念，养成自觉执行制度的习惯，把制度转化为党员、干部的行为准则，努力营造人人维护制度、人人执行制度的良好氛围。比如，在宣传教育的对象上，家庭就很重要。领导干部廉洁从政，家庭的支持、理解是非常关键的。如果老婆一天到晚絮絮叨叨，说人家有宽敞的房子，有豪华的车子，有大把大把的票子，过得多好，就你没本事，那丈夫压力就很大，搞不好就可能去违反制度甚至违法犯罪了。我们常说，一个成功的男人后面肯定有一个伟大的女人；现在看到的是，一个腐败的男人后面差不多都有一个贪婪的女人，帮着在家里数钞票。因此，领导干部不但要有"贤内助"，更要有"廉内助"，要切实动员、影响家属一起来执行制度，而不是破坏制度。另外，宣传教育还要抓早、抓小，从小学甚至幼儿园起就要灌输制度意识、规矩意识，使尊重、遵守制度成为一种教养、一种风度、一种现代文明人必需的品格。二要强化监督。宣传教育是让人自省自律、自我约束，强化监督是他律，是外部强制约束。就像医生不能给自己动手术、理发师不能给自己理发一样，自律与他律要结合起来。人天生就有惰性，仅靠自我约束显然是不够的，必须强化外部监督。纪检监察部门要切实担负起监督责任，维护制度权威。同时，还要加强舆论监督。2009年年底，贵阳开始运行数字化城市综合管理系统，增加了很多摄像头，在硬件上强化了对违法违规行为的监控。媒体设立曝光台，加大对行人乱穿马路、车辆不按规定行驶等行为的曝光力度，很多市民也纷纷拿起手机、相机，把翻越栏杆、乱吐乱扔等不文明行为拍下来，放到网上，或者寄给报社等媒体进行曝光，效果很好。乱穿马路、乱扔垃圾的行人有所减少，车辆乱停、逆向行驶的行为也有所收敛，守规矩、讲文明的市民相对增多了。这说明舆论监督是有很大威力的！三要严格执法。刚刚讲宣传教育，是为了让制度观念入脑入心，要动之以情、晓之以理，不能不教而诛。但如果再怎么苦口婆心，他还是屡教不改，怎么办呢？那就得绳之以法，让钻空子、破坏制度者不仅得不到任何好处，还要付出沉重的代价。管理学上有个"火炉原理"。火炉就好比是制度，具有以下四个特性：一是警告性，炉子被烧红的时候是会烫人的；二是兑现性，是真烫你，不是吓唬你；三是必然性，只要碰它就绝对会被烫，不会下不为例；四是公平性，不管是谁摸，都会被烫，无一例外。它将制度的本质特性形象地刻画出来了，就是告诉你：手莫伸，伸手必被烫！严格执法，就是要对不执行、执行不力的行为严格问责，绝不姑息纵容，让不执行者、执行不力者尝尝被"烫"的滋味。

附　　录
Appendix

外交部复举办生态文明贵阳国际论坛事
The Reply of the Ministry of Foreign Affairs on Approving Guizhou Province to Hold Eco-Forum Global Guiyang

贵州省人民政府并抄省外办：

黔府呈〔2012〕37 号文悉。

经研究并报党中央和国务院领导批准，同意你省于今年 7 月举办生态文明贵阳国际论坛。

外交部

二〇一三年一月二十一日

贵州省人民政府关于举办生态文明贵阳国际论坛的请示

国务院：

　　我省拟于 2013 年 7 月在贵阳举办"生态文明贵阳国际论坛"，会期 3 天。论坛主题暂定为："建设生态文明——绿色变革与转型"，预计论坛规模为 800 人，其中国外代表 100 人左右。举办论坛所需经费通过民间渠道筹集，不使用财政经费。

　　党的十七大提出建设生态文明后，为普及生态文明理念，探索生态文明建设规律，借鉴国内外成果推动生态文明实践，打造对外交流合作平台，我省自 2008 年开始谋划举办生态文明贵阳会议。在国家有关部委及社会各界的大力支持下，2009 年以来，连续四年举办了生态文明贵阳会议，每年一届。会议得到党和国家领导人的亲切关怀。国家主席胡锦涛在贵阳视察期间对会议给予肯定；全国政协主席、时任中央政治局常委贾庆林，中央政治局常委、国务院副总理李克强，国务委员戴秉国均对会议给予关心和指导。联合国秘书长潘基文也发来贺信给予高度评价。英国前首相托尼·布莱尔、爱尔兰前总理伯蒂·埃亨和德国前总理格哈德·施罗德等外国前政要参加了会议并发表演讲，对会议给予积极评价。会议还吸引了众多国内外著名的科学家、经济学家、大学校长、研究机构负责人、企业家等参会。

　　生态文明贵阳会议作为国内目前唯一的生态文明大型论坛，举办四年来，取得了显著成效。一是广泛传播了生态文明理念。会议向国际社会发出了推进生态文明建设的"中国声音"，展示了加快绿色发展的"中国行动"，有效树立了中国自觉应对气候变化的负责任的大国形象。二是有力推动了生态文明建设的实践。四次会议均形成了会议成果《贵阳共识》，提出了富有建设性的观点和具有操作性的具体措施。三是产生了积极的国际影响。会议一开始就有包括联合国有关机构在内的许多国际组织深度参与，促进了生态文明建设的国际交流与合作。会议成果得到了国际认可，会议推选的花溪摆贡寨"千村计划"作为唯一入选的中国项目，在 2011 年联合国德班气候变化大会上被评为最佳案例，受联合国邀请，生态文明贵阳会议参加了 2012 年联合国可持续发展大会（里约＋20 首脑峰会），成功举办两场边会，提出的承诺写入了联合国可持续发展大会成果汇编文件。

　　党的十八大把生态文明建设纳入中国特色社会主义事业"五位一体"的总体布局，生态文明建设被提升到国家战略的全新高度。在新的形势下，各界人士迫切希望举办"生态文明贵阳国际论坛",进一步提升层次、扩大影响。通过论坛进一步汇集各方良策、推广绿色企业和绿色城镇等典型案例、促进生态文明建设实践,是贯彻党的十八大精神的具体行动,符合社会发展的阶段特征;通过论坛议题设置,积极引导绿色发展和转型,促进生产方式和消费模式的转变,使之融入到经济建设、政治建设、文化建设、社会建设的各领域、各层面之中,配合国家维护"共同但有区别责任"的外交方针,创造有利于我国生态文明建设的国际舆论和环境,增强我国在国际事务中的话语权,维护我国的生态安全,积极应对气候变化,进一步树立我负责任大国的国际形象。

经过四年不断的探索实践和经验积累,举办"生态文明贵阳国际论坛"的基础和条件已经成熟。会议自 2008 年筹备以来,经各方推选,秘书长一直由在国家有关部委和联合国机构担任过领导职务,刚刚当选世界自然保护联盟主席的章新胜担任;在北京成立了精干的专业团队——生态文明论坛秘书处,负责会议的总体策划设计等工作,与我省及贵阳市在会议设计、会务安排、对外邀请和联络等方面相互配合、合理分工。目前会议形成了一整套行之有效的办会模式和运作办法,具备较高的国际化、专业化办会水平。贵阳作为论坛承办地,纬度合适、海拔适中,夏季气候凉爽、空气清新,近年来道路交通、会议设施极大改善,举办大型国际高端会议具有明显优势。

"生态文明贵阳国际论坛"致力于打造一个以我国为主导、以生态文明为主题的专业性国际论坛,成为对外宣示我国生态文明政策、展示我国生态文明成果的重要窗口,成为我省对外开放与交流的高端平台,计划每年定期举办一次。2013 年论坛拟邀请有影响力的国际政要(兼顾发达国家和发展中国家)、专家、学者、国际组织负责人、企业家、媒体等嘉宾出席会议;拟设立绿色发展和产业转型、和谐社会和包容性发展、生态修复和环境治理、生态文化和价值取向四大板块。

考虑到举办本论坛对于落实党的十八大精神,大力推进生态文明建设及服务国家整体外交大局具有重大意义,经研究,我省拟举办"生态文明贵阳国际论坛",由贵阳市、生态文明论坛北京秘书处具体承办。

本届论坛拟邀请国际政要出席相关活动的方案,我省将另行呈报。

妥否,请批示。

2012 年 12 月 30 日

附件二：

2009 贵阳共识

（2009 年 8 月 23 日生态文明贵阳会议通过）

以"发展绿色经济——我们共同的责任"为主题的生态文明贵阳会议于2009 年 8 月 22 日至 23 日在贵州省贵阳市召开。会议由全国政协人口资源环境委员会、北京大学和中共贵阳市委、贵阳市人民政府联合主办，中国人民外交协会、中国气象学会、气候组织、中国企业家论坛协办。

中共中央政治局常委、全国政协主席贾庆林的贺信对会议给予了充分肯定，提出了殷切希望，对于全体参会人员是巨大的鼓舞，对于会议起到了重要的指导作用。全国政协副主席郑万通在开幕式上的致辞和英国前首相托尼·布莱尔的精彩演讲，深化了会议内涵，提升了会议层次。国家环境保护部部长周生贤，联合国气候变化政府间专门委员会原副主席莫汗·穆纳辛格，全国政协人口资源环境委员会主任张维庆，北京大学校长周其凤，国家发展与改革委员会副主任解振华，国家林业局副局长张建龙，联合国系统驻华协调总代表、联合国开发计划署驻华代表马和励，中国生态道德教育促进会会长、北京大学生态文明研究中心主任陈寿朋，泰康人寿董事长陈东升先后发表了主旨演讲和特邀演讲，获得了全体与会者的高度评价。会前，联合国教科文组织、联合国环境规划署、世界银行、国际劳工组织召开的"迈向绿色经济和绿色就业"未来论坛，使这次会议具有广阔的国际视野，增进了国家之间的共识。

大会举办了生态城市论坛、科学家论坛、生态教育和传媒论坛、经济企业界论坛四个专题论坛，分别围绕"生态城市——宜居、宜业、宜游"、"科技与创新——生态社会基石"、"教育和传媒——生态文明软实力"、"生态经济——绿色产业"等主题进行了深入讨论，努力找出一条切合实际的科学发展新路。与会代表认为，这次会议开得生动、活泼，会议的主题选得好，出席嘉宾的层次高、参与面广，研究问题的针对性、前瞻性强，问题探讨有相当深度。

科学家们深刻地认识到，我国气候变暖趋势与全球的总趋势基本一致，而且当前已经构成危机，并将继续严重影响我国的生态环境。市长们坚决地认为，生态城市不仅仅是单纯的环境保护，而是一个涵盖了政治、经济、文化和社会发展等各个方面的城市发展理念和战略。生态城市具有多样性的特点，各个城市应根据不同的经济发展水平与人文自然条件，选择相应的建设路径和模式。教育、传媒界共同感到，当代中国正在经历一场绿色变革，这场深刻的变革赋予大学与传媒的历史使命，就是从社会机制、伦理规范、文化制度方面，发挥不可替代的建设性作用，为迈向人与自然和谐共处的生态社会奠定坚实的知识和文化基础。企业家们清醒地看到，大力发展生态经济，培育可持续发展的绿色产业，是当今时代发展共同探索的课题，破解这一课题是包括企业家在内的全社会的共同责任和使命。

会议共识是：生态文明是人类社会发展的潮流和趋势，不是选择之一，而是必由之路。生态兴则文明兴，生态衰则文明衰。以高投入、高能耗、高消费、高污染为特征的工业文明，在物质生产取得巨大发展的同时，对地球资源的索取已超出了合理范围，对生态环境的破坏已达到临界状态。当前各类自然灾害呈增加趋势，特别是气候变化已对人类社会和自然生态系统构成严重威胁，严重影响人类可持续发展的进程。保护自然资源和生态系统显得尤为迫切。正确处理经济发展和生态保护的关系，促进经济社会可持续发展，构建人与自然和谐相处的生态文明，已日益成为城市发展的必然选择。

会议强调，建设生态文明是一个系统工程，涉及观念和文化转变、产业转换、体制转轨、社会转型的方方面面。保护生态环境是前提，要尊重自然、善待自然，正确认识保护环境和发展经济的关系，综合运用经济、法律和必要的行政手段来保护环境；转变经济发展方式是关键，要寻找完全不同于传统经济增长的新模式，实现从"褐色经济"到"绿色经济"的转变；改善和保障民生是目的，要高度关注并切实帮助群众解决好住房、就业、医疗、上学、养老、交通、治安等民生问题，努力提高居民的生活满意度和幸福感。

会议特别强调，大力发展绿色经济，既是摆脱目前金融危机的有效手段，也是实现中长期可持续发展的重要途径。金融危机暴露了传统发展模式之危，也凸显了生态文明发展模式之机。大力发展循环经济，全面实施清洁生产，实现资源开发与高效利用结合、资源配置与资源转化结合、资源节约与绿色生产结合，就能走出一条既有利于节能降耗和环境保护，又具有很高经济效益，还能创造绿色就业的科学发展路子。

会议一致认为，生态文明建设，城市是关键，科技是基石，企业是主战场，教育是根本，传媒提供软实力支持。世界上一半以上的人口居住在城市，城市决定世界的未来。通过利用低碳能源，使用低碳交通系统，水资源的保护和治理，废品处理和循环利用，可以建成新型的、具有强烈生态意识的城镇化和谐社会。这样的社会具有高质量的生活，包括对文化遗产的保护，对艺术和其他文化的尊重和推崇。发达的科学、创新的技术、可持续的教育和有效的传媒在生态文明建设中具有重要作用。一个高度生态文明的社会需要高水平知识社会支撑。通过科学研究、教育、文化、传媒等多种工具，建立全新的价值观和知识体系，是实现生态文明发展不可缺少的条件。

会议深刻体会到，贵州、贵阳致力于探索生态文明发展道路。上世纪 80 年代，贵州就积极探索和践行"开发扶贫、生态建设"的持续发展道路，近年来，提出了"保住青山绿水也是政绩"的理念，取得了显著成绩。2007 年，贵阳市贯彻科学发展观和党的十七大精神，总结和发扬历史经验，充分发挥气候凉爽、空气清新的比较优势，决定把贵阳建设成为生态环境良好、生态产业发达、文化特色鲜明、生态观念浓厚、市民和谐幸福、政府廉洁高效的生态文明城市。一年多来，进行了积极实践，取得了初步成效，今年 6 月被国家环保部批准为全国生态文明建设试点市。实践证明，建设生态文明在欠发达地区和发达地区都能获得成功。

鉴于以上共识，与会代表对建设生态文明提出倡议：

1. 观念先行。建设生态文明，离不开生态文化作支撑。要加大宣传教育，在全社会形成广泛共识，形成生态城市的文化和理念，真正使生态文明理念深入基层、深入人心，把生态意识上升为全民意识、主流意识，倡导生态道德、生态伦理和生态行为，提倡生态良心、生态正义和生态义务，发展生态艺术，把生态文化具体地渗透到建筑、交通运输、产业等方方面面。

2. 密切合作。各地要坚持互利共赢的开放战略，加强各领域的生态合作，特别是加强生态环保领域的技术合作，相互学习和探讨建设生态城市积极有效的办法和经验，形成城市间、地区间、国际间良好的合作与交流机制。

3. 加大投入。政府要切实调整投资结构，加大在生态领域和绿色产业方面的投资，促进旅游文化等现代服务业、高新技术产业、循环经济和低碳经济的快速发展，推进新能源、新材料技术的普遍使用。加强水资源保护，扩大森林面积，充分发挥森林在吸收碳排放中的重要作用。

4. 知行合一。建设生态文明，人人有责，每个人都可以为建设生态文明作出贡献。全社会要切实行动起来，从现在做起，从身边事做起，履行共同但有区别的责任，把生态文明的理念转化为实际行动，形成绿色的生活和消费方式，做生态文明的忠实实践者。

5. 进一步依靠科学技术。加强节能环保新技术的研发和推广运用。从保障粮食安全、生态安全、经济安全和人民群众生命财产安全的高度出发，加强农业、林业、水资源和沿海及生态脆弱地区等领域适应气候变化的能力建设。完善防灾减灾应急机制和预案，提高地震灾害、地质灾害和适应气候变化以及应对极端天气气候事件的能力。同时，特别注意充分利用现有技术、传统技术，比如少数民族吊脚楼的通风设计等等，不能坐等新技术的研发。

6. 企业要积极转变发展方式。努力构建区域间、企业间的资源整合、信息共享及创新机制，竭力克服当前工业经济面临的资源紧张、能源价格上涨和节能减排等压力，坚持循环生产，应用清洁能源，推广新能源，履行社会责任，携手创立符合时代发展的生态企业范式。

7. 教育和传媒要在生态文明建设中发挥基础性、综合性和先导性作用。学校特别是大学要致力于建设合作交流平台，并拓展校际的联合研究、推广全国性的环境教育知识大纲，倡导建设绿色校园。传媒要充分运用新媒体，开辟新栏目，传播生态观念。

8. 探索建立生态文明城市的评估和评价体系。按照科学发展观的要求和生态文明城市的内涵，从产业、环保、科技、教育、文化等多方面，建立完善符合生态文明城市建设要求的评估办法和评价体系。

生态文明建设任重道远。让我们携手同行，探索新的载体和方法，不断创造生态文明建设的新成果。

2010 贵阳共识

(2010 年 7 月 31 日生态文明贵阳会议通过)

    2010 年 7 月 30 日至 31 日，2010 生态文明贵阳会议在贵州省贵阳市隆重召开。会议由全国政协人口资源环境委员会、北京大学和贵阳市委、市政府共同主办，中国人民外交学会、中国气象学会、联合国开发计划署驻华代表处、招商银行协办。

    中共中央政治局常委、全国政协主席贾庆林对会议作出的重要批示，对会议具有重大指导意义。全国政协副主席郑万通在开幕式上致词，中共中央政治局原委员、国务院原副总理、九届全国人大常委会副委员长姜春云发表书面演讲，英国前首相托尼·布莱尔阁下，十届全国政协副主席、中国工程院主席团名誉主席、中国工业经济联合会会长、中国工程院院士徐匡迪，美国耶鲁大学校长理查德·莱文等作了十分精彩的演讲。国家有关部委领导、联合国教科文组织、联合国开发计划署等国际组织代表、部分城市市长以及中外科学家、大学校长和企业家围绕会议主题，就低碳经济、绿色发展、生态文明等共同关心的问题开展广泛而深入的讨论，提出了具有前瞻性和务实性的建议。

    会议认为，自去年 8 月 2009 生态文明贵阳会议以来，生态文明理念得到更加广泛的传播和普及，各城市以及科学界、工程技术界、教育界、新闻媒体和企业家积极行动，生态文明建设取得新的理论成果和实践成果。生态文明贵阳会议的主题从去年的"责任"到今年的"行动"，会议内涵得到升华，不仅注重思想引领，更揭示行动的紧迫性。

    会议期间交流了国内外生态文明建设的典型案例。会议带头践行节能环保的低碳理念，应用国际认可的方法计算碳排放量，采取购买碳抵消额的形式实现"碳中和"。贵阳市作为全国生态文明建设试点城市、低碳试点城市，在会议期间与联合国开发计划署、中国节能环保集团公司分别签订了生态项目合作协议，在低碳经济、绿色产业发展以及绿色照明方面开展合作；落实国家 2020 温室气体自主减排目标，制定并发布了《贵阳市 2010—2020 年低碳发展行动计划（纲要）》，挂牌成立了贵阳环境能源交易所，举行了花溪国家城市湿地公园、花溪国际生态示范小区及中意合作小孟生态工业示范园区建设项目签约仪式。

会议特别强调，绿色发展与应对气候变化，是后危机时代国际社会面临的重大机遇和挑战，也是实现中国经济社会发展和生态文明建设目标的重要内容。与其坐而论道，不如起而行之。我们要从当前的事情做起，从能够做到的事情做起，立即把凝聚的共识落实到行动上，让生态文明走进楼宇、走进社区、走进车间、走进田野，渗透到每一个角落，深入到每一个人的脑海，不仅把生态文明作为一种理念，而且要作为一种行动指南，作为一种道德标准。为达成此目标，我们应采取坚实和有效的行动，减少个人和集体的碳足迹。这些行动包括：

1. 把环保投入加大到足以加快扭转生态环境恶化趋势、消除生态赤字、达到良性循环的幅度。进一步强化政策激励，逐步完善推进绿色发展扶持政策，运用金融和税收杠杆扶持绿色产业发展，对绿色产业给予更优惠的信贷政策。要加快对生态环境保护和绿色产业发展等领域的立法，建立健全绿色发展法律法规。要建立资源有偿使用制度，加强绿色发展管理执法，实行绿色发展科学考核。

2. 大力发展低碳经济、循环经济、绿色经济。传统产业节能减排是第一步，发展先进制造技术和采用物联网是突破点，调整能源结构是基础。要努力构筑绿色产业体系，加快推进传统产业转型升级，逐步实现高端化、高质化、高新化、低碳化、生态化。同时大力发展新能源、新材料产业，引导企业大力开发绿色技术、生产绿色产品，最大限度地实现资源的持续利用和生态环境的持续改善。要大力推动国际新兴产业合作，尤其是加强节能减排、环保、新能源等领域合作，共同应对气候环境变化带来的挑战。

3. 积极推动绿色消费。人人都能成为绿色发展的贡献者和享受者。要大力宣传绿色消费价值观念，普及绿色消费和绿色产品知识，在全社会形成自然、健康、适度、节俭、生态的绿色消费环境和氛围，引导公民从自身做起，自觉践行绿色消费，养成低碳、环保的简约生活习惯和生活方式。

4. 大力发展绿色科技。要积极推动绿色科技创新和推广应用。加强节能减排新技术的研发，推广高效节能技术，提高新能源和可再生能源比重，建立低碳能源系统、低碳技术体系和低碳产业结构。要加强绿色技术合作，实现技术共享，推动绿色发展。

5. 各方要形成合力。发展绿色经济，企业责无旁贷，要自觉履行"绿色责任"，积极应用绿色技术，切实做到绿色管理，努力生产绿色产品，绝不能以绿色低碳为名，产生新的污染，造成更大排放；教育要继续发扬先导性、基础性和综合性的作用，积极构建绿色校园和发展绿色教育，使环境保护、可持续发展成为校园建设、学校教育的重要内容，积极培养学生的绿色发展意识和相关知识；新闻和传媒界要加强生态文明的宣传引导，大力宣传生态文明建设的成功范例，普及和提高生态意识。

与会者一致认为，生态文明贵阳会议将全国政协的政治优势，北京大学的教育、知识、科研优势，贵阳市的生态优势、后发优势、实践优势，以及中国人民外交学会、中国气象学会、联合国开发计划署、招商银行各自的优势结合起来，建立了一种新的优势互补、协同共生的办会模式，为官、产、学、民、媒体等各方搭建了一个思想碰撞、技术交流、平等协商、信息互通、成果共享的开放平台，为推动生态文明建设和绿色发展发挥了积极作用。会议特别赞扬参会嘉宾以主人翁精神，为办好会议积极建言献策，提出了许多宝贵的建设性意见。会议将进一步建章立制，形成长效机制，发挥更大的作用，产生更多有价值的成果。

2011 贵阳共识

（2011 年 7 月 17 日生态文明贵阳会议通过）

以"通向生态文明的绿色变革——机遇和挑战"为主题的 2011 生态文明贵阳会议，于 2011 年 7 月 16 日至 17 日在贵阳国际会展中心举行。会议由全国政协人口资源环境委员会、科学技术部、环境保护部、住房和城乡建设部、北京大学、贵州省人民政府主办，中共贵阳市委、贵阳市人民政府、生态文明贵阳会议秘书处承办，中国人民外交学会、中国气象学会、中国市长协会、中国工程院、联合国开发计划署驻华代表处、联合国教科文组织、联合国环境规划署协办。

中共中央政治局常委、全国政协主席贾庆林作出重要批示，高度评价生态文明贵阳会议的战略定位、办会宗旨、研讨内容及为生态文明建设作出的积极贡献，指明了会议的长远发展方向，对会议具有重要的指导意义。联合国秘书长潘基文发来贺信，对生态文明贵阳会议寄予厚望，与会者备受鼓舞。全国政协副主席郑万通致辞。英国前首相托尼·布莱尔作视频讲话，爱尔兰前总理、爱中合作理事会终身名誉主席伯蒂·埃亨，全国政协副主席、香港特别行政区首任行政长官董建华，十届全国政协副主席、中国工程院主席团名誉主席、中国工程院院士徐匡迪等作了精彩演讲。国家有关部委领导，著名大学校长、科学家和专家学者，部分城市负责人，知名企业家、媒体负责人及联合国有关机构官员等近千名海内外嘉宾出席会议，围绕低碳经济、绿色发展和生态文明，突出讨论转变经济发展方式，深入探讨绿色就业、绿色产业、绿色消费、绿色运输、绿色贸易等战略性、前瞻性问题。会议举办了科学论坛、技术论坛、教育论坛、企业家论坛、高新产业金融论坛、跨国公司论坛、城市规划典型案例和最佳实践论坛、绿色文明与媒体传播论坛、森林碳汇论坛、共建低碳生态城市论坛、生态修复论坛、青年先锋圆桌会、电视高峰论坛等专题论坛，参会者热情很高，发言十分踊跃，互动性很强。会议开得热烈而精彩，令人激动而难忘。会议期间，举办了全国生态文明建设成果展暨中国·贵阳节能环保产品和技术展，环保部、贵州省以及杭州、贵阳等 46 个城市和中节能、远大集团、中铝等 140 多家企业集中展示生态文明建设的最新成果；举办全国低碳发展现场交流会、第一届全国生态文明建设试点经验交流会，分享了发展低碳经济、建设生态文明的成功做法，展示了美好前景。会议还举行了名人生态环保公益活动，倡导践行低碳、绿色生活方式。与会嘉宾参与了"留住绿色·我们在行动"培育生态公益林活动，以实际行动为增加森林碳汇作贡献。

会议充分肯定了中国在建设生态文明、应对气候变化方面作出的巨大努力和取得的显著成就。与会者特别是国外嘉宾认为，中国政府一直秉承清醒的认识和负责任的态度，统筹国际国内两个大局，将积极应对气候变化作为促进发展方式转变、调整经济结构的重大机遇，将节能减排、绿色低碳发展作为可持续发展的内在要求，采取了一系列政策与行动，在建设生态文明上跨出了大大的一步。"十二五"规划进一步明确以科学发展为主题，以加快转变经济发展方式为主线，将积极应对气候变化和推进绿色低碳发展作为重要的政策导向，对于纵深推进生态文明建设具有重要意义。

会议强调，生态文明贵阳会议举办三年来，始终立足于生态文明建设，致力于推动经济发展方式转变，对低碳经济、绿色发展等焦点和热点问题进行持续探讨，已经成为跨领域、跨行业、跨部门、跨国界合作的重要桥梁，成为交流各方经验和信息、总结各类实践和典型案例、展示各地生态文明建设成果的重要窗口，极大地传播了生态文明理念，展示了生态文明、绿色发展的成果，探索了建设生态文明、发展绿色经济的路径和方法。在各方的大力支持下，2011 生态文明贵阳会议实现了全国会议与专业论坛、会议与展览、国内与国际的结合，无论是层次、规模还是影响力，都有了明显提升，日益显示出会议的旺盛生命力，各参与方要倍加珍惜。要围绕把生态文明贵阳会议建设成为交流生态文明理念、展示生态文明建设成果的长期性、制度性高端平台的目标，始终坚持面向实际、面向基层、面向生活、面向世界，着力研究探索生态文明建设的基本规律，更加注重总结推广成功经验，在更大范围开展国际合作，以更有力的措施推进生态文明建设，为构建资源节约型、环境友好型社会发挥更大作用。要遵循论坛举办规律，突出开放性、互动性、务实性，按照长效化、机制化、专业化、国际化的目标，广泛与有志于生态文明建设的企业家、科学家、大学校长、传媒人士、城市管理者以及其他有识之士建立紧密的合作关系，真正形成共建共享的机制。近期要抓紧建立完善议程咨询委员会、企业联盟和城市网络联盟，为生态文明贵阳会议的长远发展奠定坚实基础。

经充分讨论和深入交流，达成以下三点重要共识：

第一，始终坚持以生态文明理念引领经济社会发展，推动新型工业化与生态文明建设互动双赢。生态文明是建立在工业文明基础之上的文明形态，是现代工业高度发展阶段的产物。这种文明形态追求有效的经济增长、公正的社会环境和人与自然的和谐，本质要求是高效低耗、无毒无害、互利共生，通过改变人的行为模式以及经济和社会发展模式，达到经济增长与环境相互协调、经济增长与环境压力脱钩、经济社会可持续发展的目的。建设生态文明，不是要回到原始生态状态，而是在现代化进程中选择更先进的生产方式，通过更科学的制度安排，走生产发展、生活富裕、生态良好的科学发展之路。中国正处于加速实现工业化的过程，但已没有发达国家工业化初期那种充裕的资源和环境条件，环境资源问题越来越突出，已成为制约全面建设小康社会的瓶颈。必须坚持以生态文明理念引领经济社会发展，引领工业化和城镇化，构建符合生态文明要求的产业结构、增长方式和消费模式，实现新型工业化与生态文明建设互动双赢，做到既尊重自然、保护自然，又合理开发、永续利用自然资源。

第二，加强生态文明建设的综合研究和专题研究。全球金融危机和气候变化触发了一场经济发展模式和世界秩序的深刻变革。其中绿色发展已成为世界各国摆脱困境、渡过后金融危机时代、合力解决气候变化问题的共同选择。要立足国内、面向国际，整合政界、商界、学界、民间各方智力资源，进行战略思考和综合研究，为2012年里约热内卢联合国可持续发展大会20周年峰会做好重要准备。要开展更有适应性和针对性的专题研究。适应性侧重于查找差距，推动我国绿色、生态可持续发展的理念、技术、政策、措施与国际发展趋势相对接。针对性侧重于研究我国的具体国情和资源禀赋，确定现阶段我国绿色发展的方向和目标，提出重点区域、重点产业、重点项目的行动方案。

第三，坚持把建设生态文明、推动可持续发展作为一项长期战略。在思想上，要充分发挥教育和传媒机构的作用，大规模深入开展生态文明理念普及活动，使公众特别是各级决策者认识环境保护与经济发展是相互促进、内在融合的关系，坚决防止非此即彼、厚此薄彼、顾此失彼等僵化思维。在机制上，要加快节能环保标准体系建设，建立"领跑者"标准制度，促进用能产品能效水平快速提升；建立低碳产品标识和认证制度；健全节能环保和应对气候变化相关制度。在政策上，重点要理顺资源性产品价格，完善污水和垃圾处理收费政策，深化政府推广高效节能技术和产品的激励机制，落实和完善资源综合利用税收政策，加大各类金融机构对节能减排、低碳项目的信贷支持力度。在措施上，要优化产业结构和能源结构。大力发展服务业、战略性新兴产业和循环经济，抑制高耗能、高排放行业过快增长，形成节能环保减碳循环经济的产业体系，大力发展可再生能源。在技术上，要加快低碳技术开发和推广应用，组织开展节能减碳共性、关键和前沿技术攻关，推广应用节能减碳技术。在行动上，要大力开展植树造林等生态修复、生态治理活动，全面开展节能减碳全民行动，重点在工业、建筑、交通运输、公共机构等领域开展节能减排，特别是要鼓励青年人在社会上积极倡导绿色理念与绿色行为方式，带动更多的人关注生态环境保护，从而开创一个全社会人人参与生态文明建设的新局面。

与会者强烈呼吁，生态文明是人类智慧的结晶，生态文明建设是一项利国利民、功在当代、泽被后世的伟大事业，能为这一事业作出贡献，是一种光荣和幸运。各方应以高度的责任感和使命感，携手同行，不懈努力，为生态文明建设作出积极贡献。

2012 贵阳共识

（2012 年 7 月 28 日生态文明贵阳会议通过）

  2012 年 7 月 26 日至 28 日，由全国政协人口资源环境委员会、科学技术部、环境保护部、住房和城乡建设部、北京大学、贵州省人民政府主办的 2012 生态文明贵阳会议在贵阳举行。这是生态文明贵阳会议连续第四次成功举办。会议的主题是"全球变局下的绿色转型和包容性增长"。中共中央政治局常委、全国政协主席贾庆林作了重要批示，希望会议认真研究如何统筹兼顾经济发展、社会进步和环境保护，为传播生态文明理念、推动生态文明建设作出更大贡献。全国政协副主席李金华致辞，德国前总理格哈德•施罗德、环保部部长周生贤、卫生部部长陈竺以及贵州省委书记、省长赵克志在开幕式上作了专题演讲；国家有关部委领导，国际组织官员，国内外知名大学校长、专家学者，第八届泛珠三角省会（首府）城市市长，香港、澳门特别行政区有关单位负责人，科研机构代表，知名企业家、媒体负责人及国际友人等 1200 余名海内外嘉宾出席会议。会议期间举办了食品安全与健康论坛、生物圈保护区论坛、企业家论坛、绿色建筑与建筑节能论坛、绿色农业论坛、生态教育论坛、生态修复论坛、第八届泛珠三角省会（首府）城市市长论坛、两岸三地绿色经济论坛、绿色就业论坛、绿色金融创新与发展论坛等 30 余场分论坛和活动。

  与会者高度评价了中共中央总书记、中国国家主席胡锦涛同志 7 月 23 日关于生态文明建设的重要论述。一致认为，这个重要论述，进一步明确了生态文明建设在中国特色社会主义总体布局中的重要地位，揭示了建设生态文明的目标要求和具体路径，具有极为重要的理论和现实意义。大家表示，要全力把生态文明建设的理念、原则、目标等深刻融入和全面贯穿到经济、政治、文化、社会建设的各方面和全过程，坚持节约资源和保护环境的基本方向，着力推进绿色发展、循环发展、低碳发展，着力推进生产方式、生活方式根本转变，走绿色转型和包容性增长之路，实现可持续发展。

与会者认为，联合国"里约＋20"峰会特别强调了在可持续发展和消除贫困背景下促进绿色经济发展的历史性机遇，2012生态文明贵阳会议是全球率先回应"里约＋20"峰会精神与成果的首个绿色发展千人大会，是一次跨越地域、学科和专业的大会，也是一次凝聚智慧、力量和行动的盛会。会议主题与联合国"里约＋20"峰会的成果与精神形成了呼应，充分体现了世界发展的潮流和中国发展的实际，具有前瞻性、思想性和实践性。

与会者一致认为，绿色转型与包容性增长本质都是寻求经济与社会协调、可持续的发展，体现了一种全新的发展理念。绿色转型与包容性增长相互关联、相互促进。通过绿色转型实现绿色发展，可以做出高品质的财富蛋糕，为社会分享成果打好物质基础。坚持包容性增长并实现社会财富的公平分配，可以有效地提高民众的幸福指数，凝聚各方力量参与绿色转型、实现绿色发展。绿色转型与包容性增长，应当坚持把加快发展作为第一要务，打牢生态建设与环境保护的物质基础，增加社会财富，改善人民生活水平，维护社会和谐稳定，在更高层次上实现对生态环境的保护；应当探索绿色经济的有效模式，注重建设低投入、高产出，低消耗、少排放，能循环、可持续的经济体系，注重培育绿色生产方式和消费模式，注重生态建设和环境保护；应当遵循以人为本、公平公正的发展理念，突出人与自然和谐相处，促进人人平等获得发展机会，实现经济增长、人口发展和制度公平三者之间的有机统一。

会议认为，应从五个方面推进绿色转型与包容性增长：

一是把绿色转型作为促进增长的首要选择。当前，全球经济形势不容乐观，发达经济体增长乏力，金融体系依然脆弱。实现增长的目标和选择增长的路径同样重要。绿色经济是现代化进程中更先进的生产方式和更科学的制度安排，不是增长的负担，反而是增长的引擎。在大力实施工业化和城镇化过程中，必须牢固树立绿色理念，克服资源支撑型发展模式的路径依赖，摒弃以大量消耗和浪费资源为代价的非绿色增长方式，实现原创性的技术进步和效率提高，用效率的提高取代资源、资本的投入，降低资源在经济增长中所拥有的相对"价值"，从而在无限的发展和有限的资源、资本之间找到平衡点，实现永续利用、永续发展。

二是把绿色理念深度融入社会生产生活各环节。要运用多元化力量加强生态教育，促进大众参与，建立生态伦理规范和生态道德理念，使尊重自然、顺应自然、保护自然成为公众的自觉行动，推动形成绿色健康的生活方式和消费模式。通过产业结构优化升级促进绿色发展，大力构建以生态农业、绿色制造业和现代服务业为主体的绿色产业体系，创新绿色科技、生产绿色产品、开发绿色能源，不断推进经济系统绿色化。重视环保科技的应用和普及，推动最新技术和科研成果转化为绿色生产力。推动体制机制和政策创新，激发政府对绿色发展的引领作用、企业对绿色发展的主体作用、人民群众对绿色发展的驱动作用。以包容性开放为带动，实现资本与高新产业的绿色融合，促进产业转型升级。引导企业创新发展理念、增强创新能力，自觉承担绿色生产责任。加快提升科技创新能力，为绿色发展提供更有力的科技支撑。发达国家、发展中国家，发达地区、欠发达地区，城市、农村，公共部门、企业组织，生产者、消费者，青年、妇女，都是绿色发展的主体，都是绿色转型的直接责任者，都应全面融入绿色转型的时代潮流。

三是在加速绿色发展、绿色转型中推动民生改善。没有共享的经济增长是无意义且有害的，要不断做大社会财富蛋糕，采取更加有力的减贫措施，让发展成果普惠民众尤其是弱势群体。强化环境与健康相关因素的监测和预警，把解决严重损害民众健康的水、空气、土壤污染等突出环境问题放到优先位置，加快健康城市建设，提高人群健康素养。努力建立覆盖全民的社会保障体系，大力发展绿色就业，改善各类基本公共服务的公平性与可行性。不断消除民众参与经济发展、分享发展成果的障碍，努力实现机会平等、权利平等和社会福利平等，最终实现城乡公平、区域公平和社会公平，让每个人过上幸福、有尊严的生活。

四是运用新的模式提升生态系统服务能力。环境保护是生态文明建设的主阵地。实现绿色转型，需要探索代价小、效益好、排放低、可持续的环保新道路，谨慎使用自然资源，以尽可能小的资源环境代价，支撑更大规模的经济活动，寻求最佳环境效益、经济效益。要对重要的生态系统实行强制性保护，使其休养生息。重视采矿区的生态修复和生态建设，积极开发和应用绿色开采技术。积极探索林业碳汇交易体系，大力推动碳汇平台建设，促进林业碳汇交易发展。推进低碳生态示范城市建设，在紧凑混合用地模式、资源节约和循环利用、绿色建筑规模化、保持生物多样性、构建绿色交通体系、拒绝高耗能高排放工业项目等方面取得突破，从节能标准、节能设计、节能行为、节能舒适等方面推动建筑节能，加强和推进低碳生态技术本地化，使绿色渗透到城市发展的每一环节。制定实施生态文明建设的目标体系、指标体系，纳入考核内容。

五是更加深入广泛地开展生态文明建设的国际合作。国际金融危机、气候变化、能源资源安全等是人类共同面临的严峻挑战，任何国家都不可能独善其身。要坚持"共同但有区别"的责任原则，尊重世界各国各自的可持续发展自主权，加强新兴产业合作尤其是加强节能减排、环保、新能源等领域合作，携手推进可持续发展，更多地寻求双赢、多赢。提倡各种文明平等、互补、兼容，互相尊重，求同存异，和睦相处，共同发展。构建城市之间、地区之间、国家之间的协力和交流机制，推进区域生态协作，建立一个新的更具包容性的全球分工、合作体系，引领更多的绿色技术、管理和产业创新。特别是发达经济体与新兴经济体要更紧密地合作，共享经验、技术和人才，携手面对全球化、城市化和气候变化的挑战，找出一条有效应对全球气候暖化、能源危机和经济危机的路子。

与会者共同感受到，走过四年历程的生态文明贵阳会议，主题逐步深化，内容日益广泛，已经成为一个具有较大影响的高端会议品牌，对探索生态文明建设规律、推广生态文明建设经验起到了积极作用，有力促进了地方经济快速、协调、可持续发展。与会者共同呼吁，生态文明贵阳会议要紧紧围绕打造长期性、制度性、国际性、公益性高端平台的目标，咬定青山不放松，汇聚更多的官、产、学、媒、民及其他各界精英人士，建立牢固的绿色企业网络、充满生机的绿色城市网络、绿色大学网络以及战略咨询理事会，更加深入广泛地探讨生态文明建设重大问题，更加有力地推动生态文明建设的实践进程，为经济可持续发展和提升民众福祉作出更大贡献。

国家发展和改革委员会文件

发改西部〔2012〕3915号

国家发展改革委关于贵阳建设全国生态
文明示范城市规划的批复

The Reply to the Planning of Guiyang on Building a
National Model Eco-city by the National
Development and Reform Commission (NDRC)

贵州省发展改革委：

你委报送的《贵阳建设全国生态文明示范城市规划（2012—2020年）》黔发改西开〔2012〕2581号，简称《规划》收悉，经商有关部门，原则同意《规划》，现就有关事项批复如下：

一、编制实施《规划》具有重大意义。2007年以来，贵阳市把生态文明城市建设作为贯彻科学发展观的切入点和总抓手，着力推动贵阳市加快发展、科学发展，取得了显著成效，为建设全国生态文明示范城市奠定了坚实基础。按照党的十八大关于大力推进生态文明建设的精神，根据《国务院关于进一步促进贵州经济社会又好又快发展的若干意见》（国发〔2012〕2号）关于"把贵阳市建设成为全国生态文明城市"的要求，及时编制实施《规划》，不仅有利于促进贵阳市形成节约资源和保护环境的空间格局、产业结构、生产方式、生活方式，而且对推进全国城市生态文明建设具有重要的引领和示范意义。

二、实施《规划》要把握的总体要求。《规划》实施要以科学发展观为指导，全面贯彻落实党的十八大精神，把生态文明建设放在更加突出的地位，切实把生态文明建设融入贵阳市经济建设、政治建设、文化建设、社会建设的各方面和全过程，坚持尊重规律、科学发展，坚实生态优先、和谐发展，坚持统筹协调、全面发展，坚持先行先试、创新发展，把贵阳市建设成为全国生态文明示范城市以及全国创新城市发展实验区、城乡协调发展先行区和国际生态文明交流合作平台。

三、《规划》实施要抓好的几项主要任务。要着力优化空间开发格局，科学规划高效集约发展区、生态农业发展区、生态修复和环境治理区、优良生态系统保护区。要加快构建生态产业体系，增强工业的核心竞争力和可持续发展能力，打造具有民族和地域文化特色的旅游产业体系，进一步提高服务业的比重和水平，建立现代农业产业体系，做大做强节能环保产业。要切实加强生态建设和环境保护，促进自然生态系统保护与修复，强化资源节约和循环利用，全面推进环境综合治理。要积极建设生态宜居城市，彰显"显山、露水、见林、透气"的城市特色。要加快生态文化建设，牢固树立生态文明理念，促进文化事业繁荣和生态文化产业发展。要着力建设生态文明社会，推进生态城镇和生态乡村建设。要建立健全有效推进生态文明建设的体制机制，逐步把生态文明建设纳入法制化、制度化、规范化轨道。

四、切实搞好《规划》的组织实施。你委要在产业布局、项目审批、投资安排、人才保障等方面给予贵阳市适当倾斜；指导贵阳市不断深化改革，在生态文明建设关键环节和重点领域先行先试，积极探索城市生态文明建设的有效途径；督促贵阳市建立严格的生态文明建设目标责任制，将目标任务分解到各部门、各区（市、县）；加强规划实施的跟踪分析和监督检查，定期考核评估。我委将会同有关部门加强对《规划》实施的指导协调和跟踪分析，适时总结推广生态文明建设的经验。

附件：贵阳建设全国生态文明示范城市规划

2012 年 12 月 17 日

附件：

贵阳建设全国生态文明示范城市规划

2012 年 12 月 17 日

目录

　　党的十七大提出建设生态文明，并将其作为全面建设小康社会奋斗目标的一项新要求。党的十八大把生态文明建设纳入中国特色社会主义事业"五位一体"总体布局，强调建设生态文明是关系人民福祉、关乎民族未来的长远大计，必须树立尊重自然、顺应自然、保护自然的生态文明理念，把生态文明放在突出地位，融入经济建设、政治建设、文化建设、社会建设各方面和全过程，努力建设美丽中国，实现中华民族永续发展。《国务院关于进一步促进贵州经济社会又好又快发展的若干意见》（国发〔2012〕2号）要求，把贵阳市建设成为全国生态文明城市。为贯彻党中央、国务院关于生态文明建设的战略部署，按照国家发展改革委、财政部、国家林业局《关于开展西部地区生态文明示范工程试点的实施意见》要求，编制《贵阳建设全国生态文明示范城市规划》。

　　规划范围：贵阳市行政区域，国土面积8 034平方公里，人口439万人。规划期限为2012年至2020年，其中2012年至2015年为第一阶段，2016年至2020年为第二阶段。

第一章　发展基础

　　2007年以来，贵阳市把建设生态文明城市作为贯彻落实科学发展观的切入点和总抓手，统筹推进经济、政治、文化、社会、生态文明建设，初步形成了生态文明城市建设体系，为建设全国生态文明示范城市奠定了坚实基础。

第一节　主要成就

　　综合经济实力显著增强。2011年贵阳市地区生产总值1383亿元，规模以上工业增加值378亿元，一、二、三产业比例为4.6∶42.4∶53.0。现代服务业快速发展，旅游总收入年均增长48.5%，会展经济增长迅猛，被列为首批国家服务业综合改革试点城市。财政总收入401亿元，公共财政预算收入187亿元。科技进步对经济增长的贡献率达53.7%，高新技术产业增加值占规模以上工业增加值比重达34.2%。

　　生态环境质量明显改善。2011年森林覆盖率达41.8%，建成区绿地率达42.8%，人均公共绿地面积10.3平方米；各类保护区面积占国土面积的19%。重点饮用水水源地水质稳定在Ⅱ类、Ⅲ类，水资源利用效率持续提高，获"国家节水型城市"称号。城市污水集中处理率和垃圾无害化处理率分别达95%、93%，空气质量优良率保持在95%。关停和搬迁改造了一批重点污染企业，与2006年相比，单位地区生产总值能耗下降20%，二氧化硫排放总量、化学需氧量排放总量分别减少 41.9％和 11.2％。工业固体废物综合利用率达 65％。获得"国家园林城市"、"全国文明城市"、"国家卫生城市"等称号。

人民生活质量持续提升。教育、卫生、文化、就业和社会保障等民生工程加快实施，人民生产生活条件逐渐改善。2011 年城镇人均可支配收入 19 420 元，农民人均纯收入 7 381 元；城镇登记失业率为 3.3％；城镇人均住房面积为 22.3 平方米。城乡社会保障体系全面建立，城镇参加基本养老保险人数为 104 万人，参加基本医疗保险人数为 166 万人，农村合作医疗参合率达 98％，人均预期寿命 74 岁。基本建成"三条环路十六条射线"城市骨干路网，建成花溪十里河滩国家城市湿地公园、小车河城市湿地公园、筑城广场、贵阳城乡规划展览馆、孔学堂等重大功能性设施。开展全国社会管理创新综合试点，撤销全市街道办事处，成立新型社区，在全国率先成立党委群众工作委员会，组建群众工作中心和群众工作站，形成了较为健全的群众工作服务网络。被评为全国创业先进城市，连续四次获得"全国社会治安综合治理优秀市"称号，2011 年市民幸福指数达 89.2。

生态文明意识明显提高。成功举办四届生态文明贵阳会议，广泛传播了生态文明理念，有力推动了生态文明实践。编印生态文明建设中小学读本、市民读本、干部读本，推动生态文明进机关、进课堂、进工厂、进企业、进社区、进农村。大力弘扬"知行合一、协力争先"的贵阳精神，提升"爽爽贵阳"的城市品牌形象。积极推进文化体制改革，组建了贵阳演艺集团等文艺实体，成立了全国第一家民办公助的贵阳交响乐团。以"三创一办"为载体，大力开展城乡环境综合整治。积极倡导低碳生活与绿色消费，启动生活垃圾分类试点，低碳社区建设成效明显，被列为全国首批低碳试点城市，进入中国十大低碳城市行列。

生态文明制度逐步完善。先后出台《中共贵阳市委关于建设生态文明城市的决定》、《中共贵阳市委、贵阳市人民政府关于抢抓机遇进一步加快生态文明城市建设的若干意见》、《中共贵阳市委、贵阳市人民政府关于提高执行力抢抓新机遇纵深推进生态文明城市建设的若干意见》，明确了生态文明城市建设的指导思想、基本原则、奋斗目标、重点任务与主要政策措施。制定了全国首部促进生态文明建设的地方性法规《贵阳市促进生态文明建设条例》。出台了《贵阳市建设生态文明城市目标绩效考核办法（试行）》及实施细则，把建设生态文明城市的责任和目标分解落实到各部门和区（市、县）。在全国首创环境保护审判庭和法庭，运用法律手段有效保护生态环境。设立生态补偿专项资金，初步建立了生态补偿机制。

第二节　主要问题

贵阳市经济社会发展取得了长足进步，但总体经济实力仍然不强，生态文明建设任重道远。基础设施建设滞后、城乡二元结构突出的问题依然存在。喀斯特地貌特征明显，工程性缺水和水土流失并存的问题仍然突出。生产方式粗放，能源资源利用效率不高，产业结构不合理的问题亟待改变。公众生态文明意识尚需进一步强化，忽视资源节约与生态环境保护以及过度消费的现象仍然存在。资源环境约束与加快发展的矛盾比较突出，人才匮乏，教育、科技、文化事业发展相对滞后，自主创新能力不强。

第三节 重要意义

贵阳市开展生态文明示范城市建设，是深入贯彻落实科学发展观，把加快发展与全面协调可持续发展统一起来的必然要求；是优化空间格局和产业结构，加快转变生产方式和生活方式，实现生态环境与经济社会发展统筹兼顾的现实需要；是探索城市生态文明实施路径，发挥引领和示范作用，全面推进生态文明建设的重大举措，对于建设资源节约型、环境友好型社会，实现人与自然和谐发展、走向社会主义生态文明新时代具有重大意义。

第二章 总体要求

第一节 指导思想

高举中国特色社会主义伟大旗帜，以邓小平理论、"三个代表"重要思想、科学发展观为指导，以创建全国生态文明示范城市为总抓手，把生态文明建设放在更加突出的地位，深刻融入经济建设、政治建设、文化建设、社会建设各方面和全过程，以加速发展、加快转型、推动跨越为主基调，以体制创新和科技进步为动力，以生态文明制度建设为保障，大力发展生态经济，着力构建生态产业体系；加强生态建设和环境保护，着力构建生态安全屏障；加快基础设施建设，着力建设城乡协调的宜居环境；加强社会事业建设，着力构建生态和谐社会，把贵阳市建设成为生产发展、生活富裕、生态良好的全国生态文明示范城市。

第二节 基本原则

尊重规律，科学发展。从贵阳市实际出发，遵从自然规律和经济规律，科学规划国土空间开发格局，调整优化经济结构，积极转变生产方式和生活方式，实现经济与人口、资源、环境协调发展。

生态优先，和谐发展。坚持在保护中开发、在开发中保护，节约集约利用资源，加大生态保护与建设力度，强化节能减排，实现科学发展与加快发展有机统一。

统筹协调，全面发展。坚持以人为本，立足区域资源特点，以提高人民生活水平和生活质量为出发点和落脚点，把生态优势转变为生产力，把资源优势转化为经济优势，实现经济发展与改善民生有机统一。

先行先试，创新发展。选择重点领域和重点区域开展试点示范，加强生态文明制度建设，探索建设生态文明城市的有效路径。把增强自主创新能力作为战略基点，大力推进制度创新和管理创新，积极构建完善的创新体系和现代产业体系。

第三节　战略定位

全国生态文明示范城市。发挥生态环境和资源优势，把生态文明放在突出地位，率先探索经济、政治、文化、社会和生态文明建设协调发展的新模式，为全国推进生态文明建设发挥示范作用。

创新城市发展试验区。加快体制机制创新，构建生态产业体系，建设西部地区高新技术产业重要基地和区域性商贸物流会展中心。创新城市社会管理方式，打造西部地区具有特色魅力的重要中心城市。

城乡协调发展先行区。发挥中心城区辐射带动作用，推进"三县一市"城乡一体化发展，建立优质、高效的城乡基础设施和公共服务网络，以先行区带动其他地区城乡统筹发展。

国际生态文明交流合作平台。提升生态文明贵阳会议层次，扩大国际国内影响力，广泛开展合作交流，传播生态文明理念，推动生态文明实践，探索建立国际生态文明建设交流合作新机制。

第四节　发展目标

到 2015 年，全面建成小康社会，全国生态文明示范城市建设取得显著成效。合理的空间开发格局基本形成，城市人居环境明显改善，森林覆盖率和建成区绿化覆盖率均达到 45％。经济结构调整取得明显成效，生态产业快速发展。资源节约和环境保护明显加强，节水型社会建设稳步推进。与 2011 年相比，单位GDP 能耗降低 16％，主要污染物排放总量减少 7％以上。节能环保产品政府采购率达到 70％。生态文明意识明显增强，人均预期寿命达到 75 岁，市民幸福指数提高到 93。生态环境质量在政绩考核中的权重明显提高，生态补偿机制基本建立，低碳城市试点取得显著成效，生态文明制度体系初步形成。

到 2020 年，建成全国生态文明示范城市。空间开发格局更加优化，城市人居环境显著改善，森林覆盖率和建成区绿化覆盖率均达到 50％。城乡区域发展协调性进一步增强，现代服务业和战略性新兴产业发展取得重大突破，形成以服务业为主导的产业体系。主要污染物排放得到有效控制，生态环境实现良性发展。人民生活更加殷实，基本公共服务均等化基本实现。生态文明意识牢固树立，生态文明制度体系更加完善，实现经济实力强、生态环境好、幸福指数高的目标，生态文明建设在全国处于领先水平、在国际上具有广泛影响力。

第三章　优化空间开发格局

根据国家主体功能区规划，按照人口资源环境相均衡、经济社会生态效益相统一的原则，构建科学合理的城市化格局、产业发展格局、生态安全格局，促进生产空间集约高效、生活空间宜居适度、生态空间山清水秀，永葆贵阳天蓝、地绿、水净的美好家园。

第一节　功能分区

高效集约发展区。包括城市建设区和独立的产业集聚区，该区域资源环境承载能力较强，主要功能是集聚产业和人口，高效集约开发，承担着推进工业化、城镇化、信息化功能和带动经济社会发展的重要任务。引导产业向"十大工业园区"集聚发展，积极推进老工业基地调整改造试点建设，创建国家新型工业化产业示范基地，推进云岩产业转移工业园区建设。推进改貌、清镇、扎佐等重点物流园区和金阳、龙洞堡等物流中心建设。合理布局、加速推进金融、科技服务、商贸等产业集聚发展。

生态农业发展区。包括农业作业区和农村居民区。农业作业区要强化基本农田保护，整合各种资源发展现代农业；优化农业产业布局，建设以"五区六带十板块"为重点的现代生态农业产业体系。农村居民区要在科学规划的前提下，适度集中发展，提高土地利用效率，建设生态农村美好家园。

生态修复和环境治理区。包括石漠化地区、土石山区、采掘塌陷治理区，该区域以保护和修复生态环境为主，通过退耕还林、封山育林、水土保持、石漠化治理、湿地保护和防护林建设等措施，有效保护和修复林草植被。有序推进生态移民。加快矿山地质生态修复和环境治理。加强环城林带、百花山脉、黔灵山脉、南岳山脉森林资源、野生动植物及湿地、绿地资源的修复和保护。有效治理南明河、市西河、贯城河、黔灵湖、观山湖等湿地和河湖水系的生态环境，在城市内部构筑多条"水清、岸绿、景美"的滨水绿化景观走廊。

优良生态系统保护区。包括有代表性的自然生态系统，以及禁止进行工业化城镇化开发的重点生态功能区。对红枫湖国家级风景名胜区、红枫湖百花湖和花溪十里河滩国家城市湿地公园，小车河和小关湖城市湿地公园，阿哈水库、花溪水库、松柏山水库、南明河、猫跳河、鱼梁河、麦架河等河湖水系，黔灵山公园、长坡岭森林公园、云关山森林公园、息烽温泉森林公园、鹿冲关森林公园、景阳森林公园、盘龙山森林公园、观山湖公园等实行强制性保护，依法严格禁止任何破坏性开发活动，控制人为因素对自然生态系统的干扰，努力实现污染物零排放，不断提高生态环境质量。

专栏1	工业园区和物流园区

麦架—沙文高新技术产业园：重点发展高新技术产业、新材料新能源、高端装备制造、生物医药及电子信息产业。

小河—孟关装备制造业生态工业园：重点发展工程机械、特种车辆、矿用机械、汽车零部件、工业基础件、航空航天、电子信息、电力设备制造产业。

白云铝及铝加工基地：重点发展高端铝及铝合金锭坯、新型高强度铸造铝合金材料、汽车轮毂等产业。

清镇铝工业及化工循环经济生态工业园：重点发展铝及精深加工产业、精细煤化工产业。

息烽磷生态工业基地：重点发展磷化工、氯碱化工和氟硅化工产业。

开阳磷生态工业园：重点发展磷化工、氯碱化工和氟硅化工产业。

南明龙洞堡食品轻工业园：重点发展特色食品、文化出版等产业。

乌当医药食品工业园：重点发展特色食品、现代医药和新型电子元器件制造产业。

修文扎佐医药工业园：重点发展现代制药业和钢铁产业。

花溪金石石材工业园：重点发展石材精深加工业。

一环三带九结点物流园区："一环"即环城高速物流区。"三带"即以扎佐物流园区为核心的北向物流带，以三桥和清镇物流中心为核心的西南物流带，以二戈寨物流园区为核心的东南物流带。"九结点"即二戈寨、金阳、扎佐、三桥、竹林、清镇、开阳、息烽和白云物流中心。

专栏2	生态农业发展区

五区：开阳县生猪、禽蛋优势产业区，修文县果蔬优势产业区，清镇市蔬菜肉鸡优势产业区，息烽县肉鸡蔬菜优势产业区，城郊优质蔬菜水果产业区。

六带：104省道、贵遵路等沿线建番茄产业带，贵遵路、贵开路、107省道、久铜公路等沿线建夏秋反季节蔬菜产业带，南明河、思潜河、鸭池河、乌江河流域等低热河谷地带建次早熟蔬菜产业带，开阳县、花溪区建茶叶产业带，沿路建优质桃产业带，开阳县禾丰乡、南江乡建枇杷产业带。

十板块：修文县、清镇市 8 个专业乡（镇）生猪产业板块，清镇市、修文县、开阳县 4 个专业乡（镇）奶牛产业板块，白云区、南明区 4 个乡（镇）食用菌产业板块，花溪区市级畜产品应急保供板块，乌当区特色养殖板块，息烽县、乌当区、花溪区 4 个专业乡（镇）特色水果板块，乌当区、花溪区等 6 区 14 个专业乡（镇）特色蔬菜板块，清镇市、修文县 6 个专业乡（镇）茶叶板块，修文县、清镇市等 5 区、县（市）5 个专业乡（镇）中药材板块，开阳县、息烽县、修文县、清镇市烤烟产业板块。

第二节　城镇布局

中心城区。疏老城、建新城，以"二环四路"城市带建设为突破口，依托已建成的二环路和机场路、甲秀南路、花溪大道、贵黄路（艺校至清镇段），加快建设各具特色的 15 个功能板块，完善城市功能，促进人口集中和产业向园区集聚，形成"一城三带多组团、山水林城相融合"的空间结构。

城市新区。根据城市总体规划，科学规划建设城市新区，确保城市整体协调。规划建设好贵安新区以及百花生态新城、花溪生态新城、天河潭新城、龙洞堡新城和北部工业新城，依托贵阳——遵义、贵阳——安顺、贵阳——都匀和凯里、贵阳——毕节等经济带的建设，有序拓展城市发展空间。

中小城镇。对清镇市和息烽县、开阳县、修文县的县城，重点完善城市基础设施配套功能，提高城镇综合承载能力，吸引人口和产业适度集聚。突出自然、历史、文化和民族特色，建设一批特色鲜明的重点镇，促进农村人口向小城镇转移。

专栏 3	城镇布局

"一城"：以老城区、金阳新区共同构成城市核心，连片发展小河、二戈寨、三桥马王庙、白云等区域。

"三带"：百花山脉、黔灵山脉和南岳山脉为城市建设用地隔离绿化带及生态缓冲区。

"多组团"：主城北部高新组团、南部花溪组团、东部龙洞堡组团和东北部新天组团等。

贵安新区：范围涉及贵阳市的湖潮乡、石板镇、党武乡、麦坪乡、红枫湖镇（不含红枫湖水域）和安顺市的 13 个乡镇。建成内陆开放型经济高地、新型工业化信息化融合发展示范区、高端服务业聚集区、生态文明建设引领区和国际休闲度假旅游区。

第四章　生态产业体系构建

以转变经济发展方式为主线，大力调整产业结构，着力建设生态产业体系，实现经济发展和生态环境保护双赢。

第一节　生态工业

按照绿色发展、循环发展、低碳发展的理念，坚持走新型工业化道路，推动信息化和工业化的深度融合，推进传统产业高端化、特色产业集群化、高新产业规模化发展，增强工业的核心竞争力和可持续发展能力。

专栏4	生态工业
先进装备制造业：利用技术创新，重点发展工程机械、专用数控机床、关键液压件、通用基础件、汽车零部件、飞机零部件、特种（改装）车辆、专用机械及仪器仪表等产业，实现装备制造业的绿色发展。	
战略性新兴产业：重点发展以先进金属及合金材料、新型化工材料、光电子材料等为代表的新材料产业，以轨道交通、"数控一代"、航空航天、新能源汽车等为代表的高端装备产业。	
现代制药业：重点发展现代中药、积极培育化学药和生物药产业，延长医药产业链，提高医药产业聚集度，建设生态型医药园区。	
特色食品业：重点发展具有本地资源优势的辣椒制品、肉食品和保健食品。	
资源精深加工业：以实施煤电磷、煤电铝、煤电钢、煤电化产业"四个一体化"为突破口，充分整合电力及资源优势，延伸产业链，拓宽产业幅，完善产业配套，切实提高磷、铝等资源就地转化率，加快推进全国资源深加工基地建设。	

第二节　信息技术产业

着力谋划和推动信息技术产业创新发展，重点发展移动互联网、数码视听及应用电子、电子元器件及信息材料三大产业集群，统筹发展服务外包、物联网应用、电子商务、物流信息服务等产业。

专栏5	信息技术产业
移动互联网产业集群：优先发展移动智能终端整机制造、移动云服务产业，长期培育移动终端部件制造、移动数字内容产业。	

数码视听及应用电子产业集群：以信息家电和汽车电子为重点，带动智能小家电、新一代数控装备、智能电网设备、北斗导航设备、安防电子等同类产业，以及相关行业软件、嵌入式软件。

电子元器件及信息材料产业集群：着力在新型电子元器件、集成电路和LED三大领域，打造"资源深加工、产品高端化"的电子元器件及信息材料产业。

第三节　生态旅游业

充分发挥贵阳夏季气候凉爽、空气清新、海拔适中、纬度合适的独特优势，提升"爽爽的贵阳"城市旅游品牌，打造具有民族和地域自然文化特色的旅游产业体系，努力建成国际知名、国内一流的旅游休闲度假胜地、旅游服务集散地和国际旅游城市。培育旅游集聚区，重点建设天河潭、青岩古镇、南江大峡谷、桃源河等一批精品旅游景，加快南明河城市流域旅游文化街区、开阳喀斯特生态旅游休闲体验度假区、乌当温泉旅游休闲度假区等项目建设。要按照保护优先、合理开发的原则，加强对旅游聚集区内的自然保护区、森林公园、湿地公园的保护，科学规划建设山地户外体育旅游休闲基地和生态型多梯度高原运动训练示范基地。

专栏6	重点旅游集聚区

中央商务游憩区：发挥南明区和云岩区的区位优势和资源优势，建设生态景观、注入城市文化资源，形成城市商务休憩区。

花溪生态旅游度假区：创建青岩古镇、花溪公园、十里河滩、天河潭、青岩堡等精品级景区。

乌当白云养老养生区：打造集温泉养生、乡村度假、森林康体、户外运动于一体的知名的养老养生综合旅游区。

修文运动养生养心区：依托"阳明文化"，打造集历史文化、生态观光、养心体验、休闲娱乐、康体度假于一体的综合旅游目的地。

开阳生态休闲度假区：创建南江大峡谷景区、紫江地缝景区、十里画廊等精品旅游景区。

暗流河—东风湖峡谷户外运动区：以喀斯特天然溶洞、瀑布、温泉、地下河、漏斗、峡谷等旅游资源为核心，打造水上综合旅游区和户外运动示范基地。

南明龙洞堡新城游憩休闲区：以多彩贵州城和中铁旅游休闲度假区为龙头，打造国家级旅游文化创新示范区和西南地区旅游休闲度假目的地。

第四节　现代服务业

加快发展生产性服务业，积极发展生活性服务业，把推动服务业发展作为产业结构优化升级的战略重点，进一步提高服务业的比重和水平。深入开展国家服务业综合配套改革试点，营造有利于服务业发展的政策和体制环境。大力发展会展、现代物流、金融、信息、科技、家庭等服务业，建设重要的区域性物流中心、商贸中心、金融中心和夏季会展名城。

专栏7	现代服务业

会展业：打造生态文明贵阳会议、中国（贵州）国际酒类博览会、中国（贵阳）医药博览会、中国贵州国际绿茶博览会、中国（贵州）国际装备制造业博览会、亚洲青年动漫大赛等会展品牌。

现代物流业：加快贵阳综合保税区、改貌无水港、龙洞堡航空港建设，优化提升专业（批发）市场，聚集发展商贸流通业，加快建设农产品冷链物流设施。

现代金融业：建成贵阳国际金融中心，推进贵阳银行、贵阳农村商业银行加快发展，实现村镇银行县域全覆盖。支持证券、保险、信托、基金管理公司等非银行金融机构发展。

科技与信息服务业：建设贵阳产业技术研究院，提升贵阳火炬软件园、贵阳数字内容产业园和高新开发区研发中心、信息软件中心、资本运营中心水平，新建一批国家重点（工程）实验室、工程（技术）研究中心、企业技术中心、产学研基地。

第五节　生态农业

不断优化农业产业结构，大力发展都市农业、特色农业和高效农业，加快规模化、集约化、标准化和产业化步伐，建立现代农业产业体系。着力建设农林业科技示范和山区现代农林业示范园区，加快建设无公害、绿色、有机农产品生产基地。实施"生态品牌"战略，支持生态农林产品创建品牌、争创名优产品、驰名（著名）商标、地理标志注册。加强农产品流通体系建设，健全检测、检验、防疫、认证等农产品质量安全体系，推进农产品质量安全示范县建设。拓展农业的生态、休闲、观光等功能，满足城市消费需求。

专栏8	生态农业

生态农业模式：推行生态循环种养模式、休闲观光生态农业模式、大中型沼气工程生态循环模式、村寨污水净化处理模式。

> 十大特色优势产业：肉禽、蛋鸡、生猪、奶牛、蔬菜、果树、花卉苗木、茶叶、中药材、烟叶。
>
> 生态农产品品牌："老干妈"、"黔山牌"、"山花"、"好一多"、"黔五福"等。
>
> 地理标志保护："百宜折耳根"、"永乐艳红桃"、"修文猕猴桃"、"久安古茶"。

第六节　节能环保产业

加快发展高效节能、先进环保的技术装备及产品，推进城市矿产、再制造产业发展，加快节能环保服务体系建设。重点抓好以废气和废水污染防治技术、固体废物处理技术、环保检测仪器仪表制造为主的环保产业自主创新，积极发展燃煤电厂烟气脱硫除尘、城市污水垃圾处理、固体废物综合利用、汽车尾气催化净化新装备，努力将节能环保产业尽快培育成为新的经济增长点。积极推进环保设施建设和运营的专业化、市场化、社会化进程。

第五章　生态建设和环境保护

坚持保护优先和自然恢复为主，加大生态保护与建设力度；着力推进循环发展、低碳发展，促进资源节约和综合利用；强化污染物源头整治，全面推进环境综合治理，努力构建健康安全友好的自然生态格局。

第一节　自然生态系统保护与修复

继续实施天然林资源保护工程，巩固和扩大退耕还林成果，深入推进石漠化和水土流失综合治理，切实加强湿地保护、防护林建设、生物多样性保护和自然保护区管理，促进林草植被和自然生态系统恢复。

专栏9	生态保护与修复

石漠化综合治理：对1 350平方公里石漠化土地进行以林草植被恢复为主的综合治理，建设石漠化综合治理技术研究及应用推广中心1个，石漠化治理综合监测站26个，国家级石漠化综合治理示范区1个。

天然林资源保护：有效保护33.4万公顷天然林。实施低效林改造2 000公顷，进一步提高现有森林质量；封山育林3 300公顷。

退耕还林：退耕地造林暂定 1.47 万公顷，根据第二次全国土地调查结果，在安排新的退耕还林任务时统筹考虑，逐步实施 25 度以上的陡坡耕地退耕还林。

移民搬迁工程：积极稳妥实施移民搬迁 12.2 万人，其中水库移民 6 万人，严重石漠化地区生态移民 6 万人，巩固退耕还林成果生态移民 2 000 人。

矿山生态修复：全面完成重要通道沿线和机场周边采石场的关闭和植被恢复工作，严格实施矿山环境恢复治理保证金制度，防治矿产开发造成的矿山地质灾害、环境污染。

水土流失综合治理：积极开展花溪区、息烽县等重点区域水土流失治理，实施南明河中上游、红枫湖、百花湖等重点水源地水土保持工程，规划治理面积 800 平方公里。

湿地保护：严格保护花溪十里河滩、红枫湖、百花湖、小关湖、小车河等湿地，加强对南明河、黔灵山公园、观山湖公园等生态和景观敏感区的管理。

生物多样性保护：开展生物资源多样性调查，补充完善贵阳市生物资源多样性编目，对现有珍稀濒危特有物种、关键区域，实施优先保护原则。建立生物多样性预警机制，建立生物多样性互动平台。

城市绿化：大力实施天然林保护、防护林建设、环城林带建设、绿色通道等工程，完成人工造林 2.8 万公顷。

第二节　环境污染综合防治

落实最严格水资源管理制度，严格水功能区监督管理，加强饮用水水源达标建设，从严核定水域纳污总量，严格控制入河湖排污总量。积极推进重点流域水环境综合治理。严格控制主要污染物排放总量，加大重点行业污染控制和大气污染防治力度，加强大气颗粒物源解析和污染控制，强化机动车尾气排放和噪声等污染治理，改善城市环境质量。加强土壤环境监测和保护，积极开展生态修复，建立矿产资源开发监管体系，形成生态恢复责任机制，加强资源、环境监管及应急能力建设。

专栏 10	环境污染综合防治
水环境保护与治理：实行最严格水资源管理制度，推进两湖五库等集中式饮用水水源地达标建设，根据水功能区水质要求，开展红枫湖百花湖支流流域污染治理及取水口水质自动监测站建设，实施红枫湖百花湖加高扩容及生态缓冲带建设工程；开展饮用水源地上游河流、出入境河流和南明河、黔灵湖、小关湖综合治理；实施化学需氧量、氨氮总量控制；加大地下水污染防治力度。	

大气污染防治：实施二氧化硫、氮氧化物排放总量控制，推进$PM_{2.5}$污染防治，开展$PM_{2.5}$源解析，加大扬尘和机动车尾气污染防治，饮食业油烟综合整治工程。

土壤污染防治：建立污染土壤风险评估和环境现场评估制度，开展土壤污染全方位评价，实行土壤分区控制、利用和保护，推行典型区域、典型类型污染土壤修复试点，开展重金属污染土壤修复，推进农业生产投入物质减量控害。

城市噪声污染防治：推进工业噪声、建筑施工噪声、交通噪声、生活噪声等噪声污染综合治理。

危险废物污染防治：完善危险废物污染防治监督管理体系，加大执法力度，保障防治资金投入，确保危险废物安全处置。

资源、环境监测及应急能力建设：推进资源、环境质量监测网络建设，加快水功能区监测网络建设，完善覆盖集中式饮用水水源地及主要河流的水质自动监控网络、城市环境空气质量自动监控网络。建立区域重点差别化排污处理价格机制，健全环境污染事故应急处理机制，建设环境应急指挥平台，提升环境质量、污染源监测及环境污染事故应急处置能力。

第三节　资源节约

节约集约利用资源，推动资源利用方式根本性转变，大幅度降低能源、水、土地消耗强度，提高利用效率和效益。遵循"减量化、再利用、资源化"的原则，围绕生产、流通、消费各环节发展循环经济。以循环经济示范基地、园区循环化改造、"城市矿产"示范基地建设、餐厨废物资源化利用为重点，推进贵阳国家循环经济试点。以产业低碳化、服务业集约化、交通清洁化、建筑绿色化、可再生能源和清洁能源规模化等示范建设为抓手，深入开展节能减排财政政策综合示范城市建设。

专栏 11　　　　　　　　　　　　　　　资源节约

资源节约和综合利用：加快"贵阳市工业固体废物综合利用试点基地"建设，新建一批资源综合利用示范基地。全面推进矿产资源勘查、整合与优化开发。积极推行清洁生产审核和ISO14001环境管理体系认证，实施水资源梯级利用，加快节地、节肥、节水、节种技术的推广。继续推进节水型社会建设。

循环经济：贵阳市清镇煤电铝、煤电化循环经济示范基地，首钢贵钢特殊钢有限责任公司新特材料循环经济工业基地，联和能源清镇水煤浆项目，息烽合成氨及新能源开发项目，开阳磷化工循环经济项目等。

废物处理：强化建材、有色、化工等行业重点企业的产品生命周期管理，推广废物排放减量化和清洁生产、工艺环节污染处理、污水零排放等技术应用，推进主要污染物总量控制。

再生资源利用：推进磷石膏、粉煤灰、磷渣、赤泥等大宗工业固体废物综合利用，开展生产者责任延伸制度试点，培育一批以环保技术进行废旧物资拆解、处理、再生利用的示范企业，加快各类资源回收利用处理中心建设。

第四节　节能低碳发展

加快节能低碳技术研发应用，严格控制火电、冶金、建材等重点能耗领域温室气体排放，严格控制高排放行业低水平重复建设，促进产业优化升级。积极发展水电、风电和生物质能等清洁能源，推广风光电一体节能照明系统，推进水煤浆锅炉改造工程。组建贵阳能源集团，实施产业园区和有条件的区（市、县）发展热电联产机组改造。推广农村户用太阳能热水器，建设农村大中型沼气工程，加强农村户用沼气后续服务管理。

专栏12	清洁能源重点工程
风能：花溪云顶风电场、息烽南山风电场、乌当水田风电场建设。	
太阳能：太阳能光热、光电建筑一体化工程，农村太阳能户用热水器推广示范项目。	
生物质能：规模化畜禽养殖场大中型沼气工程、生物柴油示范工程，比例坝城市生活垃圾综合处理焚烧发电项目，花溪城市生活垃圾综合处理项目。	
地热能：地源热泵建筑一体化工程。	

大力推广新能源燃料应用，加大公交车（出租车）油改气力度，加强配套加气站建设。加快淘汰超标排放车辆。加强公共交通设施建设，切实提高公交出行分担率；加强绿色出行宣传，鼓励市民以步行、自行车、公交、轨道交通等绿色方式出行。

加强建筑围护结构改造、集中空调系统节能改造、建筑生活热水节能改造，积极开展政府办公建筑节能改造，提高建筑使用寿命。广泛推广绿色建筑技术，公共建筑物率先执行绿色建筑标准。建立城市节能信息监测系统。

全面树立文明、节约、绿色、低碳的消费理念，倡导产品供给、市场流通、最终消费全程低碳，推行节能标识制度，健全低碳市场服务网络体系，推动形成低碳消费模式。充分发挥政府在低碳消费中的引领作用，着力建设节约型低碳政府，实行政府机关采购绿色产品和节能产品制度，全面推进政府电子化办公。培育低碳服务模式和消费方式，鼓励使用节能产品，严格控制过度包装。在中央补贴的基础上，通过增加地方补贴加大推广节能产品的力度。

第六章　生态宜居城市建设

要以生态文明理念谋划好未来发展，以生态文明理念引领城乡发展规划，以城乡基础设施建设为重点，强化城市管理，建设人与城乡、城乡与自然相得益彰的"爽爽的贵阳"。

第一节　规划管理

把生态文明理念贯穿于总体规划、详细规划、城市设计、单体设计等各个层面、各个环节，发挥贵阳山多、林多、湿地多的生态优势，彰显"显山、露水、见林、透气"的城市特色。推行经济安全适用、节地节能节材的建筑设计图样，高水平建设山体公园。把湖泊、河流等水体引入城镇，增添城镇灵气。建设绿化精品，让林和城相互掩映。严格保护好城镇禁建区和通风走廊，控制用地开发强度，保持城镇通透，大力发展绿色建筑和绿色生态城区。引导农村住宅和居民点建设，合理安排农田保护、村落分布、产业集聚、生态涵养等空间布局，统筹农村生产生活基础设施、服务设施和公益事业建设。继续发挥省市共同参与的贵阳市城乡规划建设委员会的作用，在规划环节加强生态设计，在建设环节加强生态审核，在竣工环节加强生态验收，在管理环节加强生态检查，切实维护城乡规划的严肃性和权威性。适时研究调整优化行政区划。

第二节　基础设施

交通基础设施。加快综合交通枢纽建设，打造公路、铁路、航空和水运有机衔接、内外快捷互通的综合交通运输体系，建成西南地区重要的交通枢纽。推进贵广铁路、长昆客运专线、成贵铁路建设及渝黔、黔桂铁路扩能改造，同步推进货运枢纽建设，建成贵阳通往全国主要城市七小时干线交通圈。加快区域高速公路网建设，推进机场扩建，构建乌江航运通道。建设"一环一射两联线"市域快速铁路网，加快重点城镇、重点工矿区、重点景区与高速公路的快速联络线和专用公路建设。大力发展绿色交通，推进城市公交建设，进一步完善中心城区路网系统，加快轨道交通建设，构建轨道交通与多种交通方式互为补充的现代城市公共交通体系，实现新、老城区各组团间半小时通达。完善步行系统、无障碍设施，构建安全、便捷、舒适的城市慢行交通系统。促进市域快速公路、农村公路及城镇市政路网的相互衔接，形成主要中心城镇 1 小时交通圈。

专栏 13	交通建设重点工程

铁路：贵广铁路、长昆客运专线、成贵铁路、渝黔铁路扩能改造，贵阳新火车北站、贵阳火车东站；市域快速铁路网。

公路：花溪至安顺高速公路、贵阳至惠水等高速公路，以及 4 个客运站。

民航：龙洞堡机场二期、三期扩建工程。

水运：乌江内河航道整治和开阳、息烽港配套基础设施。

轨道交通：贵阳城市轨道交通 1 号线、2 号线、3 号线、4 号线工程。

城市公交：小河、花溪、乌当、龙洞堡、金阳至老城区等快速公交专用线。

市政基础设施。加快水源工程建设，强化城镇供水设施改造和建设，完善城乡供水系统。积极推进 500 千伏主网架建设，实现 220 千伏电网全覆盖；着力推进电网智能化建设。加快建设天然气供应设施。完善以南明河流域沿线为重点的污水收集处理系统，提升改造污水处理厂和敏感水域污水处理设施，加强污泥无害化处理处置，推进污水再生利用。推进城市生活垃圾分类回收，重点建设生活垃圾转运站、处置场、收运系统和餐厨废物处理利用工程。推广城乡绿色照明。加强防洪排涝、消防、人防、抗震、地质和气象灾害的监测预警，建立完善的防灾减灾体系，在全省率先基本实现气象现代化。

专栏 14	市政基础设施重点工程

供水：建设渔洞峡水库、红岩水库、老榜河水库等水源工程；新建各型水库设计总库容 27 160 万立方米，新增水库工程供水能力 34 561 万立方米/年；新建孟关、金华等 4 座水厂，城市供水能力达到 171 万立方米/日。

供电：规划建设 500 千伏项目 5 个、220 千伏项目 37 个、110 千伏项目 176 个，推进智能电网建设。

供气：根据中缅天然气管道向贵阳市供气规模，配套建设贵阳市天然气高压环网、门站、天然气支线管网及附属设施建设项目，贵阳市 LNG 储配站建设项目，汽车加气站建设项目，原有燃气管网改造项目。

排水及污水处理：新建、扩建污水处理厂及配套管网项目，新增污水处理能力 70 万立方米/日；中水回用、雨污分流系统、排洪治理、污泥处理等工程。

垃圾处理：建设比例坝垃圾焚烧处置中心、餐厨垃圾无害化处置中心、污泥处理中心。

防灾减灾：防灾减灾体系建设、气象现代化体系、地下人防工程体系建设。

公共服务基础设施。推进教育、医疗卫生、体育、文化、社会福利等公共服务设施建设，逐步形成覆盖城乡的公共服务设施网络。改革基本公共服务提供方式，引入竞争机制，实现提供主体和提供方式多元化。推进非基本公共服务市场化改革，鼓励社会资本以多种方式参与，不断增强公共服务能力，满足群众多样化需求。

绿地及公共空间。实施通道绿化、立体绿化，推进城市公园、森林公园和湿地公园建设，加快推进绿道建设示范工程，加强居住区绿化，提高城市绿化品位。规划布局一批体育、文化、休闲广场，积极开发地下公共空间，完善城市功能。

信息基础设施。加速建设下一代互联网、新一代移动通信网、高速宽带、多平台传输网络，积极推进电信网、广电网、互联网"三网融合"。充分运用物联网、云计算等新一代信息技术，构建现代物流、智能交通、数字城管、智慧环保、区域电子商务、"城市一卡通"等综合信息服务平台。强化信息网络安全与应急保障基础设施建设，全面提升信息化水平，打造"智慧贵阳"。

专栏15   **信息基础设施**

智慧贵阳：三网融合工程、数字城市综合管理深化项目、贵阳"一卡通"应用项目、智慧社区示范项目、环保监测管理信息平台、应急平台系统、智能交通建设项目、智能电网示范项目、智慧园区示范项目、移动电子商务平台项目、区域物流信息平台项目、智慧旅游建设项目，实施社会保障"一卡通"工程。

电子政务：政务网络优化项目（电子政务外网工程）、政务云计算数据中心建设项目、政务信息资源管理体系建设项目、区域卫生信息平台项目、社会诚信体系信息平台、民生产品安全示范项目、教育教学资源共享平台项目（教育云平台）。

第三节　城市管理

标准化管理。通过建章立制、细化标准、量化目标、明确职责，实现城市管理的无缝隙、无死角和全覆盖，推动城市管理水平全面提升。完善城市建设、城市交通、环境卫生、园林绿化、旅游服务等领域管理制度，健全各项管理细则，加强管理人员培训，鼓励公众参与城市管理，形成标准化的城市管理保障体系。

精细化管理。以解决问题为导向，以关键细节为重点，建立健全源头治理、职能部门协同参与、网格化联动等机制，形成高效的城市管理运转体系。完善数字化城市综合管理系统，实现城市管理全时段、全方位覆盖。积极发挥贵阳市12319公共服务指挥中心作用，为群众提供便捷的综合性公共服务。加强建筑工地文明施工精细化管理。建立完善以建筑物和地下管网为重点的数字化城建档案。

人性化管理。增强城市管理的服务意识，逐步增加公共服务覆盖面，推行一站式、一条龙服务模式。坚持文明执法、严格执法、分类疏导、分级服务，充分考虑不同群体的利益需求，重点开展对流动人口、失业人员、贫困家庭等特殊困难群体的关怀服务，建立完善面向农民工的综合服务体系，保障农民工的合法权益。

第四节　城乡一体化

充分发挥城市对农村的辐射带动作用，建立健全城乡人力资源、市场要素、资金投入、信息共享、文化发展一体化的新机制，把事关群众生活的医疗、卫生、文化、体育、教育、公共交通、燃气等公共服务向农村延伸，促进城乡要素平等交换和公共资源均衡配置。实施农村"通畅工程"，提高县乡公路的技术等级，改善路网末梢的通行条件，提升通行能力，2020 年前基本实现村村通沥青（水泥）路。加强扶持与引导可再生能源、新能源及建筑节能技术在城镇推广应用，实施城镇饮水安全工程建设、环境污染防治，创建一批基础设施完善、人居环境良好的绿色重点小城镇。加强信息技术在农村的推广应用，带动农村现代化，缩小城乡"数字鸿沟"。

第七章　生态文化建设

以社会主义核心价值观为引领，不断丰富和深化生态文化内涵，大力营造生态文明的浓厚文化氛围。

第一节　树立生态文明理念

树立人与自然和谐相处的生态伦理观，提高市民生态道德修养，营造人人遵循生态道德、事事负起生态责任、处处体现生态文明的文化氛围。加强生态文化理论研究。大力弘扬"知行合一，协力争先"的贵阳精神，提升全市人民热爱贵阳、建设贵阳的自信心和自豪感。

第二节　生态文化发展

生态文化事业。以生态文明理念引领文化事业发展，加强公共文化服务体系建设。继续建设文化信息资源共享工程、数字图书馆推广工程、公共电子阅览室建设计划，推进国家公共文化服务体系示范区创建，构建市、区（市、县）、乡镇（社区）三级公共文化服务网络。加强对生态文化遗产的保护、开发和合理利用，保护利用好文物资源，深化博物馆免费开发。保护非物质文化遗产，申报一批国家级非物质文化遗产。发展广播影视和报刊发行事业，形成完整的生态文化服务体系。

专栏16	生态文化事业

文化数字化建设工程："文化信息资源共享工程"、数字图书馆推广工程、公共电子阅览室建设计划、数字博物馆、非物质文化遗产数据库。

文化遗产保护利用工程：加强全国、省、市重点文物保护单位保护的抢救维修，建设生态博物馆、非物质文化遗产传习馆，设立民族文化生态保护区。

贵阳精神研究和形象传播工程：开展贵阳地域文化和阳明文化研究，提升贵阳精神，塑造宣传贵阳生态城市形象。

生态文化产业。坚持用生态文明理念指导文化产业发展，重点在非物质文化遗产的创新开发、民族民俗演艺、民族民俗文化产品设计研发等工作中，更加注重体现贵阳生态文化特色，形成具有贵阳生态文化特色的系列产品。

第三节 生态文化推广体系

把生态文明纳入国民教育体系，把生态文明知识作为干部教育的基本内容，加强对企业、社区和村寨等的生态文明宣传。运用宣传、教育、合作、交流、科技创新等手段，鼓励市民、企业改变生产生活方式。利用现代媒体传播生态文明知识，积极开展生态环保相关活动；以弘扬生态文化为主题，通过文艺作品、文艺演出等多种途径，普及公众生态文明知识；统筹各类社会资源，充分发挥国家生态文明教育基地、传统道德教育基地、湿地公园、森林公园、科普教育基地等公共设施在传播生态文化方面的作用，开展多形式生态文化活动，使之成为弘扬生态文化的重要阵地。

第八章 生态文明社会建设

以建设生态城镇、生态乡村为抓手，以改善民生为重点，开展各类文明单位创建活动，改善人民生活质量，提升市民安全感和幸福感，努力构建生态文明社会。

第一节 生态文明城镇

改善人居环境。加强居住区绿化，依托公园、广场、道路、湿地、湖泊，实施绿化美化工程，提高城市绿化覆盖率，扩大绿地空间，美化社区环境。完善社区基础设施，实施社区道路畅通工程，重点建设和改造连接城市主干道的社区道路。布局一批健身、娱乐、休闲场所。开展形式多样、生动活泼的社区生态文明教育，促进生态社区和文明家庭创建。

引导绿色消费。倡导健康文明、节约资源的生活方式，鼓励使用节能、节水、节粮、节材产品和可再生产品，淘汰落后的耗能、耗水产品，引导消费节能环保型汽车、家电等产品，逐步取消一次性用品使用。引导企业使用绿色原料，生产绿色产品，减少资源能源消耗及废物排放。到2020年，全市90％以上的规模以上企业达到生态文明示范企业标准。深入开展服务型、法治型、责任型机关建设，提高政府办事效率和公信力。厉行节约，勤俭办事，降低行政成本。

完善社区功能。进一步加强社区综合服务中心、就业服务中心、社会保障服务机构、社区卫生服务中心等设施建设，推动社会服务资源向基层和社区转移。健全社区基层组织建设，强化规范管理，提供便捷社区服务，丰富社区活动，维护良好社区治安，促进邻里和谐相处。

第二节 生态文明乡村

优化村庄布局。加强规划引导，重点建设一批特色村寨、中心集镇。加强城镇规划与乡村规划的衔接，形成布局合理、用地节约、城乡一体的空间格局。加大力度保护具有民族特色和历史、艺术、科学等价值的传统村落，保护好传统建筑、传统选址格局、古树名木、文物古迹和非物质文化遗产。

建设美丽乡村。以实施乡村清洁工程和房屋立面改造为重点，大力开展农村环境综合治理。加快实施改水、改厨、改厕、改圈，开展垃圾集中处理，因地制宜建设生活污水收集处理设施，改善农村卫生条件。加强村旁、路旁、宅旁、水旁绿化，不断美化人居环境。全面硬化入村通道和村内道路，推广使用集中式供水和配套排水设施。

树立文明村风。积极开展文明村和文明家庭等创建活动，倡导农民崇尚科学、勤劳致富、尊老爱幼、邻里和睦、诚信守法的社会风尚，促进农村的文明进步与社会和谐。加强农村基层组织建设，推进村务公开和民主管理，依法保障农民自治权利。

第三节 促进社会和谐

创建生态文明学校。以校园整洁、校风良好、文明向上为主要内容，建立和完善生态文明学校创建标准。开展生态文明教育和社会实践活动，普及生态文明知识。到2020年，全市中小学校（含幼儿园）、中等职业学校和大专院校全部达到生态文明学校标准。

创建生态文明医院。以医德高尚、医技过硬、医患和谐、环境舒适为重要内容，建立和完善生态文明医院。打造绿色医疗环境，加强"平安医院"建设。严格控制放射性污染，医疗废物无害化处理率达100％。完善医德医风检查考核制度，建立医德医风档案。建立医患沟通制度，优化服务质量，提高患者满意度。

强化就业服务和职业技能培训。实施就业优先战略，重点开展服务业技能培训，扶持小微型企业，拓展就业渠道。鼓励城乡居民自主创业，扶持绿色创业，探索绿色创业带动绿色就业。扩大环保、生态农林、可再生能源开发利用等三大传统绿色产业的就业规模和层次，挖掘建筑业、制造业、交通运输业和服务业的绿色就业潜力。加快人力资源社会保障公共服务平台建设，加强生态文明建设领域人力资源职业技能培训，完善就业服务体系，积极构建和谐劳动关系。

健全社会保障体系。完善城镇职工和居民养老保险制度，实现新型农村社会养老保险制度全覆盖。大力实施养老敬老工程，加强社会福利和养老机构基础设施建设。建设以基本医疗保障为主体，覆盖城乡居民的多层次医疗保障体系。健全城乡最低生活保障制度和低保标准动态调控机制。加强以公共租赁住房、廉租房为重点的保障性安居工程建设，开展利用住房公积金贷款支持保障性住房建设试点。积极推进城乡社会救助工作，健全城乡社会救助体系。

第四节　社会管理创新

坚持以群众工作为统揽，建立健全"党委领导、政府负责、社会协同、公众参与、法治保障"的社会管理体制。完善"市—区—社区"三级管理，提升基层社会管理能力。健全和创新流动人口和特殊人群管理服务，提高教育、就业、就医、社会保障等社会公共服务均等化水平。加强各级和谐促进会建设，积极推进第三方化解社会矛盾。提升"绿丝带"志愿服务活动品牌，进一步壮大志愿者队伍，拓展志愿服务领域。加大对重大事项社会稳定风险评估力度，强化公共安全体系和企业安全生产基础建设。广泛开展平安建设，切实保障人民群众生命财产安全。切实加强生态安全工作，提高应对生态环境等公共突发事件的能力。制定生态环保等公共突发事件应急预案，加强防灾减灾及环境安全综合应急体系建设。

第九章　生态文明制度建设

建立健全有效推进生态文明建设的体制机制，运用政策法规、行政手段和市场机制，把生态文明建设纳入法制化、制度化、规范化轨道。

第一节　法制建设

把资源消耗、环境损害、生态效益纳入经济社会发展评价体系,建立体现生态文明要求的目标体系、考核办法、奖惩机制。完善最严格耕地保护、水资源管理、环境保护、土地开发保护、林地保护、森林资源保护和湿地保护等相关制度,健全生态环境保护责任追究制度、环境损害赔偿制度。修订完善《贵阳市促进生态文明建设条例》,清理、修订和废止不适应生态文明建设的地方性法规、政府规章和政策。完善行政决策机制,推行重大事项行政决策生态环保风险评估制度,完善政府听证会制度和重大决策专家论证、群众评议制度,确保公众的参与权、知情权和监督权。

第二节　严格执法

进一步发挥环保法庭和审判庭作用,严格追究生态环境侵权者的法律责任,保障公众的环境权益。加强生态环保执法队伍建设,建立健全生态文明执法监督制约机制,充分发挥法律监督、群众监督和舆论监督作用,严厉查处违反生态文明法律、法规、规章及其他有关规定的行为。支持和鼓励市民、律师、社会团体积极参与生态环境公益诉讼,强化法律援助机构对生态环保诉讼受害人的援助责任,不断完善生态环保法律援助网络。加强统计分析,定期监测、评价和公布生态文明建设绩效,并将其作为政绩考核的重要依据,强化生态文明建设行政追究和行政监察。发挥生态文明政策在项目审批、信贷支持、土地利用、财政税收、市场准入等领域的导向作用,鼓励资源节约、生态环保。

第三节　机制创新

完善区域生态补偿机制,开展代际补偿试点,逐步将集中式饮用水水源地、自然保护区、流域、湿地、森林和矿产资源开发等纳入生态补偿范围。开展节能量交易试点,降低能源消耗总量。开展以化学需氧量、二氧化硫为主的排污权交易试点,有效控制污染物排放总量。开展水权交易试点,推进水权交易市场建设。深化电力价格改革,实行居民生活用水阶梯式计量水价、非居民用水超定额累进加价制度,合理制定调整污水处理费征收标准,加快建立有利于节约资源能源的利益导向机制。积极申报国家碳排放交易试点城市,探索建立区域性碳排放权交易市场,积极推进碳减排项目实施。

第十章　保障措施

切实加强对规划实施的组织领导,不断深化改革,在生态文明建设关键环节和重点领域积极探索，先行先试，坚持自身努力和国家支持相结合，加强区域合作和国际交流，确保规划目标顺利实现。

第一节 政策支持

财税政策。对推广高效节能家电、汽车、电机、照明产品给予补贴，支持贵阳市实施节能减排财政政策综合示范。在航空航天、电子信息、装备制造、生物医药、新能源等优势产业企业，实行固定资产加速折旧政策。完善风电、水电产业税收政策，促进清洁能源发展。

投资政策。中央安排的公益性建设项目，取消县以下资金配套。支持加快设立创业投资基金，支持绿色环保产业发展。加大国家企业技术改造和产业结构调整专项资金对特色优势产业的支持力度。支持贵阳市开展石漠化治理和巩固及扩大退耕还林成果。

金融政策。积极营造有利于金融支持贵阳市发展的政策环境，引导银行信贷、股票债券融资、外国政府和国际组织贷款等多元化资金支持生态产业发展。对金融机构扩大生态产业类项目的信贷资金需求，按规定条件和程序，合理安排再贷款、再贴现。积极培育有条件的生态环保企业上市融资，拓宽直接融资渠道。进一步完善生态保护投融资相关体制机制，鼓励创业投资和民间资本进入生态环保领域。

产业政策。实行差别化产业政策，优先规划布局建设具有比较优势的生态环保产业项目，在审批核准、资源配置、承接东部产业转移、老工业基地改造等方面给予大力支持。在全省率先开展电价改革和企业大用户直供电试点，切实降低生产用电成本，提升企业市场竞争力。加大中央财政对淘汰落后生产能力的支持力度。建立绿色公益基金和绿色创业专项资金，扶持具有生机和活力的绿色创业项目。建立生态创业基地和生态科技创业园，鼓励生态环保类中小企业创业发展，加大对特色农产品发展的扶持力度，支持其开展"三品一标"认证。

第二节 智力保障

支持贵阳实施"人才强市"战略，国家"千人计划"、"百人计划"、"西部之光"、"博士服务团"、"新世纪百千万人才工程"和资源节约、环境保护等方面引智项目等适当向贵阳倾斜，建设贵阳"人才特区"。实施津贴动态调整机制，逐步提高机关事业单位职工工资水平。加快建成花溪大学城和清镇职教城，积极培养生态文明建设各类专业人才。研究制定政府主导的创业投资基金、重大科技成果转化资金和中小企业发展资金向人才倾斜的政策措施，不断完善以政府为导向，以用人单位为主体，社会力量参与的多元化人才激励体系。健全人才公共服务体系，提升人才队伍综合能力。

第三节　组织实施

成立贵阳市生态文明建设委员会，作为市政府的重要职能部门，负责全市生态文明建设的统筹规划、组织协调和督促检查工作，承担生态文明城市建设的指导工作。建立严格的目标责任制，将目标任务分解到各部门、各区（市、县），落实到具体的责任人，实行生态文明示范城市建设绩效一票否决制。加强规划实施的跟踪分析和监督检查，建立和完善年度考核、中期评估和终期考评机制。

第四节　开放合作

高规格、高水平继续办好生态文明贵阳会议，搭建政府、企业、专家、学者等多方参与，共建共享生态文明建设理论和经验的国际交流平台。积极参加应对气候变化与绿色低碳发展等高级别国际研讨会，加强与生态文明相关国际组织和机构的信息沟通、资源共享和务实合作，实施一批相关领域的国际性合作研究项目。积极引进借鉴欧美等发达国家和地区生态文明建设成功经验及技术，加强在节能环保、清洁能源汽车、绿色建筑、生态城市发展、城乡可持续发展等领域的合作。建立与珠三角、成渝、北部湾等经济区和长株潭城市群的广泛联系，在能源开发、生态建设、环境保护、产业发展、碳排放权交易等领域开展合作。强化与其他省（区、市）及省内其他市州的生态合作。

贵阳市促进生态文明建设条例

Regulations for Promoting Ecological Progress in Guiyang

（2009 年 10 月 16 日贵阳市第十二届人民代表大会常务委员会第二十次会议通过，2010 年 1 月 8 日贵州第十一届人民代表大会常务委员会第十二次会议批准）

第一章　总则

第一条　为促进生态文明建设，实现经济社会全面协调可持续发展，根据有关法律、法规的规定，结合本市实际，制定本条例。

第二条　本市行政区域内的国家机关、企业事业单位、社会团体和个人，应当遵守本条例。

本条例所称生态文明，是指以尊重和维护自然为前提，实现人与自然、人与人、人与社会和谐共生，形成节约能源资源和保护生态环境的产业结构、增长方式和消费模式的经济社会发展形态。

第三条　本市以建设生态观念浓厚、生态环境良好、生态产业发达、文化特色鲜明、市民和谐幸福、政府廉洁高效的生态文明城市为发展目标。

第四条　实施生态文明建设，应当遵循以人为本、城乡统筹、统一规划、创新机制、政府推动、全民参与的原则。

第五条　市人民政府统一领导实施全市生态文明建设工作，履行下列职责：

（一）组织编制、实施生态文明城市总体规划、生态功能区划；

（二）制定、实施生态文明建设指标体系；

（三）制定、实施促进生态文明建设政策措施；

（四）建立生态文明建设目标责任制，实施绩效考核；

（五）建立生态文明建设协调推进机制。

县、乡级人民政府领导实施本行政区域的生态文明建设工作。

县级以上人民政府行政管理部门根据职责负责实施生态文明建设工作。

第六条　国家机关、企业事业单位、社会团体和个人都有参与生态文明建设的权利和义务，依法承担违反生态文明建设行为规范的法律责任，有权检举和依法控告危害生态文明建设的行为。

各级国家机关应当为实现公众的生态文明建设知情权、参与权、表达权和监督权提供有效保障。

第七条 各级人民政府应当对促进生态文明建设成绩显著的组织和个人进行表彰和奖励。

第二章 保障机制和措施

第八条 编制、实施城乡规划、土地利用总体规划等生态文明建设规划，划定生态功能区，应当贯彻生态文明理念，明确建设发展目标，发挥资源优势，体现区域环境特色，符合环境影响评价要求，严格保护生态资源和历史文化遗产，促进生态环境改善。

划定生态功能区，应当具体规定优化开发区、重点开发区、限制开发区和禁止开发区的范围及规范要求，科学确定片区功能定位与发展方向。

经依法批准的城乡规划、土地利用总体规划等生态文明建设规划，划定的生态功能区，任何单位和个人不得擅自改变。

第九条 生态文明建设指标体系应当包括基础设施、生态产业、环境质量、民生改善、生态文化、政府责任等指标，体现生态优先，并与公众满意度和生态文明建设的发展需要、实施进度相适应。

第十条 制定生态文明建设指标体系和目标责任制，应当突出下列内容：

（一）经济社会发展约束性指标；

（二）水污染防治及饮用水水源保护；

（三）水土流失防治及林地、绿地保护；

（四）大气污染防治及空气质量改善；

（五）噪声污染防治及声环境质量改善；

（六）公众反映强烈的其他生态环境问题。

第十一条 生态文明建设资金，采取政府、企业投入和社会融资等方式多元化、多渠道筹集。

涉及民生改善、生态环境建设等公益性项目，应当主要由财政资金予以保障。

第十二条 县级以上人民政府应当将节能、节水、节地、节材、资源综合利用、可再生能源项目列为重点投资领域，鼓励发展低能耗、高附加值的高新技术产业、现代生态农业、现代服务业和特色优势产业，推进发展循环经济、实施清洁生产和传统产业升级改造，优化产业结构。

禁止新建、扩建高能耗、高污染等不符合国家产业政策、环保要求的项目，禁止采用被国家列入限制类、淘汰类的技术和设备。

县级以上人民政府应当按照国家规定和生态文明建设需要，制定、公布本区域内落后生产技术、工艺、设备、产品限期淘汰计划并组织实施。有关单位应当按照计划限期淘汰。

第十三条 各级人民政府及有关部门进行建设开发决策或者审批建设项目，应当优先考虑自然资源条件、生态环境的承载能力和保护水平，以法律法规的规定及已经批准的规划、环境影响评价文件为依据。

下列建设项目，各级人民政府及有关部门不得引进和批准：

（一）不符合国家产业政策的；

（二）不符合环保要求的；

（三）不符合生态文明建设规划的；

（四）不符合生态功能区划的。

第十四条 实行区域限批制度。对超过污染物排放总量控制指标，或者不按期淘汰严重污染环境的落后生产技术、工艺、设备、产品，或者尚未完成生态恢复任务的区、县、市，环境保护行政管理部门暂停审批新增污染物排放总量和对生态有较大影响的建设项目的环境影响评价文件。

第十五条 依托新农村建设和乡村清洁工程，推进农村环境综合整治，防治农村生活污染、工业污染、农业面源污染和规模化畜禽养殖污染，加强农村饮用水安全项目建设与管理，加快沼气工程建设，改善农村能源结构，保护农村自然生态。

倡导社区支持农户的绿色纽带模式，促进城乡相互支持、共同发展。

第十六条 加强以环城林带为重点的林地、绿地资源保护，维护良好自然景观，建设优美生态环境。

禁止在下列区域采矿、采石、采砂：

（一）国道、省道、高等级公路、旅游线路、铁路主干线两侧可视范围内；

（二）饮用水源保护区、风景名胜区、自然保护区、文物保护区和环城林带内；

（三）湖泊、水库周边，河道沿岸。

上述区域内已经建成的采矿场、采石场、采砂场，由县级以上人民政府依法责令限期关闭，并由生产经营者进行生态修复。

第十七条 实行生态环境和规划建设监督员制度。在社区居委会、村委会设立监督员，及时发现并报告辖区内破坏生态环境、违反城乡规划的行为。

监督员制度的具体规定，由市人民政府制定。

第十八条 实行"门前三包"责任制度。市容环境卫生行政管理部门、街道办事处、乡镇人民政府与管理区域内的机关、企业事业单位、社会团体和个体工商户，应当遵循专业管理和群众管理相结合原则，按照划定范围和管理标准签订"门前三包"责任书。责任人履行责任书确定的环境卫生、市容秩序、绿化维护责任，市容环境卫生行政管理部门、街道办事处、乡镇人民政府履行相应的组织、指导、协调、监督、执法等职责。

"门前三包"责任制度的具体规定，由市人民政府制定。

第十九条　建立以资金补偿为主和技术、政策、实物补偿为辅的生态补偿机制，设立生态补偿专项资金，实行生态项目扶持补助和财力性转移补偿。接受生态补偿后的居民收入不得低于当地的平均水平。

生态补偿的具体规定，由市人民政府制定。

第二十条　各级人民政府及有关部门进行涉及公众权益和公共利益的生态文明建设重大决策活动，应当通过听证、论证、专家咨询或者社会公示等形式广泛听取意见，并接受公众监督。

对涉及特定相对人的决策事项，还应当征求特定相对人或者有关行业组织的意见。

第二十一条　县级以上人民政府及有关部门应当依法主动公开有关生态文明建设的政府信息，并且重点公开下列信息：

（一）生态文明城乡规划；

（二）生态功能区的范围及规范要求；

（三）生态文明建设量化指标及绩效考核结果；

（四）建设项目的环境影响评价文件审批结果和竣工环境保护验收结果；

（五）财政资金保障的生态文明建设项目及实施情况；

（六）生态补偿资金使用、管理情况；

（七）环境保护、规划建设的监督检查情况；

（八）社会反映强烈的生态文明违法行为的查处情况。

第二十二条　生态文明建设绩效考核按年度进行，以完成生态文明建设目标责任和公众评价为主要依据，与考核对象类别、区域功能定位相适应，客观、公正反映考核对象的工作实绩，并根据考核结果进行奖惩。

对生态文明建设目标责任单位及第一责任人的绩效考核，实行主要生态环境保护指标完成情况一票否决。

第二十三条　检察机关、环境保护管理机构、环保公益组织为了环境公共利益，可以依照法律对污染环境、破坏资源的行为提起诉讼，要求有关责任主体承担停止侵害、排除妨碍、消除危险、恢复原状等责任。

检察机关、环保公益组织为了环境公共利益，可以依照法律对涉及环境资源的具体行政行为和行政不作为提起诉讼，要求有关行政机关履行有利于保护环境防止污染的行政管理职责。

第二十四条 审判、检察机关办理环境诉讼案件，应当适时向行政机关或者有关单位提出司法、检察建议，促进有关行政机关和单位改进工作。

鼓励法律援助机构对环境诉讼提供法律援助。

第二十五条 各级人民政府、有关行政管理部门和基层自治组织，应当加强生态文明道德建设，弘扬生态文化，培育城市精神，组织开展生态文明宣传，普及生态文明知识，创建生态文明示范单位，提高公众生态文明素质，倡导形成绿色消费、绿色出行等健康、环保、文明的行为方式和生活习惯。

机关、团体、企业事业组织，应当定期组织国家工作人员、单位员工进行生态文明学习培训；学校、托幼机构应当结合实施素质教育，设置符合受教育对象特点的生态文明教育课程，开展儿童、青少年的生态文明养成教育。

第二十六条 公民应当自觉遵守生态文明建设行为规范，积极维护城市形象，不得有下列行为：

（一）随地吐痰、乱扔废物；

（二）随意倾倒垃圾、污水；

（三）乱涂、乱贴、乱画；

（四）违章占道摆摊设点；

（五）践踏绿地、攀折花木；

（六）违法横穿马路、翻越交通隔离带；

（七）违法修建、搭建建筑物、构筑物。

第二十七条 各级人民代表大会及其常务委员会应当加强生态文明建设的法律监督和工作监督，定期听取审议同级人民政府有关生态文明建设的报告，检查督促生态文明建设有关工作的实施情况。

第二十八条 广播、电视、报刊、网络等新闻媒体，依法对生态文明建设活动及国家机关履行生态文明建设职责情况进行舆论监督。

有关单位和国家工作人员应当自觉接受新闻媒体的监督，及时调查处理新闻媒体报道或者反映的问题，并通报调查处理情况。

第三章 责任追究

第二十九条 实行生态文明建设行政责任追究制度，严肃整治和处理各种违反行政管理规范的行为，改善行政管理，提高政府执行力和公信力。

第三十条 违反本条例第三条规定，废止、中止实施生态文明建设发展目标，或者对生态文明建设发展目标进行重大变更的，应当依照有关规定对作出相应决定的负责人从重问责，直至免职。

第三十一条　行政机关及其工作人员有下列行为之一的，由各级人民政府及其行政监察等有关行政管理部门予以问责，追究过错责任：

（一）擅自改变生态文明建设规划、生态功能区划的；

（二）引进、批准不符合国家产业政策、环保要求、生态文明建设规划或者生态功能区划项目的；

（三）批准引进和采用被国家列入限制类、淘汰类的技术和设备的；

（四）不按照规定制定、公布落后生产技术、工艺、设备、产品限期淘汰计划的；

（五）不依法重点公开生态文明建设政府信息的；

（六）不履行"门前三包"责任制相应职责的；

（七）拒不履行环境诉讼裁决的；

（八）拒不接受舆论监督和公众监督的；

（九）行政不作为或者不按照规定履行职责等其他阻碍生态文明建设的行为。

第三十二条　有下列行为之一的，由有关行政管理部门责令改正，依法实施行政强制、行政处罚：

（一）不按照名录、计划限期淘汰落后生产技术、工艺、设备、产品的；

（二）新建、扩建高能耗、高污染等不符合国家产业政策、环保要求项目的；

（三）采用被国家列入限制类、淘汰类的技术和设备的；

（四）在禁止区域内采矿、采石、采砂的。

第三十三条　违反本条例第十八条规定，责任人不履行"门前三包"责任的，由县级人民政府市容环境卫生行政管理部门予以警告，责令限期改正，并可以采取通报批评、媒体披露等方式督促改正；逾期不改正的，对单位处以 3 000 元以上 3 万元以下罚款，对个人处以 300 元以上 3 000 元以下罚款。

第三十四条　违反本条例第二十六条规定，由有关行政管理部门责令改正，依照有关法律、法规予以处罚；情节严重的，依照有关法律、法规的处罚上限实施处罚。

第四章　附　则

第三十五条　本条例规定由市人民政府制定的配套办法，市人民政府应当在本条例施行之日起 6 个月内制定公布。

第三十六条　本条例自 2010 年 3 月 1 日起施行。

贵阳市建设生态文明城市指标体系及监测方法

The Index System and Measuring Method for Building Guiyang into an Eco-city

（2008 年 10 月 24 日发布）

为贯彻落实党的十七大关于"建设生态文明"的新要求和省第十次党代会关于实施"环境立省"战略的重大部署，贵阳市做出了建设生态文明城市的决定，顺应了城市发展的时代潮流。建设生态文明城市是贯彻落实科学发展观的实际举措，市委八届四次全会提出建设生态文明城市的目标，进一步明确今后的发展方向、发展目标和发展路径。如何根据《中共贵阳市委关于建设生态文明城市的决定》要求，围绕反映生态文明城市内涵和特征建立一套科学客观全面反映贵阳市生态文明进程的指标体系和监测方法便是当务之急。通过本课题研究，建立由基础设施、生态产业、环境质量、民生改善、文化、政府责任指标等构成，充分体现生态环境良好、生态产业发达、文化特色鲜明、生态观念浓厚、市民和谐幸福、政府廉洁高效的生态文明城市指标体系，全面反映贵阳生态文明城市的建设和发展，为贵阳生态文明城市规划编制提供依据、为相关决策提供参考，对于推进贵阳市生态文明城市建设发展具有重要的现实意义。

一、生态文明及生态文明城市的内涵及主要特征

（一）生态文明的内涵及主要特征

1. 生态文明的内涵

从广义角度来看，生态文明是以人与自然协调发展作为行为准则，建立健康有序的生态机制，实现经济、社会、自然环境的可持续发展。这种文明形态表现在物质、精神、政治等各个领域，体现人类取得的物质、精神、制度成果的总和。

从狭义角度来看，生态文明是与物质文明、政治文明和精神文明相并列的现实文明形式之一，着重强调人类在处理与自然关系时所达到的文明程度。生态文明是在人类历史发展过程中形成的人与自然、人与社会环境和谐统一、可持续发展的文化成果的总和，是人与自然交流融通的状态。它不仅说明人类应该用更为文明而非野蛮的方式来对待大自然，而且在文化价值观、生产方式、生活方式、社会结构上都体现出一种人与自然关系的崭新视角。

生态文明具有丰富的内容。就其内涵而言，主要包括生态意识文明、生态制度文明和生态行为文明三个方面：

一是生态意识文明。它是人们正确对待生态问题的一种进步的观念形态，包括进步的生态意识、进步的生态心理、进步的生态道德以及体现人与自然平等、和谐的价值取向。

二是生态制度文明。它是人们正确对待生态问题的一种进步的制度形态，包括生态制度、法律和规范。其中，特别强调健全和完善与生态文明建设标准相关的法制体系，重点突出强制性生态技术法制的地位和作用。

三是生态行为文明。它是在一定的生态文明观和生态文明意识指导下，人们在生产生活实践中推动生态文明进步发展的活动，包括清洁生产、循环经济、环保产业、绿化建设以及一切具有生态文明意义的参与和管理活动，同时还包括人们的生态意识和行为能力的培育。

2. 生态文明的特征

生态文明同以往的农业文明、工业文明具有相同点，它们都主张在改造自然的过程中发展物质生产力，不断提高人的物质生活水平。但它们之间也有着明显的不同点，生态文明遵循的是可持续发展原则，它要求人们树立经济、社会与生态环境协调的发展观。它以尊重和维护生态环境价值和秩序为主旨、以可持续发展为依据、以人类的可持续发展为着眼点。强调在开放利用自然的过程中，人类必须树立人和自然的平等观，从维护社会、经济、自然系统的整体利益出发，在发展经济的同时，重视资源和生态环境支撑能力的有限性，实现人类与自然的协调发展。生态文明力图用整体、协调的原则和机制来重新调节社会的生产关系、生活方式、生态观念和生态秩序，因而其运行的是一条从对立型、征服型、污染型、破坏型向和睦型、协调型、恢复型、建设型演变的生态轨迹。如果从维系人与自然的共生能力出发，从人与自然、人与社会以及人际和代际之间的公平性、共生性的原则出发，从文明的延续、转型和价值重铸的角度来认识，生态文明必将超越和替代工业文明。

（二）生态文明城市内涵及特征

当今困扰世界的三大"过剩"问题：人口过剩、技术过剩、消费过剩，在城市建设和发展的过程中凸现出来，城市建设对人类生存环境产生影响，给人类的健康和生存带来了极大的威胁与危害，人类不得不对城市的发展进行深刻的反思。生态文明城市是通过倡导生态文明理念，采用生态技术，建立生态化产业体系，从而达到社会、经济、环境的可持续发展，实现自然生态平衡、人文生态和谐的城乡统一体。

1. 生态文明城市内涵

一是从涉及的领域来看，不仅涉及城市的自然生态系统，如空气、水体、土地、绿化、森林、动植物、能源和其他矿产资源等，也涉及城市的人工环境系统、经济系统和社会文化系统。它是一个以人的行为为主导、自然环境系统为依托、资源流动为命脉、社会体制为经络的"社会—经济—文化—自然"的复合系统。

二是从城市经济系统来看，既要能保证经济的持续增长，更要保证经济增长的质量，即要有合理的产业结构、能源结构和生产布局，使城市的经济系统和生态系统协调发展。

三是从社会方面看，要满足居民的基本需求。这不仅指足够的粮食和良好的营养，也包括住房、供水、卫生、能源消费等在内的舒适方便的生活环境。城市规模要同城市地域空间的自然生态环境和资源的供给条件相适应。

四是从文化方面看，要倡导生态文化。生态文化作为一种社会文化现象，摒弃了人类自我中心思想，按照尊重自然、人与自然相和谐的要求赋予文化以生态建设的含义。一切文化活动包括指导我们进行生态环境创造的一切思想、方法、组织、规划等意识和行为都必须符合生态文明建设的要求。

五是从管理方面看，要有健全的法律法规。包括关于环保、环卫方面的法律法规；节约资源、能源及物资回收利用方面的法律法规以及相关的切实有效的行政与执法制度。

2. 生态文明城市特点

一是和谐性。生态文明城市的和谐性，不仅反映在人与自然的关系上，人回归自然、贴近自然，自然融于城市，更重要的是在人与人关系上。现代人类活动促进了经济增长，却没能实现人类自身的同步发展，生态城市是营造满足人类自身进化需求的环境，充满人情味，文化气息浓郁，拥有强有力的互帮互助的群体，富有生机与活力，生态文明城市不是一个用自然绿色点缀却僵死的人居环境，而是关心人、陶冶人的"爱的器官"，文化是生态城市最重要的功能，文化个性和文化魅力是生态城市的灵魂。

二是高效性。生态文明城市一改现代城市"高能耗"、"非循环"的运行机制，提高一切资源的利用效率，物尽其用，地尽其利，人尽其才，各施其能，各得其所，物质、能量得到多层次分级利用，废弃物循环再生，各行业、各部门之间的共生关系协调。

三是持续性。生态文明城市是以可持续发展思想为指导的，兼顾不同时间、空间，合理配置资源，公平地满足现代与后代在发展和环境方面的需要，不因眼前的利益而用"掠夺"的方式促进城市暂时的"繁荣"，保证其发展的健康、持续、协调。

四是整体性。生态文明城市不是单单追求环境优美，或自身的繁荣，而是兼顾社会、经济和环境三者的整体效益，不仅重视经济发展与生态环境协调，更注重对人类生活质量的提高。是在整体协调的新秩序下寻求发展。

五是区域性。生态文明城市作为城乡统一体，其本身即为一区域概念，是建立在区域平衡基础之上的，而且城市之间是相互联系、相互制约的，只有平衡协调的区域才有平衡协调的生态城市。

（三）贵阳市生态文明城市建设的目标

贵阳市建设生态文明城市的内涵及特点主要有以下几方面：一是生态环境良好，就是要始终保持青山绿水，空气清新，气候宜人；二是生态产业发达，稳定形成三、二、一的产业结构，旅游文化等现代服务业、高新技术产业、循环经济型产业成为主导产业；三是文化特色鲜明，就是要有突出的城市个性，有良好的社会风气，有丰富多彩的文化活动，有凝聚力强的城市精神；四是生态观念浓厚，就是公众生态伦理意识普及，生态化的消费观念和生活方式形成；五是市民和谐幸福，就是居住舒适安全，出行方便快捷，公共服务质量良好；六是政府廉洁高效，就是党政责任体系完善，执行力明显加强，市民的政治参与程度明显提高。

《决定》明确提出了建设生态文明城市的五年奋斗目标：到 2012 年，生态产业快速发展，服务业比重明显提高，三、二、一的产业结构稳定形成；单位生产总值能耗比 2005 年降低 25％以上，主要污染物排放总量减少 10％以上；生态环境质量稳步提升，中心城区空气质量达到良好以上天数稳定在 95％左右；文化特色逐步彰显；生态文明观念牢固树立；民生显著改善；政府进一步廉洁高效。

二、国内外对建设生态文明城市指标体系的相关研究

目前国内外对建设生态文明城市指标体系的研究不多，但相关研究较多，主要集中在对生态市、生态市指标体系、可持续发展指标体系的研究。

随着城市化的加快，人口膨胀、资源短缺、环境恶化等问题严重危及人类自身安全，人们逐渐认识到城市生态系统和谐、完整的重要性。20 世纪 70 年代以来，以城市可持续发展为目标，以现代生态学的观点和方法来研究城市，逐步形成了现代意义上的生态城市理论体系。1971 年，联合国教科文组织在第 16 届会议上，提出了"关于人类居住地的生态综合研究"，"生态城市"的概念应运而生。20 世纪后期，"生态城市"已经被公认为 21 世纪城市建设模式。就国内而言，在著名生态学家马世骏先生的倡导下，也进行了大量的生态城市理论研究。目前，国内外许多城市把生态城市作为城市发展的目标，如国外的法兰克福市、罗马市、莫斯科市、华盛顿市、悉尼市等，国内的大连、厦门、杭州、苏州、威海、扬州等。各城市由于具有不同经济基础、自然环境和地理位置，采取的措施既有相似之处，也各有侧重，各具特点。

20 世纪 90 年代初以来，各国际组织、国家、地区从不同角度、国情特点出发，相继开展了区域可持续发展指标体系研究与设计，提出了各种类型的指标体系与框架。较早有成果的是加拿大政府提出的"压力—状态"体系，在此基础上，经济合作与发展组织（OECD）和联合国环境规划署又发展成为"压力—状态—响应"（PSR）框架模型。PSR 概念模型中使用了"原因—效应—响应"这一思维逻辑来构造指标，力求建立压力指标与状态指标的因果关系，以便作出有效影响的响应。即人类活动对环境施加压力，使环境状态发生变化，社会对环境变化作出响应，以恢复环境质量或防止环境退化。这种概念框架本身是一种创新的思维逻辑，随后不少国际组织对其进行扩充并提出相应的概念框架模型。如联合国可持续发展委员会（UNCSD）的可持续发展指标体系，英国、美国的可持续发展指标体系，世界银行的真实储蓄率指标、绿色核算（GNNP）等一些有影响的指标体系。

在借鉴国外研究基础上，中国近几年来对生态城市指标体系的研究十分活跃，取得了不少可喜的成果。如：1991 年我国学者王发曾提出了初步的城市生态系统的"经济—社会—生态"评价指标体系。设有经济发展水平、社会生活水平、生态环境质量三类共 36 个指标。国家环保总局于 2003 年 3 月 14 日发出通告，对《生态县、生态市、生态省建设指标（试行）》进行公示并向公众征求意见。

生态文明城市与生态市相比，在内涵上丰富得多。贵阳市开展生态文明城市指标体系的研究具有一定的创新性、原创性。

三、建设生态文明城市是贵阳市的必然选择

改革开放以来，贵阳市经济社会发展取得了一定的成绩，生态环境治理初见成效，但不可否认的是，贵阳仍处于工业化中期阶段，经济发展严重依赖于不可再生资源，生态环境脆弱且承受着巨大的压力，城乡二元结构问题明显，制约社会、经济、环境协调发展的一些长期性和深层次问题依然存在，这些都对贵阳市的可持续发展提出了挑战。

（一）建设生态文明城市是贵阳市自身条件所决定

1. 经济条件所决定

通过全市广大干部群众多年来的共同努力，贵阳市的经济社会发展取得了长

足进步，2007 年，全市生产总值达 696.4 亿元，增长 15.8%，是 1984 年以来的最高增幅，为建设生态文明市奠定了较为坚实的基础。随着全面建设小康社会和现代化进程的推进，我们认为只有将经济发展指标和社会发展指标、人文指标、资源指标、环境指标有机统一起来，这样才有利于加快经济结构的调整和产业布局的优化，减少环境污染和生态破坏，更好地为生产力的发展增添后劲。虽然在全国范围看，贵阳市目前还属于经济较落后的欠发达地区，但欠发达只说明开发不足或开发不够，此时将"生态文明"的理念引入，更有利于实现城市的科学开发，避免一些发达地区走过的破坏开发再走恢复建设的弯路，实现社会经济的可持续发展。

2. 自然条件所决定

贵阳市土地面积为 8 034 平方公里，属中亚热带季风湿润气候，具有冬无严寒、夏无酷暑、雨量充沛、无霜期长等特点。年均气温 15℃，年均降水量 1 197 毫米，日日照 1 278 小时左右，年相对湿度 78%，无霜期 270 天左右。城市建设具有山在城中，城在山中，山环水绕的特点。

贵阳有比较良好的自然条件，除了有丰富的矿产资源外，最大的特征在于适宜居住。主要体现在以下几方面：一是空气清新，是地球上喀斯特地区植被保持较好的中心城市。二是夏季气候凉爽，平均气温在 24℃ 左右，可与意大利著名旅游城市佛罗伦萨媲美，在东亚、东南亚像贵阳气候这样凉爽的城市很少。当很多城市热浪滚滚、让人难熬的时候，贵阳凉风习习，极其舒适。三是纬度合适，处于北纬 26 度，这与埃及的开罗、印度的新德里、美国的夏威夷大体相当。四是海拔适中，在 1 000 米左右，紫外线辐射为全国乃至全球最少的地区之一，生理卫生试验表明，人体在 1 000 米左右的海拔高度对大气气压感觉最佳。建设生态文明市是充分发挥贵阳市良好的自然条件优势的必然选择。

3. 社会条件所决定

改革开放以来，贵阳市经济发展的同时，社会事业也取得了一定的进展，但总体来看，社会事业发展矛盾依然突出：一是历史欠账较多。在经济与社会协调发展上偏重于弥补城市基础设施建设的欠账，客观上影响了对社会公共事业和社会发展的投入。特别是有限的财力与社会公共事业发展快速增长的需求之间的矛盾突出。二是社会公共事业发展相对滞后于经济发展，"一条腿长、一条腿短"，社会公共设施建设难以满足居民生产生活日益增加的公共服务需求。因而，社会条件决定性了建设生态文明市，着力改善民生，创造良好的居住环境、人文环境、生产环境、生态环境，让人民群众共享改革发展的成果，提高人民群众生活的满意度和幸福感，是人民群众的共同愿望。

4. 历史条件所决定

近几年来，贵阳市实施"环境立市"战略，以绿色工程、蓝天工程、碧水工程、宁静工程为重点的生态保护和建设周期工作已初见成效。发展循环经济也取得可喜的成绩。2002年5月国家环保总局确认贵阳市为全国建设循环经济生态城市首家试点城市；2004年11月1日，《贵阳市建设循环经济生态城市条例》正式实施，成为我国第一部建设循环经济的地方性法规；贵阳市摘掉了"世界酸雨重点区"的帽子，获得了国家建设部授予的"中国人居环境范例奖"等荣誉，为建设生态文明市积累了宝贵经验。

（二）单纯追求经济总量扩张无法实现跨越式发展

1. 经济总量和全国主要城市比较无优势

贵阳市与发达地区比，无论是产业发育程度、企业规模实力，还是区域经济总量、整体发展质量都有较大差距，按照常规发展只会使差距随着"马太效应"的扩大而越拉越大，更谈不上跨越和超越。

2007年贵阳市在西部10个省会城市中经济总量排第8位，在全国省会城市中经济总量排23位，尽管保持了一定的经济增长速度，但因基数较小，要想在经济总量上有大的突破难度较大。特别是在实施西部大开发以来，贵阳市和自身相比，应该说是历史上发展速度最快、发展的质量最好、老百姓得到的实惠最多的时期。但从横向来比较，在西部省会城市中，贵阳市的经济发展优势不明显。

2. 传统发展模式受到很大制约

贵阳市属于资源型城市，资源型城市是以资源的大规模开发与加工而兴起的城市。对资源的开发、利用促进了地区经济的发展，然而，资源型城市是以资源型产业为支柱产业，由于大部分资源是不可再生或者再生周期漫长，同时随着国家经济转型和市场经济的迅猛发展，加上对资源的长期开采利用以及资源开发与利用政策的不完善，当前，贵阳市面临着资源枯竭、接续产业弱小、基础设施落后和就业压力大等经济、社会与环境问题，如果再按以前的发展思路将难以为继。从横向比，我们多年来一直力图赶超发达城市的目标未能实现，在有的方面包括经济总量上的差距逐步扩大，这是客观事实。我们曾经以贵阳是西南地区陆地交通的几何中心而自豪，但现实的情况是，贵阳几乎成了边缘之地；贵阳处于贵州高原，但在西南地区经济版图上却成了一块"盆地"。可以说，贵阳要通过传统的方式与全国的发达城市进行竞争，困难重重。

3. 建设生态文明城市更加适合贵阳市的发展

市场经济是开放式经济，在开放的经济体系、经济系统中，市场分工要求市场主体善于发挥自身的特有优势，优势因比较而存在。贵阳市与发达地区相比较而言，最大的优势在于生态优势。生态优势从另一角度来说是贵阳市发展的潜在优势，将潜在优势转化为现实的经济优势，需要构建有效载体，加以正确地把握、运用和发挥。建设生态文明市就是这样的有效载体。总之，建设生态文明城市是贵阳市落实科学发展观的必然要求、是顺应世界城市发展潮流的必由之路、是贵阳发挥比较优势的理性选择、建设生态文明城市是人民群众的共同愿望。

四、建立生态文明城市指标体系设计原则及框架

（一）建立生态文明城市指标体系的实际意义

一是量化生态文明城市建设最有效的手段，是满足领导需要和社会需要的必要工作。建设生态文明城市是一个动态、综合的社会实践过程。我们不能把建设生态文明城市简单地停留在理论层面，而要把科学理论转化为具体的实践，急需把生态文明城市的美好蓝图向社会实践拉近拉实。因此，必须通过对生态文明城市建设的重点任务进行量化，使人们对生态文明城市建设看得见摸得着，从而把生态文明城市建设与经济工作具体实践相结合，不断使科学理论逐步拓展为具体的现实体现。

二是对生态文明城市建设过程的监控、测评、考核的客观需要。生态文明城市的内涵深刻、内容丰富，涉及政治、经济、文化、社会等方方面面，把《决定》中的各项任务进行主体指标化，使主体指标明确，才能使党政领导及相关部门能够各负其责，结合各自职能职责，才能做到个体责任明确。在具体的实践中，生态文明城市建设的状况如何不能凭空而论，必须要有一个科学的评价与监控标准体系。这种评价与监控不单是靠领导机关评价，广大人民群众也要做出评价。不单是靠领导机关监控，广大人民群众也要参与监控。在具体工作中，更多的不是主观评价，而是客观评价，需要靠客观真实的数据说话。因而紧紧围绕生态文明城市建设过程中涉及的重大任务、重要问题、重点环节，选准生态文明城市建设的着力点和切入点，使其具有较强的针对性、客观性，就必须建立一套指标体系作为评价与监控标准。提供这种评价与监控标准，可以把生态文明城市建设摆在更加突出的地位，同时也为组织和领导生态文明城市建设以及考核各级党政领导班子绩效状况提供客观真实的评价依据，并着力实现生态文明城市建设的指标化、制度化、自觉化、长效化。

（二）建立生态文明城市指标体系的指导思想

建设生态文明城市指标体系的建立要以科学发展观为指导，充分体现科学发展观的要求，即坚持以人为本、走生产发展、生活富裕、生态良好的文明发展道路，建设资源节约型、环境友好型社会，实现经济社会可持续发展；要充分体现城市发展的未来方向；要充分体现贵阳市的比较优势，即生态优势；要充分体现人民群众的共同愿望，即着力改善民生，创造良好的居住环境、人文环境、生产环境、生态环境，使贵阳适宜居住、适宜创业、适宜旅游；要充分融合城市的经济、社会、政治、文化等因素，较全面地反映城市的发展水平、发展效率、发展的协调度、发展管理效率、发展平衡度等特征。

（三）建立生态文明城市指标体系的设计原则

1. 实事求是原则。对生态文明城市战略目标的制定，要充分考虑贵阳市国民经济发展历史和现状，从实际情况出发，提出生态文明城市战略目标并进行客观监测。

2. 与时俱进原则。时代在不断发展，社会在不断进步。生态文明城市战略的实施是一个动态进程，因而要以发展的眼光来确定战略目标。

3. 定性与定量相结合原则。定量方法必须与定性评价相结合，特别是在评价标准的确定上，只有依据定性分析才有可能正确把握量变转化为质变的"度"，也才能对生态文明城市战略目标进行科学合理的把握。

4. 理论与实践相结合原则。生态文明城市战略目标的建立，首先要求相应的指标体系和监测标准必须具有科学性和系统性，但同时又应该与现实数据采集的可操作性相结合。单纯追求指标体系和监测标准的科学性和系统性，忽视现实数据采集的可操作性，指标体系和监测标准无异于空中楼阁；片面考虑现实数据采集的可操作性，忽视指标体系和监测标准的科学性和系统性，也形同南辕北辙。

5. 精简可靠原则。在具有同等代表性前提下，尽可能保证数据来源的可靠性，不但使指标少而精，而且又能客观合理地反映生态文明城市战略进程。

6. 分步实施和分段监测的原则。在建设生态文明城市过程中，按照市委、市政府战略目标，将生态文明城市战略目标分阶段来实施，按每个阶段完成目标情况进行监测。

（四）建立生态文明城市指标体系的基本框架

在遵循上述指标体系设计的六项原则基础上，通过召开部门及专家咨询座谈会，课题组成员对各个预选指标进行反复讨论，分析判断，最终选择了生态经济、生态环境、民生改善、基础设施、生态文化、廉洁高效等 6 个方面，共 33 项指标，构成了贵阳市建设生态文明城市监测指标体系的总体框架。

1. 生态经济。主要从经济增长、产业结构、资源利用效率、科研经费等方面反映经济发展和可持续发展状况。

2. 生态环境。主要从生态建设、循环经济、环境质量等方面反映城市生态环境及环境保护状况。

3. 民生改善。主要从人民生活、社会保障、社会发展、社会安全等方面反映市民生活质量、社会和谐及法制状况。

4. 基础设施。主要反映城乡道路交通、城市公用设施等方面状况。

5. 生态文化。主要从生态文明宣传教育、文化产业发展、文化消费等方面反映市民生态文明素养、文化产业及公共文化服务的状况。

6. 廉洁高效。主要从政府服务、依法行政、执法公正、市民满意程度等方面反映公共服务效果及政府公务人员廉洁程度的状况。

（五）指标体系构成

在指标体系基本框架的基础上，具体指标的选取综合考虑了贵阳市的现状、贵阳市建设生态文明城市的战略目标、与全面建设小康社会目标的衔接等方面因素，设计出贵阳市建设生态文明城市的指标体系（见表一）。

表一　　　　　　　　　　贵阳市建设生态文明城市指标体系

一级指标	二级指标	单位	指标类别
一、生态经济	1. 人均生产总值	元	正指标
	2. 服务业增加值占 GDP 的比重	％	正指标
	3. 人均一般预算收入增速	％	正指标
	4. 高新技术产业增加值增长率	％	正指标
	5. 单位 GDP 能耗	吨标准煤/万元	逆指标
	6. R&D 经费支出占 GDP 的比重	％	正指标
二、生态环境	7. 森林覆盖率	％	正指标
	8. 人均公共绿地面积	平方米/人	正指标
	9. 中心城区空气良好以上天数达标率	％	正指标
	10. 主要饮用水源水质达标率	％	正指标
	11. 清洁能源使用率	％	正指标
	12. 工业用水重复利用率	％	正指标
	13. 工业固体废物综合利用率	％	正指标
	14. 二氧化硫排放总量	万吨	逆指标
三、民生改善	15. 城市居民人均可支配收入	元	正指标
	16. 农民人均纯收入	元	正指标
	17. 人均受教育年限	年/人	正指标
	18. 出生人口性别比	女生＝100	区间指标
	19. 社会保险覆盖率	％	正指标
	20. 新型农村合作医疗农民参合率	％	正指标
	21. 城镇登记失业率	％	区间指标
	22. 人均住房面积不足 12 平方米的城镇低收入群体住户降低率	％	正指标
	23. 社会安全指数	％	正指标
四、基础设施	24. 人均道路面积	平方米/人	正指标
	25. 城市生活污水集中处理率	％	正指标
	26. 城市生活垃圾无害化处理率	％	正指标
	27. 万人拥有公交车辆	辆/万人	正指标

续前表

一级指标	二级指标	单位	指标类别
五、生态文化	28. 生态文明宣传教育普及率	％	正指标
	29. 文化产业增加值占 GDP 比重	％	正指标
	30. 居民文化娱乐消费支出占消费总支出的比重	％	正指标
六、廉洁高效	31. 行政服务效率	％	正指标
	32. 廉洁指数	％	正指标
	33. 市民满意度	％	正指标

注：指标体系中指标的涵义及计算方法详见附件一。

五、建设生态文明城市进程的综合评价方法

指标体系确定后，就必须对建设生态文明城市的进程和效果进行动态监测和考核评价。由于建设生态文明城市过程是一个动态、综合过程，涵盖了经济、社会、环境等方方面面，因此对生态文明进程进行监测实际上是一个多指标综合评价的过程。本课题对建设生态文明城市进程的评价采用综合指数法，将评价对象分为生态经济、生态环境、民生改善、基础设施、生态文化、廉洁高效六个评价方面，然后再逐层细化。这种评价方法的特点是比较直观，便于操作，对数据的分布、指标的多少无严格要求，适用范围广，可用于不同分布类型数据间的比较，能定量反映不同评价点位的优劣情况，评价结果客观，但在实际操作中可能会掩盖权数小的因素的作用。

（一）目标值的确定

目标制定要充分体现《决定》精神，到 2012 年，通过生态文明城市的建设，贵阳市要在生态经济、生态环境、民生改善、基础设施、生态文化、廉洁高效等方面有较大提升，使经济实力进一步增强、结构更趋合理、生态效应更加显现、民生改善更加扎实，人民更加安居乐业，政府更加廉洁高效。为此，奋斗目标要本着时不我待的精神，既科学可行，又强力推进。根据建设生态文明城市五年奋斗目标，制定 2012 年各个分项目标（见表二）。

表二　　　　　　　　　贵阳市建设生态文明城市指标的目标值

一级指标	二级指标	单位	目标值（2012 年）
一、生态经济	1. 人均生产总值	元	34 600
	2. 服务业增加值占 GDP 的比重	％	＞50
	3. 人均一般预算收入增速	％	12
	4. 高新技术产业增加值增长率	％	25
	5. 单位 GDP 能耗	吨标准煤/万元	1.72
	6. R&D 经费支出占 GDP 的比重	％	＞2

续前表

一级指标	二级指标	单位	目标值（2012 年）
二、生态环境	7. 森林覆盖率	％	45
	8. 人均公共绿地面积	平方米/人	＞10
	9. 中心城区空气良好以上天数达标率	％	95
	10. 主要饮用水源水质达标率	％	100
	11. 清洁能源使用率	％	＞50
	12. 工业用水重复利用率	％	＞75
	13. 工业固体废物综合利用率	％	＞62
	14. 二氧化硫排放总量	万吨	＜18
三、民生改善	15. 城市居民人均可支配收入	元	18 000
	16. 农民人均纯收入	元	6 000
	17. 人均受教育年限	年/人	＞10
	18. 出生人口性别比	女生＝100	103～108
	19. 社会保险覆盖率	％	＞80
	20. 新型农村合作医疗农民参合率	％	97
	21. 城镇登记失业率	％	＜4.5
	22. 人均住房面积不足 12 平方米的城镇低收入群体住户降低率	％	90
	23. 社会安全指数	％	≥100
四、基础设施	24. 人均道路面积	平方米/人	9
	25. 城市生活污水集中处理率	％	＞90
	26. 城市生活垃圾无害化处理率	％	＞95
	27. 万人拥有公交车辆	辆/万人	15
五、生态文化	28. 生态文明宣传教育普及率	％	100
	29. 文化产业增加值占 GDP 比重	％	4
	30. 居民文化娱乐消费支出占消费总支出的比重	％	15
六、廉洁高效	31. 行政服务效率	％	明显提高
	32. 廉洁指数	％	明显提高
	33. 市民满意度	％	明显提高

注：指标体系中目标值确定的依据详见附件二。

（二）指标权数的确定

建设生态文明城市统计监测指标权数的确定采用分层构权法和德尔非法相结合。对生态经济、生态环境、民生改善、基础设施、生态文化、廉洁高效六个方面给予不同权重，对于六个方面的组成指标，区别重要程度给予不同权重。各指标权重分配详见表三。

表三 　　　　　　　　　　　　　　**贵阳市建设生态文明城市指标权数**

一级指标	权数（%）	二级指标	单位	权数（%）
一、生态经济	37	1. 人均生产总值	元	12
		2. 服务业增加值占 GDP 的比重	%	6
		3. 人均一般预算收入增速	%	5
		4. 高新技术产业增加值增长率	%	6
		5. 单位 GDP 能耗	吨标准煤/万元	6
		6. R&D 经费支出占 GDP 的比重	%	2
二、生态环境	20	7. 森林覆盖率	%	3
		8. 人均公共绿地面积	平方米/人	2
		9. 中心城区空气良好以上天数达标率	%	3
		10. 主要饮用水源水质达标率	%	3
		11. 清洁能源使用率	%	2
		12. 工业用水重复利用率	%	2
		13. 工业固体废物综合利用率	%	2
		14. 二氧化硫排放总量	万吨	3
三、民生改善	20	15. 城市居民人均可支配收入	元	2
		16. 农民人均纯收入	元	2
		17. 人均受教育年限	年/人	2
		18. 出生人口性别比	女生＝100	2
		19. 社会保险覆盖率	%	3
		20. 新型农村合作医疗农民参合率	%	2
		21. 城镇登记失业率	%	2
		22. 人均住房面积不足 12 平方米的城镇低收入群体住户降低率	%	2
		23. 社会安全指数	%	3
四、基础设施	8	24. 人均道路面积	平方米/人	2
		25. 城市生活污水集中处理率	%	2
		26. 城市生活垃圾无害化处理率	%	2
		27. 万人拥有公交车辆	辆/万人	2
五、生态文化	7	28. 生态文明宣传教育普及率	%	3
		29. 文化产业增加值占 GDP 比重	%	2
		30. 居民文化娱乐消费支出占消费总支出的比重	%	2
六、廉洁高效	8	31. 行政服务效率	%	2
		32. 廉洁指数	%	3
		33. 市民满意度	%	3

（三）无量纲化方法的选择

生态文明城市指标体系涉及大量相互关系、相互影响、相互制约的评价指标，各指标均具有不同的量纲，缺乏统一的衡量性。为此，必须将各指标统一进行无量纲化处理，以便于考核评价工作在一致化的状态下进行。所谓无量纲化，就是把不同计量单位的指标数值换算成可以直接汇总的同度量化指标。综合评价无量纲化方法有很多种，各有优劣。经过反复比较分析和试算，最终选择了指数法。这种方法涵义直观明确、约束条件较少、便于地区比较、可操作性较强、容易理解掌握、应用十分广泛。

生态文明城市指标体系有正指标 29 个，逆指标 2 个，区间指标 2 个，其无量纲化处理的具体方法有所不同。

1. 正指标的无量纲化方法。其无量纲化公式为：

$$p_i \frac{x_i}{x_{ij}} = \times 100\%$$

当 $x_i > x_{ij}$，则取 $p_i = 100\%$

其中 p_i 为 x_i 的无量纲化值，x_i 为实际值，x_{ij} 为目标值。

2. 逆指标的无量纲化方法。其无量纲化公式为：

$$p_i = \frac{x_{ij}}{x_i} \times 100\%$$

当 $x_{ij} x_i >$，则取 $p_i = 100\%$

其中 p_i 为 x_i 的无量纲化值，x_i 为实际值，x_{ij} 为目标值。

3. 区间指标的无量纲化方法。

当 $x_i > x_{ij}$，则取 $p_i = 0$

当 $x_i \leqslant x_{ij}$ 或 $\in (m_1, m_2)$，则取 $p_i = 100\%$

其中 p_i 为 x_i 的无量纲化值，x_i 为实际值，x_{ij} 为目标值，(m_1, m_2) 为指标 x_i 的目标区间值。

（四）综合评价指数的合成方法

综合评价指数是由单指标综合而成的，其合成方法较多，如：线性加权综合法、乘法合成法、加乘混合合成法、代换法等。这里我们选择线性加权综合法，因线性加权综合法是使用广泛、操作简明且含义明确的方法。其计算公式为：

$$STGY = \sum_{i=1}^{n} P_i W_i$$

其中 $STGY$ 为生态文明城市建设实现程度，p_i 为无量纲处理后的标准值，W_i 为指标 x_i 的权数，计算时需要将百分数换成小数。

1. 实现程度的基本评价，即以每年的得分与标准得分（100）比较，来衡量建设生态文明城市的实现程度。设定：当综合指数在 90 分以上，基本实现目标；90 分以下，没有实现目标。

2. 发展速度比较，即以 2007 年的得分为基数，用以后各年的得分与之对比来衡量建设生态文明城市的发展速度；或以当年得分与上年得分对比，来衡量当年建设生态文明城市的发展速度。

六、实施贵阳市建设生态文明城市指标体系的保障措施

（一）统一思想认识，提高指标任务执行力度

加强学习和培训。通过举办和组织各类形式的学习和培训，让各级领导干部和党员深入领会《决定》精神实质，进一步认识到建设生态文明、环境立省和建设生态文明城市的重要意义，把思想和行动统一到中央和省委、市委的重大决策上来。牢固树立生态文明的思想观念和指导思想，使生态文明真正入脑入心，成为一种信念、一种立场、一种自觉的行为方式，进一步增强建设生态文明城市的信心和决心。在生态文明城市建设中，不断提高完成指标任务的自觉性和主动性。

加强宣传教育。重视生态文明宣传教育，把宣传教育工作作为生态文明城市建设的重要组成部分。编印生态文明城市建设市民手册和中小学读本，开展与生态文明建设相关的各类群众活动等。充分利用广播、电视、报刊、网络等新闻媒体，广泛开展生态文明城市建设的舆论宣传和科普宣传，提高全民的生态文明素质，发展生态文化，弘扬"贵阳精神"。

营造浓厚氛围。各新闻单位要开辟专栏、专题，大力宣传生态文明城市建设情况，宣传涌现出来的先进典型，大力营造生态文明城市建设的浓厚舆论氛围。各机关、学校、企事业单位、街道、社区都要充分利用广播、黑板报、宣传栏等各种宣传阵地，大力宣传生态文明城市建设的目标、意义和要求。各部门、各单位要精心策划和组织形式多样的活动，动员广大市民投身到建设生态文明城市中去，努力形成全社会关心、支持、参与生态文明城市建设的局面。

（二）强化组织保障，完善目标考评机制

生态文明城市建设是一项综合性系统工程，涉及全市经济社会的方方面面，要加大领导和统筹力度，根据进度目标进行全方位的监督、检查、协调和考核。各级党委和政府及有关部门要成立相应组织机构，形成市委、市政府统一领导，各区（市、县）分级实施，各部门相互协调，上下良性互动的推进机制。坚持党政一把手亲自抓、负总责，高度重视生态文明城市建设工作，抓工作部署，抓督促检查，形成层层抓落实的良好局面。

建立和完善生态文明城市建设的目标责任制和激励机制，把生态文明城市建

设目标切实落实到各级党委、政府及市直各部门，层层分解目标和任务，落实责任，分工合作，确保责任、措施、投入"三到位"。围绕目标，因地制宜，结合功能定位，实施分类考核。按照我市建设生态文明城市指标体系的要求，对每一项指标进行分解，以任务书的形式下达到各有关职能部门，具体落实到责任部门、责任单位和责任人。各党政主要领导对本部门、本单位工作负全部责任，形成一级抓一级，层层实行目标责任制的格局。完善考评机制，突出奖优罚劣，切实履行职责，按照生态文明城市建设的要求，突出执行力，完善现行的党政目标考核方案，促使各级领导干部形成科学的政绩观。创新领导干部政绩考核和奖惩制度，把生态文明城市建设任务纳入干部政绩考核体系，将领导干部落实生态文明城市建设的考评结果作为评估其政绩的主要依据。改革公务员绩效考核办法，强化定量工作进度，克服人浮于事，提高办事效率。制定行之有效的监督检查制度，掌握建设动态，总结建设典型，全面推进生态文明城市建设。

（三）加大投入力度，完善投入保障机制

明确总体投入和建设项目。按照建设生态文明城市的总体部署，依据城市建设、生态产业等各专项建设规划，明确提出实现生态文明城市目标的总体投入和筹资渠道。围绕实现各项目标进一步提出具体投资额及项目，统筹建设资金，确保建设目标和重点项目按计划推进。

加大生态文明城市建设投入力度，把生态文明城市建设公益性部分建设经费列入财政预算，确保生态文明城市建设工作正常开展。同时，要积极创新城市建设融资机制，通过政府筹划、市场运作、多方筹集等形式，搭建融资平台，形成生态文明城市建设的多元化投入格局，为生态文明城市建设提供有力的资金保障和物质支撑。

增加政府投入。争取国家和省的资金支持，用于发展城镇污水处理、垃圾处置、生态扶贫、清洁能源等与生态文明城市建设相关的公益事业。市财政每年安排一定的引导资金，并逐年有所增加，用于启动发展生态产业、生态环境、生态教育等重点示范项目。区县财政要根据实际情况，切实增加对生态文明城市建设的投入。统筹安排工业发展、科技、林业、水利、城建、扶贫等资金的使用，集中投向生态文明城市建设的重点领域和项目，集中解决生态文明城市建设的重点问题。

继续制定并完善各种经济政策，鼓励和引导企业和公众参与生态文明城市建设；推进垃圾、污水集中处理和环保设施的市场化运作；积极引进、鼓励和支持有利于生态文明城市建设的项目；采取更灵活的政策，充分发挥市场机制在生态资源配置中的作用。

引导企业和社会资金投入。制定因势利导政策，引导企业加大节能减排力度，筹集资金发展生态经济。动员社会力量广泛参与，引导社会资金投向生态建设和环保项目，定期公布我市生态文明城市建设的建设项目融资意向。

争取国际合作资金。利用生态环境保护成为国际合作热点的有利时机，扩大宣传，开展形式多样的国际交流与合作，开拓国际援助渠道，争取利用国际资金和技术援助及优惠贷款，支持生态文明城市建设。

（四）加强指标认定和监测分析，及时解决存在的问题

坚持精细化管理，把精细化管理的理念渗透到生态文明城市建设的每个环节，着眼于工作细节，把解决重点问题与全面管理相结合，建立全天候、全方位、全覆盖的管理制度和工作模式，形成纵到底、横到边的目标责任体系。建设生态文明城市指标体系中各个指标的数据准确与否，是影响指数的关键。因此，数据的收集十分重要。目前的统计报表制度和统计指标不能完全满足该指标体系的需要，这就需要各部门的支持与配合。

为了确保数据质量，一是要提高认识，加强领导。各区（市、县）、各开发区、市直有关部门要充分认识实施新的考核评价指标体系的重大意义，以高度的责任心，切实把这项工作抓紧抓好。对目标工作中遇到的困难和问题，要及时采取措施，切实予以解决。二是要把数据的收集作为一项政府行为，要求各相关部门密切配合，如实填报。市直有关部门要充分利用现有统计工作基础，根据新的要求，进一步健全部门统计体系，协调提供区域内所有相关指标数据，完善生态文明城市建设考核评价指标报送渠道。各区（市、县）要根据考核评价工作需要，健全统计机构，充实统计力量，规范基层基础工作，建立和完善各项原始记录和统计台账，确保源头数据的准确。建立健全生态文明城市建设指标统计报告制度，对于目前尚未建立报表制度或报表制度尚不健全的考核指标，市、县两级要进一步完善"在地统计"，尽快启动地方统计调查体系，必须确保全市考核评价所需的市、县两级指标一个不漏。三是要分工协作，密切配合。市领导小组办公室要组织建立领导组成员单位联席会议制度，定期通报工作进度、反馈有关信息，及时向市委、市政府领导汇报工作情况。市直有关部门要按照目标分解任务，根据市领导小组办公室要求，认真履行职责，确保考核指标统计口径、计算方法的正确性，按系统上报对口部门的数据要与属地数据相统一，逐步将考核评价指标统计调查纳入正常统计工作之中，同时加强对区（市、县）的业务指导。各区（市、县）是开展考核评价工作的重要环节，也是把好源头数据质量的重要关口，要在加强内部协作的基础上，加强与市领导小组办公室、市直有关部门的沟通，共同把考核评价工作做好做实。四是要强化质量监控体系。各区（市、县）、市直有关部门要严明工作纪律，严格考核奖惩，提高考核评价工作的质量和效率。分管考核评价工作的领导要对本地区、本部门提供的考核评价数据质量

负总责。市监察局要对考核评价工作过程进行有效监督。统计部门要围绕提高数据质量，加强对考核评价数据的检查、核实和监督，对拒报、迟报、虚报、瞒报、篡改考核评价数据以及未按规定履行审查核实职责的行为，依法严肃处理。要建立考核评价工作定期评比表彰制度和责任追究通报制度，对工作中表现突出的先进单位和先进个人予以表彰，对完不成任务的单位和个人通报批评，追究责任。

（五）加强监督检查力度，确保目标全面完成

扩大群众参与面。扩大市民对生态文明城市建设的知情权、参与权、监督权。向公众公布生态文明城市建设的各项规划、重大项目，便于社会监督实施执行情况；开通网上咨询；完善有关责任部门领导接待日制度；各责任部门向社会承诺完成所承担创建任务的完成期限。建立群众监督举报制度，强化民主法治的监督约束机制。设立各类生态事件举报电话、信箱、网站等，定期开展举报接待日活动；加强与新闻媒体的联系沟通，定期公开生态文明城市建设的相关信息内容，广泛接受公众监督，形成全方位的社会监督机制。要充分发挥各级工会、共青团、妇联等群众组织的作用，积极引导和组织人们参与志愿者活动，营造全社会人人关心、支持、参与生态文明城市建设的氛围。

充分发挥人大、政协及各社会组织的监督作用。建立定期向市人大、市政协通报生态文明城市建设情况的制度，邀请市人大代表、政协委员和市民群众对此项工作进展情况进行督查。加强跟踪监督和效能监察，定期对责任单位进行检查、督办与考核。对完成任务出色的部门、单位给予表彰，对行动不力、问题较多的单位予以通报批评并限期整改，责任单位和主要责任人不得参与评先评优，确保生态文明城市建设目标按计划进度稳步推进。

《贵阳市建设生态文明城市指标体系》
指标解释及计算方法

1. **人均生产总值**　指一定时期内（通常为一年）按平均常住人口计算的地区生产总值。计算公式为：

$$人均生产总值＝地区生产总值÷年平均常住人口$$

资料来源：统计部门国民经济核算资料。

2. **服务业增加值占 GDP 的比重**　指第三产业增加值（除第一、第二产业以外的其他各业）在全部地区生产总值中所占的比重。计算公式为：

$$服务业增加值占 GDP 比重＝服务业增加值÷地区生产总值×100\%$$

资料来源：统计部门国民经济核算资料。

3. **人均一般预算收入增速**　人均一般预算收入指由地方经济形成的、且按财政管理体制规定由地方所有、纳入地方预算的财政收入的人均水平。它等于一般预算收入除以年平均人口。计算公式为：

$$人均一般预算收入增速＝\frac{当年人均一般预算收入}{上年人均一般预算收入}×100\%－100\%$$

4. **高新技术产业增加值增长率**　高新技术产业通常是指那些以高新技术为基础，从事一种或多种高新技术及其产品的研究、开发、生产和技术服务的企业集合，这种产业所拥有的关键技术往往开发难度很大，但一旦开发成功，却具有高于一般的经济效益和社会效益。高新技术产业增加值指高新技术产业在报告期内以货币表现的工业生产活动的最终成果。由于新技术是动态发展的科学技术，没有一个固定的衡量标准，指标值也就很难取得。目前统计上能够量化的是高技术产业，所以指标体系中该指标只能用"规模以上高技术产业增加值增长率"来代替。计算公式为：

$$增长率＝（报告期数值－基期数值）÷基期数值（均用可比价格计算）$$

资料来源：统计部门工业统计资料。

5. 单位 GDP 能耗　是指在一定时期内（通常为一年），每生产万元 GDP 消耗多少吨标准煤的能源。计算公式为：

单位 GDP 能耗＝能源消费总量（吨标准煤）÷地区生产总值（万元）

资料来源：统计部门能源统计资料。

6. R&D 经费支出占 GDP 比重　指一定时期（通常为一年）科学研究与试验发展（R&D）经费支出占同期地区生产总值（GDP）的比重。研究与试验发展经费支出指报告年度调查单位科技活动经费内部支出中用于基础研究、应用研究和试验发展三类项目以及用于这三类项目的管理和服务支出的费用。计算公式为：

R&D 经费支出占 GDP 比重＝R&D 经费支出÷当年 GDP×100％

资料来源：统计部门科技统计资料。

7. 森林覆盖率　指森林面积占土地面积的比例。具体计算按林业部门规定进行。

资料来源：林业绿化部门。

8. 人均公共绿地面积　指市辖区常住人口每人拥有的公共绿地面积。计算公式为：

人均公共绿地面积＝公共绿地面积÷市辖区常住人口

资料来源：林业绿化部门。

9. 中心城区空气良好以上天数达标率　城市中心城区全年空气质量良好以上天数（即空气污染指数 API 小于或等于 100 的天数）占总天数比例的平均值。

资料来源：环保部门统计资料。

10. 主要饮用水源水质达标率　指城镇从集中式饮用水水源地取得的水量中，其地表水水质达到《地表水环境质量标准 GB3838—2002》III 类和地下水水质达到《地下水质量标准 GB/T14848—1993》III 类的水量占取水总量的百分比。

资料来源：环保部门统计资料。

11. 清洁能源使用率　指城市地区清洁能源使用量与城市地区终端能源消费总量之比，能源使用量均按标煤计。计算公式为：

清洁能源使用率＝清洁能源使用量÷终端能源消费总量×100％

城市清洁能源包括用作燃烧的天然气、焦炉煤气、其他煤气、炼厂干气、液化石油气等清洁燃气、电和低硫轻柴油等清洁燃油（不包括机动车用燃油）。

资料来源：统计部门的能源统计资料。

12. 工业用水重复利用率　指工业用水重复利用量占工业用水量的比率。计算公式为：

$$工业用水重复利用率＝(工业用水重复利用量/工业用水总量)×100\%$$

资料来源：统计部门的能源统计资料。

13. **工业固体废物综合利用率**　指工业固体废物综合利用量占固体废物产生量的比率。计算公式为：

$$\frac{工业固体}{废物利用率}=\left\{\frac{工业固体废物}{综合利用量}\middle/\left(\frac{工业固体废}{物产生量}+\frac{综合利用}{往年贮存量}\right)\right\}×100\%$$

资料来源：环保部门统计资料。

14. **二氧化硫排放总量**　指报告期内企业在燃料燃烧和生产工艺过程中排入大气的二氧化硫总量。

$$\frac{二氧化硫}{排放总量}=\frac{燃料燃烧过程中}{二氧化硫排放量}+\frac{生产工艺过程中}{二氧化硫排放量}$$

资料来源：环保部门统计资料。

15. **城市居民人均可支配收入**　是指居民家庭可以用来自由支配的收入。它是家庭总收入扣除交纳的所得税、个人交纳的社会保障费以及调查户的记帐补贴后的收入。

资料来源：统计部门城市住户调查资料。

16. **农民人均纯收入**　指农村居民按人平均计算的总收入扣除从事生产和非生产经营费用支出、缴纳税款和上交承包集体任务金额以后，归农民所有的收入。

资料来源：统计部门住户调查资料。

17. **人均受教育年限**　是指一定时期全市 15 岁及以上人口人均接受学历教育（包括成人学历教育，不包括各种非学历培训）的年数。计算公式为：

$$人均受教育年限＝\sum P_i E_i / p$$

公式中 P 为本地区 15 岁及以上人口，P_i 为具有 i 种文化程度的人口数，E_i 为具有 i 种文化程度的人口受教育年数系数，i 则根据国家学制确定。

资料来源：统计、教育部门统计资料。

18. **出生人口性别比**　某一时期内出生男婴与女婴的数量之比的反映。其数值为每 100 名女婴对应的男婴数，即：出生人口性别比＝男婴出生数÷同期女婴出生数×100。

资料来源：计生部门统计资料。

19. **社会保险覆盖率**　是指报告期养老保险、医疗保险、失业保险、工伤保险、生育保险已参保人数占应参保人数的比重。计算公式为：

$$\begin{aligned}\text{社会保} \atop \text{险覆盖率} = {\text{城镇职工基本} \atop \text{养老保险覆盖率}} \times 25\% + {\text{城镇职工基本医} \atop \text{疗保险覆盖率}} \times 25\% \\ + {\text{城镇失业保} \atop \text{险覆盖率}} \times 20\% + {\text{工伤保险} \atop \text{覆盖率}} \times 20\% + {\text{生育保险} \atop \text{覆盖率}} \times 10\%\end{aligned}$$

资料来源：劳动和社会保障部门统计资料。

20. 新型农村合作医疗农民参合率　指参加新型农村合作医疗人数占农村总人口的比重。新型农村合作医疗制度：指由政府组织、引导、支持，农民自愿参加，个人、集体和政府多方筹资，以大病统筹为主的农民互助共济制度。

资料来源：卫生部门统计资料。

21. 城镇登记失业率　指期末城镇登记失业人数占期末城镇从业人员总数与城镇登记失业人数之和的比重。城镇登记失业人员：指非农业人口，在劳动年龄（16 周岁至退休年龄）内，有劳动能力、无业而要求就业、并在当地就业服务机构进行求职登记的人员。但不包括：（1）正在就读的学生和等待就学的人员；（2）已经达到国家规定的退休年龄或虽未达到国家规定的退休年龄但已经办理了退休（含离休）、退职手续的人员；（3）其他不符合失业定义的人员。期末城镇从业人员：指辖区内城镇劳动年龄人口中处于就业状态的人员总数。包括离开本单位仍保留劳动关系的职工，不包括聘用的离退休人员、港澳台及外籍人员和使用的农村劳动力。计算公式为：

$$\begin{aligned}\text{年末城镇登} \atop \text{记失业率} = {\text{年末城镇登} \atop \text{记失业人数}} \Big/ \left({\text{年末城镇从} \atop \text{业人员总数}} + {\text{年末城镇登} \atop \text{记失业人数}}\right) \times 100\%\end{aligned}$$

资料来源：劳动和社会保障部门统计资料。

22. 人均住房面积不足 12 平方米的城镇低收入群体住户降低率　指城市、乡村（即市辖区的街道及县城区域，乡、镇及县城以外的独立工矿区）家庭人均月收入在 250 元以下的低收入家庭的住房不足 12 平方米的户数比 2007 年全市低收入家庭人均住房不足 12 平方米的户数的减少率。

资料来源：房管部门统计资料。

23. 社会安全指数　是指一定时期内，社会安全的几个主要方面（社会治安、交通安全、生活安全、生产安全等）的总体变化情况。其中社会治安采用万人刑事犯罪率指标；交通安全采用万人交通事故死亡率指标、生活安全采用万人火灾事故死亡率指标；生产安全采用万人工伤事故死亡率指标。计算公式为：

$$社会安 \atop 全指数 = \frac{基期年万人刑事犯罪率}{当年万人刑事犯罪率} \times 40 + \frac{基期年万人交通死亡率}{当年万人交通死亡率}$$

$$\times 20 + \frac{基期年万人火灾死亡率}{当年万人火灾死亡率} \times 20 + \frac{基期年万人工伤死亡率}{当年万人工伤死亡率} \times 20$$

资料来源：法院、公安、安监部门统计资料。

24. **人均道路面积**　指报告期末城区内常住人口平均拥有的道路路面宽度在 3.5 米以上（含 3.5 米）的道路面积。包括城市路面面积和与道路相通的广场、桥梁、隧道、停车场面积，不包括街心花坛、侧石、人行道和路肩的面积。

资料来源：城管部门统计资料。

25. **城市生活污水集中处理率**　指城市生活污水处理量占城市生活污水产生量的百分比。

资料来源：建设部门或环保部门统计资料。

26. **城市生活垃圾无害化处理率**　指经无害化处理的生活垃圾数量占生活垃圾产生总量的百分比。

资料来源：城管部门统计资料。

27. **万人拥有公交车辆**　指报告期末城区内每万人平均拥有的公共交通车辆数。

资料来源：城管部门统计资料。

28. **生态文明宣传教育普及率**　是反映人们的生态文明观念的指标，此项指标是由文明城市测评体系构成的。

资料来源：市文明办文明城市测评统计资料。

29. **文化产业增加值占 GDP 比重**　指文化产业增加值占生产总值的比重。文化产业是指为社会公众提供文化、娱乐产品和服务的活动，以及与这些活动有关联的活动集合。文化产业的范围包括提供文化产品、文化传播服务和文化休闲娱乐等活动，还包括与文化产品、文化传播服务、文化休闲娱乐活动有直接关联的用品、设备的生产和销售活动以及相关文化产品的生产和销售活动。根据各类文化活动的特征和同质性，将全部文化产业活动划分为 9 大类别：①新闻服务；②出版发行和版权服务；③广播、电视、电影服务；④文化艺术服务；⑤网络文化服务；⑥文化休闲娱乐服务；⑦其他文化服务；⑧文化用品、设备及相关文化产品的生产；⑨文化用品、设备及相关文化产品的销售。计算公式为：

$$文化产业增加值占 GDP 比重 = 文化产业增加值 \div GDP \times 100\%$$

资料来源：统计部门国民经济核算资料。

30. **居民文化娱乐消费支出占消费总支出的比重**　指居民用于文化娱乐方面

的消费支出占消费性总支出的比例。消费支出指居民用于家庭日常生活的全部支出，包括食品、衣着、家庭设备用品及服务、医疗保健、交通和通讯、娱乐教育文化服务、居住、杂项商品和服务等八大类。文化娱乐消费支出包括文化娱乐用品支出和文化娱乐服务支出。其中，文化娱乐用品支出指居民购置家庭影院、彩色电视机、影碟机、组合音响等文化娱乐用耐用消费品方面的支出；文化娱乐服务支出指居民用于文化娱乐活动有关的各种服务费用，包括参观游览、健身活动、团体旅游、其它文化娱乐活动费、文化娱乐用品修理服务费等。计算公式为：

$$\begin{aligned}\text{居民文化娱}\atop\text{乐消费支出}=&\left(\frac{\text{城镇居民人均文}}{\text{化娱乐消费支出}}\bigg/\frac{\text{城镇居民人均}}{\text{消费总支出}}\right)\times\frac{\text{城镇人}}{\text{口比重}}\\&+\left(\frac{\text{农村居民人均文}}{\text{化娱乐消费支出}}\bigg/\frac{\text{农村居民人均}}{\text{消费总支出}}\right)\times\left(1-\frac{\text{城镇人}}{\text{口比重}}\right)\end{aligned}$$

资料来源：统计部门城市和农村住户调查资料。

31. **行政服务效率**　指行政审批受理的服务事项办结率。计算公式为：

$$\text{行政服}\atop\text{务效率}=\frac{\text{政务大厅行政审批}}{\text{服务事项办结总件数}}\div\frac{\text{政务大厅行政审批服}}{\text{务事项受理总件数}}\times100\%$$

资料来源：市政务服务中心统计资料。

32. **廉洁指数**　主要是反映政府在市民中的信誉、政府公务人员执法公正度、政府公务人员依法行政程度、政府公务人员工作作风、政府公务人员廉洁程度等方面的一个合成指数。其中政府公务人员依法行政程度主要包括政府公务人员守法程度、政府公务人员执法力度、是否存在"四乱"（乱集资、乱罚款、乱收费、乱摊派）等内容；政府公务人员工作作风主要包括服务质量和服务态度、在办事过程中是否存在吃、拿、卡、要现象等内容；政府公务人员廉洁程度是指受处分的公务员占全市公务员的比例。

资料来源：纪检、监察部门和问卷调查资料。

33. **市民满意度指数**　是以市民主观感受为依据的反映市民对于建设生态文明城市实施"六有"民生行动计划等的满意程度。主要包括：公共安全满意度、教育满意度、就业满意度、就医满意度、居住满意度、养老满意度、生态环境满意度、公共服务满意度。指标的取值介于 0 和 200 之间，100 为市民满意度指数强弱的临界点，表示满意感呈一般状态。指数大于 100 时，表示市民满意感偏向增强，指数值越接近 200，表示市民满意感越强；反之，指数小于100 时，表示市民满意感偏弱，指数值越接近 0，表示满意感越弱。计算公式为：

市民满意度指数＝(公共安全满意度指数×W1＋教育满意度指数×W2
＋就业满意度指数×W3＋就医满意度指数×W4
＋居住满意度指数×W5＋养老满意度指数×W6
＋生态环境满意度指数×W7＋公共服务满意度指数
×W8)/100

W 为权数，W1＋W2＋W3＋W4＋W5＋W6＋W7＋W8＝100。其中：W1＝14，W2＝14，W3＝14，W4＝12，W5＝12，W6＝12，W7＝12，W8＝10。

资料来源：统计部门对市民的问卷调查资料。

确定建设生态文明城市目标值的主要依据

1. 人均生产总值达 34 600 元以上。2007 年，我市人均生产总值为 19 564 元。我市《"十一五"规划纲要》提出"十一五"期间人均生产总值年均增长 12%左右。参照规划纲要，2007—2012 年均按年均 12%的增长速度考虑，预计到 2012 年达 34 600 元以上（未考虑物价）。

2. 服务业增加值占 GDP 的比重达 50%以上。2007 年，我市服务业增加值占 GDP 的比重为 46.8%。《决定》提出服务业比重明显提高，"三二一"的产业结构稳定形成。我市《关于进一步加快服务业发展的意见》（筑府发［2008］56号）提出力争到 2012 年服务业增加值占全市生产总值比重达 50%以上。

3. 人均一般预算收入增速 12%。依据贵阳市"十一五"规划，确定年均增速为 12%以上。

4. 高新技术产业增加值增长率达 25%。2007 年，我市高新技术产业增加值增长率为 16%。《贵阳市"十一五"高新技术产业发展专项规划》提出"十一五"期间高新技术产业增加值年均增长 25%左右。

5. 单位 GDP 能耗 1.72 吨标煤/万元。《决定》提出 2012 年单位生产总值能耗比 2005 年降低 25%以上，2005 年为 2.15 吨标煤/万元，到 2012 年预计为 1.72 吨标煤/万元。

6. R&D 经费支出占 GDP 比重达 2%。2007 年，我市 R&D 经费支出占 GDP 比重为 1.0%。我市《"十一五"规划纲要》提出 2010 年 R&D 经费支出占 GDP 比重要达 1.5%以上，《贵阳市"十一五"科技发展专项规划》提出达 2% 以上。预计 2012 年达 2%以上。

7. 森林覆盖率 45%。2007 年，我市森林覆盖率为 39.2%，《决定》提出 2012 年达 43%以上。

8. 人均公共绿地面积达 10 平方米以上（市辖区）。2007 年，我市人均公共绿地面积为 9.58 平方米，《决定》提出 2012 年达 10 平方米以上。

9. 中心城区空气良好以上天数比率达 95%以上。2007 年我市中心城区空气良好以上天数比率为 94.79%。《决定》提出 2012 年中心城区空气质量达到良好以上的天数稳定在 95％以上。

10. 主要饮用水源水质达标率达 100％。2007 年我市城市主要饮用水源水质达标率为 100％，预计 2012 年相应为 100％。

11. 清洁能源使用率 50％以上。2007 年，我市清洁能源使用率为 32％。《贵阳市清洁生产总体规划》提出 2010 年达 50％，2015 年达 55％，预计 2012 年可达 50％以上。

12. 工业用水重复利用率 76％以上。2007 年，我市工业用水重复利用率为 69.7％，《"十一五"规划纲要》提出到 2010 年达 75％以上，预计到 2012 年达 76％以上。

13. 工业固体废物综合利用率 62％以上。2007 年我市工业固体废物综合利用率为 53.34％。《"十一五"规划纲要》和《贵阳市"十一五"生态环境建设和环境保护科技发展专项规划》提出到 2010 年达 60％以上，预计到 2012 年可达 62％以上。

14. 二氧化硫排放总量小于 18 万吨。《决定》提出 2012 年主要污染物年排放总量比 2005 年减少 10％以上。《贵阳市清洁生产总体规划》提出 2010 年控制在 20 万吨以内，2015 年控制在 18 万吨以内。

15. 城市居民人均可支配收入 18 000 元。我市《"十一五"规划纲要》提出十一五期间城市居民人均可支配收入年均增长 8％左右，按 8％的年均增长速度在 2007 年的基础上测算，到 2012 年，城市居民人均可支配收入预计可达 18 779元（按 2007 年价格计算），所以，城市居民人均可支配收入的目标值定为 18 000 元。

16. 农民人均纯收入 6 000 元。我市《"十一五"规划纲要》提出十一五期间农民人均纯收入年均增长 8％左右，按 8％的年均增长速度在 2007 年的基础上测算，到 2012 年，农民人均纯收入预计可达 6 007 元（按 2007 年价格计算），所以，农民人均纯收入的目标值定为 6 000 元。

17. 人均受教育年限 10 年以上。2007 年，我市人均受教育年限为 9 年，《决定》提出 2012 年达 10 年以上。

18. 出生人口性别比控制在 100～108（女生为 100）。2007 年我市出生人口性别比为 110.86。根据《贵阳市"十一五"人口、就业与社会保障专项规划》，到 2010 年出生人口性别比控制在正常范围值（103～108），预计通过努力，到 2012 年可以控制在 103～108 之间。

19. 社会保险覆盖率 80％以上。《决定》提出 2012 年城镇基本养老保险覆盖率 80％以上；城镇职工基本医疗保险参保率 90％；城镇失业保险职工参保率达 80％以上。按此推算，2012 年社会保险覆盖率应达 80％以上。

20. 新型农村合作医疗参合率 97％。2007 年，我市新型农村合作医疗参合率为 92.63％。《决定》提出 2010 年达 95％以上，预计 2012 年可达 97％。

21. 城镇登记失业率。《决定》提出 2012 年城镇登记失业率控制在 4.5％以内。

22. 人均住房面积不足 12 平方米的城镇低收入群体住户降低率 90％。《决定》提出，2010 年将人均住房面积不足 12 平方米的城镇低收入群体纳入住房保障范围。2007 年我市城市低收入群体人均住房面积不足 12 平方米的有 2.28 万户，占低收入群体户数的 40.39％。预计 2012 年这部分群体住户可减少 90％。

23. 社会安全指数大于等于 100。社会安全指数是一个合成指数，表示整体社会安全状态的变动趋势，在建设生态文明城市的过程中，我们当然希望社会安全状况好于以往任何时候，2012 年的社会安全状况如果能够达到 2006 年的状况，都将是一个非常严峻的挑战。

24. 人均道路面积达 9 平方米。2007 年我市人均道路面积达 5.67 平方米。《贵阳市"十一五"综合交通运输体系规划》提出，到 2010 年人均道路面积力争达 8 平方米。预计到 2012 年达 9 平方米。

25. 城市生活污水处理率达 90％以上。2007 年我市城镇生活污水处理率为 25.72％。根据《决定》，2012 年城市生活污水集中处理率达 90％以上。

26. 城市生活垃圾无害化处理率达 95％以上。2007 年我市城镇生活垃圾无害化处理率为 85％。根据《决定》，2012 年城市生活垃圾无处理率达 95％以上。

27. 万人拥有公交车辆（市辖区）达 15 辆。2007 年我市万人拥有公交车辆（市辖区）11.76 辆，预计 2012 年达 15 辆。

28. 生态文明教育普及率 100％。根据《决定》，2008 年起每年创建一批具有示范作用的生态文明机关、企业、学校、社区和村镇，加大宣传教育力度，提高市民生态文明素养。2008 年生态文明教育普及率预计达 70％，2012 年预计达 100％。

29. 文化产业增加值占 GDP 比重 4％。根据《决定》，到 2012 年服务业比重要明显提高。文化产业是服务业的组成部分，文化产业占国民经济比重明显提高，2007 年，全市文化产业增加值占 GDP 比重为 2.9％，根据近年来我市文化产业增加值占 GDP 比重的发展趋势，并参照全面建设小康社会的目标，把我市 2012 年文化产业增加值占 GDP 比重的目标定为 4％。

30. 居民文化娱乐消费支出占消费总支出比重达 15％。2007 年全市居民文化娱乐消费支出占消费总支出比重达 11.23％，预计 2012 年可达 15％。

贵阳市建设生态文明城市目标
绩效考核办法（试行）

Measures for Performance Appraisal on Building
Guiyang into an Eco-city

（2008 年 5 月 7 日发布）

为全面贯彻落实《中共贵阳市委关于建设生态文明城市的决定》（筑党发〔2008〕1 号），确保完成我市建设生态文明城市各项工作任务，在总结市级机关目标责任制考评工作经验的基础上，市委、市政府决定引入公众评价机制，在全市试行以工作实绩和公众评价为依据的绩效考核制度，并制定本办法。

一、考核原则

坚持以邓小平理论和"三个代表"重要思想为指导，按照科学发展观的要求，围绕建设生态文明城市的目标任务，体现科学引导、客观公正、切合实际、分级分类、讲求实效的原则，注重实绩、注重本质、注重民意、注重操作性，充分发挥考核评价的导向作用，引导各级党政机关树立正确的政绩观，努力创造经得起实践、历史和人民检验的政绩。

二、考核对象

考核对象分为三类，以下统称市目标绩效管理责任单位，共 115 家。

（一）区域管理类（12 家）

云岩区、南明区、花溪区、乌当区、白云区、小河区、清镇市、修文县、息烽县、开阳县、高新开发区管（工）委、金阳新区管（工）委。

（二）窗口单位类（41 家）

市法院、市检察院、市公安局、市环保局、市城管局、市国土资源局、市规划局、市建设局、市住房保障和房产管理局、市物价局、市国税局、市地税局、市工商局、市食品药品监督管理局、市质量技术监督局、市劳动和社会保障局、市安监局、市交通局、市民政局、市统计局、市商务局、市信访局、市人口和生育局、市移民开发局、市民宗局、市农业局、市林业绿化局、市人防办、市水利局、市文化局、市卫生局、市蔬菜办、市科技局、市招商引资局、市政务服务中心、市住房公积金管理中心、市气象局、市人事局、市教育局、市乡企局、两湖一库管理局。

（三）非窗口单位类（62 家）

1. 党群系列（29 家）

市委办公厅、市人大机关、市政协机关、市纪委（市监察局）、市委组织部、市委宣传部（市文明办）、市委统战部、市委政法委、市直机关工委、市编委办、市委保密办（市国家保密局）、市委政策研究室、市委党史研究室、市委台办、市委离退休干部工作局、市委党校、贵阳日报社、市委讲师团、市总工会、团市委、市妇联、市社科联、市科协、市文联、市工商联、市侨联、市残联、市红十字会、市老年大学。

2. 政府系列（21 家）

市政府办公厅、市发改委（市循环经济办、市外资项目办）、市经贸委、市财政局、市国资委、市审计局、市司法局、市知识产权局、市旅游局、市粮食局、市信息产业局、市广电局、市体育局、市农办、市直机关事务局、市档案局、市政府法制办、市外侨办、市志办、市城镇工业联社、市供销社。

3. 其他单位（12 家）

贵阳学院、贵阳市职业技术学院、贵阳市护理职业学院、市烟草专卖局、市国资公司、市工控公司、市商控公司、市建控公司、金阳公司、市商业银行、市铁路护路办、市铁建办。

三、考核内容

重点考核各责任单位完成《贵阳市建设生态文明城市责任分解表》、市委常委会工作要点、市政府工作报告确定的目标任务及为民办的"十件实事"、省政府考核指标和各部门确定的年度重点工作目标。绩效目标具体包括保证目标和业务目标两部分。

（一）区域管理类考核内容

1. 保证目标：（1）行政效能建设；（2）生态文明新农村建设；（3）党风廉

政建设；（4）领导班子、基层组织建设和人才工作；（5）宣传工作和精神文明建设；（6）维稳信访工作；（7）保密工作。

2. 业务目标：包括生态经济发展、城乡基础设施建设、生态产业发展、生态环境建设、生态文化建设、实施"六有"民生行动计划等方面。

（1）生态经济发展方面，主要考评核心指标的完成情况；（2）城乡基础设施建设方面，主要考评交通基础设施、农村基础设施、城市公用设施和信息基础设施建设等情况；（3）生态产业发展方面，主要考评生态产业发展的成效、水平、后劲等情况；（4）生态环境建设方面，主要考评资源节约、环境保护、生态建设、整脏治乱工程等情况；（5）生态文化建设方面，主要考评生态文明创建活动、城乡公共文化服务体系等情况；（6）实施"六有"民生行动计划方面，主要考评教育、就业和再就业、医疗保障、养老保险、最低生活保障、住房、安全生产、公众安全感和市场监管等情况。

（二）窗口单位类和非窗口单位类考核内容

1. 保证目标：（1）行政效能建设；（2）生态文明新农村建设；（3）党风廉政建设；（4）领导班子建设和人才工作；（5）宣传工作和精神文明建设；（6）维稳信访工作；（7）机关党建工作；（8）保密工作；（9）计生工作。

2. 业务目标：（1）《贵阳市建设生态文明城市责任分解表》确定的目标；（2）市委常委会工作要点、市政府工作报告和市委、市政府确定的年度经济和社会发展目标及为民办的"十件实事"；（3）本单位应承担的工作职能目标；（4）市委、市政府年度新增重要工作。

四、考核方法

（一）考核计分办法

绩效考核采取百分制，由领导小组考核评价得分和公众满意度评价得分加权计算。其中，区域管理类按0.6∶0.4加权计算，窗口单位类按0.5∶0.5加权计算，非窗口单位类0.7∶0.3加权计算。领导小组考核评价依据保证目标和业务目标实际完成情况计分，公众满意度依据公众评价结果计分。

（二）公众满意度考核评价

按照服务对象不同，拟定不同考核内容。具体考核办法按照《贵阳市建设生态文明城市目标绩效公众评价实施细则》执行。

1. 区域管理类考核评价分为：（1）市领导综合评价；（2）基层单位评价；（3）企业评价；（4）区（市、县）党代表、人大代表和政协委员评价；（5）群众评价。

2. 窗口单位类考核评价分为：（1）市领导综合评价；（2）基层单位评价；（3）企业评价；（4）市党代表、人大代表和政协委员评价；（5）群众评价。

3. 非窗口单位类考核评价分为：（1）市领导综合评价；（2）基层单位评价；（3）市党代表、人大代表和政协委员评价；（4）其他部门评价。

（三）绩效目标加分和减分标准

责任单位综合工作和单项工作，获得与主要职能相关的各级表彰给予加分，年终考核各项加分累计不得超过5分，作为评优的重要依据，不计入总分。综合和单项奖励的区别由市委督查室、市政府督查室（目标办）会同有关单位认定。

市委、市政府安排的阶段性重要工作和新增工作纳入考核，不作为加分因素，对未完成的实行减分，减分分值最高为2分，计入总分。对其他特定情况需要减分的，由市委督查室、市政府督查室（目标办）提出意见并报请市目标绩效考核工作领导小组审定后执行。

（四）考核结果评定

根据绩效考核得分情况，分类并按照一定比例将各责任单位确定为优秀、良好、合格、不合格四个等级。按照"一票否决"的原则，对违反廉政建设、计划生育、安全生产、社会稳定、生态环保（节能减排）等任何一项规定的责任单位，取消评优资格。

五、考核程序

（一）报送、确定考核指标

各牵头单位要根据《贵阳市建设生态文明城市绩效考核年度指标体系框架》，结合工作职责，研究拟定相应的考核指标和工作任务。各责任单位要结合部门职责，拟定本部门工作任务。各项考核指标和工作任务于当年1月中旬分别报送市委督查室、市政府督查室（目标办）汇总整理，并返回各考核单位征求意见，修改完善后，报送市目标绩效考核工作领导小组研究同意，提请市长办公会、市委常委会审定通过，下达执行。

（二）开展平时考核监测

各考核牵头单位要采取定期考核与不定期考核相结合的方式，对各责任单位指标完成情况进行考核监测，并建立平时考核登记备案制度，为年终考核奠定基础。各责任单位要加强对本单位指标完成情况的日常监测。

（三）实施年度考核

各责任单位要在年终对本单位工作目标完成情况进行自查，并将自查报告分别报送市委督查室和市政府督查室（目标办）。由市委督查室和市政府督查室（目标办）组织相关部门对各责任单位进行考核。

（四）审定考核结果

由市委督查室和市政府督查室（目标办）负责对考核情况进行统计汇总和计分，提出评定等级的初步意见，报市绩效考核工作领导小组审核同意后，提交市长办公会、市委常委会审定，并进行公示。考核结果作为对全市各责任单位实施奖惩的依据。对于作出突出贡献的专项工作给予单项奖励，具体按照《贵阳市建设生态文明城市目标绩效管理评比奖惩实施细则》执行。

六、组织领导

为加强对目标绩效考核工作的组织领导，决定成立贵阳市目标绩效考核工作领导小组，负责全市目标绩效考核工作的组织实施、指导协调和监督检查，研究拟定年度绩效考核实施方案，审核年度绩效考核结果。领导小组组长由市政府常务副市长和市委秘书长兼任，成员由市委办公厅、市政府办公厅、市委组织部、市委政策研究室、市发改委、市监察局、市财政局、市人事局、市统计局、市委督查室、市政府督查室（目标办）等部门的负责人组成。领导小组下设办公室，负责领导小组的日常事务和各类责任单位的综合绩效考核。

后　记
Postscript

　　党的十七大首次把"建设生态文明"作为全面建设小康社会的新要求，党的十八大把生态文明建设与经济建设、政治建设、文化建设、社会建设一道，纳入中国特色社会主义事业"五位一体"总体布局，明确提出努力走向社会主义生态文明新时代。2007年以来，贵阳市将中央精神与本地实际紧密结合，确立了建设生态文明城市的发展思路，并坚持不懈、一以贯之地推动实施，取得了一定成效。2009年国家环保部确定贵阳市为全国生态文明建设试点城市，2010年国家发改委把贵阳市列入全国首批低碳试点城市。2012年1月《国务院关于进一步促进贵州经济社会又好又快发展的若干意见》提出把贵阳市建设成为全国生态文明城市，同年12月，国家发改委批复《贵阳建设全国生态文明示范城市规划（2012—2020年）》。2013年1月，经党中央、国务院领导批准，外交部同意举办生态文明贵阳国际论坛。为客观反映2007—2012年期间贵阳建设生态文明城市的历程，发挥启迪作用，我们将贵阳市委、市人大、市政府、市政协主要领导的有关讲话、文稿以及直接涉及生态文明建设的文件资料编辑成册，付印出版。

　　在这里，我们特别感谢原中共中央政治局委员、国务院副总理姜春云同志欣然为本书作序。恳请广大读者对本书疏漏之处给予批评指正。

本书编辑组
2013年1月

图书在版编目（CIP）数据

迈向生态文明新时代：贵阳行进录：2007—2012 年/《迈向生态文明新时代：贵阳行进录：2007—2012 年》编辑组编. —北京：中国人民大学出版社，2012.7
ISBN 978-7-300-16063-4

Ⅰ. ①迈… Ⅱ. ①迈… Ⅲ. ①生态文明-建设-中国-文集 Ⅳ. ①X321.2-53

中国版本图书馆 CIP 数据核字（2012）第 138231 号

迈向生态文明新时代
——贵阳行进录（2007—2012 年）

本书编辑组

Maixiang Shengtaiwenming Xinshidai

出版发行	中国人民大学出版社			
社　　址	北京中关村大街 31 号	**邮政编码**	100080	
电　　话	010 - 62511242（总编室）	010 - 62511398（质管部）		
	010 - 82501766（邮购部）	010 - 62514148（门市部）		
	010 - 62515195（发行公司）	010 - 62515275（盗版举报）		
网　　址	http://www.crup.com.cn			
	http://www.ttrnet.com.com（人大教研网）			
经　　销	新华书店			
印　　刷	涿州市星河印刷有限公司			
规　　格	170 mm×240 mm　16 开本	**版　　次**	2013 年 2 月第 1 版	
印　　张	38.5 插页 1	**印　　次**	2013 年 2 月第 1 次印刷	
字　　数	707 000	**定　　价**	98.00 元	